普通高等教育“十二五”规划教材辅导书
普通高等院校物理精品教材辅导书

大学物理辅导与题解

主　编：魏有峰　罗中杰
副主编：龙光芝　程永进　郭　龙　陈　刚
编　委：万珍珠　王希成　左谨平　石铁钢　龙光芝
刘忠池　毕　洁　汤型正　杜秋皎　李铁平
杨　勇　张光勇　陈　刚　陈琦丽　苑新喜
周俐娜　罗中杰　黄宏伟　韩艳玲　程永进
魏有峰　吕　涛　郭　龙

华中科技大学出版社
中国·武汉

内 容 简 介

本书基本涵盖了大学物理(工科类)的诸多方面,包括力学、热学、振动与波、光学、电磁学、近代物理等.每章均由知识要点、典型例题、强化训练题三部分组成,知识要点力求做到简明扼要、概念准确、描述无误;典型例题经典而独特,对读者提高分析和解决问题的能力有较大帮助;强化训练题以基础练习和计算题为重点,是为学生学习本章后检查学习效果而提供的一些练习题.

本书可供工科院校师生使用,也可作为其他本专科非物理专业及成人自学考试的教学用书和参考用书.

图书在版编目(CIP)数据

大学物理辅导与题解/魏有峰　罗中杰　主编.—武汉:华中科技大学出版社,2012.9
ISBN 978-7-5609-8334-9

Ⅰ.大…　Ⅱ.①魏…　②罗…　Ⅲ.物理学-实验-高等学校-教学参考资料　Ⅳ.O4-33

中国版本图书馆 CIP 数据核字(2012)第 200734 号

大学物理辅导与题解　　魏有峰　罗中杰　主编

策划编辑:周芬娜
责任编辑:周芬娜
封面设计:李　嫚
责任校对:周　娟
责任监印:周治超
出版发行:华中科技大学出版社(中国·武汉)
武昌喻家山　邮编:430074　电话:(027)81321915
录　排:武汉佳年华科技有限公司
印　刷:华中科技大学印刷厂
开　本:710mm×1000mm　1/16
印　张:19
字　数:531 千字
版　次:2014 年 7 月第 1 版第 3 次印刷
定　价:38.00 元

本书若有印装质量问题,请向出版社营销中心调换
全国免费服务热线:400-6679-118　竭诚为您服务

前　　言

大学物理课程是高等工科院校一门重要的基础理论课程，它以物理学基础知识为主要内容．工科大学生在学习大学物理课程时普遍感觉到物理学内容繁杂，分支多，抓不住重点，分不清难点．大多数同学听着明白，做起题来却无从下手，困难重重．这主要与物理学本身的内容体系和学生的学习方法有关．为了解决这一难题，本着删繁就简、突出重点的原则，我们编写了本书，以期帮助大学物理课程的学习者深入理解和掌握大学物理的基本概念、基本规律，进一步提高和增强分析问题和解决问题的能力，充分发挥大学物理学作为重要基础学科所应起到的重要作用．

全书共分 20 章，基本涵盖了大学物理的全部内容，包括力学、热学、振动与波、光学、电磁学、近代物理等．每一章分为知识要点、典型例题、强化训练题三部分内容．知识要点力求做到概念、规律准确，重点、难点突出．典型例题既体现大学物理学的基本思想，又具有举一反三、启迪智慧、提高解决实际问题能力的功效．强化训练题题型灵活，难易结合，为学习本章后检查学习效果提供练习．总体来讲，本书注意把握物理学体系的基本框架，注重物理学思维方法的转变，着眼于实际应用能力的提高．

本书是各位编者结合多年的教学实践而共同编写的一本大学物理学习指导教材，既可供工科院校师生使用，也可作为其他本专科院校非物理专业及成人自学考试的教学用书和参考书．

本书由魏有峰、罗中杰任主编，参与编写的还有龙光芝、程永进等．限于编者的学识，书中定有不当之处，诚望读者批评指正．

编　者

2012 年 7 月

目　　录

第1章 质点运动学

1.1 知识要点

1. 物质运动的绝对性与运动描述的相对性

世界是物质的，物质是运动的，运动是物质的根本属性和存在方式. 从哲学的意义来看，运动是绝对的，而在自然界中，物体的运动又是相对的. 通常所说的某物静止或某物以多大的速度运动总是相对于一定的参照物而言的. 所选参照物不同，对于同一物体运动的描述也不同，这称为运动描述的相对性. 运动与静止的关系是符合对立统一规律的.

2. 参照系

要对物体的运动进行描述，就必须选定一个参照物并把参照物当做静止不动，来描述物体相对于参照物的运动. 作为描述物体运动的参照物称为参照系. 运动学中，参照系的选择是任意的.

3. 坐标系

坐标系相当于固定在参照系上的刚性杆架，用于定量描述运动物体的空间位置. 常用的坐标系有直角坐标系、柱坐标系、极坐标系、球坐标系和自然坐标系等. 有了坐标系，还必须有计时的钟，物体在运动过程中，到达任意位置的时刻，都由近旁配置的许多同步的钟给出. 这样就能够完全描述物体的位置随时间变化的规律了，这正是质点运动学所要讨论的基本问题.

4. 质点

如果物体的形状和大小在所研究的问题中可以忽略不计，而把物体视为一个只有质量的几何点，则通常称为质点. 质点是实物的一种理想化模型. 物理模型是物理学研究的一个重要方法. 请注意：质点是一个相对的概念.

5. 运动函数

质点在空间运动时，任意时刻质点在空间的位置 P 可以用由坐标原点 O 引向质点所在处的有向线段$\overrightarrow{OP}$来描述，并记为 $\boldsymbol{r}$，$\boldsymbol{r}$ 称为运动质点的位置矢量，即 $\boldsymbol{r}=\overrightarrow{OP}$. 在直角坐标系下，

$$\boldsymbol{r}=\boldsymbol{r}(t)=x(t)\boldsymbol{i}+y(t)\boldsymbol{j}+z(t)\boldsymbol{k},$$

上式称为运动质点的运动函数，其物理含义为：一个质点的实际运动总可以把它视为由 $x=x(t)$，$y=y(t)$，$z=z(t)$所代表的三个独立分运动的合运动，这称为运动的叠加原理. 请注意分运动具有同时性和互不干涉性(独立性). 位置矢量的增量 $\Delta\boldsymbol{r}=\boldsymbol{r}(t+\Delta t)-\boldsymbol{r}(t)$称为运动质点在 Δt 时间内的位移.

6. 时间和空间

物质的运动既离不开空间，也离不开时间. 时间表征了物质运动的持续性. 自然界的实际过程都具有一定的方向，是不可逆的，时间是单向的，空间反映了物质运动的广延性.

7. 速度和加速度

速度$\boldsymbol{v}=\frac{\mathrm{d}\boldsymbol{r}}{\mathrm{d}t}$，即速度等于位置矢量 $\boldsymbol{r}$ 对时间的瞬时变化率；加速度 $\boldsymbol{a}=\frac{\mathrm{d}\boldsymbol{v}}{\mathrm{d}t}=\frac{\mathrm{d}^2\boldsymbol{r}}{\mathrm{d}t^2}$. 不同坐标系下，$\boldsymbol{v}$ 和 $\boldsymbol{a}$ 的表达式不相同. 在直角坐标系下，

$$v=\frac{\mathrm{d}\boldsymbol{r}}{\mathrm{d}t}=\frac{\mathrm{d}x}{\mathrm{d}t}\boldsymbol{i}+\frac{\mathrm{d}y}{\mathrm{d}t}\boldsymbol{j}+\frac{\mathrm{d}z}{\mathrm{d}t}\boldsymbol{k},$$

$$\boldsymbol{a}=\frac{\mathrm{d}^2\boldsymbol{r}}{\mathrm{d}t^2}=\frac{\mathrm{d}^2x}{\mathrm{d}t^2}\boldsymbol{i}+\frac{\mathrm{d}^2y}{\mathrm{d}t^2}\boldsymbol{j}+\frac{\mathrm{d}^2z}{\mathrm{d}t^2}\boldsymbol{k}.$$

在质点做平面运动时，若采用平面极坐标系来表示，则运动质点的速度和加速度分别为

$$\boldsymbol{v}=\frac{\mathrm{d}\boldsymbol{r}}{\mathrm{d}t}=\frac{\mathrm{d}}{\mathrm{d}t}(r\boldsymbol{e}_r)=\frac{\mathrm{d}r}{\mathrm{d}t}\boldsymbol{e}_r+r\frac{\mathrm{d}\boldsymbol{e}_r}{\mathrm{d}t}=\frac{\mathrm{d}r}{\mathrm{d}t}\boldsymbol{e}_r+r\frac{\mathrm{d}\theta}{\mathrm{d}t}\boldsymbol{e}_\theta,$$

$$\boldsymbol{a}=\frac{\mathrm{d}\boldsymbol{v}}{\mathrm{d}t}=\left[\frac{\mathrm{d}^2r}{\mathrm{d}t^2}-r\left(\frac{\mathrm{d}\theta}{\mathrm{d}t}\right)^2\right]\boldsymbol{e}_r+\left[r\frac{\mathrm{d}^2\theta}{\mathrm{d}t^2}+2\frac{\mathrm{d}r}{\mathrm{d}t}\cdot\frac{\mathrm{d}\theta}{\mathrm{d}t}\right]\boldsymbol{e}_\theta.$$

式中，r 为极径；θ 为极角；$\boldsymbol{e}_r$ 为径向单位矢量；$\boldsymbol{e}_\theta$ 为垂直于 $\boldsymbol{e}_r$ 且指向 θ 增加的方向的单位矢量，请注意 $\boldsymbol{e}_r$ 和 $\boldsymbol{e}_\theta$ 大小均为单位常数，但方向随时间变化.

8. 运动学中的两类问题

已知物体的运动函数，求物体的速度和加速度（用微商的方法）；已知物体的加速度，求物体运动规律（用积分的方法）.

9. 自然坐标系下平面曲线运动的描述

任意曲线都可视为由许多弯曲程度不同的小段圆弧组成，各段圆弧都有各自相应的圆、圆心和圆半径，它们分别称为曲率圆、曲率中心和曲率半径. 曲率半径越小，说明曲线弯曲程度越大，$\frac{1}{\rho}$ 称为曲率（ρ 称为曲率半径）. 质点在曲线上某点 P 的运动就可以看做质点在它的曲率圆上的运动. 质点的运动轨迹可用图 1.1 所示的图形来描述.

质点在 t 时刻位于点 P，在 $t+\Delta t$ 时刻位于点 Q，在 Δt 时间里，质点的位移为 $\Delta\boldsymbol{r}$，路程为弧长 Δs，$\boldsymbol{\tau}$ 表示点 P 处的切向单位矢量，并指向质点前进方向，$\boldsymbol{n}$ 表示指向点 P 处轨道曲率中心的法向单位矢量，显然有 $\boldsymbol{\tau}=\frac{\mathrm{d}\boldsymbol{r}}{\mathrm{d}s}$，$\boldsymbol{n}=\frac{\mathrm{d}\boldsymbol{\tau}}{\mathrm{d}\theta}$，$\frac{\mathrm{d}\boldsymbol{\tau}}{\mathrm{d}s}=\frac{\mathrm{d}\boldsymbol{\tau}}{\mathrm{d}\theta}\cdot\frac{\mathrm{d}\theta}{\mathrm{d}s}=\frac{1}{\rho}\boldsymbol{n}$，所以在自然坐标系下，物体的速度和加速度分别为

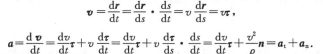

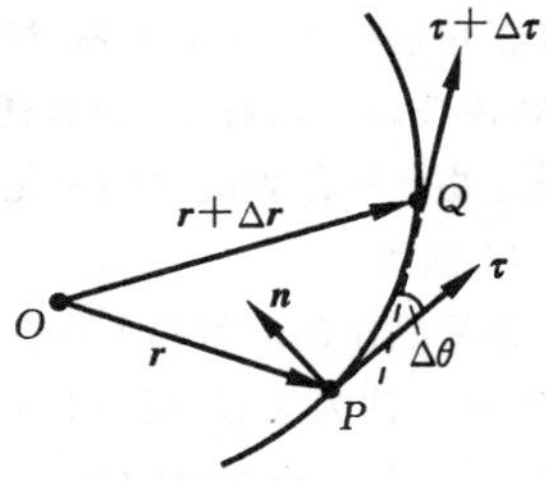

图 1.1

$$\boldsymbol{v}=\frac{\mathrm{d}\boldsymbol{r}}{\mathrm{d}t}=\frac{\mathrm{d}\boldsymbol{r}}{\mathrm{d}s}\cdot\frac{\mathrm{d}s}{\mathrm{d}t}=v\frac{\mathrm{d}\boldsymbol{r}}{\mathrm{d}s}=v\boldsymbol{\tau},$$

$$\boldsymbol{a}=\frac{\mathrm{d}\boldsymbol{v}}{\mathrm{d}t}=\frac{\mathrm{d}v}{\mathrm{d}t}\boldsymbol{\tau}+v\frac{\mathrm{d}\boldsymbol{\tau}}{\mathrm{d}t}=\frac{\mathrm{d}v}{\mathrm{d}t}\boldsymbol{\tau}+v\frac{\mathrm{d}\boldsymbol{\tau}}{\mathrm{d}s}\cdot\frac{\mathrm{d}s}{\mathrm{d}t}=\frac{\mathrm{d}v}{\mathrm{d}t}\boldsymbol{\tau}+\frac{v^2}{\rho}\boldsymbol{n}=\boldsymbol{a}_\mathrm{t}+\boldsymbol{a}_\mathrm{n}.$$

式中，$\boldsymbol{a}_\mathrm{t}=\frac{\mathrm{d}v}{\mathrm{d}t}\boldsymbol{\tau}$ 表示质点速率的变化率，称为切向加速度；$\boldsymbol{a}_\mathrm{n}=\frac{v^2}{\rho}\boldsymbol{n}$ 表示质点速度方向的变化率，称为法向加速度.

10. 圆周运动

质点做半径为 R 的圆周运动时，可以引进角坐标 θ、角位移 $\Delta\theta$、角速度 ω 和角加速度 β 来描述质点的运动.

$$\omega=\frac{\mathrm{d}\theta}{\mathrm{d}t},\quad \beta=\frac{\mathrm{d}\omega}{\mathrm{d}t}=\frac{\mathrm{d}^2\theta}{\mathrm{d}t^2}.$$

描述圆周运动的线量与角量的关系分别为：

线速度 $$v=\frac{\mathrm{d}s}{\mathrm{d}t}=\frac{\mathrm{d}}{\mathrm{d}t}(R\theta)=R\frac{\mathrm{d}\theta}{\mathrm{d}t}=\omega R,$$

切向加速度 $$a_\mathrm{t}=\frac{\mathrm{d}v}{\mathrm{d}t}=\frac{\mathrm{d}}{\mathrm{d}t}(\omega R)=R\frac{\mathrm{d}\omega}{\mathrm{d}t}=\beta R,$$

法向加速度 $$a_\mathrm{n}=\frac{v^2}{R}=\omega^2 R,$$

则
$$a=a_t+a_n=\frac{dv}{dt}\tau+\frac{v^2}{R}n=\beta R\tau+\omega^2 Rn.$$

11. 相对运动

物体相对于静态参照系的速度称为绝对速度；物体相对于动态参照系的速度称为相对速度；动态参照系相对于静态参照系的速度称为牵连速度.三者的关系为$v_{绝}=v_{相}+v_{牵}$.

在物体和动态参照系都无转动的条件下，物体的绝对加速度(对静态参照系而言)等于物体的相对加速度(对动态参照系而言)与牵连加速度(动态参照系对静态参照系)的矢量和，即$a_{绝}=a_{相}+a_{牵}$.

1.2 典型例题

例1.1 已知某人从一点出发，25 s内向东走了30 m，又10 s内向南走了10 m，再15 s向西北走了18 m，如图1.2所示.试求：

(1) 合位移的大小和方向；

(2) 求每一个分位移中的平均速度、合位移的平均速度及全路程的平均速率.

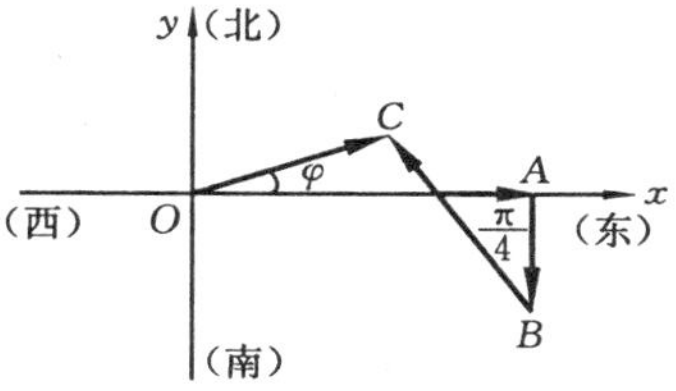

图1.2

解 (1) 合位移的表达式为

$$\overrightarrow{OC}=\overrightarrow{OA}+\overrightarrow{AB}+\overrightarrow{BC}$$
$$=30i+(-10)j+18\left(-i\cos\frac{\pi}{4}+j\sin\frac{\pi}{4}\right)$$
$$=12.27i+2.73j,$$

合位移的大小为$|\overrightarrow{OC}|=\sqrt{12.27^2+2.73^2}$ m$=17.48$ m，合位移的方向为$\varphi=\arctan\frac{2.73}{12.27}=8.98°$(东偏北).

(2) 分位移平均速度分别为 $\overline{v_1}=\frac{\overrightarrow{OA}}{t_1}=\frac{30}{25}i=1.2i$； $\overline{v_2}=\frac{\overrightarrow{AB}}{t_2}=\frac{-10}{10}j=-1.0j$；

$$\overline{v_3}=\frac{\overrightarrow{BC}}{t_3}=\frac{18\left(-i\cos\frac{\pi}{4}+j\sin\frac{\pi}{4}\right)}{15}=-0.85i+0.85j；$$

合位移的平均速度为 $\overline{v}=\frac{\overrightarrow{OC}}{t_1+t_2+t_3}=\frac{17.27i+2.73j}{50}=0.35i+0.06j$；

全路程的平均速率为 $\bar{v}=\frac{\Delta s}{\Delta t}=\frac{30+10+18}{t_1+t_2+t_3}=1.16$ m/s.

例1.2 已知一质点在Oxy平面内运动，运动方程为$x=2t$；$y=19-2t^2$.试求：

(1) 质点的运动轨道，并绘图；

(2) 第1秒到第2秒质点的平均速度；

(3) 质点的速度和加速度；

(4) 在什么时刻位置矢量恰好和速度矢量垂直？这时x，y分量各是多少？

(5) 什么时刻质点离原点最近？并算出这一距离.

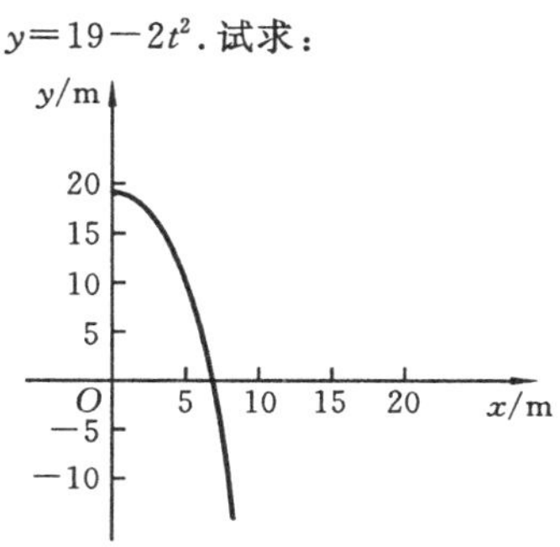

图1.3

解 (1) 已知质点运动方程

$$\begin{cases}x=2t,\\ y=19-2t^2,\end{cases}$$

消去时间t，得$y=19-\frac{1}{2}x^2$，其轨道是顶点为(0,19)的抛物线，如图1.3所示.

(2) 位矢 $\boldsymbol{r}=2t\boldsymbol{i}+(19-2t^2)\boldsymbol{j}$，第 1 秒到第 2 秒的平均速度为

$$\overline{\boldsymbol{v}}=\frac{\Delta \boldsymbol{r}}{\Delta t}=\frac{\boldsymbol{r}(2)-\boldsymbol{r}(1)}{2-1}=2\boldsymbol{i}-6\boldsymbol{j},$$

大小为 $|\overline{\boldsymbol{v}}|=\sqrt{2^2+6^2}$ m/s=6.32 m/s，方向为 $\varphi=\arctan\frac{-6}{2}=-71.6°$（$x$ 方向偏 $-y$）.

(3) 速度为 $\boldsymbol{v}=\frac{\mathrm{d}\boldsymbol{r}}{\mathrm{d}t}=\frac{\mathrm{d}x}{\mathrm{d}t}\boldsymbol{i}+\frac{\mathrm{d}y}{\mathrm{d}t}\boldsymbol{j}=(2\boldsymbol{i}-4t\boldsymbol{j})$，$\boldsymbol{a}=\frac{\mathrm{d}\boldsymbol{r}}{\mathrm{d}t}=-4\boldsymbol{j}$.

(4) 由 $\boldsymbol{r}\cdot\boldsymbol{v}=0$，即 $[2t\boldsymbol{i}+(19-2t^2)\boldsymbol{j}]\cdot(2\boldsymbol{i}-4t\boldsymbol{j})=0$，解得 $t=0$ s，$t=3$ s，$t=-3$ s（舍去）.

当 $t=0$ s 时，

$$\begin{cases}x=0\ \mathrm{m},\\ y=19\ \mathrm{m},\end{cases}\qquad \begin{cases}v_x=2\ \mathrm{m/s},\\ v_y=0\ \mathrm{m/s};\end{cases}$$

当 $t=3$ s 时，

$$\begin{cases}x=6\ \mathrm{m},\\ y=1\ \mathrm{m},\end{cases}\qquad \begin{cases}v_x=2\ \mathrm{m/s},\\ v_y=-12\ \mathrm{m/s}.\end{cases}$$

(5) $r=\sqrt{x^2+y^2}=\sqrt{(2t)^2+(19-2t^2)^2}$，令 $\frac{\mathrm{d}r}{\mathrm{d}t}=\frac{8t+2(19-2t^2)(-4t)}{2r}=0$，解得 $t=0$ s，$t=3$ s，$t=-3$ s（舍去）. 经判断知 $t=3$ s 时，r 有极小值且 $r_{\min}=6.08$ m.

例 1.3 长度为 a 的梯子 AB 静靠在垂直墙 OA 上，如图 1.4 所示. 若以匀速率 v_0 水平拉动梯脚 B.

(1) 证明梯子中点所描述的运动轨道是以点 O 为中心、以 $a/2$ 为半径的圆弧.

(2) 求梯脚 B 离墙的距离为 $b(b<a)$ 的瞬间，梯子中点的速度和速率.

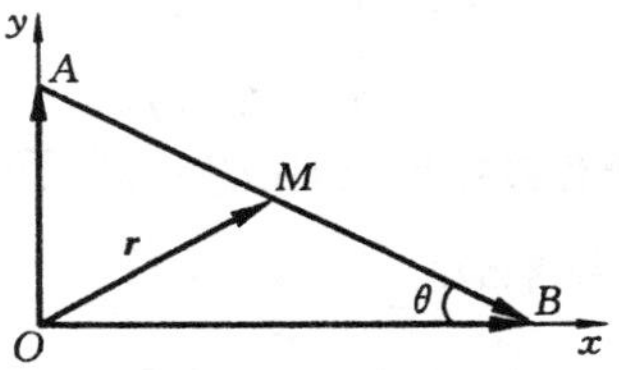

图 1.4

解 (1) 设 $\boldsymbol{r}$ 为 AB 中点 M 的位置矢量，则

$$\overrightarrow{OB}=a\boldsymbol{i}\cos\theta,\quad \overrightarrow{OA}=a\boldsymbol{j}\sin\theta,\quad \overrightarrow{AB}=\overrightarrow{OB}-\overrightarrow{OA}=a\boldsymbol{i}\cos\theta-a\boldsymbol{j}\sin\theta,$$

$$\boldsymbol{r}=\overrightarrow{OA}+\overrightarrow{AM}=\overrightarrow{OA}+\frac{1}{2}\overrightarrow{AB}=\frac{1}{2}a(\boldsymbol{i}\cos\theta+\boldsymbol{j}\sin\theta),$$

所以 $|\boldsymbol{r}|=a/2$，即点 M 的运动轨迹是以点 O 为圆心、以 $a/2$ 为半径的圆弧.

(2) 中点 M 的速度为

$$\boldsymbol{v}=\frac{\mathrm{d}\boldsymbol{r}}{\mathrm{d}t}=\frac{\mathrm{d}}{\mathrm{d}t}\left[\frac{1}{2}a(\boldsymbol{i}\cos\theta+\boldsymbol{j}\sin\theta)\right]=\frac{1}{2}a\left(-\sin\theta\frac{\mathrm{d}\theta}{\mathrm{d}t}\boldsymbol{i}+\cos\theta\frac{\mathrm{d}\theta}{\mathrm{d}t}\boldsymbol{j}\right),$$

对梯脚 B 的速率 v_B，有

$$v_B\boldsymbol{i}=\frac{\mathrm{d}}{\mathrm{d}t}\overrightarrow{OB}=\frac{\mathrm{d}}{\mathrm{d}t}(a\boldsymbol{i}\cos\theta)=-a\sin\theta\frac{\mathrm{d}\theta}{\mathrm{d}t}\boldsymbol{i},$$

故

$$v_B=-a\sin\theta\frac{\mathrm{d}\theta}{\mathrm{d}t},\quad 即\quad \frac{\mathrm{d}\theta}{\mathrm{d}t}=-\frac{v_B}{a\sin\theta}=\frac{-v_B}{\sqrt{a^2-b^2}}.$$

在 B 离墙的距离为 b 的瞬间，有 $\sin\theta=\frac{\sqrt{a^2-b^2}}{a}$，因此，所求 M 点的速度为

$$\boldsymbol{v}=\frac{\mathrm{d}\boldsymbol{r}}{\mathrm{d}t}=\frac{1}{2}v_B\left(\boldsymbol{i}-\frac{b}{\sqrt{a^2-b^2}}\boldsymbol{j}\right),$$

速率为 $v=|\boldsymbol{v}|=\frac{av_B}{2\sqrt{a^2-b^2}}$.

例 1.4 高为 h 的平台上，有一质量为 m 的小车，用绳子跨过滑轮拉动小车，绳子一端 A 在地面上以匀速率 v_0 向右拉动，如图 1.5 所示. 求当绳端 A 距平台距离为 x 时，小车的速率和加速度

的大小.

解　由图 1.5 可知 $r^2=h^2+x^2$，两边对时间 t 求导得 $2r\frac{\mathrm{d}r}{\mathrm{d}t}=2x\frac{\mathrm{d}x}{\mathrm{d}t}$，令小车的速率为 v，则 $v=\frac{\mathrm{d}r}{\mathrm{d}t}$，因 $\frac{\mathrm{d}x}{\mathrm{d}t}=v_0$，所以小车的速率为

$$v=\frac{x}{r}v_0=\frac{x}{\sqrt{h^2+x^2}}v_0,$$

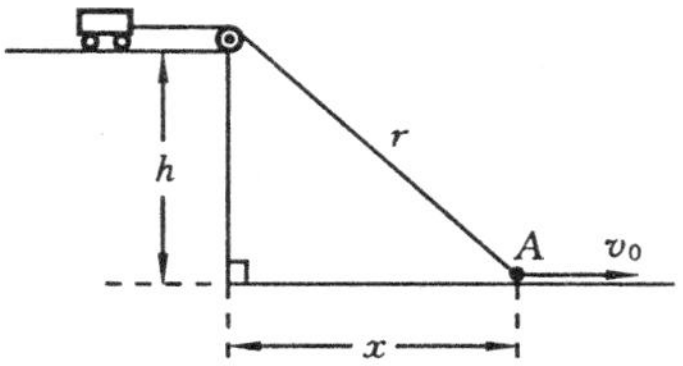

图 1.5

小车的加速度的大小为 $a=\frac{\mathrm{d}v}{\mathrm{d}t}=\frac{\mathrm{d}v}{\mathrm{d}x}\cdot\frac{\mathrm{d}x}{\mathrm{d}t}=\frac{v_0^2h^2}{(h^2+x^2)^{\frac{3}{2}}}$.

例 1.5　一质点由静止开始做直线运动，初始加速度为 a_0，其后加速度均匀增加，每经过 s 秒增加 a_0. 求质点的速度和位移.

解　由题意可知，加速度和时间的关系为 $a=a_0+\frac{a_0}{s}t$，又 $a=\frac{\mathrm{d}v}{\mathrm{d}t}$，联立方程并积分得

$$\int_0^v \mathrm{d}v=\int_0^t\left(a_0+\frac{a_0}{s}t\right)\mathrm{d}t,$$

故质点速度为

$$v=a_0t+\frac{a_0}{2s}t^2=\frac{\mathrm{d}x}{\mathrm{d}t}.$$

由此知 $\int_0^x \mathrm{d}x=\int_0^t\left(a_0t+\frac{a_0}{2s}t^2\right)\mathrm{d}t$，故质点位移 $x=\frac{a_0}{2}t^2+\frac{a_0}{6s}t^3$.

例 1.6　大炮以 v_0 的初速度从山脚向仰角为 α 的斜坡发射炮弹，若要使射程最大，求发射角应满足的条件(不计空气阻力).

解　如图 1.6 所示，选取适当坐标系，可写出如下运动方程：

$$x=v_0t\cos\theta-\frac{1}{2}gt^2\sin\alpha, \quad ①$$

$$y=v_0t\sin\theta-\frac{1}{2}gt^2\cos\alpha. \quad ②$$

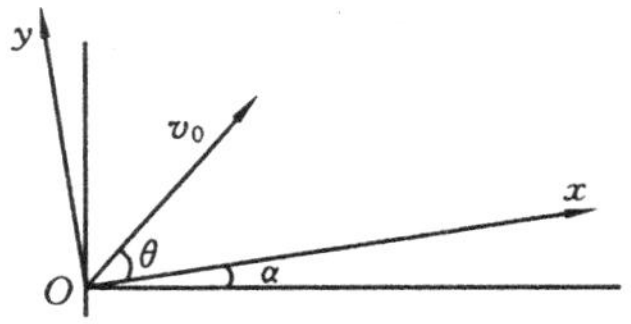

图 1.6

令式②中 $y=0$，解得 $t=\frac{2v_0\sin\theta}{g\cos\alpha}$，即完成射程所需时间. 将其代入式①，得

$$x=v_0\cos\theta\frac{2v_0\sin\theta}{g\cos\alpha}-\frac{1}{2}g\sin\alpha\left(\frac{2v_0\sin\theta}{g\cos\alpha}\right)^2=\frac{2v_0^2}{g\cos^2\alpha}[\cos(\theta+\alpha)\sin\theta],$$

令

$$\frac{\mathrm{d}x}{\mathrm{d}\theta}=\frac{2v_0^2}{g\cos^2\alpha}[-\sin(\theta+\alpha)\sin\theta+\cos(\theta+\alpha)\cos\theta]=\frac{2v_0^2}{g\cos^2\alpha}\cos(2\theta+\alpha)=0,$$

解得 $2\theta+\alpha=\frac{\pi}{2}$，$2\theta+\alpha=\frac{3\pi}{2}$(舍去)，即当 θ 满足 $\theta=\frac{\pi}{4}-\frac{\alpha}{2}$ 时，射程最大.

例 1.7　一个人扔石头的最大出手速率为 $v=25$ m/s，他能击中一个与他出手时的水平距离 $L=50$ m而高 $h=13$ m 的一个目标吗？在这个距离上他能击中的目标的最大高度是多少？

解　设初速度与水平面成 θ 角，则有

$$x=v_xt=vt\cos\theta,\quad y=v_yt-\frac{1}{2}gt^2=vt\sin\theta-\frac{1}{2}gt^2.$$

当水平距离 $x=L$ 时，$t=\frac{L}{v\cos\theta}$，代入 y 中，有

$$y=L\tan\theta-\frac{1}{2}g\frac{L^2}{v^2\cos^2\theta}=L\tan\theta-\frac{gL^2}{2v^2}(\tan^2\theta+1),$$

整理化简可得 $\tan^2\theta-\frac{2v^2}{gL}\tan\theta+\frac{2v^2y}{gL^2}+1=0$. 以 $\tan\theta$ 为变量，一元二次方程的判别式为

$$\Delta=b^2-4ac=\left(\frac{2v^2}{gL}\right)^2-4\left(\frac{2v^2y}{gL^2}+1\right),$$

令 $y=h=13$ m，代入上式得 $\Delta=-0.14<0$，故 $\tan\theta$ 无实数解，即不能击中题设目标.

使判别式 $\Delta=0$ 的 y 值为能击中目标的最大高度，据此可求出

$$y_{\max}=\frac{v^4-g^2L^2}{2gv^2}=\frac{25^4-9.8^2\times50^2}{2\times9.8\times25^2}\ \text{m}=12.3\ \text{m}.$$

例 1.8　一只兔子做匀速直线运动，速度为 $\boldsymbol{u}$，一只狗以恒速率 v 追赶兔子. 初始，狗与兔子相距 r_0，狗的速度 $\boldsymbol{v}$ 与兔子速度 $\boldsymbol{u}$ 相互垂直. 以后，狗时刻调整跑动方向以保持对准兔子追赶. 若 $v>u$，求在多少时间后，狗才能追上兔子？追上兔子时，狗走过的路程有多长？

解　如果取以兔子为原点并随兔子一起运动的坐标系 S'，则由兔子看来，狗以速度 $\boldsymbol{v}-\boldsymbol{u}$ 运动，初始时狗距原点为 r_0，其后狗在径向总是以速率 $v-u\cos\theta$ 向原点跑来. 式中，θ 为 $\boldsymbol{v}$ 与 $\boldsymbol{u}$ 的夹角，θ 是随时间发生改变的. 设狗追上兔子的时间为 t_0，则应有

$$\int_0^{t_0}(v-u\cos\theta)\mathrm{d}t=r_0. \qquad ①$$

在地面坐标系中，在 t_0 时间里，兔子已走过的距离为 ut_0，这也是狗在同样时间里沿兔子运动方向上跑动的距离，则应有

$$\int_0^{t_0}v\cos\theta\mathrm{d}t=ut_0. \qquad ②$$

由式①得
$$vt_0-u\int_0^{t_0}\cos\theta\mathrm{d}t=r_0,$$

代入式②得
$$t_0=\frac{vr_0}{v^2-u^2}.$$

而在 t_0 时间里，狗跑动的路程为

$$s=\int_0^{t_0}v\mathrm{d}t=vt_0=v^2r_0/(v^2-u^2).$$

1.3　强化训练题

一、填空题

1. 一物体在某瞬时，以初速度 v_0 从某点开始运动，在 Δt 时间内，经一长度为 s 的曲线路径后，又回到出发点，此时速度为 $-v_0$，则在这段时间内，(1) 物体的平均速率为______；(2) 物体的平均加速度为______.

2. 一质点做半径为 0.1 m 的圆周运动，其运动方程为 $\theta=\frac{\pi}{4}+\frac{1}{2}t^2$，则其切向加速度 a_t =______.

3. 一质点以 60°仰角做斜上抛运动，忽略空气阻力. 若质点运动轨道最高点处的曲率半径为 10 m，则抛出时初速度的大小为 v_0=______.（重力加速度大小 g 按 10 m/s² 计.）

4. 质点沿半径为 R 的圆周运动，运动方程为 $\theta=3+2t^2$，则 t 时刻质点的法向加速度大小 a_n=______；角加速度大小 β=______.

5. 已知质点运动方程为 $\boldsymbol{r}=\left(5+2t-\frac{1}{2}t^2\right)\boldsymbol{i}+\left(4t+\frac{1}{3}t^3\right)\boldsymbol{j}$，当 $t=2$ s 时，$\boldsymbol{a}$=______.

6. 一质点沿直线运动，其坐标 x 与时间 t 有如下关系：

$$x=Ae^{-\beta t}\cos\omega t \quad (A,\beta,\omega\ \text{皆为常数})$$

任意时刻 t 质点的加速度 $a=$______；质点通过原点的时刻 $t=$______.

7. 一质点从静止出发沿半径 $R=1$ m 的圆周运动，其角加速度大小随时间 t 的变化规律是 $\beta=12t^2-6t$，则质点的角速度大小 $\omega=$______；切向加速度大小 $a_t=$______.

8. 一质点沿半径为 R 的圆周运动，其路程 s 随时间 t 变化的规律为 $s=bt-\frac{1}{2}ct^2$，式中，b，c 为大于零的常数，且 $b^2>Rc$. 质点运动的切向加速度 $a_t=$______；法向加速度 $a_n=$______；质点运动经过 $t=$______时，$a_t=a_n$.

9. 有一水平飞行的飞机，速度为 $\boldsymbol{v}_0$，在飞机上以水平速度 $\boldsymbol{v}$ 向前发射一颗炮弹，略去空气阻力并设发炮过程不影响飞机的速度. 如果以地球为参照系，炮弹的轨迹方程为______；如果以飞机为参照系，炮弹的轨迹方程为______.

二、简答题

1. 描述质点加速度的物理量 $\frac{d\boldsymbol{v}}{dt}$，$\frac{dv}{dt}$，$\frac{dv_x}{dt}$ 有何不同？

2. 什么是矢径？矢径和位移矢量之间有何关系？怎样选取坐标原点才能够使二者一致？

三、计算题

1. 一个质点从静止开始做直线运动，开始加速度为 $\boldsymbol{a}$，此后加速度随时间均匀增加，经过时间 τ 后，加速度为 $2\boldsymbol{a}$，经过时间 2τ 后，加速度为 $3\boldsymbol{a}$……. 求经过时间 $n\tau$ 后，该质点的速度和走过的距离.

2. 球从高 h 处落向水平面，经碰撞后又上升到 h_1 处，如果每次碰撞后与碰撞前速度之比为常数，问球在 n 次碰撞后还能升多高？

3. 一架飞机相对于空气以恒定速率 v 沿正方形轨道飞行，在无风天气其运动周期为 T. 若有恒定小风沿平行于正方形的一对边吹来，风速大小为 $u=kv(k\ll 1)$. 求飞机沿原正方形（对地）飞行的周期的增加量.

4. 一物体悬挂在弹簧上做竖直振动，其加速度 $a=-ky$，k 为常量，y 是以平衡位置为原点所测得的坐标. 假定振动的物体在坐标 y_0 处的速度为 v_0，试求速度 v 与坐标 y 的函数关系式.

5. 质点 M 在水平面内运动轨迹如图 1.7 所示，OA 段为直线，AB，BC 段分别为不同半径的两个 1/4 圆周. 设 $t=0$ 时，点 M 在点 O 处，已知运动方程为 $s=30t+5t^2$，求 $t=2$ s 时，质点 M 的切向加速度和法向加速度.

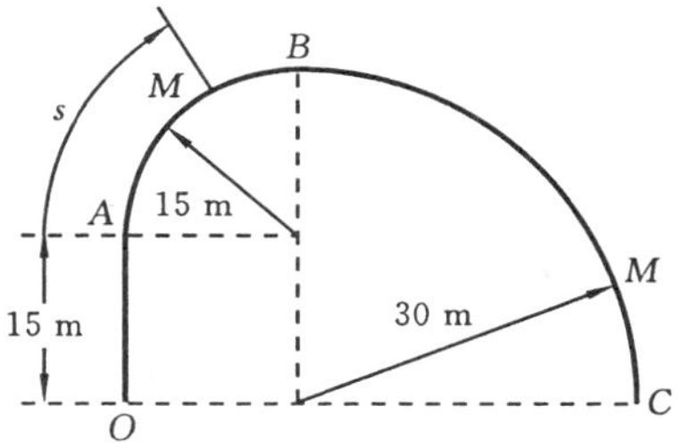

图 1.7

6. 某飞机的驾驶员想往正北方向航行，而风以 60 km/h 的速率由东向西刮来，如果飞机的航速（在静止空气中的速率）为 180 km/h，试问驾驶员应取什么航向？飞机相对于地面的速率为多少？试用矢量图说明.

7. 某人自某点出发，前 25 s 内向东走 30 m，紧接着 10 s 内向南走 10 m，最后在 15 s 内向正西北走 18 m. 求在这 50 s 内，(1) 平均速度的大小和方向；(2) 平均速率的大小.

8. 当火车静止时，乘客发现雨滴下落方向偏向车头，偏角为 30°，当火车以 35 m/s 的速率沿水平直路行驶时，发现雨滴下落方向偏向车尾，偏角为 45°，假设雨滴相对于地的速度保持不变，试计算雨滴相对地的速度大小.

9. 如图 1.8 所示，装在小车上的弹簧发射器射出一小球，根据小球在地上水平射程和射高的测量数据，已知小球射出时相对地面的速率为 10 m/s，小车的反冲速率为 2 m/s. 已知弹簧发射器仰角为 30°，求小球射出时相对于小车的速率.

10. 一敞顶电梯以恒定速率 $v=10$ m/s 上升. 当电梯离地面 $h=30$ m 时，一小孩竖直向上抛出一球，球相对于电梯的初速率 $v_0=20$ m/s. 试问：

(1) 从地面算起，球能达到的最大高度为多大？

(2) 球被抛出后，经过多长时间再回到电梯上？

11. 一质点沿半径为 R 的圆周运动，质点所经过的弧长与时间的关系为 $s=bt+\frac{1}{2}ct^2$，b，c 是大于零的常量. 求从 $t=0$ 开始到达切向加速度与法向加速度大小相等时所经历的时间.

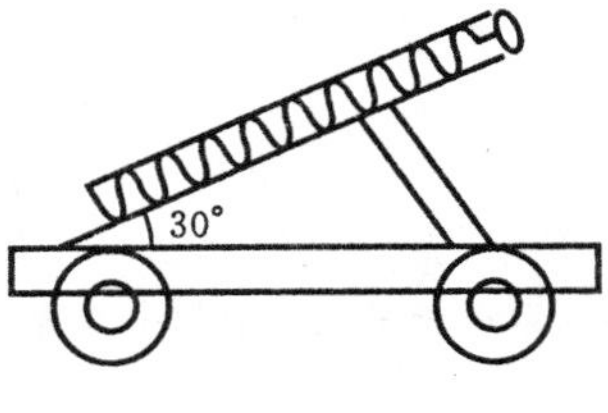

图 1.8

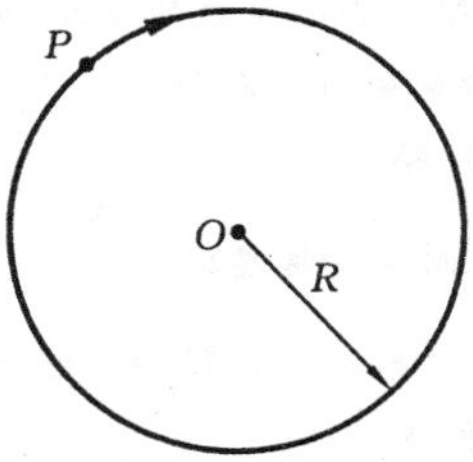

图 1.9

12. 如图 1.9 所示，质点 P 在水平面内沿一半径 $R=2$ m 的圆轨道转动，转动的角速度 ω 与时间 t 的函数关系为 $\omega=kt^2$（k 为常量）. 已知 $t=2$ s 时，质点 P 的速率大小为 32 m/s，试求 $t=1$ s 时，质点 P 的速度与加速度的大小.

13. 河水自西向东流动，速率为 10 km/h，一轮船在水中航行，船相对于河水的航向为北偏西 30°，相对于河水的航速为 20 km/h. 此时风向为正西，风速为 10 km/h，试求在船上观察到的烟囱冒出的烟缕的飘向.（设烟离开烟囱后很快就获得与风相同的速率.）

第 2 章　牛顿运动定律

2.1　知识要点

1. 牛顿运动第一定律

只要没有力的作用,物体就会保持静止或匀速直线运动状态不变,此性质也称为惯性定律.惯性是物体的固有属性.

2. 牛顿运动第二定律

物体在力的作用下做加速运动,其加速度的方向与所受合力的方向相同,加速度的大小与所受合力的大小成正比,与物体质量成反比,其数学表达式为 $\sum \boldsymbol{F} = m\boldsymbol{a} = m\dfrac{\mathrm{d}\boldsymbol{v}}{\mathrm{d}t} = m\dfrac{\mathrm{d}^2\boldsymbol{r}}{\mathrm{d}t^2}$. 对于变质量问题,表达式应为 $\sum \boldsymbol{F} = \dfrac{\mathrm{d}\boldsymbol{p}}{\mathrm{d}t} = \dfrac{\mathrm{d}(m\boldsymbol{v})}{\mathrm{d}t}$.

3. 牛顿运动第三定律

当物体 A 以力 $\boldsymbol{f}$ 作用于物体 B 时,物体 B 必定同时以大小相等、方向相反的同性质的力 $\boldsymbol{f}'$,沿同一直线作用于物体 A 上.二者的关系为 $\boldsymbol{f}=-\boldsymbol{f}'$,此性质不受相互作用的物体运动状态的限制.

4. 牛顿运动定律适用范围

牛顿运动定律都是由实验得出的规律,具有一定的适用范围.

(1) 牛顿第一、第二定律仅适用于惯性系.

(2) 牛顿运动定律仅适用于宏观低速的情况.对于常见的宏观物体,在速度远小于光速时,牛顿运动定律是严格成立的,当物体的速度与光速可以比拟时,牛顿运动定律不再成立,需用相对论来处理,而且物体的质量 m 不再是一个恒量.若物体的尺寸小于 10^{-10} m,则牛顿运动定律也不再成立,此时需用量子力学理论来处理.

(3) 牛顿运动定律对质点和质点系均成立.

(4) 牛顿第三定律并非自然界存在的普遍规律,对于常见的接触相互作用,如重力、静电力等满足第三定律;而有一些相互作用,如运动电荷之间的相互作用并不满足牛顿第三定律.

5. 自然界的四种基本相互作用

自然界的四种基本作用:① 引力;② 电磁力(如弹性力、摩擦力、空气阻力等);③ 强力(存在于基本粒子之间的一种力);④ 弱力(存在于基本粒子之间的另一种力),后两种力的力程很短.

6. 力学中几种常见力

1) 重力

地球表面附近的物体由于受到地球吸引而受到的力称为重力,记为 $\boldsymbol{P}=m\boldsymbol{g}$.

2) 万有引力

万有引力存在于任何两个物体之间 ,万有引力是靠引力场来传递的.任何两个质点之间的万有引力都可表示为

$$\boldsymbol{F}=-G\frac{m_1 m_2}{r^2}\left(\frac{\boldsymbol{r}}{r}\right),$$

式中,$G=6.67\times10^{-11}\ \mathrm{N\cdot m^2\cdot kg^{-2}}$称为引力恒量;$\boldsymbol{F}$表示$m_1$对$m_2$的万有引力;$\boldsymbol{r}$表示$m_1$指向$m_2$的位置矢量,其大小等于两质点之间的距离;$m_1$,$m_2$称为两个物体的引力质量,它反映了物体的引力程度,是物体与其他物体相互吸引性质的量度.实验表明,同一物体的惯性质量与引力质量相等,可以说它们是同一性质的两种表现,但这并不意味着二者在观念上等同,有时还是要把它们区分开来的.

3) 弹性力

发生形变的物体,由于要恢复原状,对与它接触的物体会产生力的作用,这种力称为弹性力.

弹性力通常有三种表现形式:① 两个物体通过一定面积相接触,这种弹性力通常称为正压力或支撑力,正压力或支撑力的方向总是垂直于接触面,而指向对方;② 绳对物体的拉力,这种拉力是由于绳发生了十分微小的形变而产生的,其大小取决于绳被拉紧的程度,方向总是沿着绳指向绳要收缩的方向;③ 绳产生拉力时,绳的内部各段之间也有相互作用的弹性力,这种内部的弹力称为张力,绳子内部各处张力是否相等,应该视具体情况而定.在弹性限度内,弹簧的弹力为$f=-kx$,式中,k为弹簧的劲度系数;x为相对于弹簧原长的形变位移.

4) 摩擦力

摩擦有两种,即干摩擦和湿摩擦.固体表面之间的摩擦称为干摩擦(外摩擦),液体内部或液体与固体之间的摩擦称为湿摩擦(内摩擦).

干摩擦又分为滚动摩擦、滑动摩擦和静摩擦三种.

当相互接触的两个物体间有相对滑动时,会出现一种阻止物体间相对滑动的表面接触力,这个力沿接触面切向与相对运动速度方向相反,这种力称为滑动摩擦力.滑动摩擦力不但与物体质料、表面情况及正压力有关,一般还与相对速度有关.实验表明,当相对滑动速度不是太大或太小时,滑动摩擦力的大小与滑动速度无关,而与正压力N成正比,即$f_k=\mu_k N$,μ_k称为滑动摩擦因数,与接触面的材料和表面状态有关,注意f_k与宏观接触面积无关.

相互接触的两个物体相对静止,若外力作用使它们产生相对滑动趋势时,在接触面之间存在的摩擦力称为静摩擦力,其方向与相对滑动趋势方向相反.

静摩擦力f_s的数值介于零与最大静摩擦力之间,实验表明,最大静摩擦力f_{smax}与接触面间的正压力N成正比,而与宏观接触面积无关,即$f_{smax}=\mu_s N$,μ_s称为静摩擦因数,由接触物体的质料和表面情况决定.静摩擦力f_s可以表示为$|f_s|\leqslant\mu_s N$,或者$-\mu_s N\leqslant f_s\leqslant\mu_s N$.

5) 流体阻力

物体在流体中与流体有相对运动时,将受到流体的阻力,显然这个力的方向与物体相对于流体的速度方向相反.当相对速率较小时,此阻力与速率成正比;当相对速率较大时,此阻力与速率平方成正比.

7. 惯性参照系与非惯性参照系

运动系中参照系的选择是任意的,应用牛顿运动定律时,参照系不能任意选取,这是因为牛顿运动定律并不是在所有的参照系中都成立的.凡是牛顿第一、第二定律在其中成立的参照系称为惯性参照系,而牛顿第一、第二定律在其中不成立的参照系称为非惯性参照系.所有相对于惯性系做匀速直线运动的参照系都是惯性参照系,而相对于惯性系做变速运动的参照系都是非惯性参照系.要确定一个参照系是不是惯性参照系,只能根据观察和实验的结果来判断.恒星系(以太阳为原点坐标轴指向其他恒星的参照系)是一个精确的惯性系.牛顿定律就是在这样的恒星系中通过对天体运动规律的研究总结出来的.地心参照系(原点固定在地球中心坐标轴指向其他恒星的参照系)和地面参照系(坐标轴固定在地面上的参照系)由于地球具有公转和自转,所以这两个参照系都不是严格意义上的惯性系.

8. 非惯性参照系中的惯性力

在非惯性参照系中，牛顿第一、第二定律不成立. 但如果引入被称为惯性力的假想力，则可以借用牛顿定律的形式来解决非惯性系中的动力学问题. 常见的惯性力有以下三种.

1）平移惯性力

$\boldsymbol{F}_0=-m\boldsymbol{a}_{牵}$，$\boldsymbol{a}_{牵}$ 为平移非惯性参照系的加速度.

2）惯性离心力

$\boldsymbol{F}_{惯}=m\omega^2\boldsymbol{r}$，在此问题中，非惯性系为以角速度 ω 匀速转动的圆盘，质量为 m 的物体静止于圆盘上，$\boldsymbol{r}$ 为由圆心指向质点的位置矢量，其大小等于物体的转动半径.

3）科里奥利力

$\boldsymbol{F}_c=-2m\boldsymbol{\omega}\times\boldsymbol{v}$，当物体相对于转动系以速度 $\boldsymbol{v}$ 运动时，若仍以匀角速度 $\boldsymbol{\omega}$ 转动的圆盘为参照系，则应用牛顿定律解决动力学问题时，除了要引入惯性离心力以外，还必须引入另一种惯性力即科里奥利力.

应用惯性力的概念可以说明许多物理问题，比如物体的视重随地球纬度的变化，北半球河流冲刷右岸比较严重，赤道附近信风的形成以及落体偏东等现象都应用惯性力的概念来阐述.

2.2 典型例题

解决动力学问题的基本方法：① 领会题意，选定研究对象；② 分析运动，分析受力；③ 选择适当的坐标系，写出动力学方程的分量式；④ 先求文字解，后代人数值求得数值解；⑤ 结果的分析和讨论. 最后一点尤其重要.

例 2.1　与铅直轴 Oz 成定角 θ 的粗糙杆 OA 以匀角速 ω 绕 Oz 轴转动. 杆上套有一小环质量 m，环到点 O 的距离为 l. 试求：

(1) 当环相对杆静止时，求杆对环的静摩擦力；

(2) 若环与杆的静摩擦因数为 μ_s，求 ω 应在什么范围内，环才能相对于杆静止.

解　(1) 如图 2.1 所示，环以角速度 ω，以 O' 为圆心，$r=l\sin\theta$ 为半径做匀速率圆周运动，假定环所受静摩擦力 f 沿 $\overrightarrow{OA}$ 方向，则对于小环，有

$$m\boldsymbol{g}+\boldsymbol{N}+\boldsymbol{f}=m\boldsymbol{a},$$

其坐标分量式为

$$N\cos\theta-f\sin\theta=ml\omega^2\sin\theta, \quad ①$$

$$N\sin\theta+f\cos\theta-mg=0, \quad ②$$

联立式①和式②，解得

$$N=mg\sin\theta+ml\omega^2\sin\theta\cos\theta, \quad ③$$

$$f=m(g\cos\theta-l\omega^2\sin\theta). \quad ④$$

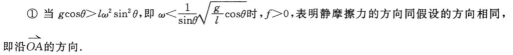

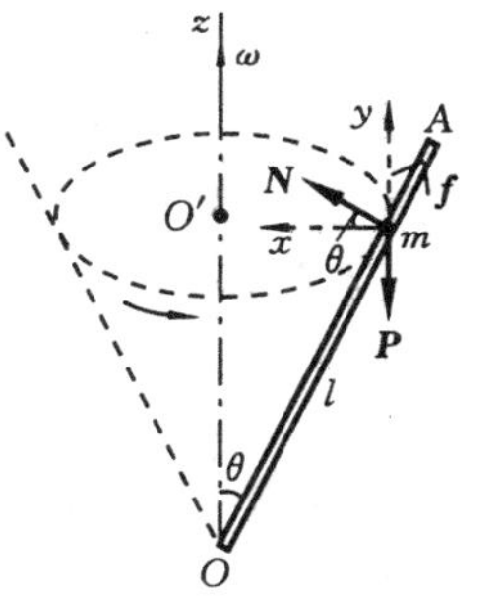

图 2.1

下面分以下几种情况讨论.

① 当 $g\cos\theta>l\omega^2\sin^2\theta$，即 $\omega<\dfrac{1}{\sin\theta}\sqrt{\dfrac{g}{l}\cos\theta}$时，$f>0$，表明静摩擦力的方向同假设的方向相同，即沿$\overrightarrow{OA}$的方向.

② 当 $\omega>\dfrac{1}{\sin\theta}\sqrt{\dfrac{g}{l}\cos\theta}$ 时，$f<0$，表明静摩擦力的方向与假设的指向相反，即沿$\overrightarrow{AO}$的方向.

③ 当 $\omega=\frac{1}{\sin\theta}\sqrt{\frac{g}{l}\cos\theta}$ 时，$f=0$，表明小环与杆之间没有相对滑动的趋势.

(2) 若杆与环的静摩擦因数为 μ_s，在满足

$$|f|\leqslant\mu_s N \tag{5}$$

的条件下，环和杆才能相对静止. 将式③和式④代入式⑤，得

$$|g\cos\theta-l\omega^2\sin^2\theta|\leqslant(g\sin\theta+l\omega^2\sin\theta\cos\theta)\mu_s. \tag{6}$$

① 若 $f\geqslant0$，则式⑥变为

$$g\cos\theta-l\omega^2\sin^2\theta\leqslant(g\sin\theta+l\omega^2\sin\theta\cos\theta)\mu_s,$$

解得 $\omega\geqslant\sqrt{\frac{g(\cos\theta-\mu_s\sin\theta)}{l\sin\theta(\sin\theta+\mu_s\cos\theta)}}=\omega_{\min}$.

② 若 $f<0$，则式⑥变为

$$l\omega^2\sin^2\theta-g\cos\theta\leqslant\mu_s(g\sin\theta+l\omega^2\sin\theta\cos\theta),$$

解得 $\omega\leqslant\sqrt{\frac{g(\cos\theta+\mu_s\sin\theta)}{l\sin\theta(\sin\theta-\mu_s\cos\theta)}}=\omega_{\max}$.

综合以上两种情况，当环保持与杆静止时，ω 必须满足 $\omega_{\min}\leqslant\omega\leqslant\omega_{\max}$.

例 2.2　如图 2.2(a)所示，假设滑轮系统、滑轮和线的质量及轴处的摩擦可忽略. 试计算 m_1 的加速度和两绳的张力 T_1 和 T_2.

解　设 $m_1>m_2+m_3$，$m_2>m_3$，m_1 相对地的加速度为 a_1，m_2 相对滑轮 B 的加速度为 a_2，则 m_2 相对地的加速度为 a_2-a_1，m_3 相对地的加速度为 a_2+a_1. 由受力图图 2.2(b)可列出以下方程式：

$$m_1g-T_1=m_1a_1, \tag{1}$$

$$m_2g-T_2=m_2(a_2-a_1), \tag{2}$$

$$T_2-m_3g=m_3(a_2+a_1). \tag{3}$$

以滑轮 B 为研究对象，则有

$$T_1=2T_2, \tag{4}$$

联立式①、式②、式③、式④，解得

$$a_1=\frac{m_1m_2+m_1m_3-4m_2m_3}{m_1m_2+m_1m_3+4m_2m_3}g,$$

$$T_1=\frac{8m_1m_2m_3}{m_1m_2+m_1m_3+4m_2m_3}g,$$

$$T_2=\frac{4m_1m_2m_3}{m_1m_2+m_1m_3+4m_2m_3}g.$$

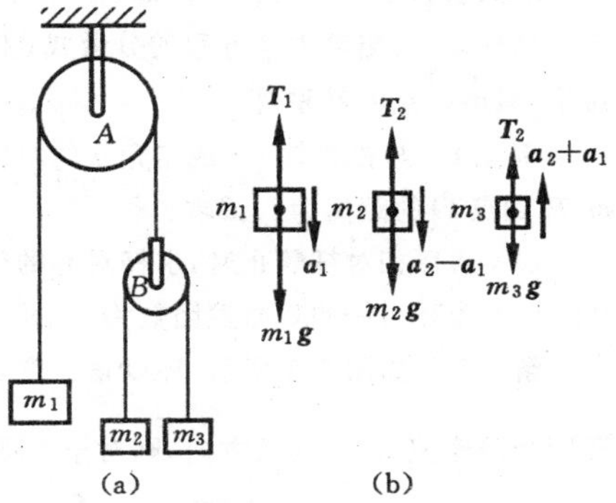

图 2.2

例 2.3　质量为 m 的滑块置于质量为 M 的光滑斜面上，在外力 $\boldsymbol{F}$ 的推动下，斜面在光滑的水平方向上做匀加速直线运动，如图 2.3(a)所示. 试求：

(1) 滑块相对于斜面的加速度；

(2) 滑块相对斜面静止、向上滑动及向下滑动的条件.

解　(1) 如图 2.3(b)所示，设斜面对地的加速度为 $\boldsymbol{a}_M$，滑块相对斜面的加速度为 $\boldsymbol{a}'$，滑块相对地的加速度为 $\boldsymbol{a}_m$，对斜面，用牛顿运动定律的坐标分量式表示为

$$F-T\sin\theta=Ma_M, \tag{1}$$

$$N-Mg-T\cos\theta=0; \tag{2}$$

对滑块用牛顿运动定律的坐标分量式表示为

$$T'\sin\theta=ma_{mx}=m(a_M+a'\cos\theta), \tag{3}$$

$$T'\cos\theta-mg=ma_{my}=m(-a'\sin\theta), \tag{4}$$

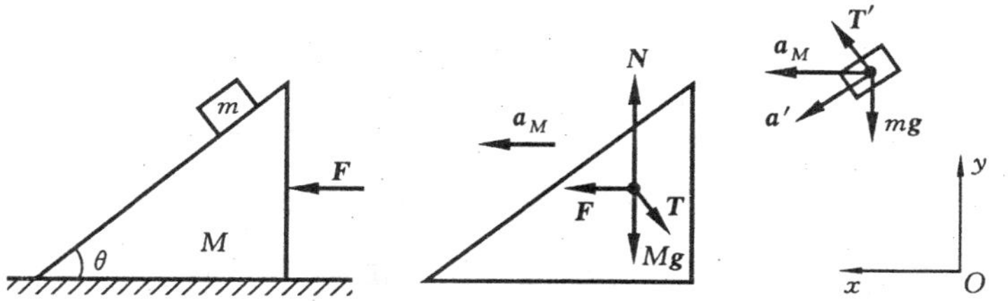

(a)　　　　(b)

图 2.3

联立式①、式②、式③、式④，解得

$$a'=\frac{(M+m)g\sin\theta-F\cos\theta}{M+\sin^2\theta}.$$

(2) 滑块相对于斜面静止时，$a'=0$，即 $F=(M+m)g\tan\theta$；

滑块相对于斜面向下运动时，$a'>0$，即 $F<(M+m)g\tan\theta$；

滑块相对于斜面向上运动时，$a'<0$，即 $F>(M+m)g\tan\theta$.

例 2.4　A,B,C 三个物体由不可伸长的轻绳和不计质量、无摩擦的滑轮连接，如图 2.4(a)所示. 设 A,B 与桌面间的摩擦系数 $\mu=0.25$，三个物体的质量分别为 $m_A=2$ kg，$m_B=2$ kg，$m_C=4$ kg，求三个物体的加速度和各段绳的张力.

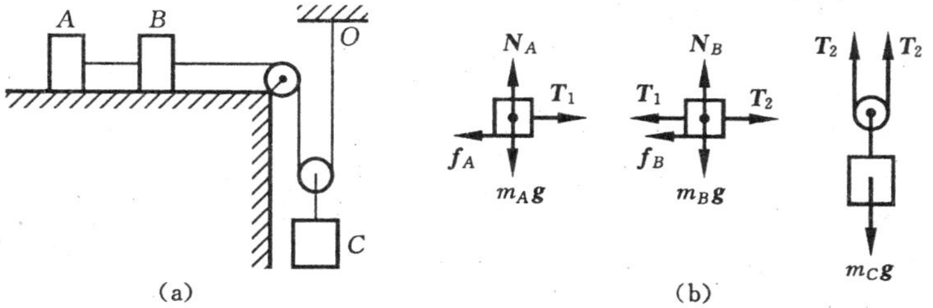

(a)　　　　(b)

图 2.4

解　由受力分析图图 2.4(b)可列出下列方程式：

$$T_1-\mu m_Ag=m_Aa_A,\quad T_2-T_1-\mu m_Bg=m_Ba_B,\quad m_Cg-2T_2=m_Ca_C,$$

由于绳不可伸长，故 $a_A=a_B=a$，$a_C=\frac{1}{2}a_B=\frac{1}{2}a$.

联立以上各式求解并代入数字解得

$$a=\frac{\frac{1}{2}m_C-\mu(m_A+m_B)}{\frac{1}{4}m_C+m_B+m_A}g=\frac{1}{5}g=1.96\ \mathrm{m/s^2},$$

$$T_1=\left[\frac{\frac{1}{2}m_C-\mu(m_A+m_B)}{\frac{1}{4}m_C+m_B+m_A}\mu\right]m_Ag=8.82\ \mathrm{N},$$

$$T_2=\frac{1}{2}m_Cg-\frac{1}{4}m_Ca=17.64\ \mathrm{N},\quad a_C=\frac{1}{2}a=0.98\ \mathrm{m/s^2}.$$

例 2.5　质量为 m 的小球，在水中受的浮力为常力 F，当它从静止开始沉降时，受到水的黏滞阻力 $f=kv$(k 为常数且大于零). 求小球在水中竖直沉降的速度 v 与时间 t 的关系式及小球的终极速率.

解　取竖直向下的方向为正方向，则有

$$mg - kv - F = m\frac{\mathrm{d}v}{\mathrm{d}t},\quad \int_0^t \mathrm{d}t = \int_0^v \frac{m}{mg - F - kv}\mathrm{d}v,$$

故
$$v=\frac{mg-F}{k}(1-\mathrm{e}^{-\frac{kt}{m}}).$$

当 $t\to\infty$ 时，得到小球的终极速率为 $v=\dfrac{mg-F}{k}$，小球做匀速直线运动.

例 2.6　一条长为 l 质量均匀分布的细链条 AB，挂在半径可忽略的光滑钉子上，开始处于静止状态，已知 BC 段长为 $L\left(\frac{1}{2}l<L<\frac{2}{3}l\right)$，释放后链条将做加速运动，如图 2.5(a)所示. 试求当 $L=\frac{2}{3}l$ 时，链条的加速度和速度.

解　建立如图 2.5(b)所示的坐标系，设任意时刻 BC 长度为 x，则有

$$\frac{m}{l}xg-\frac{m}{l}(l-x)g=ma,\quad 即\quad a=\frac{2x}{l}g-g.$$

又
$$a=\frac{2x}{l}g-g=\frac{\mathrm{d}v}{\mathrm{d}t}=\frac{\mathrm{d}v}{\mathrm{d}x}\cdot\frac{\mathrm{d}x}{\mathrm{d}t}=v\frac{\mathrm{d}v}{\mathrm{d}x},\quad \int_0^v v\mathrm{d}v=\int_L^{\frac{2}{3}l}\left(\frac{2x}{l}g-g\right)\mathrm{d}x,$$

解得链条的速度为
$$v=\sqrt{2\left(L-\frac{L^2}{l}-\frac{2}{9}l\right)g}.$$

所以当 $L=\frac{2}{3}l$ 时，$a=\frac{1}{3}g$.

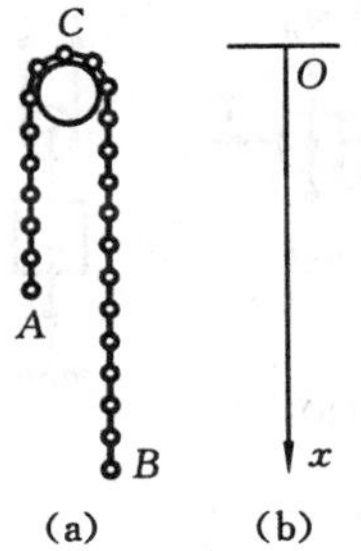

图 2.5

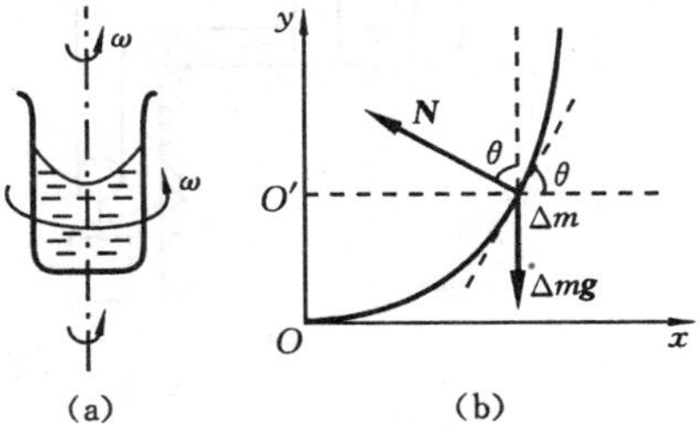

图 2.6

例 2.7　如图 2.6(a)所示，一桶水以角速度 ω 绕桶的轴线转动，求桶内水表面的形状.

解　如图 2.6(b)所示，在流体表面任取一质量为 Δm 的微小部分作为研究对象. Δm 受两个力的作用，重力 Δmg 和其他部分流体对它的作用力 $\boldsymbol{N}$. 由于 Δm 并未沿它所在处液面的切面流动，可知 $\boldsymbol{N}$ 的方向应垂直于该处切面. 流体绕轴旋转时，Δm 将在以 O' 为圆心，以 x 为半径的圆周上做匀速圆周运动，根据牛顿第二定律，有

$$N\sin\theta=\Delta m\omega^2 x,\qquad ①$$

$$N\cos\theta-\Delta mg=0,\qquad ②$$

联立式①、式②解得 $\tan\theta=\dfrac{x\omega^2}{g}$，又 $\tan\theta=\dfrac{\mathrm{d}y}{\mathrm{d}x}$，故 $\mathrm{d}y=\dfrac{x\omega^2}{g}\mathrm{d}x$，$\int_0^y\mathrm{d}y=\int_0^x\dfrac{\omega^2 x}{g}\mathrm{d}x$，得 $y=\dfrac{\omega^2}{2g}x$，上式代表一抛物线，故液体表面为旋转抛物面.

例 2.8　质量为 m 的小球，从距水平面高 h 处以速度 $\boldsymbol{v}_0$ 沿水平抛出，小球受到的黏滞阻力 $\boldsymbol{F}=-k\boldsymbol{v}$，$\boldsymbol{v}$ 为小球的速度. 试求小球的运动学方程.

解　取小球为研究对象，作受力分析，以水平面为 x 轴，以垂直向下方向为 y 的正向轴建立图 2.7 所示坐标系. 令 $t=0$，$x=0$，$y=-h$，$\dfrac{\mathrm{d}x}{\mathrm{d}t}=v_0$，$\dfrac{\mathrm{d}y}{\mathrm{d}t}=0$，小球的运动微分方程式为

$$m\frac{\mathrm{d}^2x}{\mathrm{d}t^2}=-k\frac{\mathrm{d}x}{\mathrm{d}t}, \quad ①$$

$$m\frac{\mathrm{d}^2y}{\mathrm{d}t^2}=mg-k\frac{\mathrm{d}y}{\mathrm{d}t}, \quad ②$$

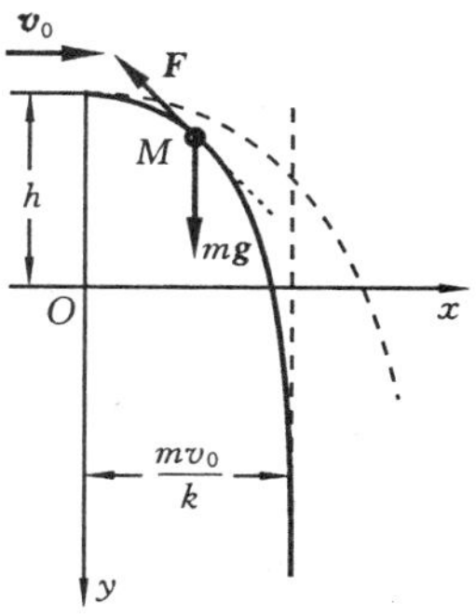

图 2.7

分离变量，并令$\frac{\mathrm{d}x}{\mathrm{d}t}=\dot{x}$，$\frac{\mathrm{d}y}{\mathrm{d}t}=\dot{y}$，得

$$\frac{\mathrm{d}\dot{x}}{\dot{x}}=-\frac{k}{m}\mathrm{d}t, \quad ③$$

$$\frac{\mathrm{d}\dot{y}}{g-\frac{k}{m}\dot{y}}=\mathrm{d}t, \quad ④$$

对式③两边积分得

$$\int_{v_0}^{\dot{x}}\frac{\mathrm{d}\dot{x}}{\dot{x}}=\int_0^t-\frac{k}{m}\mathrm{d}t, \quad 即 \quad \ln\frac{\dot{x}}{v_0}=-\frac{k}{m}t,$$

解得

$$\dot{x}=\frac{\mathrm{d}x}{\mathrm{d}t}=v_0\mathrm{e}^{-\frac{k}{m}t}. \quad ⑤$$

对式④两边积分得

$$\int_0^{\dot{y}}\frac{\mathrm{d}\dot{y}}{g-\frac{k}{m}\dot{y}}=\int_0^t\mathrm{d}t,$$

解得

$$\dot{y}=\frac{\mathrm{d}y}{\mathrm{d}t}=\frac{m}{k}\cdot g(1-\mathrm{e}^{-\frac{k}{m}t}). \quad ⑥$$

由式⑤、式⑥可以看出，当 $t\to\infty$ 时，$\dot{x}=0$，$\dot{y}=\frac{mg}{k}$. 即经过一定时间后，小球沿 y 轴方向做匀速直线运动，$\frac{mg}{k}$即是小球的终极速率.

将式⑤与式⑥再积分得$\begin{cases}x=\frac{mv_0}{k}(1-\mathrm{e}^{-\frac{k}{m}t}),\\ y=-h+\frac{mg}{k}t-\frac{m^2g}{k^2}(1-\mathrm{e}^{-\frac{k}{m}t}),\end{cases}$这就是所求的小球的运动学方程.

例 2.9　一条质量为 M 且分布均匀的绳子，长度为 L，一端拴在转轴上，并以恒定角速度 ω 在水平面上旋转. 设转动过程中绳子始终伸直，且忽略重力与空气阻力，求距转轴为 r 处绳中的张力.

解　如图 2.8 所示，绳子在水平面内转动时，由于绳上各段转动速度不同，所以各处绳子的张力也不同. 现取距轴为 r 处的一小段绳子 $\mathrm{d}r$，其质量 $\mathrm{d}m=\frac{M}{L}\mathrm{d}r$. 设左右绳子对它的拉力分别是 $\boldsymbol{T}_r$ 与 $\boldsymbol{T}_{r+\mathrm{d}r}$，根据牛顿第二定律有

$$T_r-T_{r+\mathrm{d}r}=\left(\frac{M}{L}\mathrm{d}r\right)r\omega^2, \quad 即 \quad \mathrm{d}T=-\frac{M}{L}\omega^2r\mathrm{d}r.$$

由于绳末端为自由端，即 $r=L$ 处 $T=0$，故

$$\int_{T_r}^0\mathrm{d}T=-\int_r^L\frac{M}{L}\omega^2r\mathrm{d}r, \quad T_r=\frac{M\omega^2}{2L}(L^2-r^2).$$

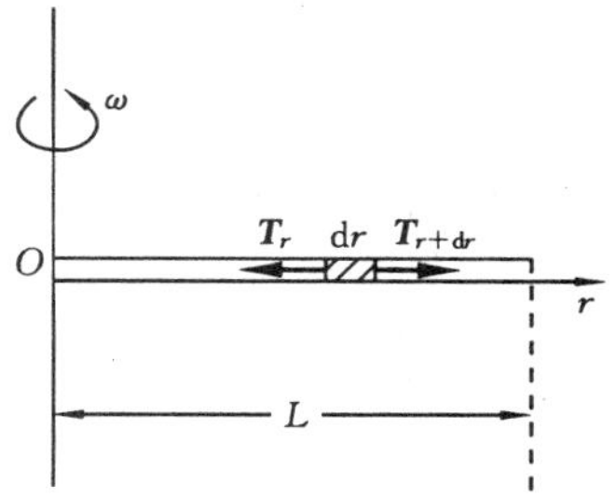

图 2.8

例 2.10　有一条单位长度质量为 λ 的均匀细绳，开始时盘绕在光滑的水平桌面上. 现以恒定的加速度 $\boldsymbol{a}$ 竖直向上提拉. 当提起的高度为 y 时，作用在绳端的力为多少？若以恒定的速度 $\boldsymbol{v}$ 竖直向上提绳，仍提到 y 的高度，则此时作用在绳端的力又是多少？

解　取竖直向上的方向为正，以被提起的绳段 y 为研究对象，它受有拉力 $\boldsymbol{F}$ 与重力 $\lambda y\boldsymbol{g}$ 作用，

依据牛顿定律有

$$F-\lambda yg=\frac{\mathrm{d}}{\mathrm{d}t}(\lambda yv),\quad F-\lambda yg=\lambda v^2+\lambda ya.$$

当加速度 $\boldsymbol{a}$ 恒定时，　　$F=\lambda(yg+v^2+ya)=\lambda(g+3a)y.$

当加速度 $\boldsymbol{a}=\mathbf{0}$，$\boldsymbol{v}$ 为恒定速度时，$F=\lambda yg+\lambda v^2=\lambda(yg+v^2).$

2.3　强化训练题

一、填空题

1. 倾角为30°的一个斜面体放置在水平桌面上，一个质量为 2 kg 的物体沿斜面下滑，下滑的加速度为 3.0 m/s²，如图 2.9 所示．若此时斜面体静止在桌面上不动，则斜面体与桌面间的静摩擦力 f_s＝______．

2. 一小珠 m 可以在半径为 R 的铅直圆环上做无摩擦滑动，如图 2.10 所示．今使圆环以角速度 ω 绕圆环竖直直径转动，要使小珠离开环的底部而停在环上某一点，则角速度应大于______．

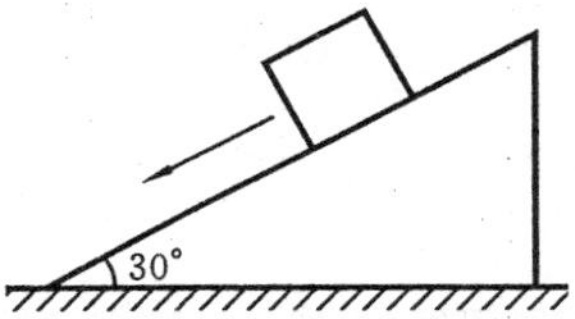

图 2.9

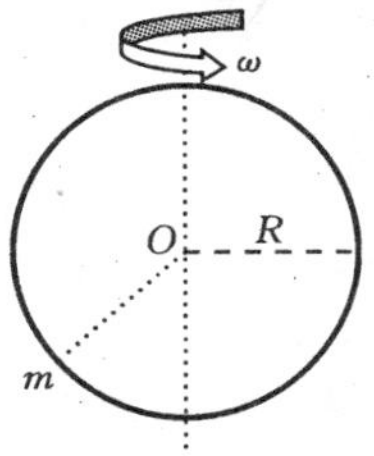

图 2.10

3. 一公路的水平弯道半径为 R，路面的外侧高出内侧，并与水平面的夹角为 θ．要使汽车通过该段路面时不引起侧向摩擦力，则汽车的速率为______．

4. 如图 2.11 所示，在光滑水平桌面上，有两个物体 A 和 B 紧靠在一起，它们的质量分别为 $m_A=2$ kg，$m_B=1$ kg．今用一水平力 $F=3$ N 推物体 B，则 B 推 A 的力为______；如用同样大小的水平力从右边推 A，则 A 推 B 的力为______．

5. 如图 2.12 所示，一个小物体 A 靠在一辆小车的竖直前壁上，A 和车壁间静摩擦因数是 μ_s，要使物体 A 不致掉下来，则小车的加速度的最小值应为 a＝______．

6. 质量分别为 m_1，m_2，m_3 的三个物体 A，B，C，用一根细绳和两根轻弹簧连接并悬于固定点 O，如图 2.13 所示．取向下为 x 轴正向，开始时系统处于平衡状态，后将细绳剪断，则在刚剪断瞬时，物体 B 的加速度 $\boldsymbol{a}_B$＝______；物体 C 的加速度 $\boldsymbol{a}_C$＝______．

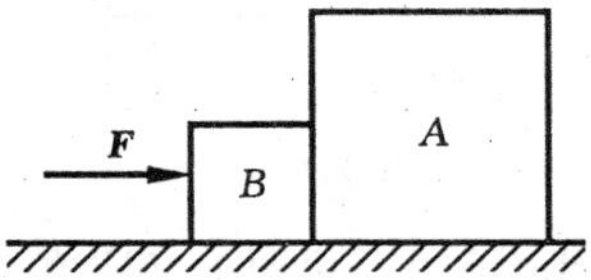

图 2.11

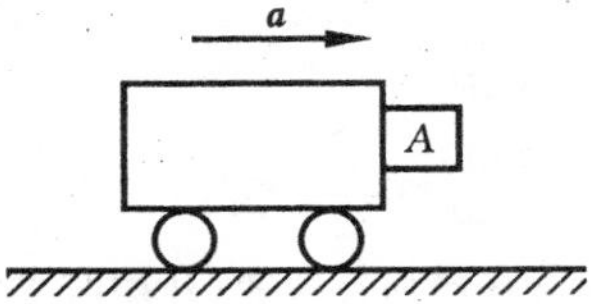

图 2.12

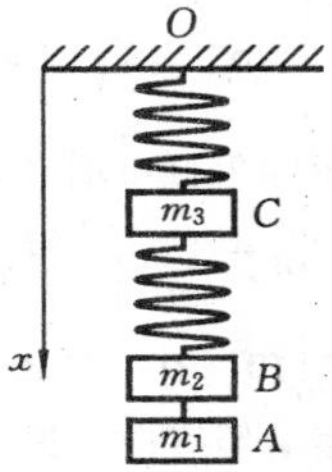

图 2.13

7. 如果一个箱子与货车底板之间的静摩擦因数为 μ，则当这货车爬一与水平方向成 θ 角的小山时，箱子在底板上不滑动的货车最大加速度 $a_{max}=$______.

8. 质量 $m=40$ kg 的箱子放在卡车的车箱底板上，如图 2.14 所示. 已知箱子与底板之间的静摩擦因数 $\mu_s=0.40$，滑动摩擦因数 $\mu_k=0.25$，试分别写出在下列情况下，作用在箱子上的摩擦力的大小和方向.

(1) 卡车以 $a=2\ m/s^2$ 的加速度行驶时，$f=$______，方向______.

(2) 卡车以 $a=-5\ m/s^2$ 的加速度急刹车，$f=$______，方向______.

9. 假如地球半径缩短 1%，而它的质量保持不变，则地球表面的重力加速度 $\boldsymbol{g}$ 增大的百分比是______.

10. 质量相等的两物体 A 和 B，分别固定在弹簧的两端，竖直放在光滑水平面 C 上，如图 2.15 所示，弹簧的质量与物体 A，B 的质量相比，可以忽略不计. 若把支持面 C 迅速移走，则在移开的一瞬间，A 的加速度大小 $a_A=$______，B 的加速度大小 $a_B=$______.

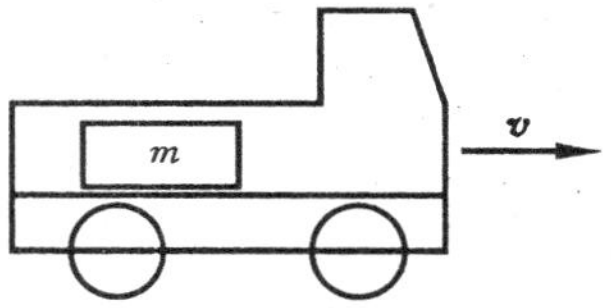

图 2.14

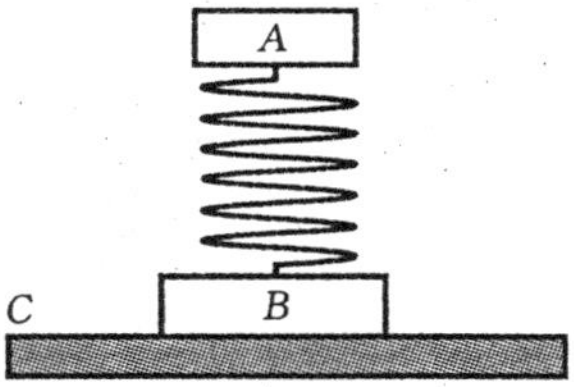

图 2.15

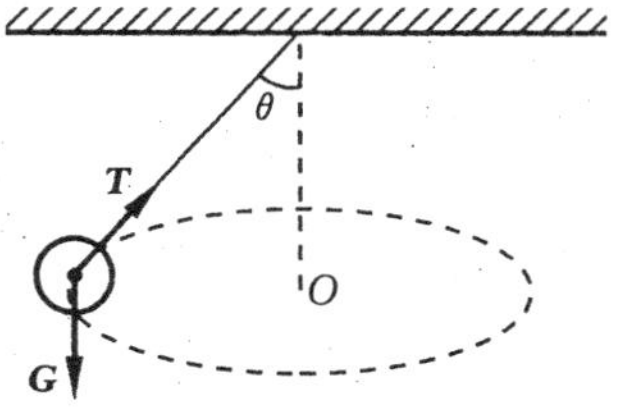

图 2.16

二、简答题

1. 判断下列说法是否正确，并说明理由.

(1) 质点做圆周运动时受到的作用力中，指向圆心的力便是向心力，不指向圆心的力不是向心力.

(2) 质点做圆周运动时，所受的合外力一定指向圆心.

2. 如图 2.16 所示，一个绳子悬挂着的物体在水平面内做匀速圆周运动(称为圆锥摆)，有人在重力的方向上求合力，写出 $T\cos\theta-G=0$；另有人沿绳子拉力 $\boldsymbol{T}$ 的方向求合力，写出 $T-G\cos\theta=0$. 显然二者不能同时成立，指出哪一个式子是错误的，为什么？

3. 一质量为 m 的木块，放在木板上，在木板与水平面间的夹角 θ 由 0°变化到 90°的过程中，画出木块与木板之间摩擦力随 θ 变化而变化的曲线. 在图上标出木块开始滑动时，木板与水平面间的夹角 θ_0，并指出 θ_0 与摩擦因数 μ 的关系.(设 θ 角在变化过程中，摩擦因数 μ 不变.)

三、计算题

1. 一质量为 60 kg 的人，站在质量为 30 kg 的底板上，用绳和滑轮连接，如图 2.17 所示. 设滑轮、绳的质量及轴处的摩擦可以忽略不计，绳子不可伸长，欲使人和底板能以 $1\ m/s^2$ 的加速度上升，人对绳子的拉力 $\boldsymbol{T}_2$ 多大？人对底板的压力多大？(取 $g=10\ m/s^2$.)

2. 如图 2.18 所示，质量分别为 m_1 和 m_2 的两只球用弹簧连在一起，且以长为 L_1 的线拴在轴 O 上，m_1 与 m_2 均以角速度 ω 绕轴做匀速圆周运动. 当两球之间的距离为 L_2 时，将线烧断，试求线被烧断的瞬间两球的加速度 $\boldsymbol{a}_1$ 和 $\boldsymbol{a}_2$.(弹簧和线的质量忽略不计.)

3. 如图 2.19 所示，绳 CO 与竖直方向成 30°角，O 为一定滑轮，物体 A 与 B 用跨过定滑轮的细绳相连，处于平衡状态. 已知 B 的质量为 10 kg，地面对 B 的支持力为 80 N，若不考虑滑轮的大小，试求：(1) 物体 A 的质量；(2) 物体 B 与地面的摩擦力；(3) 绳 CO 的拉力.(取 $g=10\ m/s^2$.)

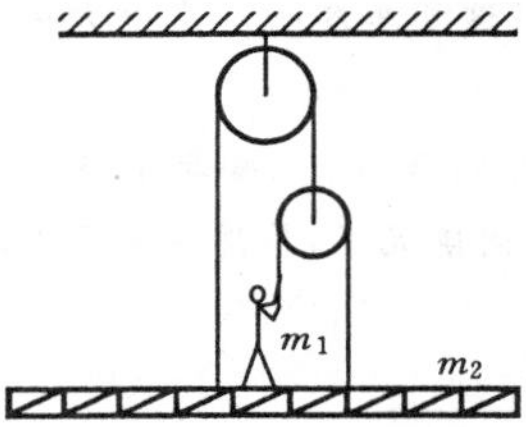

图 2.17

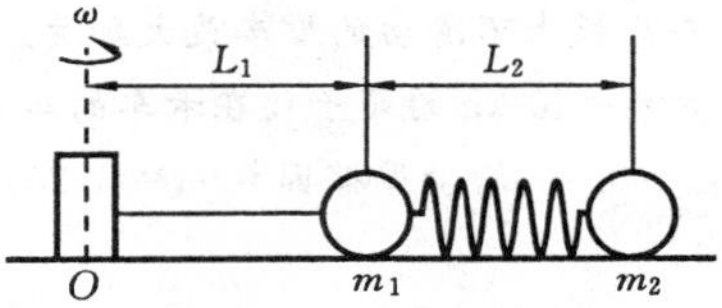

图 2.18

4. 水平面上有一质量 M 为 51 kg 的小车 D，其上有一定滑轮 C，通过绳在滑轮两侧分别连有质量为 $m_1=5$ kg 和 $m_2=4$ kg 的物体 A 和 B. 其中物体 A 在小车的水平台面上，物体 B 被绳悬挂，系统处于静止瞬间，如图 2.20 所示. 各接触面和滑轮轴均光滑. 求以多大的力 $\boldsymbol{F}$ 作用于小车上，才能使物体 A 与小车 D 之间无相对滑动.（滑轮和绳的质量均不计，绳与滑轮间无滑动.）

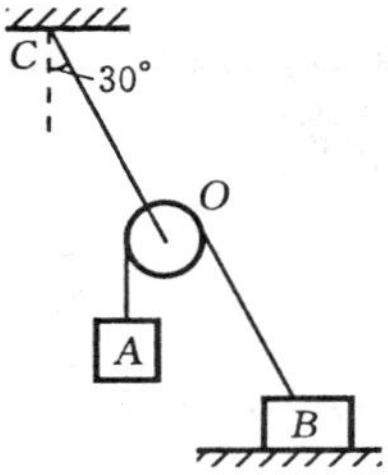

图 2.19

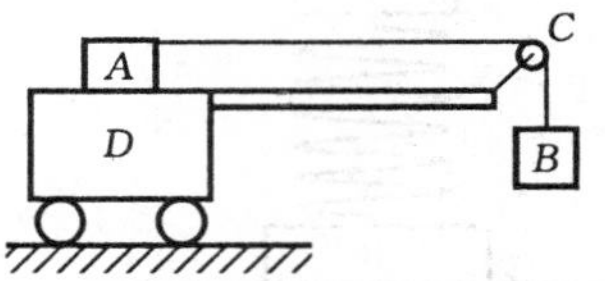

图 2.20

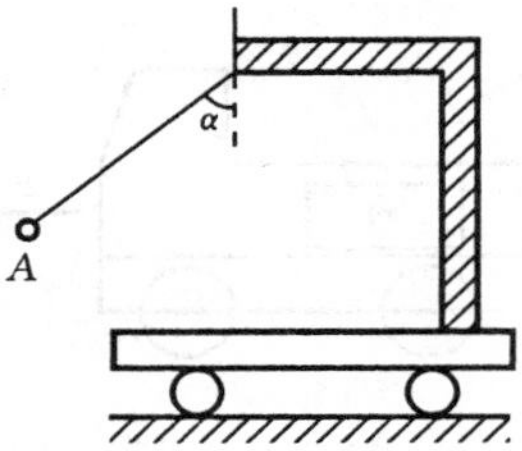

图 2.21

5. 如图 2.21 所示，质量为 m 的摆球 A 悬挂在车架上. 求在下述各种情况下，摆线与竖直方向的夹角 α 和线中的张力 T.（1）小车沿水平方向做匀速运动；（2）小车沿水平方向做加速度为 $\boldsymbol{a}$ 的运动.

6. 一人在平地上拉一个质量为 M 的木箱匀速地前进，如图 2.22 所示. 木箱与地面间的摩擦因数 $\mu=0.6$. 设此人前进时，肩上绳的支撑点距地面高度为 $h=1.5$ m，问绳长 l 为多长时最省力？

7. 一条质量分布均匀的绳子，质量为 M，长度为 L，一端拴在转轴上，并以恒定角速度 ω 在水平面上旋转，如图 2.23 所示. 设转动过程中绳子始终伸直不打弯，且忽略重力，求距转轴为 r 处绳中的张力 T_r.

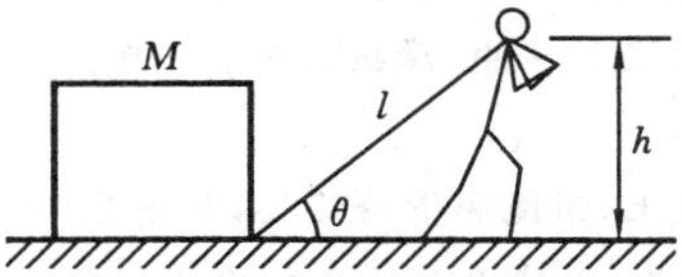

图 2.22

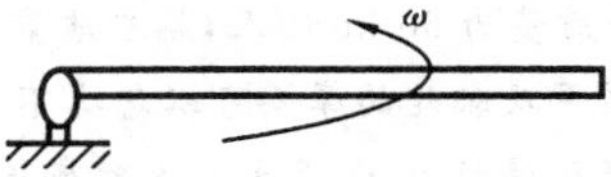

图 2.23

8. 质量为 m 的子弹以速度 v_0 水平射入砂土中. 设子弹所受阻力与速度反向，大小与速度成正比，比例系数为 k，忽略子弹的重力，试求：（1）子弹射入砂土后，速度随时间变化而变化的函数式；（2）子弹进入砂土的最大深度.

9. 竖直而立的细 U 形管里面装有密度均匀的某种液体. U 形管的横截面粗细均匀，两根竖直细管相距为 l，底下的连通管水平. 当 U 形管在如图 2.24 所示的水平的方向上以加速度 $\boldsymbol{a}$ 运动时，两竖直管内的液面将产生高度差 h.若假定竖直管内各自的液面仍然可以认为是水平的，试求两液面的高度差 h.

10. 质量为 m 的物体系于长度为 R 的绳子的一个端点上，在铅直平面内绕绳子另一端点（固定）做圆周运动. 设 t 时刻物体瞬时速度的大小为 v，绳子与铅直向上的方向成 θ 角，如图 2.25 所示.（1）求 t 时刻绳中的张力 T 和物体的切向加速度 a_t；（2）说明在物体运动过程中 $\boldsymbol{a}_t$ 的大小和方向如何变化？

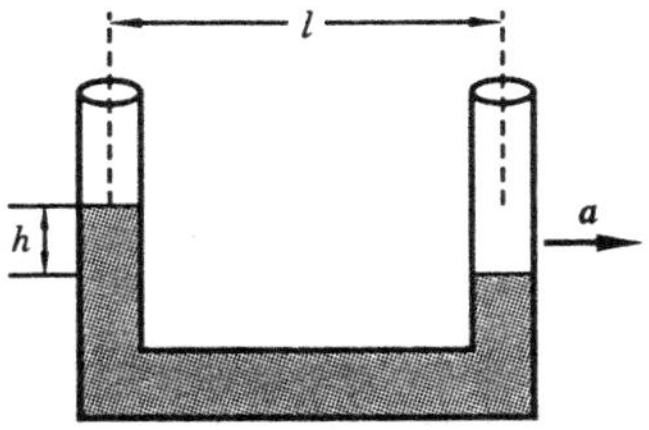

图 2.24

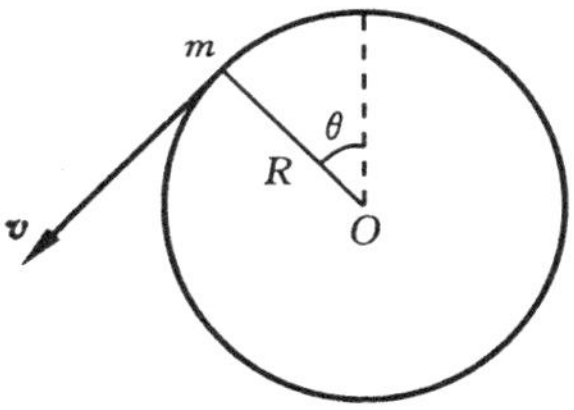

图 2.25

第3章　动量守恒定律

3.1　知识要点

1. 动量、冲量、质点动量定理

物体的质量与物体的速度的乘积称为物体的动量，即 $\boldsymbol{p}=m\boldsymbol{v}$.

力的时间累积效应称为冲量. 恒力 $\boldsymbol{F}$ 的冲量等于 $\boldsymbol{F}$ 与力的作用时间 t_2-t_1 的乘积，即冲量 $\boldsymbol{I}=\boldsymbol{F}(t_2-t_1)$. 如果物体受到的外力 $\boldsymbol{F}=\boldsymbol{F}(t)$ 是一个变力，取一无限小时间元 $\mathrm{d}t$，在 $\mathrm{d}t$ 时间内外力 $\boldsymbol{F}$ 可视为恒力，那么 $\mathrm{d}t$ 时间内外力 $\boldsymbol{F}$ 的冲量为元冲量 $\mathrm{d}\boldsymbol{I}=\boldsymbol{F}(t)\mathrm{d}t$. 在 $t_1\rightarrow t_2$ 时间内外力 $\boldsymbol{F}$ 的冲量为 $\boldsymbol{I}=\int_{t_1}^{t_2}\boldsymbol{F}(t)\mathrm{d}t$. 在直角坐标系下其分量式为 $I_x=\int_{t_1}^{t_2}F_x(t)\mathrm{d}t, I_y=\int_{t_1}^{t_2}F_y(t)\mathrm{d}t, I_z=\int_{t_1}^{t_2}F_z(t)\mathrm{d}t$. 冲量的单位为 N · s.

牛顿第二定律的动量描述为作用于物体的合外力 $\sum\boldsymbol{F}$ 等于物体的动量对时间的一阶导数，即 $\sum\boldsymbol{F}=\frac{\mathrm{d}\boldsymbol{p}}{\mathrm{d}t}=\frac{\mathrm{d}(m\boldsymbol{v})}{\mathrm{d}t}$. 由此可以得出所谓的质点动量定理，即

$$\left(\sum\boldsymbol{F}\right)\cdot\mathrm{d}t=\mathrm{d}\boldsymbol{p}=\mathrm{d}(m\boldsymbol{v})\quad（微分形式），$$

其含义为合外力的元冲量等于物体动量的元增量，即

$$\boldsymbol{I}=\int_{t_1}^{t_2}\left(\sum\boldsymbol{F}\right)\mathrm{d}t=\boldsymbol{p}_2-\boldsymbol{p}_1=m\boldsymbol{v}_2-m\boldsymbol{v}_1\quad（积分形式）.$$

在研究碰撞和打击的问题中，相互作用物体间的相互作用力往往很大，而相互作用时间又较短，这种相互作用力称为冲力. 碰撞过程中质点动量的改变基本上由冲力的冲量来决定. 为了估计冲力的大小，通常引入平均冲力的概念，即平均冲力

$$\overline{\boldsymbol{F}}=\frac{\int_{t_1}^{t_2}\boldsymbol{F}(t)\mathrm{d}t}{t_2-t_1}=\frac{\boldsymbol{p}_2-\boldsymbol{p}_1}{t_2-t_1}.$$

2. 质点系的动量、质点系动量定理

由若干个相互作用的质点组成的系统称为质点系，简称为系统. 系统内各质点间的相互作用力称为内力，系统外其他物体对系统内任一质点的作用力称为外力. 系统的内力总是成对出现的，它们为一对作用力与反作用力，所以系统内所有内力的矢量和为零.

研究质量分别为 $m_1, m_2, \cdots, m_i, \cdots, m_n$ 所组成的质点系，$\boldsymbol{F}_i$ 表示系统内第 i 个质点所受到的外力，$\boldsymbol{f}_{ij}$ 表示系统内第 j 个质点对第 i 个质点的作用力且 $i\neq j$，对系统内每个质点应用牛顿第二定律，并注意到系统内力的特点，可以得到

$$\sum_{i=1}^{n}\boldsymbol{F}_i=\frac{\mathrm{d}}{\mathrm{d}t}(\boldsymbol{p}_1+\boldsymbol{p}_2+\cdots+\boldsymbol{p}_n)=\frac{\mathrm{d}}{\mathrm{d}t}\left(\sum_{i=1}^{n}\boldsymbol{p}_i\right)=\frac{\mathrm{d}}{\mathrm{d}t}\left(\sum_{i=1}^{n}m_i\boldsymbol{v}_i\right),\quad ①$$

式中，$\sum_{i=1}^{n}\boldsymbol{p}_i=\sum_{i=1}^{n}(m_i\boldsymbol{v}_i)$ 称为质点系的总动量. 式 ① 可化为

$$\left(\sum_{i=1}^{n}\boldsymbol{F}_i\right)\mathrm{d}t=\mathrm{d}\left(\sum_{i=1}^{n}\boldsymbol{p}_i\right)=\mathrm{d}\left(\sum_{i=1}^{n}m_i\boldsymbol{v}_i\right),\quad ②$$

$\sum_{i=1}^{n}\boldsymbol{F}_i$ 表示质点系所受到的合外力，式②称为质点系动量定理微分形式，其物理含义为质点系所受各外力的元冲量等于系统总动量的元增量. 式②可化为

$$\int_{t_1}^{t_2}\left(\sum_{i=1}^{n}\boldsymbol{F}_i\right)\mathrm{d}t=\sum_{i=1}^{n}m_i\,\boldsymbol{v}_{i2}-\sum_{i=1}^{n}m_i\,\boldsymbol{v}_{i1}\,, \tag{③}$$

式③称为质点系动量定理积分形式.

3. 质点系动量守恒定律

如果 $\sum\boldsymbol{F}_i=\boldsymbol{0}$，即系统所受合外力为零，则 $\sum m_i\boldsymbol{v}_i$ 为恒矢量，称为质点系动量守恒定律. 如果 $\sum\boldsymbol{F}_i\neq\boldsymbol{0}$，但系统在某方向上所受外力的代数和为零，那么系统的总动量在这一方向上的分量保持不变，即 $\sum m_i\boldsymbol{v}_{ix}$ 为恒量，称为某方向上的动量守恒定律.

4. 质点系的质心与质心运动定理

质心就是质点系质量分布的中心. 质点系的质心的位置矢量为

$$\boldsymbol{r}_c=\frac{\sum m_i\boldsymbol{r}_i}{M}\ (\text{离散体}),\quad \boldsymbol{r}_c=\frac{\int\boldsymbol{r}\mathrm{d}m}{M}\ (\text{连续体}),$$

式中，$\boldsymbol{r}_i$ 为 m_i 的位置矢量；$M=\sum m_i$ 为质点系的总质量.

质心速度为
$$\boldsymbol{v}_c=\frac{\mathrm{d}\boldsymbol{r}_c}{\mathrm{d}t}=\frac{\sum m_i\,\boldsymbol{v}_i}{M},$$

质心加速度为
$$\boldsymbol{a}_c=\frac{\mathrm{d}\,\boldsymbol{v}_c}{\mathrm{d}t}=\frac{\sum m_i\boldsymbol{a}_i}{M},$$

式中，$\boldsymbol{v}_i$，$\boldsymbol{a}_i$ 分别为 m_i 的速度和加速度.

由 $\boldsymbol{v}_c=\dfrac{\sum m_i\,\boldsymbol{v}_i}{M}$ 可以得出 $\sum m_i\boldsymbol{v}_i=M\boldsymbol{v}_c$，其含义为质点系的总动量等于质点系总质量与质心速度的乘积.

由于 $\dfrac{\mathrm{d}}{\mathrm{d}t}\left(\sum m_i\,\boldsymbol{v}_i\right)=M\dfrac{\mathrm{d}\,\boldsymbol{v}_c}{\mathrm{d}t}=M\boldsymbol{a}_c$，所以 $\sum\boldsymbol{F}_i=M\boldsymbol{a}_c$. 此式称为质心运动定理，其物理含义为质点系所受到的合外力等于质点系总质量乘以质心加速度.

5. 质心参照系

质点系的质心在其中静止的平动参照系. 质心参照系又称为零动量参照系，质心参照系可以是惯性参照系，也可以是非惯性参照系. 在质心参照系中，质点系的功能原理和角动量定理以及各自的守恒定律仍然成立.

6. 火箭飞行原理

火箭是一种利用燃料燃烧后喷出气体所产生反冲推力作为推进力的. 火箭在航空航天技术中有着十分广泛的应用.

1) 火箭速度公式与火箭推力

设 t 时刻火箭的总质量为 M，对基本系的速度为 $\boldsymbol{v}$，经 $\mathrm{d}t$ 时间后质量为 $\mathrm{d}m$ 的燃料被喷出，其对火箭体的速度为 $\boldsymbol{u}$(u 为定值). 在 $t+\mathrm{d}t$ 时刻，火箭剩余质量为 $M-\mathrm{d}m$，对基本系的速度为 $\boldsymbol{v}+\mathrm{d}\boldsymbol{v}$. 若考虑火箭在外层空间运动，则动量守恒在基本系下(取火箭前进方向为正方向)有

$$(M-\mathrm{d}m)(v+\mathrm{d}v)+\mathrm{d}m(v-u)=Mv.$$

由于 $\mathrm{d}m=-\mathrm{d}M$，所以有 $(M+\mathrm{d}M)(v+\mathrm{d}v)-\mathrm{d}M(v-u)=Mv$，略去二阶小量有

$$u\mathrm{d}M+M\mathrm{d}v=0.$$

设火箭的初始质量为 M_i，末质量为 M_f，初始速度为 v_i，末速度为 v_f，分离变量积分得

$$\int_{v_i}^{v_f}\mathrm{d}v=\int_{M_i}^{M_f}-u\frac{\mathrm{d}M}{M},\quad 即\quad v_f-v_i=u\ln\frac{M_i}{M_f},$$

上式称为火箭速度公式，$\frac{M_i}{M_f}$称为质量比. 如以喷出气体 $\mathrm{d}m$ 为研究对象，它在 $\mathrm{d}t$ 时间里动量变化率为

$$\frac{\mathrm{d}m[(v-u)-v]}{\mathrm{d}t}=-u\frac{\mathrm{d}m}{\mathrm{d}t},$$

这是喷出气体受火箭的作用力. 由牛顿第三定律知，喷出气体对火箭的推动大小为

$$F_{推}=u\frac{\mathrm{d}m}{\mathrm{d}t}$$

上式即为火箭推力公式，$\frac{\mathrm{d}m}{\mathrm{d}t}$称为燃料的燃烧速率.

2）箭体的运动方程

以箭体和燃气组成的系统为研究对象，在 t 时刻，火箭体的总质量为 M，速度为$\boldsymbol{v}$，在 $t+\mathrm{d}t$ 时刻，火箭总质量为 $M-\mathrm{d}m$，速度变成$\boldsymbol{v}+\mathrm{d}\boldsymbol{v}$，喷出燃气质量为 $\mathrm{d}m$，喷出燃气速度为$\boldsymbol{v}-\boldsymbol{u}$. 用 $\boldsymbol{F}$ 表示火箭系统所受到的外力（即重力和空气阻力），依据质点系动量定理，其微分形式有

$$F\mathrm{d}t=(M-\mathrm{d}m)(v+\mathrm{d}v)+\mathrm{d}m(v-u)-Mv.$$

略去二阶小量得　　$F\mathrm{d}t=M\mathrm{d}v-u\mathrm{d}m$，　即　$F=M\frac{\mathrm{d}v}{\mathrm{d}t}-u\frac{\mathrm{d}m}{\mathrm{d}t}$.

由于箭体受到的推力为 $F_{推}=u\frac{\mathrm{d}m}{\mathrm{d}t}$，所以 $F+F_{推}=M\frac{\mathrm{d}v}{\mathrm{d}t}$. 只要 $F+F_{推}$ 大于零，箭体就能升空，又由于 $\mathrm{d}m=-\mathrm{d}M$，所以

$$F=M\frac{\mathrm{d}v}{\mathrm{d}t}+u\frac{\mathrm{d}M}{\mathrm{d}t},$$

上式称为箭体运动方程式.

3）讨论一个具体问题

设火箭的初始质量为 M_i，从地面静止竖直发射，燃料燃烧速率为 $\alpha=\frac{\mathrm{d}m}{\mathrm{d}t}=\left|\frac{\mathrm{d}M}{\mathrm{d}t}\right|$，喷出燃气对箭体的速率 u 恒定. 要使箭体能够升空，如果忽略空气阻力，则要求火箭的推进力大于火箭的重量，即

$$u\frac{\mathrm{d}m}{\mathrm{d}t}>M_i g$$

取向上方向为正，由箭体运动方程有

$$u\mathrm{d}M+M\mathrm{d}v=-Mg\mathrm{d}t,\quad 即\quad \frac{\mathrm{d}v}{\mathrm{d}t}=-\frac{u}{M}\frac{\mathrm{d}M}{\mathrm{d}t}-g,$$

故　$$v=\int_0^v\mathrm{d}v=-\int_{M_i}^{M_f}\frac{u}{M}\mathrm{d}M-\int_0^t g\mathrm{d}t=u\ln\frac{M_i}{M_f}-gt=u\ln\frac{M_i}{M_i-\alpha t}-gt,$$

上式为箭体飞行的速度公式. 由 $h=\int_0^t v\mathrm{d}t$ 还可以求出 t 时刻箭体离地面的高度.

3.2　典型例题

例 3.1　一个质量 $m=140$ g 的垒球以 $v=40$ m/s 的速率沿水平方向飞向击球手，被击后它以

相同速率且 $\theta=60°$ 的仰角飞出. 设棒与球接触时间为 $\Delta t=1.2$ ms,求棒对垒球的平均打击力.

解　如图 3.1 所示. 设平均打击力为 $\bar{\boldsymbol{F}}$,忽略重力,依据质点动量定理,有

$$\int_{t_1}^{t_2}\boldsymbol{F}\mathrm{d}t=\bar{\boldsymbol{F}}(t_2-t_1)=\bar{\boldsymbol{F}}\Delta t=\boldsymbol{p}_2-\boldsymbol{p}_1,$$

故 $$\bar{F}_x=\frac{mv_{2x}-mv_{1x}}{\Delta t}=\frac{mv\cos\theta-m(-v)}{\Delta t}=7.0\times10^3\ \mathrm{N},$$

$$\bar{F}_y=\frac{mv_{2y}-mv_{1y}}{\Delta t}=\frac{mv\sin\theta}{\Delta t}=4.0\times10^3\ \mathrm{N},$$

故平均打击力为 $$\bar{F}=\sqrt{\bar{F}_x^2+\bar{F}_y^2}=8.1\times10^3\ \mathrm{N},$$

由 $\tan\alpha=\dfrac{\bar{F}_y}{\bar{F}_x}=0.57$ 知 $\alpha=30°$(α 为 $\bar{\boldsymbol{F}}$ 与水平方向的夹角).

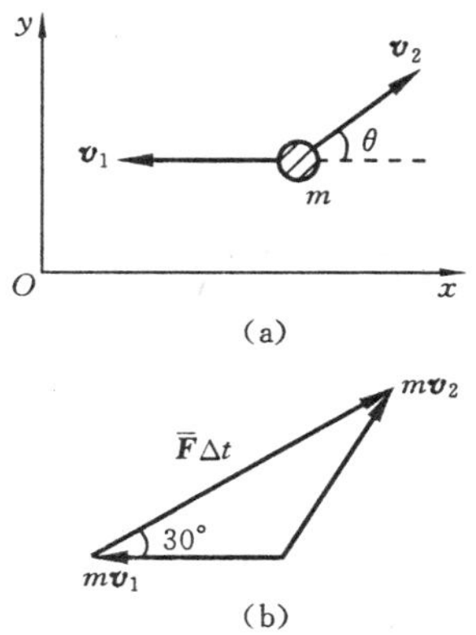

图 3.1

此题亦可用几何图示法求出,如图 3.1(b)所示. 易求得 $\bar{F}\Delta t=|m\boldsymbol{v}_2-m\boldsymbol{v}_1|=2mv\cos30°$,故 $\bar{F}=\dfrac{2mv\cos30°}{\Delta t}=8.1\times10^3\ \mathrm{N}$.

例 3.2　一辆装煤车以 $v=3$ m/s 的速率从煤斗下面通过,每秒钟落入车辆的煤 $\Delta m=500$ kg. 如果车厢的速率保持不变,则应用多大的牵引力拉车厢?(车厢与钢轨摩擦不计.)

解　用 m 表示 t 时刻煤车与已落入煤车的煤的总质量,$\mathrm{d}m$ 表示 $\mathrm{d}t$ 时间里将要落入煤车的煤的质量. 取 m 与 $\mathrm{d}m$ 为研究系统,在水平方向上,t 时刻系统的总动量为 mv,$(t+\mathrm{d}t)$ 时刻系统水平总动量为 $(m+\mathrm{d}m)v$,依据质点系动量定理微分形式,有

$$F\mathrm{d}t=(m+\mathrm{d}m)v-mv=v\mathrm{d}m,\quad 即\quad F=\frac{\mathrm{d}m}{\mathrm{d}t}v.$$

已知 $\dfrac{\mathrm{d}m}{\mathrm{d}t}=500$ kg/s,$v=3$ m/s,解得 $F=1.5\times10^3$ N.

例 3.3　光滑水平面上有一质量为 M 的三棱柱体,其上放一质量为 m 的小三棱柱体,其横截面都是直角三角形. M 的水平直角边边长为 a,m 的水平直角边边长为 b,所有的接触面间均光滑,斜边倾角为 θ,如图 3.2 所示. m 从静止开始下滑,试求 m 滑到图中虚线所示位置时,M 在水平面上移动的距离.

解　显然 m 与 M 组成的系统在水平方向上动量守恒,设下滑过程中 m 及 M 对地的水平速度分别为 $\boldsymbol{v}_x$ 及 $\boldsymbol{u}_x$,有

$$mv_x+(-Mu_x)=0,\quad 即\quad mv_x=Mu_x.$$

上式两边对时间积分,有

$$\int_0^t mv_x\mathrm{d}t=\int_0^t Mu_x\mathrm{d}t,\quad 即\quad m\int_0^t v_x\mathrm{d}t=M\int_0^t u_x\mathrm{d}t.$$

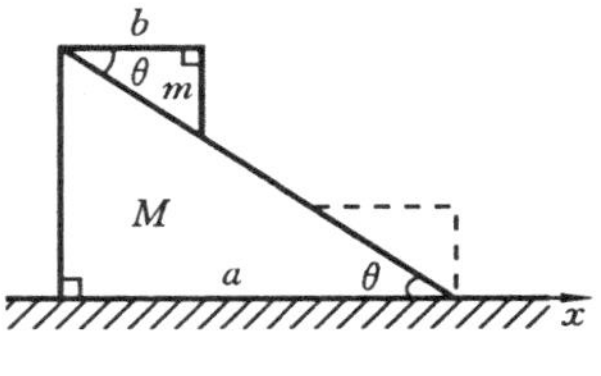

图 3.2

实际上,$\int_0^t v_x\mathrm{d}t=x$ 为 m 对地的水平位移,$\int_0^t u_x\mathrm{d}t=X$ 为 M 对地的位移,即

$$mx=MX. \tag{①}$$

又依据位移合成规律,有 $$x=x'+(-X), \tag{②}$$

式中,$x'=a-b$ 为 m 相对于 M 的水平位移. 由式①、式②可求得

$$X=\frac{m(a-b)}{M+m}.$$

例 3.4　一架喷气式飞机以 210 m/s 的速度飞行，它的发动机每秒钟吸入 75 kg 空气，在机内与单位时间内 3.0 kg 的燃料燃烧后以相对于飞机 490 m/s 的速度向后喷出，求发动机对飞机的推力.

解　依题意有 $v=210\ \mathrm{m/s}$，$\frac{\mathrm{d}m}{\mathrm{d}t}=75\ \mathrm{kg/s}$，$\frac{\mathrm{d}M}{\mathrm{d}t}=-3.0\ \mathrm{kg/s}$，$u=490\ \mathrm{m/s}$，以飞机和在 $\mathrm{d}t$ 时间里被吸入的空气质量 $\mathrm{d}m$ 为研究系统，则系统动量守恒，有

$$\mathrm{d}m\times 0+Mv=(\mathrm{d}m-\mathrm{d}M)(v-u)+(M+\mathrm{d}M)(v+\mathrm{d}v),$$

化简整理，得 $M\mathrm{d}v=-u\mathrm{d}M+(u-v)\mathrm{d}m$. 飞机受到的推力为

$$F=M\frac{\mathrm{d}v}{\mathrm{d}t}=-u\frac{\mathrm{d}M}{\mathrm{d}t}+(u-v)\frac{\mathrm{d}m}{\mathrm{d}t}=[-490\times(-3.0)+(490-210)\times 75]\ \mathrm{N}=2.25\times 10^4\ \mathrm{N}.$$

例 3.5　最初质量为 M_0 的火箭沿铅直向上的方向发射，它每秒钟排出的气体质量恒为 $5\times 10^{-2}M_0$，火箭排出的气体相对于火箭的速度为 5×10^3 m/s. 若重力忽略不计，试求发射 10 s 后火箭的速度和高度.

解　以火箭发射处为 x 坐标原点，取竖直向上为 x 坐标的正方向. 设 t 时刻火箭的总质量为 M，对基本系的速度为 $\boldsymbol{v}$. 在 $t\to t+\mathrm{d}t$ 时间内排出气体的质量为 $\mathrm{d}m$，其对于箭体的速度为 $\boldsymbol{u}$，则在 $t+\mathrm{d}t$ 时刻火箭的质量为 $M-\mathrm{d}m$，速度为 $\boldsymbol{v}+\mathrm{d}\boldsymbol{v}$. 由于忽略重力，系统（火箭及排出的气体）的动量守恒，即

$$(M-\mathrm{d}m)(v+\mathrm{d}v)+\mathrm{d}m(v-u)=Mv.$$

由于 $\mathrm{d}m=-\mathrm{d}M$，所以有

$$(M+\mathrm{d}M)(v+\mathrm{d}v)-\mathrm{d}M(v-u)=Mv.$$

略去二阶小量，有

$$u\mathrm{d}M=-M\mathrm{d}v,\quad \int_0^v \mathrm{d}v=\int_{M_0}^{M}-\frac{u}{M}\mathrm{d}M,$$

故 $v=u\ln\frac{M_0}{M}$. 由于 $M=M_0-kM_0t$，故

$$v=u\ln\frac{1}{1-kt},\tag{①}$$

由速度定义有

$$\int_0^x \mathrm{d}x=\int_0^t u\ln\frac{1}{1-kt}\mathrm{d}t,$$

故

$$x=\frac{u}{k}[(1-kt)\ln(1-kt)+kt].\tag{②}$$

将 $t=10$ s，$u=5\times 10^3$ m/s 和 $k=5\times 10^{-2}$ 代入式①、式②中，得

$$v=3.47\times 10^3\ \mathrm{m/s},\quad x=1.53\times 10^4\ \mathrm{m}.$$

例 3.6　质量为 m 的小球下系一条足够长的均质柔绳，绳子的质量线密度为 λ，将小球以初速度 $\boldsymbol{v}_0$ 从地面竖直上抛，忽略空气阻力，试求上升过程中小球的速率随高度变化而变化的规律.

解　以地面为原点 O，竖直向上为 x 轴正方向. 设在 t 时刻，小球上升到 x 位置，速度为 $\boldsymbol{v}$，以质量 $M=m+\lambda x$ 和在 $\mathrm{d}t$ 时间里附加质量 $\mathrm{d}M=\lambda\mathrm{d}x$ 为系统，由质点系动量定理微分形式有

$$-Mg\mathrm{d}t=(M+\mathrm{d}M)(v+\mathrm{d}v)-Mv.$$

略去二阶小量，有

$$-Mg\mathrm{d}t=M\mathrm{d}v+v\mathrm{d}M,\quad 即\quad M\frac{\mathrm{d}v}{\mathrm{d}t}=-v\frac{\mathrm{d}M}{\mathrm{d}t}-Mg,$$

将 $M=m+\lambda x$ 代入上式，得

$$(m+\lambda x)\frac{\mathrm{d}v}{\mathrm{d}t}=-v\lambda\frac{\mathrm{d}x}{\mathrm{d}t}-(m+\lambda x)g,$$

即

$$(m+\lambda x)v\frac{\mathrm{d}v}{\mathrm{d}x}=-\lambda v^2-(m+\lambda x)g.\tag{①}$$

作变量替换 $y=(m+\lambda x)^2v^2$，则有

$$\frac{\mathrm{d}y}{\mathrm{d}x}=2(m+\lambda x)\lambda v^2+2(m+\lambda x)^2v\frac{\mathrm{d}v}{\mathrm{d}x},$$

即
$$(m+\lambda x)v\frac{\mathrm{d}v}{\mathrm{d}x}=\frac{1}{2}\frac{1}{(m+\lambda x)}\frac{\mathrm{d}y}{\mathrm{d}x}-\lambda v^2. \quad ②$$

将式②代入式①，得
$$\frac{\mathrm{d}y}{\mathrm{d}x}=-2(m+\lambda x)^2 g, \quad 即 \quad \mathrm{d}y=-2(m+\lambda x)^2 g\mathrm{d}x.$$

由初始条件 $t=0, x=0, v=v_0$，得 $y=m^2v_0^2$，即有 $\int_{m^2v_0^2}^{y}\mathrm{d}y=\int_0^x -2(m+\lambda x)^2 g\mathrm{d}x$，故
$$y=m^2v_0^2-\frac{2g}{3\lambda}(m+\lambda x)^3+\frac{2g}{3\lambda}m^3. \quad ③$$

将 $y=(m+\lambda x)^2v^2$ 代入式③，得到小球的速率与高度的关系为
$$v^2=\frac{m^2v_0^2}{(m+\lambda x)^2}-\frac{2g}{3\lambda}\left[\frac{(m+\lambda x)^3-m^3}{(m+\lambda x)^2}\right]. \quad ④$$

依据题意要求，$v>0$，故
$$\frac{m^2v_0^2}{(m+\lambda x)^2}\geqslant\frac{2g}{3\lambda}\left[\frac{(m+\lambda x)^3-m^3}{(m+\lambda x)^2}\right], \quad 即 \quad x\leqslant\frac{m}{\lambda}\left[\left(\frac{3\lambda v_0^2}{2mg}+1\right)^{\frac{1}{3}}-1\right].$$

当 $x=x_0=\frac{m}{\lambda}\left[\left(\frac{3\lambda v_0^2}{2mg}+1\right)^{\frac{1}{3}}-1\right]$时，$v=0$，$x_0$ 即为小球上升的最大高度.

例 3.7　一个具有$\frac{1}{4}$光滑圆弧轨道的滑块，总质量为 M，放在光滑水平面上静止，现有一质量为 m，速度为$\boldsymbol{v}_0$的小球，从轨道下端水平射入，如图 3.3 所示. 试求：

(1) 若小球上升的高度刚好达到滑块顶端 A，则其具备的最小入射速度是多少？

(2) 小球下降后离开滑块时的速度.

解　(1) 设小球与滑块作用后系统的水平方向速度为$\boldsymbol{v}$，则由动量守恒得
$$mv_0=(m+M)v. \quad ①$$

依题意，由机械能守恒有
$$\frac{1}{2}mv_0^2=\frac{1}{2}(m+M)v^2+mgR, \quad ②$$

式中，R 为圆弧半径.

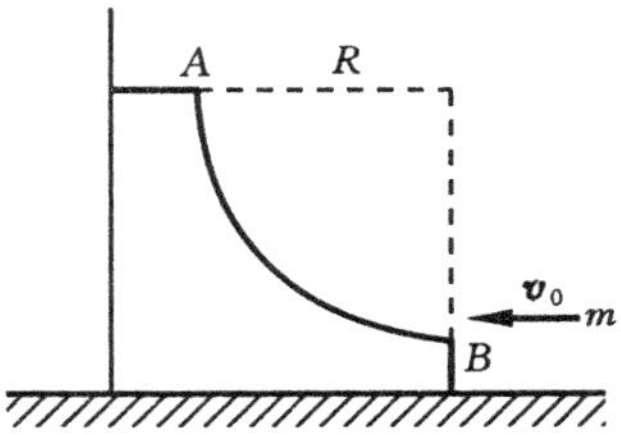

图 3.3

由式①、式②得 $v_0=\sqrt{\frac{2gR(M+m)}{M}}$.

(2) 设小球在点 B 与滑块作用后的速度为$\boldsymbol{v}$，滑块速度为$\boldsymbol{v}'$，则由动量守恒，得
$$mv_0=mv+Mv'. \quad ③$$

由机械能守恒有
$$\frac{1}{2}mv_0^2=\frac{1}{2}mv^2+\frac{1}{2}Mv'^2. \quad ④$$

由式③、式④得
$$v=\frac{m-M}{m+M}v_0. \quad ⑤$$

由式⑤可以看出，当 $m=M$ 时，$v=0$.

例 3.8　有一半圆形的光滑槽，质量为 M，半径为 R，放在光滑桌面上. 一个小物体质量为 m，可以在槽内滑动，开始时半圆槽静止，小物体静止于 A 处，如图 3.4 所示. 试求：

(1) 当小物体滑到 C 点处(θ 角)时，小物体 m 相对槽的速度$\boldsymbol{v}'$，槽相对地的速度 u；

(2) 当小物体滑到最低点 B 处时，槽移动的距离.

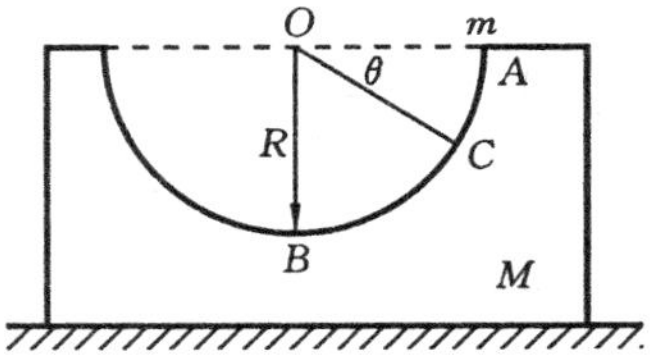

图 3.4

解　(1) 以物体 m 与槽 M 为研究系统，水平方向上动量守恒. 设 $\boldsymbol{v}'$ 表示 m 相对于槽 M 的速度，方向沿槽表面斜向下，$\boldsymbol{u}$ 表示 M 相对于地的速度，方向水平向右，则

$$m(v'\sin\theta-u)-Mv=0. \qquad ①$$

由 m 与 M 和地球组成的系统机械能守恒得

$$\frac{1}{2}m(v'\sin\theta-u)^2+\frac{1}{2}m(v'\cos\theta)^2+\frac{1}{2}Mu^2=mgR\sin\theta. \qquad ②$$

由式①、式②得

$$v'=\sqrt{\frac{(M+m)2gR\sin\theta}{(M+m)-m\sin^2\theta}},\quad u=\frac{m\sin\theta}{M+m}\sqrt{\frac{(M+m)2gR\sin\theta}{(M+m)-m\sin^2\theta}}.$$

(2) 设 v_x 表示 m 相对地面速度的水平分量，m 与 M 系统水平方向上动量守恒，则有 $mv_x=Mu$，两边对时间积分，有

$$m\int_0^t v_x\mathrm{d}t=M\int_0^t u\mathrm{d}t,\quad 即\quad mx=MX,$$

x 为 m 对地面的水平位移，X 为 M 对地的水平位移. 又因为 $x=R-X$，故

$$X=\frac{m}{M+m}R.$$

例 3.9　一段均匀的绳铅直的挂着，绳的下端恰好触到水平桌面上. 如果把绳的上端放开，试证明：在绳落下后的任意时刻，作用于桌面上的压力三倍于已落到桌面上那部分绳的重量.

解一　用质点系动量定理微分形式求解. 如图 3.5 所示，把 t 时刻已下落的绳子 $m=\lambda x$（λ 为质量线密度）与将在 $\mathrm{d}t$ 时间里下落的绳子 $\mathrm{d}m=\lambda\mathrm{d}x$ 作为一系统. t 时刻系统的总动量为 $\mathrm{d}mv=\sqrt{2gx}\,\mathrm{d}m$，$t+\mathrm{d}t$ 时刻系统总动量为零，忽略 $\mathrm{d}m$ 的重力，则有

$$(-N+mg)\mathrm{d}t=0-\sqrt{2gx}\mathrm{d}m,$$

整理得　$-N+\lambda xg=-\sqrt{2gx}\dfrac{\mathrm{d}m}{\mathrm{d}t}=-\sqrt{2gx}\dfrac{\lambda\mathrm{d}x}{\mathrm{d}t}=-\lambda 2gx,$

所以　$N=3\lambda xg.$

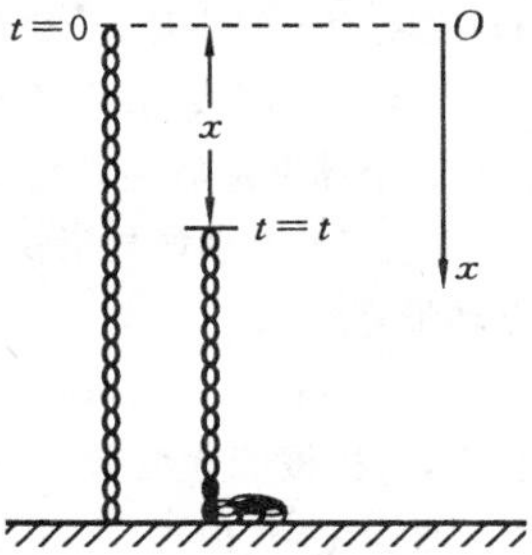

图 3.5

由牛顿第三定律知，施于桌面的压力大小为 $3\lambda xg$，方向垂直向下.

解二　设绳长为 l，以 t 时刻竖直段长度为 $l-x$ 的绳为研究对象，应用牛顿第二定律的动量形式，即

$$-N+\lambda(l-x)g=\frac{\mathrm{d}}{\mathrm{d}t}[\lambda(l-x)v]=\lambda(l-x)g-\lambda v\frac{\mathrm{d}x}{\mathrm{d}t}=\lambda(l-x)g-\lambda v^2,$$

整理得 $N=\lambda v^2=\lambda 2gx$，所以在任意时刻 t 对桌面的压力为 $\lambda 2gx+\lambda gx=3\lambda gx$，方向垂直于桌面向下.

3.3　强化训练题

一、填空题

1. 两个相互作用的物体 A 和 B，无摩擦地在一条水平直线上运动. 物体 A 的动量是时间的函数，表达式为 $p_A=p_0-bt$，p_0，b 分别为正常数；t 为时间. 在下列两种情况下，写出物体 B 的动量作为时间的函数表达式：

(1) 开始时，若物体 B 静止，则 $p_{B1}=$______；

(2) 开始时，若物体 B 的动量为 $-p_0$，则 $p_{B2}=$______.

2. 设作用在质量为 1 kg 的物体上的力为 $\boldsymbol{F}=(6t+3)\boldsymbol{i}$. 如果物体在这一力的作用下，由静止开始沿直线运动，在 0 到 2.0 s 的时间间隔内，这个力作用在物体上的冲量大小 $I=$______.

3. 一物体质量 $M=2$ kg，在合外力 $\boldsymbol{F}=(3+2t)\boldsymbol{i}$ 的作用下，从静止出发沿水平 x 轴做直线运动，则当 $t=1$ s 时物体的速度 $\boldsymbol{v}_1=$______.

4. 水流流过一个固定的涡轮叶片，如图 3.6 所示. 水流流过叶片曲面前后的速率都等于 v，每单位时间流向叶片的水的质量保持不变且等于 Q，则水作用于叶片的力的大小为______，方向为______.

5. 如图 3.7 所示，有 m kg 的水以初速度 $\boldsymbol{v}_1$ 进入弯管，经 t 秒后流出时的速度为 $\boldsymbol{v}_2$，且 $v_1=v_2=v$. 在管子转弯处，水对管壁的平均冲力大小是______，方向为______.（管内水受到的重力不考虑.）

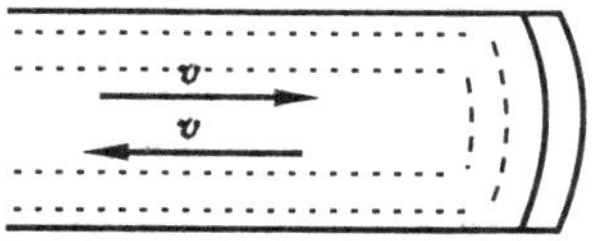

图 3.6

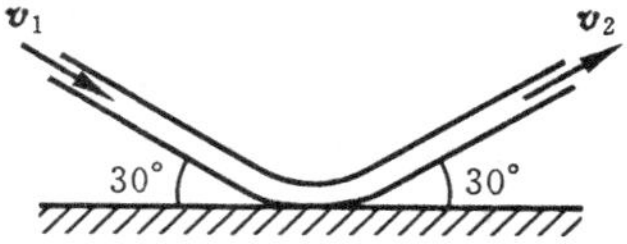

图 3.7

6. 一质量为 m 的物体做斜抛运动，初速率为 $\boldsymbol{v}_0$，仰角为 θ. 如果忽略空气阻力，物体从抛出点到最高点这一过程中所受合外力的冲量大小为______，冲量的方向为______.

7. 质量为 1500 kg 的一辆吉普车静止在一艘驳船上. 驳船在缆绳拉力的作用下沿缆绳方向开始移动，在 5 s 内速率增加至 5 m/s，则该吉普车作用于驳船的平均力的大小为______.

8. 如图 3.8 所示，质量为 m 的小球速度为 $\boldsymbol{v}_0$，与一个以速度 $\boldsymbol{v}$ ($v<v_0$) 退行的活动挡板做垂直的完全弹性碰撞（设挡板质量为 M 且 $M\gg m$），则碰撞后小球的速度 $\boldsymbol{u}=$______，挡板对小球的冲量 $\boldsymbol{I}=$______.

9. 质量为 20 g 的子弹，以 $v_0=400$ m/s 的速率沿图 3.9 所示方向射入一原来静止的质量为 980 g 的摆球中，摆线长度不可伸缩，子弹射入后与摆球一起运动的速度大小 $v=$______.

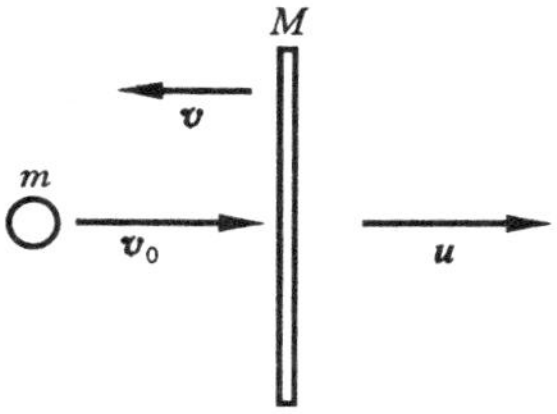

图 3.8

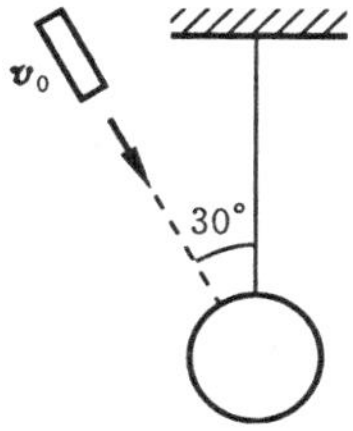

图 3.9

10. 一质量为 m 的质点沿着一条空间曲线运动，该曲线在直角坐标系下的定义式为 $\boldsymbol{r}=a\cos(\omega t)\boldsymbol{i}+b\sin(\omega t)\boldsymbol{j}$，$a$、$b$、$\omega$ 皆为常数. 该质点所受的力对原点的力矩 $\boldsymbol{M}=$______，该质点对原点的角动量 $\boldsymbol{L}=$______.

二、简答题

1. 一人用力 $\boldsymbol{F}$ 推地上的木箱，经历时间 Δt 未能推动木箱，此推力的冲量等于多少？木箱既然受了力 $\boldsymbol{F}$ 的冲量，为什么它的动量没有改变？

2. 人造地球卫星绕地球中心做椭圆轨道运动，若不计空气阻力和其他星球的作用，在卫星运行过程中，卫星的动量和它对地心的角动量都守恒吗？为什么？

三、计算题

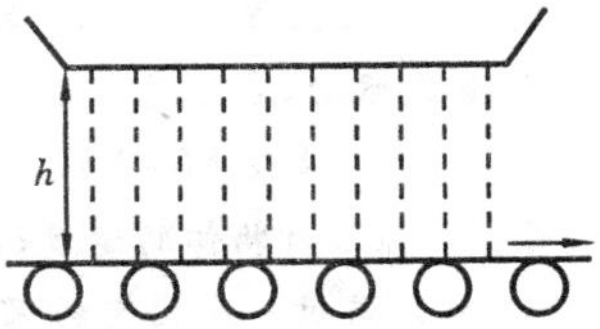

图 3.10

1. 如图 3.10 所示，传送带以 3 m/s 的速率水平向右运动，砂子从高 $h=0.8$ m 处落到传送带上，求传送带给砂子的作用力的方向.（g 取 10 m/s^2.）

2. 有一水平运动的皮带将砂子从一处运到另一处，砂子经一垂直的静止漏斗落到皮带上，皮带以恒定的速率 v 水平地运动. 忽略机件各部位的摩擦及皮带另一端的其他影响. 试问：

(1) 若每秒有质量 $\Delta M=\frac{\mathrm{d}M}{\mathrm{d}t}$ 的砂子落到皮带上，要维持皮带以恒定速率 v 运动，需要多大的功率？

(2) 若 $\Delta M=20$ kg/s，$v=1.5$ m/s，水平牵引力多大？所需功率多大？

3. 在 28 天里，月球沿半径为 4.0×10^8 m 的圆轨道绕地球一周. 月球的质量为 7.35×10^{22} kg，地球的半径为 6.37×10^3 km. 求在地球参照系中观察，在 14 天里，月球动量增量的大小.

4. 一炮弹发射后在其运行轨道上的最高点 $h=19.6$ m 处炸裂成质量相等的两块，其中一块在爆炸后 1 s 落到爆炸点正下方的地面上. 设此处与发射点的距离 $s_1=1000$ m，问另一块落地点与发射地点间的距离是多少？（空气阻力不计，$g=9.8$ m/s^2.）

5. 如图 3.11 所示，质量为 M 的滑块正沿着光滑水平地面向右滑动. 一质量为 m 的小球水平向右飞行，以速度 $\boldsymbol{v}_1$（对地）与滑块斜面相碰，碰后竖直向上弹起，速度为 $\boldsymbol{v}_2$（对地）. 若碰撞时间为 Δt，试计算此过程中滑块对地的平均作用力和滑块速度增量的大小.

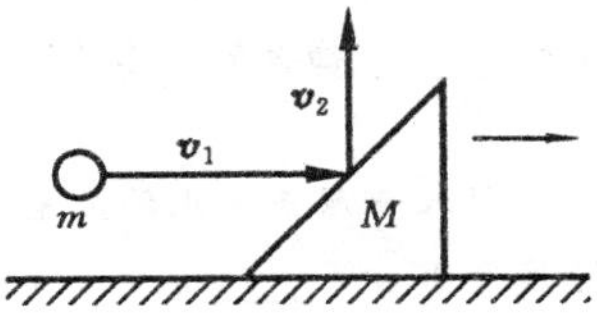

图 3.11

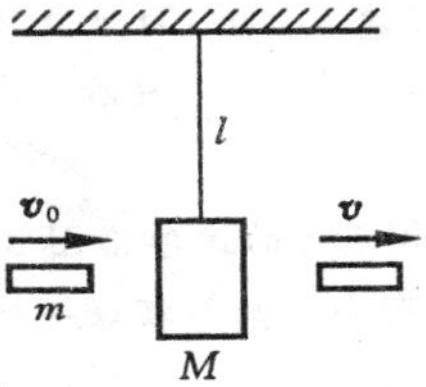

图 3.12

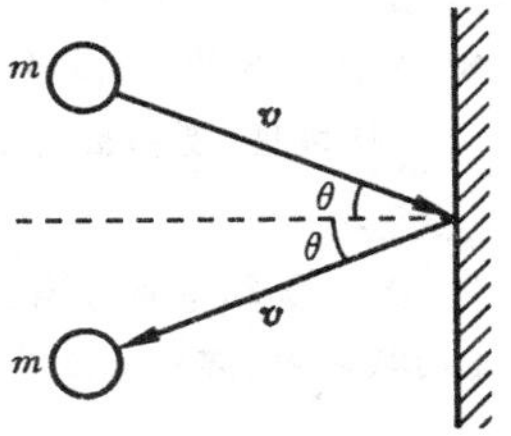

图 3.13

6. 如图 3.12 所示，质量 $M=1.5$ kg 的物体，用一根长 $l=1.25$ m 的细绳悬挂在天花板上. 今有一质量 $m=10$ g 的子弹以 $v_0=500$ m/s 的水平速度射穿物体，刚穿出物体时子弹的速度大小 $v=30$ m/s. 设穿透时间极短，试求：(1) 子弹刚穿出时绳中张力的大小；(2) 子弹在穿透过程中所受的冲量.

7. 如图 3.13 所示，质量为 m，速度为 $\boldsymbol{v}$ 的小球，以入射角 θ 斜向与墙壁相碰，又以原速率沿反射角 θ 从墙壁弹回. 设碰撞时间为 t，求墙壁受到的平均冲力.

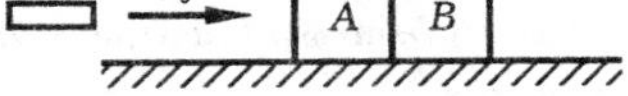

图 3.14

8. 如图 3.14 所示，有两个长方体的物体 A 和 B 紧靠放在光滑的水平桌面上，已知 $m_A=2$ kg，$m_B=3$ kg，有一质量 $m=100$ g 的子弹以速率 $v_0=800$ m/s 水平射入长方体 A，经 0.01 s，又射入长方体 B，最后停留在长方体 B 内未射出. 设子弹射入长方体 A 时所受的摩擦力为 3×10^3 N，试求：(1) 子弹在射入长方体 A 的过程中，B 受到 A 的作用力的大小；(2) 当子弹留在长方体 B 中时，A 和 B 的速度大小.

第 4 章　能量守恒定律

4.1 知识要点

1. 功和功率

1) 恒力的功

恒力 $\boldsymbol{F}$ 所做的功 A 等于恒力 $\boldsymbol{F}$ 与力的作用点位移 $\boldsymbol{s}$ 的标量积，即 $A=\boldsymbol{F}\cdot\boldsymbol{s}=Fs\cos\alpha$. 功是标量，可以为正，也可以为负. 力的功也称为施力物体对受力物体做功.

2) 变力的功

物体受到的力 $\boldsymbol{F}$ 是空间位置的函数，质点做曲线运动. 取位移元 $\mathrm{d}\boldsymbol{r}$，变力 $\boldsymbol{F}(\boldsymbol{r})$ 所做的元功为 $\mathrm{d}A=\boldsymbol{F}(\boldsymbol{r})\cdot\mathrm{d}\boldsymbol{r}$，在 $\mathrm{d}\boldsymbol{r}$ 上 $\boldsymbol{F}(\boldsymbol{r})$ 可视为恒力，当物体由位置 a 沿路径 L 运动到位置 b 的过程中，变力 $\boldsymbol{F}(\boldsymbol{r})$ 所做的总功为

$$A=\int\mathrm{d}A=\int_{a\,(L)}^{b}\boldsymbol{F}(\boldsymbol{r})\cdot\mathrm{d}\boldsymbol{r},$$

数学上称为 $\boldsymbol{F}$ 沿路径 L，从 a 至 b 的有向线积分.

3) 合力的功

如果有许多力同时作用于同一物体，合力对物体所做的功等于各个力沿同一路径对物体做功的代数和，即合力的功

$$A=\int_{a\,(L)}^{b}\left(\sum\boldsymbol{F}\right)\cdot\mathrm{d}\boldsymbol{r}=\int_{a\,(L)}^{b}\boldsymbol{F}_1\cdot\mathrm{d}\boldsymbol{r}+\int_{a\,(L)}^{b}\boldsymbol{F}_2\cdot\mathrm{d}\boldsymbol{r}+\cdots=\sum A_i.$$

4) 功率

单位时间里力所做的功称为力的功率.

力 $\boldsymbol{F}$ 的平均功率 $\overline{N}=\dfrac{\Delta A}{\Delta t}$；

力 $\boldsymbol{F}$ 的瞬时功率 $N=\lim\limits_{\Delta t\to 0}\dfrac{\Delta A}{\Delta t}=\dfrac{\mathrm{d}A}{\mathrm{d}t}=\dfrac{\boldsymbol{F}\cdot\mathrm{d}\boldsymbol{r}}{\mathrm{d}t}=\boldsymbol{F}\cdot\boldsymbol{v}$.

2. 质点动能定理

设质点受到合外力 $\sum\boldsymbol{F}$ 的作用，做曲线运动，取位移元 $\mathrm{d}\boldsymbol{r}$，合外力所做的元功为

$$\mathrm{d}A=\left(\sum\boldsymbol{F}\right)\cdot\mathrm{d}\boldsymbol{r}=\left|\sum\boldsymbol{F}\right|\cos\alpha\mathrm{d}s=\left(\sum F_{\mathrm{t}}\right)\mathrm{d}s=ma_{\mathrm{t}}\mathrm{d}s=m\frac{\mathrm{d}v}{\mathrm{d}t}\mathrm{d}s=mv\mathrm{d}v.$$

物体沿路径 L，由 $a\to b$ 的过程中，合外力对物体做的功为

$$A=\int_{a\,(L)}^{b}\left(\sum\boldsymbol{F}\right)\cdot\mathrm{d}\boldsymbol{r}=\int_a^b mv\mathrm{d}v=\frac{1}{2}mv_b^2-\frac{1}{2}mv_a^2.$$

物体的动能定义为 $E_{\mathrm{k}}=\dfrac{1}{2}mv^2$，代表了物体由于运动而具有的做功的本领. 上式称为质点动能定理，其物理含义为合外力对物体所做的功（即各个外力对物体做功的代数和）等于物体动能的增量.

请注意：功是物体动能变化的量度，功是过程量，与过程有关，而动能是物体运动状态的函数，是状态量.

3. 一对力的功

两个质点之间一对内力的总功为

$$A_{PQ}=\int_P^Q \boldsymbol{f}_{12}\cdot \mathrm{d}\boldsymbol{r}_{12},$$

式中，$\boldsymbol{f}_{12}$为质点2对质点1的作用力；$\mathrm{d}\boldsymbol{r}_{12}$为质点1对质点2的相对元位移．此功与参照系选择无关，仅决定于相互作用质点的相对路径.

4. 保守力

如果一对力的功与相对路径形状无关，只取决于始末位置，则这样的一对力称为保守力．保守力的功等于相应势能增量的负值，即

$$A_{AB}=E_{pA}-E_{pB}=-(E_{pB}-E_{pA})=-\Delta E_p.$$

要确定保守力场中任意点的势能，就必须任选一个零势能参考点，如选位置B为势能零点，即$E_{pB}=0$，那么系统在任一位置时的势能为$E_{pA}=A_{AB}$.

5. 势能

由相互作用质点位置所决定的函数称为势能函数，简称为势能．力学中常见的几种势能为

$$E_{pg}=mgh\ (\text{重力势能}),\quad E_{pk}=\frac{1}{2}kx^2\ (\text{弹性势能}),$$

$$E_{pG}=-G\frac{m_1m_2}{r}\ (\text{万有引力势能}).$$

6. 由势能函数求保守力

$$\boldsymbol{F}=-\nabla E_p=-\frac{\partial E_p}{\partial x}\boldsymbol{i}-\frac{\partial E_p}{\partial y}\boldsymbol{j}-\frac{\partial E_p}{\partial z}\boldsymbol{k},$$

保守力在空间任意$\boldsymbol{l}$方向上的分量$F_l=-\dfrac{\partial E_p}{\partial l}$.

7. 机械能守恒定律

1) 质点系动能定理

将质点动能定理应用于质点系，就得到所谓的质点系动能定理，其数学形式为

$$\sum A_{ext}+\sum A_{int}=\sum E_{k2}-\sum E_{k1},$$

式中，$\sum A_{ext}$为质点系所有外力做的总功；$\sum A_{int}$为质点系所有内力做的总功；$\sum E_k$为质点系的总动能.

请注意：质点系的内力能改变系统的总动能，但不能改变系统的总动量．质点系动能的柯尼希定理可表示为

$$E_k=E_{kc}+E_{kint},$$

式中，E_k为质点系相对于惯性系的总动能；$E_{kc}=\frac{1}{2}Mv_c^2$为质点系的轨道动能或质心动能，M为质点系的总质量，v_c表示质心速度；$E_{kint}=\sum\frac{1}{2}m_iv_i'^2$为质点系的内动能，$v_i'$表示$m_i$相对于质心系的速度.

2) 质点系功能原理

依据保守力做功特点，有

$$\sum A_{保守}=-\left(\sum E_p-\sum E_{p0}\right),$$

式中，$\sum E_p$ 为质点系的总势能(所有势能之和)．再依据质点系动能定理，就得到了所谓的质点系动能原理，其数学形式为

$$\sum A_{外} + \sum A_{非保守} = \left(\sum E_k + \sum E_p\right) - \left(\sum E_{k0} + \sum E_{p0}\right) = E - E_0,$$

式中，$E = \sum E_k + \sum E_p$ 为质点系的总机械能．

3）机械能守恒

在 $\sum A_{外} + \sum A_{非保守} = 0$，即只有保守内力做功的物体系中，系统的总机械能守恒，有

$$E = \sum E_k + \sum E_p = 恒量.$$

如果一个系统既无外力做功，又无非保守内力做功，那么这个系统称为孤立保守系统．

8．对称性与守恒定律及守恒定律的意义

自然界的每一条不变性原理都对应于一个守恒定律，比如，与时间平移不变性对应的是能量守恒定律，与空间平移不变性对应的是动量守恒定律，与空间各向同性对应的守恒定律是角动量守恒定律等．不研究过程的细节而能够对系统的状态下结论，这是各个守恒定律的特点和优点．对于一个待研究的物理过程，只有在守恒定律都用过之后，还未能得到所要求的结果时，才要对过程的细节进行细致而复杂的分析，应用相应的定理来求解．由于物理学家对守恒定律的笃信，所以发现了物理学中的许多重大现象，比如中微子的存在、电磁场有动量等．当有的守恒定律无法补救时，便大胆宣布这些守恒定律不是普遍成立的，而是认定它们是有缺陷的守恒定律，比如宇称守恒定律，在弱相互作用中，宇称并不守恒．

9．碰撞

具有相对运动速度物体间的一种相互作用称为碰撞．在碰撞过程中，物体间相互作用力极大，而相互作用时间极短，这种力称为冲力．如果把相互作用物体作为一个系统，仅有内力作用，其他力忽略不计，那么这个系统动量守恒，即

$$m_1 \boldsymbol{v}_{10} + m_2 \boldsymbol{v}_{20} = m_1 \boldsymbol{v}_1 + m_2 \boldsymbol{v}_2.$$

如果碰撞前后物体的速度方向在同一条直线上，则称为对心碰撞或正碰；否则称为非对心碰撞．无论何种碰撞，系统动量总是守恒的．

1）弹性碰撞

在碰撞过程中，两物体的机械能完全没有损失，即

$$\frac{1}{2}m_1 v_{10}^2 + \frac{1}{2}m_2 v_{20}^2 = \frac{1}{2}m_1 v_1^2 + \frac{1}{2}m_2 v_2^2.$$

如为正碰，则碰后两个物体的速度分别为

$$v_1 = \frac{(m_1 - m_2)v_{10} + 2m_2 v_{20}}{m_1 + m_2}, \quad v_2 = \frac{(m_2 - m_1)v_{20} + 2m_1 v_{10}}{m_1 + m_2}.$$

2）完全非弹性碰撞

碰撞后两物体连在一起运动，这时 $v_1 = v_2 = v$.

3）非弹性碰撞(仅考虑正碰情况)

牛顿总结实验结果提出了碰撞定律：碰撞后两球的分离速度 $v_2 - v_1$ 与碰前两球的接近速度 $v_{10} - v_{20}$ 成正比，比值由两球的性质决定，即

$$e = \frac{v_2 - v_1}{v_{10} - v_{20}},$$

式中，e 为恢复系数，可由实验测定．

分三种情况讨论：① 当 $e=0$ 时，$v_1 = v_2$，为完全非弹性碰撞；② 当 $e=1$ 时，为弹性碰撞；③ 当 $0<e<1$ 时，为非弹性碰撞．

4.2　典型例题

例 4.1　长为 l、质量为 m 的匀质链条，置于桌面上，链条与桌面的摩擦因数为 μ，下垂端的长度为 a. 在重力作用下，由静止开始下落，求链条完全滑离桌面时重力、摩擦力的功.

解　建立如图 4.1 所示的坐标系，在链条下落的任意时刻，重力所做的元功为 $dA=\frac{m}{l}yg\mathrm{d}y$；链条完全脱离桌面时，重力所做的功为

$$A_g=\int_a^l \frac{m}{l}yg\mathrm{d}y=\frac{1}{2}\frac{m}{l}g(l^2-a^2).$$

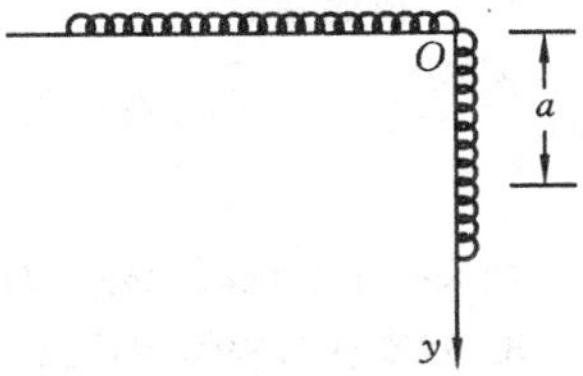

图 4.1

在任意时刻，桌面上的链条长度为 $l-y$，则摩擦力为 $-\frac{m}{l}(l-y)g\mu$，从静止到链条完全滑离桌面摩擦力所做的功为

$$A_f=-\int_a^l \frac{m}{l}(l-y)g\mu\mathrm{d}y=-\int_a^l mg\mu\mathrm{d}y+\int_a^l \frac{m}{l}g\mu y\mathrm{d}y=-\frac{1}{2}mg\mu\frac{(l-a)^2}{l}.$$

例 4.2　在光滑水平面上放着一个质量为 m 的物体. 从 $t=0$ 开始，物体受到一个随时间变化而变化的力 $\boldsymbol{F}=\boldsymbol{b}t$ 的作用，其中 $\boldsymbol{b}$ 是一个常矢量，它与水平方向始终保持 θ 角，如图 4.2 所示. 物体沿水平面滑过一段距离后脱离水平面，求在沿水平面滑动过程中力 $\boldsymbol{F}$ 所做的功.

解　由牛顿第二定律有 $bt\cos\theta=ma_x=m\frac{\mathrm{d}v_x}{\mathrm{d}t}$，即

$$\mathrm{d}v_x=\frac{b\cos\theta}{m}t\mathrm{d}t,$$

上式两边对时间积分得

$$\int_0^{v_x}\mathrm{d}v_x=\int_0^t\frac{b\cos\theta}{m}t\mathrm{d}t,$$

故

$$v_x=\frac{b\cos\theta}{2m}t^2.$$

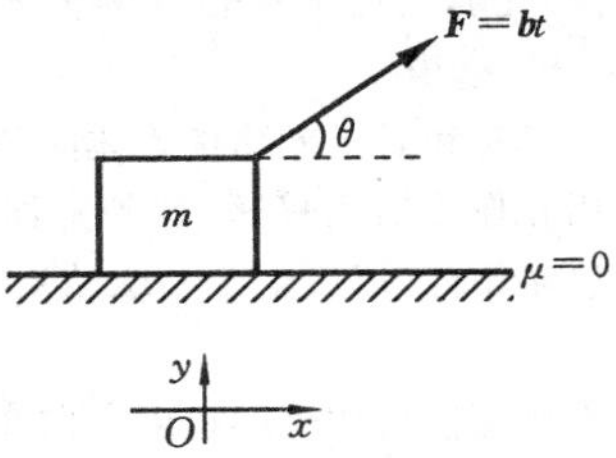

图 4.2

当物体离开水平面时，有 $N=0$，即 $mg=bt_0\sin\theta$，亦即

$$t_0=\frac{mg}{b\sin\theta}.$$

由质点动能定理可求得 $0\rightarrow t_0$ 时间里，力 $\boldsymbol{F}$ 所做的功为

$$A=\frac{1}{2}mv_x^2=\frac{1}{2}m\left[\frac{b\cos\theta}{2m}\left(\frac{mg}{b\sin\theta}\right)^2\right]^2=\frac{m^3g^4\cos^2\theta}{8b^2\sin^4\theta}.$$

例 4.3　有一保守力 $\boldsymbol{F}=(-Ax+Bx^2)\boldsymbol{i}$($A,B$ 为常数)，沿 x 轴作用于质点上.

(1) 若取 $x=0$ 时，$E_p=0$，试求与此力相对应的势能函数表达式；

(2) 求质点从 $x=1$ m 运动到 $x=2$ m 时势能的变化.(所有物理量均采用国际单位制)

解　质点从 $x=a$ 运动到 $x=b$ 时，保守力 $\boldsymbol{F}$ 所做的功为

$$A_{ab}=\int_a^b F\mathrm{d}x=\int_a^b(-Ax+Bx^2)\mathrm{d}x=\frac{A}{2}(a^2-b^2)+\frac{B}{3}(b^3-a^3)=-(E_{pb}-E_{pa}).$$

(1) 取 $x=0$ 时，$E_p=0$ 作为势能零点，依据势能定义，令 $a=x,b=0$ 即可求得保守力 $\boldsymbol{F}$ 势场中任意点 x 的势能函数表达式为 $E_p=\frac{A}{2}x^2-\frac{B}{3}x^3$.

(2) 令 $a=1\ \text{m}$，$b=2\ \text{m}$，则 $\Delta E_p=-A_{ab}=\dfrac{3}{2}A-\dfrac{7}{3}B$.

例 4.4　把质量共计 $m=1.00\times10^4\ \text{kg}$ 的登月舱从地面先发射到地球同步轨道站，再由同步轨道站装配起来发射到月球表面. 已知同步轨道半径 $r_1=4.20\times10^7\ \text{m}$，地心到月心的距离 $r_2=3.90\times10^8\ \text{m}$，地球半径 $R_e=6.37\times10^6\ \text{m}$，地球质量 $m_e=5.97\times10^{24}\ \text{kg}$，月球半径 $R_m=1.74\times10^6\ \text{m}$，月球质量 $m_m=7.35\times10^{22}\ \text{kg}$. 假设同步定点位置正好处于月地连心线上，如图 4.3 所示. 试求：

(1) 只考虑地球引力，在上述两步发射中火箭推力各应做多少功？

(2) 考虑地球和月球的引力，上述两步中应做的功是多少？

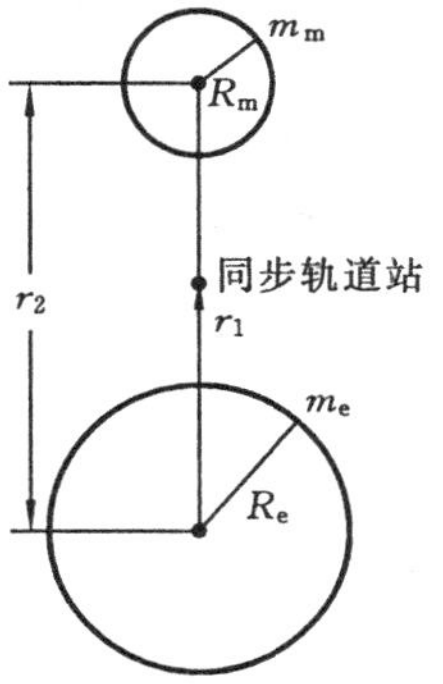

图 4.3

解　(1) 从地面到同步轨道站推力的功为

$$A_1=\left(-\frac{Gm_e m}{r_1}\right)-\left(-\frac{Gm_e m}{R_e}\right)=5.30\times10^{11}\ \text{J}.$$

从同步轨道站到月球表面推力的功为

$$A_2=\left(-\frac{Gm_e m}{r_2-R_m}\right)-\left(-\frac{Gm_e m}{r_1}\right)=8.44\times10^{10}\ \text{J}.$$

(2) 若同时考虑地球和月球对登月舱的引力，此时登月舱的引力势能应等于它在地球引力场中的势能与在月球引力场中的势能之和.

登月舱在地面上的引力势能为

$$E_{p0}=\left(-\frac{Gm_e m}{R_e}\right)+\left(-\frac{Gm_m m}{r_2-R_e}\right)=-6.20\times10^{11}\ \text{J},$$

登月舱在同步轨道上的引力势能为

$$E_{p1}=\left(-\frac{Gm_e m}{r_1}\right)+\left(-\frac{Gm_m m}{r_2-r_1}\right)=-9.48\times10^{10}\ \text{J},$$

登月舱在月球表面上的势能为

$$E_{p2}=\left(-\frac{Gm_e m}{r_2-R_m}\right)+\left(-\frac{Gm_m m}{R_m}\right)=-3.83\times10^{10}\ \text{J},$$

故 $A_1=E_{p1}-E_{p0}=5.25\times10^{11}\ \text{J}$，$A_2=E_{p2}-E_{p1}=5.65\times10^{10}\ \text{J}$.

由以上计算结果说明，A_1 无多大变化，但 A_2 减少了大约 35%.

例 4.5　用细线把质量为 M 的圆环挂起来，环上套有两个质量为 m 的小环，它们可以在大环上无摩擦地滑动，若两小环同时从大环顶部由静止开始向两边滑下，如图 4.4 所示. 试证明：如果 $m>\dfrac{3}{2}M$，则大环会升起，并求大环开始上升时的角度 θ.

解　小环在大环上无摩擦地滑动，由大环、小环和地球组成的系统机械能守恒，以圆心处为势能零点，有

$$2mgR=2\times\frac{1}{2}mv^2+2mgR\cos\theta. \qquad ①$$

考虑其中一个小环，设大环对小环正压力为 N，则

$$N+mg\cos\theta=m\frac{v^2}{R}. \qquad ②$$

由式①、式②得　　$N=2mg-3mg\cos\theta=mg(2-3\cos\theta)$.

由上式可知，仅当 $0<\cos\theta<\dfrac{2}{3}$ 时大环对小环作用力指向圆心，反之小环对大环作用力沿径向向外，且有垂直向上分量，设小环对大环作用力为 N'，则

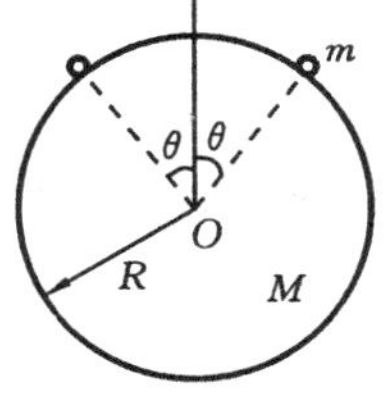

图 4.4

$$N'=mg(2-3\cos\theta),$$

垂直向上分量为 $$N'_{\perp}=N'\cos\theta=mg(2-3\cos\theta)\cos\theta.$$

令 $\dfrac{\mathrm{d}N'_{\perp}}{\mathrm{d}\theta}=0$，则 $$\frac{\mathrm{d}N'_{\perp}}{\mathrm{d}\theta}=-2mg\sin\theta+6mg\cos\theta\cdot\sin\theta=0,$$

解得 $$\cos\theta=\frac{1}{3},\quad N'_{\perp}=mg\left(2-3\times\frac{1}{3}\right)\times\frac{1}{3}=\frac{1}{3}mg.$$

两个环作用于大环的竖直向上的合力为

$$F=2N'_{\perp}=\frac{2}{3}mg.$$

故只有当 $\frac{2}{3}mg>Mg$ 时，即 $m>\frac{3}{2}M$ 时大环才会升起.

下面求大环开始上升的角度 θ.

$$2mg(2-3\cos\theta)\cos\theta=Mg,\quad 3\cos^2\theta-2\cos\theta+\frac{M}{2m}=0,$$

解得 $$\cos\theta=\frac{1}{3}\left(1\pm\sqrt{1-\frac{3M}{2m}}\right).$$

θ 应取较小角度，故 $$\theta=\arccos\left[\frac{1}{3}\left(1+\sqrt{1-\frac{3M}{2m}}\right)\right].$$

例 4.6 一个质量为 m 的电子和一个质量为 M 的最初静止的原子发生正对碰撞，使得一定量的能量 E 被储藏到原子的内部. 试求电子最小必须具有多大的初速率 v_0.

解 电子和原子的碰撞过程动量守恒，有

$$mv_0=mv+Mu, \qquad ①$$

电子和原子的碰撞过程能量守恒，有

$$\frac{1}{2}mv_0^2=\frac{1}{2}mv^2+\frac{1}{2}Mu^2+E, \qquad ②$$

由式①、式②消去 v，得

$$\frac{M^2}{m}\left(1+\frac{m}{M}\right)u^2-2Mv_0u+2E=0. \qquad ③$$

因 u 为实数，所以式③有实数解的条件为

$$4M^2v_0^2-4\frac{M^2}{m}\left(1+\frac{m}{M}\right)2E\geqslant0,\quad 即\quad v_0^2\geqslant\frac{2E(m+M)}{mM},$$

所以电子必须具有的最小速率 $v_0=\sqrt{\dfrac{2E(m+M)}{mM}}$.

例 4.7 质点 M 与弹簧（劲度系数为 k）原来处于静止，另一质点 m 从比 M 高 h 处自由落下，如图 4.5 所示，m 与 M 做完全非弹性碰撞，求弹簧对地面的最大压力是多少.

解 静止时，设弹簧被压缩 x_0，有

$$kx_0=Mg,\quad 即\quad x_0=\frac{M}{k}g.$$

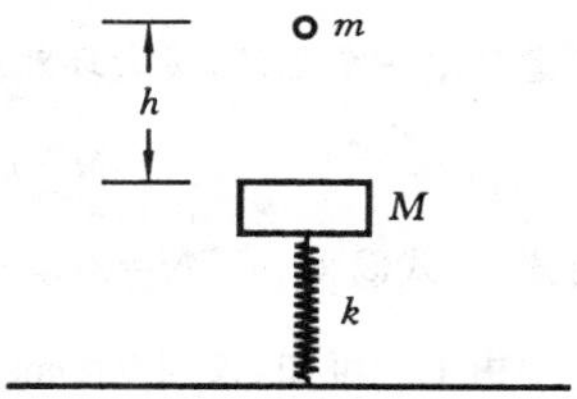

图 4.5

m 与 M 发生碰撞前的速度为 $v=\sqrt{2gh}$，

m 与 M 发生完全非弹性的碰撞动量守恒，有

$$mv=(M+m)u,\quad u=\frac{mv}{M+m}=\frac{m}{M+m}\sqrt{2gh}.$$

碰撞后，M、m 及地球组成的系统机械能守恒，设弹簧再次被压缩的最大长度为 x_1，则有

$$\frac{1}{2}(M+m)u^2+\frac{1}{2}kx_0^2=\frac{1}{2}k(x_0+x_1)^2-(M+m)gx_1,$$

故
$$x_1=\frac{mg}{k}\left(1+\sqrt{1+\frac{2kh}{(M+m)g}}\right).$$

弹簧被压缩总量为 x_0+x_1，所以弹簧对地面的最大压力为

$$N=k(x_1+x_0)=(M+m)g+mg\sqrt{1+\frac{2kh}{(M+m)g}}.$$

例 4.8　一个球从高为 h 的地方自由下落，与地板发生碰撞后反弹，设球与地板碰撞的恢复系数为 e，e 定义为碰撞物体分离速度与相遇速度之比. 试求：

(1) 球停止回跳需经过的时间；

(2) 在上述时间里球经过的路程.

解　(1) 由恢复系数的定义有 $e=(v_2-v_1)/(v_{10}-v_{20})$. 依据题意，$v_{20}=0$，$v_2=0$，则有 $e=-v_1/v_{10}$. 就大小关系而言，$v_1=ev_{10}$，$\boldsymbol{v}_1$ 就是第一次碰撞后球的反弹速度，球下落，弹起再下落依次经过的时间分别为

$$t_0=\sqrt{\frac{2h}{g}},\quad t_1=\frac{2v_1}{g}=\frac{2ev_{10}}{g},\quad t_2=\frac{2v_2}{g}=\frac{2e^2v_{10}}{g},\quad t_3=\frac{2v_3}{g}=\frac{2e^3v_{10}}{g},\cdots$$

由于
$$v_{10}=gt_0=\sqrt{2gh},$$

故
$$t=t_0+t_1+t_2+\cdots=\frac{v_{10}}{g}(1+2e+2e^2+2e^3+\cdots)=\frac{v_{10}}{g}[1+2(e+e^2+e^3+\cdots)]$$
$$=\frac{v_{10}}{g}\left(1+2\,\frac{e}{1-e}\right)=\frac{1+e}{1-e}\sqrt{\frac{2h}{g}}.$$

(2)
$$s=s_0+s_1+s_2+s_3+\cdots=h+\frac{v_1^2}{g}+\frac{v_2^2}{g}+\frac{v_3^2}{g}+\cdots=h+\frac{e^2}{g}v_{10}^2+\frac{e^4}{g}v_{10}^2+\frac{e^6}{g}v_{10}^2+\cdots$$
$$=h+\frac{v_{10}^2}{g}(e^2+e^4+e^6+\cdots)=h+\frac{2he^2}{1-e^2}=\frac{1+e^2}{1-e^2}h.$$

例 4.9　大型蒸汽打桩机，汽锤的质量为 10 t，现将长达 38.5 m 的钢筋混凝土桩打入地层. 已知桩的质量为 24 t，横截面是面积为 0.25 m^2 的正方形，桩的侧面单位面积所受的泥土阻力 $k=2.65\times10^4\ N/m^2$. 试求：

(1) 桩依靠自重能下沉多少米？

(2) 桩稳定后把锤提高 1 m，然后让锤自由下落而击桩，假定锤与桩发生完全非弹性碰撞，一锤能打下多深？

(3) 当桩已下沉 35 m，假定此时锤与桩的碰撞不是完全非弹性碰撞，锤在击桩后反跳 5 cm. 一锤又能打下多深？

解　(1) 以地面为坐标原点，向下为 y 轴的正方向. 当桩下沉 y 时，阻力 $f=-ksy$，式中，s 为桩正方形横截面的周长. 设桩依靠自重下沉深度为 y_0，则阻力 f 的功为

$$A_1=\int_0^{y_0}-ksy\,\mathrm{d}y=-\frac{1}{2}ksy_0^2.$$

依据功能原理，设桩的质量为 m，则有
$$-\frac{1}{2}ksy_0^2=-mgy_0,$$

故桩依靠自重能下沉的距离为

$$y_0=\frac{2mg}{ks}=\frac{2\times24\times10^3\times9.8}{2.65\times10^4\times0.5\times4}\ \text{m}=8.88\ \text{m}.$$

(2) 锤撞击桩时的速度 $v_0=\sqrt{2gh}$，$h=1$ m，由于锤和桩撞击的时间极短，相互作用力很大，因此

碰撞过程中可把重力、阻力的冲量忽略，动量守恒. 设汽锤的质量为 M，与桩碰后的速度为 v_1，则有

$$Mv_0=(M+m)v_1,\quad v_1=\frac{Mv_0}{M+m}=\frac{M}{M+m}\sqrt{2gh}.$$

设击桩后下沉的深度为 d，在此过程中摩擦阻力 f 的功为

$$A_2=\int_{y_0}^{y_0+d}-ksy\mathrm{d}y=-\frac{1}{2}ks(d+2y_0)d,$$

应用动能原理，有

$$-\frac{1}{2}ks(d+2y_0)d=-\frac{1}{2}(M+m)v_1^2-(M+m)gd,$$

代入相关数据并化简整理，得 $2.65d^2+13.74d-2.88=0$，解得 $d=0.2$ m.

(3) 碰前锤的速度 $v=\sqrt{2gh}$，碰后锤的反跳速度 $v'=\sqrt{2gh'}$，$h'=0.05$ m，而碰后桩向下的速度为 v_1，根据动量守恒定律，有

$$Mv=mv_1-Mv',\quad v_1=\frac{M(v+v')}{m}=\frac{M}{m}\sqrt{2g}(\sqrt{h}+\sqrt{h'}).$$

设下沉的距离为 d_1，在此过程中阻力的功为

$$A_3=\int_{35}^{35+d_1}-ksy\mathrm{d}y=-\frac{1}{2}ks(d_1+70)d_1,$$

由功能原理有

$$-\frac{1}{2}ks(d_1+70)d_1=-\frac{1}{2}mv_1^2-mgd_1,$$

代入相关数据并化简整理，得 $2.65d_1^2+161.98d_1-6.25=0$，解得 $d_1=0.038$ m.

4.3　强化训练题

一、填空题

1. 如图 4.6 所示，一质点在几个力的作用下，沿半径为 R 的圆周运动，其中一个力是恒力 $\boldsymbol{F}_0$，方向始终沿 x 轴正向，即 $\boldsymbol{F}_0=F_0\boldsymbol{i}$. 当质点从点 A 沿逆时针方向走过 3/4 圆周到达点 B 时，$\boldsymbol{F}_0$ 所做的功 A =______.

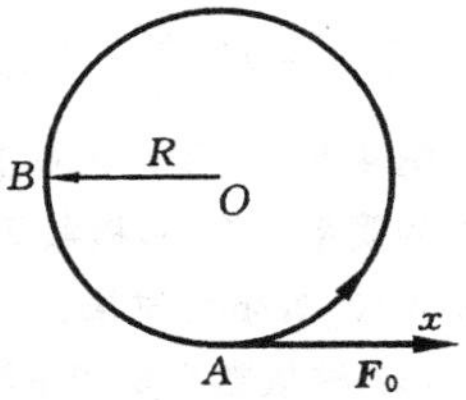

图 4.6

2. 质量 $m=1$ kg 的物体，在坐标原点处从静止出发在水平面内沿 x 轴运动，其所受合力方向与运动方向相同，合力大小 $F=3+2x$. 那么，物体在开始运动的 3 m 内，合力所做功 $A=$______；且 $x=3$ m 时，其速率 $v=$______.

3. 有一人造地球卫星，质量为 m，在地球表面上空 2 倍于地球半径 R 的高度沿圆轨道运行，用 m、R、引力常数 G 和地球的质量 M 表示卫星的动能为______；卫星的引力势能为______.

4. 质量为 m 的物体，从高出弹簧上端 h 处静止自由下落到竖直放置在地面上的轻弹簧上，弹簧的劲度系数为 k，则弹簧被压缩的最大距离 $x=$______.

5. 质量为 100 kg 的货物，平放在卡车底板上，卡车以 4 m/s^2 的加速度启动. 货物与卡车底板无相对滑动，则在开始的 4 s 内摩擦力对该货物做的功 $A=$______.

6. 一个物体可否具有机械能而无动量？______(填"可"、"否").

7. 一个物体可否具有动量而无机械能？______(填"可"、"否").

8. 有两个物体 A 和 B，已知物体 A 和 B 的质量以及它们的速度都不相同. 若物体 A 的动量在数值上比物体 B 的动量大，则物体 A 的动能______比物体 B 的动能大.(填"一定"、"不一定")

9. 一质点在二恒力作用下，位移 $\Delta\boldsymbol{r}=3\boldsymbol{i}+8\boldsymbol{j}$，在此过程中，动能增量为 24 J. 已知其中一恒力

$\boldsymbol{F}_1=12\boldsymbol{i}-3\boldsymbol{j}$，则另一恒力所做的功为______.

10. 二质点的质量各为 m_1、m_2，当它们之间的距离由 a 缩短到 b 时，万有引力所做的功为______.

11. 光滑水平面上有一质量为 m 的物体，在恒力 $\boldsymbol{F}$ 的作用下由静止开始运动，则在时间 t 内，力 $\boldsymbol{F}$ 做的功为______. 设一观察者 B 相对地面以恒定的速度 $\boldsymbol{v}_0$ 运动，$\boldsymbol{v}_0$ 的方向与 $\boldsymbol{F}$ 方向相反，则他测出力 $\boldsymbol{F}$ 在同一时间 t 内做的功为______.

12. 如图 4.7 所示，劲度系数为 k 的弹簧，上端固定，下端悬挂重物. 当弹簧伸长 x_0 时，重物在 O 处达到平衡，现取重物在 O 处时各种势能均为零，则当弹簧长度为原长时，系统的重力势能为______；系统的弹性势能为______；系统的总势能为______.

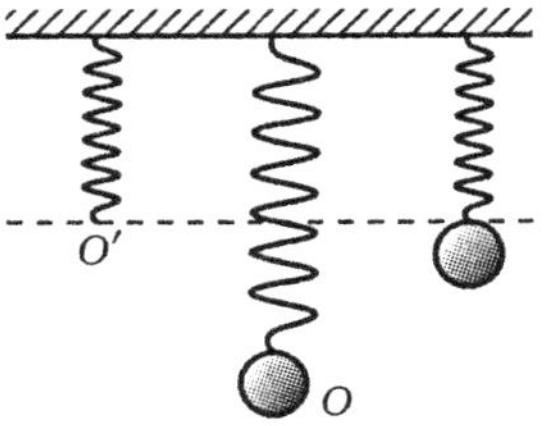

图 4.7

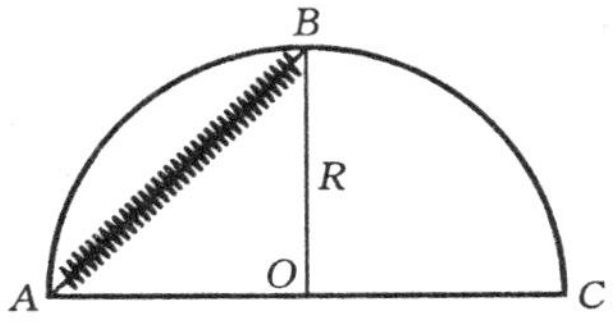

图 4.8

13. 质量为 m 的物体，置于电梯内，电梯以 $\frac{1}{2}g$ 的加速度匀加速下降 h，在此过程中，电梯对物体的作用力所做的功为______.

14. 一人站在船上，人与船的总质量 $m_1=300$ kg，他用 $F=100$ N 的水平力拉一轻绳，绳的另一端系在质量 $m_2=200$ kg 的船上. 开始时两船都静止，则在开始拉后的前 3 s 内，人做的功为______.

15. 如图 4.8 所示，一弹簧原长 $l_0=0.1$ m，劲度系数 $k=50$ N/m，其一端固定在半径 $R=0.1$ m 的半圆环的端点 A，另一端与一套在半圆环上的小环相连. 在把小环由半圆环中点 B 移到另一端 C 的过程中，弹簧的拉力对小环所做的功为______.

二、简答题

1. 如图 4.9 所示，一物体以初速度 $\boldsymbol{v}_0$ 竖直上抛，它能达到的最大高度为 h_0. 问在下述几种情况下，哪种情况质点仍能到达高度 h_0，并说明理由.（忽略空气阻力.）

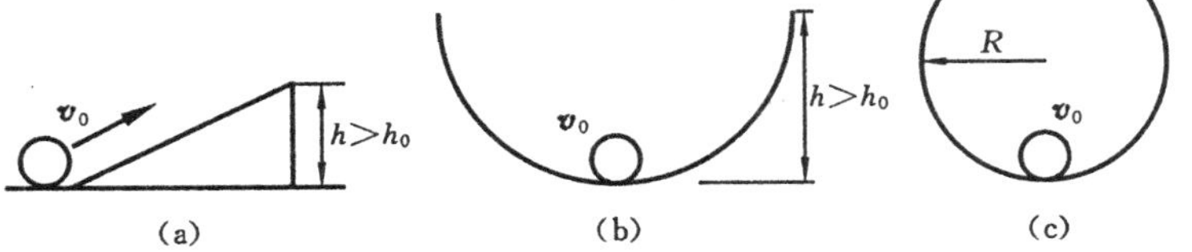

图 4.9

(1) 在光滑长斜面上，以初速度 $\boldsymbol{v}_0$ 向上运动；

(2) 在光滑的抛物线轨道上，从最低点以初速度 $\boldsymbol{v}_0$ 向上运动；

(3) 在半径为 R 的光滑圆轨道上，从最低点以初速度 $\boldsymbol{v}_0$ 向上运动，且 $h_0>R>\frac{1}{2}h_0$；

(4) 在情况(3)下，若 $R>h_0$ 又怎样？

2. 质量为 m 的物体轻轻地挂在竖直悬挂的轻质弹簧的末端，在物体重力作用下，弹簧被拉长，当物体由 $y=0$ 达到 y_0 时，物体所受合力为零. 有人认为，这时系统重力势能减少量 mgy_0 应与弹性势能增量 $\frac{1}{2}ky_0^2$ 相等，于是有 $y_0^2=\frac{2mg}{k}$，你看错在哪里？请改正.

三、计算题

1. 质量 $m=2$ kg 的物体沿 x 轴做直线运动，所受合外力 $F=10+6x^2$. 如果在 $x_0=0$ 处时速度 $v_0=0$，试求该物体运动到 $x=4$ m 处时速度的大小.

2. 一物体按规律 $x=ct^3$ 在介质中做直线运动，式中，c 为常量；t 为时间. 设介质对物体的阻力正比于速度的平方，阻力系数为 k，试求物体由 $x=0$ 运动到 $x=l$ 时阻力所做的功.

3. 如图 4.10 所示，一链条总长为 l，质量为 m，放在桌面上，并使其下垂，下垂一端的长度为 a. 设链条与桌面之间的滑动摩擦因数为 μ. 令链条由静止开始运动，则

(1) 到链条离开桌面的过程中，摩擦力对链条做了多少功？

(2) 链条离开桌面时的速率是多少？

4. 一质量为 m 的质点在 xOy 平面上运动，其位置矢量为 $\boldsymbol{r}=a\cos(\omega t)\boldsymbol{i}+b\sin(\omega t)\boldsymbol{j}$，式中：$a$、$b$、$\omega$ 是正值常数，且 $a>b$. 求：

(1) 质点在点 $A(a,0)$ 处和点 $B(0,b)$ 处的动能；

(2) 质点所受的作用力 $\boldsymbol{F}$ 以及当质点从点 A 运动到点 B 的过程中的分力 F_x 和 F_y 分别做的功.

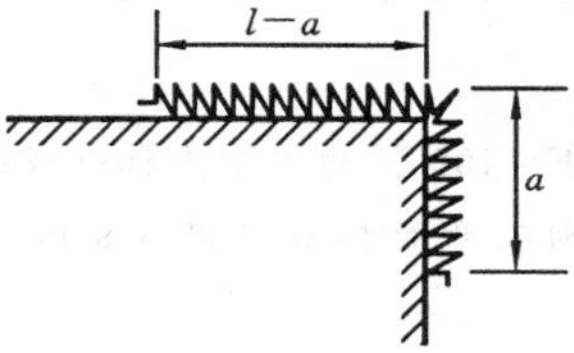

图 4.10

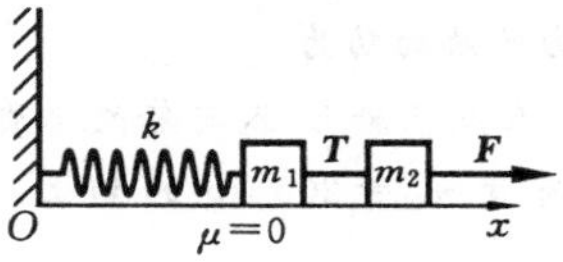

图 4.11

5. 如图 4.11 所示，劲度系数为 k 的弹簧，一端固定于墙上，另一端与一质量为 m_1 的木块相接，m_1 又与质量为 m_2 的木块用轻绳相连，整个系统放在光滑水平面上. 然后以不变的力向右拉 m_2，使 m_1 自平衡位置由静止开始运动，求木块 m_1、m_2 系统所受合外力为零时的速度，以及此过程中绳的拉力 $\boldsymbol{T}$ 对 m_1 所做的功，恒力 $\boldsymbol{F}$ 对 m_2 所做的功.

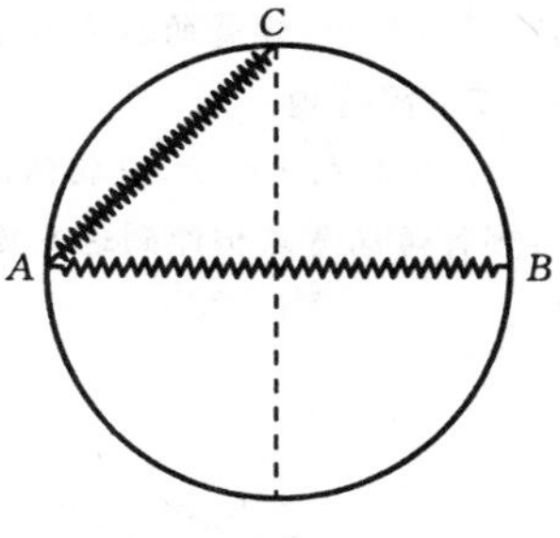

图 4.12

6. 如图 4.12 所示，劲度系数为 k、原长为 l 的弹簧，一端固定在圆周上的点 A，圆周的半径 $R=l$，弹簧的另一端点从距点 A 为 $2l$ 的点 B 沿圆周移动 $\frac{1}{4}$ 周长到点 C. 求弹性力在此过程中所做的功.

7. 把一质量 $m=0.4$ kg 的物体，以初速度 $v_0=20$ m/s 竖直向上抛出，测得上升的最大高度 $H=16$ m，求空气对它的阻力 f（设为恒力）.

第5章　角动量守恒定律

5.1　知识要点

1. 刚体与刚体的平动

在外力作用下，形状和大小都不发生变化的物体称为刚体，是实物的一种理想化模型. 刚体可视为由无数多个连续分布的质点(或称为质元)所组成的特殊质点系，刚体内任意两点之间的距离恒定不变. 如果刚体在运动过程中任意两点的连线方向均保持恒定，则刚体的这种运动称为刚体平动. 平动时刚体中任一质元的运动都可以代表整个刚体的平动，一般情况下，用质心运动代表整个刚体的平动.

2. 刚体定轴转动

刚体运动时，如果刚体内各质元都绕同一直线做圆周运动，则称这种运动为转动，这一直线称为转轴. 如果转轴是固定不动的，则称为定轴转动. 定轴转动时，刚体内不在转轴上的各点都在通过该点并垂直于转轴的平面里做圆周运动，圆心为该平面与转轴的交点，该平面称为转动平面. 半径为该点与转轴的垂直距离称为转动半径.

定轴转动时，描述每个质元运动状态的线量不同，但角量均相同，并定义刚体角速度为 $\boldsymbol{\omega}=\dfrac{\mathrm{d}\boldsymbol{\theta}}{\mathrm{d}t}$，其方向与刚体转向成右手螺旋关系，并沿轴向. 刚体角加速度为矢量 $\boldsymbol{\beta}=\dfrac{\mathrm{d}\boldsymbol{\omega}}{\mathrm{d}t}$，在定轴转动情况下，$\boldsymbol{\beta}$ 的方向也沿轴向，当刚体加速转动时，$\boldsymbol{\omega}$ 与 $\boldsymbol{\beta}$ 同向，减速时反向. 另外，描述每个质元运动状态的线量与角量的关系可以表示为 $\boldsymbol{v}=\boldsymbol{\omega}\times\boldsymbol{r}$，$\boldsymbol{a}_{\mathrm{n}}=-\omega^2\boldsymbol{r}$，$\boldsymbol{a}_{\mathrm{t}}=\boldsymbol{\beta}\times\boldsymbol{r}$，$\boldsymbol{r}$ 表示由圆心指向质元的位置矢量，其大小是质元到转轴的垂直距离即转动半径.

请注意：平动与转动是刚体运动的两种基本形式，刚体的一般运动可视为平动与刚体绕某轴转动的复合运动.

3. 刚体的转动惯量与转动动能

(1) 刚体对给定轴的转动惯量 J 等于刚体中各质元的质量与这一质元到转轴垂直距离 r_i 平方的乘积之总和，与质元速度无关，即

$$J=\sum m_i r_i^2\text{(离散体)};$$

$$J=\int r^2\,\mathrm{d}m\text{(连续体)},\quad \mathrm{d}m=\begin{cases}\lambda\mathrm{d}l, & \lambda\text{ 为质量线密度},\\ \sigma\mathrm{d}S, & \sigma\text{ 为质量面密度},\\ \rho\mathrm{d}V, & \rho\text{ 为质量体密度}.\end{cases}$$

决定转动惯量 J 大小的因素有三个：① 与刚体质量有关，质量愈大，J 愈大；② 在质量一定的情况下，与质量分布有关；③ 与转轴位置有关.

另外，转动惯量有两个重要性质，即恒正性和可加性.

(2) 平行轴定理：刚体对惯性系中任意定轴 O 的转动惯量 J_O 等于刚体对通过质心 C 并与 O 轴平行的轴的转动惯量 J_C 加上刚体质量 m 乘以两轴间距离 d 的平方，即 $J_O=J_C+md^2$.

(3) 设刚体中各个质元的质量分别为 $\Delta m_1,\Delta m_2,\cdots,\Delta m_i,\cdots$，各质元的转动半径分别为

$r_1,r_2,\cdots,r_i,\cdots$，当刚体绕定轴以角速度 ω 转动时，其对转轴的转动动能为

$$E_k=\sum\frac{1}{2}(\Delta m_i)v_i^2=\sum\frac{1}{2}(\Delta m_i)r_i^2\omega^2=\frac{1}{2}J\omega^2,$$

式中，转动惯量 J 是物体在转动中惯性大小的量度.

4. 刚体定轴转动定律

(1) 力 $\boldsymbol{F}$ 对惯性系中某定点的力矩 $\boldsymbol{M}$ 定义为 $\boldsymbol{M}=\boldsymbol{r}\times\boldsymbol{F}$，$\boldsymbol{r}$ 为力的作用点相对于定点的矢径，方向由定点指向力的作用点.

如果 $\boldsymbol{F}$ 在垂直于轴的平面里，则力矩 $\boldsymbol{M}$ 定义为

$$\boldsymbol{M}=\boldsymbol{r}\times\boldsymbol{F},$$

式中，$\boldsymbol{r}$ 为矢径，大小等于力的作用点到轴的垂直距离. $\boldsymbol{M}$ 的方向总是沿轴向. 当 $\boldsymbol{F}$ 不再垂直于轴的平面里时，可将 $\boldsymbol{F}$ 分解为平行于轴的分量 $\boldsymbol{F}_{/\!/}$ 和垂直于轴的分量 $\boldsymbol{F}_{\perp}$，$\boldsymbol{r}\times\boldsymbol{F}_{/\!/}$ 与轴垂直，对轴的力矩为零，此时力 $\boldsymbol{F}$ 对轴的力矩定义为 $\boldsymbol{M}=\boldsymbol{r}\times\boldsymbol{F}_{\perp}$，且 $\boldsymbol{M}$ 的方向始终沿轴向.

(2) 对质点系而言，所有内力对定点或定轴的力矩的矢量和或代数和均为零. 刚体为一特殊质点系，此结论同样成立. 当若干个外力同时作用于刚体时，刚体受到的合外力矩等于各个外力对定轴的力矩的代数和. 绕固定轴转动的刚体，当所受到的合外力矩为零时，将保持原有的角速度不变，或静止或匀速转动，当合外力矩不为零时，将获得角加速度，转动状态发生改变，合外力矩 $\boldsymbol{M}_{合外}$ 与角加速度 $\boldsymbol{\beta}$ 的关系为（J 为转动惯量）

$$\boldsymbol{M}_{合外}=J\boldsymbol{\beta}=J\frac{\mathrm{d}\boldsymbol{\omega}}{\mathrm{d}t}.$$

上式称为刚体定轴转动定律. 由于力矩和角加速度皆沿轴向，所以转动定律的坐标分量式为 $M_{合外}=J\beta=J\dfrac{\mathrm{d}\omega}{\mathrm{d}t}$.

5. 刚体转动中的功和能

(1) 力矩的功. 如图 5.1 所示，刚体绕过 O 点且垂直于纸面的轴转动. 刚体受到外力 $\boldsymbol{F}$ 的作用，设外力 $\boldsymbol{F}$ 在垂直于轴的平面里（若不在结果相同），在时间元 $\mathrm{d}t$ 内，刚体绕 O 轴转过一极小角位移 $\mathrm{d}\theta$，力的作用点 P 做半径为 r 的圆周运动，元位移为 $\mathrm{d}\boldsymbol{r}$，其大小为 $|\mathrm{d}\boldsymbol{r}|=\mathrm{d}s=r\mathrm{d}\theta$，力 $\boldsymbol{F}$ 所做的元功为

$$\mathrm{d}A=\boldsymbol{F}\cdot\mathrm{d}\boldsymbol{r}=F\cos\alpha\mathrm{d}s=F\cos\left(\frac{\pi}{2}-\varphi\right)r\mathrm{d}\theta=Fr\sin\varphi\mathrm{d}\theta=M\mathrm{d}\theta,$$

式中，$M=Fr\sin\varphi$ 为力 $\boldsymbol{F}$ 对转轴的力矩大小. 在有限位移过程中，外力 $\boldsymbol{F}$ 做的总功为 $A=\int\mathrm{d}A=\int_{\theta_1}^{\theta_2}M\mathrm{d}\theta$，也称为力矩的功.

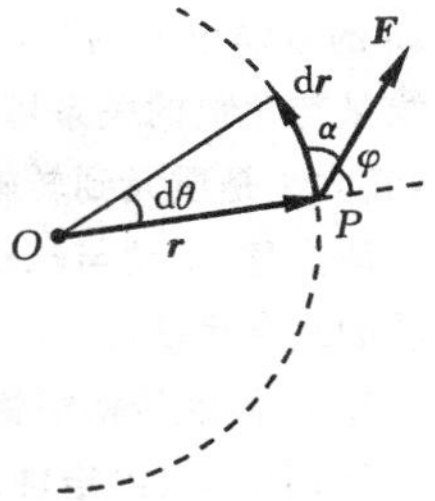

图 5.1

如果刚体受到若干个外力的作用，外力的方向都在垂直于转轴的平面上，当刚体转过 $\mathrm{d}\theta$ 角时，各外力的作用点也都转过 $\mathrm{d}\theta$ 角，各外力矩所做元功总和为

$$\mathrm{d}A=\sum\mathrm{d}A_i=\sum M_i\mathrm{d}\theta=\left(\sum M_i\right)\mathrm{d}\theta=M_{合外}\mathrm{d}\theta.$$

在有限位移过程中，各外力矩做功的总和为

$$A=\int\mathrm{d}A=\int_{\theta_1}^{\theta_2}M_{合外}\mathrm{d}\theta,$$

即各外力矩做功的总和等于合外力矩的功，反之亦然.

(2) 刚体作为一个特殊质点系，可以证明其内力矩做功的总和为零. 依据刚体转动定律，有

$$M_{合外}=J\beta=J\frac{\mathrm{d}\omega}{\mathrm{d}t}=J\frac{\mathrm{d}\omega}{\mathrm{d}\theta}\frac{\mathrm{d}\theta}{\mathrm{d}t}=J\omega\frac{\mathrm{d}\omega}{\mathrm{d}\theta},$$

$$A=\int_{\theta_1}^{\theta_2}M_{合外}\,\mathrm{d}\theta=\int_{\omega_1}^{\omega_2}J\omega\,\mathrm{d}\omega=\frac{1}{2}J\omega_2^2-\frac{1}{2}J\omega_1^2.$$

上式称为刚体定轴转动中的动能定理，即合外力矩的功等于刚体转动动能的增量.

(3) 讨论三个问题.

① 刚体的重力势能，定义为 $E_p=Mgh_c$，M 表示刚体的总质量，h_c 表示刚体质心对零势能参照面的位置坐标，刚体重力势能就是将刚体全部质量集中于质心时质心的重力势能. 简单证明如下：

$$E_p=\sum E_{pi}=\sum(\Delta m_i)gh_i=gM\frac{\sum(\Delta m_i)h_i}{M}=Mgh_c.$$

② 刚体的重力矩及重力矩的功. 对整个刚体而言，刚体所受重力对定轴的力矩等于将刚体质量 M 集中于质心时，质心所受重力对定轴的力矩，即 $\boldsymbol{M}=\boldsymbol{r}_c\times M\boldsymbol{g}$，$\boldsymbol{r}_c$ 为质心的位矢，大小等于质心到转轴的垂直距离. 简单证明如下：

$$\boldsymbol{M}=\int\mathrm{d}\boldsymbol{M}=\int\boldsymbol{r}\times\mathrm{d}m\boldsymbol{g}=M\left(\frac{\int\mathrm{d}m\boldsymbol{r}}{M}\right)\times\boldsymbol{g}=\boldsymbol{r}_c\times M\boldsymbol{g}.$$

③ 如果只有保守内力做功，那么包括刚体在内的物体系其机械能守恒.

6. 角动量定理及角动量守恒守律

1) 质点的角动量定理与角动量守恒定律

质点对惯性系中某定点的角动量定义为 $\boldsymbol{L}=\boldsymbol{r}\times m\boldsymbol{v}$，$m\boldsymbol{v}$ 为物体的动量，$\boldsymbol{r}$ 为质点相对于定点的矢径. 质点对惯性系中定轴的角动量仍定义为 $\boldsymbol{L}=\boldsymbol{r}\times m\boldsymbol{v}$，$\boldsymbol{r}$ 为矢径，其大小等于质点到轴的垂直距离，$m\boldsymbol{v}$ 为物体动量，且方向在垂直于轴的平面里(若不在垂直于轴的平面里，请读者自己思考如何处理)，质点对轴的角动量总是沿轴向的. 将质点对惯性系中定点的角动量 $\boldsymbol{L}$ 对时间求导数，得

$$\frac{\mathrm{d}\boldsymbol{L}}{\mathrm{d}t}=\frac{\mathrm{d}}{\mathrm{d}t}(\boldsymbol{r}\times m\boldsymbol{v})=\boldsymbol{r}\times\frac{\mathrm{d}}{\mathrm{d}t}(m\boldsymbol{v})+\frac{\mathrm{d}\boldsymbol{r}}{\mathrm{d}t}\times m\boldsymbol{v}=\boldsymbol{r}\times\left(\sum\boldsymbol{F}\right),$$

即

$$\boldsymbol{M}=\boldsymbol{r}\times\left(\sum\boldsymbol{F}\right)=\frac{\mathrm{d}\boldsymbol{L}}{\mathrm{d}t}\ (定点).$$

上式称为质点对惯性系中某定点的角动量定理，其物理含义为质点所受合外力对定点的力矩等于质点对定点角动量的瞬时变化率. 考虑质点对定点角动量定理的坐标分量式，得到质点对定轴的角动量定理为

$$M_z=\frac{\mathrm{d}L_z}{\mathrm{d}t}\ (定轴).$$

上式的物理含义为质点所受合外力对 z 轴的力矩 M_z 等于质点对 z 轴角动量 L_z 的瞬时变化率.

$$\boldsymbol{L}=恒矢量(当\ \boldsymbol{M}=\boldsymbol{0}\ 时),\quad L_z=恒量(当\ M_z=0\ 时).$$

上两式分别称为质点对定点的角动量守恒定律和定轴的角动量守恒定律.

2) 质点系对惯性系中定点的角动量定理

质点系的所有内力对惯性系中任一定点或定轴的力矩的矢量和或代数和为零. 质点系对惯性系中定点的角动量定理可以表示为

$$\sum\boldsymbol{r}_i\times\boldsymbol{F}_i=\frac{\mathrm{d}}{\mathrm{d}t}\left(\sum\boldsymbol{r}_i\times m_i\boldsymbol{v}_i\right)\quad 或\quad \sum\boldsymbol{M}_i=\frac{\mathrm{d}}{\mathrm{d}t}\left(\sum\boldsymbol{L}_i\right),$$

式中，$\boldsymbol{r}_i$ 为质点系中第 i 个质点对定点的矢径；$\boldsymbol{F}_i$ 为第 i 个质点所受到的合外力(不包括内力)；$\sum\boldsymbol{M}_i=\sum\boldsymbol{r}_i\times\boldsymbol{F}_i$ 为质点系所受到的合外力矩；$\sum\boldsymbol{L}_i=\sum\boldsymbol{r}_i\times m_i\boldsymbol{v}_i$ 为质点系对定点的总角动量. 上式的物理含义为质点系所受到的所有外力对定点的力矩的矢量和(即合外力矩)，等于质点

系对该定点的总角动量对时间的一阶导数.

3）质点系对惯性系中定轴的角动量定理

考虑质点系对惯性系中定点的角动量定理的坐标分量式，就得到质点系对惯性系中定轴的角动量定理为

$$\sum M_{iz}=\frac{\mathrm{d}}{\mathrm{d}t}\left(\sum L_{iz}\right),$$

其物理含义为质点系所受到的所有外力对 z 轴的力矩的代数和 $\sum M_{iz}$，等于质点系对该轴的总角动量 $\sum L_{iz}$（即各质点对 z 轴的角动量的代数和）对时间的一阶导数.

4）质点系角动量守恒定律

如果 $\sum \boldsymbol{M}_i=\boldsymbol{0}$，则 $\sum \boldsymbol{L}_i=$ 恒矢量，称为质点系对定点的角动量守恒定律；如果 $\sum M_{iz}=0$，则 $\sum L_{iz}=$ 恒量，称为质点系对定轴的角动量守恒定律.

7. 质点系角动量定理与守恒定律在刚体中的应用

1）刚体对定转轴的角动量

假定任意形状刚体绕定轴 z 以角速度 $\boldsymbol{\omega}$ 转动，刚体对定轴 z 的角动量等于各质元对定轴的角动量的代数和；由于各质元对定轴的角动量方向相同，所以有

$$L_z=\sum L_{iz}=\sum \Delta m_i r_i v_i=\sum \Delta m_i r_i^2\omega=J\omega,$$

其矢量表达式为

$$\boldsymbol{L}=J\boldsymbol{\omega}.$$

2）刚体角动量定理

刚体定轴转动定律为

$$\boldsymbol{M}_{合外}=J\boldsymbol{\beta}=J\frac{\mathrm{d}\boldsymbol{\omega}}{\mathrm{d}t}=\frac{\mathrm{d}}{\mathrm{d}t}(J\boldsymbol{\omega})=\frac{\mathrm{d}\boldsymbol{L}}{\mathrm{d}t},$$

所以

$$\boldsymbol{M}_{合外}\mathrm{d}t=\mathrm{d}\boldsymbol{L}=\mathrm{d}(J\boldsymbol{\omega})\quad（刚体角动量定理微分形式），$$

$$\int_{t_1}^{t_2}\boldsymbol{M}_{合外}\mathrm{d}t=J\boldsymbol{\omega}_2-J\boldsymbol{\omega}_1\quad（积分形式）.$$

绕定轴转动的可变形刚体，其角动量定理可表示为

$$\int_{t_1}^{t_2}\boldsymbol{M}_{合外}\mathrm{d}t=J_2\boldsymbol{\omega}_2-J_1\boldsymbol{\omega}_1,$$

式中，J_2 和 J_1 分别表示 t_2 和 t_1 时刻转动物体对转轴的转动惯量.

3）刚体角动量守恒定律

(1) 如果 $\boldsymbol{M}_{合外}=\boldsymbol{0}$，则 $\boldsymbol{L}=J\boldsymbol{\omega}=$ 恒矢量.

(2) 绕定轴转动的可变形物体，如果 $\boldsymbol{M}_{合外}=\boldsymbol{0}$，则 J 和 $\boldsymbol{\omega}$ 皆变化，但是 $\boldsymbol{L}=J_1\boldsymbol{\omega}_1=J_2\boldsymbol{\omega}_2=$ 恒矢量.

(3) 绕同轴转动的物体系（包括刚体在内），如果 $\boldsymbol{M}_{合外}=\boldsymbol{0}$，即作用于物体系的外力对定轴的力矩之和为零，则物体系对定轴的角动量之和守恒，即 $\sum \boldsymbol{L}_i=$ 恒矢量，其标量表达式为 $\sum L_i=$ 恒量.

5.2 典型例题

例 5.1 质量为 M 的匀质圆盘，可绕通过盘心并垂直于盘的固定光滑轴转动，绕过盘的边缘挂有质量为 m，长为 l 的匀质柔软绳索，如图 5.2 所示. 设绳与圆盘无相对滑动，试求当圆盘两侧绳长之差为 s 时，绳的加速度的大小.

解一　如图 5.2 所示，将绳分成三部分考虑，这三部分的质量分别为 m_1、m_2 和 m_3，对圆盘及每一段绳子进行受力分析，有

$$m_1 g-T_1=m_1 a,\quad T_2-m_2 g=m_2 a,$$

$$(T_1-T_2)R=J\beta=\left(m_3 R^2+\frac{1}{2}MR^2\right)\beta,$$

$$a=\beta R,\quad m_1-m_2=\frac{m}{l}s,$$

联立求解以上各式，可得　$a=\dfrac{2msg}{Ml+2ml}$.

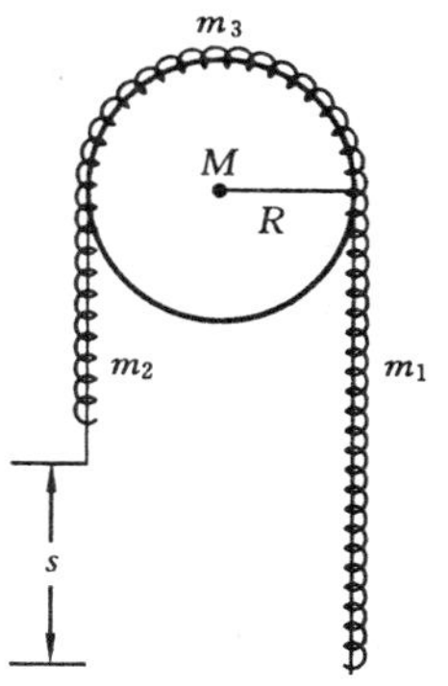

图 5.2

解二　将绳索与盘组成的系统视为一个整体，该系统对转轴的力矩为$\dfrac{m}{l}sgR$，整段绳子对转轴的转动惯量为 mR^2，系统对轴的全部转动惯量为 $mR^2+\dfrac{1}{2}MR^2$，由转动定理有

$$\frac{m}{l}sgR=\left(mR^2+\frac{1}{2}MR^2\right)\beta,\quad \beta=\frac{2msg}{MlR+2mlR},$$

故

$$a=\beta R=\frac{2msg}{Ml+2ml}.$$

例 5.2　一半径为 R，质量为 m 的匀质圆盘，可绕垂直于盘面并通过中心的轴转动，在外力作用下获得角速度 ω_0. 设盘与桌面间的摩擦系数为 μ，现撤去外力，求：(1) 盘从开始减速到停止转动所需的时间；(2) 阻力矩的功.

解　(1) 将圆盘视为由许多个连续分布的环带组成，每个环带到盘中心 O 点的距离都不同，因而各环带所受到的力矩不同，整个圆盘受到的力矩是各个环带所受力矩之和(方向均相同)，在离中心 O 点为 r 处取一个环带元，此环带元的宽度为 $\mathrm{d}r$，受到的摩擦力为

$$\mathrm{d}f=\mu\mathrm{d}mg=2\pi\mu g\sigma r\mathrm{d}r,\quad \sigma=\frac{m}{\pi R^2},$$

摩擦力矩为 $\mathrm{d}M=-r\mathrm{d}f=-2\pi\mu g\sigma r^2\mathrm{d}r$，负号说明力矩的方向与 $\boldsymbol{\omega}_0$ 方向相反.

圆盘受到的总摩擦力矩为　$M=\int\mathrm{d}M=\int_0^R-2\pi\mu g\sigma r^2\mathrm{d}r=-\dfrac{2}{3}\mu mgR.$

由转动定律有 $\beta=\dfrac{M}{J}=\dfrac{-\dfrac{2}{3}\mu mgR}{\dfrac{1}{2}mR^2}=-\dfrac{4}{3}\dfrac{\mu g}{R}$，由于 $\beta=-\dfrac{4\mu g}{3R}=\dfrac{\mathrm{d}\omega}{\mathrm{d}t}$，故

$$\int_0^t-\frac{4\mu g}{3R}\mathrm{d}t=\int_{\omega_0}^0\mathrm{d}\omega,\quad t=\frac{3R\omega_0}{4\mu g}.$$

(2) 由刚体转动动能定理，可得阻力矩做的功为

$$W=0-\frac{1}{2}J\omega_0^2=-\frac{1}{4}mR^2\omega_0^2.$$

例 5.3　空心圆圈可绕光滑轴 OO' 自由转动. 圆圈半径为 R，对 OO' 轴的转动惯量为 J，初始角速度为 ω_0，有一质量为 m 的物体开始静止于圈上点 A，如图 5.3 所示. 由于某微小扰动，物体开始做无摩擦滑动，当落至点 B 和点 C 时，环的角速度 ω_B 及 ω_C 分别是多少？物体对环的速度 $\boldsymbol{v}_B$ 和 $\boldsymbol{v}_C$ 的大小各为多少？

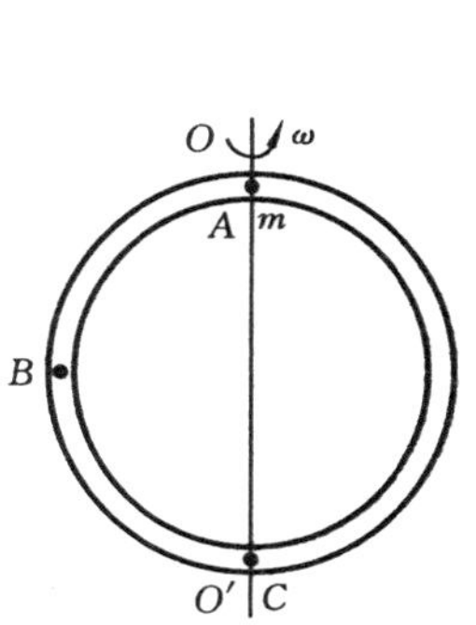

图 5.3

解　将空心圆圈和物体组成一物体系. 由于该系统受到的外力对 OO' 轴的力矩为零，因而角动量守恒，对于 A、B 两处，有 $J\omega_0=(J$

$+mR^2)\omega_B$，故 $\omega_B=J\omega_0/(J+mR^2)$. 对于 A、C 两处，有 $J\omega_0=J\omega_C$，$\omega_C=\omega_0$.

物体与圆圈组成的系统，仅有重力做功，因而系统的机械能守恒，有

$$\frac{1}{2}J\omega_0^2+mgR=\frac{1}{2}J\omega_B^2+\frac{1}{2}mv_B^2+\frac{1}{2}mR^2\omega_B^2,$$

故
$$v_B=\sqrt{2gR+\frac{J\omega_0^2R^2}{mR^2+J}},\quad mg(2R)=\frac{1}{2}mv_C^2,\quad v_C=\sqrt{4gR},$$

v_C 也是物体对地的速度.

例 5.4　两个同心圆柱体固定在一起，可以绕定轴 O 无摩擦转动. $m_1=16$ kg，$R_1=0.1$ m；$m_2=8$ kg，$R_2=0.05$ m. 两圆柱体上各挂一个物体 M_1、M_2，如图 5.4 所示，求当 $M_1=M_2=9$ kg 时，圆柱体角加速度及绳子张力.

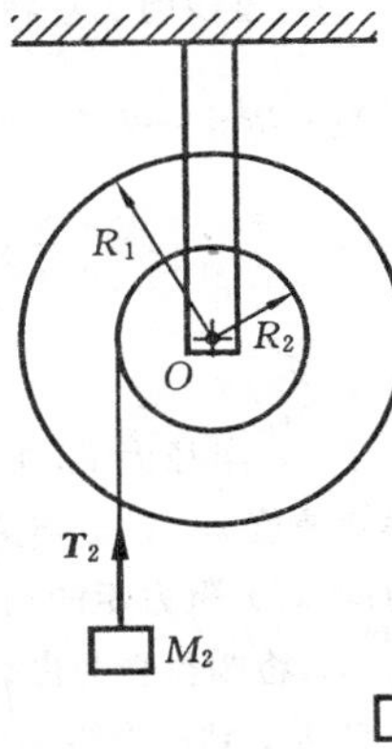

图 5.4

解　设绳子张力分别为 $\boldsymbol{T}_1$ 和 $\boldsymbol{T}_2$，柱体转动角加速度为 $\boldsymbol{\beta}$，M_1、M_2 物体运动方程式为

$$M_1g-T_1=M_1a_1,\quad T_2-M_2g=M_2a_2.$$

圆柱体的转动规律为

$$T_1R_1-T_2R_2=J\beta=\left(\frac{1}{2}m_1R_1^2+\frac{1}{2}m_2R_2^2\right)\beta,$$

$\boldsymbol{\beta}$ 与 $\boldsymbol{a}_1$，$\boldsymbol{a}_2$ 的关系为 $\beta R_1=a_1$，$\beta R_2=a_2$，联立求解以上各式，得

$$\beta=\frac{(M_1R_1-M_2R_2)g}{\frac{1}{2}m_1R_1^2+\frac{1}{2}m_2R_2^2+M_1R_1^2+M_2R_2^2}=21.78\ \text{rad/s}^2,$$

$$T_1=M_1g-M_1\beta R_1=68.6\ \text{N},\quad T_2=M_2g+M_2\beta R_2=97.9\ \text{N}.$$

此题中圆柱体的角加速度也可用下述方法求出. 将圆柱体、M_1 和 M_2 视为一物体系，此系统对转轴的外力矩为 $M_1gR_1-M_2gR_2$，系统的总转动惯量为

$$J_{总}=\frac{1}{2}m_1R_1^2+\frac{1}{2}m_2R_2^2+M_1R_1^2+M_2R_2^2,$$

由转动定律有
$$M_1gR_1-M_2gR_2=\left(\frac{1}{2}m_1R_1^2+\frac{1}{2}m_2R_2^2+M_1R_1^2+M_2R_2^2\right)\beta.$$

例 5.5　一根长为 L，质量为 M 的均匀直棒，可绕垂直于竖直平面的光滑轴转动. 开始时棒悬垂静止，有一质量为 m，水平速度为 $\boldsymbol{v}_0$ 的子弹射向棒的下端，如图 5.5 所示，与棒碰撞后以水平速度 $\boldsymbol{v}$ 飞离，求棒摆到最大高度时，棒与铅直方向的夹角 θ.

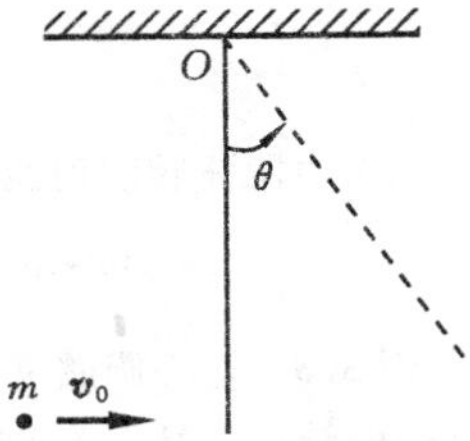

图 5.5

解　子弹与棒相碰的瞬间，系统对转轴的合外力矩为零，角动量守恒，设碰撞后棒对转轴的角速度为 ω，则有

$$mLv_0=mLv+\frac{1}{3}ML^2\omega. \qquad ①$$

棒被撞击后开始摆动，此过程中仅重力做功，棒的机械能守恒，有

$$\frac{1}{2}J\omega^2=\frac{1}{2}MgL(1-\cos\theta). \qquad ②$$

联立求解式①、式②，得

$$\cos\theta=1-\frac{3m^2(v_0-v)^2}{M^2Lg}.$$

例 5.6　两个均质皮带轮的半径分别为 R_1 和 R_2，质量分别为 m_1 和 m_2，都可视为均质圆盘，两轮以皮带相连，分别绕两平行的固定轴 O_1 和 O_2 转动. 如果在第一轮上作用一力矩 $\boldsymbol{M}_1$，在第二轮上作用有负载力矩 $\boldsymbol{M}_2$，如图 5.6 所示. 设皮带与轮之间无滑动，皮带质量以及两轴处的摩擦可不计，求第一皮带轮的角加速度.

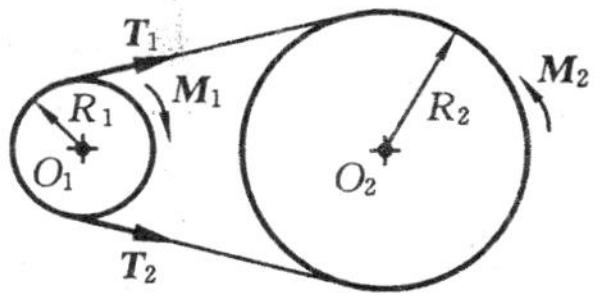

图 5.6

解　如图 5.6 所示，由转动定律有

$$M_1+T_1R_1-T_2R_1=\frac{1}{2}m_1R_1^2\beta_1, \qquad ①$$

$$T_2R_2-T_1R_2-M_2=\frac{1}{2}m_2R_2^2\beta_2. \qquad ②$$

根据题意，皮带与轮之间无滑动，因此两轮边缘上各点的切向加速度相等，即

$$\beta_1R_1=\beta_2R_2, \qquad ③$$

联立式①、式②和式③求解得

$$\beta_1=\frac{2(R_2M_1-R_1M_2)}{(m_1+m_2)R_1^2R_2}.$$

例 5.7　均质圆盘半径为 R，质量为 M，挖去如图 5.7 所示半径为 $\frac{R}{2}$ 的小圆盘后，求剩余部分对通过中心并垂直于盘面的轴的转动惯量.

解　设小圆盘质量为 m，由平行轴定理，其对 O 轴转动惯量为

$$J_{小盘}=m\left(\frac{R}{2}\right)^2+\frac{1}{2}m\left(\frac{R}{2}\right)^2=\frac{3}{8}mR^2.$$

由于是均质圆盘，所以有

$$\frac{m}{M}=\frac{r^2}{R^2}=\frac{1}{4},\quad 即\quad m=\frac{1}{4}M,$$

$$J_{小盘}=\frac{3}{8}mR^2=\frac{3}{32}MR^2.$$

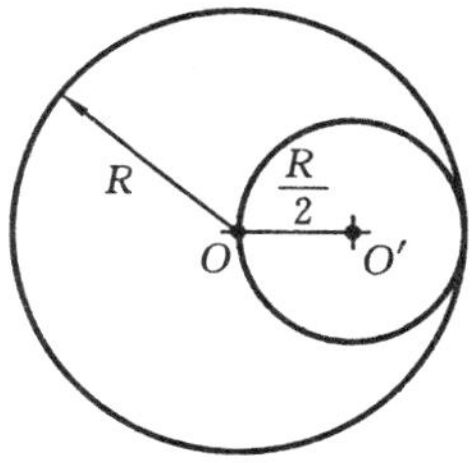

图 5.7

由转动惯量的可加性，剩余部分对定轴 O 的转动惯量为

$$J=J_{大盘}-J_{小盘}=\frac{1}{2}MR^2-\frac{3}{32}MR^2=\frac{13}{32}MR^2.$$

例 5.8　我国发射的一颗通信卫星在到达同步轨道之前，先要在一个大的椭圆形转移轨道上运行若干圈，此转移轨道的近地点高度 $h_P=205.5$ km，远地点高度 $h_A=35835.7$ km，如图 5.8 所示. 卫星越过近地点时的速度 $v_P=10.2$ km/s，地球半径 $R_e=6\,378$ km，试求：

(1) 卫星越过远地点时的速率 v_A；

(2) 卫星的运行周期.

解　(1) 卫星在运转过程中，对地心点 O 的角动量守恒，故

$$r_Amv_A=r_Pmv_P,$$

$$v_A=v_P\frac{r_P}{r_A}=v_P\frac{R_e+h_P}{R_e+h_A}=1.59\ \text{km/s}.$$

(2) 设椭圆的长、短轴半径分别为 a、b，则椭圆面积为

$$S=\pi ab=\frac{\pi}{2}(r_A+r_P)\sqrt{r_Ar_P},$$

卫星的掠面速度为　$$\left|\frac{\mathrm{d}s}{\mathrm{d}t}\right|=\frac{1}{2m}|\boldsymbol{L}|=\frac{1}{2}v_Pr_P,$$

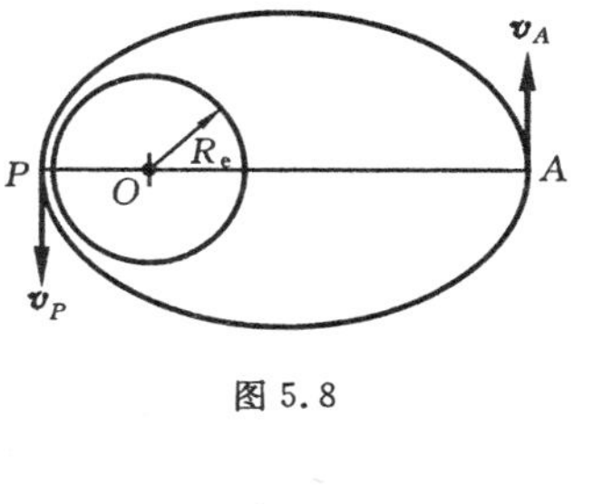

图 5.8

卫星的运行周期为 $$T=\frac{S}{|\mathrm{d}s/\mathrm{d}t|}=\frac{\frac{\pi}{2}(r_A+r_P)\sqrt{r_Ar_P}}{\frac{1}{2}v_Pr_P}=10.6\ \mathrm{h}.$$

例 5.9 有一宇宙飞船，欲考察质量为 M、半径为 R 的某星球，当它静止于空中离这星球中心为 $5R$ 处时，以初速度 $\boldsymbol{v}_0$ 发射一质量为 m 的仪器仓，且 $m\ll M$，如图 5.9 所示. 要使这仪器仓恰好掠擦此星球的表面而着陆，问发射时倾角 θ 应为多少？

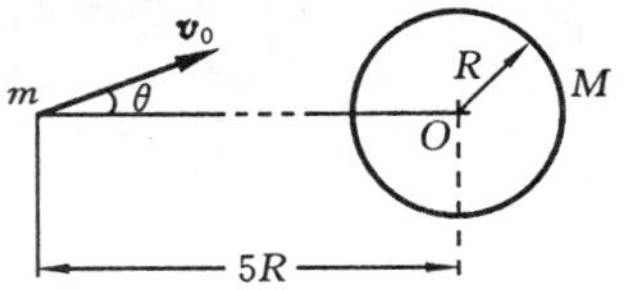

图 5.9

解 由题设 $m\ll M$，可认为星球运动速度不受 m 仪器仓运动的影响，选星体为参照系，以 O 为参照点，$\boldsymbol{v}$ 为仪器仓到达星体表面的速度，由角动量守恒有

$$mv_0(5R)\sin\theta=mvR. \quad ①$$

仪器仓与星球组成的系统机械能守恒，有

$$\frac{1}{2}mv_0^2+\left(-G\frac{mM}{5R}\right)=\frac{1}{2}mv^2+\left(-G\frac{mM}{R}\right). \quad ②$$

联立式①、式②求解得

$$\sin\theta=\frac{1}{5}\left(1+\frac{8GM}{5Rv_0^2}\right)^{\frac{1}{2}},\quad 即\quad \theta=\arcsin\left[\frac{1}{5}\left(1+\frac{8GM}{5Rv_0^2}\right)^{\frac{1}{2}}\right].$$

例 5.10 长为 l 的均匀细杆水平放置在桌面上，质心离桌边缘的距离为 a，从静止开始下落，如图 5.10 所示. 已知杆与桌边缘之间的静摩擦系数为 μ_s，试求杆开始滑动时的临界角.

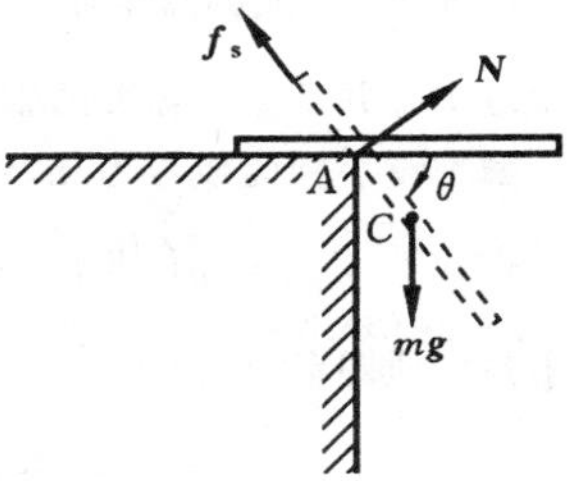

图 5.10

解 设杆的质量为 m，无滑动时，均质细杆绕过点 A 的固定轴做定轴转动，由刚体转动定律有

$$mga\sin\left(\frac{\pi}{2}-\theta\right)=mga\cos\theta=J\beta.$$

由平行轴定理知 $J=\frac{1}{12}ml^2+ma^2$，则

$$mga\cos\theta=\left(\frac{1}{12}ml^2+ma^2\right)\beta.$$

无滑动时，杆上各点做圆周运动，对于质心 C，由牛顿运动定律有

$$f_s-mg\sin\theta=m\omega^2a, \quad ①$$

$$mg\cos\theta-N=m\beta a. \quad ②$$

杆下落过程中，仅有重力矩做功，所以机械能守恒，故有

$$\frac{1}{2}\left(\frac{1}{12}ml^2+ma^2\right)\omega^2=mga\sin\theta. \quad ③$$

联立式①、式②和式③求解得

$$f_s=mg\sin\theta+\frac{24mga^2\sin\theta}{l^2+12a^2},$$

$$N=mg\cos\theta-\frac{12mga^2\cos\theta}{l^2+12a^2}.$$

均质细杆开始滑动时的临界条件为 $f_s=N\mu_s$，即

$$mg\sin\theta+\frac{24mga^2\sin\theta}{l^2+12a^2}=mg\mu_s\cos\theta-\frac{12mga^2\mu_s\cos\theta}{l^2+12a^2},$$

化简整理得 $$\tan\theta=\frac{\mu_s l^2}{l^2+36a^2},$$

解得 $\theta=\arctan\left(\frac{\mu_s l^2}{l^2+36a^2}\right)$，即为所求之临界角.

例 5.11　一均匀细杆长为 L、质量为 m，可绕过一端点 O 的水平轴线在铅直平面内转动. 设轴光滑，开始时杆被拉到水平位置后轻轻放开，当它摆到铅直位置时，与放在地面上的静止物块相撞，如图 5.11 所示. 若物块的质量也是 m，物块滑动距离 s 后停止. 求杆与物块碰撞后，物块的速度和杆的角速度大小.（物块地面间的摩擦系数为 μ.）

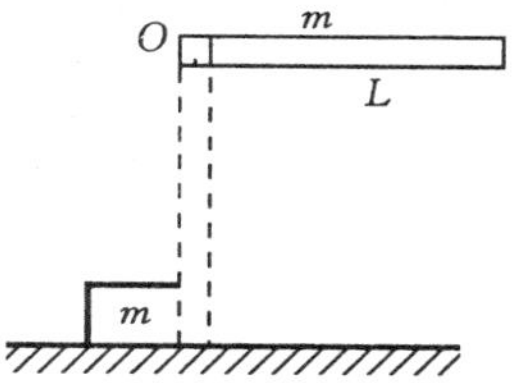

图 5.11

解　杆下落过程中仅有重力做功，其机械能守恒. 以杆在铅直位置时的下端为重力势能零点，则有

$$mgL=mg\frac{L}{2}+\frac{1}{2}J\omega^2,$$

$J=\frac{1}{3}mL^2$ 为杆对 O 轴的转动惯量；ω 为杆在铅直位置时的角速度，且 $\omega=\sqrt{3g/L}$.

杆与物块碰撞时内力较大，故可忽略物块与地面间的摩擦力. 这时物块与杆组成的系统受到的外力对轴的力矩为零，因此碰撞瞬间系统对 O 轴的角动量守恒. 设杆与物块相碰后的瞬间对轴的角速度为 $\boldsymbol{\omega}'$，物块的速度为 $\boldsymbol{v}$，根据角动量守恒有

$$J\omega=J\omega'+mLv,$$

由质点动能定理有

$$-fs=-\mu mgs=0-\frac{1}{2}mv^2,$$

联立求解以上各式，得

$$v=\sqrt{2\mu gs},\omega'=\sqrt{\frac{3g}{L}}-\frac{3}{L}\sqrt{2\mu gs}.$$

例 5.12　如图 5.12 所示，两个大小不同，具有水平光滑轴的定滑轮，顶点在同一水平线上. 已知 $m'=2m, r'=2r, m_A=m, m_B=2m, m=6.0\ \text{kg}, r=5.0\ \text{cm}$. 一根不可伸长的轻绳跨过这两个定滑轮，求两滑轮的角加速度及它们之间绳中的张力 T 为多少（绳与轮之间无滑动）.

解　对物体 A、B 应用牛顿第二定律，对两个定滑轮应用定轴转动定律，有

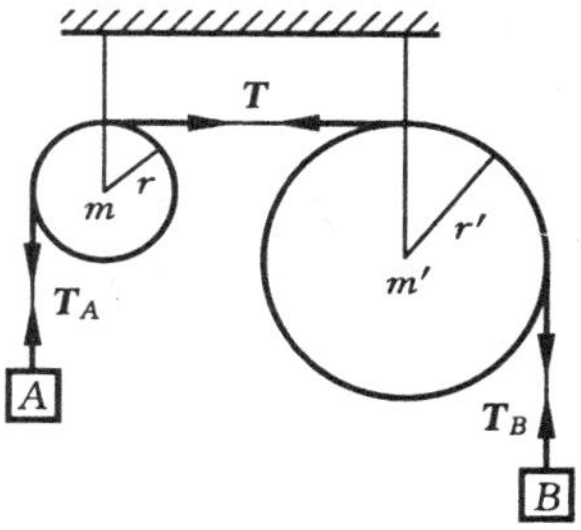

图 5.12

$$T_A-mg=ma, \quad ①$$

$$(2m)g-T_B=(2m)a, \quad ②$$

$$(T-T_A)r=\frac{1}{2}mr^2\beta, \quad ③$$

$$(T_B-T)(2r)=\frac{1}{2}(2m)(2r)^2\beta', \quad ④$$

$$a=\beta r=\beta'(2r), \quad ⑤$$

联立以上各式求解得

$$\beta=\frac{2g}{9r}=43.6\ \text{rad/s}^2,\quad \beta'=\frac{\beta}{2}=21.8\ \text{rad/s}^2,\quad T=\frac{4}{3}mg=78.4\ \text{N}.$$

例 5.13　半径为 R 的具有光滑竖直固定中心轴的水平圆盘上，有一个人静止站立在距轴为 $\frac{1}{2}R$ 处，人的质量为圆盘质量的 $\frac{1}{10}$. 开始时，盘载人对地以角速度 $\boldsymbol{\omega}_0$ 匀速转动. 现在人垂直圆盘半径相对于盘以速率 $\boldsymbol{v}$ 沿与盘转动方向相反的方向做圆周运动. 求：

(1) 圆盘对地的角速度；

(2) 欲使盘静止（对地），人应沿着 $\frac{1}{2}R$ 圆周对圆盘的速度 $\boldsymbol{v}$ 的大小和方向.

解 (1) 设圆盘的质量为M,圆盘对地的转轴的角速度为$\boldsymbol{\omega}$,人对与地固联的转轴的角速度为$\boldsymbol{\omega}'$,则

$$\omega'=\omega-\frac{v}{\frac{1}{2}R}=\omega-\frac{2v}{R}.$$

人与盘为系统对轴合外力矩为零,由角动量守恒得

$$\left[\frac{1}{2}MR^2+\frac{M}{10}\left(\frac{1}{2}R\right)^2\right]\omega_0=\frac{1}{2}MR^2\omega+\frac{M}{10}\left(\frac{1}{2}R\right)^2\omega',$$

所以

$$\omega=\omega_0+\frac{2v}{21R}.$$

(2) 使盘对地静止,令 $\omega=\omega_0+\frac{2v}{21R}=0$,所以 $v=-\frac{21R\omega_0}{2}$. 负号说明:人走动的方向与盘初始转动方向相一致.

5.3 强化训练题

一、填空题

1. 如图 5.13 所示,利用皮带传动,用电动机拖动一个真空泵,电动机上装一半径为 0.1 m 的轮子,真空泵上装一半径为 0.29 m 的轮子. 如果电动机的转速为 1 450 r/min,则真空泵上的轮子的边缘上一点的线速度为______;真空泵的转速为______.

2. 一均匀细直棒,可绕通过其一端的光滑固定轴在竖直平面内转动. 若棒从水平位置自由下摆,则棒是否做匀角加速转动? ______. 理由是______.

3. 如图 5.14 所示,一长为 l、质量可以忽略的直杆,可绕通过其一端的水平光滑轴在竖直平面内做定轴转动,在杆的另一端固定着一质量为 m 的小球. 现将杆由水平位置无初转速地释放,则杆刚被释放时的角加速度 $\beta_0=$______;杆与水平方向夹角为 60°时的角加速度 $\beta=$______.

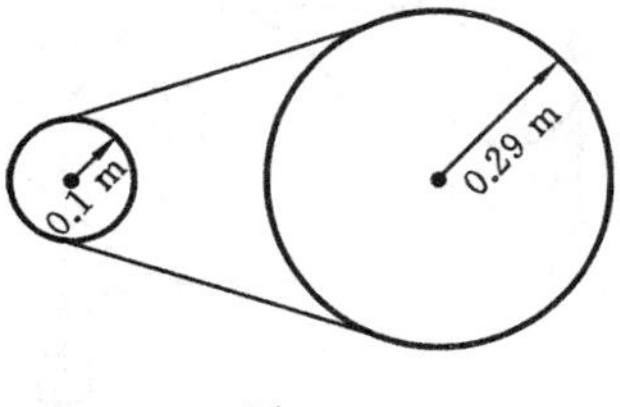

图 5.13

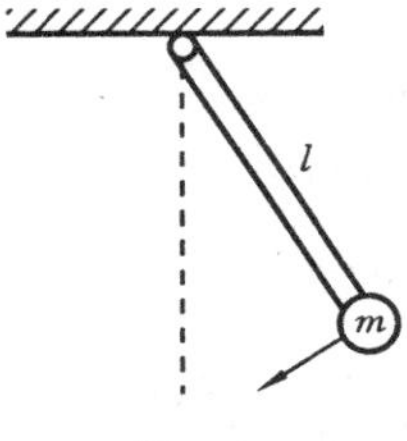

图 5.14

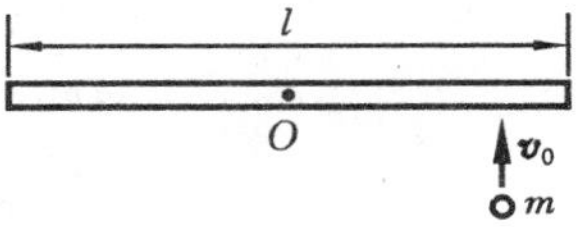

图 5.15

4. 如图 5.15 所示,质量为 m、长为 l 的棒,可绕通过棒中心且与其垂直的竖直光滑固定轴 O 在水平面内自由转动(转动惯量 $J=ml^2/12$),开始时棒静止. 现有一子弹,质量也是 m,以速度$\boldsymbol{v}_0$垂直射入棒端并嵌在其中,则子弹和棒碰后的角速度 $\omega=$______.

5. 可绕水平轴转动的飞轮,直径为 1.0 m,一条绳子绕在飞轮的外周边缘上. 如果从静止开始做匀角加速运动且在 4 s 内绳被展开 10 m,则飞轮的角加速度为______.

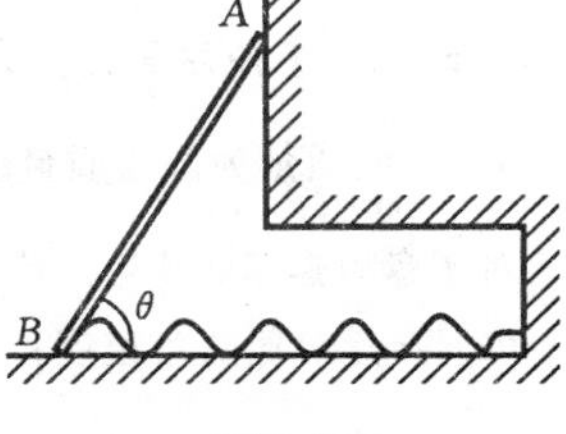

图 5.16

6. 如图 5.16 所示,一长为 l、重为 W 的均匀梯子,靠墙放置,墙和地面都是光滑的. 梯子下端连一刚度系数为 k 的弹簧. 当梯子靠墙竖直放置时,弹簧处于自然长度. 当梯子依墙而与地面成 θ 角且处于平衡状态时,地面对梯子的作用力的大小为______;墙

对梯子的作用力的大小为______;W、k、l、θ 应满足的关系式为______.

7. 一个做定轴转动的轮子,对轴的转动惯量 $J=2.0\ \text{kg}\cdot\text{m}^2$,正以角速度 ω_0 匀速转动.现对轮子加一恒定的力矩 $M=-7.0\ \text{N}\cdot\text{m}$,经过时间 $t=8.0\ \text{s}$ 时轮子的角速度 $\omega=-\omega_0$,则 $\omega_0=$______.

8. 一个质量为 m 的小虫,在有光滑竖直固定中心轴的水平圆盘边缘上沿逆时针方向爬行,它相对于地面的速率为 v,此时圆盘正沿顺时针方向转动,相对于地面的角速率为 ω_0.设圆盘对中心轴的转动惯量为 J,若小虫停止爬行,则圆盘的角速度为______.

9. 如图5.17所示,一长为 L 的轻质细杆,两端分别固定质量为 m 和 $2m$ 的小球,此系统在竖直平面内可绕过中点 O 且与杆垂直的水平光滑固定轴(O 轴)转动.开始时杆与水平成60°角,处于静止状态.无初转速地释放以后,杆球这一刚体系统绕 O 轴转动.系统绕 O 轴的转动惯量 $J=$______.释放后,当杆转到水平位置时,刚体受到的合外力矩 $M=$______;角加速度 $\beta=$______.

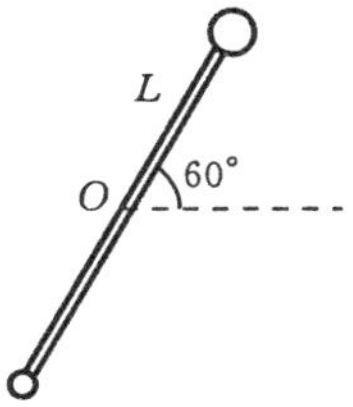

图5.17

10. 一人坐在转椅上,双手各持一哑铃,哑铃与转轴的距离各为0.6 m.先让人体以5 rad/s的角速度随转椅旋转,此后,人将哑铃拉回使与转轴距离为0.2 m.人体和转椅对轴的转动惯量为5 kg·m²,并视为不变,每一哑铃的质量为5 kg,可视为质点.哑铃被拉回后,人体的角速度 $\omega=$______.

11. 质量 $M=0.03\ \text{kg}$、长 $l=0.2\ \text{m}$ 的均质细棒,可在一水平面内绕通过棒中心并与棒垂直的光滑固定轴转动.棒上套有两个可沿棒滑动的小物体,它们的质量均为 $m=0.02\ \text{kg}$.开始时,两个小物体分别被夹子固定于棒中心的两边,到中心的距离均为 $r=0.05\ \text{m}$,棒以 $0.5\pi\ \text{rad/s}$ 的角速度转动.今将夹子松开,两小物体就沿细棒向外滑去,当达到棒端时棒的角速度 $\omega=$______.

12. 半径为 R,具有光滑轴的定滑轮边缘绕一细绳,绳的下端挂一质量为 m 的物体.绳的质量可以忽略,绳与定滑轮之间无相对滑动.若物体下落的加速度为 $\boldsymbol{a}$,则定滑轮对轴的转动惯量 $J=$______.

13. 如图5.18所示,有一长度为 l、质量为 m_1 的均质细棒,静止平放在光滑水平桌面上,它可绕通过其端点 O 且与桌面垂直的固定光滑轴转动,转动惯量 $J=\dfrac{1}{3}m_1l^2$.另有一质量为 m_2 水平运动的小滑块,从棒的侧面沿垂直于棒的方向与棒的另一端 A 相碰撞并被棒反向弹回,碰撞时间极短.已知小滑块与细棒碰撞前后的速率分别为 v 和 u,则碰撞后棒绕 O 轴转动的角速度 $\omega=$______.

14. 如图5.19所示,A 为电动机带动的绞盘,其半径 $r_A=0.25\ \text{m}$,B 为一动滑轮.C 向上做匀减速运动,其初速度 $v_0=4.00\ \text{m/s}$(向上),加速度量值 $a=0.50\ \text{m/s}^{-2}$,绳与绞盘间无滑动.在任意时刻 t,配重 D 的速度和加速度分别为______;A 的角速度和角加速度分别为______.

15. 转动着的飞轮的转动惯量为 J,在 $t=0$ 时角速度为 $\boldsymbol{\omega}_0$.此后飞轮经历制动过程,阻力矩 $\boldsymbol{M}$

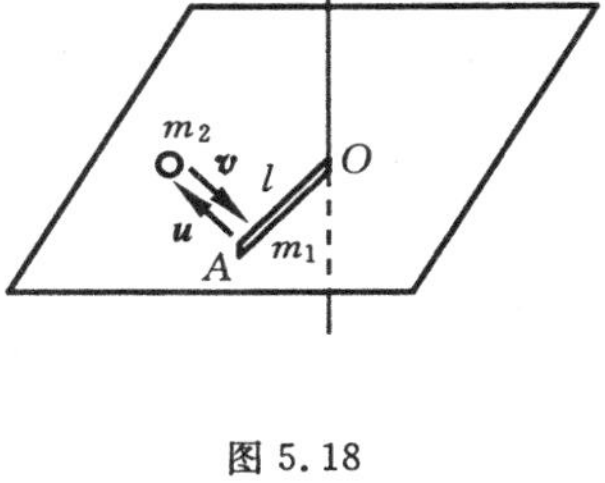

图5.18

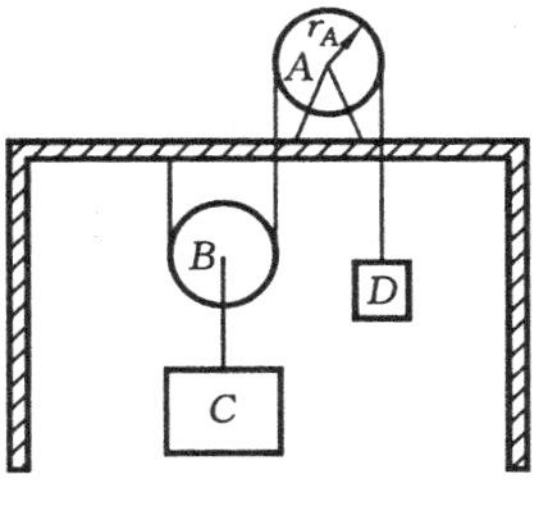

图5.19

的大小与角速度 ω 的平方成正比，比例系数为 k(k 为大于 0 的常数). 当 $\omega=\omega_0/3$ 时，飞轮的角加速度 $\beta=$______，从开始制动到 $\omega=\omega_0/3$ 所经过的时间 $t=$______.

二、简答题

1. 如图 5.20 所示，一车轮可绕通过轮心 O 且与轮面垂直的水平光滑固定轴在竖直面内转动，轮的质量为 M，可以认为均匀分布在半径为 R 的圆周上，关于 O 轴的转动惯量 $J=MR^2$. 车轮原来静止，一质量为 m 的子弹，以速度 $\boldsymbol{v}_0$ 沿与水平方向成 α 角度射中轮缘 A 处，并留在 A 处. 设子弹与轮撞击时间极短，问：

(1) 以车轮、子弹为研究系统，撞击前后系统的动量是否守恒，为什么？动能是否守恒，为什么？角动量是否守恒，为什么？

(2) 子弹和轮开始一起运动时，轮的角速度是多少？

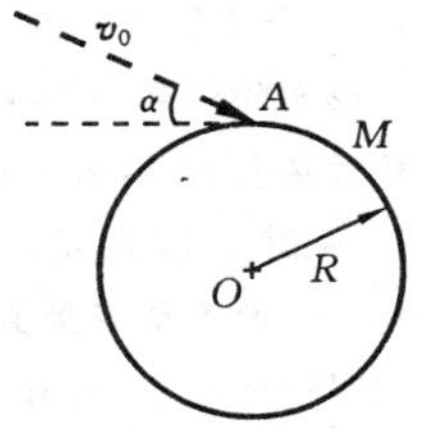

图 5.20

2. 刚体转动惯量的物理含义是什么？它与什么因素有关？

三、计算题

1. 有一半径为 R 的圆形平板平放在水平桌面上，平板与水平桌面的摩擦因数为 μ. 若平板绕通过其中心且垂直板面的固定轴以角速度 ω_0 开始旋转，它将在旋转几圈后停止？

2. 一飞轮以等角加速度 2 rad/s^2 转动，在某时刻以后的 5 s 内飞轮转过了 100 rad. 若此飞轮是由静止开始转动的，问在上述的某时刻以前飞轮转动了多少时间？

3. 如图 5.21 所示，一匀质细棒长为 $2L$、质量为 m，以与棒长方向相垂直的速度 $\boldsymbol{v}_0$ 在光滑水平面内平动时，与前方一固定的光滑支点 O 发生完全非弹性碰撞，碰撞点位于棒中心的一方 $L/2$ 处. 求棒在碰撞后的瞬时绕点 O 转动的角速度 $\boldsymbol{\omega}$.（细棒绕通过其端点且与其垂直的轴转动时的转动惯量为 $mL^2/3$，式中的 m 和 L 分别为棒的质量和长度.）

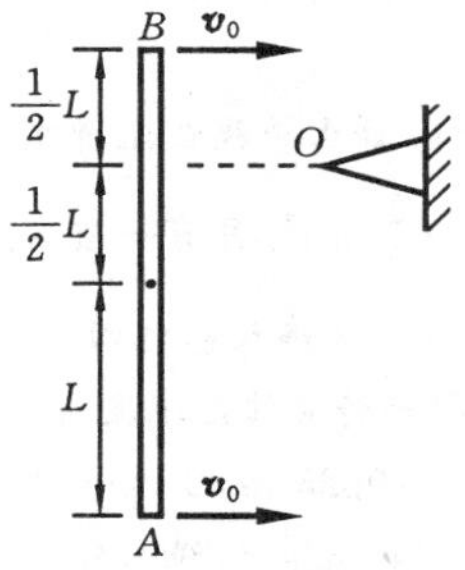

图 5.21

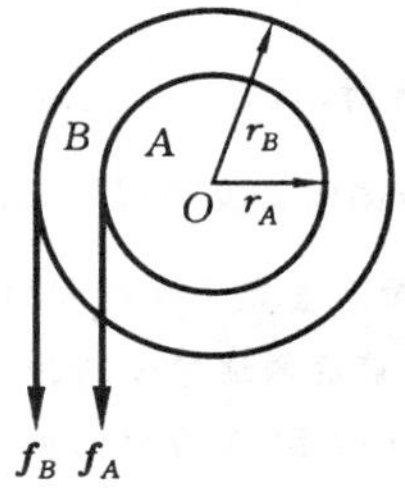

图 5.22

4. 如图 5.22 所示，转轮 A、B 可分别独立地绕光滑的 O 轴转动，它们的质量分别为 $m_A=$ 10 kg和 $m_B=20$ kg，半径分别为 r_A 和 r_B. 现用力 $\boldsymbol{f}_A$ 和 $\boldsymbol{f}_B$ 分别拉绕在轮上的细绳且使绳与轮之间无滑动. 为使 A、B 轮边缘处的切向加速度相同，相应的拉力 f_A、f_B 之比应为多少？（A、B 轮绕 O 轴转动时的转动惯量分别为 $J_A=\frac{1}{2}m_Ar_A^2$ 和 $J_B=\frac{1}{2}m_Br_B^2$.）

5. 质量为 5 kg 的一桶水悬于绕在辘轳上的绳子下端，辘轳可视为一质量为 10 kg 的圆柱体. 桶从井口由静止释放，求桶下落过程中的张力. 辘轳绕轴转动时的转动惯量为 $\frac{1}{2}MR^2$，M 和 R 分别为辘轳的质量和半径.（摩擦忽略不计.）

6. 一半径为 25 cm 的圆柱体，可绕与其中心轴线重合的光滑固定轴转动. 圆柱体上绕上绳子，圆柱体初角速度为零.现拉绳的端点,使其以 1 m/s^2 的加速度运动,绳与圆柱表面无相对滑动.试计算在 $t=5$ s 时,(1) 圆柱体的角加速度;(2) 圆柱体的角速度;(3) 如果圆柱体对转轴的转动惯量为 2 kg·m^2,那么要保持上述角加速度不变应加的拉力为多少?

7. 一转动惯量为 J 的圆盘绕一固定轴转动,起初角速度为 ω_0.设它所受阻力矩与转动角速度成正比,即 $M=-k\omega$(k 为正的常数),求圆盘的角速度从 ω_0 变为 $\omega_0/2$ 时所需的时间.

8. 一电唱机的转盘以 $n=78$ r/min 的转速匀速转动.(1) 求与转轴相距 $r=15$ cm 的转盘上的一点 P 的线速度 v 和法向加速度 a_n;(2) 在电动机断电后,转盘在恒定的阻力矩作用下减速,并在 $t=15$ s 内停止转动,求转盘在停止转动前的角加速度 β 及转过的圈数 N.

9. 如图 5.23 所示,有一质量为 m_1、长为 l 的均质细棒,静止平放在滑动摩擦因数为 μ 的水平桌面上,它可绕通过其端点 O 且与桌面垂直的固定光滑轴转动.另有一水平运动的质量为 m_2 的小滑块,从侧面垂直于棒并与棒的另一端 A 相碰撞.设碰撞时间极短,已知小滑块在碰撞前后的速度分别为 $\boldsymbol{v}_1$ 和 $\boldsymbol{v}_2$,棒绕点 O 的转动惯量 $J=m_1l^2/3$.求碰撞后从细棒开始转动到停止转动的过程所需的时间.

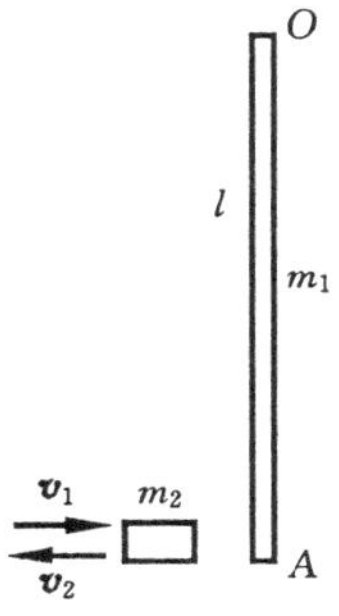

图 5.23

第 6 章　狭义相对论基础

6.1 知识要点

1. 经典力学绝对时空观

1）伽利略变换

伽利略变换讨论的是对于同一物理事件 P 在不同惯性系中所观察到的时空坐标之间的变换关系.如图 6.1 所示,设有两个惯性系 S 和 S',S'相对于 S 以速度 $\boldsymbol{u}$ 沿 x 轴正向运动,并取两坐标系原点 O 与 O',当 O 与 O'重合时,作为两坐标系计时的起点,即 $t=t'=0$.某物理事件 P 在 S、S' 惯性系所观测到的时空坐标分别为(x,y,z,t)和(x',y',z',t'),伽利略指出:

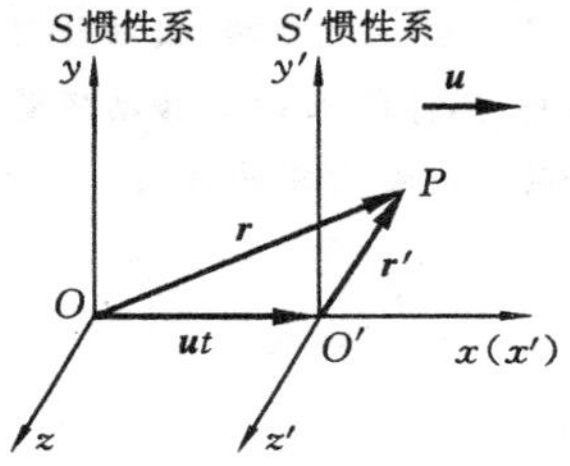

图 6.1

$$x'=x-ut,\quad y'=y,\quad z'=z,\quad t'=t,\quad 或者\quad \boldsymbol{r}'=\boldsymbol{r}-\boldsymbol{u}t,$$

上式称为伽利略坐标变换式.上述方程两边对时间求导,并注意到 $t'=t$,则有

$$v'_x=v_x-u,\quad v'_y=v_y,\quad v'_z=v_z,\quad 或者\quad \boldsymbol{v}'=\boldsymbol{v}-\boldsymbol{u},$$

上式称为伽利略速度变换式.若将上式再对时间求导,则有

$$a'_x=a_x,\quad a'_y=a_y,\quad a'_z=a_z,\quad 或者\quad \boldsymbol{a}'=\boldsymbol{a},$$

上式称为伽利略加速度变换式,其物理意义为在任何惯性系中,质点的加速度都是相同的,或者说物体加速度对伽利略变换是不变的.

2）绝对时空观

在伽利略变换中 $t'=t$,则 $\Delta t'=\Delta t$,这说明:在两个彼此运动的惯性系中,对同一个物理过程所观察到的时间间隔相等,即时间与运动无关,与观察者无关,时间永远是均匀地流逝着,与外界事物无关,这就是经典力学中的绝对时间观.另外,经典力学认为同时性是绝对的,两个事件发生的先后次序也是绝对的.

由伽利略变换还可以得出 $\Delta r'=\Delta r$,这说明:在两个彼此运动的惯性系中,所观测到的空间任意两点之间的距离相等,即空间与运动无关,与观察者无关,空间是绝对不变的,这就是经典力学中的绝对空间观.

3）伽利略变换下的力学相对性原理

一切惯性系都是等价的,力学规律在所有惯性系下都具有相同的数学形式,称为协变性.

原理隐含假设:物体的质量是绝对的,相互作用力也是绝对的,不同惯性系下是不变的.此原理说明:在相对于惯性系做匀速直线运动的系统内,不能用任何力学规律确定系统本身相对于惯性系的速度.

2. 狭义相对论基本假设

1）相对性原理

所有物理学规律在所有的惯性系下都具有相同的数学形式.此原理说明任何惯性系都是等价

的，任何物理现象都觉察不出惯性系相对以太的绝对速度，以太是不存在的.

2）光速不变原理

在所有惯性系中，真空中的光速恒定. 在伽利略变换下，除了以太系外，其他惯性系中光速是各向异性的，光速不变原理否定了伽利略变换，也就否定了绝对时空观. 此外，该原理还说明真空中光速和光源与观察者之间的相对运动无关.

3. 洛伦兹变换

在伽利略变换下，电磁学不具有相对性原理，伽利略变换不具有普遍性，应该寻找一种新变换，在这种新变换下应满足相对性原理和光速不变原理. 这个新变换就是洛伦兹变换，其数学形式为

$$x'=\gamma(x-ut),\quad y'=y,\quad z'=z,\quad t'=\gamma\left(t-\frac{u}{c^2}x\right),$$

式中，c 为真空中的光速；$\gamma=\frac{1}{\sqrt{1-u^2/c^2}}$. 由变换的对称性可得到洛伦兹变换的逆变换为

$$x=\gamma(x'+ut),\quad y=y',\quad z=z',\quad t=\gamma\left(t'+\frac{u}{c^2}x'\right).$$

洛伦兹变换表示同一物理事件在不同的惯性系中时空坐标的变换关系，可以看出洛伦兹变换把时空联系在一起；洛伦兹变换体现了狭义相对论的基本原理；狭义相对论要求所有物理学规律应表达成在洛伦兹变换下的形式不变；在洛伦兹变换下，牛顿力学不具有相对性原理，应该修正牛顿力学，即所谓的相对论力学；当 $u\ll c$ 时，洛伦兹变换→伽利略变换，相对论力学→牛顿力学，所以伽利略变换和牛顿力学分别是 $u\ll c$ 时的洛伦兹变换和相对论力学的近似.

洛伦兹速度变换式为

$$v'_x=\frac{\mathrm{d}x'}{\mathrm{d}t'}=\frac{v_x-u}{1-\frac{uv_x}{c^2}},\quad v'_y=\frac{\mathrm{d}y'}{\mathrm{d}t'}=\frac{v_y}{1-\frac{uv_x}{c^2}}\sqrt{1-\frac{u^2}{c^2}},\quad v'_z=\frac{\mathrm{d}z'}{\mathrm{d}t'}=\frac{v_z}{1-\frac{uv_x}{c^2}}\sqrt{1-\frac{u^2}{c^2}}.$$

4. 相对论时空观

1）运动长度的收缩

物体相对于观察者静止时的长度为 l_0，l_0 称为物体的固有长度，当物体以速度 $\boldsymbol{u}$ 相对于观察者运动时，观察者测得物体的长度为

$$l=\sqrt{1-\frac{u^2}{c^2}}\,l_0.$$

由上式易观察到 $l<l_0$，故称为运动尺度的收缩. 长度收缩有两点含义：一是物体沿运动方向上长度收缩；二是长度收缩是以观察者为标准的，只有当物体与观察者发生相对运动，才能观测到收缩效应. 当物体与观察者发生相对运动时，必须同时测量物体的两端，这称为长度测量原则.

2）时间延缓效应

事件发生地点相对于观察者静止时，所测得物理过程的时间间隔为 τ_0，τ_0 称为固有时间. 当事件发生地点相对于观察者以速度 $\boldsymbol{u}$ 运动时，所测得物理过程的时间间隔为

$$\Delta t=\frac{1}{\sqrt{1-u^2/c^2}}\tau_0.$$

由于 $\Delta t>\tau_0$，故称为时间延缓效应.

3）同时的相对性

惯性系 S 中，观察两个事件 A 和 B 它们分别发生在 t_A 和 t_B 时刻于 x_A 和 x_B 处. 惯性系 S' 中两事件 A、B 发生于 t'_A 和 t'_B 时刻，由洛伦兹变换有

$$t'_B-t'_A=\frac{t_B-t_A-\frac{u}{c^2}(x_B-x_A)}{\sqrt{1-\frac{u^2}{c^2}}}.$$

(1) 如果事件 A、B 在惯性系 S 中是同时发生的，即 $t_B-t_A=0$，但不同地，即 $x_B\neq x_A$，则

$$t'_B-t'_A=-\frac{1}{\sqrt{1-\frac{u^2}{c^2}}}\frac{u}{c^2}(x_B-x_A).$$

可见，由一个惯性系观察到的是同时但不同地点发生的两事件，由另一惯性系观察就不会是同时发生的，这称为同时的相对性.

(2) 如果事件 A、B 在惯性系 S 中不同时也不同地发生，但当满足 $t_B-t_A=\frac{u}{c_2}(x_B-x_A)$ 时，则有

$$t'_B-t'_A=0.$$

可见，满足 $\Delta t=\frac{u}{c^2}\Delta x$ 的两事件，在惯性系 S' 中观察时反而是同时发生的.

(3) 有因果联系的事件，其发生的先后次序是绝对的. 在惯性系 S 中，t 时刻在 x 处的质点，经 Δt 时间运动到 $x+\Delta x$ 处，由洛伦兹变换有

$$\Delta t'=\gamma\left(\Delta t-\frac{u}{c^2}\Delta x\right)=\gamma\Delta t\left(1-\frac{uv}{c^2}\right),$$

式中，$v=\frac{\Delta x}{\Delta t}$是质点运动速度（称为信号传递速度）. 由于 $u<c$，$v<c$，所以 $\Delta t'$ 与 Δt 同号，这说明有因果联系的事件，其发生的先后次序是绝对的.

相对论时空观的核心思想是：时间、空间皆与运动有关，与观察者有关.

5. 相对论动力学中的基本概念

质速关系式为 $m=\frac{m_0}{\sqrt{1-v^2/c^2}}$，$m_0$ 为静止质量，m 为运动质量.

相对论中的动量为 $\boldsymbol{p}=m\boldsymbol{v}=\frac{m_0}{\sqrt{1-v^2/c^2}}\boldsymbol{v}$.

相对论中的能量为 $E_0=m_0c^2$，$E=mc^2$，$E_k=E-E_0=mc^2-m_0c^2$.

相对论中的能量动量关系式为 $E^2=E_0^2+p^2c^2$.

6. 相对论力学中物体运动基本方程式

相对论力学中物体运动的基本方程式为

$$\boldsymbol{F}=\frac{\mathrm{d}\boldsymbol{p}}{\mathrm{d}t}=\frac{\mathrm{d}(m\boldsymbol{v})}{\mathrm{d}t}=m\frac{\mathrm{d}\boldsymbol{v}}{\mathrm{d}t}+\boldsymbol{v}\frac{\mathrm{d}m}{\mathrm{d}t}.$$

可以证明，此方程式在洛伦兹变换下具有相对性原理.

7. 相对论动量能量变换式

$$p'_x=\gamma\left(p_x-\frac{\beta E}{c}\right),\quad p'_y=p_y,\quad p'_z=p_z,\quad E'=\gamma(E-\beta cp_x),$$

式中，$\gamma=\frac{1}{\sqrt{1-u^2/c^2}}$；$\beta=\frac{u}{c}$.

8. 相对论力的变换

$$F_x=\frac{F'_x+\frac{\beta}{c}F'\cdot v'}{1+\frac{\beta}{c}v'_x},\quad F_y=\frac{F'_y}{\gamma\left(1+\frac{\beta}{c}v'_x\right)},\quad F_z=\frac{F'_z}{\gamma\left(1+\frac{\beta}{c}v'_x\right)}.$$

6.2 典型例题

例 6.1　列车静止时的长度为 l_0，列车以速度 $\boldsymbol{u}$ 沿 x 轴匀速运动，当列车上的中点 O' 与地面上的点 O 重合时，在 O(即 O')位置有一光源发出闪光，试求地面坐标系观测到的列车首尾两端的接收器接到闪光的时间差.

解　取列车为 S' 惯性系，地面为 S 惯性系，列车前端 A 收到闪光为事件 A，列车尾端 B 收到闪光为事件 B. 从 S' 观测，事件 A 发生的时刻 $t'_A=l_0/(2c)$，发生的地点 $x'_A=l_0/2$，事件 B 发生的时刻 $t'_B=l_0/(2c)$，发生的地点 $x'_B=-l_0/2$，依据洛伦兹变换，事件 A 和事件 B 发生的时间差为

$$\Delta t=t_A-t_B=\gamma\left(t'_A+\frac{u}{c^2}x'_A\right)-\gamma\left(t'_B+\frac{u}{c^2}x'_B\right)=\gamma(t'_A-t'_B)+\gamma\frac{u}{c^2}(x'_A-x'_B)$$

$$=\frac{\gamma u}{c^2}l_0=\frac{ul_0}{c^2}\frac{1}{\sqrt{1-u^2/c^2}}.$$

此结果说明，地面上的观测者观测到列车尾端接收器先收到闪光信号.

例 6.2　一根静长度为 l_0 的杆静止于 S' 系中，它位于 (x',y') 平面内同 x' 轴成 arcsin(3/5) 角. 如果 S' 系以恒速 $\boldsymbol{v}$ 平行于 S 系的 x 轴运动，试问：

(1) 如果在 S 系中测杆同 x 轴成 45°，$\boldsymbol{v}$ 的数值必须是多少？

(2) 在这样条件下，在 S 系中测得的杆长是多少？

解　(1) 因为 $\tan\theta'=l_{0y'}/l_{0x'}$，$\tan\theta=l_y/l_x$，考虑到运动物体在运动方向收缩，有

$$l_x=l_{0x'}\sqrt{1-v^2/c^2},\quad l_y=l_{0y'},$$

故

$$\tan\theta'=\tan\theta\sqrt{1-v^2/c^2}.$$

由于

$$\tan\theta=1,\quad \sin\theta'=3/5,\quad \cos\theta'=4/5,\quad \tan\theta'=3/4,$$

故

$$3/4=\sqrt{1-v^2/c^2},\quad v=\frac{\sqrt{7}}{4}c.$$

(2) 因 $\sin\theta'=l_{0y'}/l_0$，$\sin\theta=l_y/l$，故

$$\sin\theta'=\sin\theta\frac{l}{l_0},\quad l=\frac{3}{5}\sqrt{2}l_0.$$

例 6.3　地球上的观测者发现一只以速率 0.60c 向东航行的宇宙飞船将在 5 s 后同一个以 0.80c 速率向西飞行的彗星相撞. 试求：

(1) 飞船上的人们看到彗星以多大速率向他们接近？

(2) 按照他们的钟，还有多少时间将与彗星相碰？

解　(1) 由洛伦兹速度变换式，在飞船上测得彗星的速度为

$$v'_x=\frac{v_x-u}{1-\frac{uv_x}{c^2}}=\frac{-0.8c-0.6c}{1-\frac{0.6c\times(-0.8c)}{c^2}}=-0.95c,$$

即彗星以 0.95c 的速率向飞船接近.

(2) 地球上发现飞船与彗星相距一段距离，到飞船与彗星发生碰撞这两事件对飞船来说发生在同一个地点，飞船上测得的时间应为固有时，此时间间隔为

$$\Delta t'=\Delta t\sqrt{1-u^2/c^2}=(5\times\sqrt{1-0.6^2c^2/c^2})\ \mathrm{s}=4\ \mathrm{s}.$$

请读者自己考虑，如果观察者在彗星上观测，多长时间后飞船与彗星相碰.

例 6.4　一只装有无线电发射和接收装置的飞船，正以 0.80c 的速度飞离地球，在宇航员发射

一无线电信号后，信号经地球反射，60 s 后宇航员才收到返回信号. 试求：

(1) 在地球反射信号的时刻，从飞船上测得地球离飞船有多远？

(2) 宇航员从发射到接收无线电信号，地球上的观测者测得此段时间有多长？

(3) 当飞船接收到反射信号时，地球上测得飞船离地球有多远？

解 (1) 在地球反射信号时，飞船上测得地球离飞船距离为

$$c\times 30=3\times 10^8\times 30\ \text{m}=9\times 10^9\ \text{m}.$$

(2) 宇航员从发射到接收无线电信号，他自己的时钟经过了 $\Delta t'=60$ s，在地球上测量，这一段时间为

$$\Delta t=\Delta t'\frac{1}{\sqrt{1-u^2/c^2}}=\left(60\times\frac{1}{\sqrt{1-0.80^2}}\right)\ \text{s}=100\ \text{s}.$$

(3) 当飞船接收到反射信号时，飞船上测得地球距离飞船的距离为

$$\Delta x'=(c+u)\times 30=\left(c+\frac{4}{5}c\right)\times 30=54c=1.62\times 10^{10}\ \text{m},$$

而地球上测得此时飞船离地球的距离为

$$\Delta x=\frac{\Delta x'}{\sqrt{1-u^2/c^2}}=\frac{1}{\sqrt{1-0.80^2}}\times 54c=90c=2.7\times 10^{10}\ \text{m}.$$

例 6.5 一飞船以速度 $\boldsymbol{u}$ 相对于地面做匀速直线运动，飞船上一个宇航员以 $\boldsymbol{v}'_x$ 速度匀速地从飞船尾部跑到飞船的前端，飞船的长度为 L_0. 求地面的观察者测得的该宇航员从飞船尾跑到飞船前端所用的时间.

解 选取地面为惯性系 S，飞船为惯性系 S'，S'系相对于 S 系运动速度为 $\boldsymbol{u}$，宇航员从飞船尾跑到飞船前端可看成两个事件，事件一为“起跑”，事件二为“冲线”，从 S'系观测，两事件时间间隔 $\Delta t'=t'_2-t'_1=L_0/v'_x$，两事件空间距离 $\Delta x'=x'_2-x'_1=L_0$. 依据洛伦兹变换，地面上的观察者测量这段时间为

$$\Delta t=t_2-t_1=\gamma\left[(t'_2-t'_1)+\frac{u}{c^2}(x'_2-x'_1)\right]=\gamma\left(\frac{L_0}{v'_x}+\frac{u}{c^2}L_0\right)=\frac{L_0}{\sqrt{1-u^2/c^2}}\left(\frac{1}{v'_x}+\frac{u}{c^2}\right).$$

例 6.6 静止质量为 m_0 的两个粒子相互靠近，并做完全非弹性碰撞，它们碰撞前的速度分别为 $0.8c$ 和 $0.6c$. 求：

(1) 碰撞后这两个粒子组成的系统总动量是多少？

(2) 碰撞后系统总能量是多少？

解 (1) 由狭义相对论动量公式 $\boldsymbol{p}=\dfrac{m_0\boldsymbol{v}}{\sqrt{1-v^2/c^2}}$知碰撞前两个粒子的动量分别为

$$p_1=\frac{m_0\times 0.8c}{\sqrt{1-(0.8c)^2/c^2}}=\frac{4}{3}m_0c,\quad p_2=\frac{m_0\times(-0.6c)}{\sqrt{1-(0.6c)^2/c^2}}=-\frac{3}{4}m_0c.$$

假设碰撞后由两粒子组成的系统的运动速度为 $\boldsymbol{u}$，该系统静止质量为 M_0，则碰撞后系统总动量为

$$p=\frac{M_0u}{\sqrt{1-u^2/c^2}}.$$

由于在碰撞过程中动量守恒，所以系统总动量为

$$p=p_1+p_2=\frac{4}{3}m_0c+\left(-\frac{3}{4}m_0c\right)=0.583m_0c.$$

(2) 由狭义相对论能量公式 $E=mc^2=\dfrac{m_0c^2}{\sqrt{1-v^2/c^2}}$知，碰撞前两粒子的能量为

$$E_1=\frac{m_0c^2}{\sqrt{1-(0.8c)^2/c^2}}=\frac{5}{3}m_0c^2,\quad E_2=\frac{m_0c^2}{\sqrt{1-(0.6c)^2/c^2}}=\frac{5}{4}m_0c^2.$$

碰撞后两个粒子组成系统总能量为
$$E=\frac{M_0c^2}{\sqrt{1-u^2/c^2}}=Mc^2.$$

由于碰撞过程能量守恒，所以有

$$E=E_1+E_2=\frac{5}{3}m_0c^2+\frac{5}{4}m_0c^2=2.917m_0c^2.$$

例 6.7　一个静止质量为 m_{10}、运动速度为 v 的粒子同一个静止的、质量为 m_{20} 的粒子碰撞，碰撞后合二为一，求这个合成粒子的静止质量及运动速度 u.

解　碰撞前粒子的动量分别为

$$p_1=\frac{m_{10}v}{\sqrt{1-v^2/c^2}},\quad p_2=0.$$

碰撞前粒子的能量分别为
$$E_1=\frac{m_{10}c^2}{\sqrt{1-v^2/c^2}},\quad E_2=m_{20}c^2.$$

该系统的总动量和总能量分别为 p 和 E，由动量守恒和能量守恒，有

$$p=p_1+p_2=\frac{m_{10}v}{\sqrt{1-v^2/c^2}},\quad E=E_1+E_2=\frac{m_{10}c^2}{\sqrt{1-v^2/c^2}}+m_{20}c^2.$$

利用能量动量关系式 $E^2=E_0^2+p^2c^2=M_0^2c^4+p^2c^2$，有

$$M_0^2c^4=E^2-p^2c^2=\left(m_{10}^2+m_{20}^2+\frac{2m_{10}m_{20}}{\sqrt{1-v^2/c^2}}\right)c^4.$$

合成粒子的静止质量为
$$M_0=\sqrt{m_{10}^2+m_{20}^2+\frac{2m_{10}m_{20}}{\sqrt{1-v^2/c^2}}}.$$

合成粒子能量为
$$E=\frac{M_0c^2}{\sqrt{1-u^2/c^2}}=\left(\frac{M_0u}{\sqrt{1-u^2/c^2}}\right)\frac{c^2}{u}=\frac{pc^2}{u},$$

故
$$u=\frac{pc^2}{E}=\frac{\dfrac{m_{10}v}{\sqrt{1-v^2/c^2}}c^2}{\dfrac{m_{10}c^2}{\sqrt{1-v^2/c^2}}+m_{20}c^2}=\frac{m_{10}v}{m_{10}+m_{20}\sqrt{1-v^2/c^2}}.$$

例 6.8　一个质量为 m_0 的粒子静止时可衰变为静止质量分别为 m_{10} 和 m_{20} 的两个粒子，求这两个粒子的能量和动量.

解　由于粒子在衰变过程中能量和动量守恒，有

$$E=m_0c^2=E_1+E_2,\quad p=0=p_1+p_2,$$

式中，E 和 p 分别是衰变前粒子的能量和动量；E_1、E_2 和 p_1、p_2 分别表示衰变后粒子的能量和动量，且有 $p_1^2=p_2^2$.

再利用狭义相对论能量动量关系式，有

$$E_1^2=m_{10}^2c^4+p_1^2c^2,\quad E_2^2=m_{20}^2c^4+p_2^2c^2.$$

联立求解上述方程，得

$$E_1=\frac{m_0^2+m_{10}^2-m_{20}^2}{2m_0}c^2,\quad E_2=m_0c^2-E_1=\frac{m_0^2+m_{20}^2-m_{10}^2}{2m_0}c^2,$$

$$p_1=-p_2=\frac{c}{2m_0}\sqrt{[m_0^2-(m_{10}+m_{20})^2][m_0^2-(m_{10}-m_{20})^2]}.$$

例 6.9　两个相同的运动质点的速度都是 $\boldsymbol{v}$，其一受平行于 $\boldsymbol{v}$ 的作用力，另一受垂直于 $\boldsymbol{v}$ 之作

用力.设两作用力的量值相等,证明后者加速度的量值$a_\perp$为前者加速度量值$a_{/\!/}$的$c^2/(c^2-v^2)$倍.

证　由相对论力学方程式$F=\frac{\mathrm{d}p}{\mathrm{d}t}=\frac{\mathrm{d}}{\mathrm{d}t}\left(\frac{m_0 v}{\sqrt{1-v^2/c^2}}\right)$,得

$$F=\frac{m_0\dot{v}}{\sqrt{1-v^2/c^2}}-\frac{(m_0 v)\left(-\frac{2}{c^2}v\cdot\dot{v}\right)}{2(1-v^2/c^2)^{\frac{3}{2}}}.$$

(1) $\dot{\boldsymbol{v}}/\!/\boldsymbol{v}$,则

$$F_{/\!/}=\frac{m_0\dot{v}}{\sqrt{1-v^2/c^2}}+\frac{v^2}{c^2}\frac{m_0\dot{v}}{(1-v^2/c^2)^{\frac{3}{2}}}=\gamma^3 m_0\dot{v}.$$

(2) $\dot{\boldsymbol{v}}\perp\boldsymbol{v}$,则

$$F_\perp=\frac{m_0\dot{v}}{\sqrt{1-v^2/c^2}}=\gamma m_0\dot{v},$$

故

$$F_{/\!/}=\gamma^3 m_0 a_{/\!/},\quad F_\perp=\gamma m_0 a_\perp.$$

由于$F_{/\!/}=F_\perp$,故$\frac{a_\perp}{a_{/\!/}}=\frac{1}{\gamma^2}=\frac{1}{1-v^2/c^2}=\frac{c^2}{c^2-v^2}$.

6.3　强化训练题

一、填空题

1. 狭义相对论的两条基本原理中,相对性原理说的是______;光速不变原理说的是______.

2. 一观察者测得一沿米尺长度方向匀速运动着的米尺的长度为 0.5 m,则此米尺以 $v=$______ m/s 的速度接近观察者.

3. μ子是一种基本粒子,在相对于μ子静止的坐标系中测得其寿命$\tau_0=2\times10^{-8}$ s.如果μ子相对于地球的速度$v=0.988c$(c为真空中光速),则在地球坐标系中测出的μ子的寿命$\tau=$______.

4. 两个惯性系中的观察者O和O'以$0.6c$(c为真空中光速)的相对速度互相接近.如果O测得二者的初始距离是 20 m,则O'测得二者经过时间$\Delta t=$______ s后相遇.

5. 设电子静止质量为m_e,将一个电子从静止加速到速率为$0.6c$(c为真空中光速),需做功______.

6. 在S系中的x轴上相隔为Δx处有两只同步的钟A和B,读数相同,在S'系的x'轴上也有一只同样的钟A',若S'系相对于S系的运动速度为$\boldsymbol{v}$,沿x轴方向且当A'与A相遇时,刚好两钟的读数均为零.那么,当A'钟与B钟相遇时,在S系中B钟的读数是______;此时在S'系中A'钟的读数是______.

7. 在速度$v=$______情况下,粒子的动量等于非相对论动量的 2 倍;在速度$v=$______情况下,粒子的动能等于它的静止能量.

8. 以速度$\boldsymbol{v}$相对地球做匀速直线运动的恒星所发射的光子,其相对于地球的速度的大小为______.

9. 狭义相对论认为,时间和空间的测量值都是______,它们与观察者的______密切相关.

10. 狭义相对论中,一质点的质量m与速度v的关系式为______,其动能的表达式为______.

11. 质子在加速器中被加速,当其动能为静止能量的 3 倍时,其质量为静止质量的______倍.

12. 已知一静止质量为m_0的粒子,其固有寿命为实验室测量到的寿命的$1/n$,则此粒子的动能是______.

13. 匀质细棒静止时的质量为m_0,长度为l_0,当它沿棒长方向做高速的匀速直线运动时,测得它的长为l.那么,该棒的运动速度$v=$______;该棒所具有的动能$E_k=$______.

14. 某加速器将电子加速到能量 $E=2\times10^6$ eV 时，该电子的动能 $E_k=$______ eV.（电子的静止质量 $m_e=9.11\times10^{-31}$ kg，1 eV$=1.60\times10^{-19}$ J.）

15. 一列高速火车以速度 $\boldsymbol{u}$ 驶过车站时，固定在站台上的两只机械手在车厢上同时划出两个痕迹，静止在站台上的观察者同时测出两痕迹之间的距离为 1 m，则车厢上的观察者应测出这两个痕迹之间的距离为______.

16. 有一速度为 $\boldsymbol{u}$ 的宇宙飞船沿 x 轴正方向飞行，飞船头尾各有一个脉冲光源在工作，处于船尾的观察者测得船头光源发出的光脉冲的传播速度大小为______；处于船头的观察者测得船尾光源发出的光脉冲的传播速度大小为______.

二、简答题

1. 在参考系 S 中，有两个静止质量都是 m_0 的粒子 A、B 分别以速度 $\boldsymbol{v}_A=\boldsymbol{v}$，$\boldsymbol{v}_B=-\boldsymbol{v}$ 相向运动，二者碰撞后合在一起成为一个静止质量为 M_0 的粒子. 在求 M_0 时有一种解答如下：$M_0=m_0+m_0=2m_0$. 这个解答对否？为什么？

2. 两个惯性系 K 与 K' 坐标轴相互平行，K' 系相对于 K 系沿 x 轴做匀速运动，在 K' 系的 x' 轴上，相距为 L' 的 A'、B' 两点处各放一只已经彼此对准了的钟，试问在 K 系中的观测者看这两只钟是否也对准了？为什么？

3. 经典相对性原理与狭义相对论的相对性原理有何不同？

三、计算题

1. 在惯性系 K 中观测者记录到两事件的空间和时间间隔分别是 $x_2-x_1=600$ m 和 $t_2-t_1=8\times10^{-7}$ s，为了使两事件对相对于 K 系沿 x 轴正方向匀速运动的 K' 系来说是同时发生的，K' 系必须相对于 K 系以多大的速度运动？

2. 在惯性系 K 中，相距 $\Delta x=5\times10^6$ m 的两个地方发生两事件，时间间隔 $\Delta t=10^{-2}$ s；而在相对于 K 系沿 x 轴正方向匀速运动的 K' 系中观测到这两事件却是同时发生的. 试计算在 K' 系中发生这两事件的地点间的距离 $\Delta x'$ 是多少？

3. 静止的 μ 子的平均寿命约为 $\tau_0=2\times10^{-6}$ s. 今在 8 km 的高空，由于 π 介子的衰变产生一个速度 $v=0.998c$（c 为真空中光速）的 μ 子. 试论证此 μ 子有无可能到达地面.

4. 设快速运动的介子的能量约为 $E=3000$ MeV，而这种介子在静止时的能量 $E_0=100$ MeV. 若这种介子的固有寿命 $\tau_0=2\times10^{-6}$ s，求它运动的距离.（真空中光速 $c=2.9979\times10^8$ m/s.）

5. 如图 6.2 所示，一隧道长为 L，宽为 d，高为 h，拱顶为半圆. 设想一列车以极高的速度 v 沿隧道长度方向通过隧道，若从列车上观测：

(1) 隧道的尺寸如何？

(2) 设列车的长度为 l_0，它全部通过隧道的时间是多少？

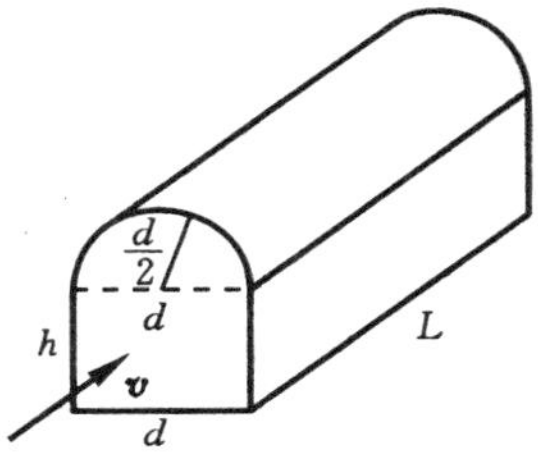

图 6.2

6. 观测者甲和乙分别静止于两个惯性参照系 K 和 K' 中，甲测得在同一地点发生的两个事件的时间间隔为 4 s，而乙测得这两个事件的时间间隔为 5 s. 求：

(1) K' 相对于 K 的运动速度；

(2) 乙测得这两个事件发生的地点的距离.

第7章　振动学基础

7.1　知识要点

1. 简谐振动表达式

物体在一定位置(即物体的稳定平衡位置)附近做来回往复的运动称为机械振动，如声带的振动、晶体中原子的振动等．物体能做机械振动是由物体受到指向平衡位置的回复力的作用以及物体的惯性而引起的．广义地讲，凡是某物理量在某一个值附近随时间 t 周期性变化都称为该物理量在振动，如电路中电流、电压的振动等．最简单、最重要的直线振动是简谐振动，任何复杂的振动都可以认为是由若干个简谐振动的叠加而形成的．振动质点离开平衡位置的位移 x 随时间 t 的变化规律满足方程

$$x=A\cos(\omega t+\varphi)\quad(振动方程)$$

时，称物体在做简谐振动，A、ω 和 φ 为描述谐振动的三个特征量．其中，A 为位移振幅(质点离开平衡位置 O 点的最大位移的绝对值)；$\omega=\dfrac{2\pi}{T}=2\pi\nu$ 为角频率，T 为振动周期，ν 为振动频率；$\omega t+\varphi$ 为位相，决定振动质点在任意时刻 t 的振动状态(包括位移和速度)；φ 为初位相，决定振动质点初始时刻($t=0$)的振动状态．

2. 简谐振动的旋转矢量图示法，振幅矢量 A

对于给定的简谐振动 $x=A\cos(\omega t+\varphi)$，其矢量图示如图7.1所示：取坐标原点 O 和 x 轴，从原点 O 引一矢量 $\boldsymbol{A}$ 称为振幅矢量或旋转矢量，其大小为 A。$\boldsymbol{A}$ 以角速度 $\boldsymbol{\omega}$(大小等于角频率 ω)逆时针匀速转动，当 $t=0$ 时，$\boldsymbol{A}$ 与 x 轴正向之夹角为初相位 φ，t 时刻 $\boldsymbol{A}$ 与 x 轴正向夹角为 $\omega t+\varphi$，与 t 时刻谐振动相位相等．矢量 $\boldsymbol{A}$ 的端点在 x 轴上投影点 P 的位移为 $x=A\cos(\omega t+\varphi)$，点 P 做简谐振动．

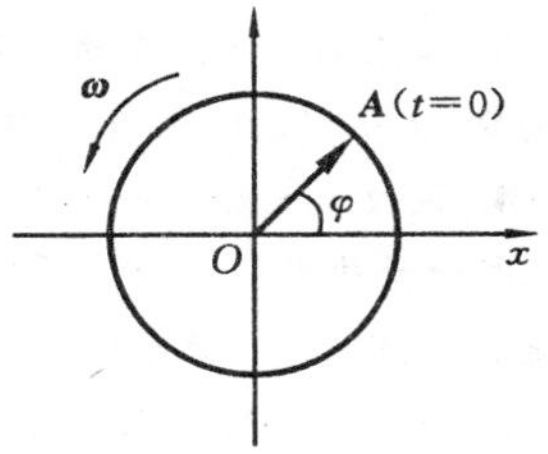

图7.1

3. 相位差的物理含义

$$两个振动的相位差：\Delta\varphi=\begin{cases}2k\pi & (k为整数)，\quad 为同相，\\(2k+1)\pi & (k为整数)，\quad 为反相．\end{cases}$$

4. 简谐振动的基本规律

简谐振动的速度：$v=\dfrac{dx}{dt}=-\omega A\sin(\omega t+\varphi)=-v_m\sin(\omega t+\varphi)$．

简谐振动的加速度：$a=\dfrac{dv}{dt}=\dfrac{d^2x}{dt^2}=-\omega^2A\cos(\omega t+\varphi)=-a_m\cos(\omega t+\varphi)$．

简谐振动的运动微分方程式：$a=-\omega^2x$　或　$\dfrac{d^2x}{dt^2}+\omega^2x=0$．

物体在弹性力或准弹性力 $F=-kx$(k 为比例系数)作用下，其运动规律为简谐振动，相应地 $\omega=\sqrt{k/m}$，$T=2\pi\sqrt{m/k}$，ω、T 称为简谐振动的固有频率和周期．简谐振动的振幅 A 和初相位 φ 由

振动的初始条件来确定，设 $t=0$ 时，$x=x_0$，$v=v_0$，有

$$A=\sqrt{x_0^2+v_0^2/\omega^2},\quad \varphi=\arctan(-v_0/(\omega x_0)).$$

5. 简谐振动的能量

任意时刻振动系统的总能量为

$$E=E_k+E_p=\frac{1}{2}m\left(\frac{dx}{dt}\right)^2+\frac{1}{2}kx^2=\frac{1}{2}kA^2=\frac{1}{2}mv_m^2=\text{常量}.$$

6. 阻尼振动、受迫振动与共振

1) 阻尼振动

简谐振动是一种等幅振动，它是不计阻力使用的理想情况. 实际上，振动系统总要受到各种阻力的影响，振动系统要不断克服阻力做功，所以振动系统的能量将不断地减少，因而振动的振幅就要衰减，最终停止振动. 系统在回复力和阻力作用下发生的减幅振动称为阻尼振动. 阻尼分为摩擦阻尼(系统与外界的摩擦或系统内部的摩擦所引起的)和辐射阻尼(振动向外传播以波的形式向周围辐射能量所引起的). 为了方便讨论，把辐射阻尼作为摩擦阻尼来处理，认为振动系统受到一个较大的阻力，在物体振动速度不太大的情况下，它所受到的阻力大小与速率成正比. 若以 F 表示阻力的大小，并考虑到阻力与速度方向相反，F 可写成 $F=-\gamma v=-\gamma\frac{dx}{dt}$，$\gamma$ 为正的比例系数，其值决定于运动物体的形状、大小和周围介质的性质. 质量为 m 的振动物体在准弹性力 $-kx$ 和上述阻力作用下运动时，振动物体的运动方程式为 $m=\frac{d^2x}{dt^2}=-kx-\gamma\frac{dx}{dt}$，令 $\omega_0^2=\frac{k}{m}$，$2\beta=\frac{\gamma}{m}$，则有

$$\frac{d^2x}{dt^2}+2\beta\frac{dx}{dt}+\omega_0^2x=0,$$

式中，$\omega_0=\sqrt{\frac{k}{m}}$ 是对应于无阻尼时系统振动的固有频率；β 为阻尼系数.

(1) 欠阻尼：当阻尼作用较小，即 $\beta<\omega_0$ 时，上述微分方程的解为

$$x=A_0e^{-\beta t}\cos(\omega t+\varphi_0),$$

式中，$\omega=\sqrt{\omega_0^2-\beta^2}$；$A_0$ 和 φ_0 是由初始条件决定的积分常数. 上述结果说明欠阻尼情况下振动已不是周期振动，而是准周期运动. 通常把相邻的两个振动位移极大值对应的时间间隔称为阻尼振动的周期 T，即

$$T=\frac{2\pi}{\omega}=\frac{2\pi}{\sqrt{\omega_0^2-\beta^2}}>\frac{2\pi}{\omega_0}.$$

(2) 过阻尼：当阻尼作用过大，即 $\beta>\omega_0$ 时，偏离平衡位置的物体只能逐渐回到平衡位置，不可能再振动起来，这种情形称为过阻尼. 显然，这完全是一种非周期性振动.

(3) 临界阻尼：如果阻尼作用使得 $\beta=\omega_0$，则物体刚刚能作非周期运动，最后也回到平衡位置，这种情况称为临界阻尼. 理论证明：在临界阻尼下，振子回到平衡位置而静止下来所需时间最短.

2) 受迫振动与共振现象

实际振动都是阻尼振动，一切振动最后都要停下来，但也能得到振幅并不衰减的等幅振动. 当对振子施加持续性的周期性外力时，这种持续的周期性外力称为驱动力，在驱动力作用下发生的振动称为受迫振动. 当受迫振动达到稳定的状态时，就是等幅振动，其频率与驱动力频率相同. 设驱动力有如下形式：$F=F_0\cos\omega t$，F_0 为驱动力的幅值，ω 为驱动力频率. 物体在驱动力、阻力和线性回复力作用下，其动力系方程为

$$m\frac{d^2x}{dt^2}=-kx-\gamma\frac{dx}{dt}+F_0\cos\omega t.$$

令 $\omega_0^2=\frac{k}{m}$，$2\beta=\frac{\gamma}{m}$，则有

$$\frac{d^2x}{dt^2}+2\beta\frac{dx}{dt}+\omega_0^2x=\frac{F_0}{m}\cos\omega t,$$

其解在阻尼较小时为 $x=A_0e^{-\beta t}\cos(\sqrt{\omega_0^2-\beta^2}t+\varphi_0)+A\cos(\omega t+\varphi)$. 第一项为暂态项，经过一定时间后将消失；第二项为稳定项，表示受迫振动达到稳定状态时的等幅振动. 受迫振动达到稳定状态时，其振动式为

$$x=A\cos(\omega t+\varphi),$$

A、φ 并不取决于振动的初始条件. 将上式代入前面的微分方程式，计算整理后得出

$$A=\frac{F_0}{\omega\sqrt{\gamma^2+\left(\omega m-\frac{k}{\omega}\right)^2}},\quad \tan\varphi=\frac{\gamma}{\omega m-\frac{k}{\omega}}.$$

在稳态时，振动物体速度为

$$v=\frac{dx}{dt}=v_{max}\cos\left(\omega t+\varphi+\frac{\pi}{2}\right),$$

$$v_{max}=\omega A=\frac{F_0}{\sqrt{\gamma^2+\left(\omega m-\frac{k}{\omega}\right)^2}}.$$

显然驱动力方向与物体运动方向并不相同，有时同向有时反向，即驱动力有时做正功（同向时）有时做负功（反向时）. 当满足 $\omega m-\frac{k}{\omega}=0$，即

$$\omega=\omega_0=\sqrt{\frac{k}{m}}$$

时，速度振幅 v_{max} 有最大值$\frac{F_0}{\gamma}$，此时 $\varphi=-\frac{\pi}{2}$. 所以当驱动力频率等于振子固有频率时，驱动力与振子速度始终保持同相，驱动力在整个周期内对振子做正功，始终给振子提供能量，从而振子的速度能获得最大的幅值，这就是所谓的速度共振.

令$\frac{dA}{d\omega}=0$，则有 $\omega=\sqrt{\omega_0^2-2\beta^2}$，此时振幅 A 有最大值，即 $A_{max}=\frac{F_0}{2m\beta\sqrt{\omega_0^2-\beta^2}}$，这种情况称为位移共振.

7. 两个简谐振动的合成

(1) 同一直线上两个同频率振动：合振动仍为简谐振动，设

$$x_1=A_1\cos(\omega t+\varphi_1),\quad x_2=A_2\cos(\omega t+\varphi_2),$$

则

$$x=x_1+x_2=A\cos(\omega t+\varphi),\quad A=\sqrt{A_1^2+A_2^2+2A_1A_2\cos(\varphi_2-\varphi_1)},$$

$$\tan\varphi=\frac{A_1\sin\varphi_1+A_2\sin\varphi_2}{A_1\cos\varphi_1+A_2\cos\varphi_2},$$

$$\Delta\varphi=\varphi_2-\varphi_1=\begin{cases}2k\pi & (k\text{ 为整数}),\quad A=A_1+A_2\text{，最大},\\(2k+1)\pi & (k\text{ 为整数}),\quad A=|A_1-A_2|\text{，最小}.\end{cases}$$

如果有 n 个同向同频简谐振动，其振动方程分别为

$$x_1=a\cos\omega t,\quad x_2=a\cos(\omega t+\delta),\quad x_3=a\cos(\omega t+2\delta),\cdots,x_n=a\cos[\omega t+(n-1)\delta].$$

合振动仍为简谐振动，即

$$x=x_1+x_2+\cdots+x_n=A\cos(\omega t+\varphi),$$

$$A=a\frac{\sin(n\sigma/2)}{\sin(\delta/2)},\quad \varphi=\frac{(n-1)\delta}{2}.$$

当 $\delta=2k\pi(k=0,\pm1,\pm2,\cdots)$ 时，合振动的振幅最大，即 $A=na$；当 $\delta=\frac{2k'\pi}{n}$，k' 为不等于 nk 的整数，合振幅 $A=0$. 在矢量图 7.2 中，各分振动的振幅矢量构成一个闭合的正多边形.

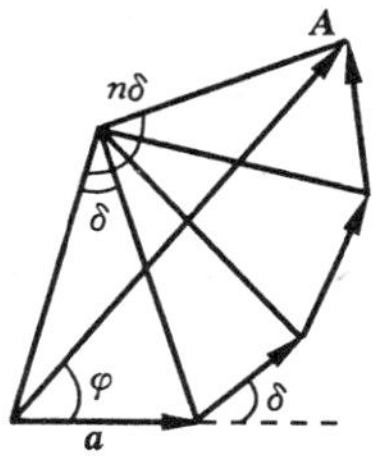

图 7.2

(2) 同一直线上两个不同频率的振动：合振动不再是简谐振动，当两个分振动频率都很大且频率差很小时，产生拍现象，拍频等于两个分振动的频率差.

(3) 相互垂直的两个同频率振动：当一个质点同时参与不同方向的简谐振动时，质点位移是两个振动位移的矢量和，其轨迹一般为平面曲线. 设两个振动分别在 x 轴和 y 轴上进行，位移方程为

$$x=A_1\cos(\omega t+\varphi_1),\quad y=A_2\cos(\omega t+\varphi_2).$$

消去时间参数 t，得到各振动的轨迹方程为

$$\frac{x^2}{A_1^2}+\frac{y^2}{A_2^2}-2\frac{xy}{A_1A_2}\cos(\varphi_2-\varphi_1)=\sin^2(\varphi_2-\varphi_1).$$

一般来讲，这是一个椭圆方程，具体形状取决于两个分振动的位相差和振幅. 例如，当 $\varphi_2-\varphi_1=\frac{\pi}{2}$ 时，上述轨迹方程变为 $\frac{x^2}{A_1^2}+\frac{y^2}{A_2^2}=1$，质点的轨迹为正椭圆，且质点的运动方向为顺时针方向，通常称为右旋；当 $\varphi_2-\varphi_1=\frac{3\pi}{2}$ 时，质点的轨迹仍为正椭圆，但质点的运动方向为逆时针方向，通常称为左旋.

(4) 相互垂直的两个不同频率的振动：如果两振动的频率只有很小差异，则可以近似地看成同频率的合成，不过差异在缓慢地变化，因此合成轨迹的形状将会出现周期性地反复变化；如果两振动的频率相差较大，但成简单整数比，则合振动具有稳定的封闭的运动轨迹，通常称为李萨如图形. 李萨如图形有如下规律：$\frac{f_x}{f_y}=\frac{n_y}{n_x}$，即加在两个垂直轴上的信号振动频率之比与图形和两轴最大交点数成反比.

8. 谐振分析和频谱

任何一个复杂的周期性振动都可以分解为一系列简谐振动之和，此方法称为谐振分析. 从数学意义上把谐振分析称为傅里叶分析，一个周期为 T 的周期函数 $F(t)$ 可以表示为

$$F(t)=\frac{a_0}{2}+\sum_{k=1}^{\infty}[A_k\cos(k\omega t+\varphi_k)],$$

式中，A_k、φ_k 分别为各个分振动的振幅和初相位. 实际上任意一种非周期性振动都可以分解为许多简谐振动之和，其谐振分析需用傅里叶变换处理.

频谱表示一个实际振动所包含的各种谐振成分的振幅和它们的频率的关系. 周期性振动的频谱是分离的线状谱，非周期性振动的频谱是连续的线状谱.

7.2 典型例题

例 7.1　一物体沿 x 轴做简谐振动，其振幅 $A=10$ cm，周期 $T=2$ s，$t=0$ 时物体的位移为 $x_0=-5$ cm，且向 x 轴负向运动. 试求：

(1) $t=0.5$ s 时物体的位移；

(2) 何时物体第一次运动到 $x=5$ cm 处；

(3) 再经过多少时间物体第二次运动到 $x=5$ cm 处.

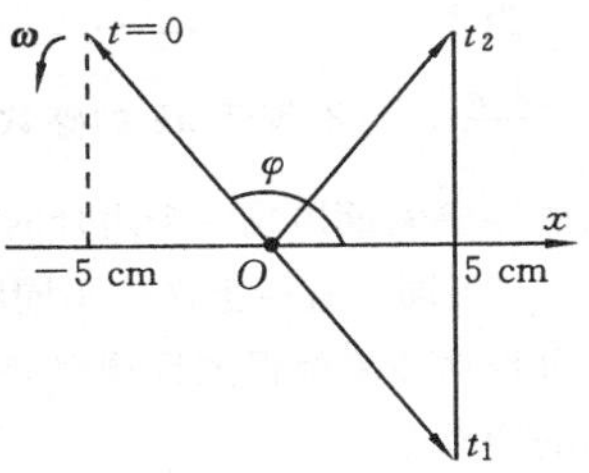

图 7.3

解 已知 $t=0,x_0=-5$ cm，且 $v_0<0$，所以振动初相位 $\varphi=\frac{2}{3}\pi$，$T=2$ s，$\omega=\frac{2\pi}{T}=\pi\ \mathrm{s}^{-1}$，因此振动方程为

$$x=0.10\cos\left(\pi t+\frac{2}{3}\pi\right)\ \mathrm{m}.$$

(1) $t=0.5$ s 时物体的位移为

$$x=0.10\cos\left(\pi\times0.5+\frac{2}{3}\pi\right)\ \mathrm{m}=-0.087\ \mathrm{m}.$$

(2) 当物体第一次运动到 $x=5$ cm 处时，振幅矢量 $\boldsymbol{A}$ 转过的角度为 π，所以有

$$\omega t_1=\pi,\quad t_1=\frac{\pi}{\omega}=\frac{\pi}{\pi}=1\ \mathrm{s}.$$

(3) 当物体第二次到达 $x=5$ cm 处时，振幅矢量 $\boldsymbol{A}$ 又转过了 $\frac{2}{3}\pi$，如图 7.3 所示，所以有

$$\omega\Delta t=\omega(t_2-t_1)=\frac{2}{3}\pi,\quad \Delta t=\frac{2\pi}{3\omega}=\frac{2\pi}{3\pi}=\frac{2}{3}\ \mathrm{s}.$$

例 7.2 如图 7.4 所示，质量为 m、横截面积为 S 的木块，浮在密度为 ρ 的大水槽的表面上，试证明此木块在竖直方向的自由振动是简谐振动（略去液体的阻力和液面的起伏），并求振动周期.

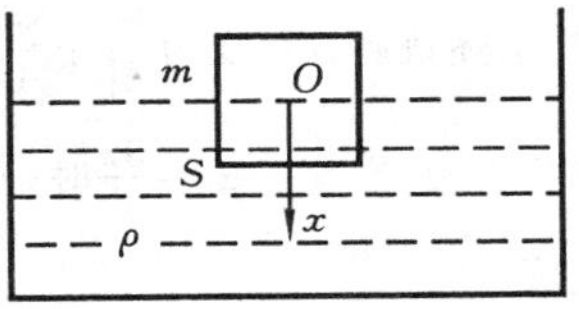

图 7.4

解 木块平衡时，重力等于浮力，木块与液面交于 O 点，有 $mg=F_{浮}=\rho gV$，V 为排开液体的体积. 将木块压下距离 x 时，它受到的浮力为 $\rho g(V+Sx)$，木块受到的合力为

$$mg-(V+Sx)\rho g=mg-V\rho g-\rho gSx=-\rho gSx.$$

由牛顿定律写出简谐振动的微分方程式为

$$m\frac{\mathrm{d}^2x}{\mathrm{d}t^2}=-\rho gSx,\quad 即\quad \frac{\mathrm{d}^2x}{\mathrm{d}t^2}+\frac{\rho gS}{m}x=0,$$

可得 $\omega^2=\frac{\rho gS}{m}$，即振动周期为 $$T=\frac{2\pi}{\omega}=2\pi\sqrt{\frac{m}{\rho gS}}.$$

例 7.3 如图 7.5 所示，轻质弹簧的劲度系数 $k=50$ N/m，其一端固定，另一端与质量为 m 的物体由细绳连接，细绳跨于桌边定滑轮 M 上，滑轮的转动惯量 $I=0.02\ \mathrm{kg\cdot m^2}$，半径 $R=0.2$ m，物体质量 $m=1.5$ kg.

(1) 试求系统静止时，弹簧的伸长量和绳中的张力；

(2) 将物体用手托起 0.15 m，然后突然放手，任物体下落，整个系统进入振动状态，设绳子长度一定，绳子与滑轮间不打滑，滑轮轴承处无摩擦，证明物体做简谐振动，并求其振动周期；

(3) 取 m 的平衡位置为原点，Ox 轴竖直向下，从放手的瞬时开始计时，求出余弦形式的振动方程式.（取 $g=10\ \mathrm{m/s^2}$.）

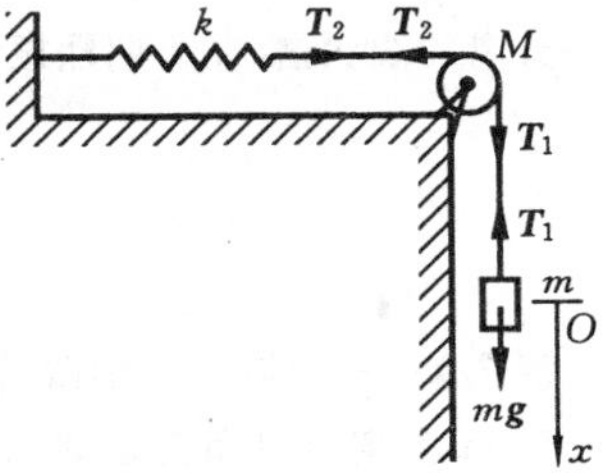

图 7.5

解 (1) 系统平衡时，设弹簧的伸长量为 x_0，绳中张力为 $\boldsymbol{T}_1$，有

$$mg=T_1=T_2=kx_0,$$

故 $$T_1=T_2=mg=(1.5\times10)\ \mathrm{N}=15\ \mathrm{N},$$

$$x_0=\frac{mg}{k}=\frac{1.5\times10}{50}\ \text{m}=0.3\ \text{m}.$$

(2) 当物体离开 O 点位移为 x 时，依据力学规律可写出下列方程式：

$$mg-T_1=ma,\quad (T_1-T_2)R=I\beta,\quad T_2=k(x_0+x),\quad a=\beta R.$$

由后三式可得
$$T_1=T_2+\frac{I}{R^2}a=k(x_0+x)+\frac{I}{R^2}a,$$

代入 $mg-T_1=ma$ 得

$$mg-\left[k(x_0+x)+\frac{I}{R^2}a\right]=ma,\quad a=-\frac{k}{m+I/R^2}x,\quad 即\quad \frac{d^2x}{dt^2}+\frac{k}{m+I/R^2}x=0.$$

物体做简谐振动，则 $\omega^2=\dfrac{k}{m+I/R^2}$，振动周期为

$$T=\frac{2\pi}{\omega}=2\pi\sqrt{\frac{m+I/R^2}{k}}=\frac{2}{5}\pi\ \text{s}=1.26\ \text{s}.$$

(3) $t=0, x_0=-0.15$ m，$v_0=0$，所以振动的初相位 $\varphi=\pi$，振幅 $A=0.15$ m，振动方程式为 $x=0.15\cos(5t+\pi)$.

此题也可作如下考虑，将物体 m 与滑轮组成一系统，系统对滑轮转轴的合外力矩为 $mgR-k(x_0+x)R=-kRx$，系统对转轴的总转动惯量为 $I+mR^2$，依据转动规律有

$$-kRx=(I+mR^2)\beta=(I+mR^2)\frac{a}{R},\quad a=-\frac{kR^2}{I+mR^2}=-\frac{k}{m+I/R^2}.$$

例 7.4 质量为 m 的物体放在无摩擦的水平桌面上，两个劲度系数分别为 k_1 和 k_2 的弹簧与物体相连并固定在支架上，如图 7.6 所示.

(1) 求使物体偏离其平衡位置而振动的振动频率；

(2) 如果物体的振幅为 A，当物体通过平衡位置时，有一质量为 m_0 的黏土竖直地落到物体上并粘在一起，求新的振动频率和振幅.

解 (1) 当物体 m 离开平衡位置点 O 位移为 x 时，物体 m 所受合力为

$$F=-k_1x-k_2x=-(k_1+k_2)x.$$

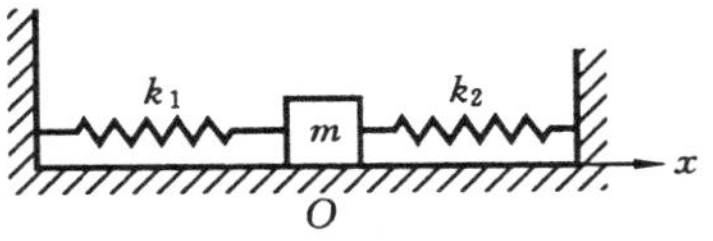

图 7.6

由牛顿第二定律有

$$-(k_1+k_2)x=m\frac{d^2x}{dt^2},\quad 即\quad \frac{d^2x}{dt^2}+\frac{k_1+k_2}{m}x=0,$$

$$\omega=\sqrt{\frac{k_1+k_2}{m}},\quad v=\frac{\omega}{2\pi}=\frac{1}{2\pi}\sqrt{\frac{k_1+k_2}{m}}.$$

如果物体 m 处于平衡位置时，弹簧 k_1、k_2 有伸长，所得结果仍与上述相同.

(2) 黏土粘到物体上后，振动系统的振动频率和速度分别为

$$\omega'=\sqrt{\frac{k_1+k_2}{m+m_0}},\quad v'=\frac{\omega'}{2\pi}=\frac{1}{2\pi}\sqrt{\frac{k_1+k_2}{m+m_0}}.$$

可见系统的振动频率变小了，当物体在平衡位置（黏土未落上）时，位移 $x=0$，速度最大为 $v=v_{max}=A\omega$. 设黏土与物体碰撞作用时间很短，碰撞过程水平方向上动量守恒，有

$$mv_{max}=(m+m_0)v',\quad v'=\frac{mv_{max}}{m+m_0}=\frac{mA}{m+m_0}\sqrt{\frac{k_1+k_2}{m}}=\frac{\sqrt{m(k_1+k_2)}}{m+m_0}A.$$

由于作用时间很短，碰后位移可视为零，由于 $v'=v'_{max}=\omega'A'$，所以有

$$A'=\frac{v'}{\omega'}=\frac{\sqrt{m(k_1+k_2)}}{m+m_0}A\times\sqrt{\frac{m+m_0}{k_1+k_2}}=\sqrt{\frac{m}{m+m_0}}A.$$

可见，碰后系统的振幅变小.

例 7.5　活塞沿竖直方向做简谐振动，振幅为 0.20 m，角频率为 6 rad/s，活塞顶面放有质量 $M=0.40$ kg 的物体. 试求：

(1) 当活塞运动到平衡位置上方 0.10 m 时，物体 M 的加速度.

(2) 物体 M 与活塞不发生分离的最大振幅是多少？

(3) 如果活塞振动频率加快 0.5 倍，物体不离开活塞的最大振幅又是多少？

解　设物体 M 的振动方程式为 $x=A\cos(\omega t+\varphi)$，则 M 的振动速度与振动加速度分别为

$$v=\frac{dx}{dt}=-\omega A\sin(\omega t+\varphi),\quad a=\frac{d^2x}{dt^2}=-\omega^2A\cos(\omega t+\varphi)=-\omega^2x.$$

(1) 当 $x=0.10$ m 时，物体的加速度为

$$a=-\omega^2x=(-6^2\times0.10)\ \text{m/s}^2=-3.6\ \text{m/s}^2.$$

(2) 物体 M 的动力学方程式为

$$N-Mg=Ma=-M\omega^2x,\quad 即\quad N=Mg-M\omega^2x.$$

式中，N 为活塞对物体的正压力. 物体与活塞不发生分离，要求 $N\geqslant0$，即

$$Mg-M\omega^2x\geqslant0,\quad x\leqslant\frac{g}{\omega^2}=\frac{9.8}{36}\ \text{m}=0.272\ \text{m},$$

故最大振幅　$A_{max}=0.27$ m.

(3) $A_{max}=\dfrac{g}{\omega_1^2}=\dfrac{g}{(1.5\omega)^2}=\dfrac{4}{9}\dfrac{g}{\omega^2}=0.12$ m.

例 7.6　有一小质点可以在半径为 R 的球形碗的底部无摩擦地自由滑动，如图 7.7 所示. 求此质点做微小振动的周期，与它等效的摆长是多少？

解一　从动力学角度考虑此问题.

以小球为研究对象，取逆时针方向的角位移为正. 设任意时刻 t，小球位于点 P 处，角位移为 θ，依据牛顿运动定律，质点在轨迹的切线方向上的方程式为

$$-mg\sin\theta=ma_t,$$

式中，a_t 为质点的切向加速度，$a_t=\beta R=R\dfrac{d^2\theta}{dt^2}$. 当振幅很小时，$\sin\theta\approx\theta$，所以有

$$-mg\theta=mR\frac{d^2\theta}{dt^2},\quad 即\quad \frac{d^2\theta}{dt^2}+\frac{g}{R}\theta=0,$$

故 $\omega^2=\dfrac{g}{R}$，$T=\dfrac{2\pi}{\omega}=2\pi\sqrt{\dfrac{R}{g}}$.

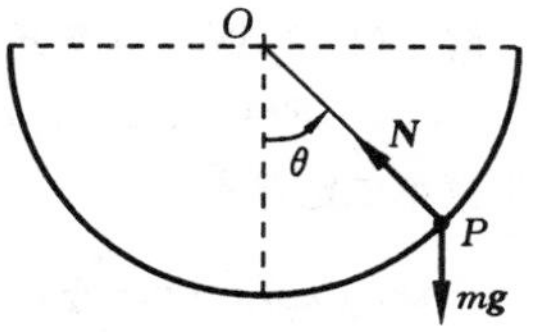

图 7.7

由单摆振动周期 $T=2\pi\sqrt{l/g}$，可知等效摆长 $l=R$.

解二　从能的角度考虑此问题.

设质点运动至 θ 角，由机械能守恒有 $E=\dfrac{1}{2}mR^2\omega^2+mgR(1-\cos\theta)=$常量.

两边对时间求导有

$$mR^2\omega\frac{d\omega}{dt}+mgR\sin\theta\frac{d\theta}{dt}=0,$$

由 $\omega=\dfrac{d\theta}{dt}$，$\dfrac{d\omega}{dt}=\dfrac{d^2\theta}{dt^2}$，$\sin\theta\approx\theta$，得　$\dfrac{d^2\theta}{dt^2}+\dfrac{\theta}{R}\theta=0.$

小球的振动方程为 $\theta=\theta_0\cos(\omega t+\varphi)$.

此后的解题过程与解一相同. 若设 $t=0$ 时，$\theta=0$，小球的速度为 v_0，则有

$$\theta_0\cos\varphi=0,\quad -\omega\theta_0\sin\varphi=\frac{v_0}{R},\quad \omega=\frac{\mathrm{d}\theta}{\mathrm{d}t}=-\omega\theta_0\sin(\omega t+\varphi),$$

故 $\varphi=-\frac{\pi}{2}$，$\theta_0=\frac{v_0}{\omega R}$. 小球的振动方程式为

$$\theta=\frac{v_0}{\omega R}\cos\left(\sqrt{\frac{g}{R}}t-\frac{\pi}{2}\right).$$

例 7.7　把地球看成一个半径为 R，密度为 ρ 的质量均匀分布的球. 设想从地球表面某处打一个穿透地球的光滑隧道，隧道中点 D 与地心 O 之间的距离为 l，如图 7.8 所示. 现将质量为 m 的小球从隧道口由静止释放，试证小球在隧道里的运动为简谐振动并求振动周期.

解　设任意时刻小球处于离地心 r 处，r 以外厚度 $R-r$ 的球壳层对 m 的万有引力为零，这与电荷在均匀带电球体内受力的计算类似，所以小球 m 受到的万有引力为

$$F=-G\frac{mM}{r^2},$$

式中，M 是以地心为中心，以 r 为半径的球体内的质量，其值 $M=\frac{4}{3}\pi r^3\rho$. 力 $\boldsymbol{F}$ 沿隧道方向的投影为

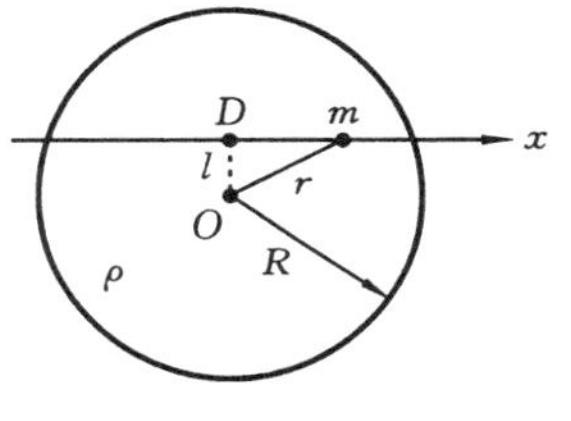

图 7.8

$$F_x=-Gm\frac{1}{r^2}\frac{4}{3}\pi r^3\rho\cdot\frac{x}{r}=-\frac{4}{3}\pi\rho Gmx.$$

由牛顿第二定律有

$$-\frac{4}{3}\pi\rho Gmx=m\frac{\mathrm{d}^2x}{\mathrm{d}t^2},\quad 即\quad \frac{\mathrm{d}^2x}{\mathrm{d}t^2}+\frac{4}{3}\pi\rho Gx=0\quad (m\ 做简谐振动),$$

$$\omega^2=\frac{4}{3}\pi\rho G,\quad T=\frac{2\pi}{\omega}=2\pi\sqrt{\frac{3}{4\pi\rho G}}=\sqrt{\frac{3\pi}{\rho G}}.$$

假如隧道正好穿过地心，那么小球由地球表面落至地心的时间 $t=\frac{1}{4}\sqrt{\frac{3\pi}{\rho G}}$.

例 7.8　在劲度系数为 k 的弹簧上，连一个质量为 M 的物块，在水平光滑的桌面上做振幅为 A 的振动. 当 M 经过平衡位置 O 向右运动时，恰有一质量为 m 的物块由高度 h 处落下，如图 7.9 所示. m 落在物块 M 上，与 M 一起运动，二者之间无相对滑动. 试求：

(1) 后来系统的振动周期和振幅；

(2) 若两物块 M 和 m 之间的静摩擦因数为 μ_s，M 和 m 无相对运动时系统允许的最大振幅.

解　(1) 小物块落在大物块上以前，系统的振动周期 $T=2\pi\sqrt{M/k}$，振动频率 $\omega=\sqrt{k/M}$；小物块落在大物块上以后，系统的振动周期 $T_1=2\pi\sqrt{(M+m)/k}>T$，振动频率 $\omega_1=\sqrt{k/(M+m)}$.

当大物块 M 经过平衡位置时，M 与 m 发生相互作用，系统水平方向上动量守恒，有

$$Mv=(m+M)v_1,\quad 即\quad v_1=\frac{Mv}{m+M},$$

式中，$v=\omega A=\sqrt{\frac{k}{M}}A$；$v_1=\omega_1 A_1=\sqrt{\frac{k}{M+m}}A_1$. 故

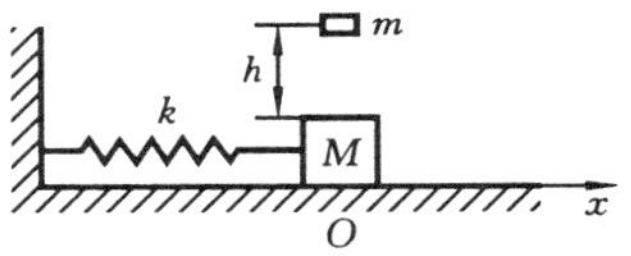

图 7.9

$$A_1=\frac{v_1}{\omega_1}=\frac{Mv}{\omega_1(m+M)}=\frac{M}{m+M}\sqrt{\frac{k}{M}}\sqrt{\frac{M+m}{k}}A=\sqrt{\frac{M}{M+m}}A<A.$$

(2) m 的运动方程式为 $f_s=ma=-m\omega_1^2x$，m 与 M 之间无相对滑动，则要求

$$m\omega_1^2A_2\leqslant\mu_s mg,\quad 即\quad A_2\leqslant\frac{\mu_s g}{\omega_1^2}=\frac{M+m}{k}\mu_s g.$$

例 7.9　如图 7.10 所示，瓶内装有气体，一横截面积为 S 的玻璃管通过瓶塞插入瓶内，玻璃管

内放有一质量为 m 的光滑金属小球(像一个活塞). 设小球在平衡位置时气体的体积为 V,压强为 p,大气压强为 p_0,现将小球稍向下移,然后放手,则小球在平衡位置附近做简谐振动. 假定小球在上下振动过程中,瓶内气体进行的过程可看做准静态绝热过程. 试求小球进行简谐振动的周期.

解　当小球处于平衡位置时,气体对小球的压力与大气压力和小球的重力之和相平衡,即 $pS=p_0S+mg$. 取向下方向为正,当小球向下位移 x 时,气体体积增量为 $\mathrm{d}V=-Sx$.

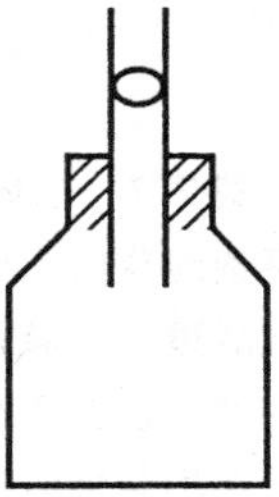

图 7.10

因准静态绝热过程,$pV^{\gamma}=$常数,微分可得

$$\gamma pV^{\gamma-1}\mathrm{d}V+V^{\gamma}\mathrm{d}p=0,\quad 即\quad \mathrm{d}p=-\frac{\gamma p\mathrm{d}V}{V}=-\frac{\gamma p(-Sx)}{V}=\frac{\gamma pSx}{V}.$$

小球所受合力为

$$F=-(p+\mathrm{d}p)S+(p_0S+mg)=-(p+\mathrm{d}p)S+pS=-S\mathrm{d}p=-\frac{\gamma pS^2}{V}x,$$

由牛顿第二定律有

$$\frac{\mathrm{d}^2x}{\mathrm{d}t^2}+\frac{\gamma pS^2}{mV}x=0,$$

故

$$\omega^2=\frac{\gamma pS^2}{mV},\quad T=\frac{2\pi}{\omega}=2\pi\sqrt{\frac{mV}{\gamma pS^2}}.$$

例 7.10　长为 l、质量为 m 的均质细棒,用两根长 $L=1.5$ m 的细线分别拴在棒的两端,把棒悬挂起来. 若棒绕通过中心的竖直轴 OO' 做小角度的摆动,求振动周期.

解　当棒绕 OO' 轴转过 φ 角时,由图 7.11 可知

$$L\alpha=\frac{l}{2}\varphi.$$

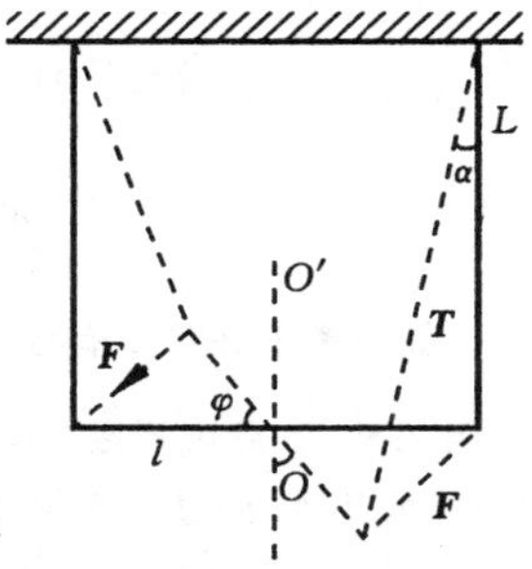

图 7.11

由于 α 角很小,所以张力为

$$2T\cos\alpha=2T=mg,\quad T=\frac{1}{2}mg,$$

张力 $\boldsymbol{T}$ 的水平分量为

$$F=T\sin\alpha\approx T\alpha=\frac{1}{2}mg\frac{l\varphi}{2L}=\frac{mgl}{4L}\varphi.$$

棒的两端受到的这两个力对竖直轴 OO' 的力矩为

$$M=-2F\frac{l}{2}=-Fl=-\frac{mgl^2}{4L}\varphi.$$

由转动定律有

$$-\frac{mgl^2}{4L}\varphi=\frac{1}{12}ml^2\frac{\mathrm{d}^2\varphi}{\mathrm{d}t^2},\quad 即\quad \frac{\mathrm{d}^2\varphi}{\mathrm{d}t^2}+\frac{3g}{L}\varphi=0,$$

故

$$\omega^2=\frac{3g}{L},\quad T=\frac{2\pi}{\omega}=2\pi\sqrt{\frac{L}{3g}}=1.42\ \mathrm{s}.$$

7.3　强化训练题

一、填空题

1. 有两相同的弹簧,其劲度系数均为 k. 把它们串联起来,下面挂一个质量为 m 的重物,此系统做简谐振动的周期为______;把它们并联起来,下面挂一个质量为 m 的重物,此系统做简谐振动的周期为______.

2. 如图 7.12 所示,一单摆的悬线长 $l=1.5$ m,在顶端固定点的铅直下方 0.45 m 处有一小钉. 设两方摆动均较小,则单摆的左右两方振幅之比 A_1/A_2 的近似值为______.

3. 在 $t=0$ 时，周期为 T，振幅为 A 的单摆分别处于图 7.13(a)、(b)、(c)所示的三种状态. 若选单摆的平衡位置为 x 轴的原点，x 轴指向正右方，则单摆做小角度摆动的振动表达式（用余弦函数表示）分别为(a)______；(b)______；(c)______.

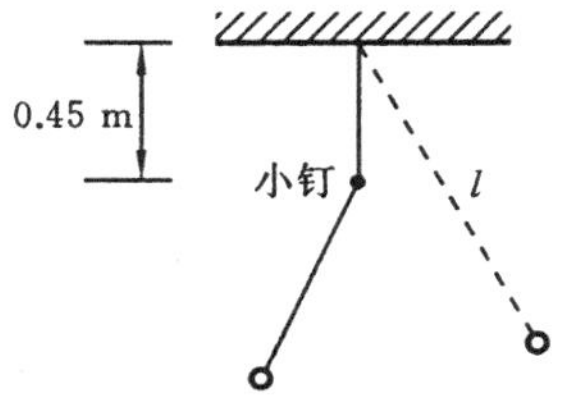

图 7.12

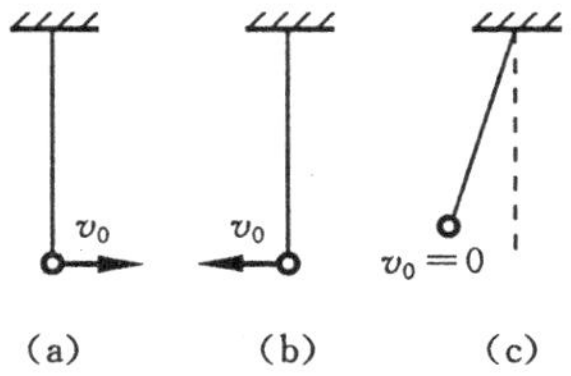

图 7.13

4. 一物块悬挂在弹簧下方做简谐振动，当这物块的位移等于振幅的一半时，其动能是总能量的______（设平衡位置处势能为零）. 当这物块在平衡位置时，弹簧的长度比原长长 Δl，这一振动系统的周期为______.

5. 如图 7.14 所示，已知两个简谐振动的振动曲线，两简谐振动的最大速率之比为______.

6. 如图 7.15 所示，两个简谐振动曲线，两个简谐振动的频率之比 $\nu_1:\nu_2=$______；加速度最大值之比 $a_{1m}:a_{2m}=$______；初始速率之比 $v_{10}:v_{20}=$______.

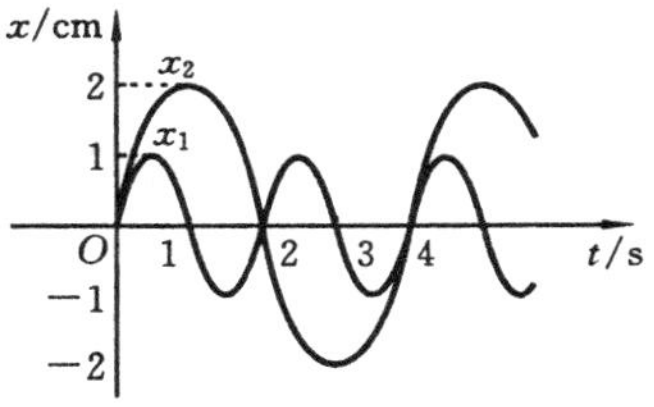

图 7.14

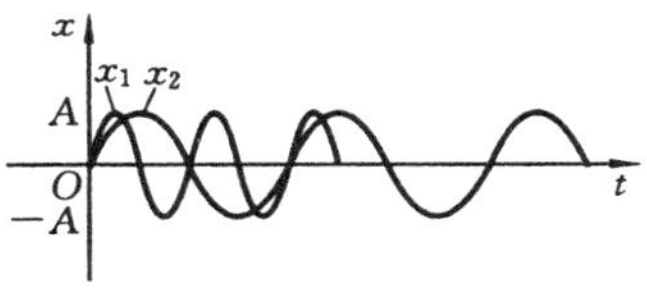

图 7.15

7. 上面放有物体的平台，以每秒 5 周的频率沿竖直方向做简谐振动，若平台振幅超过______ m，则物体会脱离平台.（设 $g=9.8\ \mathrm{m/s^2}$.）

8. 一做简谐振动的振动系统，其质量为 2 kg，频率为 1 000 Hz，振幅为 0.5 cm，则其振动能量为______.

9. 用 40 N 的力拉一轻弹簧，可使其伸长 20 cm. 此弹簧下应挂______ kg 的物体，才能使弹簧振子做简谐振动的周期 $T=0.2\pi$ s.

10. 如图 7.16 所示，一质点做简谐振动，它的周期 $T=$______，用余弦函数描述时初相位 $\varphi=$______.

11. 质量为 m 的物体和一个轻弹簧组成弹簧振子，其固有振动周期为 T. 当它做振幅为 A 的自由简谐振动时，其振动能量 $E=$______.

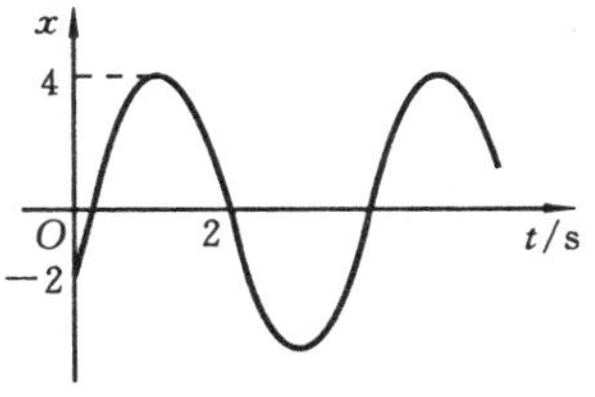

图 7.16

12. 两质点沿水平轴线做相同频率和相同振幅的简谐振动. 它们每次沿相反方向经过同一个坐标为 x 的点时，它们的位移 x 的绝对值均为振幅的一半，则它们之间的周相差为______.

13. 一质点同时参与了三个简谐振动，它们的振动方程分别为 $x_1=A\cos(\omega t+\pi/3)$，$x_2=A\cos(\omega t+5\pi/3)$，$x_3=A\cos(\omega t+\pi)$. 其合成运动的运动方程为 $x=$______.

14. 一质点同时参与了两个同方向的简谐振动，它们的振动方程分别为 $x_1=0.05\cos(\omega t+$

$\pi/4)$，$x_2=0.05\cos(\omega t+19\pi/12)$. 其合成运动的运动方程为 $x=$______.

15. 两个同方向同频率的简谐振动，其合振动的振幅为 20 cm，与第一个简谐振动的相位差为 $\varphi-\varphi_1=\pi/6$. 若第一个简谐振动的振幅为 $10\sqrt{3}$ cm=17.3 cm，则第二个简谐振动的振幅为______cm，第一、二两个简谐振动的相位差 $\varphi_1-\varphi_2$ 为______.

16. 如图 7.17 所示，在场强为 $\boldsymbol{E}$(方向垂直向上)的均匀电场中，有一个质量为 m、带有正电荷 q 的小球，该球用长为 L 的细线悬挂着. 当小球做微小摆动时，其摆动周期 $T=$______.

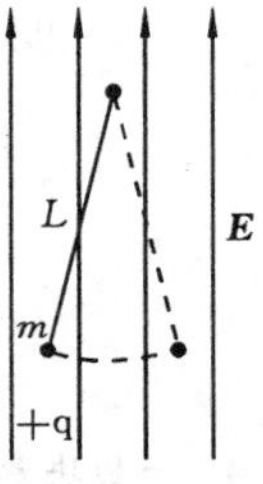

图 7.17

17. 一圆形平面载流线圈可绕过其直径的固定轴转动，将此装置放入均匀磁场中，并使磁场方向与固定轴垂直. 若保持线圈中的电流不变，且初始时线圈平面法线与磁场方向有一夹角，那么此线圈将做______运动；若初始时刻线圈平面法线与磁场方向的夹角很小，则线圈的运动可简化为______.

二、简答题

一台摆钟的等效摆长 $l=0.995$ m，摆锤可上、下移动以调节其周期，该钟每天快 1 分 27 秒. 假如将此摆当做质量集中在摆锤中心的一个单摆来考虑，则应将摆锤向下移动多少距离，才能使钟走得准确？

三、计算题

1. 如图 7.18 所示，弹簧的一端固定在墙上，另一端连接一质量为 M 的容器，容器可在光滑水平面上运动，当弹簧未变形时容器位于点 O 处. 今使容器自点 O 左端 l_0 处从静止开始运动，每经过 O 点一次时，从上方滴管中滴入一质量为 m 的油滴. 求：

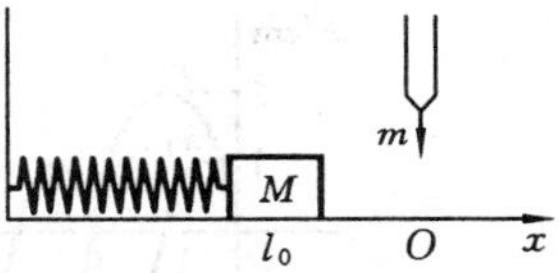

图 7.18

(1) 滴到容器中 n 滴以后，容器能运动到距点 O 的最远距离；

(2) 第 $n+1$ 滴与第 n 滴的时间间隔.

2. 如图 7.19 所示，倾角为 θ 的固定斜面上放一质量为 m 的物体，用细绳跨过滑轮把物体与一弹簧相连接，弹簧另一端与地面固定. 弹簧的劲度系数为 k，滑轮可视为半径为 R，质量为 M 的圆盘. 设绳与滑轮间不打滑，物体与斜面间以及滑轮转轴处摩擦不计.（滑轮的转动惯量 $J=MR^2/2$.）

(1) 求证：m 的振动是简谐振动.

(2) 在弹簧不伸长，绳子也不松弛的情况下，m 由静止释放并以此时作为计时起点，求 m 的振动方程.（沿斜面向下取为 x 轴正方向.）

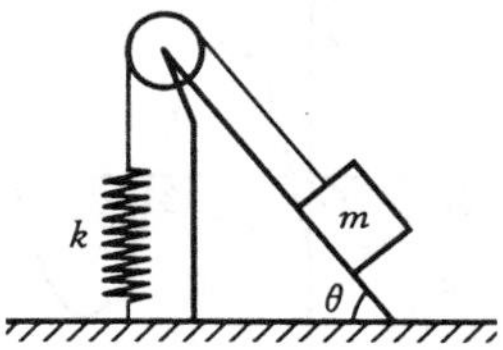

图 7.19

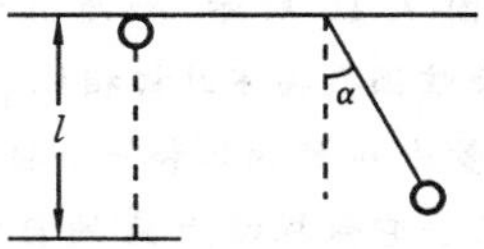

图 7.20

3. 如图 7.20 所示，两小球各悬于长度均为 l 的两线上. 将第一球沿竖直方向上举到悬点，而将第二球从平衡位置移开，使悬线和竖直线成一小角度 α. 现将二球同时放开，振动可看做简谐振动，则哪个小球先到达最低位置？

4. 一木板在水平面上做简谐振动，振幅是 12 cm，在距平衡位置 6 cm 处速度是 24 cm/s. 如果一小物块置于振动木板上，由于静摩擦力的作用，小物块和木板一起运动（振动频率不变），当木板运动到最大位移处时，物块正好开始在木板上滑动．问物块与木板之间的静摩擦因数 μ 为多少？

5. 在一平板上放一质量为 2 kg 的物体，平板在竖直方向做简谐振动，其振动周期 $T=0.5$ s，振幅 $A=4$ cm．求：

（1）物体对平板的压力．

（2）平板以多大的振幅振动时，物体开始离开平板？

6. 两个同方向的简谐振动的振动方程分别为 $x_1=4\times10^{-2}\cos2\pi(t+1/8)$，$x_2=3\times10^{-2}\cos2\pi(t+1/4)$，求合振动方程．

7. 如图 7.21 所示，一面积为 A、总电阻为 R 的导线环用一根劲度系数为 k 的弹性细丝（被扭转 α 角时，其弹性恢复扭力矩 $M_k=k\alpha$）挂在均匀磁场 $\boldsymbol{B}$ 中，线圈在 yz 平面达到平衡．设线圈绕 z 轴的转动惯量为 J．现将环从图中位置转过一个小角度 θ 后释放，假定弹性细丝不导电，并忽略线圈自感，试用已知参数写出此线圈的转角与时间的方程．

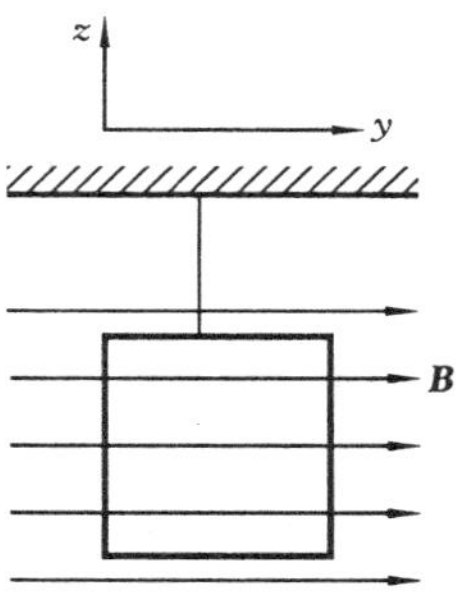

图 7.21

第8章　波动学基础

8.1　知识要点

1. 机械波的类型

所谓波动是指振动的传播过程.波动是一种普遍的运动形式,除了机械波外,还有电磁波、物质波等.机械振动在弹性介质中的传播过程就形成机械波.

1）机械波产生的条件

要形成机械波必须满足两个条件:(1) 做机械振动的振动系统,称为波源;(2) 能够传播机械振动的弹性媒质.机械振动之所以能够在介质中形成机械波,关键在于弹性介质中各质元之间存在相互作用的弹性力.当介质中某质元因受外界扰动离开平衡位置时,其周围质点将对它产生弹性力,使其回到平衡位置并在平衡位置附近做振动.与此同时,周围质点也要受到此质点的作用力,并离开平衡位置振动起来,这样机械振动就在弹性介质中由近及远地传播开来,形成机械波.波动过程中,媒质中各质点并不随波前进,各质点只是在各自的平衡位置附近振动而已.振动状态的传播速度称为波速或相速,沿波的传播方向,各振动质元的振动状态,依次较前质元落后.

2）横波、纵波和简谐波

质点振动方向和波的传播方向垂直的波称为横波,横波具有偏振现象;质点振动方向和波的传播方向一致的波称为纵波,纵波是一种疏密波;当波源做简谐振动时,媒质中各质点也做简谐振动,而且振动频率与波源相同,振幅也与波源有关,这时的波动称为简谐波.

3）波射线、波阵面和同相面

波源在弹性介质中振动时,振动向各个方向传播,把波传播的方向称为波射线;把某一时刻波动所到达的各点所组成的空间曲面称为波阵面;把振动状态相同(或振动位相相同)的各点所连成的曲面称为同相面.在任意时刻波阵面只有一个而同相面有任意多个.波阵面上各点位相相同且等于波源在开始振动时的位相.在各向同性介质中,波线与波阵面垂直.

4）行波、脉冲波和持续波

振动状态或振动能量沿恒定方向传播的波称为行波;波源扰动时间极短,传出的波的空间长度也很短,这样的波称为脉冲波;在振源持续扰动下传出的一长列行波称为持续波.

5）平面波、球面波和柱面波

按波阵面的形状来分,波可以分平面波、球面波和柱面波等,均匀各向同性介质中点波源可以产生球面波,线波源可以产生柱面波,很大的平面波源可以产生平面波.波源在介质中可以同时产生横波和纵波,如地震波既有横波又有纵波;还有一些波既不是横波也不是纵波,既有横波成分又有纵波成分,如水面波.

2. 物体的弹性形变、描述机械波的物理量

1）弹性形变

物体(包括固体、液体和气体)在受外力作用时,形状都会发生变化,这种变化称为形变.当外力撤去后物体的形状仍能复原,这个外力的限度称为弹性限度,在弹性限度内的形变称为弹性形变,应力与应变成正比称为胡克定律.

(1) 长变——$\frac{F}{S}=E\frac{\Delta l}{l}$,

式中,$\frac{F}{S}$为应力;$\frac{\Delta l}{l}$为线应变;E 为杨氏模量,随材料的不同而不同.

(2) 切变——$\frac{F}{S}=G\varphi=G\frac{\Delta d}{D}$,

式中,$\frac{F}{S}$为切应力;$\varphi=\frac{\Delta d}{D}$为切应变;$G$ 为切变模量.

(3) 体变——$\Delta P=-K\frac{\Delta V}{V}$,

式中,ΔP 为压强的改变;$\frac{\Delta V}{V}$为体应变;K 为体积模量,$\frac{1}{K}$为压缩系数.

2) 机械波的速度

理论和实验都表明:机械波的传播速度(或称为相速)由媒质本身的性质确定,而与波源频率无关.液体和气体只能传播纵波(原因是流体不能发生切变),固体可以传播横波,也可以传播纵波(原因是固体既可以产生切变又可以产生长变和体变).

3) 描述机械波的物理量

(1) 波长 λ:同一时刻同一波线上两个相邻同相质点间的距离称为一个波长 λ,它反应了波在空间上的周期性.

(2) 波的周期 T 和频率:振动状态(或位相)传播一个波长 λ 所需要的时间称为波的周期 T,它反应了波在时间上的周期性,其大小与介质中质元完成一次全振动所需的时间相同.周期的倒数称为波的频率 ν,即单位时间里通过介质中某点的完整的波的数目.

(3) 波速 u 与波长 λ 和周期 T 的关系:$u=\frac{\lambda}{T}=\nu T$.

3. 简谐波的波函数

行波波函数一般形式为 $y=f\left(t\mp\frac{x}{u}\right)$,这里仅讨论理想无吸收均匀无限大介质中传播的平面简谐波的波函数.如图 8.1 所示,有一列沿 x 轴方向传播的平面简谐纵波(或横波),设 $x=0$ 处质点振动方程为 $y_0=A\cos(\omega t+\varphi)$,由于沿着波的传播方向振动状态依次落后,所以波线上平衡位置为 x 的任一质点在任意时刻 t 的振动位移 y 为

$$y=A\cos\left[\omega\left(t\mp\frac{x}{u}\right)+\varphi\right]=A\cos\left[2\pi\left(\frac{t}{T}\mp\frac{x}{\lambda}\right)+\varphi\right].$$

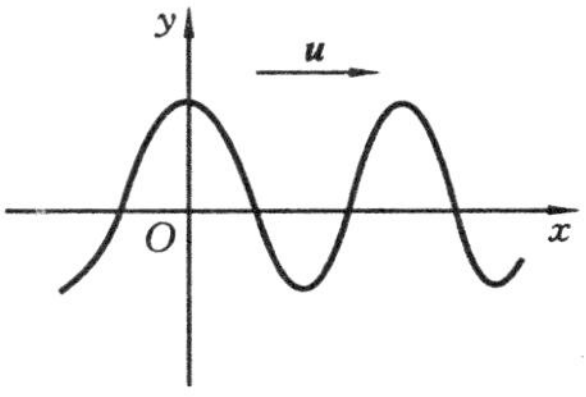

图 8.1

上式称为平面谐波波函数,式中,$u=\frac{\lambda}{T}=\nu\lambda$;角波数 $K=\frac{2\pi}{\lambda}$,当波沿 x 轴正向传播时取减号,沿 x 轴负向传播时取加号.

(1) x 给定时,取 $x=x_1$,$y=A\cos\left[\omega\left(t\mp\frac{x_1}{u}\right)+\varphi\right]$表示 x_1 处质点的振动方程.

(2) t 给定时,取 $t=t_1$,$y=A\cos\left[\omega\left(t_1\mp\frac{x}{u}\right)+\varphi\right]$表示 t_1 时刻波形图.

(3) x 和 t 都是变化的情况,此时有 $y=A\cos\left[\omega\left(t\mp\frac{x}{u}\right)+\varphi\right]=A\cos\left[\omega\left(t+\Delta t-\frac{x+u\Delta t}{u}\right)+\varphi\right]$,

这说明 t 时刻 x 处质点振动状态在 $t+\Delta t$ 时刻传到了 $x+u\Delta t$ 处,即振动状态传播的距离 $\Delta x=$

$u\Delta t$，整个波形沿传播方向移动距离 $\Delta x=u\Delta t$.

(4) 同一时刻同一波线上不同振动质点的相位差：在同一时刻 t，坐标为 x_1 和 x_2 两振动质点相位差为

$$\Delta\varphi=\left[\omega\left(t-\frac{x_1}{u}\right)+\varphi\right]-\left[\omega\left(t-\frac{x_2}{u}\right)+\varphi\right]=\frac{2\pi}{\lambda}(x_2-x_1).$$

如果 $x_2-x_1=k\lambda$，$k=\pm1,\pm2,\pm3,\cdots$，$\Delta\varphi=2k\pi$，则 x_1 和 x_2 两质点振动状态为同相，有相同的位移和振动速度；如果 $x_2-x_1=(2k+1)\frac{\lambda}{2}$，$k=0,\pm1,\pm2,\cdots$，$\Delta\varphi=(2k+1)\pi$，则 x_1 和 x_2 两质点振动状态为反相，位移和速度大小相等，但方向相反.

4. 波动方程

由平面简谐波波函数可以得到所谓波动方程为 $\frac{\partial^2 y}{\partial x^2}=\frac{1}{u^2}\frac{\partial^2 y}{\partial t^2}$，该式为一切以速度 $\boldsymbol{u}$ 沿 x 轴传播的平面波（可以不是简谐波）波动方程，其解的一般形式为 $y=F\left(t-\frac{x}{u}\right)+\Phi\left(t+\frac{x}{u}\right)$，$F$ 和 Φ 为任意两个函数，波动方程的物理含义：任何物理量 y 只要它与时间 t 和坐标 x 的关系满足 $\frac{\partial^2 y}{\partial x^2}=\frac{1}{u^2}\frac{\partial^2 y}{\partial t^2}$，则这一物理量（力学量或电学量）就按波的形式传播，其传播速度为 $\frac{\partial^2 y}{\partial t^2}$ 系数倒数的方根.

5. 简谐波的能量

在波动过程中，介质中各质点在平衡位置附近振动，所以具有动能，同时介质元产生形变具有弹性势能. 波的能量是指动能和弹性势能之和. 有一平面简谐纵波（或横波）$y=A\cos\omega\left(t-\frac{x}{u}\right)$ 沿 x 轴正向在密度为 ρ 的介质中传播，在介质中坐标为 x 处取一介质元 $\mathrm{d}m=\rho\mathrm{d}V$，$\mathrm{d}V$ 为体积元，该介质元振动速度为 $v=\frac{\partial y}{\partial t}=-\omega A\sin\omega\left(t-\frac{x}{u}\right)$，其动能为

$$\mathrm{d}E_\mathrm{k}=\frac{1}{2}(\mathrm{d}m)v^2=\frac{1}{2}\rho\mathrm{d}V\omega^2A^2\sin^2\omega\left(t-\frac{x}{u}\right).$$

理论上可以证明该质元的形变势能为

$$\mathrm{d}E_\mathrm{p}=\frac{1}{2}\rho\mathrm{d}V\omega^2A^2\sin^2\omega\left(t-\frac{x}{u}\right)=\mathrm{d}E_\mathrm{k},$$

所以该介质元的总能量为

$$\mathrm{d}E=\mathrm{d}E_\mathrm{k}+\mathrm{d}E_\mathrm{p}=\rho\mathrm{d}V\omega^2A^2\sin^2\omega\left(t-\frac{x}{u}\right).$$

由此可见，介质元的动能和势能相等且位相相同，同时达到最大值，或同时达到最小值；介质元的总能量不守恒，随时间做周期性变化. 介质元存在相互作用的弹性力，此力做功引起能量交换，故波动过程是能量传播的一种形式.

1) 能量密度和平均能量密度

能量密度 $w=\frac{\mathrm{d}E}{\mathrm{d}V}=\rho A^2\omega^2\sin^2\omega\left(t-\frac{x}{u}\right)=\rho A^2\omega^2\sin^2\omega\left(t+\Delta t-\frac{x+u\Delta t}{u}\right)$，这说明：波动过程中能量以波的形式传播，以波速 $\boldsymbol{u}$ 向前传播.

平均能量密度 $\overline{w}=\frac{1}{T}\int_0^T\rho A^2\omega^2\sin^2\omega\left(t-\frac{x}{u}\right)\mathrm{d}t=\frac{1}{2}\rho A^2\omega^2$（弹性波均成立）.

2) 能流密度矢量

单位时间通过与波的传播方向垂直的单位面积上的波的能量称为能流密度. 能流密度的时间

平均值称为平均能流密度或波的强度，用 I 表示，即 $I=\overline{w}u=\frac{1}{2}\rho A^2\omega^2 u$，其矢量表示式为 $\boldsymbol{I}=\frac{1}{2}\rho A^2\omega^2\boldsymbol{u}$(波印亭矢量).

6. 惠更斯原理

介质中波阵面上各点都可以看做向前发射子波的子波源，其后任一时刻这些子波的包迹就是新的波阵面. 惠更斯原理对于任何波动过程均适用.

7. 波的干涉

两个波的相干条件为：频率相同，振向相同，位相差恒定. 满足上述条件的两个波在空间交叠时，有些点的振动始终加强，有些点的振动始终减弱，这种现象称为波的干涉. 干涉是波的基本特性之一.

设有两个相干波源 S_1 和 S_2，其振动方程分别为

$$y_{S_1}=A_{10}\cos(\omega t+\varphi_1),\quad y_{S_2}=A_{20}\cos(\omega t+\varphi_2),$$

从两波源发出的波在点 P 相遇，如图8.2所示. 设两个波列到达点 P 时的振幅分别为 A_1 和 A_2，且两波在同一介质中传播，波长为 λ，那么两列波在点 P 引起的两个分振动分别为

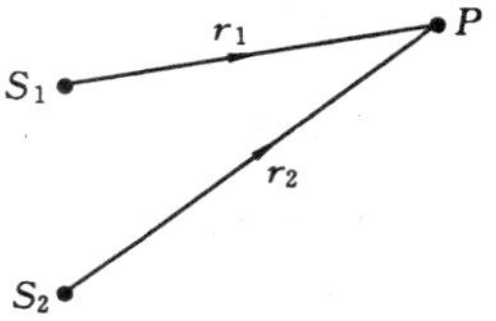

图 8.2

$$y_1=A_1\cos\left[\omega\left(t-\frac{r_1}{u}\right)+\varphi_1\right],\quad y_2=A_2\cos\left[\omega\left(t-\frac{r_2}{u}\right)+\varphi_2\right],$$

r_1 和 r_2 分别为点 P 离开 S_1 和 S_2 的距离. 按同向同频简谐振动合成公式，点 P 合振动的表达式为 $y=y_1+y_2=A\cos(\omega t+\varphi)$，仍为简谐振动，其中合振幅 A 为

$$A=\sqrt{A_1^2+A_2^2+2A_1A_2\cos\left[\varphi_2-\varphi_1-\frac{2\pi}{\lambda}(r_2-r_1)\right]}.$$

由于波的强度正比于振幅的平方，用 I_1、I_2、I 分别表示两个分振动的强度和合振动的强度，则

$$I=I_1+I_2+2\sqrt{I_1I_2}\cos\left[\varphi_2-\varphi_1-\frac{2\pi}{\lambda}(r_2-r_1)\right].$$

两相干波在空间任一点引起的两个振动的位相差为

$$\Delta\varphi=\varphi_2-\varphi_1-\frac{2\pi}{\lambda}(r_2-r_1),$$

所以对于空间确定点 P，位相差 $\Delta\varphi$、合振幅 A 及合振动强度 I 也是一个恒量.

当 $\Delta\varphi=\varphi_2-\varphi_1-\frac{2\pi}{\lambda}(r_2-r_1)$

$$=\begin{cases}2k\pi(k=0,\pm1,\pm2,\cdots),A=|A_1+A_2|\text{最大，振动最强，}I\text{也最大，}\\ \qquad I_{\max}=I_1+I_2+2\sqrt{I_1I_2},\\ (2k+1)\pi(k=0,\pm1,\pm2,\cdots),A=|A_1-A_2|\text{最小，振动最弱，}I\text{也最小，}\\ \qquad I_{\min}=I_1+I_2-2\sqrt{I_1I_2}.\end{cases}$$

如果 $\varphi_1=\varphi_2$，则 $\Delta\varphi$ 由波程差 $\delta=r_2-r_1$ 来决定.

$$\text{当 }\delta=r_2-r_1=\begin{cases}k\lambda(k=0,\pm1,\cdots)\text{，合振幅最大，振动最强，}\\ (2k+1)\frac{\lambda}{2}(k=0,\pm1,\pm2,\cdots)\text{，合振幅最小，振动最弱.}\end{cases}$$

如果两个相干波是经过不同介质交叠的，此时的干涉情况请读者自己考虑！

8. 驻波

振幅相等的两列相干波在同一直线上沿相反方向传播干涉而成为驻波. 设沿 x 轴方向传播的

两列相干波的波函数分别为

$$y_1=A\cos 2\pi\left(\frac{t}{T}-\frac{x}{\lambda}\right)\text{（沿正向传播的波）},$$

$$y_2=A\cos 2\pi\left(\frac{t}{T}+\frac{x}{\lambda}\right)\text{（沿负向传播的波）}.$$

相遇点的振动位移为

$$y=y_1+y_2=2A\cos\frac{2\pi}{\lambda}x\cos\omega t\text{（驻波方程）}.$$

驻波的振动特点为：分段振动，有波节和波腹.

当$\frac{2\pi}{\lambda}x=k\pi+\frac{\pi}{2}$时，$x=(2k+1)\frac{\lambda}{4}(k=0,\pm1,\pm2,\cdots)$，即节点位置，振幅为零；当$\frac{2\pi}{\lambda}x=k\pi$时，$x=k\frac{\lambda}{2}(k=0,\pm1,\pm2,\cdots)$，即腹点位置，振幅最大为$2A$；其余各点振幅介于0和$2A$之间，相邻波节或波腹之间的距离为$\frac{\lambda}{2}$.

1）驻波的能量特征

驻波是能量和位相都不传播的波，驻波中的能流密度为零；驻波的能量在振动过程中，在波腹与波节之间周期性流动，并不向前传播，波形也不向前传播.

2）半波损失

当弹性波从一种介质垂直入射到另一种介质，又反射回第一种介质时，在反射处形成波节或形成波腹，如图8.3所示. 在两种介质分界面上形成波节，表明入射波和反射波在此处的位相相反即相差π. 因为波线上相差半个波长$\frac{\lambda}{2}$的两点，其相位相差π，所以波从波密介质反射回到波疏介质时，相当于损失了半个波长，这种现象称为半波损失.

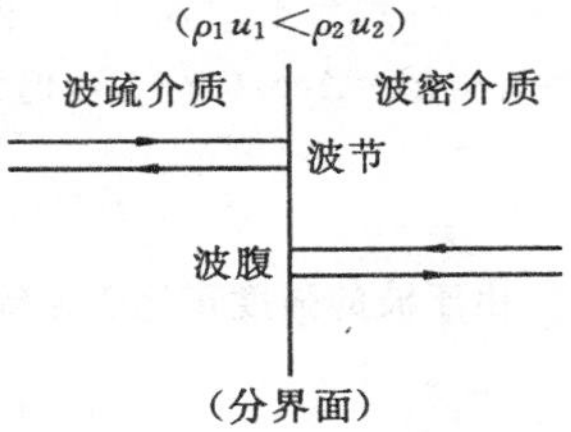

图 8.3

3）弦线振动的本征频率

由于两个相邻波节或波腹之间的距离为$\frac{\lambda}{2}$，所以长度为l且两端固定的弦线上要形成稳定驻波，必须满足下列条件：$l=n\frac{\lambda}{2}(n=1,2,3,\cdots)$. 由于$\nu=\frac{u}{\lambda}$，$u$为弦线中的波速，所以有$\nu_n=n\frac{u}{2l}(n=1,2,3,\cdots)$，$\nu_n$称为弦线振动的本征频率，每一个频率对应一种可能的振动方式，称为弦线振动的简正模式. 当$n=1$时，$\nu_n=\nu_1=\frac{u}{2l}$，频率最低称为基频，$\nu_2,\nu_3,\cdots$为基频整数倍，称为二次谐频、三次谐频……谐频又称为泛音. 一般情况下，一个驻波系统的振动是它的各种简正模式的叠加.

9. 多普勒效应

当波源和接收器均相对于介质静止时，波源振动频率ν_s、波的频率ν（即传播介质质元的振动频率）和接收器接收到的频率ν_r，三者自然相等. 当波源、介质和接收器彼此存在相对运动时，三者却并不相同. 接收器接收到的频率有赖于波源或观察者运动的现象称为多普勒效应. 当波源和接收器相向运动时，接收器接收到的频率为

$$\nu_r=\frac{u+v_r}{u-v_s}\nu_s.$$

当波源和接收器彼此离开时，接收器接收到的频率为

$$\nu_r=\frac{u-v_r}{u+v_s}\nu_s.$$

式中，u为介质中波的传播速度；v_r为接收器的运动速度；v_s为波源的运动速度. 如果波源和接收器是沿着它们的连线的垂直方向运动的，则有$\nu_r=\nu_s$，即没有多普勒效应发生. 如果波源和接收器的运动是任意方向的，那么只要把上述公式中v_s和v_r理解为波源和接收器沿二者连线方向的速度分量就可以了. 这种情况下接收器收到的频率将随时间变化而发生变化，这是不难理解的.

8.2 典型例题

例8.1　推证稀薄气体中的声速公式

$$u=\sqrt{\frac{\gamma p}{\rho}}=\sqrt{\frac{\gamma RT}{\mu}},$$

式中，γ为气体摩尔热容比；ρ为气体的密度；T为气体的温度；μ为气体摩尔质量；p为气体压强.

证　声波在气体中传播时，会引起气体的压缩和膨胀，由于压力变化非常快，可近似地认为此过程为绝热过程，取$\Delta V\to 0$，由胡克定律有

$$\mathrm{d}p=-k\frac{\mathrm{d}V}{V},\quad k=-V\frac{\mathrm{d}p}{\mathrm{d}V}\quad(k\text{为体积模量}).$$

由于$pV^\gamma=$常量，两边微分，有

$$V^\gamma\mathrm{d}p+\gamma pV^{\gamma-1}\mathrm{d}V=0,\quad\text{即}\quad\frac{\mathrm{d}p}{\mathrm{d}V}=-\gamma\frac{p}{V},$$

故

$$k=-V\frac{\mathrm{d}p}{\mathrm{d}V}=-V\left(-\frac{\gamma p}{V}\right)=\gamma p.$$

由流体中纵波声速公式$u=\sqrt{\frac{k}{\rho}}$，有

$$u=\sqrt{\frac{\gamma p}{\rho}}=\sqrt{\frac{\gamma}{\rho}\frac{\rho RT}{\mu}}=\sqrt{\frac{\gamma RT}{\mu}}.$$

例8.2　一平面简谐波沿Ox轴的负向传播，波速大小为u，如图8.4所示. 若P处介质质点的振动方程为$y_P=A\cos(\omega t+\varphi)$，试求：

(1) O处质点振动方程；

(2) 该波的波函数；

(3) 与P处质点振动状态相同的那些点的位置.

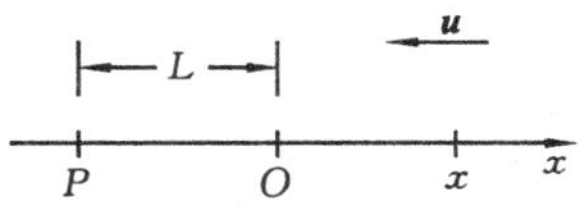

图8.4

解　(1) O处质点的振动方程为

$$y_O=A\cos\left[\omega\left(t+\frac{L}{u}\right)+\varphi\right].$$

(2) 该波的波函数为

$$y=A\cos\left[\omega\left(t+\frac{x+L}{u}\right)+\varphi\right]=A\cos\left[2\pi\left(\frac{t}{T}+\frac{x}{\lambda}\right)+\frac{2\pi}{\lambda}L+\varphi\right].$$

(3) 与P处质点振动状态相同点满足下述条件：

$$x-(-L)=\pm k\lambda\quad(k=1,2,3,\cdots),\quad\text{即}\quad x=\pm k\lambda-L.$$

例8.3　一平面余弦横波沿x轴正方向传播，如图8.5所示. 已知频率$\nu=2$ Hz，振幅$A=0.01$ m，在$t=0$时，坐标原点O处质点处于平衡位置且初始速度$v_O<0$，此时点P处质点的位移为$A/2$，且$v_P>0$. 若$|OP|=0.10\ \mathrm{m}<\lambda$，试求：(1) 波长和波速；(2) 该波的波函数.

解　(1) 由题意可得点 O 和点 P 的振动方程为

$$y_O=0.01\cos(4\pi t+\pi/2),\quad y_P=0.01\cos(4\pi t-\pi/3).$$

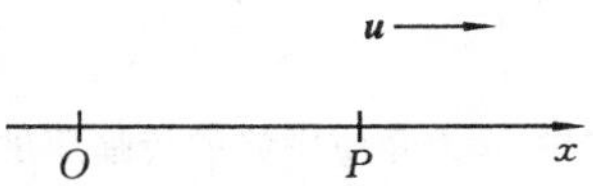

图 8.5

点 O 振动超前点 P，O、P 两点振动的相位差为

$$\Delta\varphi=\varphi_O-\varphi_P=\frac{\pi}{2}-\left(-\frac{\pi}{3}\right)=\frac{5}{6}\pi.$$

设该波的波函数为

$$y=A\cos\left[\omega\left(t-\frac{x}{u}\right)+\frac{\pi}{2}\right]=A\cos\left[2\pi\left(\frac{t}{T}-\frac{x}{\lambda}\right)+\frac{\pi}{2}\right],$$

则 O、P 两点的相位差又可以写成

$$\Delta\varphi=\varphi_O-\varphi_P=\frac{2\pi}{\lambda}(x_P-x_O)=\frac{2\pi}{\lambda}\times|OP|$$

由于 $0\leqslant\frac{2\pi}{\lambda}\times|OP|\leqslant2\pi$，故　$\lambda=\frac{2\pi}{\Delta\varphi}\times|OP|=\frac{2\pi}{5\pi/6}\times0.10\ \text{m}=0.24\ \text{m}$，

则波速为　$u=\nu\lambda=(2\times0.24)\ \text{m/s}=0.48\ \text{m/s}.$

(2) 该波波函数应为

$$y=0.01\cos\left[4\pi\left(t-\frac{x}{0.48}\right)+\frac{\pi}{2}\right]\ \text{m}.$$

例 8.4　两列平面简谐相干横波，在两种不同介质中传播，并于两介质分界面上点 P 相遇，如图 8.6 所示. 波的频率 $\nu=100$ Hz，振幅 $A_1=A_2=1.00\times10^{-3}$ m，S_1 的相位比 S_2 的相位超前 $\pi/2$，波在介质 1 中的波速 $u_1=400$ m/s，在介质 2 中的波速 $u_2=500$ m/s，$r_1=4.00$ m，$r_2=3.75$ m. 求点 P 的合振幅.

解　设波源 S_1 和 S_2 的振动方程为

$$y_{S_1}=A_{10}\cos\left(\omega t+\frac{\pi}{2}\right),\quad y_{S_2}=A_{20}\cos\omega t.$$

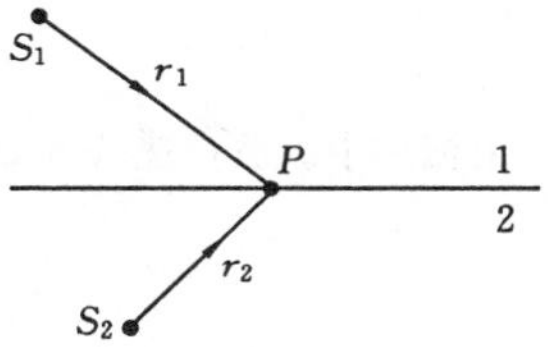

图 8.6

波源 S_1 和 S_2 发出的波在点 P 引起的分振动分别为

$$y_1=A_1\cos\left[\omega\left(t-\frac{r_1}{u_1}\right)+\frac{\pi}{2}\right],\quad y_2=A_2\cos\left[\omega\left(t-\frac{r_2}{u_2}\right)\right].$$

两个分振动的相位差为

$$\Delta\varphi=\left[\omega\left(t-\frac{r_1}{u_1}\right)+\frac{\pi}{2}\right]-\left[\omega\left(t-\frac{r_2}{u_2}\right)\right]=\frac{\pi}{2}-2\pi\nu\left(\frac{r_1}{u_1}-\frac{r_2}{u_2}\right)=\frac{\pi}{2}-2\pi\times100\left(\frac{4}{400}-\frac{3.75}{500}\right)=0.$$

所以两波在点 P 相干加强，合振幅为 $A=A_1+A_2=2.00\times10^{-3}$ m.

例 8.5　两列波长均为 λ 的相干简谐波，分别通过图 8.7 所示的点 O_1 和点 O_2. 通过点 O_1 简谐波在 M_1M_2 平面反射后，与通过点 O_2 的简谐波在点 P 相遇，如图 8.7 所示. 假定在 M_1M_2 平面反射时有半波损失，O_1 和 O_2 两点的振动方程分别为

$$y_{10}=A\cos(\pi t),\quad y_{20}=A\cos(\pi t),$$

且 $|O_1M|+|MP|=8\lambda$，$|O_2P|=3\lambda$. 试求：

(1) 两列波分别在点 P 引起的振动方程；

(2) 点 P 的振动方程.（不考虑能量吸收.）

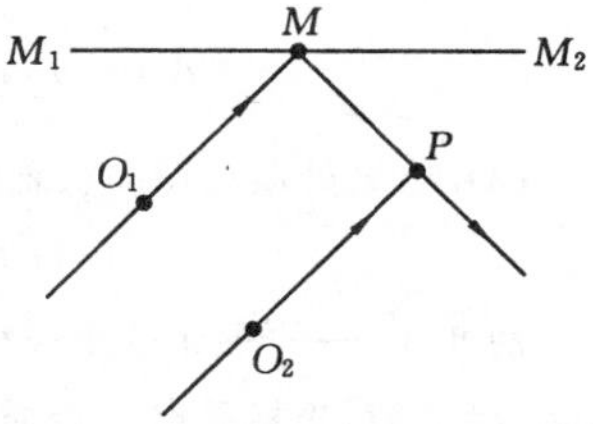

图 8.7

解　(1) 两列波在点 P 引起的振动方程分别为

$$y_1=A\cos\left(\pi t-\frac{2\pi}{\lambda}\times8\lambda+\pi\right)=A\cos(\pi t-\pi),$$

$$y_2=A\cos\left(\pi t-\frac{2\pi}{\lambda}\times3\lambda\right)=A\cos(\pi t).$$

(2) 两个分振动的相位差 $\Delta\varphi=\pi$，所以点 P 的合振幅 $A=0$，

点 P 的振动方程为 $y=0$.

例 8.6　两列相干平面简谐波沿 x 轴传播，波源 S_1 和 S_2 相距 $d=30$ m，S_1 为坐标原点. 已知 $x_1=9$ m 和 $x_2=12$ m 处的两点是相邻的两个因干涉而静止的点，求两波的波长和两波源的最小相位差.

解　设波源 S_1 和 S_2 的振动方程分别为

$$y_{S_1}=A\cos(\omega t+\varphi_1),\quad y_{S_2}=A\cos(\omega t+\varphi_2).$$

两相干波在相遇点 P 的分振动分别为

$$y_1=A\cos\left[2\pi\left(\frac{t}{T}-\frac{x}{\lambda}\right)+\varphi_1\right],\quad y_2=A\cos\left[2\pi\left(\frac{t}{T}-\frac{d-x}{\lambda}\right)+\varphi_2\right].$$

如果点 P 为因干涉而静止的点，则相位差应等于 $(2k+1)\pi$，即

$$\left[\varphi_2-\frac{2\pi(d-x)}{\lambda}\right]-\left(\varphi_1-\frac{2\pi x}{\lambda}\right)=(2k+1)\pi,\quad 亦即\quad \varphi_2-\varphi_1-\frac{2\pi(d-2x)}{\lambda}=(2k+1)\pi.$$

由于 x_1 和 x_2 是两个相邻的因干涉而静止的点，有

$$\varphi_2-\varphi_1-\frac{2\pi(d-2x_1)}{\lambda}=(2k+1)\pi,\quad \varphi_2-\varphi_1-\frac{2\pi(d-2x_2)}{\lambda}=(2k+3)\pi,$$

故

$$\frac{4\pi(x_2-x_1)}{\lambda}=2\pi,\quad 即\quad \lambda=2(x_2-x_1)=2\times(12-9)\ \text{m}=6\ \text{m}.$$

$$\varphi_2-\varphi_1=(2k+1)\pi+\frac{2\pi(d-2x_1)}{\lambda}=(2k+5)\pi,$$

当 $k=-2$ 时，相位差最小，即 $\varphi_2-\varphi_1=\pi$.

例 8.7　两波源 A、B 相距 $d=20$ m，如图 8.8 所示，做同方向同频率 $\nu=100$ Hz 的简谐振动. 设波速 u 均为 200 m/s，且当点 A 为波峰时，点 B 为波谷，求 A、B 连线上因干涉而静止点的位置.

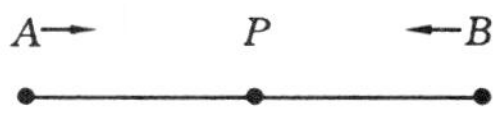

图 8.8

解　设波源 A、B 的振动方程分别为

$$y_A=A\cos(2\pi\nu t),\quad y_B=A\cos(2\pi\nu t+\pi).$$

两列波在相遇点 P 的分振动分别为

$$y_{AP}=A\cos\left[2\pi\left(\nu t-\frac{|AP|}{\lambda}\right)\right],\quad y_{BP}=A\cos\left[2\pi\left(\nu t-\frac{d-|AP|}{\lambda}\right)+\pi\right].$$

设点 P 为因干涉而静止的点，则有

$$\left[2\pi\left(\nu t-\frac{d-|AP|}{\lambda}\right)+\pi\right]-\left[2\pi\left(\nu t-\frac{|AP|}{\lambda}\right)\right]=(2k+1)\pi,$$

化简整理得 $|AP|=k\dfrac{\lambda}{2}+10$，又 $\lambda=\dfrac{u}{\nu}=2$ m，

故

$$|AP|=(k+10)\text{m}\ (k=0,\pm1,\pm2,\pm3,\cdots,\pm9).$$

相应的静止点距 A 的距离分别为 1 m，2 m，3 m，…，19 m，共 19 个点.

例 8.8　一平面简谐波沿 x 轴正向传播，振幅为 A，波长为 λ，传播速度为 $\boldsymbol{u}$，(见图 8.9). 试求：

(1) $t=0$ 时，原点 O 处质点由平衡位置向位移正方向运动，写出该波的波函数；

(2) 若经分界面反射后振幅不变，写出反射波的波函数，并求出 x 轴上因反射波与入射波干涉而静止的各点的位置.

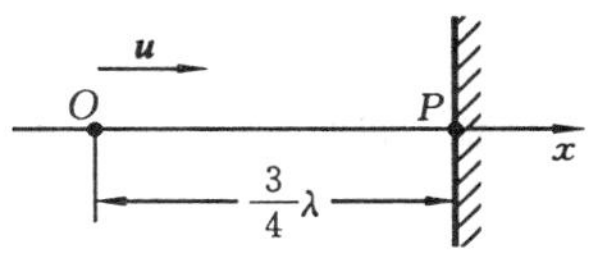

图 8.9

解　(1) 依据题意，O 处质点振动方程为 $y_O=A\cos\left(\omega t-\dfrac{\pi}{2}\right)$，

所以该波的波函数(或称为入射波)为

$$y_1=A\cos\left[\omega\left(t-\frac{x}{u}\right)-\frac{\pi}{2}\right]=A\cos\left[2\pi\left(\frac{t}{T}-\frac{x}{\lambda}\right)-\frac{\pi}{2}\right].$$

(2) 入射波在点 P 的振动方程为

$$y_{1P}=A\cos\left[\omega\left(t-\frac{3\lambda/4}{u}\right)-\frac{\pi}{2}\right]=A\cos\omega t.$$

由于 P 处形成一波节，所以反射波在点 P 的振动方程为 $y_{2P}=A\cos(\omega t+\pi)$，反射波的波函数可以写成

$$y_2=A\cos\left[\omega\left(t-\frac{3\lambda/4-x}{u}\right)+\pi\right]=A\cos\left[\omega\left(t+\frac{x}{u}\right)-\frac{\pi}{2}\right]=A\cos\left[2\pi\left(\frac{t}{T}+\frac{x}{\lambda}\right)-\frac{\pi}{2}\right].$$

因干涉而静止的点应满足：

$$\left[2\pi\left(\frac{t}{T}+\frac{x}{\lambda}\right)-\frac{\pi}{2}\right]-\left[2\pi\left(\frac{t}{T}-\frac{x}{\lambda}\right)-\frac{\pi}{2}\right]=(2k+1)\pi,$$

即

$$2\,\frac{2\pi}{\lambda}x=(2k+1)\pi,\quad x=(2k+1)\frac{\lambda}{4}.$$

当 $k=0,1$，相应 $x=\frac{\lambda}{4},\frac{3\lambda}{4}$ 的点因干涉而静止.

例 8.9　一平面余弦波沿 x 轴正向传播，已知点 a 的振动方程为 $y_a=A\cos\omega t$，在 x 轴原点 O 的右侧 l 处有一厚度为 D 的介质 2，如图 8.10 所示，在介质 1 和介质 2 中的波速分别为 $\boldsymbol{u}_1$ 和 $\boldsymbol{u}_2$，且 $\rho_1 u_1<\rho_2 u_2$. 试求：

(1) 在介质 1 中沿 x 轴正向传播的波的波函数；

(2) 在 S_1 面上反射波的波函数；

(3) 在 S_2 面上反射波的波函数(介质 1 情况)；

(4) 两列反射波在介质 1 相遇叠加后振幅最大的条件.

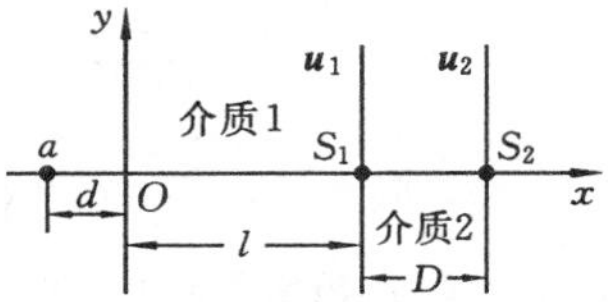

图 8.10

解　(1) 在介质 1 中沿 x 轴正向传播的波，其波函数为

$$y_1=A\cos\left[\omega\left(t-\frac{x+d}{u_1}\right)\right].$$

(2) 在 S_1 面反射波的波函数，由于 S_1 面上有半波损失，而 y_1 波在 S_1 处的振动方程为 $y_{1S_1}=A\cos\left[\omega\left(t-\frac{l+d}{u_1}\right)\right]$，所以题设所要求的波函数可写为

$$y_{1反}=A_{1反}\cos\left[\omega\left(t-\frac{l-x}{u_1}\right)-\frac{\omega(d+l)}{u_1}-\pi\right]=A_{1反}\cos\left[\omega\left(t-\frac{l-x}{u_1}-\frac{d+l}{u_1}-\frac{\pi}{\omega}\right)\right].$$

(3) 由于 S_2 面反射时无半波损失，而 $y_{1S_2}=A\cos\left[\omega\left(t-\frac{l+d}{u_1}-\frac{D}{u_2}\right)\right]$，所以在 S_2 面上反射波的波函数(介质 1 情况)应为

$$y_{2反}=A_{2反}\cos\left[\omega\left(t-\frac{D}{u_2}-\frac{l-x}{u_1}-\frac{l+d}{u_1}-\frac{D}{u_2}\right)\right]=A_{2反}\cos\left[\omega\left(t-\frac{l-x}{u_1}-\frac{2D}{u_2}-\frac{l+d}{u_1}\right)\right].$$

(4) $y_{1反}$ 和 $y_{2反}$ 在介质 1 相遇叠加后振幅最大条件为相位差

$$\Delta\varphi=\pi-\frac{2\omega D}{u_2}=2k\pi\quad(k=0,\pm1,\pm2,\cdots).$$

当 $k=0$ 时，$D=D_{\min}=\frac{u_2\pi}{2\omega}$.

例 8.10　一固定的超声波波源发出频率 $\nu_0=100$ kHz 的超声波，当一汽车向超声波波源迎面驶来时，在超声波所在处接收到从汽车反射回来的波，利用拍频装置测得反射波的频率 $\nu''=110$ kHz. 设声波在空气中的传播速度 $u=330$ m/s，求汽车的行驶速度.

解　设汽车的行驶速度为 $\boldsymbol{v}$，汽车作为观测者接收到超声波的频率为

$$\nu'=\frac{u+v}{u}\nu_0.$$

同时，汽车又作为运动的波源反射超声波，静止的观察者(波源处)接收到反射回来的超声波频率为

$$\nu''=\frac{u}{u-v}\nu'=\frac{u+v}{u-v}\nu_0,$$

所以汽车的行驶速度为

$$v=\frac{\nu''-\nu_0}{\nu''+\nu_0}u=\frac{110\times10^3-100\times10^3}{110\times10^3+100\times10^3}\times330\ \mathrm{m/s}=15.7\ \mathrm{m/s}=56.6\ \mathrm{km/h}.$$

例 8.11　如图 8.11 所示，B 处一无线电接收机同时接收两信号，一信号从相距 B 为 $2d$ 远处的 A 点沿水平方向传来，另一信号是由 A 处发射的无线电信号经正在垂直上升的气球（此时气球的高度为 h）C 反射而来. 当发射的无线电信号的波长为 λ 时，接收到的合成信号的强度从最强到最弱，再到最强，每秒钟变化 N 次. 试求气球垂直上升的速度（设两信号频率相同）.

解　两信号到达接收机时的位相差为

$$\varphi=\frac{2\pi}{\lambda}(2l-2d)=\frac{2\pi}{\lambda}2(\sqrt{h^2+d^2}-d),\quad \frac{\mathrm{d}\varphi}{\mathrm{d}t}=\frac{2\pi}{\lambda}\frac{2h}{\sqrt{h^2+d^2}}\frac{\mathrm{d}h}{\mathrm{d}t},$$

而 $\frac{\mathrm{d}\varphi}{\mathrm{d}t}=2\pi N$，所以气球的上升速度为

$$v=\frac{\mathrm{d}h}{\mathrm{d}t}=\frac{\lambda\sqrt{h^2+d^2}}{4\pi h}\frac{\mathrm{d}\varphi}{\mathrm{d}t}=\frac{\lambda\sqrt{h^2+d^2}}{4\pi h}\cdot2\pi N.$$

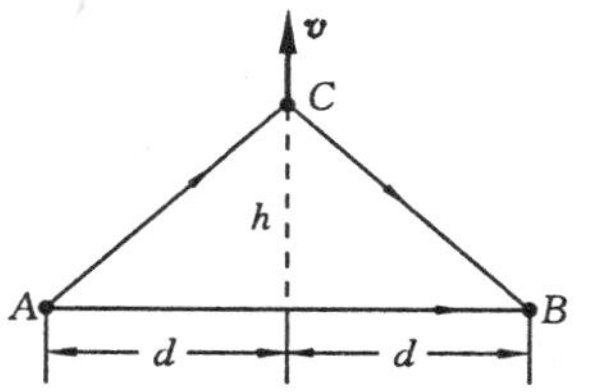

图 8.11

8.3　强化训练题

一、填空题

1. 在电磁波传播的空间（或各向同性介质）中，任意一点的 $\boldsymbol{E}$ 和 $\boldsymbol{H}$ 的方向及波传播方向之间的关系是______.

2. 一平面简谐波的波动方程为 $y=0.25\cos(125t-0.37x)$，其角频率 $\omega=$______，波速 $u=$______，波长 $\lambda=$______.

3. 如果在固定端 $x=0$ 处反射的反射波方程式是 $y_2=A\cos2\pi(\nu t-x/\lambda)$，设反射波无能量损失，那么入射波的方程式是 $y_1=$______；形成的驻波的表达式是 $y=$______.

4. 如果入射波的方程式是 $y_1=A\cos2\pi(t/T+x/\lambda)$，在 $x=0$ 处发生反射后形成驻波，反射点为波腹，设反射后波的强度不变，则反射波的方程式 $y_2=$______；在 $x=\frac{2}{3}\lambda$ 处质点合振动的振幅等于______.

5. 一平面余弦波沿 Ox 轴正方向传播，波动方程为 $y=A\cos[2\pi(1/T-x/\lambda)+\varphi]$，则 $x=-\lambda$ 处质点的振动方程是______；若以 $x=\lambda$ 处为新的坐标轴原点，且此坐标轴的指向与波的传播方向相反，则对于此新的坐标轴，该波的波动方程是______.

6. 一驻波方程为 $y=2A\cos(2\pi x/\lambda)\cos(\omega t)$，则 $x=-\lambda/2$ 处质点的振动方程是______；该质点的振动速度表达式是______.

7. 在截面积为 S 的圆管中，有一列平面简谐波在传播，其波的表达式为 $y=A\cos\left(\omega t-\frac{2\pi x}{\lambda}\right)$，管中波的平均能量密度是 $\overline{w}$，则通过截面积 S 的平均能流是______.

8. 如图 8.12 所示，S_1 和 S_2 为同相位的两相干波源，相距为 L，点 P 距 S_1 为 r，波源 S_1 在点 P 引起的振动振幅为 A_1，波源 S_2 在点 P 引起的振动振幅为 A_2，两波波长都是 λ，则点 P 的振幅 $A=$______.

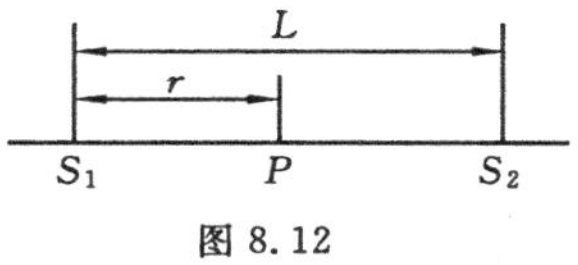

图 8.12

9. 一弦上的驻波表达式为 $y=2.0\times10^{-2}\cos15x\cos1500tz$，形成该驻波的两个反向传播的行波的波速为______.

10. 一沿 x 轴正方向传播的平面简谐波，频率为 ν，振幅为 A. 已知 $t=t_0$ 时刻的波形曲线如图 8.13 所示，则 $x=0$ 点的振动方程为______.

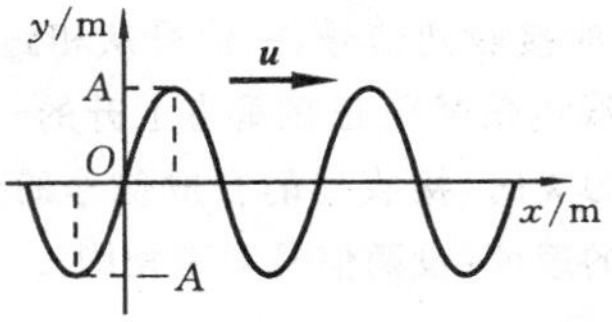

图 8.13

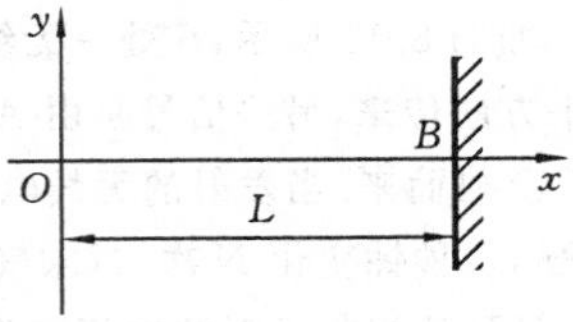

图 8.14

11. 如图 8.14 所示，设沿弦线传播的一入射波的表达式为

$$y_1=A\cos\left[2\pi\left(\frac{t}{T}-\frac{x}{\lambda}\right)+\varphi\right].$$

波在 $x=L$(点 B)处发生反射，反射点为固定端. 设波在传播和反射过程中振幅不变，则反射波的表达式为 $y_2=$______.

12. 一广播电台的平均辐射功率为 20 kW. 假定辐射的能量均匀分布在以电台为球心的球面上，那么距离电台为 10 km 处电磁波的平均辐射强度为______.

13. 一平面简谐波沿 x 轴正方向传播. 已知 $x=0$ 处的振动规律为 $y=\cos(\omega t+\varphi_0)$，波速为 $\boldsymbol{u}$. 坐标为 x_1 和 x_2 的两点的振动相位分别记为 φ_1 和 φ_2，则相位差 $\varphi_1-\varphi_2=$______.

14. 一简谐波的频率为 5×10^4 Hz，波速为 1.5×10^3 m/s. 在传播路径上相距 5×10^{-3} m 的两点之间的振动相位差为______.

15. 如图 8.15 所示，一简谐波沿 x 轴正方向传播，图(a)、(b)分别是 x_1 与 x_2 两点处的振动曲线. 已知 $x_1>x_2$ 且 $x_1-x_2<\lambda$(λ 为波长)，则波从点 x_2 传到点 x_1 所用的时间为______.(用波的周期 T 表示.)

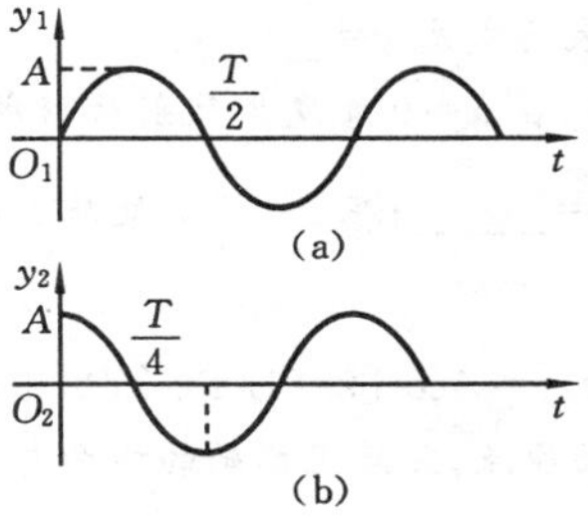

图 8.15

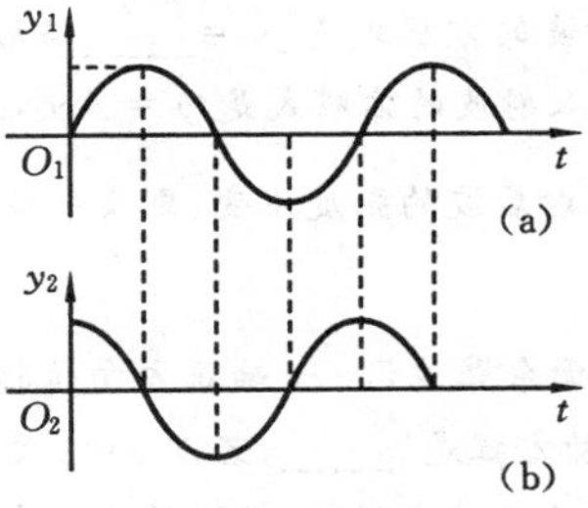

图 8.16

16. 一简谐波沿 x 轴正方向传播，x_1 和 x_2 两点处的振动曲线分别如图 8.15(a)和 8.15(b)所示. 已知 $x_2>x_1$ 且 $x_2-x_1<\lambda$(λ 为波长)，则点 x_2 的相位比点 x_1 的相位滞后______.

17. (1)一列波长为 λ 的平面简谐波沿 x 轴正方向传播. 已知在 $x=\frac{1}{2}\lambda$ 处振动的方程为 $y=A\cos(\omega t)$，则该平面简谐波的方程为______.

(2) 如果在上述波波线的 $x=L\left(L>\frac{1}{2}\lambda\right)$ 处放一图 8.17 所示的反射面，且假设反射波的振幅为 A'，则反射波的方程为

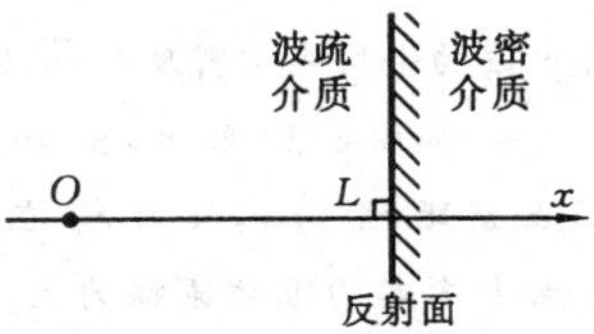

图 8.17

______（$x \leqslant L$）.

二、简答题

设点 P 距两波源 S_1 和 S_2 的距离相等，若点 P 的振幅为零，则由 S_1 和 S_2 分别发出的两列简谐波在点 P 引起的两个简谐振动应满足什么条件？

三、计算题

1. 一微波探测器位于湖岸水面以上 0.5 m 处，一发射波长为 21 cm 的单色微波的射电星从地平线上缓慢升起，探测器将相继指出信号强度的极大值和极小值. 当接收到第一个极大值时，射电星位于湖面以上与探测器形成什么角度？

2. 一列平面简谐波在介质中以波速 $u=5$ m/s 沿 x 轴正向传播，原点 O 处质元的振动曲线如图 8.18 所示.

（1）画出 $x=25$ m 处质元的振动曲线；

（2）画出 $t=3$ s 时的波形曲线.

3. 一平面简谐波沿 x 轴正向传播，波的振幅 $A=10$ cm，波的角频率 $\omega=7\pi$ rad/s，当 $t=1.0$ s 时，$x=10$ cm 处的 a 质点正通过其平衡位置向 y 轴负方向运动，而 $x=20$ cm 处的 b 质点正通过 $y=5.0$ cm 点向 y 轴正方向运动. 设该波波长 $\lambda>10$ cm，求该平面波的表达式.

4. 一驻波中相邻两波节的距离 $d=5.00$ cm，质元的振动频率 $\nu=1.00\times10^3$ Hz. 求形成该驻波的两个相干行波的传播速度 $\boldsymbol{u}$ 和波长 λ.

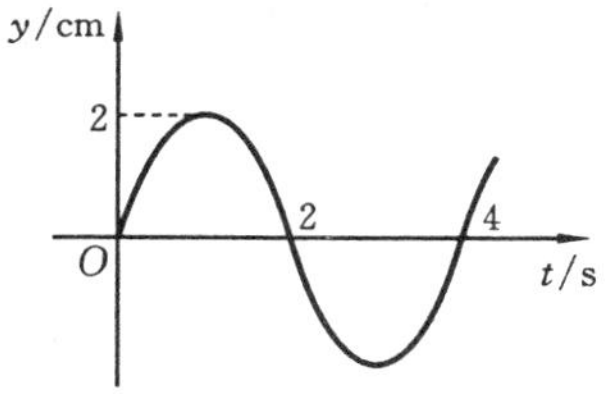

图 8.18

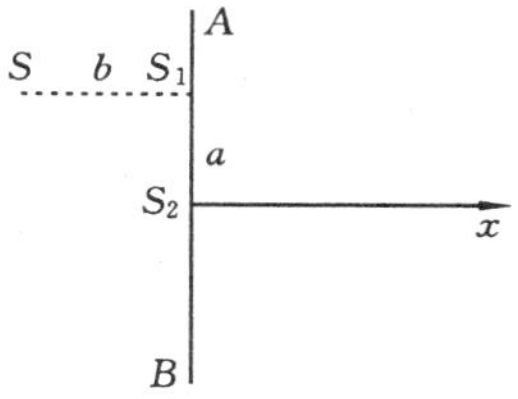

图 8.19

5. 如图 8.19 所示，S 为点波源，振动方向垂直于纸面，S_1 和 S_2 是屏 AB 上的两个狭缝，$|S_1S_2|=a$，$SS_1\perp AB$，并且 $|SS_1|=b$. x 轴以 S_2 为坐标原点，并且垂直于 AB. 在 AB 左侧，波长为 λ_1；在 AB 右侧，波长为 λ_2. 求 x 轴上干涉加强点的坐标.

6. 一振幅为 10 cm，波长为 200 cm 的一维余弦波沿 x 轴正向传播，波速为 100 cm/s，在 $t=0$ 时原点处质点开始从平衡位置沿正位移方向运动. 求：

（1）原点处质点的振动方程；

（2）在 $x=150$ cm 处质点的振动方程.

7. 一简谐波沿 x 轴负方向传播，波速为 1 m/s，在 x 轴上某质点的振动频率为 1 Hz，振幅为 0.01 m，$t=0$ 时该质点恰好在正向最大位移处. 若以该质点的平衡位置为 x 轴的原点，求此一维简谐波的波动方程.

8. 相干波源 S_1 和 S_2 相距 11 m，S_1 的相位比 S_2 的相位超前 $\pi/2$，这两个相干波在 S_1，S_2 连线和延长线上传播时可看成两等幅的平面余弦波，它们的频率都等于 100 Hz，波速都等于 400 m/s. 试求在 S_1、S_2 的连线上及延长线上，因干涉而静止不动的各点位置.

9. 平面简谐波沿 x 轴正方向传播，振幅为 2 cm，频率为 50 Hz，波速为 200 m/s. 在 $t=0$ 时，$x=0$ 处的质点正在平衡位置向 y 轴正方向运动，求 $x=4$ m 处介质质点振动的表达式及该点在 $t=2$ s时的振动速度.

第9章 光的干涉

9.1 知识要点

1. 光的相干性

由麦克斯韦电磁场理论，就本性而言，光是一种电磁波，亦具有相干性. 两束光的相干条件为：振动方向相同，频率相同，位相差恒定. 所谓可见光是波长在 400～760 nm 之间的电磁波. 在可见光范围内不同的波长引起不同的颜色感觉，即常说的红、橙、黄、绿、青、蓝、紫. 实验表明，引起感光作用和生理作用的是电场强度矢量 $\boldsymbol{E}$. $\boldsymbol{E}$ 称为光矢量，$\boldsymbol{E}$ 的振动称为光振动.

1) 光源

能够发光的物体都可以称为光源. 按光的激发方法，光源分为两大类. 利用热能激发的光源称为热光源，如太阳、白炽灯等. 利用化学能、电能、光能激发的光源称为冷光源，如电致发光（如辉光放电、火花放电、电弧放电）、光致发光（如荧光屏的发光等）、化学发光（如燃烧发光）和生物发光（如生物体的发光）等.

2) 普通光源的发光特点（以热光源为例）

热能激发下，光源中大量原子或分子由正常态跃迁到激发态，激发态原子不稳定，原子在激发态停留时间大约为 10^{-8} s，在没有外界任何作用下由激发态回到基态，此过程将辐射电磁波，称为发光，这种辐射称为自发辐射.

(1) 不连续性.

一个原子每一次发光只能发出一段长度有限、频率一定、振向一定的光波，称为一个波列. 原子发射的是一个个不连续的波列，1 s 内光源发射 10^8 段以上的波列，即 1 s 内波列的初位相无规跃变 10^8 以上.

(2) 随机性.

每个原子先后发射的不同波列，以及不同原子在同一时刻发射的各个波列，彼此之间在振动方向和相位上没有什么联系.

3) 获得相干光束的方法

由普通光源的发光特点可以看出，来自两个独立光源的光波是不可能产生干涉的. 只有从同一光源同一部分发出的光经过某些装置（即通过折射、反射、衍射等）后，才能获得符合条件的相干波（这里激光除外）. 利用普通光源获得相干光的方法主要有分波阵面法（以杨氏双缝实验为代表）和分振幅法（以薄膜干涉为代表）.

在讨论光的相干性时，还必须考虑光的时间相干性（波列长度对光的干涉的影响）和光的空间相干性（光源宽度对光的干涉的影响）.

2. 光程与光程差

光在介质中的几何路程 r 和介质折射率 n 的乘积 nr 称为光程，两相干光到达相遇点时各自光程的差值称为光程差. 相位差与光程差的关系为

$$相位差=\frac{2\pi}{\lambda}\times光程差$$

式中，λ 为光在真空中的波长.

当光程差 δ 等于波长 λ 的整数倍，即 $\delta=k\lambda$ 时，k 称为干涉级次，此时干涉相长，合振动最强，相应位置处为一明条纹；当光程差 δ 等于半波长的奇数倍，即 $\delta=(2k+1)\frac{\lambda}{2}$ 时，此时干涉相消，合振动最弱，相应位置处为一暗条纹. 光由光疏介质射向光密介质在界面上反射时，发生半波损失，这相当于 $\frac{\lambda}{2}$ 的光程. 另外，薄透镜不产生附加光程差，即薄透镜物点与像点之间具有等光程性.

3. 杨氏双缝实验

杨代双缝实验示例如图 9.1 所示，在这个实验中会产生干涉条纹. 干涉条纹是等间距的明暗相间的直条纹，明暗纹条件为

$$光程差\ \delta=r_2-r_1\approx d\,\frac{x}{D}=\begin{cases}\pm k\lambda & (k=0,1,2,\cdots)，干涉相长为明条纹\\ \pm(2k+1)\frac{\lambda}{2} & (k=0,1,2,\cdots).干涉相消为暗条纹\end{cases}$$

明暗纹的位置为

$$x=\pm k\,\frac{D}{d}\lambda\quad (k=0,1,2,\cdots)，明条纹$$

$$x=\pm(2k+1)\frac{D}{d}\frac{\lambda}{2}\quad (k=0,1,2,\cdots).暗条纹$$

相邻明（暗）纹的间距为 $\Delta x=\frac{D}{d}\lambda$.

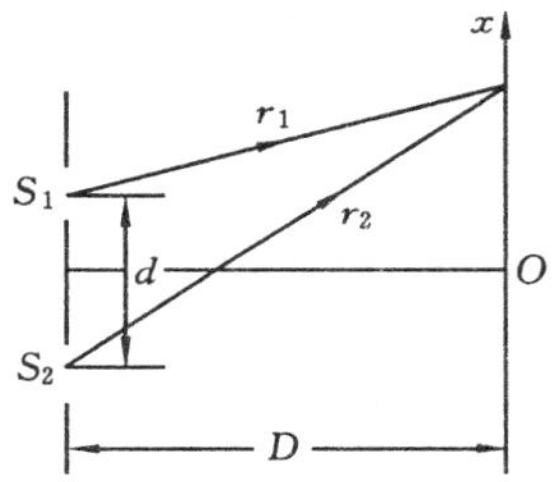

图 9.1

观察屏上光强的分布规律为 $I=I_1+I_2+2\sqrt{I_1I_2}\cos\Delta\varphi$，式中，$I_1$、$I_2$ 分别为两相干光波单独在相遇点的光强；$\Delta\varphi$ 为相位差. 劳埃德镜和菲涅耳双面镜的干涉情况与此类似，只是其中劳埃德镜实验存在半波损失.

4. 薄膜干涉

光经过薄膜上下表面反射后，反射光相遇叠加而形成的干涉称为薄膜干涉. 同理，透射光相遇叠加而形成的干涉也是薄膜干涉，称为透射光干涉. 这里主要讨论反射光的干涉，反射光干涉的光程差为

$$\delta=2e\sqrt{n_2^2-n_1^2\sin^2 i}+\frac{\lambda}{2}.$$

式中，e 为薄膜厚度；$\frac{\lambda}{2}$ 为半波损失引起的附加光程差.

对于薄膜干涉，应具体问题具体分析.

（1）等倾干涉. 如图 9.2 所示，利用面光源（或称为扩展光源）照射平行平面薄膜（等厚膜）时，其干涉条纹形成在无穷远处，可用凸透镜汇聚到焦平面上观察. 由于膜的厚度均匀，具有相同入射角 i 的光构成同一级干涉条纹，而且有相同入射角的光线构成一个圆锥面，所以干涉条纹是一系列明暗相间的同心圆环，圆的位置决定于入射角 i，整个干涉图样呈里疏外密状.

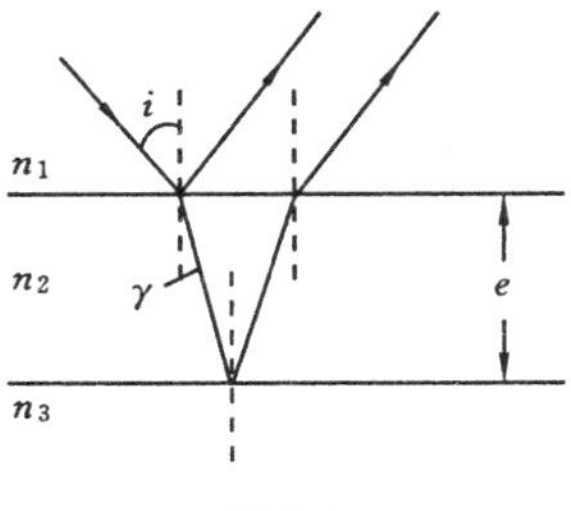

图 9.2

（2）等厚干涉. 平行光以相同的角度入射厚度不均匀的薄膜，厚度相同的地方引起的光程差相同，构成同一级干涉条纹. 等厚干涉条纹是对应于膜的等厚线，干涉条纹是定域于薄膜表面

的.等厚干涉两个重要实例就是劈尖干涉和牛顿环.

(3) 增透膜与增反膜.光学成像仪器物镜前表面上均匀地镀一层适当厚度的透明介质膜,利用薄膜干涉现象可达到减弱或增加玻璃透镜表面对某一波长光波的反射的目的,这称为增透膜和增反膜.增透膜最小厚度 $e=\lambda/(4n_2)$.(请结合图 9.2 证明此结果)

5. 迈克耳孙干涉仪

迈克耳孙干涉仪是利用分振幅法产生双光束干涉的仪器,干涉情况等效于空气薄膜干涉,动镜 M_2 沿轴向移动 $\lambda/2$ 距离,视场中将有一条干涉条纹移动,所以 M_2 移动的距离 Δd 与视场中移过的条纹数 N 有如下关系:$\Delta d=N\lambda/2$.

6. 光的时间相干性

严格的单色光是没有的,谱线总是有一定的宽度,包含有一定频率或波长范围的光称为准单色光.图 9.3 所示的为波长为 λ 的准单色光的光强 I 与波长 λ 的关系曲线,谱线中心处的波长为 λ,强度为 I_0,我们用强度下降到 $\frac{1}{2}I_0$ 两点之间的波长范围 $\Delta\lambda$ 作为用波长描写的谱线宽度.有一定谱线宽度的单色光的每一种波长成分都将产生自己的干涉条纹,由于波长不同,除了零级条纹外,其他同级次的干涉条纹将彼此错开,并发生不同级次条纹的重叠.在重叠处总的光强为各种波长的条纹的光强的非相干叠加.随着距零级条纹距离的增大,干涉条纹的明暗对比减小,达到一定距离后,干涉条纹就消失了.对于谱线宽度为 $\Delta\lambda$ 的准单色光,干涉条纹消失的位置应是波长为 $\lambda+\frac{\Delta\lambda}{2}$ 的成分的 k 级明纹与波长为 $\lambda-\frac{\Delta\lambda}{2}$ 的成分的 $k+1$ 级明纹重合的位置.依据光的干涉原理,最大光程差应该满足 $\delta_{\max}=\left(\lambda+\frac{\Delta\lambda}{2}\right)k=\left(\lambda-\frac{\Delta\lambda}{2}\right)(k+1)$,整理后得

$$k\Delta\lambda=\lambda-\frac{\Delta\lambda}{2}.$$

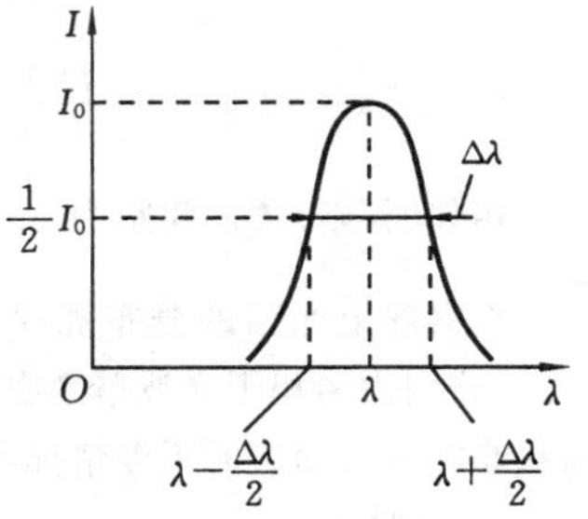

图 9.3

由于 $\Delta\lambda\ll\lambda$,略去 $\Delta\lambda$ 项,于是有

$$k_{\max}=\frac{\lambda}{\Delta\lambda},\quad \delta_{\max}=k_{\max}\lambda=\frac{\lambda^2}{\Delta\lambda},$$

$k_{\max}$ 为干涉级次的最大值,只有在光程差小于 $\delta_{\max}=\frac{\lambda^2}{\Delta\lambda}$ 的条件下才能观察到干涉条纹,因此最大光程差 $\delta_{\max}$ 称为相干长度或波列长度.

7. 光的空间相干性

从普通光源的不同位置发出的光波是不相干的,所以在分波阵面波获得相干光束的干涉装置中,需要用点光源或线光源.实际上光源总是有宽度的,有一宽度的光源称为面光源或扩展光源.当光源的宽度逐渐增大时,干涉条纹的明暗对比度将下降,达到一定宽度时,干涉条纹将消失,光源宽度对干涉的影响称为光的空间相干性.在双缝干涉实验中,设光源是宽度为 b 的普通带状光源,平行于双缝且相对于双缝 S_1、S_2 对称放置,双缝之间的距离为 d,光源与双缝的距离为 R,当 d 和 R 一定时,能产生干涉现象的普通光源的极限宽度(或最大宽度)应该满足

$$bd=R\lambda.$$

对于有一定宽度 b 的普通光源,要想在离它 R 处通过双缝产生干涉现象,则两缝之间的距离必须小于某一个值,由上式这个值应满足 $d_0=\frac{R}{b}\lambda$,d_0 称为横向相干间隔.相干间隔也常用相干孔径 θ_0 代替,θ_0 是相干间隔对光源中心所张的角度,即 $\theta_0=\frac{d_0}{R}=\frac{\lambda}{b}$.

9.2 典型例题

例 9.1 杨氏双缝实验中，双缝间距 $d=0.5$ mm，双缝至屏的距离 $D=1$ m.

(1) 若屏上可见到两组干涉条纹，一组由波长 $\lambda_1=480$ nm 的光产生，另一组由波长 $\lambda_2=600$ nm 的光产生. 求这两组条纹中第 3 级干涉明条纹之间的距离.

(2) 若用双缝干涉实验测某液体的折射率 n，光源为单色光，观测到在空气中第 3 级明纹与液体中第 4 级明纹重合. 求 n 是多少？

解 (1) 双缝干涉实验中，明条纹的位置为

$$x=k\frac{D}{d}\lambda \quad (k=0,\pm1,\pm2,\pm3,\cdots).$$

所以两组条纹中第 3 级明条纹之间的距离为

$$\Delta x=3\frac{D}{d}\lambda_2-3\frac{D}{d}\lambda_1=7.2\times10^{-4}\ \text{m}.$$

(2) 空气中第 3 级明条纹位置为 $x_3=3\frac{D}{d}\lambda$，液体中第 4 级明纹位置为 $x_4=4\frac{D}{nd}\lambda$. 依据题设有

$$3\frac{D}{d}\lambda=4\frac{D}{nd}\lambda, \quad 即 \quad n=\frac{4}{3}=1.33.$$

例 9.2 杨氏双缝实验中，用波长为 λ 的单色光作光源，将一厚度为 t，折射率为 n 的薄玻璃片放在狭缝 S_2 处，如图 9.4 所示. 若玻璃片厚度 t 可以变化，则与 S_1、S_2 两缝对称的屏中心点 O，其干涉条纹强度将是 t 的函数，若 $t=0$ 时，O 处的光强为 I_0. 试求：

(1) O 处光强与 t 的函数关系；

(2) t 满足什么条件时 O 处的光强最小.

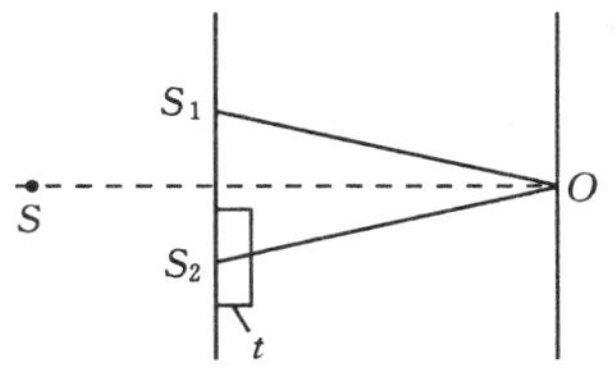

图 9.4

解 (1) 由 S_1、S_2 到达 O 处的两光线的光程差为

$$\delta=(n-1)t,$$

相应的相位差为 $$\Delta\varphi=\frac{2\pi}{\lambda}\delta=\frac{2\pi}{\lambda}(n-1)t.$$

若 S_1、S_2 两缝发出的光线在 O 处分别产生的光振动的振幅为 A_0，则 O 处合振动的振幅为

$$A=\sqrt{A_0^2+A_0^2+2A_0^2\cos\Delta\varphi}=2A_0\cos\frac{\Delta\varphi}{2}=2A_0\cos\frac{(n-1)\pi t}{\lambda}.$$

由于光强 I 正比于振幅的平方，有

$$I=kA^2=4kA_0^2\cos^2\frac{(n-1)\pi t}{\lambda}.$$

当 $t=0$ 时，$I=4kA_0^2=I_0$，因此 O 处光强为

$$I=I_0\cos^2\frac{(n-1)\pi t}{\lambda}.$$

(2) 要使 O 处的光强为零，则有

$$I_0\cos^2\frac{(n-1)\pi t}{\lambda}=0, \quad 即 \quad \frac{(n-1)\pi}{\lambda}t=k\pi+\frac{\pi}{2},$$

故 $t=\frac{2k+1}{2(n-1)}\lambda\ (k=0,1,2,3,\cdots)$.

例 9.3 杨氏双缝实验中，两缝分别被折射率为 $n_1=1.4$ 及 $n_2=1.7$ 的同样厚度 d 的薄玻璃

片遮盖，如图 9.5 所示. 用单色光 $\lambda=480$ nm 照射，盖上玻璃片使原来的干涉条纹中的第 5 级明纹移至中央明纹所在处. 求：(1) 干涉条纹向何方移动；(2) 玻璃片厚度 d.

解　(1) 由于 $n_2>n_1$，零级明纹向下移动，所以整个干涉条纹将向下移动.

(2) 盖上薄玻璃片后，O 处变为第 5 级亮条纹，所以光程差为

$$\delta=[n_2d+(r_2-d)]-[n_1d+(r_1-d)]=5\lambda,\quad 即\quad n_2d-n_1d=5\lambda,$$

$$d=\frac{5\lambda}{n_2-n_1}=\frac{5\times480\times10^{-9}}{1.7-1.4}\ \text{m}=8\times10^{-6}\ \text{m}=8\ \mu\text{m}.$$

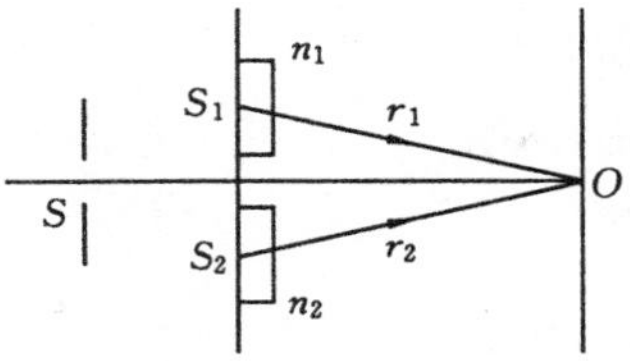

图 9.5

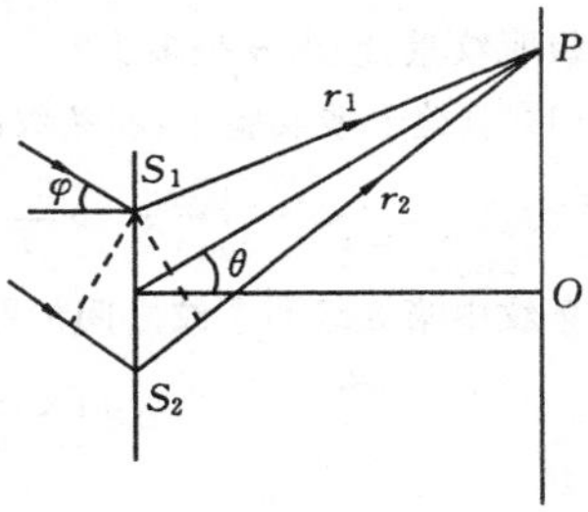

图 9.6

例 9.4　波长为 λ 的平面单色光以 φ 角入射到缝间距为 d 的双缝上，如图 9.6 所示. 若双缝到屏的距离为 $D(D\gg d)$，求：

(1) 各级明纹的位置；

(2) 条纹的间距；

(3) 若要零级明纹移至屏幕点 O 处，则应在 S_1 缝处放置一厚度为多少的折射率为 n 的透明介质薄片？

解　(1) 在点 P 处，两相干光的光程差为

$$\delta=(d\sin\varphi+r_2)-r_1=r_2-r_1+d\sin\varphi\approx d\sin\theta+d\sin\varphi=d\,\frac{x}{D}+d\sin\varphi.$$

明条纹满足的条件为 $\delta=d\,\frac{x}{D}+d\sin\varphi=\pm k\lambda$，即 $x=D\left(\pm\frac{k\lambda}{d}-\sin\varphi\right)$.

(2) 明纹之间的间距为

$$\Delta x=x_{k+1}-x_k=D\left[\frac{(k+1)\lambda}{d}-\sin\varphi\right],$$

即

$$-D\left(\frac{k\lambda}{d}-\sin\varphi\right)=\frac{D\lambda}{d}.$$

(3) 在 S_1 缝处放了厚度为 t、折射率为 n 的透明介质薄膜后，点 P 处两光线的光程差为

$$\begin{aligned}\delta&=(d\sin\varphi+r_2)-(nt+r_1-t)=d\sin\varphi+(r_2-r_1)-(n-1)t\\&=d\sin\varphi+d\sin\theta-(n-1)t.\end{aligned}$$

若使零级明纹回到 O 点处，则有 $\sin\theta=0$，$\delta=0$，得

$$(n-1)t=d\sin\varphi,\quad 即\quad t=\frac{d\sin\varphi}{n-1}.$$

例 9.5　根据薄膜干涉原理制成的测定固体线膨胀系数的干涉膨胀仪，其结构如图 9.7 所示，AB 和 $A'B'$ 均为平玻璃板，C 为热膨胀系数极小的石英圆环，W 为待测热膨胀系数的样品，其上表面与玻璃板 AB 的下表面形成空气劈尖. 当波长为 λ 的单色光自上而下垂直照射时，在空气劈尖上表面并在温度升高为 t 时测得 W 的长度为 L，C 的长度几乎不变. 设在温度 t_0 时，测得 W 的长度为 L_0，则在升温过程中，有 N 条干涉条纹从视场中某一固定刻线通过. 试证明样品 W 的线膨胀系

数$\beta=\dfrac{N\lambda}{2L_0(t-t_0)}$.

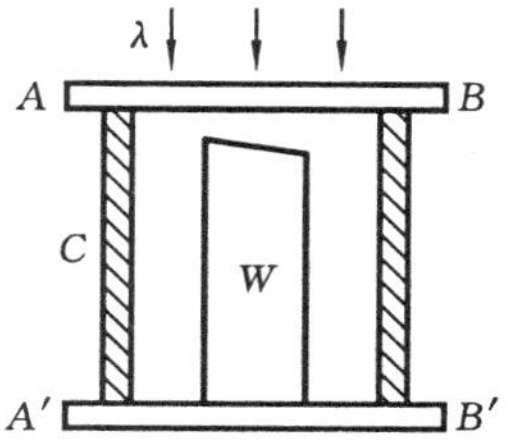

图 9.7

证 设在温度 t_0 时，在劈尖等厚干涉条纹中，第 k 级暗纹所在处劈尖空气层厚度为 $e_k=k\lambda/2$. 温度升高到 t 时，同一处空气层对应的暗纹级次为 $k-N$，厚度为 $e_{k-N}=(k-N)\lambda/2$. 不计石英圆环的伸长，空气层厚度的变化为

$$L-L_0=e-e_{k-N}=N\lambda/2.$$

由线膨胀系数的定义可知，β 应为每升高单位温度时，物体的相对伸长量，有

$$\beta=\frac{L-L_0}{L_0}\times\frac{1}{t-t_0}=\frac{N\lambda}{2L_0(t-t_0)}.$$

例 9.6 用波长为 500 nm 的单色光垂直照射到两块光学平玻璃构成的空气劈尖上，在观察反射光的干涉现象中，距劈尖棱边 $l=1.56$ cm 的 A 处是从棱边算起的第 4 条暗条纹的中心. 试求：

(1) 此空气劈尖的劈尖角 θ.

(2) 改用 600 nm 的单色光垂直照射到此劈尖上，仍观察反射光的干涉，A 处是明条纹，还是暗条纹？

(3) 在第(2)问的情形下，从棱边到 A 处的范围里共有几条明纹、几条暗纹？

解 (1) 劈尖干涉中，暗纹满足的条件为光程差

$$\delta=2e+\frac{\lambda}{2}=(2k+1)\frac{\lambda}{2}\quad(k=0,1,2,3,\cdots).$$

A 处为第 4 条暗纹，对应于干涉级次 $k=3$，设 A 处膜的厚度为 e_A，则有

$$2e_A=\frac{\lambda_1}{2}=(2\times3+1)\frac{\lambda_1}{2},\quad 即\quad e_A=\frac{3}{2}\lambda_1.$$

故劈尖角
$$\theta\approx\sin\theta=\frac{e_A}{l}=\frac{3\lambda_1}{2l}=\frac{3\times500\times10^{-9}}{2\times1.56\times10^{-2}}\ \text{rad}=4.81\times10^{-5}\ \text{rad}.$$

(2) 若改用波长为 $\lambda_2=600$ nm 的单色光垂直照射，此时 A 处对应的反射相干光的光程差为

$$\delta=2e_A+\frac{\lambda_2}{2}=2\times\frac{3\lambda_1}{2}+\frac{\lambda_2}{2}=(3\times500+300)\ \text{nm}=1800\ \text{nm}=3\lambda_2,$$

所以此时 A 处为第 3 级明条纹.

(3) 由于高棱边为零级暗条纹，所以从棱边到 A 处的范围里有 3 条明条纹、3 条暗条纹.

例 9.7 S_1 和 S_2 是同一个振荡器激发的两个有效的点状辐射源，如图 9.8 所示. 这两个辐射源相距 d，所发射电磁波的初相位相同、发射功率相等、波长均为 λ. 求：

(1) 当把检测器沿 Ox 轴移动时，由检测器接收到的信号的极大位置和极小位置；

(2) 离辐射源最近的极小位置，其强度是否为零？

解 (1) 设 P 为 x 轴上任意一点，若两波源发出的电磁波在点 P 干涉加强，信号出现极大，则满足

$$\delta=\sqrt{d^2+x^2}-x=k\lambda\quad(k=1,2,3,\cdots),$$

即
$$d^2+x^2=k^2\lambda^2+2k\lambda x+x^2,$$

故 $x=\dfrac{d^2-k^2\lambda^2}{2k\lambda}$ （极大位置).

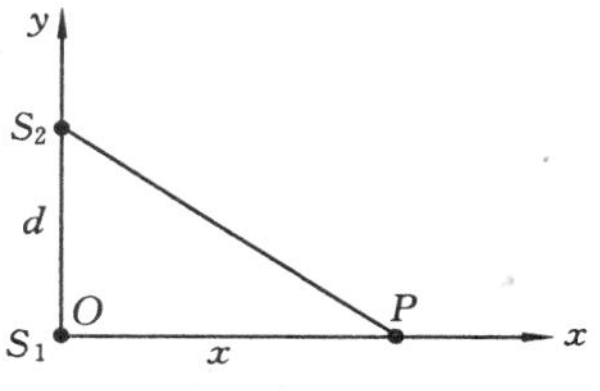

图 9.8

同理，可求出强度极小的位置. 令

$$\delta=\sqrt{d^2+x^2}-x=(2k+1)\frac{\lambda}{2},$$

即 $$d^2+x^2=(2k+1)^2\frac{\lambda^2}{4}+2(2k+1)\frac{\lambda}{2}x+x^2,$$

故 $x=\dfrac{d^2-(2k+1)^2\dfrac{\lambda^2}{4}}{2(2k+1)\dfrac{\lambda}{2}}$(极小位置).

(2) 点波源的强度按距离的平方分之一减弱，所以在 x 轴上离波源最近的信号强度极小值不为零.

例 9.8 迈克耳孙干涉仪，用氦氖激光器($\lambda_1=632.8$ nm)作光源.

(1) 如果动镜 M_2 移动一段距离，这时数得干涉条纹移动了 792 条，求 M_2 移动的距离.

(2) 如果迈克耳孙干涉仪的一臂引入长 100 mm 的玻璃管，并充以压强为 101325 Pa 的空气，用波长 $\lambda_2=585$ nm 的光照射，将玻璃管抽成真空，发现有 100 条干涉条纹在移动. 求空气的折射率.

(3) 仍用氦氖激光器作光源，在 M_2 镜前插入一薄玻璃片，观察到有 150 条干涉条纹移过. 设玻璃的折射率 $n_1=1.632$，求玻璃片厚度 e.

解 (1) M_2 移动的距离为

$$\Delta d=N\frac{\lambda_1}{2}=\left(792\times\frac{632.8\times10^{-9}}{2}\right)\text{ m}=0.2506\times10^{-3}\text{ m}=0.2506\text{ mm}.$$

(2) 实际上，同一位置处光程差改变一个波长 λ，就会有一条条纹移动，依据题意，光程差的改变为 $2(n-1)l=N_1\lambda$，式中，n 为空气折射率，l 为玻璃管长度. 故

$$n=\frac{N_1\lambda}{2l}+1=\frac{100\times585\times10^{-6}}{2\times100}+1=1.0002925.$$

(3) 光程差的改变为 $2(n_1-1)e=N_2\lambda$，则玻璃片厚度为

$$e=\frac{N_2\lambda}{2(n_1-1)}=\frac{150\times632.8\times10^{-9}}{2\times(1.632-1)}\text{ m}=7.51\times10^{-5}\text{ m}=75.1\ \mu\text{m}.$$

例 9.9 一平面单色光波垂直照射在厚度均匀的薄油膜上，油膜覆盖在玻璃片上，所用光源波长可连续变化，观察到 500 nm 和 700 nm 这两个波长的光在反射中消失. 油膜的折射率 $n_1=1.30$，玻璃的折射率 $n_2=1.50$. 试求油膜的厚度.

解 依据题意，反射光在油膜上下表面反射均有半波损失，反射光干涉暗纹条件为

$$2n_1e=(2k_1+1)\frac{\lambda_1}{2},\quad \lambda_1=500\text{ nm};$$

$$2n_1e=(2k_2+1)\frac{\lambda_2}{2},\quad \lambda_2=700\text{ nm}.$$

由于 λ_1 和 λ_2 之间没有其他波长的光在反射中消失，k_1 和 k_2 只能差一级，所以有 $k_2=k_1-1$. 膜厚为

$$e=\frac{\lambda_1\lambda_2}{2n_1(\lambda_2-\lambda_1)}=\frac{500\times700}{2\times1.30\times(700-500)}\text{ nm}=6.73\times10^2\text{ nm}=6.73\times10^{-4}\text{ mm}.$$

例 9.10 由两玻璃片构成一空气劈尖，其夹角 $\theta=5.0\times10^{-5}$ rad，如图 9.9 所示. 用波长 $\lambda=0.5\ \mu$m平行单色光垂直照射，观察反射光的等厚干涉条纹.

(1) 若将下面的玻璃片向下平移，看到有 15 条条纹移过，求玻璃片下移的距离；

(2) 若向劈尖中注入某种液体，看到第 5 级明纹在劈尖上移动了 0.5 cm，求液体的折射率.

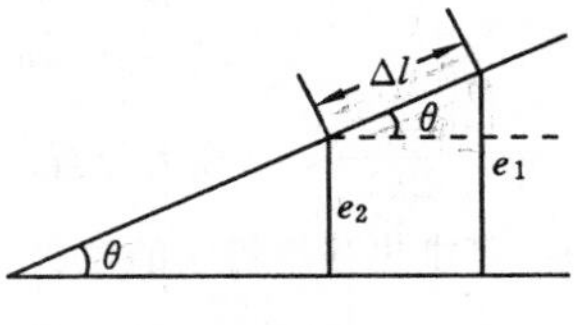

图 9.9

解 (1) 下面的玻璃片每下移 $\frac{\lambda}{2}$，就会有一条条纹移过，依

题意,玻璃片下移距离为

$$\Delta d=N\frac{\lambda}{2}=15\times\frac{\lambda}{2}=3.75\ \mu\text{m}.$$

(2) 未加液体时,第5级明纹满足

$$2e_1+\frac{\lambda}{2}=5\lambda,\quad 即\quad e_1=\frac{1}{2}\left(5-\frac{1}{2}\right)\lambda=\left(\frac{1}{2}\times\frac{9}{2}\times5\times10^{-7}\right)\ \text{m}=1.125\ \mu\text{m}.$$

加入液体后,第5级明纹满足

$$2ne_2+\frac{\lambda}{2}=5\lambda.$$

由图9.9可得

$$\Delta l=\frac{e_1-e_2}{\theta},$$

故

$$n=\frac{e_1}{e_1-\theta\Delta l}=\frac{1.125\times10^{-6}}{1.125\times10^{-6}-5.0\times10^{-5}\times0.5\times10^{-2}}=1.28.$$

例9.11 一玻璃劈尖的末端厚度为0.005 cm,折射率为1.5,今用波长为700 nm的平行单色光,以入射角为30°的方向射到劈尖的上表面,如图9.10所示.试求:

(1) 在玻璃劈尖上表面形成的干涉条纹数目;

(2) 若以尺寸相同的由两玻璃片形成的空气劈尖代替上述的玻璃劈尖,则产生的条纹数目是多少?

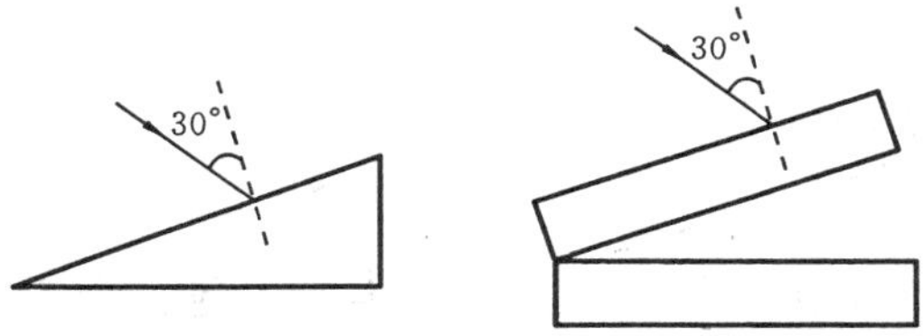

图9.10

解 (1) 劈尖干涉的暗纹条件为

$$\delta=2e\sqrt{n_2^2-n_1^2\sin^2 i}+\frac{\lambda}{2}=(2k+1)\frac{\lambda}{2},\quad 即\quad 2e\sqrt{n_2^2-n_1^2\sin^2 i}=k\lambda,$$

故

$$k_{\max}=\frac{2e\sqrt{n_2^2-n_1^2\sin^2 i}}{\lambda}=\frac{2\times0.005\times10^{-2}\times\sqrt{1.5^2-\sin^2 30^\circ}}{700\times10^{-9}}=202.$$

由于棱边为暗条纹,故劈尖上出现203条暗纹、202条明条纹.

(2) 依题意 $n_2=1$,$n_1=1.5$,但入射角并非30°,可由折射定律求出

$$\frac{\sin30^\circ}{\sin\gamma}=1.5,\quad 即\quad \sin\gamma=0.3333.$$

折射角 γ 为空气劈尖的入射角,有

$$k_{\max}=\frac{2e\sqrt{n_2^2-n_1^2\sin^2\gamma}}{\lambda}=\frac{2\times0.005\times10^{-2}\times\sqrt{1-(1.5\times0.3333)^2}}{700\times10^{-9}}=123,$$

所以劈尖上共出现124条暗条纹、123条明条纹.

例9.12 频率为 ν 的平面无线电波,一部分直接射向无线电波接收器,另一部分通过平面镜 M 反射到接收器,接收器位于平面镜上方高 h 处,如图9.11所示.试求观察到相消干涉时,掠射角 θ 满足的条件.

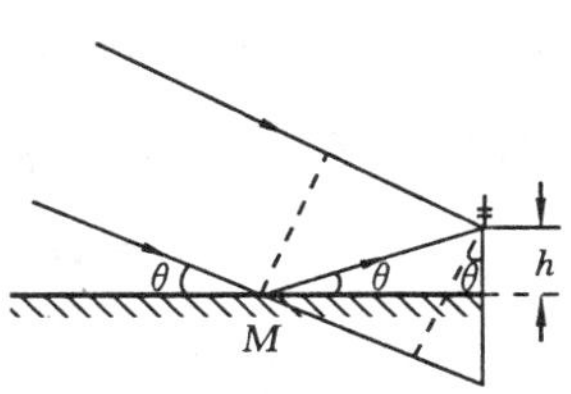

图9.11

解 因为存在半波损失,故直射波与反射波到达接收器的

光程差为

$$\delta=2h\sin\theta+\frac{\lambda}{2},$$

干涉相消，则要求

$$\delta=(2k+1)\frac{\lambda}{2},\quad 即\quad 2h\sin\theta+\frac{\lambda}{2}=(2k+1)\frac{\lambda}{2},$$

故 $\sin\theta=\frac{k\lambda}{2h}=\frac{kc}{2\nu h}$. 掠射角的最小值为

$$\theta_{\min}=\arcsin\left(\frac{c}{2\nu h}\right).$$

例 9.13　两平凸透镜按图 9.12 所示放置，上面一块是标准件，半径为 R_1，另一块是待测样品，用波长为 λ 的单色平行光垂直照射，测得 k 级暗环的半径为 r. 求待测样品的曲率半径表达式.

解　牛顿环的第 k 级暗环满足的条件为

$$\delta=2e+\frac{\lambda}{2}=(2k+1)\frac{\lambda}{2},\quad 即\quad 2e=k\lambda.$$

而膜厚为

$$e=\frac{r^2}{2R_1}+\frac{r^2}{2R_2}\quad（r\ 为暗环半径），$$

故

$$r^2\left(\frac{1}{R_1}+\frac{1}{R_2}\right)=k\lambda,\quad R_2=\frac{r^2R_1}{k\lambda R_1-r^2}.$$

如果 $R_1=500$ cm，$\lambda=632.8$ nm，$k=50$，$r=1$ cm，则 $R_2=600.1$ cm.

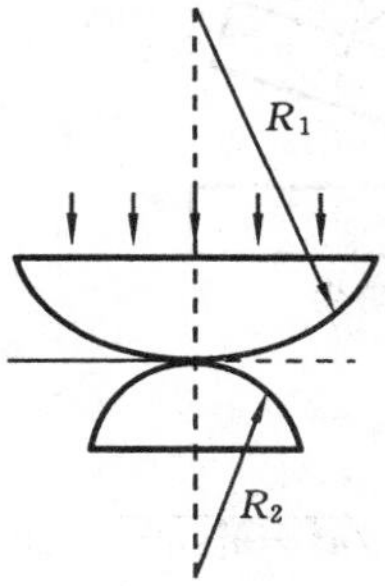

图 9.12

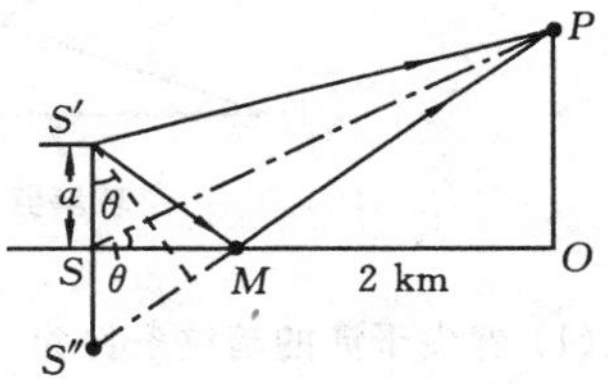

图 9.13

例 9.14　一艘船在 25 m 高的桅杆上装一天线，不断地发射某种波长的无线电波，已知波长在 2～4 m 范围内. 在高出海平面 150 m 的悬崖顶上有一接收站能收到这无线电波. 但当那艘船驶至离悬崖底部 2 km 时，接收站就收不到无线电波. 设海平面完全反射这无线电波，求所用无线电波的波长.

解　依据题意作反射波图，如图 9.13 所示，S 和 OP 分别表示船和悬崖，S'为船上的天线. 考虑由 S'发出的 $S'P$ 波与经海平面反射的 $S'MP$ 波，两列波在点 P 处发生干涉. 当发生相消干涉时接收站收不到信号，注意到反射波 $S'MP$ 在反射时有相位突变 π，整个情况和光中的洛埃镜实验类似. 当不计相移 π 时，两波的波程差为

$$\delta=2a\sin\theta=2a\times\frac{|OP|}{|SO|}=\left(2\times25\times\frac{150}{2000}\right)\text{ m}=3.75\text{ m}.$$

计入相移 π，则当 $\delta=k\lambda$ 时，接收信号最弱. 当 $k=1$ 时，$\lambda=3.75$ m，这值在 2～4 m 范围内，满足本题要求，即所求波长值为 $\lambda=3.75$ m.

9.3　强化训练题

一、填空题

1. 用波长为λ的单色光垂直照射图9.14所示的牛顿环装置，观察从空气膜上下表面反射的光形成的牛顿环．若平凸透镜慢慢地垂直向上移动，从透镜顶点与平面玻璃接触到二者距离为d的移动过程中，移过视场中某固定观察点的条纹数目等于______．

2. 用$\lambda=600$ nm的单色光垂直照射牛顿环装置时，从中央向外数第4个暗环对应的空气膜厚度为______ μm．

3. 若在迈克耳孙干涉仪的可动反射镜M移动0.620 mm的过程中，观察到干涉条纹移动了2300条，则所用光波的波长为______ nm．

4. 在双缝干涉实验中，所用光波波长$\lambda=5.461\times10^{-4}$ mm，双缝与屏间的距离$D=300$ mm，双缝间距$d=0.134$ mm，则中央明条纹两侧的两个第3级明条纹之间的距离为______．

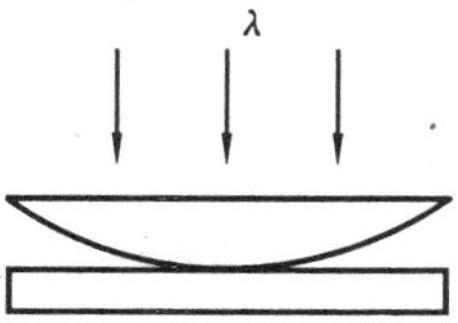

图9.14

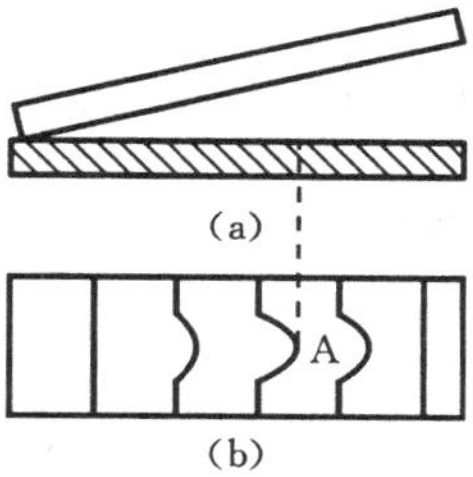

图9.15

5. 图9.15(a)所示的为一块光学平板玻璃与一个加工过的平面一端接触构成的空气劈尖，用波长为λ的单色光垂直照射，看到反射光干涉条纹（实线为暗条纹）如图9.15(b)所示，则干涉条纹上点A处所对应的空气薄膜厚度$e=$______．

6. 用波长为λ的单色光垂直照射折射率为n_2的劈尖薄膜，如图9.16所示，图中各部分折射率的关系是$n_1<n_2<n_3$。观察反射光的干涉条纹，从劈尖顶开始向右数第5条暗条纹中心所对应的厚度$e=$______．

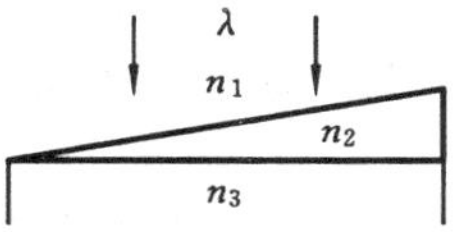

图9.16

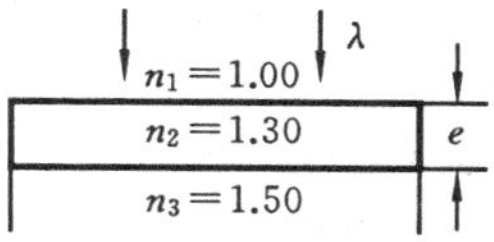

图9.17

7. 波长为λ的单色光垂直照射图9.17所示的透明薄膜，膜厚度为e，两束反射光的光程差$\delta=$______．

8. 在双缝干涉实验中，两缝分别被折射率为n_1和n_2的透明薄膜遮盖，二者的厚度均为e．波长为λ的平行单色光垂直照射到双缝上，在屏中央处，两束相干光的相位差$\Delta\varphi=$______．

9. 波长为$\lambda=600$ nm的单色光垂直照射到牛顿环装置上，第2级明纹与第5级明纹所对应的空气膜厚度之差为______ nm．

10. 一平凸透镜，凸面朝下放在一平玻璃板上，透镜刚好与玻璃板接触．波长分别为$\lambda_1=600$ nm和$\lambda_2=500$ nm的两种单色光垂直入射，观察反射光形成的牛顿环，从中心向外数的两种光的第 5 个明环所对应的空气膜厚度之差为______ nm.

11. 分别用波长 $\lambda_1=500$ nm 与波长 $\lambda_2=600$ nm 的平行单色光垂直照射到劈尖薄膜上，劈尖薄膜的折射率为 3.1，膜两侧是同样的介质，则这两种波长的光分别形成的第 7 条明纹所对应的膜的厚度之差为______ nm.

12. 波长为 λ 的平行单色光垂直照射到劈尖薄膜上，若劈尖角为 θ(以弧度计)，劈尖薄膜的折射率为 n，则反射光形成的干涉条纹中，相邻明条纹的间距为______.

13. 如图 9.18 所示，波长为 λ 的平行单色光垂直照射到两个劈尖上，两劈尖角分别为 θ_1 和 θ_2，折射率分别为 n_1 和 n_2. 若二者分别形成的干涉条纹的明条纹间距相等，则 θ_1、θ_2、n_1 和 n_2 之间的关系是______.

14. 一束波长为 $\lambda=600$ nm 的平行单色光垂直入射到折射率 $n=1.33$ 的透明薄膜上，该薄膜是放在空气中的. 要使反射光得到最大限度的加强，薄膜最小厚度应为______ nm.

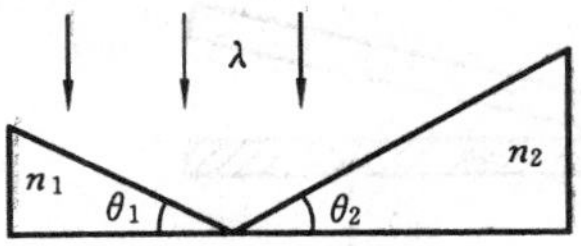

图 9.18

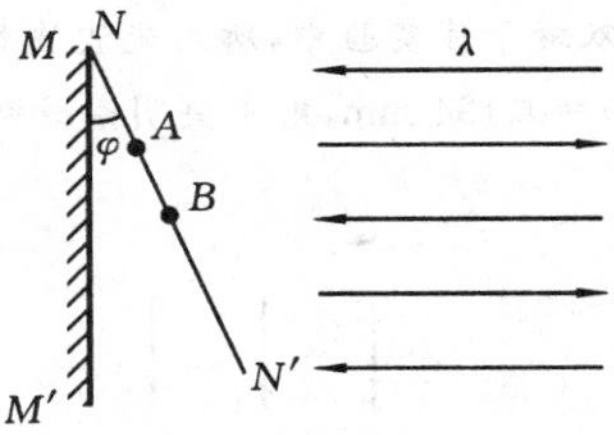

图 9.19

15. 维纳光驻波实验装置如图 9.19 所示. MM' 为金属反射镜；NN' 为涂有极薄感光层的玻璃板，MM' 与 NN' 之间夹角 $\varphi=3.0\times10^{-4}$ rad. 波长为 λ 的平面单色光通过 NN' 板垂直入射到 MM' 金属反射镜上，则反射光与入射光在相遇区域形成光驻波，NN' 板的感光层上形成对应于波腹波节的条纹. 实验测得两个相邻的驻波波腹感光点 A、B 的间距 $|AB|=1.0$ mm，则入射光波的波长为______ mm.

16. 空气中一玻璃劈尖，其一端厚度为零，另一端厚度为 0.005 cm，折射率为 1.5. 现用波长为 600 nm 的单色平行光，以入射角为 30°角的方向射到劈尖的上表面，则在劈尖上形成的干涉条纹数目为______.

二、计算题

1. 在杨氏双缝实验中，设两缝之间的距离为 0.2 mm，在距双缝 1 m 远的屏上观察干涉条纹. 若入射光是波长为 400 nm 至 760 nm 的白光，问屏上离零级明纹 20 mm 处，哪些波长的光最大限度地加强？($1\ \text{nm}=10^{-9}$ m.)

2. 白色平行光垂直入射到间距 $a=0.25$ mm 的双缝上，距缝 50 cm 处放置屏幕，分别求第 1 级和第 5 级明纹彩色带的宽度.(设白光的波长范围是从 400 nm 到 760nm. 这里说的"彩色带宽度"指两个极端波长的同级明纹中心之间的距离.)

3. 在牛顿环装置的平凸透镜和平板玻璃间充以某种透明液体，观测到第 10 个明环的直径由充液前的 14.8 cm 变成充液后的 12.7 cm，求这种液体的折射率 n.

4. 折射率为 1.60 的两块标准平面玻璃板之间形成一个劈尖(劈尖角 θ 很小). 用波长 $\lambda=600$ nm($1\ \text{nm}=10^{-9}$ m)的单色光垂直入射，产生等厚干涉条纹. 假如在劈尖内充满 $n=1.40$ 的液体时相邻明纹间距比劈尖内是空气时的间距缩小 $\Delta l=0.5$ mm，那么劈尖角 θ 应是多少？

5. 如图 9.20 所示，波长为 λ 的单色光以入射角 i 照射到放在空气(折射率 $n_1=1$)中的一厚度为 e、折射率为 $n(n>n_1)$ 的透明薄膜上. 试推导在薄膜上、下两表面反射出来的两束光 1 和 2 的光程差.

6. 如图9.21所示,曲率半径为R的平凸透镜和平玻璃板之间形成劈尖形空气薄层.用波长为λ的单色平行光垂直入射,观察反射光形成的牛顿环.设凸透镜和平玻璃板在中心点O恰好接触,试导出确定第k个暗环的半径r的公式.(从中心向外数k的数目,中心暗斑不算.)

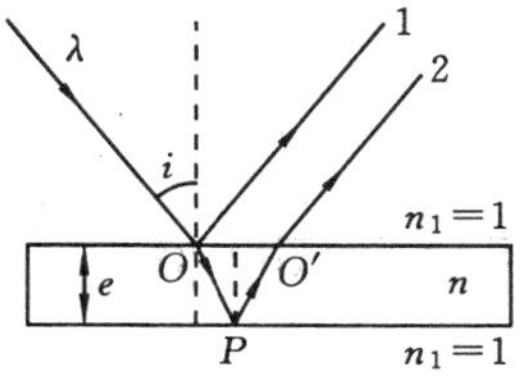

图9.20

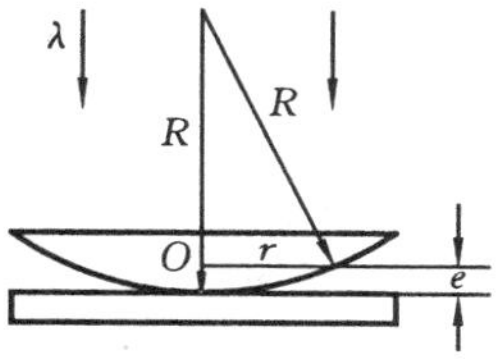

图9.21

7. 用白光垂直照射置于空气中的厚度为0.50 μm的玻璃片,玻璃片的折射率为1.50.在可见光范围内(400～760 nm),哪些波长的反射光有最大限度的增强?

8. 在如图9.22所示的瑞利干涉仪中,T_1、T_2是两个长度都是l的气室,波长为λ的单色光的缝光源S放在透镜L_1的前焦点上,在双缝S_1和S_2处形成两个同相位的相干光源,用目镜E观察透镜L_2焦平面C上的干涉条纹.当两气室均为真空时,观察到一组干涉条纹.在往气室T_2中充入一定量的某种气体的过程中,观察到干涉条纹移动了M条.试求出该气体的折射率n.(用已知量M、λ和l表示出来.)

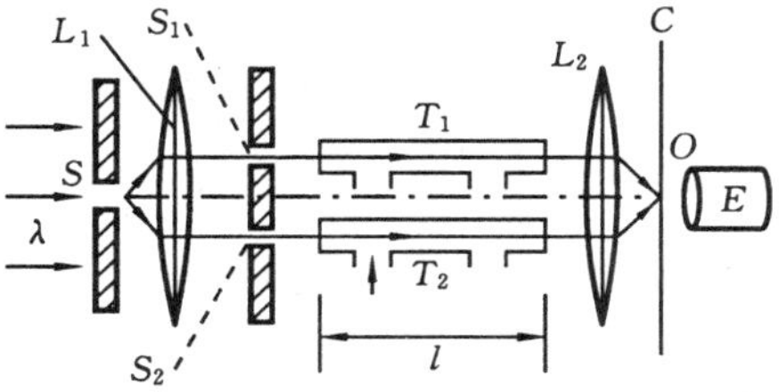

图9.22

第 10 章 光的衍射

10.1 知识要点

1. 衍射现象

波在传播过程中遇到障碍物时，传播方向会发生变化，能绕过障碍物的边缘继续传播. 衍射是波的基本特性之一，光是一种电磁波，所以光也具有衍射现象，发生明显衍射现象的条件是障碍物的几何尺寸能够和光波的波长相比拟.

2. 惠更斯-菲涅耳原理

波阵面上各点都可以当做子波波源，其后波场中，各点波的强度由各个子波在该点的相干叠加决定. 此原理说明衍射的本质和干涉相同，都是相干光波的叠加，对于衍射而言，相干光源有无限多个且连续分布. 光学中把衍射现象分为两类.

(1) 障碍物与光源和观察屏的距离分别为有限远或者有一个距离为有限远，这类衍射称为菲涅耳衍射或近场衍射.

(2) 障碍物与光源和观察屏的距离均为无限远，即入射光和衍射光都是平行光束，显然这种衍射需要利用透镜，这类衍射称为夫琅禾费衍射或远场衍射.

3. 单缝夫琅禾费衍射

图 10.1 所示的为单缝夫琅禾费衍射示意图. 波长为 λ 的单色平行光束垂直照射在宽度为 a 的单缝上，平行衍射光束（用衍射角 θ 表示不同的平行衍射光束）经透镜 L，汇聚于焦平面上的观测屏上，θ 不同，汇聚点 P 的位置也不同，观测屏上将呈现明暗相间的衍射条纹. 条纹的明暗位置可用菲涅耳半波带法分析：将单缝处的波阵面分割为许多面积近似相等的半波带，点 P 处的明暗取决于半波带的数目. 当单缝处的波阵面可分为偶数个半波带时，点 P 处是暗的. 当单缝可分为奇数个半波带时，点 P 处是亮的，即由单缝两端发出的光线到屏上某点的光程差 δ 满足：

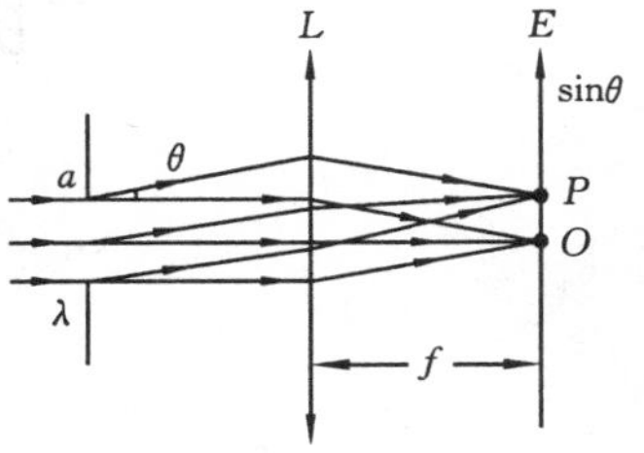

图 10.1

$$\delta = na\sin\theta = \begin{cases} \pm 2k\dfrac{\lambda}{2}, & \text{暗纹中心}, \\ \pm(2k+1)\dfrac{\lambda}{2}, & \text{明纹中心}, \qquad k=1,2,3,\cdots, \\ 0, & \text{中央明纹中心}, \end{cases}$$

式中，n 为介质折射率；k 为衍射级次. 宽单缝 a 处的波阵面被分割出来的半波带的数目 N 与衍射角 θ 的关系为 $N=\dfrac{2a\sin\theta}{\lambda}$，中央亮纹的角度（中央亮纹对透镜中心所张的角）为 $2\dfrac{\lambda}{a}$；中央明纹的线宽度 $\Delta X=2f\dfrac{\lambda}{a}$（$f$ 为透镜的焦距）；k 级明纹的角宽度为 $(k+1)\dfrac{\lambda}{a}-k\dfrac{\lambda}{a}=\dfrac{\lambda}{a}$；$k$ 级明纹的位置 $x=f(2k+1)\dfrac{\lambda}{2a}$. 由上面讨论可以看出：单缝宽度 a 愈小，衍射现象愈明显，另外，虽然屏上衍射条

纹明暗相间，但屏上各点的振幅和强度是连续变化的.

下面用旋转矢量图示法推导单缝衍射光强公式，将单缝处的波阵面分割成 N 条等宽的波带，由于 N 很大，一般近似地认为，由各个波带发出的子波在点 P 的振幅相等且用 ΔA 表示. 相邻波带发出的子波到达点 P 的光程差 $\delta=\frac{a}{N}\sin\theta$，相应的位相差 $\varphi=\frac{2\pi}{\lambda}\frac{a}{N}\sin\theta$，由若干个同向同频谐振动的合成公式，可得合振幅为

$$A=\Delta A\frac{\sin\left(\frac{N\varphi}{2}\right)}{\sin\frac{\varphi}{2}}\approx\Delta A\frac{\sin\left(\frac{N\varphi}{2}\right)}{\frac{\varphi}{2}}=N\Delta A\frac{\sin\frac{\pi a\sin\theta}{\lambda}}{\frac{\pi a\sin\theta}{\lambda}}.$$

令 $u=\frac{\pi a\sin\theta}{\lambda}$，则 $A=N\Delta A\frac{\sin u}{u}$，当 $\theta=0$ 时，$u=0$，$A=N\Delta A=A_0$ 为中央明纹中心 O 处的合振幅，所以 $A=A_0\frac{\sin u}{u}$.

由于光强正比于振幅的平方，点 P 处的光强为 $I=I_0\frac{\sin^2 u}{u^2}$，$I_0$ 为中央明纹中心处的光强，称为光强主极大.

(1) 极小值位置：令 $u=k\pi$，$k=\pm1,\pm2,\pm3,\cdots$，则 $\sin u=0$，$I=0$，由于 $u=\frac{\pi a\sin\theta}{\lambda}$，所以光强极小值位置满足的条件为 $a\sin\theta=k\lambda$.

(2) 次极大位置：令 $\frac{\mathrm{d}}{\mathrm{d}u}\left(\frac{\sin u}{u}\right)^2=0$，则次极大的条件为 $\tan u=u$，用图解法求得 u 值为 $u=\pm1.43\pi,\pm2.46\pi,\pm3.47\pi,\cdots$，相应地，有 $a\sin\theta=\pm1.43\lambda,\pm2.46\lambda,\pm3.47\lambda,\cdots$，与半波带法结果略有不同.

4. 光栅衍射

由大量等宽等间距的平行狭缝所组成的光学元件称为光栅. 用于透射光衍射的称为透射光栅，用于反射光衍射的称为反射光栅. 设狭缝的宽度为 a，缝间不透光部分的宽度为 b，$d=a+b$ 称为光栅常数，通常用 N 表示光栅狭缝的总数目. 在讨论光栅衍射时，必须考虑下列两个因素：① 多缝干涉对光栅衍射的影响；② 单缝衍射对光栅衍射的影响. 实际光栅的衍射条纹应为多缝干涉和单缝衍射的总效果. 对于衍射角为 θ 的平行衍射光束，由相邻两个狭缝所发出的相干光束经透镜焦平面上的观察屏点 P 时的光程差为(注意此时入射光束为垂直照射在光栅平面上的单色平行光) $\delta=d\sin\theta$，当 $\delta=d\sin\theta=k\lambda\,(k=0,\pm1,\pm2,\pm3,\cdots)$ 时，此式称为光栅方程. 此时由所有狭缝所射出的相干光束在点 P 同相，产生相长干涉，形成明条纹. 满足光栅方程的明条纹细窄而明亮称为主极大条纹或光谱线. 光栅方程是产生主极大条纹的必要条件，还必须考虑单缝衍射的影响，这就是所谓的谱线缺级现象. 对于某个给定的衍射角 θ，如果既满足光栅方程，又满足单缝衍射暗纹条件，即

$$d\sin\theta=k\lambda,\quad a\sin\theta=k'\lambda$$

则有

$$k=k'\frac{d}{a}\quad(k'=\pm1,\pm2,\pm3,\cdots).$$

上式称为缺级公式，即满足上述公式的光谱线消失. 如果将光栅看成一个缝宽为 Nd 的单缝，则光栅衍射的暗纹条件为 $Nd\sin\theta'=k'\lambda$，式中，θ' 为与暗纹对应的衍射角；k' 为整数，但 $k'\neq0,\pm N,\pm2N,\pm3N,\cdots$.

由以上讨论可以得出：在相邻的两个主极大条纹之间分布着 $N-1$ 个暗条纹，$N-2$ 个次极大条纹. 如果 N 较大，实际上在主极大条纹之间形成暗区，次极大条纹看不见了，整个屏上形成一个黑暗

的背景．光栅衍射条纹是黑暗背景上出现的一系列细锐明条纹，缝数 N 越多，光谱线越细越亮．

下面推导光栅衍射光强公式．设单色光（波长为 λ）垂直入射光栅平面．首先考虑单缝衍射对光栅光强分布的影响：每一条缝发出的光在衍射角为 θ 的方向上的光振动的振幅为

$$A_{1\theta}=A_{10}\frac{\sin u}{u},$$

式中，$u=\frac{\pi a\sin\theta}{\lambda}$；$A_{10}$ 为每一条缝衍射的中央明纹的极大振幅．其次考虑 N 条缝发出的光在衍射角 θ 方向的总振幅，是每一条缝在 θ 方向上光振动振幅的相干叠加（矢量和）．由多个同向、同频、同幅、等相位差振动的叠加公式有

$$A_\theta=A_{1\theta}\frac{\sin\frac{N\varphi}{2}}{\sin\frac{\varphi}{2}}=A_{10}\frac{\sin u}{u}\frac{\sin\left(\frac{N\varphi}{2}\right)}{\sin\left(\frac{\varphi}{2}\right)},$$

式中，$\varphi=\frac{2\pi}{\lambda}d\sin\theta$ 为相邻两缝到点 P 的相位差．强度正比于振幅的平方，即

$$I_\theta=I_{10}\frac{\sin^2 u}{u^2}\times\frac{\sin^2\left(\frac{N\varphi}{2}\right)}{\sin^2\left(\frac{1}{2}\varphi\right)},$$

式中，I_{10} 为每条缝衍射的中央明纹极大强度．光栅是一种分光装置，主要用来形成光栅光谱．如果入射光为复色光，则除零级谱线为白色以外，在零级谱线的两侧将对称分布着各级衍射光谱．由光栅方程 $d\sin\theta=k\lambda(k=0,\pm1,\pm2,\cdots)$ 知，对于某给定的衍射级次 k，由于波长 λ 的不同，各种波长单色光的 k 级光谱线将分列开来，形成所谓 k 级衍射光栅光谱．光栅所能分辨的最小波长差称为光栅的色分辨本领．一条谱线的中心与另一条谱线的距谱线中心最近的一个极小重合时，两条谱线恰能被分辨，这称为瑞利判据．对光栅方程两边取微分得 $d\cos\theta\cdot\delta\theta=k\delta\lambda$，得到 $\delta\theta=\frac{k\delta\lambda}{d\cos\theta}$，$\delta\theta$ 表示波长差为 $\delta\lambda$ 的两条 k 级光谱线之间的角宽度．

k 级光谱线满足光栅方程　　　　$d\sin\theta=k\lambda$，

与 k 级光谱线相邻的一级极小满足 $Nd\sin(\theta+\Delta\theta)=(kN+1)\lambda$，将上两式相减得 $\sin(\theta+\Delta\theta)-\sin\theta=\frac{\lambda}{Nd}$，由于 $\Delta\theta$ 较小，故 $\sin(\theta+\Delta\theta)-\sin\theta\approx\cos\theta\Delta\theta$，所以有 $\Delta\theta=\frac{\lambda}{Nd\cos\theta}$，$\Delta\theta$ 为 k 级光谱线的半角宽度．依据瑞利判据，则有结论：

（1）$\delta\theta>\Delta\theta$，两光谱线能分辨；

（2）$\delta\theta<\Delta\theta$，两光谱线不能分辨；

（3）$\delta\theta=\Delta\theta$，两光谱线恰能被分辨．

令 $\frac{k\delta\lambda}{d\cos\theta}=\frac{\lambda}{Nd\cos\theta}$，得到 $\frac{\lambda}{\delta\lambda}=kN$，定义光栅的色分辨本领 $R=\frac{\lambda}{\delta\lambda}=kN$．$R$ 越大，该光栅所能分辨的最小波长差越小，另外 R 与衍射级次 k 和光栅总缝数 N 成正比．

5．光学仪器的分辨本领

依据圆孔衍射规律和瑞利判据可得出仪器（物镜）的最小分辨角 $\delta\theta=1.22\frac{\lambda}{D}$，仪器分辨率 $R=\frac{1}{\delta\theta}=\frac{D}{1.22\lambda}$．

6．X 射线晶体衍射的布喇格公式

X 射线是伦琴 1895 年发现的，它是由高速电子流与固体撞击而产生的一种新射线．X 射线不

受电场或磁场的影响，所以X射线在本质上与光相同，是一种波长极短的电磁波，是由原子实中内壳层电子跃迁而产生的. X射线有很强的穿透本领. 1912年劳厄将天然晶体作为三维空间光栅，进行了试验，并成功获得了X射线通过晶体的衍射图样，从而证实了X射线的波动性. 英国物理学家布喇格提出了X射线通过晶体衍射的基本理论：① 晶体是由一系列平行的原子层（称为晶面）所构成的，当X射线照射晶体时，晶体中的每一个原子都是一个子波中心，向各个方向发出衍射射线称为散射，不仅有表面的散射，而且还有晶体内层的散射；② X射线通过晶体的衍射图样（条纹）是所有散射线互相干涉的结果；③ 任一原子层所散射的射线中，只有按光学反射定律所要求的反射方向上，反射线的强度为最大. 在此基础上提出了著名的布喇格方程：

$$2d\sin\varphi=k\lambda \quad (k=1,2,3,\cdots),$$

式中，φ 为掠射角；d 为晶面间距，$2d\sin\varphi$ 表示相邻的两晶面所发出的相干反射线的光程差. 如果已知X射线的波长，则可以测定晶体的晶格常数，这一应用发展为伦琴射线的晶体结构分析. 如果晶体结构已知，则可以测定X射线波长，这一工作称为X射线光谱分析，对原子结构的研究极为重要.

10.2 典型例题

例 10.1 用波长为 $\lambda=546\text{ nm}$ 的单色光（平行光）垂直照射单缝，缝后透镜的焦距 $f=40\text{ cm}$，测得透镜后焦平面上衍射中央明纹的宽度 $\Delta x=1.5\text{ mm}$. 试求：

(1) 单缝的宽度；

(2) 设透镜的折射率 $n'=1.54$，水的折射率 $n=1.33$，若把此套实验装置浸入水中，则衍射中央明纹宽度将为多少？

解 (1) 中央条纹是1级暗纹所围区域，其线宽度为

$$\Delta x\approx 2f\frac{\lambda}{a},$$

故

$$a=\frac{2f\lambda}{\Delta x}=\frac{2\times 40\times 10^{-2}\times 546\times 10^{-9}}{1.5\times 10^{-3}}\text{ m}=2.91\times 10^{-4}\text{ m}.$$

(2) 透镜在水中的焦距为

$$f'=\frac{n(n'-1)}{n'-n}f=\frac{1.33\times(1.54-1)}{1.54-1.33}\times 40\times 10^{-2}\text{ m}=1.37\text{ m}.$$

此情况下明暗条件应为

$$na\sin\theta=\begin{cases}\pm 2k\dfrac{\lambda}{2}, & \text{暗纹中心},\\ \pm(2k+1)\dfrac{\lambda}{2}, & \text{明纹中心},\end{cases}\quad k=1,2,3,\cdots.$$

中央明纹宽度为

$$\Delta x'=2f'\frac{\lambda}{na}=\left(2\times 1.37\times\frac{546\times 10^{-9}}{1.33\times 2.91\times 10^{-4}}\right)\text{ m}=3.87\times 10^{-3}\text{ m}=3.87\text{ mm}.$$

例 10.2 宽度为 a 的单缝，在缝后放一焦距为 f 的透镜，在透镜的焦平面上放一观察屏，用波长为 λ 的单色光平行垂直地照射在单缝上. 试求：

(1) 中央明纹及其他明纹的角宽度和线宽度；

(2) 第 k 级明条纹的相对强度.

解 (1) 中央明纹的角宽度为 $2\dfrac{\lambda}{a}$；中央明纹的线宽度 $\Delta x=2f\dfrac{\lambda}{a}$. 第 k 级明条纹是 k 级与

$k+1$级暗纹所围区域，所以 k 级明条纹的角宽度和线宽度依次为

$$\Delta\theta_k=(k+1)\frac{\lambda}{a}-\frac{k\lambda}{a}=\frac{\lambda}{a},\quad \Delta x_k=x_{k+1}-x_k=f(k+1)\frac{\lambda}{a}-f\frac{k\lambda}{a}=f\frac{\lambda}{a}.$$

(2) 单缝夫琅禾费衍射相对光强公式为

$$\frac{I}{I_0}=\frac{\sin^2 u}{u^2}=\frac{\sin^2\left(\frac{\pi a}{\lambda}\sin\theta\right)}{\left(\frac{\pi a}{\lambda}\sin\theta\right)^2}=\frac{\sin^2\left[\frac{\pi a}{\lambda}(2k+1)\frac{\lambda}{2a}\right]^2}{\left[\frac{\pi a}{\lambda}(2k+1)\frac{\lambda}{2a}\right]^2}=\frac{1}{\left(k+\frac{1}{2}\right)^2\pi^2}.$$

当 $k=5$ 时，即第 5 级明纹 $\frac{I_5}{I_0}=3.35\times10^{-3}$，即为中心强度的 3‰左右，说明次极大光强很弱.

例 10.3 在单缝夫琅禾费衍射实验中，入射光是两种波长的光，$\lambda_1=400$ nm，$\lambda_2=760$ nm，已知单缝宽度 $a=1.0\times10^{-2}$ cm，透镜焦距 $f=50$ cm. 试求：

(1) 两种光第 1 级衍射明纹中心之间的距离；

(2) 若用光栅常数为 $d=10\times10^{-3}$ cm 的光栅换单缝，其他条件不变，求两种光第 1 级主极大之间的距离.

解 (1) 单缝衍射明纹条件为 $a\sin\theta=\pm(2k+1)\frac{\lambda}{2}$ ($k=1,2,3,\cdots$) 明纹的位置，在衍射角很小的情况下，应为

$$x_k=f\tan\theta\approx f\sin\theta=f(2k+1)\frac{\lambda}{2a},$$

所以两种光第 1 级明纹中心之间的距离为

$$\Delta x=f(2\times1+1)\frac{\lambda_2}{2a}-f(2\times1+1)\frac{\lambda_1}{2a}=\frac{3f}{2a}(\lambda_2-\lambda_1)=0.27\ \text{cm}.$$

(2) 光栅方程为 $d\sin\theta=k\lambda$ ($k=0,\pm1,\pm2,\cdots$)，主极大条纹在屏上的位置为

$$x_k=f\tan\theta\approx f\sin\theta=f\frac{k\lambda}{d},$$

两种光第 1 级主极大条纹之间的距离为 $\Delta x=f\frac{\lambda_2}{d}-f\frac{\lambda_1}{d}=\frac{f}{d}(\lambda_2-\lambda_1)=1.8$ cm.

例 10.4 波长为 λ 的单色光(平行光)沿与单缝平面的法线成 φ 角的方向入射，如图 10.2 所示，狭缝宽度为 a. 试求：

(1) 这种入射条件下的夫琅禾费衍射各暗条纹的衍射角 θ 所满足的条件；

(2) 如果 $\varphi=30°$，$f=1.0$ m(透镜焦距)，中央明纹中心的位置.

解 (1) 以 φ 角斜入射时，由单缝两端发出的两条光线到达屏上汇聚点时的光程差为

$$\delta=a\sin\theta-a\sin\varphi,$$

暗纹条件为 $\delta=a\sin\theta-a\sin\varphi=\pm2k\frac{\lambda}{2}$，故 $\theta=\arcsin\left(\pm\frac{k\lambda}{a}+\sin\varphi\right)$.

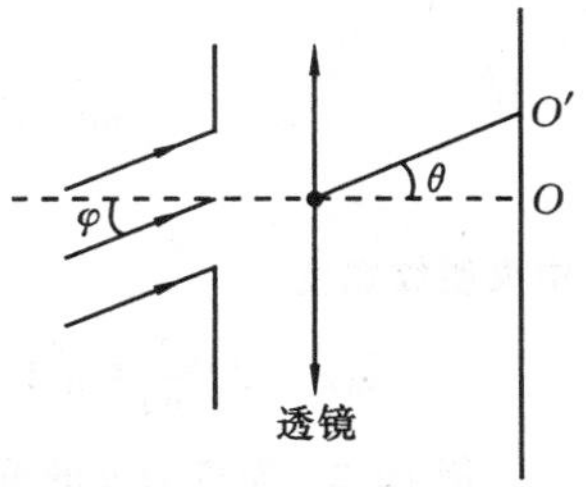

图 10.2

(2) 单色光以 $\varphi=30°$斜射到单缝上时，中央明纹位置将在透镜焦平面上移动到和主光轴成 30°角的副光轴与屏的交点 O' 处，此时中央明纹的中心 O' 与原中央明纹的中心 O 的距离为 $|OO'|=f\tan\varphi=f\tan30°=1.0\times\tan30°$ m$=0.58$ m，相应地其他明暗条纹亦向上平移 0.58 m.

例 10.5 用波长分别为 λ_1 和 λ_2 的平行光垂直照射一单缝，缝后放一透镜，在焦平面上观察衍射条纹. 如果 λ_1 的第 1 级衍射极小与 λ_2 的第 2 级衍射极小相重合. 试求：

(1) 这两种波长之间有何关系?

(2) 在这两种波长的衍射图样中是否还有其他的极小会互相重合?

解 (1) 依据单缝夫琅禾费衍射暗纹条件,λ_1 和 λ_2 的第 1 极小和第 2 极小分别满足 $a\sin\theta_1=\lambda_1$,$a\sin\theta_2=2\lambda_2$,由于 $\theta_1=\theta_2$,故 $\lambda_1=2\lambda_2$.

(2) 波长为 λ_1 的衍射极小满足 $a\sin\theta_1=k_1\lambda_1$;波长为 λ_2 的衍射极小满足 $a\sin\theta_2=k_2\lambda_2$. 如果两种波长的衍射极小重合,则有 $\theta_1=\theta_2$,即 $k_1\lambda_1=k_2\lambda_2=k_2\ \frac{1}{2}\lambda_1$,故 $k_2=2k_1$,即还有 λ_1 光线的 k_1 级衍射极小与 λ_2 光线的 $2k_1$ 级衍射极小重合.

例 10.6 一束平行白光垂直照射到每厘米刻有 5000 条刻痕的光栅上. 试求:

(1) 光栅常数;

(2) 屏幕上最高可出现第几级完整的可见光谱?

(3) 若白光以 30°入射角照射该光栅,屏上最高可出现第几级完整的可见光谱?

解 (1) 依据题意,该光栅的光栅常数为

$$d=\frac{1\times10^{-2}}{5000}\ \text{m}=2\times10^{-6}\ \text{m}.$$

(2) 由光栅方程 $d\sin\theta=k\lambda$,有 $k=\frac{d\sin\theta}{\lambda}$. 取 $\theta=\frac{\pi}{2}$,$\lambda=7.6\times10^{-7}$ m,有 $k_{\max}=\frac{2\times10^{-6}\times\sin\frac{\pi}{2}}{7.6\times10^{-7}}=2.63$,取整有 $k=2$,故屏上最高可出现第 2 级完整的可见光谱.

(3) 当衍射光线与入射光线位于光栅平面法线同侧时,光程差较大. 衍射级次 k 较大,此时光栅上相邻两缝发出的光线到达屏上汇聚点时的光程差为 $\delta=d(\sin\varphi+\sin\theta)=k\lambda$,故 $k=\frac{d(\sin\varphi+\sin\theta)}{\lambda}$. 取 $\theta=\frac{\pi}{2}$,$\varphi=\frac{\pi}{6}$,$\lambda=7.6\times10^{-7}$ m,则

$$k_{\max}=\frac{2\times10^{-6}\times\left(\sin\frac{\pi}{6}+\sin\frac{\pi}{2}\right)}{7.6\times10^{-7}}=3.95,$$

取整有 $k=3$,所以屏幕上最高可出现第 3 级完整的可见光谱.

例 10.7 波长为 600 nm 的单色光垂直入射在一光栅上,第 2 级、第 3 级明纹分别出现在 $\sin\theta=0.20$ 与 $\sin\theta=0.30$ 处,第 4 级缺级. 试求:

(1) 光栅常数;

(2) 光栅上狭缝的可能宽度;

(3) 在 $-90°<\theta<90°$ 范围内,实际呈现的衍射明条纹共有几条;

(4) 若以另一波长的单色光垂直入射,其第 3 级明纹出现在 $\sin\theta=0.27$ 处时,该单色光的波长;其第 1 级主极大条纹的衍射角大小.

解 (1) 由光栅方程,第 2 级主极大条纹满足 $d\sin\theta=2\lambda$,则光栅常数

$$d=\frac{2\lambda}{\sin\theta}=\frac{2\times600\times10^{-9}}{0.2}\ \text{m}=6.0\times10^{-6}\ \text{m}.$$

(2) 由于第 4 级光谱线缺级,由光栅衍射缺级公式有 $a=k'\frac{1}{4}d\ (k'=1,2,3)$,但 $k'=2$ 不合题意,故 k' 取 1,因此狭缝 a 的可能宽度为

$$a=\frac{1}{4}d=\frac{1}{4}\times6.0\times10^{-6}\ \text{m}=1.5\times10^{-6}\ \text{m},\quad \text{或}\quad a=\frac{3}{4}d=4.5\times10^{-6}\ \text{m}.$$

(3) 由光栅方程 $d\sin\theta=k\lambda$,有 $k=\frac{d\sin\theta}{\lambda}$,取 $a=1.5\times10^{-6}$ m,$\theta=\frac{\pi}{2}$,$\lambda=600\times10^{-9}$ m,则

$$k_{\max}=\frac{6.0\times10^{-6}\times\sin\frac{\pi}{2}}{600\times10^{-9}}=10,$$

但 k 的最高取值只能是 9，再考虑到谱线缺级 $k=k'\frac{d}{a}=4k'=\pm4,\pm8$，则在 $-90°<\theta<90°$ 范围里，实际呈现的光谱线共有 15 条，其衍射级次分别为 $k=0,\pm1,\pm2,\pm3,\pm5,\pm6,\pm7,\pm9$.

(4) 将 $k=3$ 代入 $d\sin\theta=k\lambda$ 得 $d\sin\theta=3\lambda'$，则

$$\lambda'=\frac{d\sin\theta}{3}=\frac{6.0\times10^{-6}\times0.27}{3}\ \text{m}=5.4\times10^{-7}\ \text{m}.$$

1 级光谱线的位置满足 $d\sin\theta=\lambda'$，则 $\sin\theta=\frac{\lambda'}{d}=\frac{5.4\times10^{-7}}{6.0\times10^{-6}}=0.09$.

例 10.8　有一双缝，缝距 $d=0.40$ mm，两缝宽度都是 $a=0.08$ mm，用波长 $\lambda=480$ nm 的平行光垂直照射双缝，在双缝后放一焦距 $f=2.0$ m 的透镜. 试求：

(1) 在透镜焦平面的屏上，双缝干涉的条纹间距 Δx；

(2) 在单缝衍射的中央明纹范围里的双缝干涉明纹数目.

解　(1) 由光栅方程 $d\sin\theta=k\lambda$，可知屏上光谱线的位置为

$$x=f\tan\theta\approx f\sin\theta=f\frac{k\lambda}{d},$$

相邻两条主极大条纹的间距为

$$\Delta x=(k+1)\frac{f\lambda}{d}-k\frac{f\lambda}{d}=\frac{f\lambda}{d}=\frac{2.0\times480\times10^{-9}}{0.40\times10^{-3}}\ \text{m}=2.4\times10^{-3}\ \text{m}.$$

(2) 单缝衍射中央明纹线宽度为 $\Delta X=2f\frac{\lambda}{a}$，单缝衍射中央明纹范围内的双缝干涉的主极大条纹数目为

$$n=\frac{\Delta X}{\Delta x}-1=\frac{2f\frac{\lambda}{a}}{\frac{f\lambda}{d}}-1=\frac{2d}{a}-1=\left(\frac{2\times0.40}{0.08}-1\right)\text{条}=9\ \text{条}.$$

此问题也可作如下考虑，由缺级公式 $k=k'\frac{d}{a}$ 知 $k=k'\frac{0.4}{0.08}=5k'=\pm5,\pm10,\cdots$，首次缺级为 $k=\pm5$，故所求的主极大条纹数目为 $n=(2\times4+1)$ 条 $=9$ 条.

例 10.9　在垂直入射于光栅的平行光中，有 λ_1 和 λ_2 两种波长，狭缝宽度 $a=0.388\times10^{-4}$ m. 已知 λ_1 的第 3 级光谱线与 λ_2 的第 4 级光谱线恰好重合在离中央明纹 5 mm 处，而 $\lambda_2=486.1$ nm，透镜的焦距 $f=0.5$ m. 试求：(1) λ_1 的数值；(2) 光栅常数 d；(3) 能观测到 λ_1 的谱线条数.

解　(1) 由光栅方程 $d\sin\theta=k\lambda$，并依据题意有 $d\sin\theta=k_1\lambda_1=k_2\lambda_2$，故

$$\lambda_1=\frac{k_2}{k_1}\lambda_2=\frac{4}{3}\times486.1\ \text{nm}=648.1\ \text{nm}.$$

(2) 主极大条纹在屏上的位置为

$$x=f\tan\theta\approx f\sin\theta=f\frac{k\lambda}{d},$$

依据题意，λ_2 的第 4 级光谱线的 $x=5$ mm，故

$$d=\frac{fk\lambda_2}{x}=\frac{0.5\times4\times486.1\times10^{-9}}{5\times10^{-3}}\ \text{m}=1.94\times10^{-4}\ \text{m}.$$

(3) 由光栅方程 $d\sin\varphi=k\lambda$，有

$$k_{\max}=\frac{d\sin\frac{\pi}{2}}{\lambda_1}=\frac{1.94\times10^{-4}\times1}{648.1\times10^{-9}}=299.3.$$

由光栅衍射缺级公式 $k=k'\frac{d}{a}=5k'$知，$k'_{\max}=\frac{299}{5}=59$，因此可能观测到的光谱线数目为[$2\times(299-59)+1$]条=481 条.

例 10.10　用波长范围为 400～760 nm 的白光垂直照射到衍射光栅上，其衍射光谱的第 2 级和第 3 级重叠，如图 10.3 所示. 试求：

(1) 第 2 级光谱重叠部分的波长范围；

(2) 第 3 级光谱重叠部分的波长范围.

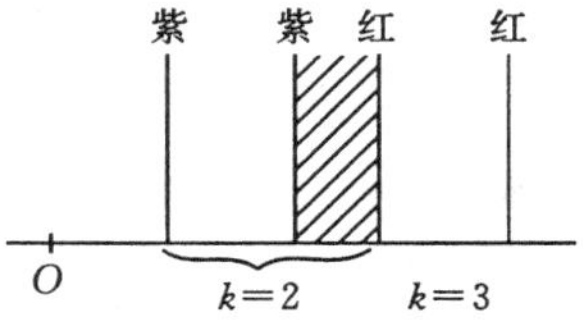

图 10.3

解　(1) 设第 2 级光谱中波长为 λ 的光谱线与第 3 级光谱中紫光谱线位置重合，由光栅方程 $d\sin\theta=k\lambda$，有 $d\sin\theta_3=3\lambda_{紫}$，$d\sin\theta_2=2\lambda$，由 $\theta_3=\theta_2$ 知 $3\lambda_{紫}=2\lambda$，故

$$\lambda=\frac{3}{2}\lambda_{紫}=\frac{3}{2}\times400\ \text{nm}=600\ \text{nm}.$$

第 2 级光谱中重叠部分的波长范围为 600～760 nm.

(2) 同理，有 $d\sin\theta_2=2\lambda_{红}$，$d\sin\theta_3=3\lambda$，由 $\theta_2=\theta_3$ 知 $2\lambda_{红}=3\lambda$，故

$$\lambda=\frac{2}{3}\lambda_{红}=\frac{2}{3}\times760\ \text{nm}=506.7\ \text{nm}.$$

因此，第 3 级光谱中重叠部分的波长范围为 400～506.7 nm.

例 10.11　用光栅常数 $d=2\times10^{-6}$ m 的衍射光栅，观察钠光谱线($\lambda=590$ nm). 试求：

(1) 光线垂直入射时最多能看到第几级衍射条纹？

(2) 第 2 级主极大条纹的角宽度.

(3) 光线以入射角 $\varphi=30°$(与光栅平面法线的夹角)入射时，最多能看到第几级衍射条纹.

(4) 两种入射条件下，所观测到的条纹数目有何变化？(设光栅的总缝数 $N=1000$ 条.)

解　(1) 垂直入射时，由 $d\sin\theta=k\lambda$，有

$$k_{\max}=\frac{d\sin\theta}{\lambda}=\frac{d\sin\frac{\pi}{2}}{\lambda}=\frac{2\times10^{-6}\times1}{590\times10^{-9}}=3,$$

即垂直入射时最多能看到第 3 级光谱线.

(2) k 级光谱线满足条件

$$d\sin\theta=k\lambda,\qquad ①$$

与第 k 级光谱线相邻的暗条纹满足条件

$$Nd\sin(\theta+\Delta\theta)=(kN+1)\lambda.\qquad ②$$

由于 $\Delta\theta$ 很小，$\sin(\theta+\Delta\theta)-\sin\theta\approx\cos\theta\Delta\theta$，联立式①和式②得

$$d[\sin(\theta+\Delta\theta)-\sin\theta]=\frac{\lambda}{N},\quad 即\quad d\cos\theta\Delta\theta=\frac{\lambda}{N},$$

故 $\Delta\theta=\frac{\lambda}{Nd\cos\theta}$. 第 2 级光谱线的角宽度为

$$\Delta\theta_2=2\Delta\theta=\frac{2\lambda}{Nd\cos\theta}=\frac{2\lambda}{Nd(1-\sin^2\theta)^{\frac{1}{2}}}=\frac{2\lambda}{Nd\left(1-\frac{4\lambda^2}{d^2}\right)^{\frac{1}{2}}}\approx\frac{2\lambda}{Nd}=5.9\times10^{-4}\ \text{rad}.$$

(3) 考虑入射光线与衍射光线在光栅平面法线同侧的情况，此时光程差较大，k 有较高级次，

光程差为 $\delta=d(\sin\varphi+\sin\theta)=k\lambda$，故 $k_{\max}=\dfrac{d(\sin30°+\sin90°)}{\lambda}=5$，即斜入射时最多能看到第 5 级光谱线.

(4) 两种入射条件下，所观测到的条纹数目相等，在不考虑谱线缺级的条件下，共有 7 条主极大条纹.

例 10.12 设光栅长度 15 cm，每毫米内有 1200 条缝. 试求：对于波长 $\lambda=540$ nm 的可见光，1 级光栅光谱所能分辨的最小波长差.

解 光栅的总缝数为 $N=150\times1200$ 条$=180000$ 条，光栅的色分辨本领为

$$R=\frac{\lambda}{\delta\lambda}=180000k,$$

故 1 级光谱的分辨本领 $R=180000$.

对于波长为 540 nm 的可见光，1 级光栅光谱所能分辨的最小波长差为

$$\delta\lambda=\frac{\lambda}{R}=\frac{540\times10^{-9}}{180000}\ \text{m}=0.003\times10^{-9}\ \text{m}=0.003\ \text{nm}.$$

例 10.13 人眼的瞳孔直径约为 3 mm，对人眼最敏感的黄绿色的波长为 $\lambda=550$ nm. 试求距离地面高 205.5 km 的宇航员所能分辨的地面上两点之间的最短距离.

解 人眼所能分辨的最小角度，即最小分辨角为

$$\delta\theta=1.22\frac{\lambda}{D}=\left(1.22\times\frac{550\times10^{-9}}{3\times10^{-3}}\right)\ \text{rad}=2.2\times10^{-4}\ \text{rad}.$$

宇航员所能分辨的地面上两点之间的最短距离为

$$d=l\cdot\delta\theta=(205.5\times10^{3}\times2.2\times10^{-4})\ \text{m}=45.2\ \text{m}.$$

例 10.14 对于同一晶体，分别以两种 X 射线掠入射，发现波长 $\lambda_1=0.097$ nm 的 X 射线以 30° 角掠入射时给出第 1 级极大，而另一未知波长 λ_3 的 X 射线以 60°角掠入射时给出第 3 级反射极大. 求未知 X 射线的波长值.

解 布喇格公式 $2d\sin\varphi=k\lambda$，当 $k=1$ 时，

$$d=\frac{\lambda_1}{2\sin\varphi_1}=\frac{0.097\times10^{-9}}{2\times\sin30°}\ \text{m}=0.097\times10^{-9}\ \text{m}.$$

依据题意有 $2d\sin\varphi_3=3\lambda_3$，

故
$$\lambda_3=\frac{2d\sin\varphi_3}{3}=\frac{2\times0.097\times10^{-9}\times\sin60°}{3}\ \text{m}=0.056\times10^{-9}\ \text{m}=0.056\ \text{nm}.$$

10.3 强化训练题

一、填空题

1. 一束单色光垂直入射在光栅上，衍射光谱中共出现 5 条明纹. 若已知此光栅缝宽度与不透明部分宽度相等，那么在中央明纹一侧的两条明纹分别是第______级和第______级谱线.

2. 在单缝夫琅禾费衍射实验中，设第 1 级暗纹的衍射角很小，若钠黄光($\lambda_1=589$ nm)中央明纹宽度为 4.0 mm，则 $\lambda_2=442$ nm 的蓝紫色光的中央明纹宽度为______.

3. 在图 10.4 所示的单缝夫琅禾费衍射示意图中，所画出的各条正入射光线间距相等，那么光线 1 与 3 在屏幕点 P 上相遇时的相位差为______，点 P 应为______点.

4. 平行单色光垂直入射在缝宽 $a=0.15$ mm 的单缝上. 缝后有焦距 $f=400$ mm 的凸透镜，在其焦平面上放置观察屏幕. 现测得屏幕上中央明条纹两侧的两个第 3 级暗纹之间的距离为 8 mm，

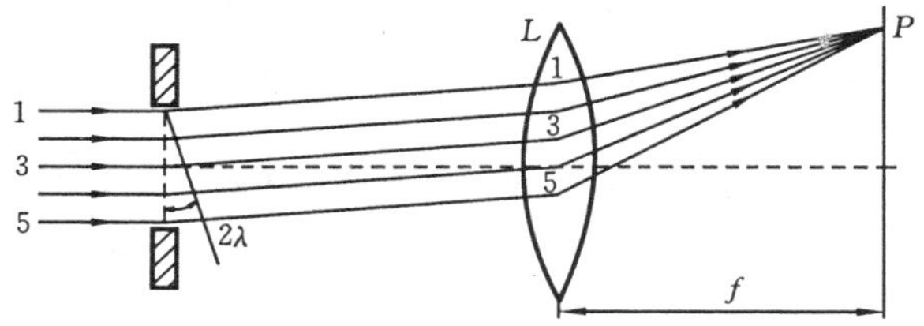

图 10.4

则入射光的波长 $\lambda=$______.

5. 如果单缝夫琅禾费衍射的第 1 级暗纹发生在衍射角为 30°的方位上，所用单色光波长 $\lambda=5\times10^2$ nm，则单缝宽度为______ m.

6. 衍射光栅主极大公式 $(a+b)\sin\varphi=\pm k\lambda$ $(k=0,1,2,\cdots)$. 在 $k=2$ 的方向上第 1 条缝与第 6 条缝对应点发出的两条衍射光的光程差 $\delta=$______.

7. 在图 10.5 所示的单缝夫琅禾费衍射装置示意图中，用波长为 λ 的单色光垂直入射在单缝上，若点 P 是衍射条纹中的中央明纹旁第 2 个暗条纹的中心，则由单缝边缘的 A, B 两点分别到达点 P 的衍射光线光程差是______.

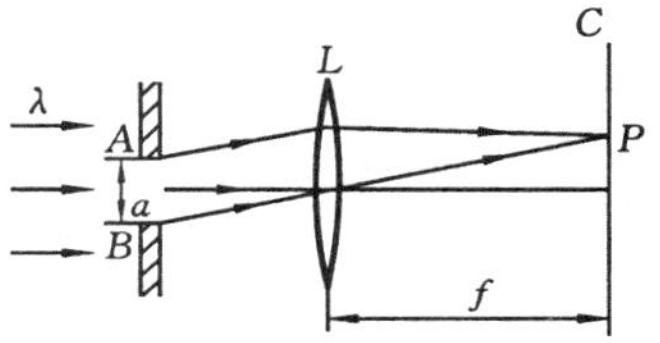

图 10.5

二、简答题

1. 某种单色光垂直入射到一个光栅上，由单色光波长和已知的光栅常数，按光栅公式算得 $k=4$ 的主极大对应的衍射方向为 90°，并且知道无缺级现象. 实际上可观察到的主极大明条纹共有几条？

2. 以波长为 400～760 nm($1\ \text{nm}=10^{-9}$ m)的白光垂直照射在光栅上，在它的衍射光谱中，第 2 级和第 3 级发生重叠，问第 2 级光谱被重叠的波长范围是多少？

3. 试说明衍射光谱是怎样起分光作用的？

4. 以氦放电管发出的光垂直照射到某光栅上，测得波长 $\lambda_1=0.668$ μm 的谱线的衍射角 $\varphi=20°$. 如果在同样 φ 角处出现波长 $\lambda_2=0.447$ μm 的更高级次的谱线，那么光栅常数最小是多少？

三、计算题

1. 用每毫米有 300 条刻痕的衍射光栅来检验仅含有属于红和蓝的两种单色成分的光谱. 已知红谱线波长 λ_R 在 0.63～0.76 μm 范围内，蓝谱线波长 λ_B 在 0.43～0.49 μm 范围内. 当光垂直入射到光栅时，发现在 24.46°处，红蓝两谱线同时出现.

(1) 在什么角度下红蓝两谱线还可以同时出现？

(2) 在什么角度下只有红谱线出现？

2. 一束具有两种波长 λ_1 和 λ_2 的平行光垂直照射到一衍射光栅上，测得波长 λ_1 的第 3 级主极大衍射角和 λ_2 的第 4 级主极大衍射角均为 30°. 已知 $\lambda_1=560$ nm，试问：

(1) 光栅常数 $a+b$ 为多少？

(2) 波长 λ_2 为多少？

3. 一衍射光栅，每厘米有 200 条透光缝，每条透光缝宽 $a=2\times10^{-3}$ cm，在光栅后放一焦距 $f=1$ m的凸透镜，现以 $\lambda=600$ nm 的单色平行光垂直照射光栅.

(1) 透光缝 a 的单缝衍射中央明条纹宽度为多少？

(2) 在该宽度内，有几个光栅衍射主极大？

4. 用波长为 $\lambda=632.8$ nm 的平行光垂直入射在单缝上，缝后用焦距 $f=40$ cm 的凸透镜把衍射光会聚于焦平面上，测得中央明条纹的宽度为 3.4 mm，单缝的宽度是多少？

5. 如图 10.6 所示，设波长为 λ 的平面波沿与单缝平面法线成 θ 角的方向入射，单缝 AB 的宽度为 a，观察夫琅禾费衍射. 试求出各极小值(即各暗条纹)的衍射角 φ.

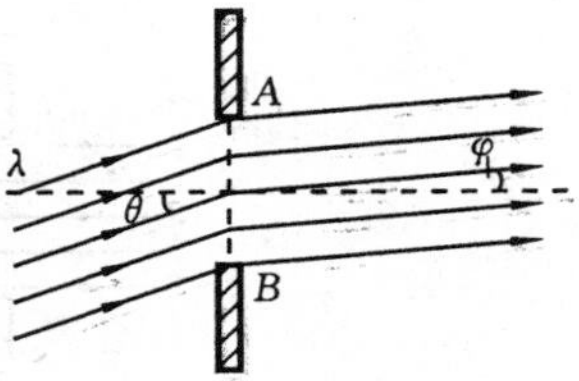

图 10.6

6. 一平面衍射光栅宽 2 cm，共有 8000 条缝，用钠黄光(589.3 nm)垂直入射，试求出可能出现的各个主极大对应的衍射角.

7. 某种单色光垂直入射到每厘米有 8000 条刻线的光栅上，如果第 1 级谱线的衍射角为 30°，那么入射光的波长是多少？能不能观察到第 2 级谱线？

8. 波长范围在 450～650 nm 之间的复色平行光垂直照射在每厘米有 5000 条刻线的光栅上，屏幕放在透镜的焦面处，屏幕上第 2 级光谱各色光在屏幕上所占范围的宽度为 35.1 cm. 求透镜的焦距 j.(1 nm$=10^{-9}$ m.)

第 11 章　光的偏振

11.1　知识要点

1. 五种偏振光

光是横波，电场矢量称为光矢量，光矢量振动方向对于传播方向的不对称性称为偏振，纵波无偏振现象，仅横波才有偏振现象. 光有五种偏振光：自然光、线偏光(平面偏振光)、部分偏振光、椭圆偏振光和圆偏振光.

2. 偏振片的起偏和检偏、马吕斯定律

使用偏振片可以获得线偏光，也可以检验线偏光，通常称为偏振片的起偏和检偏. 强度为 I_0 的线偏光，通过检偏器后，透射光的强度(不考虑吸收)为

$$I=I_0\cos^2\alpha \quad (\text{马吕斯定律}),$$

式中，α 是线偏光的光振动方向和检偏器透振方向的夹角.

3. 反射光和折射光的偏振，布儒斯特定律

图 11.1 所示的 MM' 是两种各向同性介质(如空气和玻璃)的分界面，实验表明，一束自然光从空气入射到玻璃后，在反射光束中垂直振动多于平行振动，而在折射光中平行振动多于垂直振动，即反射光束和折射光束都是部分偏振光. 1812 年，布儒斯特发现，反射光的偏振化程度取决于入射角 i，当 i 等于某一定值 i_0(称为起偏角或布儒斯特角)，即满足 $\tan i_0=\dfrac{n_2}{n_1}$ 时，反射光为完全偏振光，且振动面与入射面垂直. 由折射定律 $n_1\sin i_0=n_2\sin\gamma$ 可知，

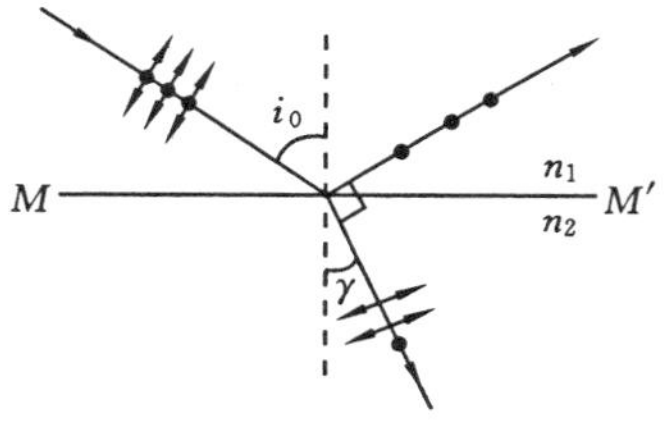

图 11.1

$$\sin i_0=\frac{n_2}{n_1}\sin\gamma=\tan i_0\sin\gamma=\frac{\sin i_0}{\cos i_0}\sin\gamma,\quad \text{即}\quad \cos i_0=\sin\gamma,\quad i_0+\gamma=\frac{\pi}{2},$$

亦即反射光束与折射光束垂直.

4. 双折射现象

(1) 一束光线射入各向异性介质后，会分裂为两束光线，沿不同方向传播，称为双折射. 遵守折射定律的光束称为寻常光线，即 o 光；不遵守折射定律且不一定在入射面内的光束称为非常光线，即 e 光.

(2) 产生双折射现象的原因是寻常光线与非常光线在晶体中具有不同的传播速度. o 光在晶体各方向上的传播速度都相同，而 e 光的传播速度随方向不同而改变. 在晶体内部有一确定的方向，沿此方向 o 光和 e 光的传播速度相同，这一方向称为晶体的光轴，光沿光轴方向传播时不存在双折射现象.

(3) o 光和 e 光都是线偏振光，o 光的振动方向垂直于其主平面，而 e 光的振动方向包含在其主平面内，只有当入射面与晶体主截面重合时，o 光和 e 光的振动方向才垂直.

(4) 偏振棱镜(尼科耳棱镜、格兰-汤姆孙棱镜等). 利用晶体的双折射现象，将一束自然光分成o光和e光，然后利用全反射原理，把其中的一束光反射掉，只让另一束光通过棱镜，从而获得振向一定的线偏光.

5. $\frac{1}{4}$波片和$\frac{1}{2}$波片

使o光和e光的光程差等于$\frac{\lambda}{4}$的晶片称为$\frac{1}{4}$波片，其厚度为$d=\frac{\lambda}{4(n_o-n_e)}$(最小厚度)，$n_o$，$n_e$表示单轴晶体的主折射率.

使o光和e光的光程差等于$\frac{\lambda}{2}$的晶片称为$\frac{1}{2}$波片，其厚度为$d=\frac{\lambda}{2(n_o-n_e)}$(最小厚度)，$n_o$，$n_e$表示单轴晶体的主折射率.

6. 偏振光的干涉

两束相干平面偏振光之间的相位差为

$$\Delta\varphi=\frac{2\pi}{\lambda}(n_o-n_e)d+\pi,$$

式中，$\frac{2\pi}{\lambda}(n_o-n_e)d$为相干光束通过厚为$d$的晶片时产生的相位差；$\pi$为附加相位差. 有无附加相位差具体情况具体分析. 干涉明暗条件为

$$\Delta\varphi=\frac{2\pi}{\lambda}(n_o-n_e)d+\pi=\begin{cases}2k\pi, & \text{干涉最强，视场最亮，}\\(2k+1)\pi, & \text{干涉最弱，视场最暗，}\end{cases}\quad k=1,2,3,\cdots.$$

7. 旋光现象

线偏振光通过物质时，振动面旋转的现象.

11.2 典型例题

例 11.1 光从玻璃中射向空气，在介质面上发生反射，测得布儒斯特角为i_0. 试求玻璃的折射率.

解 由布儒斯特定律$\tan i_0=\frac{n_2}{n_1}$，有$\tan i_0=\frac{1}{n_1}$. 故$n_1=\frac{1}{\tan i_0}$.

例 11.2 两尼科耳棱镜的主截面间的夹角由45°转到60°. 试求：

(1) 当入射光是自然光时，转动前后透射光强度之比；

(2) 当入射光是线偏光时，转动前后透射光强度之比.

解 (1) 设自然光强度为I_0，转动前有$I_1=\frac{1}{2}I_0\cos^2 45°=\frac{1}{4}I_0$，转动后有$I_2=\frac{1}{2}I_0\cos^2 60°=\frac{1}{8}I_0$，故$\frac{I_1}{I_2}=2$.

(2) 仍设线偏光强度为I_0，转动前有

$$I_1=I_0\cos^2\alpha\times\cos^2 45°=\frac{1}{2}I_0\cos^2\alpha,$$

式中，α为入射光振动方向与第一个尼科耳主截面之夹角.

转动后有$I_2=I_0\cos^2\alpha\times\cos^2 60°=\frac{1}{4}I_0\cos^2\alpha$，故$\frac{I_1}{I_2}=2$.

例 11.3 一束光强为I_0的部分偏振光，可认为是由自然光与平面偏振光相混而成的，使之垂

直通过一检偏器，当检偏器以入射光方向为轴进行旋转检偏时，测得通过检偏器的最大光强 I_1 是通过检偏器最小光强 I_2 的 5 倍. 试求：

(1) 线偏光和自然光的强度；

(2) 当线偏光的振动方向与检偏器的透振方向夹角为 60°时，透射光的强度.

解　(1) 依据题意有 $I_1=\frac{1}{2}I_{自}+I_{线}$，$I_2=\frac{1}{2}I_{自}$，$I_1=5I_2$，$I_{线}+I_{自}=I_0$，故 $I_{线}=\frac{2}{3}I_0$，$I_{自}=\frac{1}{3}I_0$.

(2) 当 $\alpha=60°$时，透射光的强度为 $I=\frac{2}{3}I_0\cos^2 60°+\frac{1}{2}\times\frac{1}{3}I_0=\frac{1}{3}I_0$.

例 11.4　三个偏振片平行放置，第 1 个与第 3 个的偏振方向互相垂直，中间一个偏振片的偏振方向与另外两个的偏振方向各成 45°，一束强度为 I 的自然光，垂直入射并依次通过这三个偏振片. 试求：

(1) 不考虑偏振片在偏振方向的吸收，入射光透过第 1,2,3 个偏振片后的光强；

(2) 若偏振片在偏振方向的吸收率为 α，最后从第 3 个偏振片透出光的光强.

解　(1) 透射光强度依次为

$$I_1=\frac{1}{2}I,\quad I_2=\frac{1}{2}I\cos^2 45°=\frac{1}{4}I,\quad I_3=\frac{1}{4}I\cos^2 45°=\frac{1}{8}I.$$

(2) 若偏振片在偏振化方向上的吸收率为 α，则透射光的强度依次为

$$I_1=\frac{1}{2}(1-\alpha)I,\quad I_2=\frac{1}{2}I(1-\alpha)\cos^2 45°(1-\alpha)=\frac{1}{4}I(1-\alpha)^2,$$

$$I_3=\frac{1}{4}I(1-\alpha)^2\cos^2 45°(1-\alpha)=\frac{1}{8}I(1-\alpha)^3.$$

例 11.5　要使一束线偏振光，通过偏振片后，振动方向转过 90°，至少需要让这束光通过几块理想偏振片？在此情况下，透射光强最大是原来光强的多少倍？

解　至少需要两块理想偏振片. 如图 11.2 所示，设入射线偏光的强度为 I_0，则依次通过偏振片 P_1、P_2 的光强为(不考虑偏振片的吸收)

$$I_1=I_0\cos^2\alpha,$$

$$I_2=I_0\cos^2\alpha\cdot\cos^2\left(\frac{\pi}{2}-\alpha\right)=I_0\cos^2\alpha\sin^2\alpha=\frac{1}{4}I_0\sin^2 2\alpha,$$

得 $\frac{I_2}{I_0}=\frac{1}{4}\sin^2 2\alpha$，所以透射光强最大为原来光强的 $\frac{1}{4}$.

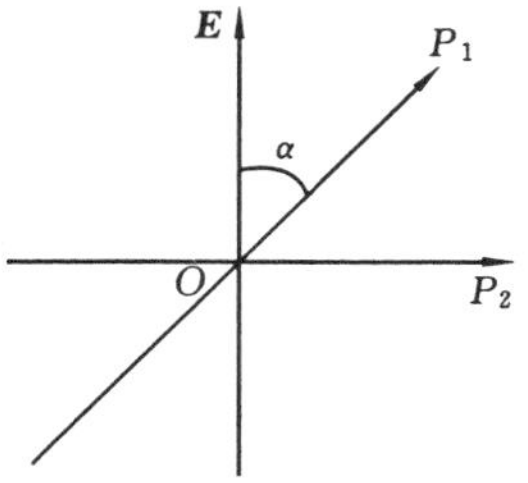

图 11.2

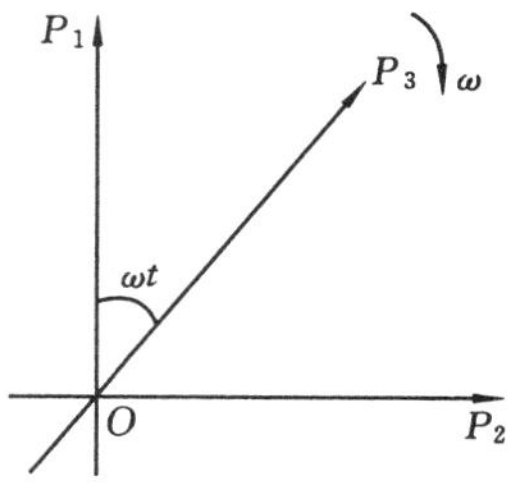

图 11.3

例 11.6　在两个平行放置的正交偏振片 P_1 和 P_2 之间，平行放置另一个偏振片 P_3，光强为 I_0 的自然光垂直 P_1 入射. 当 $t=0$ 时，P_3 的偏振化方向与 P_1 的偏振化方向平行，然后 P_3 以恒定角速度 $\boldsymbol{\omega}$ 绕光传播方向旋转，如图 11.3 所示. 求自然光通过这一系统后，出射光的强度是多少？

解　不考虑偏振片对光的吸收，依次通过三个偏振片的光的强度为

$$I_1=\frac{1}{2}I_0,\quad I_2=\frac{1}{2}I_0\cos^2\omega t,$$

$$I_3=\frac{1}{2}I_0\cos^2\omega t\times\cos^2\left(\frac{\pi}{2}-\omega t\right)=\frac{1}{2}I_0\cos^2\omega t\sin^2\omega t=\frac{1}{8}I_0\sin^2 2\omega t=\frac{1}{16}I_0(1-\cos 4\omega t).$$

例 11.7　用方解石晶体制成一个长方形镜块，其光轴垂直于纸面，如图 11.4 所示. 已知方解石晶体的主折射率为 $n_o=1.658$，$n_e=1.486$. 试求：

(1) 如果方解石晶体的厚度 $d=1.5$ cm，自然光入射角 $i=45°$，求 a，b 两透射光之间的垂直距离；

(2) 标出两透射光的光振动方向，并指出哪一束光是 o 光，哪一束光是 e 光？

解　(1) 对于 o 光，由折射定律有

$$\sin i=n_o\sin\gamma_o,$$

故
$$\sin\gamma_o=\frac{\sin i}{n_o}=\frac{\sin 45°}{1.658}=0.4265.$$

e 光在垂直于光轴方向传播时亦满足折射定律

$$\sin i=n_e\sin\gamma_e,$$

故
$$\sin\gamma_e=\frac{\sin i}{n_e}=\frac{\sin 45°}{1.486}=0.4758.$$

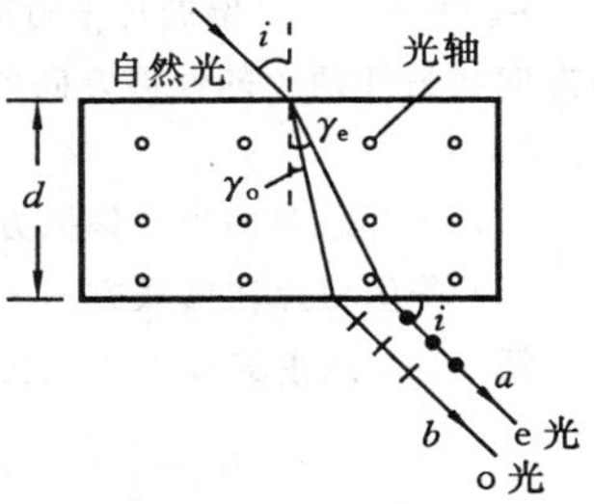

图 11.4

a，b 两透射光之间的距离为

$$l=(d\tan\gamma_e-d\tan\gamma_o)\times\sin 45°=1.5\times\frac{\sqrt{2}}{2}\times(0.5410-0.4715)\ \text{m}=7.37\times10^{-2}\ \text{cm}.$$

(2) 光束 a 为 e 光，光束 b 为 o 光，光振动方向如图 11.4 所示.

例 11.8　平面偏振光垂直入射到一块光轴平行于表面的方解石晶片上，光矢量 $\boldsymbol{E}$ 的振动方向与晶片光轴方向的夹角为 45°. 试求：

(1) 透过方解石晶片的 o 光和 e 光的相对强度；

(2) 用 $\lambda=400$ nm 的光入射时，如要产生 $\frac{\pi}{2}$ 的相位差，晶片的厚度.（方解石晶体的 $n_o=1.658$，$n_e=1.486$.）

解　(1) 设平面偏振光光强为 I，o 光与 e 光光强分别为

$$I_o=I\sin^2 45°=\frac{1}{2}I,\quad I_e=I\cos^2 45°=\frac{1}{2}I.$$

(2) o 光、e 光的相位差为

$$\Delta\varphi=\frac{2\pi}{\lambda}(n_o-n_e)d=\frac{\pi}{2},$$

故
$$d=\frac{\lambda}{4(n_o-n_e)}=\frac{400\times10^{-9}}{4\times(1.658-1.486)}\ \text{m}=5.81\times10^{-7}\ \text{m}.$$

11.3　强化训练题

一、填空题

1. 要使一束线偏振光通过偏振片之后振动方向转过 90°，至少需要让这束光通过______块理想偏振片. 在此情况下，透射光强最大是原来光强的______倍.

2. 如图 11.5 所示，如果从一池静水($n=1.33$)的表面反射出来的太阳光是完全偏振的，那么太阳的仰角大致等于______. 在这反射光中的矢量 $\boldsymbol{E}$ 的方向应为______.

3. 假设某一介质对于空气的临界角是 45°，则光从空气射向此介质时的布儒斯特角是______.

4. 两个偏振片叠放在一起，强度为 I_0 的自然光垂直入射其上，若通过两个偏振片后的光强为 $I_0/8$，则两偏振片的偏振化方向间的夹角(取锐角)是______；若在两片之间再插入一片偏振片，其偏振化方向与前后两片的偏振化方向的夹角(取锐角)相等，则通过三个偏振片后的透射光强度为______.

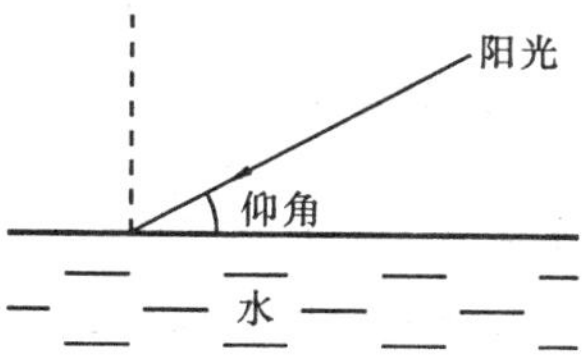

图 11.5

5. 一束光垂直入射在偏振片 P 上，以入射光线为轴转动 P，观察通过 P 的光的光强的变化情况. 若入射光是______光，则将看到光强不变；若入射光是______，则将看到明暗交替变化，有时出现全暗；若入射光是______，则将看到明暗交替变化，但不出现全暗.

6. 用相互平行的一束自然光和一束线偏振光构成的混合光垂直照射在一偏振片上，以光的传播方向为轴旋转偏振片时，发现透射光强的最大值为最小值的5倍，则入射光中，自然光强 I_0 与线偏振光强 I 之比为______.

7. 一束自然光通过两个偏振片，若两偏振片的偏振化方向间夹角由 α_1 转到 α_2，则转动前后透射光强度之比为______.

8. 如图 11.6 所示的为杨氏双缝干涉装置，若用单色自然光照射狭缝 S，在屏幕上能看到干涉条纹；若在双缝 S_1 和 S_2 的前面分别加一同质同厚的偏振片 P_1，P_2，则当 P_1 与 P_2 的偏振化方向相互______时，在屏幕上仍能看到很清晰的干涉条纹.

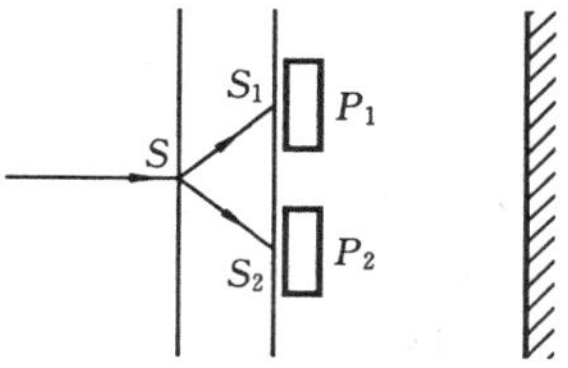

图 11.6

9. 自然光以布儒斯特角 i_b 从第一种介质(折射率为 n_1)入射到第二种介质(折射率为 n_2)内，则 $\tan i_b=$______.

10. 在光学各向异性晶体内部有一确定的方向，沿这一方向寻常光和非寻常光的______相等，这一方向称为晶体的光轴. 只具有一个光轴方向的晶体称为______晶体.

11. 使光强为 I_0 的自然光依次垂直通过三块偏振片 P_1，P_2 和 P_3. P_1 与 P_2 的偏振化方向成45°角，P_2 与 P_3 的偏振化方向成45°角，则透过三块偏振片的光强 I 为______.

二、简答题

1. 试述关于光的偏振的布儒斯特定律.

2. 如图 11.7 所示，A 是一块有小圆孔 S 的金属挡板，B 是一块方解石，其光轴方向在纸面内，P 是一块偏振片，C 是屏幕. 一束平行的自然光穿过小孔 S 后，垂直入射到方解石的端面上. 当以入射光线为轴转动方解石时，在屏幕 C 上能看到什么现象？

3. 如图 11.8 所示，三种透明介质Ⅰ，Ⅱ，Ⅲ的折射率分别为 n_1，n_2，n_3，它们之间的两个交界面互相平行. 一束自然光以起偏角 i_0 由介质Ⅰ射向介质Ⅱ，欲使在介质Ⅱ和介质Ⅲ的交界面上的反射光也是线偏振光，三个折射率 n_1，n_2 和 n_3 之间应满足什么关系？

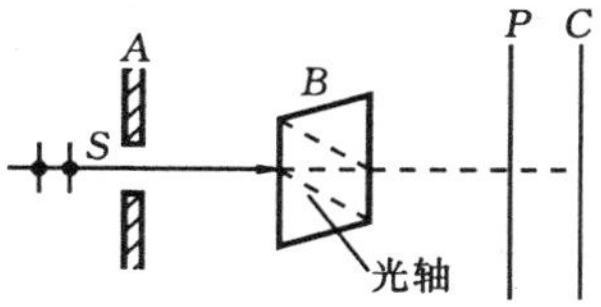

图 11.7

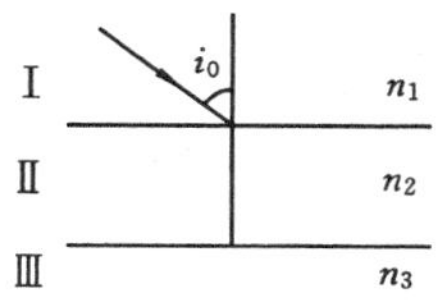

图 11.8

4. 让入射的平面偏振光依次通过偏振片 P_1 和 P_2，P_1 和 P_2 的偏振化方向与原入射光光矢量振动方向的夹角分别是 α 和 β. 欲使最后透射光振动方向与原入射光振动方向互相垂直，并且透射光有最大的光强，则 α 和 β 各应满足什么条件？

三、计算题

1. 如图 11.9 所示，有一平面玻璃板放在水里面，板面与水面夹角为 θ. 设水和玻璃的折射率分别为 1.333 和 1.517. 欲使图中水面和玻璃板面的反射光都是完全偏振光，θ 角应为多大？

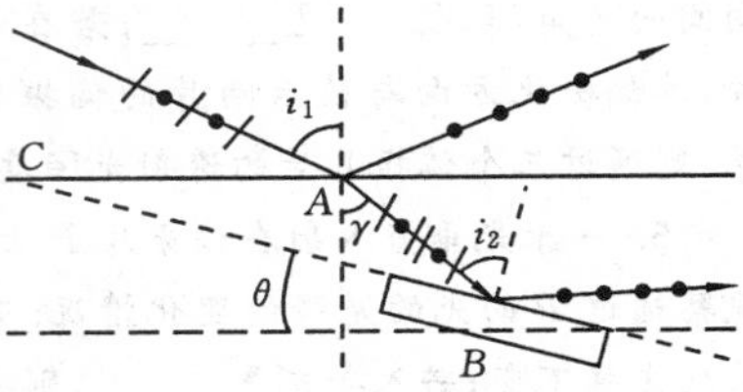

图 11.9

2. 一束光强为 I_0 的自然光垂直入射在三个叠在一起的偏振片 P_1、P_2、P_3 上，已知 P_1 与 P_3 的偏振化方向相互垂直.

(1) 求 P_2 与 P_3 的偏振化方向之间夹角为多大时，穿过第 3 个偏振片的透射光强为 $\frac{I_0}{8}$.

(2) 若以入射光方向为轴转动 P_2，当 P_2 转过多大角度时，穿过第 3 个偏振片的透射光强由原来的 $\frac{I_0}{8}$ 单调减小到 $\frac{I_0}{16}$？此时 P_2、P_1 的偏振化方向之间的夹角多大？

3. 两个偏振片 P_1、P_2 叠在一起，一束强度为 I_0 的光垂直入射到偏振片上. 已知该入射光由强度相同的自然光和线偏振光混合而成，且入射光穿过第 1 个偏振片 P_1 后的光强为 $0.716I_0$，当将 P_1 抽出去后，入射光穿过 P_2 后的光强为 $0.375I_0$. 求 P_1、P_2 的偏振化方向之间的夹角.

4. 两个偏振片叠在一起，欲使一束垂直入射的线偏振光经过这两个偏振片之后振动方向转过 90°，且使出射光强尽可能大，那么入射光振动方向和两偏振片的偏振化方向之间的夹角应如何选择？这种情况下的最大出射光强与入射光强的比值是多少？

5. 两偏振片 P_1、P_2 叠在一起，由强度相同的自然光和线偏振光混合而成的光束垂直入射在偏振片上. 测得穿过 P_1 后的透射光强为入射光强的 $\frac{1}{2}$；相继穿过 P_1、P_2 之后透射光强为入射光强的 $\frac{1}{4}$. 若忽略 P_1、P_2 对各自可透过的分量的反射和吸收，将它们看做理想的偏振片. 试问：

(1) 入射光中线偏振光的光矢量振动方向与 P_1 的偏振化方向间夹角 θ 为多大？

(2) P_1、P_2 的偏振化方向之间的夹角 α 为多大？

(3) 入射光穿过 P_1，P_2 后的透射光强仍为入射光强的 1/4，且设入射光中线偏振光振动方向与 P_1 偏振化方向的夹角就是(1)问中求出的 θ，但考虑到每个偏振片实际上对可透分量的光有 10% 的吸收率，试再求夹角 α.

6. 两个偏振片 P_1，P_2 叠在一起，一束单色线偏振光垂直入射到 P_1 上，其光矢量振动方向与 P_1 的偏振化方向之间的夹角固定为 30°. 当连续穿过 P_1、P_2 后的出射光强为最大出射光强的 1/4 时，P_1、P_2 的偏振化方向夹角 α 为多大？

7. 三个偏振片 P_1、P_2、P_3 依次叠在一起，P_1、P_3 的偏振化方向保持相互垂直，P_1 与 P_2 的偏振化方向的夹角为 α，P_2 可以入射光线为轴转动. 今以强度为 I_0 的单色自然光垂直入射在偏振片上. 不考虑偏振片对可透射分量的反射和吸收.

(1) 求穿过三个偏振片后的透射光强度 I 与 α 角的函数关系式；

(2) 试定性画出在 P_2 转动一周的过程中透射光强 I 随 α 角变化而变化的曲线.

8. 如图 11.10 所示，一束自然光自水（折射率为 1.33）中入射到玻璃表面上. 当入射角为49.5°时，反射光线为偏振光，求玻璃的折射率.

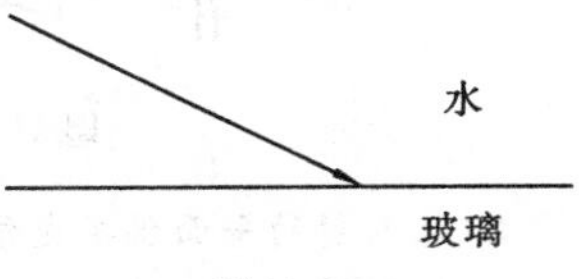

图 11.10

9. 两个偏振片 P_1、P_2 叠在一起，由强度相同的自然光和线偏振光混合而成的光束垂直入射在偏振片上. 已知穿过 P_1 后的透射光强为入射光强的 1/2；连续穿过 P_1、P_2 后的透射光强为入射光强的 1/4.

(1) 若不考虑 P_1、P_2 对可透射分量的反射和吸收，入射光中线偏振光的光矢量振动方向与 P_1 的偏振化方向夹角 θ 为多大？P_1、P_2 的偏振化方向间的夹角 α 为多大？

(2) 若考虑每个偏振光对透射光的吸收率为 5%，且原光强之比仍不变，此时 θ 和 α 应为多大？

第12章　气体动理论

12.1　知识要点

1. 热力学系统和外界，系统的宏观描述和微观描述，宏观量与微观量及其统计关系

热力学研究的对象主要是由气体、液体和固体组成的，通常称为宏观物体，并将这些宏观物体或物体组称为热力学系统. 系统以外的物体称为外界.

对一个系统的状态从整体上加以描述的方法称为宏观描述，描述系统状态和属性的物理量称为宏观量；对微观粒子运动状态的说明并对系统状态加以描述的方法称为微观描述. 描述一个微观粒子运动状态的物理量称为微观量，如分子质量、速度、动能等. 统计物理学给出的结论是：宏观量总是一些微观量的统计平均值.

2. 热力学系统的平衡态

在不受外界影响的条件下，一个系统的宏观性质不随时间改变而改变的状态称为热力学系统的平衡态. 平衡态与定态不同.

3. 热平衡

相互接触的两个或多个系统所达到的共同的平衡状态叫做热平衡.

4. 热力学第零定律

如果系统 A 和系统 B 分别与系统 C 同时达到热平衡，则 A 与 B 也必然处于热平衡.

5. 温度

若干热力学系统处于同一热平衡状态时，它们所具有的共同的宏观性质，称为态函数温度.

6. 理想气体状态方程

平衡态下，有

$$pV=\frac{M}{\mu}RT=\nu RT \quad \text{或} \quad p=nkT,$$

式中，$R=8.31\ \mathrm{J/(mol\cdot K)}$；$k=1.38\times10^{-23}\ \mathrm{J/K}$；$n$ 为气体分子数密度.

7. 热力学第三定律

热力学零度是不可能达到的.

8. 理想气体温标（与热力学温标一致）

$pV\propto T$，水的三相点温度为 $T_3\equiv273.16\ \mathrm{K}$.

9. 理想气体压强的统计意义

热平衡状态下，分子平均平动动能$\overline{\varepsilon_t}=\frac{1}{2}m\overline{v^2}$，理想气体压强公式为

$$p=\frac{1}{3}nm\overline{v^2}=\frac{2}{3}n\overline{\varepsilon_t}.$$

10. 温度的微观统计意义

若存在方程$\overline{\varepsilon_t}=\frac{1}{2}m\overline{v^2}=\frac{3}{2}kT$，则表明温度是分子平均平动动能的量度.

11. 理想气体内能统计意义

平衡态下，分子热运动的每一个自由度上具有相同的平均动能为$\frac{1}{2}kT$，这称为经典的能量按自由度均分定理. 如用 t 表示分子的平动自由度，r 表示分子的转动自由度，s 表示分子的振动自由度，则一个分子的平均总能量为

$$\bar{\varepsilon}=\frac{t}{2}kT+\frac{r}{2}kT+2\ \frac{s}{2}kT=\frac{1}{2}(t+r+2s)kT.$$

令 $i=t+r+2s$，称为分子总自由度，则有 $\bar{\varepsilon}=\frac{i}{2}kT$.

1 mol 理想气体内能为

$$E_{\mathrm{mol}}=N_{\mathrm{A}}\bar{\varepsilon}=N_{\mathrm{A}}\ \frac{i}{2}kT=\frac{i}{2}RT,$$

式中，N_{A} 为阿伏伽德罗常量. 质量为 M 的理想气体的内能为

$$E=\frac{M}{\mu}E_{\mathrm{mol}}=\frac{M}{\mu}\frac{i}{2}RT=\nu\ \frac{i}{2}RT.$$（μ 表示理想气体摩尔质量.）

12. 麦克斯韦分布律

（1）麦克斯韦速度分布律：温度为 T 的平衡态下，粒子出现在 $v_x\rightarrow v_x+\mathrm{d}v_x$，$v_y\rightarrow v_y+\mathrm{d}v_y$ 和 $v_z\rightarrow v_z+\mathrm{d}v_z$间的概率为

$$\frac{\mathrm{d}N_v}{N}=F(v_x,v_y,v_z)\mathrm{d}v_x\mathrm{d}v_y\mathrm{d}v_z=\left(\frac{m}{2\pi kT}\right)^{\frac{3}{2}}\mathrm{e}^{-\frac{mv^2}{2kT}}\mathrm{d}v_x\mathrm{d}v_y\mathrm{d}v_z,$$

式中，$F(v_x,v_y,v_z)=g(v_x)g(v_y)g(v_z)$为速度分布函数.

（2）麦克斯韦速率分布律：温度为 T 的平衡态下，当分子之间的相互作用可以忽略时，速率在 $v\rightarrow v+\mathrm{d}v$ 间分子出现的概率为

$$\frac{\mathrm{d}N}{N}=4\pi\left(\frac{m}{2\pi kT}\right)^{\frac{3}{2}}\mathrm{e}^{-\frac{mv^2}{2kT}}v^2\mathrm{d}v=f(v)\mathrm{d}v,$$

式中，$f(v)$为分子速率分布函数；m 为分子质量.

（3）三种速率：最概然速率 $v_{\mathrm{p}}=\sqrt{\frac{2kT}{m}}$，平均速率 $\bar{v}=\sqrt{\frac{8kT}{\pi m}}$，方均根速率$\sqrt{\overline{v^2}}=\sqrt{\frac{3kT}{m}}$. 显然有 $v_{\mathrm{p}}<\bar{v}<\sqrt{\overline{v^2}}$.

13. 玻尔兹曼分布律

平衡态下某状态区间（粒子能量为 E）的粒子数正比于 $\mathrm{e}^{-\frac{E}{kT}}$，重力场中粒子数按高度的分布（温度均匀）为 $n=n_0\mathrm{e}^{-\frac{mgh}{kT}}$.

14. 气体分子平均自由程

气体分子平均自由程 $\bar{\lambda}=\frac{1}{\sqrt{2}\pi d^2 n}$，平均碰撞次数 $\bar{z}=\frac{\bar{v}}{\bar{\lambda}}$.

12.2 典型例题

例 12.1　一个大气球的容积 $V=2.1\times10^4\ \mathrm{m^3}$，气体本身和负载的质量共 4.5×10^3 kg. 若其外部空气温度为 20 ℃，要气球上升，其内部空气最低要加热到多少度？

解　标准状态下，空气密度 $\rho_0=1.29\ \mathrm{kg/m^3}$，以 ρ_2 和 ρ_1 分别表示热气球内、外空气的密度，则有

$$pV=\frac{M}{\mu}RT, \quad p=\frac{\rho}{\mu}RT.$$

球内、外压强相等，即 $p_2=p_1$，故 $\rho_2 T_2=\rho_1 T_1=\rho_0 T_0$，即 $\rho_1=\frac{\rho_0 T_0}{T_1}$，$\rho_2=\frac{\rho_0 T_0}{T_2}$. 要气球上升，至少浮力与重力平衡，则

$$\rho_1 Vg=\rho_2 Vg+mg, \quad (\rho_1-\rho_2)Vg=mg, \quad 即 \quad \rho_0 T_0\left(\frac{1}{T_1}-\frac{1}{T_2}\right)V=m,$$

则
$$T_2=\frac{V\rho_0 T_0 T_1}{V\rho_0 T_0-mT_1}=\frac{2.1\times10^4\times1.29\times273\times293}{2.1\times10^4\times1.29\times273-4.5\times10^3\times293}\ \mathrm{K}=357\ \mathrm{K}=84\ ℃.$$

例 12.2　一长金属管下端封闭，上端开口，置于压强为 p_0 的大气中，如图 12.1 所示. 今在封闭端口加热到 $T_1=1000$ K，另一端则达到 $T_2=200$ K. 设温度沿管长均匀变化，现封闭开口端，并使金属管冷却到 100 K，计算此时管内压强.

解　系统的初态并不是平衡态，而是定态，但末态为平衡态. 设管长为 L，横截面积为 S，则管内 y 处的温度为

$$T(y)=T_2+\frac{T_1-T_2}{L}y.$$

在距原点 O 为 y 处取一体积元 $\mathrm{d}V=S\mathrm{d}y$，质量 $\mathrm{d}m=\rho\mathrm{d}V$，此气体元可视为处于平衡态，则

$$p_0\mathrm{d}V=\frac{\mathrm{d}m}{\mu}RT(y).$$

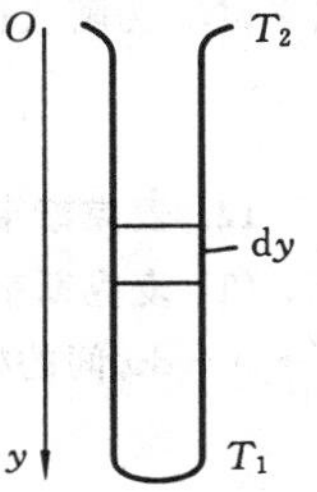

图 12.1

气体密度为
$$\rho=\frac{\mathrm{d}m}{\mathrm{d}V}=\frac{p_0\mu}{RT(y)}=\rho(y).$$

管内气体质量为
$$M=\int_0^L\rho S\mathrm{d}y=\int_0^L\frac{p_0\mu}{RT(y)}S\mathrm{d}y=\frac{\mu p_0 S}{R}\frac{L}{T_1-T_2}\ln5.$$

末态为平衡态，有 $pV=\frac{M}{\mu}RT$，又 $V=SL$，$T=100$ K，则 $p=0.2p_0$.

例 12.3　求大气压强 p 随高度 h 的变化规律. 设空气的温度不随高度的改变而改变.

解　设想在高度为 h 处有一薄层空气，厚度为 $\mathrm{d}h$，如图 12.2 所示，其底面积为 S，上下两面的气体压强分别为 $p+\mathrm{d}p$ 和 p，设该处空气密度为 ρ，依据力学平衡条件有

$$(p+\mathrm{d}p)S+\rho gS\mathrm{d}h=pS, \quad \mathrm{d}p=-\rho g\mathrm{d}h.$$

视空气为理想气体，由理想气体状态方程 $pV=\frac{M}{\mu}RT$ 知 $\rho=\frac{M}{V}=\frac{p\mu}{RT}$，故 $\mathrm{d}p=-\rho g\mathrm{d}h=-\frac{p\mu}{RT}g\mathrm{d}h$. 分离变量并积分得 $\int_{p_0}^{p}\frac{\mathrm{d}p}{p}=-\int_0^h\frac{\mu g}{RT}\mathrm{d}h$，$\ln\frac{p}{p_0}=-\frac{\mu g}{RT}h$，故 $p=p_0\mathrm{e}^{-\frac{\mu gh}{RT}}$. 此结果说明大气压强随高度按指数规律减小. 这一公式称为恒温气压公式.

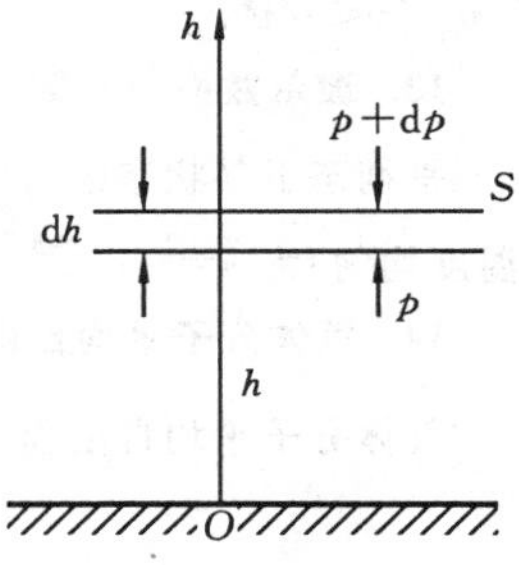

图 12.2

例 12.4　在分子射线的路径上，立放着一个光滑的平壁，假定射线中分子的速率都相同，且 $v=10$ m/s，分子数密度 $n=1.5\times10^{17}/\mathrm{m}^3$，分子质量 $m=3.3\times10^{-27}$ kg. 试求下列两种情况下器壁受到的压强：

(1) 射线与平壁的方向垂直；

(2) 射线与平壁法线成 60°角.

解　(1) 每个分子碰撞平壁产生的冲量为 $2mv$，$\mathrm{d}t$ 时间里与平壁上 $\mathrm{d}A$ 面积碰撞的分子数为 $n\cdot v\mathrm{d}t\cdot\mathrm{d}A$，产生的总冲量为 $F\mathrm{d}t=n\cdot\mathrm{d}A\cdot v\mathrm{d}t\cdot2mv=2mv^2n\mathrm{d}A\mathrm{d}t$.

对平壁产生的压强

$$p=\frac{F}{\mathrm{d}A}=2mv^2n=(2\times3.3\times10^{-27}\times10^2\times1.5\times10^{17})\ \mathrm{Pa}=9.9\times10^{-8}\ \mathrm{Pa}.$$

(2) 每个分子碰撞平壁产生的动量为 $2mv_x=2mv\cos60^\circ=mv$，因此 $\mathrm{d}t$ 时间里与平壁上 $\mathrm{d}A$ 面积碰撞的分子数为 $n\cdot\mathrm{d}A\cdot v_x\mathrm{d}t=n\mathrm{d}Av\cos60^\circ\mathrm{d}t=\frac{1}{2}nv\mathrm{d}A\mathrm{d}t$.

产生的总冲量为 $F\mathrm{d}t=mv\cdot\frac{1}{2}nv\mathrm{d}A\mathrm{d}t$，对平壁产生的压强为

$$p=\frac{F}{\mathrm{d}A}=\frac{1}{2}mv^2n=2.48\times10^{-8}\ \mathrm{Pa}.$$

例 12.5　容器中某理想气体的温度 $T=273$ K，压强 $p=1.013\times10^{-3}$ 大气压，密度 $\rho=1.25$ g/m^3. 试求：

(1) 气体的摩尔质量；

(2) 气体分子的方均根速率；

(3) 分子的平均平动动能和转动动能；

(4) 单位体积内气体分子的总平动动能；

(5) 设理想气体的物质的量 $n_0=0.3$ mol，理想气体的内能为多少？(摩尔气体常量 $R=8.31$ J/(K · mol).)

解　(1) 由理想气体状态方程 $pV=\frac{M}{\mu}RT$，有 $\rho=\frac{M}{V}=\frac{p\mu}{RT}$，

气体摩尔质量为

$$\mu=\frac{\rho RT}{p}=\frac{1.25\times10^{-3}\times8.31\times273}{1.0\times10^{-3}\times1.013\times10^5}\ \mathrm{kg/mol}=0.028\ \mathrm{kg/mol},$$

理想气体可能是 N_2 或 CO.

(2) 气体分子方均根速率为 $\sqrt{\overline{v^2}}=\sqrt{\frac{3kT}{m}}=\sqrt{\frac{3RT}{\mu}}=\sqrt{\frac{3p}{\rho}}=493$ m/s.

(3) 气体分子的平均平动动能为　$\overline{\varepsilon_t}=\frac{3}{2}kT=5.65\times10^{-21}$ J，

气体分子的平均转动动能为　$\overline{\varepsilon_r}=\frac{2}{2}kT=3.77\times10^{-21}$ J.

(4) 单位体积内气体分子总平动动能为

$$E_t=\overline{\varepsilon_t}\cdot n=\frac{3}{2}kT\times\frac{p}{kT}=1.52\times10^2\ \mathrm{J/m^3}.$$

(5) 理想气体的内能为 $E=n_0\frac{i}{2}RT=0.3\times\frac{5}{2}\times8.31\times273\ \mathrm{J}=1.701\times10^3\ \mathrm{J}$.

例 12.6　水蒸气分解为同温度的氢气和氧气，内能增加百分之几？(不计分子的振动自由度)

解　设 1 mol 水蒸气分解为同温度下的氢气和氧气，有 $H_2O\longrightarrow H_2+\frac{1}{2}O_2$，$H_2$ 的内能为 $\frac{5}{2}RT$，O_2 的内能为 $\frac{1}{2}\times\frac{5}{2}RT$，因此内能增量为

$$\Delta E=\left(\frac{5}{2}RT+\frac{1}{2}\times\frac{5}{2}RT\right)-\frac{6}{2}RT=0.75RT,$$

内能增加率为

$$\frac{\Delta E}{\frac{6}{2}RT}=\frac{0.75RT}{3RT}=25\%.$$

例 12.7　用 $\varepsilon=\frac{1}{2}mv^2$ 表示气体分子的平动动能.

(1) 试证:由麦克斯韦速率分布律导出平动动能在区间 $\varepsilon\to\varepsilon+d\varepsilon$ 内的分子数占总分子数的比率为

$$\Phi(\varepsilon)d\varepsilon=\frac{2}{\sqrt{\pi}}(KT)^{-\frac{3}{2}}e^{-\frac{\varepsilon}{kT}}\varepsilon^{\frac{1}{2}}d\varepsilon.$$

(2) 用上式求最概然动能 ε_p 和平均平动动能 $\bar{\varepsilon}$.

解　(1) 分子平动动能 $\varepsilon=\frac{1}{2}mv^2$，$v=\sqrt{\frac{2\varepsilon}{m}}$，$dv=\frac{d\varepsilon}{mv}$，麦克斯韦速率分布律为

$$f(v)dv=\frac{4}{\sqrt{\pi}}\left(\frac{m}{2kT}\right)^{\frac{3}{2}}e^{-\frac{mv^2}{2kT}}v^2dv,$$

故 $\Phi(\varepsilon)d\varepsilon=\frac{4}{\sqrt{\pi}}\left(\frac{m}{2kT}\right)^{\frac{3}{2}}e^{-\frac{\varepsilon}{kT}}\frac{2\varepsilon}{m}\cdot\frac{1}{mv}d\varepsilon=\frac{4}{\sqrt{\pi}}\left(\frac{m}{2kT}\right)^{\frac{3}{2}}e^{-\frac{\varepsilon}{kT}}\cdot\frac{1}{m}\left(\frac{2\varepsilon}{m}\right)^{\frac{1}{2}}d\varepsilon=\frac{2}{\sqrt{\pi}}(kT)^{-\frac{3}{2}}e^{-\frac{\varepsilon}{kT}}\varepsilon^{\frac{1}{2}}d\varepsilon.$

(2) 最概然动能 ε_p 为 $\Phi(\varepsilon)$ 极值所对应的 ε 值，令 $\frac{d\Phi(\varepsilon)}{d\varepsilon}=0$，得 $\varepsilon_p=\frac{1}{2}kT$，$\varepsilon_p$ 的物理含义是 ε_p 附近单位能量区间里分子出现的概率最大，而

$$\bar{\varepsilon}=\int_0^{\infty}\varepsilon\Phi(\varepsilon)d\varepsilon=\int_0^{\infty}\varepsilon\frac{2}{\sqrt{\pi}}(kT)^{-\frac{3}{2}}e^{-\frac{\varepsilon}{kT}}\varepsilon^{\frac{1}{2}}d\varepsilon=\frac{3kT}{2\sqrt{\pi}}.$$

而 $\frac{1}{2}m\overline{v^2}=\frac{3}{2}kT>\bar{\varepsilon}$，因此 $\bar{\varepsilon}$ 是平均能量；$\frac{1}{2}m\overline{v^2}$ 是平均平动动能.

例 12.8　用 N 表示气体总分子数，$f(v)$ 为分子速率分布函数，$Nf(v)$ 曲线如图 12.3 所示. 试求：

(1) $Nf(v)$ 曲线与 v 轴所围面积的物理含义；

(2) 用 N，v_0 表示 $f(v)$；

(3) 求气体分子的平均速率.

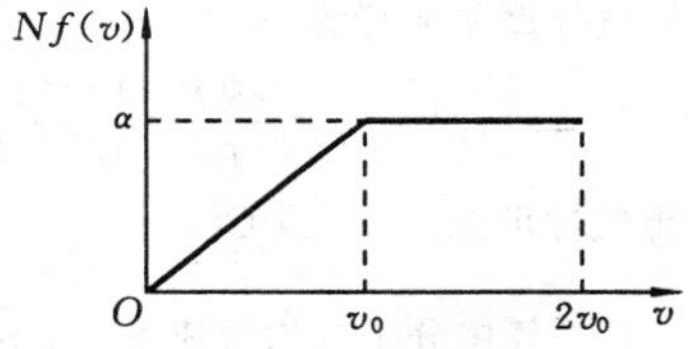

图 12.3

解　(1) 利用归一化条件，所围面积为

$$S=\int_0^{2v_0}Nf(v)dv=N\int_0^{2v_0}f(v)dv=N.$$

(2) 由 $\int_0^{v_0}f(v)dv+\int_0^{2v_0}f(v)dv=\int_0^{v_0}\frac{\alpha}{Nv_0}vdv+\int_0^{2v_0}\frac{\alpha}{N}dv=1$，易求得 $\alpha=\frac{2N}{3v_0}$，故

$$f(v)=\begin{cases}\frac{\alpha v}{Nv_0}=\frac{2v}{3v_0^2} & (0<v<v_0),\\ \frac{\alpha}{N}=\frac{2}{3v_0} & (v_0<v<2v_0).\end{cases}$$

(3) 气体的平均速率为　$\bar{v}=\int_0^{2v_0}vf(v)dv=\int_0^{v_0}v\frac{2v}{3v_0^2}dv+\int_{v_0}^{2v_0}v\frac{2}{3v_0}dv=\frac{11}{9}v_0.$

例 12.9　利用麦克斯韦速率分布律，求单位时间里，碰撞到容器内表面单位面积上的气体分子数.

解　设在一容器内有分子数密度为 n 的理想气体，取正交系，使 x 轴垂直于容器壁，在此壁上取面积元 dA，与 dA 相碰的分子是具有 v_x 分量的分子. 有 v_x 分量且在 $v_x\to v_x+dv_x$ 区间并与 dA 碰撞的分子一定在以 dA 为底、$v_x dt$ 为高的柱体内. 柱体体积为 $v_x dt dA$，单位体积内处于此区间的分子数为 $nf(v_x)dv_x$，所以速度在 $v_x\to v_x+dv_x$ 的分子在 dt 时间里与 dA 相碰的分子数为

$$nf(v_x)dv_x\cdot v_x dt dA=nv_x f(v_x)dv_x dt dA.$$

而单位时间内，与单位面积相碰且速度在 $v_x \to v_x + \mathrm{d}v_x$ 的分子数为 $nf(v_x)v_x\mathrm{d}v_x$.

因为 $v_x<0$ 的分子不能与 $\mathrm{d}A$ 相碰，所以相碰的分子数为

$$\delta=\int_0^{\infty} nv_x f(v_x)\mathrm{d}v_x=\int_0^{\infty} nv_x\left(\frac{m}{2\pi kT}\right)^{\frac{1}{2}}\mathrm{e}^{-\frac{mv_x^2}{2kT}}\mathrm{d}v_x=\frac{1}{4}n\left(\frac{8kT}{\pi m}\right)^{\frac{1}{2}}=\frac{1}{4}n\bar{v}.$$

例 12.10　一容器内有压强为 133.3 Pa 的汞蒸气，温度为 27 ℃，外界是真空. 试求：

(1) 容器内汞分子的平均速度；

(2) 若容器壁上有一直径为 2 mm 的孔，那么 1 min 内从小孔逸出多少克汞？（设汞逸出过程中，压强不变，汞的相对原子质量为 201.）

解　(1) 容器内汞分子的平均速度为

$$\bar{v}=\sqrt{\frac{8RT}{\pi\mu}}=\sqrt{\frac{8\times 8.31\times 300}{3.14\times 201\times 10^{-3}}}\ \mathrm{m/s}=177.76\ \mathrm{m/s}.$$

(2) 由例 12.9 知，单位时间与壁单位面积碰撞的分子数为 $\delta=\frac{1}{4}n\bar{v}$，而

$$n=\frac{p}{kT}=\frac{133.3}{1.38\times 10^{-23}\times 300}=3.2\times 10^{22},$$

故

$$\delta=\frac{1}{4}n\bar{v}=\frac{1}{4}\times 3.2\times 10^{22}\times 177.76=1.42\times 10^{24}.$$

那么 1 min 由小孔逸出的汞原子的数目为

$$N=\delta\pi r^2 t=1.42\times 10^{24}\times 3.14\times (0.001)^2\times 60=2.68\times 10^{20}.$$

逸出的质量为

$$m=\frac{201\times 2.68\times 10^{20}}{6.02\times 10^{23}}\ \mathrm{g}=8.9\times 10^{-2}\ \mathrm{g}.$$

12.3　强化训练题

一、填空题

1. 在容积为 $10^{-2}\ \mathrm{m}^3$ 的容器中，装有质量 100 g 的气体，若气体分子的方均根速率为 200 m/s，则气体的压强为______.

2. 用总分子数 N、气体分子速率 v 和速率分布函数 $f(v)$ 表示下列各量：

(1) 速率大于 v_0 的分子数为______；

(2) 速率大于 v_0 的那些分子的平均速率为______；

(3) 多次观察某一分子的速率，发现其速率大于 v 的概率为______.

3. 如图 12.4 所示的曲线分别表示了氢气和氦气在同一温度下的麦克斯韦分子速率的分布情况. 由图可知，氦气分子的最概然速率为______，氢气分子的最概然速率为______.

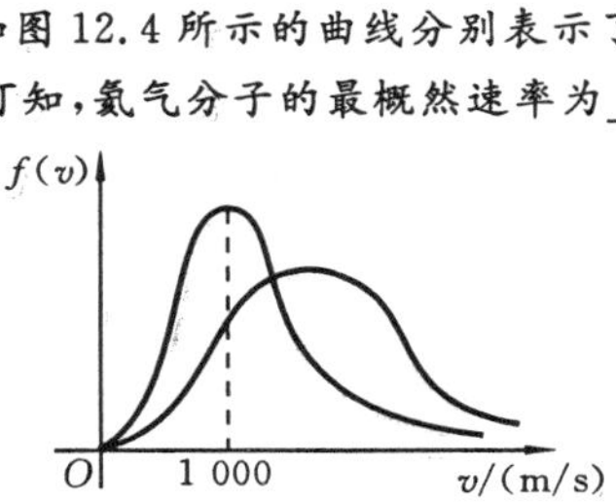

图 12.4

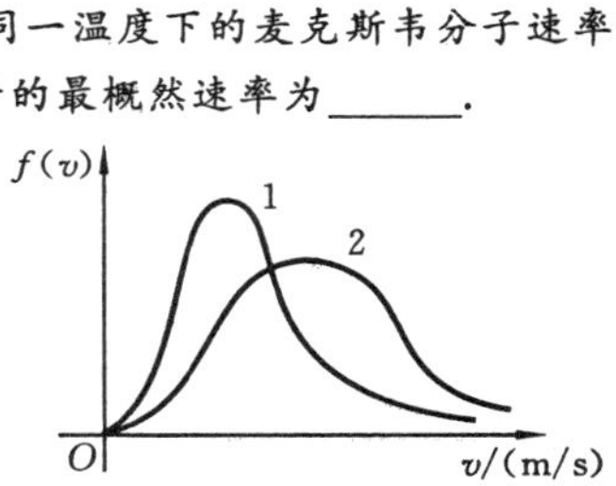

图 12.5

4. 一定量的理想气体，在温度不变的条件下，当容积增大时，分子的平均碰撞次数 Z______；平均自由程 λ______.（填“增大”、“减小”或“不变”.）

5. 现有两条气体分子速率分布曲线 1 和 2，如图 12.5 所示. 若两条曲线分别表示同一种气体

处于不同的温度下的速率分布，则曲线______表示气体的温度较高；若两条曲线分别表示同一温度下的氢气和氧气的速率分布，则曲线______表示的是氧气的速率分布.

6. 一定量的理想气体储于某一容器中，温度为 T，气体分子的质量为 m. 根据理想气体分子模型和统计假设，分子速度在 x 方向的分量的平均值为 $\bar{v}_x=$______，$\overline{v_x^2}=$______.

7. 一容器内盛有密度为 ρ 的单原子理想气体，其压强为 p，此气体分子的方均根速率为______；单位体积内气体的内能是______.

8. 已知 $f(v)$ 为麦克斯韦速率分布函数，N 为总分子数，则速率 $v>100$ m/s 的分子数占总分子数的百分比表达式为______；速率 $v>100$ m/s 的分子数表达式为______.

9. 如图 12.6 所示，两个大小不同的容器用均匀的细管相连，管中有一水银滴作为活塞，大容器装有氧气，小容器装有氢气，当温度相同时，水银滴静止于细管中央，此时这两种气体中______的密度大.

10. 某种气体（视为理想气体）在标准状态下的密度 $\rho=0.089\ 4\ \text{kg/m}^3$，则在常温下该气体的摩尔定压热容 $C_p=$______，摩尔定容热容 $C_V=$______.（摩尔气体常量 $R=8.31$ J/(K · mol).）

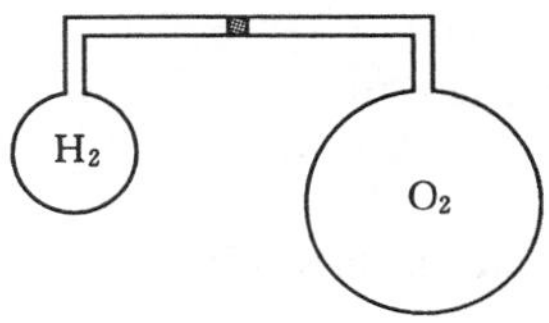

图 12.6

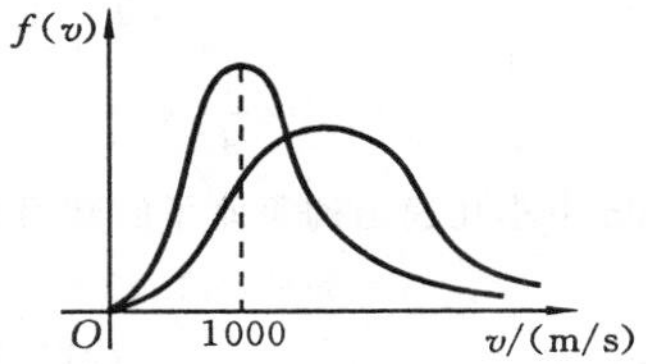

图 12.7

11. 图 12.7 所示的为氢分子和氧分子在相同温度下的麦克斯韦速率分布曲线，则氢分子的最概然速率为______，氧分子的最概然速率为______.

12. 设容器内盛有质量为 M_1、M_2 的两种不同单原子分子理想气体，并处于平衡态，其内能均为 E，则此两种气体分子的平均速率之比为______.

13. 在相同温度下，氢分子与氧分子的平均平动动能的比值为______；方均根速率的比值为______.

14. 1 mol 氮气，由状态 $A(p_1,V)$ 变到状态 $B(p_2,V)$，气体内能的增量为______.

15. 设气体分子服从麦克斯韦速率分布律，$\bar{v}$ 代表平均速率，v_p 代表最概然速率，那么，速率在 v_p 到 $\bar{v}$ 范围内的分子数占分子总数的百分率随气体的温度升高而______.（填"增加"、"降低"或"保持不变".）

16. 自由度为 i 的一定量刚性分子理想气体，当其体积为 V、压强为 p 时，其内能 $E=$______.

17. 在相同的温度和压强下，各为单位体积的氢气（视为刚性双原子分子气体）与氦气的内能之比为______，各为单位质量的氢气与氦气的内能之比为______.

18. 某理想气体在温度为 27 ℃和压强为 1.013×10^3 Pa 的情况下，密度为 $11.3\ \text{g/m}^3$，则该气体的摩尔质量 $M_{\text{mol}}=$______.（摩尔气体常量 $R=8.31$ J/(K · mol).）

二、简答题

1. 设有一恒温的容器，其内储有某种理想气体，若容器发生缓慢漏气，问：

(1) 气体的压强是否变化？为什么？

(2) 容器内气体分子的平均平动动能是否变化？为什么？

(3) 气体的内能是否变化？为什么？

2. 理想气体分子模型的主要内容是什么？

3. 从分子运动论的观点来看，温度的实质是什么？

4. 各自处于平衡态的两种理想气体，温度相同，分子质量分别为 m_1，m_2. 已知两种气体分子的速率分布曲线如图12.8所示，问 m_1 和 m_2 哪一个大？为什么？

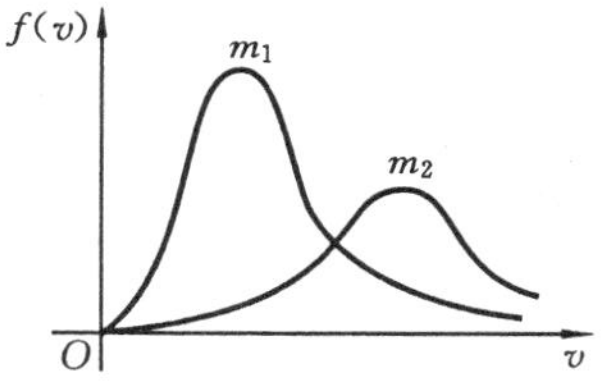

图 12.8

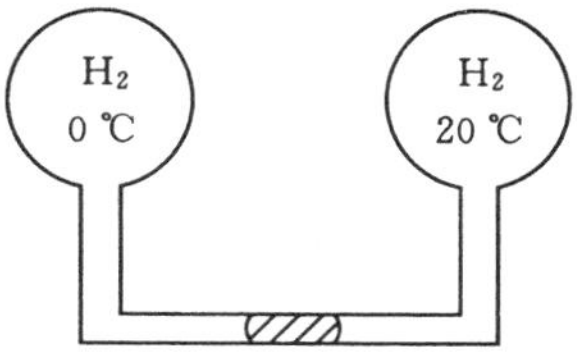

图 12.9

三、计算题

1. 如图12.9所示，两个相同的容器均装有氢气，以一细玻璃管相连通，管中用一滴水银作为活塞. 当左边容器的温度为0 ℃，而右边容器的温度为20 ℃时，水银滴刚好在管的中央. 试问：当左边容器温度由0 ℃增到5 ℃，而右边容器温度由20 ℃增到30 ℃时，水银滴是否会移动？如何移动？

2. 已知某理想气体分子的方均根速率为400 m/s. 当其压强为 1.013×10^5 Pa时，求气体的密度.

3. 某理想气体的摩尔定压热容为29.1 J/(mol·K). 求它在温度为273 K时分子平均转动动能.（玻尔兹曼常量 $k=1.38\times10^{-23}$ J/K.）

4. 许多星球的温度达到 10^8 K，在这温度下原子已经不存在了，而氢核（质子）是存在的. 若把氢核视为理想气体，求：

(1) 氢核的方均根速率是多少？

(2) 氢核的平均平动动能是多少电子伏？

（摩尔气体常量 $R=8.31$ J/(mol·K)，1 eV $=1.6\times10^{-19}$ J，玻尔兹曼常量 $k=1.38\times10^{-23}$ J/K.）

5. 1 kg某种理想气体，分子平动动能总和是 1.86×10^6 J. 已知每个分子质量是 3.34×10^{-27} kg，试求气体的温度.（玻尔兹曼常量 $k=1.38\times10^{-23}$ J/K.）

6. 容器内混有二氧化碳和氧气两种气体，混合气体的温度是290 K，内能是 9.64×10^5 J，总质量是5.4 kg. 试分别求二氧化碳和氧气的质量.（二氧化碳的摩尔质量 $M_{CO_2}=44\times10^{-3}$ kg/mol，氧气的摩尔质量 $M_{O_2}=32\times10^{-3}$ kg/mol，摩尔气体常量 $R=8.31$ J/(mol·K).）

7. 有 γ 摩尔的刚性双原子分子理想气体，原来处在平衡态，当它从外界吸收热量 Q 并对外做功 W 后，又达到一新的平衡态. 试求分子的平均平动动能增加了多少.

第 13 章 热力学基础

13.1 知识要点

1. 准静态过程

过程进行中的每一时刻，系统的状态都无限接近于平衡态的称为准静态过程，准静态过程可以用状态图上的曲线表示. 实际过程都不可能是准静态过程，理想的准静态过程应该是一种无限缓慢的变化过程.

2. 准静态过程中系统对外做的体积功

体积功为 $$dA = p\mathrm{d}V, \quad A = \int \mathrm{d}A = \int_{V_1}^{V_2} p\mathrm{d}V.$$

功是一个过程量.

3. 热量

热量是系统和外界之间由于温度不同而交换的热运动能量. 热量也是一个过程量，说某物体在某温度下含有多少热量是不正确的.

4. 热力学第一定律

热力学第一定律：$Q=E_2-E_1+A$. 对于系统经历一个无限小的变化过程：$\mathrm{d}Q=\mathrm{d}E+\mathrm{d}A$. 热力学第一定律对于任何系统的任何过程都适用，它是包括热能在内的能量转换与守恒律.

5. 热容量

摩尔定压热容 $C_{\mathrm{m},p}=\frac{1}{\nu}\left(\frac{\mathrm{d}Q}{\mathrm{d}T}\right)_p$；摩尔定容热容 $C_{\mathrm{m},V}=\frac{1}{\nu}\left(\frac{\mathrm{d}Q}{\mathrm{d}T}\right)_V$.（$\nu$ 表示气体的物质的量.）

由能量按自由度均分定理，理想气体的摩尔热容为

$$C_{\mathrm{m},V}=\frac{i}{2}R, \quad C_{\mathrm{m},p}=C_{\mathrm{m},V}+R=\frac{i}{2}R+R=\frac{i+2}{2}R.$$

比热比为 $\gamma=\frac{C_{\mathrm{m},p}}{C_{\mathrm{m},V}}=\frac{i+2}{i}$.

6. 绝热过程

过程方程为 $$pV^{\gamma}=C_1, \quad TV^{\gamma-1}=C_2, \quad p^{\gamma-1}T^{-\gamma}=C_3.$$

绝热过程中，气体对外做的功为 $A=\frac{1}{\gamma-1}(p_1V_1-p_2V_2)$.

绝热自由膨胀：理想气体内能不变，温度复原.

绝热节流膨胀：实际气体通过小孔向较低压强区域流动，温度可能改变.

7. 循环过程

热循环：系统从高温热库吸热，对外做功，向低温热库放热，效率为

$$\eta=\frac{A}{Q_1}=1-\frac{|Q_2|}{Q_1}.$$

对于卡诺热循环，其效率为 $\eta_{\mathrm{C}}=\frac{A}{Q_1}=1-\frac{|Q_2|}{Q_1}=1-\frac{T_2}{T_1}, \quad \frac{|Q_2|}{Q_1}=\frac{T_2}{T_1}$.

致冷循环：系统从低温热库吸热，接受外界做功，向高温热库放热，致冷系数为

$$w=\frac{Q_2}{|A|}=\frac{Q_2}{|Q_1|-Q_2}.$$

对于卡诺致冷机，其致冷系数为 $w_C=\frac{Q_2}{|Q_1|-Q_2}=\frac{T_2}{T_1-T_2}$.

8. 热力学温标

热力学温标是利用卡诺循环的热交换定义的温标，定点为水的三相点，热力学温标为 $T_3=273.16$ K.

9. 自然界实际过程的不可逆性

各种自然的宏观过程都是不可逆的，并且它们的不可逆性是相互沟通的.

10. 热力学第二定律

开尔文表述：不可能从单一热源吸取热量，使之完全变成有用功而不产生其他影响.

克劳修斯表述：不可能把热量从低温物体传到高温物体而不引起其他变化.

微观意义：自然过程总是沿着使分子运动更加无序的方向进行的.

11. 热力学概率

热力学概率是和同一宏观态对应的微观状态数. 自然过程沿着向 Ω 增大的方向进行，平衡态相应于一定宏观条件下 Ω 最大的状态.

12. 熵增加原理

玻尔兹曼熵公式 $S=k\ln\Omega$，对于孤立系的各种自然过程，总有 $\Delta S>0$，这是一条统计规律，称为熵增加原理. 由 $S=k\ln\Omega$ 知熵具有可加性.

13. 可逆过程

外界条件改变无穷小的量就可以使其反向进行的过程即可逆过程，其结果是系统和外界能同时回到初态.

13.2 典型例题

例 13.1　图 13.1 所示各过程均为可逆过程. 当系统由 a 态出发，沿着 abc 而达到 c 态时吸收 400 J 热量，并对外做 200 J 的功. 试问：

(1) 若沿 adc 进行，系统做功 100 J 时，系统将吸收多少热量？

(2) 若系统沿 $abcda$ 进行循环，则循环效率为多少？

(3) 若系统沿 c 态出发，经曲线 cea 返回 a 态，外界对系统做功 130 J，则系统是吸热还是放热，热量传递为多少？

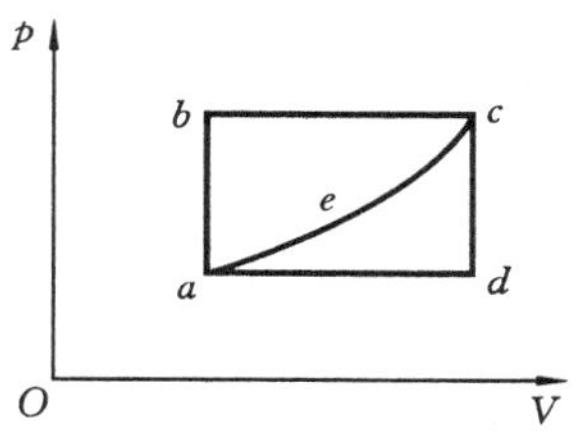

图 13.1

解　由热力学第一定律 $Q=\Delta E+A$，有

$$E_c-E_a=Q-A=(400-200)\ \text{J}=200\ \text{J}.$$

请注意系统内能是状态的单值函数，内能的变化与过程无关.

(1) 系统沿 adc 进行时，对外做功 100 J，因此系统热量为

$$Q_{adc}=\Delta E+A=(E_c-E_a)+A=(200+100)\ \text{J}=300\ \text{J}.$$

(2) 系统沿 $abcda$ 循环一次时，系统对外做的净功为

$$A=(200-100)\ \text{J}=100\ \text{J}.$$

系统吸收的热量为 $Q_{吸}=400$ J. 其循环效率为

$$\eta=\frac{A}{Q_{吸}}=\frac{100}{400}=25\%.$$

(3) $Q_{cea}=(E_a-E_c)+A_{cea}=[-200+(-130)]\ \mathrm{J}=-330\ \mathrm{J}$,即系统向外界放热 330 J.

例 13.2 0.1 mol 的单原子理想气体,经历一准静态过程,其中 ab,bc 均为直线,如图 13.2 所示.试求:

(1) T_a,T_b,T_c;

(2) 气体在 ab 和 bc 过程中吸收的热量,气体内能的变化;

(3) 气体在 abc 整个变化过程中的最高温度点.

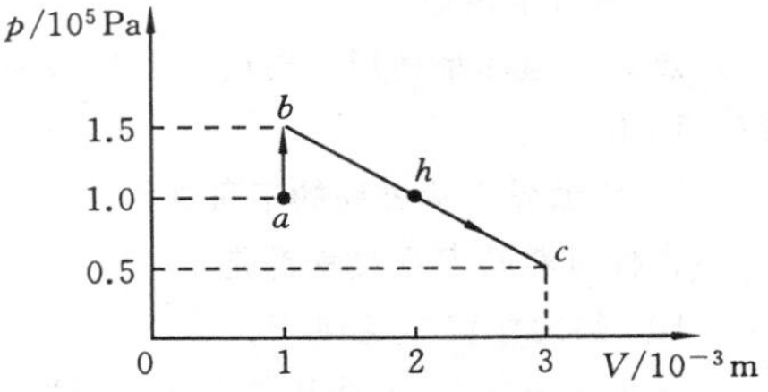

图 13.2

解 (1) 由理想气体状态方程 $pV=n_0RT$,$n_0=0.1\ \mathrm{mol}$,有

$$T_a=\frac{p_aV_a}{n_0R}=\frac{1.0\times10^5\times10^{-3}}{0.1\times8.31}\ \mathrm{K}=120.3\ \mathrm{K},$$

$$T_b=\frac{p_bV_b}{n_0R}=\frac{1.5\times10^5\times10^{-3}}{0.1\times8.31}\ \mathrm{K}=180.5\ \mathrm{K},$$

$$T_c=\frac{p_cV_c}{n_0R}=\frac{0.5\times10^5\times3\times10^{-3}}{0.1\times8.31}\ \mathrm{K}=180.5\ \mathrm{K}.$$

(2) $a\to b$ 为等容过程,则 $A_{a\to b}=0$,故吸收的热量为

$$Q_{a\to b}=(\Delta E)_{a\to b}=n_0\ \frac{i}{2}R(T_b-T_a)=0.1\times\frac{3}{2}R\times(180.5-120.3)=75\ \mathrm{J};$$

$b\to c$ 过程中,由于 $T_b=T_c$,有 $(\Delta E)_{b\to c}=0$,此过程做的功为

$$A_{b\to c}=\frac{1}{2}(p_b+p_c)(V_c-V_b)=\frac{1}{2}(1.5\times10^5+0.5\times10^5)\times(3\times10^{-3}-1\times10^{-3})\ \mathrm{J}=200\ \mathrm{J},$$

故吸收的热量为 $$Q_{b\to c}=A_{b\to c}=200\ \mathrm{J}.$$

(3) 分析可知,在 bc 中存在一温度为最高的状态点 $h(p_h,V_h,T_h)$,若在 b,c 两状态间作一条等温线并与之比较,可知系统在 $b\to c$ 过程中温度总大于 180.5 K,由 $b\to h$,温度升高;由 $h\to c$,温度降低,过程 bc 的 p-V 关系式为

$$\frac{p-p_b}{V-V_b}=\frac{p_c-p_b}{V_c-V_b}=-5\times10^7,\quad 即\quad p=p_b-5\times10^7(V-V_b).$$

由状态方程 $pV=n_0RT$,有 $$T=\frac{pV}{n_0R}=\frac{1}{n_0R}[p_bV-5\times10^7V(V-V_b)].$$

令 $\frac{\mathrm{d}T}{\mathrm{d}V}=0$,有 $$V_h=2\times10^{-3}\ \mathrm{m}^3,\quad T_h=\frac{p_hV_h}{n_0R}=240.7\ \mathrm{K},$$

$$p_h=p_b-5\times10^7(V_h-V_b)=1\times10^5\ \mathrm{Pa}.$$

例 13.3 3 mol 氧气在压强为 2.026×10^5 Pa 时体积为 40 L,先将它的体积绝热压缩到一半体积,接着再令它等温膨胀到原体积,如图 13.3 所示.试求:

(1) 这一过程的最大压强和最高温度;

(2) 绝热过程中气体做的功;

(3) 等温过程中气体吸收的热量;

(4) 整个过程中的内能变化.

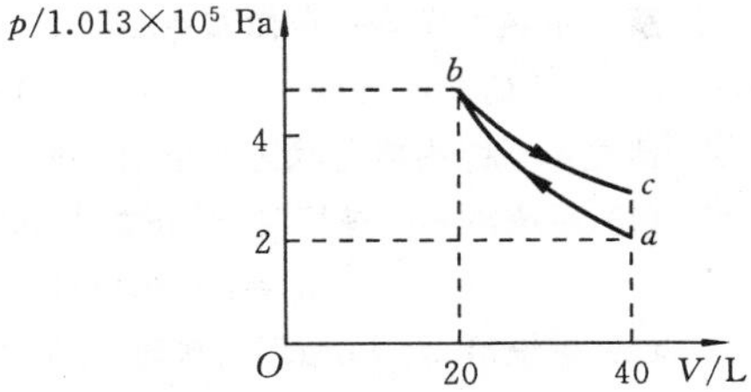

图 13.3

解 (1) 最大压强和最高温度出现在绝热过程的终态 b,由绝热过程方程 $pV^\gamma=$常数,有

$$p_1V_1^\gamma=p_2V_2^\gamma,\quad i=5,\quad \gamma=1.4,$$

故
$$p_2=p_1\left(\frac{V_1}{V_2}\right)^\gamma=2\times1.013\times10^5\times\left(\frac{40}{20}\right)^{1.4}\ \text{Pa}=5.35\times10^5\ \text{Pa},$$

$$T_2=\frac{p_2V_2}{n_0R}=\frac{5.35\times10^5\times20\times10^{-3}}{3\times8.31}\ \text{K}=429\ \text{K}.$$

(2) 绝热过程中的功为

$$A_{a\to b}=\frac{1}{\gamma-1}(p_1V_1-p_2V_2)=\frac{1}{1.4-1}(2.026\times40-5.35\times20)\times10^5\times10^{-3}\ \text{J}$$
$$=-6.48\times10^3\ \text{J}.\text{（外界对系统做功）}$$

(3) 等温过程中吸收的热量为

$$Q_{b\to c}=n_0RT_2\ln\frac{V_1}{V_2}=3\times8.31\times429\times\ln\frac{40}{20}\ \text{J}=7.41\times10^3\ \text{J}.\quad\text{（吸热）}$$

(4) 整个过程中系统吸收的热量为

$$Q=Q_{b\to c}=7.41\times10^3\ \text{J},$$

整个过程中系统做的功为

$$A=A_{a\to b}+A_{b\to c}=A_{a\to b}+Q_{b\to c}=(-6.48\times10^3+7.41\times10^3)\ \text{J}=0.93\times10^3\ \text{J},$$

故 $\Delta E=Q-A=(7.41\times10^3-0.93\times10^3)\ \text{J}=6.48\times10^3\ \text{J}.$

例 13.4 在密封抽空的气缸的顶端悬挂一平衡位置恰在底部，劲度系数为 k 的弹簧，弹簧下端吊着一个不计质量且无摩擦的活塞，如图 13.4 所示. 现在活塞下面的空间引入一定量摩尔热容为 C_V 的理想气体，使活塞上升到高度 h_1. 若气体吸热 Q 而从温度 T_1 上升到 T_2，问活塞所在高度 h_2 等于多少？

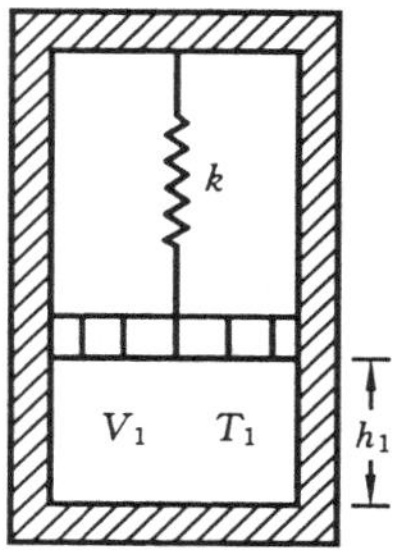

图 13.4

解 先求出活塞在 h_1 位置时，气缸内所储存的气体的物质的量. 平衡态下，弹性力等于气体压力. 设活塞面积为 S，则 $pS=kh_1$，所以 $p=\frac{kh_1}{S}$，此时气体所占体积 $V_1=Sh_1$. 由理想气体状态方程可求得气缸中气体的物质的量为

$$\nu=\frac{pV_1}{RT_1}=\frac{\frac{kh_1}{S}Sh_1}{RT_1}=\frac{kh_1^2}{RT_1}.$$

当气体吸热 Q 后，气体膨胀做功，同时内能增加，由热力学第一定律 $Q=\Delta E+A$，有

$$A=\int_{h_1}^{h_2}kx\,\mathrm{d}x=Q-\nu C_V(T_2-T_1),\quad 即\quad \frac{1}{2}k(h_2^2-h_1^2)=Q-\frac{kh_1^2}{RT_1}C_V(T_2-T_1),$$

最后得此时活塞的高度为 $h_2=\sqrt{2}\left[\frac{Q}{k}-\frac{h_1^2}{RT_1}C_V(T_2-T_1)+\frac{h_1^2}{2}\right]^{\frac{1}{2}}.$

例 13.5 理想气体的既非等温也非绝热而其过程方程可表示为 $pV^n=$常数的过程，称为多方过程，n 为多方指数.

(1) 说明 $n=0,1,\gamma$ 和 ∞ 时各是什么过程.

(2) 证明多方过程中外界对理想气体做的功为 $\frac{p_2V_2-p_1V_1}{n-1}$.

(3) 证明多方过程中理想气体的摩尔热容 $C_m=C_{m,V}\left(\frac{\gamma-n}{1-n}\right)$，并就此证明 $n=0,1,\gamma$ 和 ∞ 时 C_m 的物理含义.

解 (1) 当 $n=0$ 时，$pV^n=p=$常数，是等压过程；

当 $n=1$ 时，$pV^n=pV=$常数，是等温过程；

当 $n=\gamma$ 时，$pV^n=pV^\gamma=$常数，是绝热过程；

当 $n=\infty$时，$pV^n=$常数，即 $p^{\frac{1}{n}}V=$常数，故 $V=$常数，是等容过程.

(2) 外界对理想气体做的功为

$$A'=-\int_{V_1}^{V_2}p\mathrm{d}V=-\int_{V_1}^{V_2}\frac{C}{V^n}\mathrm{d}V=\frac{C}{n-1}(V_2^{1-n}-V_1^{1-n})=\frac{1}{n-1}(p_2V_2^nV_2^{1-n}-p_1V_1^nV_1^{1-n})$$

$$=\frac{1}{n-1}(p_2V_2-p_1V_1).$$

(3) 由热力学第一定律 $Q=\Delta E+A$，1 mol 理想气体经多方过程，温度由 T_1 升高到 T_2 时吸收的热量为 $Q=\Delta E+A=\Delta E-A'$，即

$$C_\mathrm{m}(T_2-T_1)=C_{\mathrm{m},V}(T_2-T_1)-\frac{p_2V_2-p_1V_1}{n-1}=C_{\mathrm{m},V}(T_2-T_1)-\frac{R(T_2-T_1)}{n-1},$$

故
$$C_\mathrm{m}=C_{\mathrm{m},V}-\frac{R}{n-1}.$$

将 $R=C_{\mathrm{m},p}-C_{\mathrm{m},V}=\gamma C_{\mathrm{m},V}-C_{\mathrm{m},V}=C_{\mathrm{m},V}(\gamma-1)$代入上式，得 $C_\mathrm{m}=C_{\mathrm{m},V}\left(\frac{\gamma-n}{1-n}\right)$.

当 $n=0$ 时，$C_\mathrm{m}=\gamma C_{\mathrm{m},V}=C_{\mathrm{m},p}$，是等压过程；

当 $n=1$ 时，$C_\mathrm{m}=\infty$，即吸多少热，温度也不升高，是等温过程；

当 $n=\gamma$ 时，$C_\mathrm{m}=0$，即不吸热，温度也能升高，是绝热过程；

当 $n=\infty$时，$C_\mathrm{m}=C_{\mathrm{m},V}\left(\frac{\gamma/n-1}{1/n-1}\right)=C_{\mathrm{m},V}$，是等容过程.

例 13.6 图 13.5 所示的为一气缸，除底部导热外，其余部分都是绝热的，其容积被一位置固定的轻导热板隔成相等的两部分 A 和 B，其中各盛有 1 mol 理想氮气. 现将 335 J 的热量缓缓地由底部传给气体，设活塞上的压强始终保持为 1.013×10^5 Pa. 求：

(1) A，B 两部分温度的改变和吸收的热量；

(2) 若将位置固定的导热板换成可自由滑动的绝热隔板，上述温度改变和吸收的热量又如何？

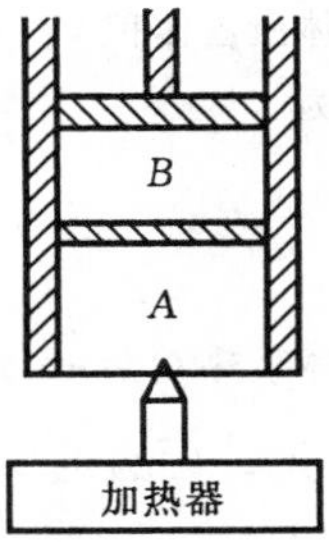

图 13.5

解 (1) 整个系统由 A，B 两个子系统构成，依据题意，A 中的气体经历的是一个等容过程（导热板固定）；B 中气体经历的是一个等压过程（活塞上的压强始终保持为 1.013×10^5 Pa）. 由于 A，B 两系统可以经导热板传热，达到热平衡，所以整个系统的温度始终相等，则两个子系统的温度增量必相等.

A 系统吸收的热量为 $Q_A=C_{\mathrm{m},V}\Delta T$（等容过程功为零）；$B$ 系统吸收的热量为 $Q_B=C_{\mathrm{m},p}\Delta T$. 对于刚性双原子分子气体，$i=5$，$C_{\mathrm{m},V}=\frac{5}{2}R$，$C_{\mathrm{m},p}=C_{\mathrm{m},V}+R=\frac{7}{2}R$，有

$$Q_A=\frac{5}{2}R\Delta T,\quad Q_B=\frac{7}{2}R\Delta T.$$

整个系统吸收的总热量　$Q=Q_A+Q_B$，　即　$Q=\frac{5}{2}R\Delta T+\frac{7}{2}R\Delta T$，

故
$$\Delta T=\frac{Q}{\frac{5}{2}R+\frac{7}{2}R}=\frac{335}{\left(\frac{5}{2}+\frac{7}{2}\right)\times8.31}\ \mathrm{K}=6.72\ \mathrm{K},$$

$$Q_A=\frac{5}{2}R\Delta T=\frac{5}{2}\times8.31\times6.72\ \mathrm{J}=140\ \mathrm{J},\quad Q_B=\frac{7}{2}R\Delta T=\frac{7}{2}\times8.31\times6.72\ \mathrm{J}=195\ \mathrm{J}.$$

(2) 若用可以自由滑动的绝热隔板替换位置固定的导热板，依据题意，A，B 两系统的压强始终保持相等，即为 1.013×10^5 Pa，A 中气体经历的是一个等压过程，并且将外界传递的 335 J 热量全部吸收，其温度改变设为 ΔT，则 $Q=C_{m,p}\Delta T$，故

$$\Delta T=\frac{Q}{C_{m,p}}=\frac{335}{\frac{7}{2}\times 8.31}\ \text{K}=11.5\ \text{K}.$$

而 B 中气体经历的既是绝热过程，又是等压过程，有 $p_1V_1^\gamma=p_2V_2^\gamma$，$\frac{V_1}{T_1}=\frac{V_2}{T_2}$.

由 $p_1=p_2$ 有 $V_1=V_2$，$T_1=T_2$，即 B 中气体的状态参量(体积、温度和压强)均不改变，只表现为整个 B 系统向上移动了一个位置，仍处于初始热力学平衡态.

例 13.7　1 mol 非刚性双原子分子气体，经历如图 13.6 所示的一个循环过程，计算此循环的效率.

解　$A\to B$ 过程，有

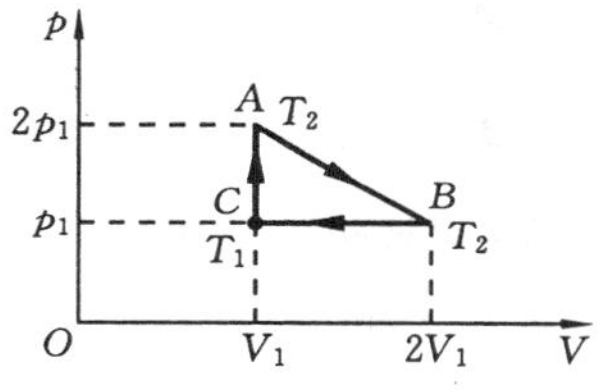

图 13.6

$$A_{AB}=\frac{1}{2}(p_1+2p_1)(2V_1-V_1)=\frac{3}{2}p_1V_1\quad(\text{对外做功}),$$

$$\Delta E_{AB}=C_{m,V}(T_2-T_2)=0,$$

$$Q_{AB}=\Delta E_{AB}+A_{AB}=\frac{3}{2}p_1V_1\quad(\text{吸热});$$

$B\to C$ 过程是一个等压过程，有

$$Q_{BC}=C_{m,p}(T_1-T_2)=\frac{9}{2}R(T_1-T_2)<0\quad(\text{放热});$$

$C\to A$ 过程是一个等容过程，有

$$Q_{CA}=C_{m,V}(T_2-T_1)=\frac{7}{2}R(T_2-T_1)>0\quad(\text{吸热}).$$

由于 $T_1=\frac{p_1V_1}{R}$，$T_2=\frac{2p_1V_1}{R}=2T_1$，故

$$Q_{BC}=\frac{9}{2}R\left(\frac{p_1V_1}{R}-\frac{2p_1V_1}{R}\right)=-\frac{9}{2}p_1V_1,\quad Q_{CA}=\frac{7}{2}R\left(\frac{2p_1V_1}{R}-\frac{p_1V_1}{R}\right)=\frac{7}{2}p_1V_1.$$

循环的效率为

$$\eta=1-\frac{|Q_2|}{Q_1}=1-\frac{\frac{9}{2}p_1V_1}{\frac{3}{2}p_1V_1+\frac{7}{2}p_1V_1}=\frac{1}{10}=10\%.$$

例 13.8　一气缸里储有 10 mol 的单原子理想气体，在压缩过程中外力做功 209 J，气体温度升高 1 ℃. 试求：(1) 气体的内能变化；(2) 气体吸收的热量；(3) 此过程中气体的摩尔热容是多少？

解　(1) 内能变化为 $\Delta E=n_0C_{m,V}\Delta T=10\times\frac{3}{2}R=124.7$ J (增加).

(2) 吸收的热量为 $Q=\Delta E+A=[124.7+(-209)]$ J $=-84.37$ J (放热).

(3) 此过程中气体的摩尔热容为

$$C_m=\frac{1}{n_0}\left(\frac{dQ}{dT}\right)=\frac{1}{n_0}Q=\frac{1}{10}\times(-84.37)\ \text{J/mol}=-8.437\ \text{J/mol}.$$

例 13.9　如图 13.7 所示，总容积为 40 L 的绝热容器，中间被一绝热隔板隔开，隔板重量可忽略，可以无摩擦地自由升降. A、B 两部分各装有 1 mol 的氮气，它们最初的压强都是 1.013×10^5 Pa，隔板停在中间. 现在微小电流通过 B 中的电阻缓缓加热，直到 A 部分气体体积缩小到原来的一半为止. 在这一过程中，试求：

(1) B 中气体的状态方程，用其体积和温度的关系表示；

(2) 两部分气体各自的最后温度；

(3) B 部分气体吸收的热量.

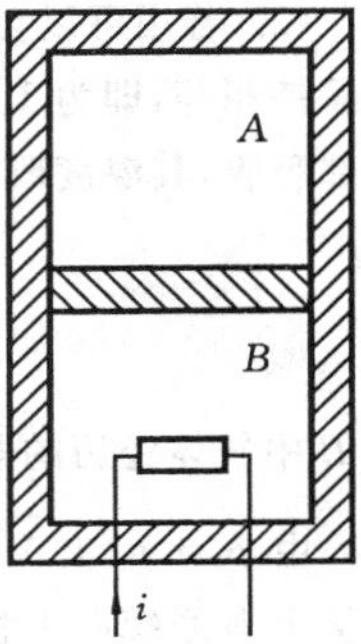

图 13.7

解　刚性 N_2 分子的自由度 $i=5$，比热比 $\gamma=1.4$，A、B 两部分初始时的压强和温度均相同，即

$$p_0=1.013\times10^5\ \text{Pa},T_0=\frac{p_0V_0}{R}=\frac{1.013\times10^5\times0.02\times10^{-3}}{8.31}\ \text{K}=244\ \text{K}.$$

设 B 部分气体任意时刻的体积为 V，依据题意，A 部分气体经历的是一个绝热过程，其过程方程为

$$p_A(0.04-V)^\gamma=p_0V_0^\gamma=1.013\times10^5\times0.02^{1.4}=4.24\times10^2,$$

或　$$T_A(0.04-V)^{\gamma-1}=T_0V_0^{\gamma-1}=244\times0.02^{1.4-1}=51.$$

(1) 由题设知，A、B 两部分的压强始终相等，即 $p_A=p_B$，故 B 部分压强和体积满足 $p_B(0.04-V)^\gamma=4.24\times10^2$. 由理想气体状态方程 $pV=RT$，有 $p_B=\dfrac{RT}{V}$，所以用体积和温度表示的 B 部分气体的过程方程为 $T(0.04-V)^\gamma=\dfrac{4.24\times10^2}{R}V=51V$.

(2) 最终状态，A、B 两部分的体积分别为 $V_A=0.01\ \text{m}^3$，$V_B=0.03\ \text{m}^3$.

最终 A 部分的温度为　$$T_A=\frac{51}{V_A^{\gamma-1}}=\frac{51}{0.01^{1.4-1}}\ \text{K}=322\ \text{K};$$

最终 B 部分的温度为　$$T_B=\frac{51V_B}{(0.04-V_B)^\gamma}=\frac{51\times0.03}{0.01^{1.4}}\ \text{K}=965\ \text{K}.$$

(3) 由于 A 部分经历的是一个绝热过程，所以 B 部分吸热膨胀过程中对 A 部分做的功应该等于 A 部分内能的增加. 由热力学第一定律 $Q=\Delta E+W$，B 部分气体吸收的热量为

$$Q_B=\frac{5}{2}R(T_B-T_0)+\frac{5}{2}R(T_A-T_0)=\left[\frac{5}{2}\times8.31\times(965-244)+\frac{5}{2}\times8.31\times(322-244)\right]\ \text{J}$$
$$=1.66\times10^4\ \text{J}.$$

例 13.10　一金属圆筒中盛有 1 mol 双原子分子理想气体，用可动活塞封住，圆筒浸在冰水混合物中，如图 13.8(a)所示. 迅速推动活塞，使气体从标准状态(活塞位置Ⅰ)压缩到体积为原来的一半的状态(活塞位置Ⅱ)，然后维持活塞不动，待气体温度下降至 0 ℃，再让活塞缓慢上升到位置Ⅰ，完成一次循环.

(1) 试在图 13.8(b)所示 p-V 图上画出相应的理想气体循环曲线；

(2) 若做 100 次循环放出的总热量全部用来融解冰，则有多少千克冰被融化？(已知冰的融解热 $\lambda=3.35\times10^5$ J/kg.)

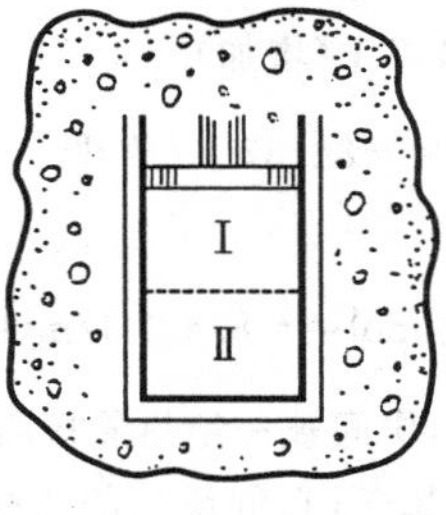

(a)

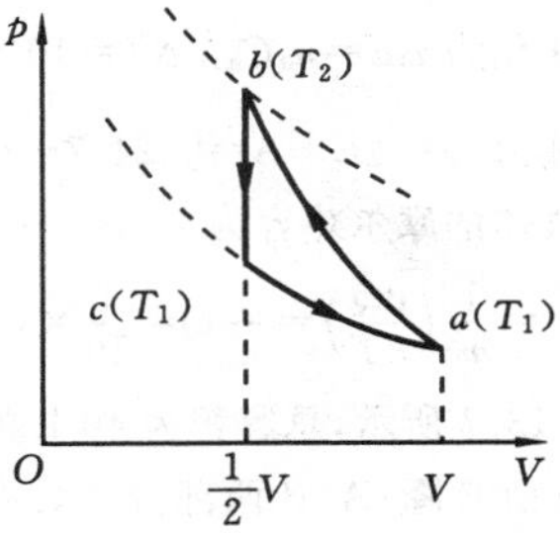

(b)

图 13.8

解　解决此题的关键是将题设中的具体过程抽象为理想的热力学等值过程. 将金属圆筒中的气体作为研究系统，而将冰水混合物作为外界，当迅速压缩活塞时，系统与外界来不及交换热量，这一过程可看做绝热过程；维持活塞不动时，系统温度降低，这一过程是等容过程；当活塞缓慢上升时，系统与外界在整个活塞上升过程中基本达到热平衡，因此这一过程可看成等温过程.

(1) 理想气体循环曲线如图 13.8 所示，图中 $a\to b$ 为绝热线，$b\to c$ 为等容线，$c\to a$ 为等温线；

(2) 求系统经历一个循环过程放出的净热量 Q.

在等容过程中系统放出的热量为 $Q_{b\to c}=C_{\mathrm{m},V}(T_2-T_1)$，在等温过程中系统吸收的热量为

$$Q_{c\to a}=A_{c\to a}=RT_1\ln\frac{V}{V/2}=RT_1\ln 2.$$

$a\to b$ 为绝热压缩过程，过程方程为

$$T_1V^{\gamma-1}=T_2\left(\frac{V}{2}\right)^{\gamma-1},\quad 即\quad T_2=2^{\gamma-1}T_1.$$

对于双原子分子，$i=5$，$C_{\mathrm{m},V}=\frac{5}{2}R$，比热比 $\gamma=\frac{i+2}{2}=1.4$，所以系统经历一次循环过程放出的净热量为

$$Q=Q_{b\to c}-Q_{c\to a}=C_{\mathrm{m},V}(2^{\gamma-1}-1)T_1-RT_1\ln 2=\frac{5}{2}R(2^{0.4}-1)\times 273-R\times 273\times\ln 2=240\ \mathrm{J}.$$

如果经 100 次循环放出的总热量全部用来融化冰，则融解冰的质量为

$$m=\frac{100Q}{\lambda}=\frac{100\times 240}{3.35\times 10^5}\ \mathrm{kg}=7.16\times 10^{-2}\ \mathrm{kg}.$$

例 13.11　将一可做逆向循环的卡诺机作为电冰箱，当室温为 27 ℃时，用冰箱把 1 kg、0 ℃的水结成冰. 问电源至少需要给冰箱提供多少功？冰箱周围是得到能量还是损失能量？(冰的融解热 $\lambda=3.35\times 10^5$ J/kg.)

解　将电冰箱作为理想卡诺致冷机，冰箱在低温热源(冰水 $T_2=0$ ℃$=273$ K)和高温热源(冰箱周围环境 $T_1=27$ ℃$=300$ K)之间运转. 制冷系数为

$$w_{\mathrm{C}}=\frac{Q_2}{A}=\frac{T_2}{T_1-T_2}=\frac{273}{300-273}=10.1.$$

1 kg、0 ℃的水结成冰需要放出的热量为

$$Q_2=1\times\lambda=3.35\times 10^5\ \mathrm{J}.$$

电源需要给冰箱提供的功为

$$A=\frac{T_1-T_2}{T_2}Q_2=\left(\frac{300-273}{273}\times 3.35\times 10^5\right)\ \mathrm{J}=3.3\times 10^4\ \mathrm{J}.$$

冰箱周围得到的热量为

$$Q_1=Q_2+A=(3.35\times 10^5+3.3\times 10^4)\ \mathrm{J}=3.68\times 10^5\ \mathrm{J},$$

即电冰箱周围得到能量.

例 13.12　如图 13.9 所示，一个四周用绝热材料制成的气缸，中间有一用导热材料制成的固定隔板 C 把气缸分成 A、B 两部分. D 是一绝热的活塞，A 中盛有 1 mol 氦气，B 中盛有 1 mol 氮气(均视为刚性分子的理想气体). 今外界缓缓地移动活塞 D，压缩 A 部分的气体，对气体做功为 A，试求在此过程中 B 部分气体内能的变化.

解　取 A、B 两部分的气体为系统，依据题意知，在外界压缩 A 部分的气体，做功 A 的过程中，系统与外界交换的热量 Q 为零. 根据热力学第一定律，有

$$Q=\Delta E+(-A)=0.\qquad①$$

设 A、B 部分气体的内能变化分别为 ΔE_A 和 ΔE_B，则系统内能的变化为

$$\Delta E=\Delta E_A+\Delta E_B. \tag{②}$$

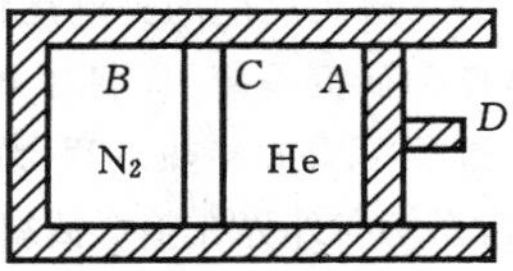

图 13.9

因为 C 是导热的，所以两部分气体的温度始终相同．设该过程中的温度变化为 ΔT，则 A、B 两部分气体内能的变化分别为

$$\Delta E_A=\frac{3}{2}R\Delta T,\quad \Delta E_B=\frac{5}{2}R\Delta T. \tag{③}$$

将式②、式③代入式①解得　　$\Delta T=\dfrac{A}{4R}$.

所以 B 部分气体内能变化为　　$\Delta E_B=\dfrac{5}{2}R\cdot\dfrac{A}{4R}=\dfrac{5}{8}A$.

13.3　强化训练题

一、填空题

1. 热力学第二定律的开尔文表述和克劳修斯表述是等价的，表明在自然界中与热现象有关的实际宏观过程都是不可逆的．开尔文表述指出了______的过程是不可逆的，而克劳修斯表述指出了______的过程是不可逆的．

2. 某理想气体等温压缩到给定体积时外界对气体做功 $|A_1|$，又经绝热膨胀返回原来体积时气体对外做功 $|A_2|$，则整个过程中气体从外界吸收的热量 $Q=$______；内能增加 $\Delta E=$______．

3. 一气缸内储有 10 mol 的单原子分子理想气体，在压缩过程中外界做功 209 J，气体升温 1 K，此过程中气体内能增量为______；外界传给气体的热量为______．

4. 如图 13.10 所示，一定量的理想气体经历 $a\to b\to c$ 过程，在此过程中气体从外界吸收热量 Q，系统内能变化 ΔE，请在以下空格内填上">0"、"<0"或"$=0$"：Q______；ΔE______．

5. 图 13.11 所示的为一理想气体几种状态变化过程的 p-V 图，其中 MT 为等温线，MQ 为绝热线，在 AM、BM、CM 三种准静态过程中：温度降低的是______过程；气体放热的是______过程．

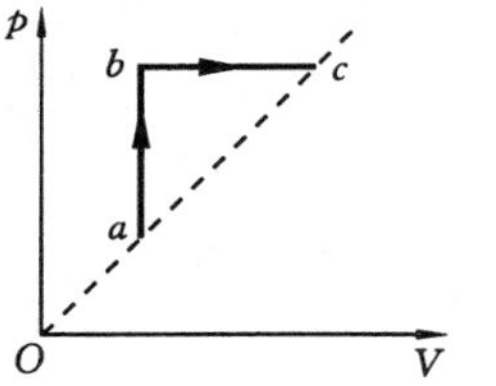

图 13.10

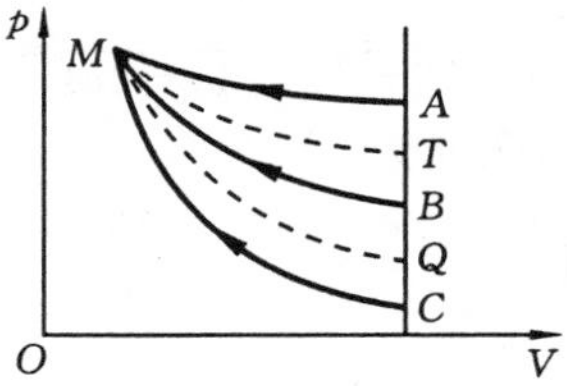

图 13.11

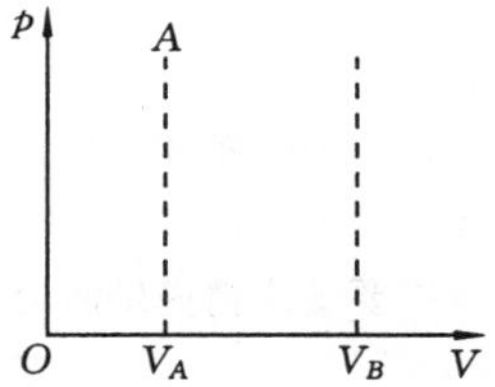

图 13.12

6. 一定量的理想气体，从状态 A 出发，分别经历等压、等温、绝热三种过程，由体积 V_A 膨胀到体积 V_B，试画出这三种过程的 p-V 曲线，如图 13.12 所示．在上述三种过程中：气体的内能增加的是______过程；气体的内能减少的是______过程；气体对外做功最大的是______过程；气体吸热最多的是______过程．

7. 如图 13.13 所示，已知画有不同斜线的两部分的面积分别为 S_1 和 S_2，如果气体的膨胀过程为 $a\to 1\to b$，则气体对外做功 $W=$______；如果气体进行 $a\to 2\to b\to 1\to a$ 的循环过程，则它对外做功 $W=$______．

8. 设在某一过程 P 中，系统由状态 A 变为状态 B，如果______，则过程 P 称为可逆过程；如果______，则过程 P 称为不可逆过程．

9. 一个做可逆卡诺循环的热机，其效率为 η，它的逆过程的致冷机致冷系数 $w=\dfrac{T_2}{T_1-T_2}$，则 η

与 w 的关系为______.

10. 如图 13.14 所示，AB，CD 是绝热过程，DEA 是等温过程，BEC 是任意过程，组成一循环过程. 若 ECD 所包围的面积为 70 J，EAB 所包围的面积为 30 J，DEA 过程中系统放热 100 J，则整个循环过程 $ABCDEA$ 系统对外做功为______；BEC 过程中系统从外界吸热为______.

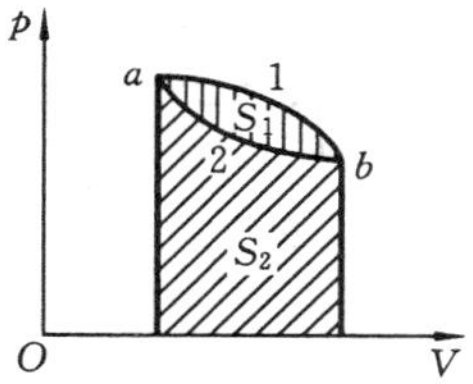

图 13.13

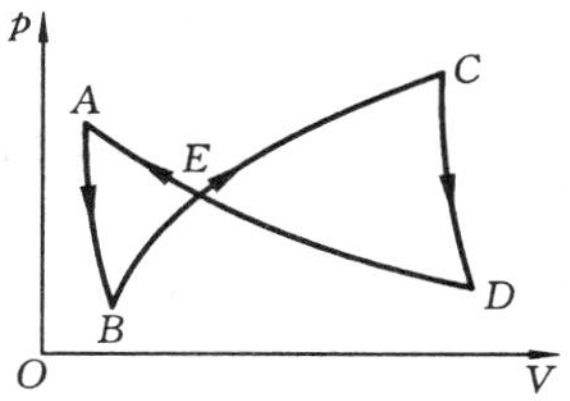

图 13.14

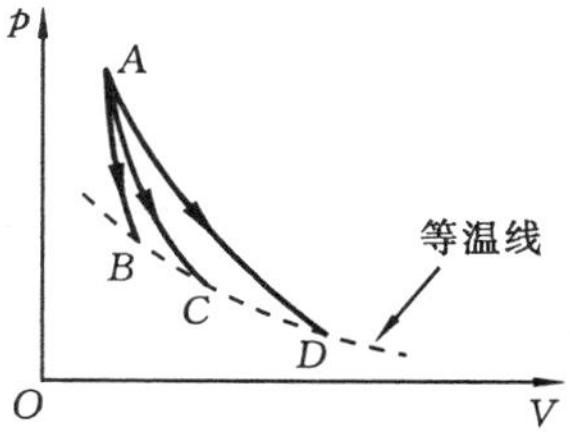

图 13.15

二、简答题

1. 理论上，提高卡诺热机的效率有哪些途径？在实际应用中采用什么办法？

2. 如图 13.15 所示，一定量的理想气体，从 p-V 图上同一初态 A 开始，分别经历三种不同的过程过渡到不同的末态，但各末态的温度相同，其中 $A\rightarrow C$ 是绝热过程. 问：

(1) 在 $A\rightarrow B$ 过程中气体是吸热还是放热？为什么？

(2) 在 $A\rightarrow D$ 过程中气体是吸热还是放热？为什么？

3. 理想气体的内能从 E_1 增大到 E_2 时，对应于等容、等压、绝热三种过程的温度变化是否相同？吸热是否相同？为什么？

三、计算题

1. 气缸内有 2 mol 氦气，初始温度为 27 ℃，体积为 20 L，先将氦气定压膨胀，直至体积加倍，然后绝热膨胀，直至恢复初温为止. 若把氦气视为理想气体，求：

(1) 在 p-V 图上大致画出气体的状态变化过程.

(2) 在这过程中氦气吸热多少？

(3) 氦气的内能变化多少？

(4) 氦气所做的总功是多少？

2. 比热容比 $\gamma=1.40$ 的理想气体进行如图 13.16 所示的循环. 已知状态 A 的温度为 300 K，求：

(1) 状态 B、C 的温度；

(2) 每一过程中气体所吸收的净热量.

(普适气体常数 $R=8.31$ J/(mol·K).)

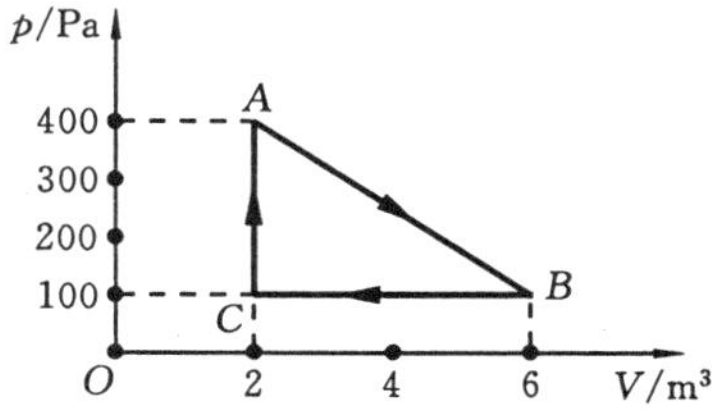

图 13.16

3. 将 1 mol 理想气体等压加热，使其温度升高 72 K，传给它的热量等于 1.60×10^3 J. 求：

(1) 气体所做的功 A；

(2) 气体内能的增量 ΔE；

(3) 比热容比.

(普适气体常数 $R=8.31$ J/(mol·K).)

4. 以氢(视为刚性分子的理想气体)为工作物质进行卡诺循环，如果在绝热膨胀时末态的压强 p_2 是初态压强 p_1 的一半，求循环的效率.

5. 单原子分子的理想气体做卡诺循环. 已知循环效率 $\eta=20\%$，试求气体在绝热膨胀时，气体体积增大到原来的几倍.

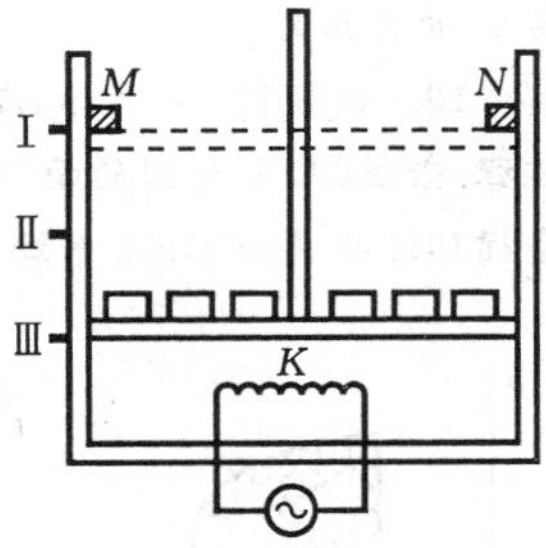

图 13.17

6. 如图 13.17 所示，用绝热材料包围的圆筒内盛有刚性双原子分子的理想气体，并用可活动的、绝热的轻活塞将其封住. 图中：K 为用来加热气体的电热丝；MN 是固定在圆筒上的环，用来限制活塞向上运动. Ⅰ、Ⅱ、Ⅲ 是圆筒体积等分刻度线，每等份刻度为 $1\times10^{-3}\ \text{m}^3$. 开始时活塞在位置Ⅰ，系统与大气同温、同压、同为标准状态. 现将小砝码逐个加到活塞上，缓慢地压缩气体，当活塞到达位置Ⅲ时停止加砝码，然后接通电源缓慢加热至Ⅱ，断开电源，再逐步移去所有砝码使气体继续膨胀至Ⅰ. 当上升的活塞被环 M,N 挡住后拿去周围绝热材料，系统逐步恢复到原来状态，完成一个循环.

(1) 在 p-V 图上画出相应的循环曲线；

(2) 求出各分过程的始末状态温度；

(3) 求该循环过程吸收的热量和放出的热量.

7. 一定量的某种理想气体，开始时处于压强、体积、温度分别为 $p_0=1.2\times10^6\ \text{Pa}$,$V_0=8.31\times10^{-3}\ \text{m}^3$,$T_0=300\ \text{K}$ 的初态，后经过一等容过程，温度升高到 $T_1=450\ \text{K}$，再经过一等温过程，压强降到 $p=p_0$ 的末态. 已知该理想气体的摩尔等压热容与摩尔等容热容之比 $\dfrac{C_p}{C_V}=\dfrac{5}{3}$. 求：

(1) 该理想气体的摩尔等压热容 C_p 和摩尔等容热容 C_V；

(2) 气体从始态变到末态的全过程中从外界吸收的热量.

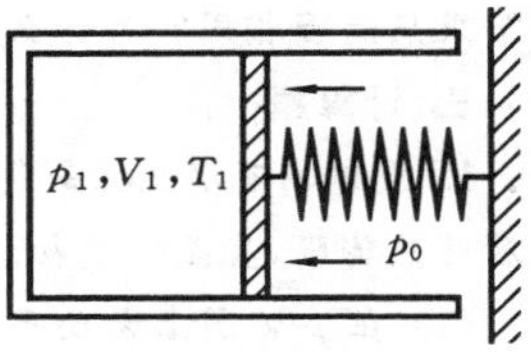

图 13.18

8. 如图 13.18 所示，一气缸内盛有一定量的刚性双原子分子理想气体，气缸活塞的面积为 $S=0.05\ \text{m}^2$，活塞与气缸壁之间不漏气，摩擦忽略不计. 活塞右侧通大气，大气压强 $p_0=1.0\times10^5\ \text{Pa}$. 劲度系数 $k=5\times10^4\ \text{N/m}$ 的一根弹簧的两端分别固定于活塞和一固定板上. 开始时气缸内气体处于压强、体积分别为 $p_1=p_0=1.0\times10^5\ \text{Pa}$,$V_1=0.015\ \text{m}^3$ 的初态. 今缓慢加热气缸，缸内气体缓慢地膨胀到 $V_2=0.02\ \text{m}^3$，试求在此过程中气体从外界吸收的热量.

第14章 真空中的静电场

14.1 知识要点

1. 两种电荷

电磁运动是物质的一种基本运动形式，电磁学是研究物质电磁运动规律及应用的学科. 两个不同材料的物体互相摩擦后都能吸引轻小物体，物体有了这种吸引轻小物体的性质，就说它带了电或有了电荷，处于这种状态的物体称为带电体. 电荷是使物质间发生电相互作用的一种属性，电荷是个标量，不具有方向性.

使物体带电也称为起电，任何物体(固体、液体或气体；导体或绝缘体)都有可能带电，在自然界中只存在两种电荷，将其中的一种电荷称为正电荷，另一种电荷则称为负电荷. 同种电荷相斥，异种电荷相吸. 带电体所带电荷数量的多少称为电量，一个带电体所带的总电量为其所带正负电量的代数和.

2. 物质的电结构理论

物体内部的电结构揭示了带电现象的本质. 物质是由分子、原子组成的，而原子是由带正电的原子核和带负电的电子组成的. 原子核中有质子和中子，中子不带电，质子带正电. 一个质子所带的电量和一个电子所带的电量在数值上相等，物质内部存在着电子和质子这两类基本电荷正是各种物体带电过程的内在根据. 在正常情况下，物体中任何一部分所包含的电子总数和质子总数是相等的，所以对外不显电性. 但是，如果在一定外因作用下，物体得到或失去一定数量的电子，便使得物体内的电子总数和质子总数不再相等，物体就呈电性.

两种不同质料的物体摩擦时，由于彼此失去电子的能力不同，总体上讲，一个物体失去了电子，另一个物体得到了电子，失去电子的物体就带正电，得到电子的物体就带负电，这正是摩擦起电的本质.

3. 电荷守恒定律

近代物理研究表明，在粒子相互作用过程中，电荷是可以产生和消失的，但是在任何物理过程中，电荷的代数和是守恒的. 不允许任何物质通过其边界的系统称为孤立系统，一个孤立系统的总电荷数不变，即在任一时刻，存在于系统中的正电荷与负电荷的代数和不变，这就是电荷守恒定律. 一个高能光子与一个重原子核作用时，该光子可以转化为一个正电子和一个负电子，称为电子对的产生；而一个正电子和一个负电子在一定条件下相遇，又会同时消失而产生两个或三个光子，称为电子对的湮没. 显然，在上述物理过程中，系统总电荷数是守恒的，电荷守恒定律是自然界中普遍存在的重要基本定律之一.

4. 电荷量子化

实验证明，在自然界中，电荷总是以一个基本电荷的整数倍出现的，电荷的这个特性称为电荷的量子化. 基本电荷就是一个质子所带的电量或一个电子所带电量的绝对值，常用 e 表示，经测定 $e=1.602\times10^{-19}$ C.

近代物理从理论上推测可能存在具有$\pm\frac{1}{3}e$和$\pm\frac{2}{3}e$的电荷的基本粒子(夸克),并且在实验上已经找到了它们存在的证据,这方面的研究仍在进行中,即使存在分数电荷,电荷仍然是量子化的.

5. 电荷的相对论不变性

实验表明,一个电荷的电量与它的运动状态无关,即在不同的参照系中观察,同一带电粒子的电量不变,电荷的这一性质称为电荷的相对论不变性.由此可知一个孤立系统的总电荷量也是一个相对论不变量.

6. 导体、绝缘体和半导体

按物体转移或传导电荷的能力(称为导电能力),可以把物体分为三大类.

(1) 电荷能够从产生的地方迅速转移或传导到其他地方的那种物体称为导体.如金属、石墨、电解液、大地、等离子气体等都是导体.

(2) 电荷几乎只能停留在产生的地方的那种物体叫绝缘体.如玻璃、橡胶、瓷器等都是绝缘体.

(3) 有许多物体,它们的导电能力介于导体和绝缘体之间,称为半导体.半导体对温度、光照、杂质、压力等外加条件极为敏感.导体和绝缘体之间并没有严格的界限,在一定条件下,物体的导电能力将发生变化.例如,绝缘体在强电力作用下,将被击穿而成为导体.

7. 库仑定律

在所研究的问题中,如果带电体本身的几何限度比它到其他带电体之间的距离小得多,该带电体的形状及电荷在其上的分布均无关紧要,该带电体可以看做一个带电的点,通常称为点电荷,显然点电荷是个相对的概念.电荷之间存在着相互作用力,研究静止电荷之间相互作用的理论称为静电学.1785年,法国物理学家库仑通过著名的扭秤实验总结出两个点电荷之间作用力规律,提出了库仑定律:真空中两个静止的点电荷之间的静电作用力(称为库仑力)与两个点电荷所带电量的乘积成正比,和它们之间距离的平方成反比,作用力的方向沿着两个点电荷的连线.这一规律可表示为

$$\boldsymbol{F}=\frac{1}{4\pi\varepsilon_0}\frac{q_1q_2}{r^3}\boldsymbol{r},$$

式中,q_1和q_2分别为两个点电荷的电量;$\boldsymbol{r}$为由q_1指向q_2的矢径,大小等于两点电荷之间的距离;$\boldsymbol{F}$为q_1施于q_2的作用力;ε_0是一自然界基本恒量,称为真空中的介电系数,$\varepsilon_0=8.85\times10^{-12}\ \mathrm{C^2/(N\cdot m^2)}$.

库仑定律是关于一种基本力的定律,实验表明,在$10^{-17}\sim10^{17}$ m乃至更大的范围内,库仑定律都是精确成立的.两个静止点电荷之间的作用力并不因第三个点电荷的存在而有所改变.考虑由几个静止点电荷$q_1,q_2,\cdots,q_i,\cdots,q_n$所组成的点电荷系,计算此点电荷系施于另一静止点电荷q的电力,显然q所受到的电力应为各点电荷单独存在时施于q上的电力的矢量和,即

$$\boldsymbol{F}=\boldsymbol{F}_1+\boldsymbol{F}_2+\cdots+\boldsymbol{F}_i+\cdots+\boldsymbol{F}_n=\sum_{i=1}^{n}\boldsymbol{F}_i=\sum_{i=1}^{n}\frac{1}{4\pi\varepsilon_0}\frac{qq_i}{r_i^3}\boldsymbol{r}_i,$$

式中,$\boldsymbol{F}_i$为点电荷系中第i个点电荷q_i与q之间的作用力;$\boldsymbol{r}_i$为由q_i指向q的矢径.

上述结论称为电力作用原理,是求解静止点电荷之间相互作用的基本实验定律.

8. 电场与电场强度

电荷之间存在的相互作用力,称为电力.近代物理学的发展告诉我们,任何电荷都在自己的周围空间激发电场,而电场的基本性质是它对处于其中的任何其他电荷都有作用力,称为电场力.电荷与电荷之间的相互作用是靠电场实现的,即"电荷↔电场↔电荷".科学实验完全肯定了场的观

点，并证明电磁场可以脱离电荷和电流而独立存在. 电磁场亦是一种物质，与实物一样也具有能量、质量、动量等属性，但它与实物在表现形式上是不同的，场具有叠加性. 静电场对电荷的作用力称为静电力. 为了定量描述电场力的性质，通常引入电场强度的概念，即电场强度为

$$\boldsymbol{E}=\frac{\boldsymbol{F}}{q_0},$$

式中，q_0 为电场中静止的试探电荷；$\boldsymbol{F}$ 为 q_0 受到的电场力. $\boldsymbol{E}$ 与试探电荷无关，仅与给定电场中各确定点的位置有关，$\boldsymbol{E}$ 反映了电场本身的性质.

9. 电场强度叠加原理

设空间有一固定不动的点电荷系 $q_1,q_2,\cdots,q_n$，则它们称为场源电荷，此点电荷系产生电场中某任意场点 P 的场强可表示为

$$\boldsymbol{E}_P=\frac{\boldsymbol{F}}{q_0}=\frac{\boldsymbol{F}_1}{q_0}+\frac{\boldsymbol{F}_2}{q_0}+\cdots+\frac{\boldsymbol{F}_n}{q_0}=\boldsymbol{E}_1+\boldsymbol{E}_2+\cdots+\boldsymbol{E}_n=\sum_{i=1}^{n}\boldsymbol{E}_i,$$

即 $\boldsymbol{E}_P$ 等于各点电荷单独存在时所产生的场强的矢量和，这称为电场强度叠加原理. 在静电场中，任一点只有一个电场强度矢量 $\boldsymbol{E}$ 与之对应，也就是说静电场具有单值性. 电场强度矢量对空间坐标构成一个矢量场，即

$$\boldsymbol{E}=\boldsymbol{E}(x,y,z)=\boldsymbol{E}(\boldsymbol{r}).$$

(1) 静止点电荷电场中的场强可表示为

$$\boldsymbol{E}=\frac{1}{4\pi\varepsilon_0}\frac{q}{r^3}\boldsymbol{r},$$

式中，$\boldsymbol{r}$ 为场源电荷 q 指向场点 P 的位矢. 若 $q>0$，$\boldsymbol{E}$ 沿 $\boldsymbol{r}$ 方向；若 $q<0$，$\boldsymbol{E}$ 沿 $-\boldsymbol{r}$ 方向.

(2) 静止点电荷系电场中的场强. 由场强叠加原理，场强 $\boldsymbol{E}$ 可表示为

$$\boldsymbol{E}=\sum\boldsymbol{E}_i=\sum_{i=1}^{n}\frac{1}{4\pi\varepsilon_0}\frac{q_i}{r_i^3}\boldsymbol{r}_i,$$

式中，$\boldsymbol{E}_i=\frac{1}{4\pi\varepsilon_0}\frac{q_i}{r_i^3}\boldsymbol{r}_i$ 为点电荷 q_i 单独存在时在场点 P 产生的场强；$\boldsymbol{r}_i$ 为由 q_i 所在处引向场点 P 处的矢径.

(3) 电荷连续分布电场中的场强. 在很多情况下，从宏观效果来看，认为电荷连续地分布在带电体上，而忽略电荷的量子性. 若带电体的电荷是连续分布的，则可认为该带电体的电荷是由许多无限小的电荷元 $\mathrm{d}q$ 组成的，每一个电荷元 $\mathrm{d}q$ 都可视为点电荷，如图 14.1 所示，任一电荷元 $\mathrm{d}q$ 在场点 P 产生的场强为

$$\mathrm{d}\boldsymbol{E}=\frac{1}{4\pi\varepsilon_0}\frac{\mathrm{d}q}{r^3}\boldsymbol{r}.$$

整个带电体在场点 P 产生的场强，由场强叠加原理知

$$\boldsymbol{E}=\int\mathrm{d}\boldsymbol{E}=\int\frac{1}{4\pi\varepsilon_0}\frac{\mathrm{d}q}{r^3}\boldsymbol{r}.$$

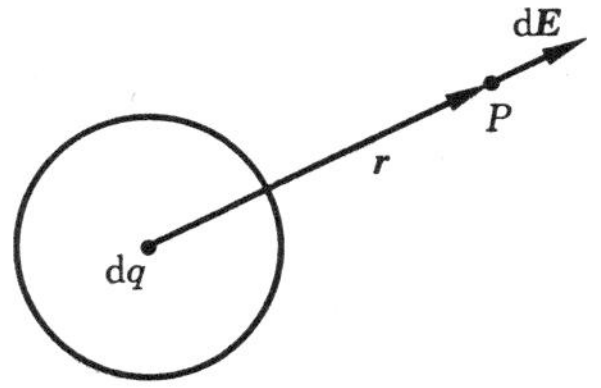

图 14.1

电荷元 $\mathrm{d}q$ 可根据不同的情况写成

$$\mathrm{d}q=\begin{cases}\lambda\mathrm{d}l & (\text{线分布}),\\ \sigma\mathrm{d}S & (\text{面分布}),\\ \rho\mathrm{d}V & (\text{体分布}),\end{cases}$$

式中，$\lambda=\frac{\mathrm{d}q}{\mathrm{d}l}$ 为电荷线密度；$\sigma=\frac{\mathrm{d}q}{\mathrm{d}S}$ 为电荷面密度；$\rho=\frac{\mathrm{d}q}{\mathrm{d}V}$ 为电荷体密度.

(4) 点电荷、带电粒子在静电场中的受力为

$$\boldsymbol{F}=q\boldsymbol{E},$$

式中，q 为点电荷或带电粒子所带的电量. 无论 q 是静止着或者运动着，上式均成立.

10. 电场线与电通量

电场中每一点的场强 $\boldsymbol{E}$ 都有一定的大小和方向. 为了给出电场分布的直观图形，可以在电场中描绘出一系列曲线(见图 14.2)，使这些曲线上每一点的切线方向都与该点处 $\boldsymbol{E}$ 的方向一致，具有这种性质的曲线叫电场线. 电场线不仅可以表示出场强的方向，也可以表示出场强的大小，为此引入电场线密度的概念：在电场中任意一点处，通过垂直于场强 $\boldsymbol{E}$ 单位面积的电场线根数等于该点处场强的大小. 按此规定，场强大的地方电场线就密，场强小的地方电场线就疏. 静电场与电场线的关系为：① 电场线起自正电荷(或来自无穷远处)，止于负电荷(或伸向无穷远处)，但不会在没有电荷的地方中断，这称为电场线的连续性；② 静电场中每一点的场强只有一个方向，故任何两条电场线都不会相交；③ 若带电体系中，正负电荷一样多，则由正电荷发出的电场线全部都集中到负电荷上去；④ 静电场中的电场线不形成闭合曲线.

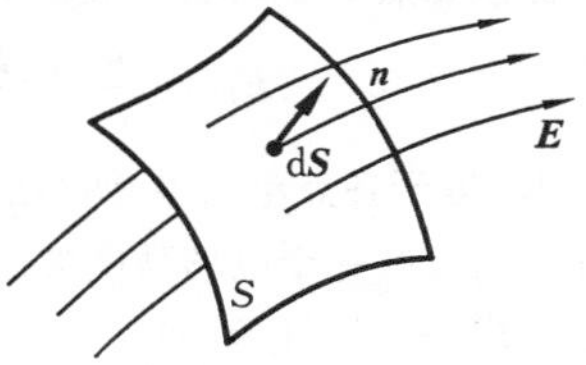

图 14.2

电场中通过任一给定曲面的电场线的总根数称为通过该曲面的电通量($\boldsymbol{E}$ 的通量)，即

$$\Phi_e = \int d\Phi_e = \int_S \boldsymbol{E} \cdot d\boldsymbol{S},$$

式中，$d\boldsymbol{S}=\boldsymbol{n}dS$，为矢量面元，$\boldsymbol{n}$ 为其单位法向矢量，S 为所给定的曲面. 若曲面 S 为闭合曲面，则通过闭合曲面 S 的电通量为

$$\Phi_e = \oint d\Phi_e = \oint_S \boldsymbol{E} \cdot d\boldsymbol{S}.$$（规定 $\boldsymbol{n}$ 为面元的外单位法向矢量.）

当 $\Phi_e>0$ 时，表示有电场线穿出闭合曲面，反之表示有电场线穿入闭合曲面；当 $\Phi_e=0$ 时，表示穿入和穿出的电场线数目相同.

11. 高斯定理

高斯定理是用电通量表示电场和场源电荷关系的定理，是电磁学中的一个重要规律. 高斯定理可表述为：在真空的静电场中，通过任一闭合曲面 S(高斯面)的电通量等于该闭合曲面所包围的所有电荷电量代数和的 $1/\varepsilon_0$ 倍，且与闭合面外的电荷无关. 其数学含义可表示为

$$\Phi_e = \oint_S \boldsymbol{E} \cdot d\boldsymbol{S} = \frac{1}{\varepsilon_0}\sum q_{\text{int}} \quad 或 \quad \Phi_e = \oint_S \boldsymbol{E} \cdot d\boldsymbol{S} = \frac{1}{\varepsilon_0}\int_V dq,$$

式中，V 是包围在闭合曲面内的场源电荷分布的体积. 理解高斯定理时应注意以下几点：① 公式中的 $\boldsymbol{E}$ 是闭合面内外所有电荷产生的总场强，所谓无关指通过高斯面的电通量 Φ_e 与面外电荷无关；② 对于静电场问题，库仑定律与高斯定理是等价的，都是反映电场分布与场源电荷之间的关系，在研究运动电荷电场时，库仑定律不再成立，而高斯定理仍然有效；③ 高斯定理的典型结果必须熟练掌握.

12. 静电场的保守性与静电场环流定理

试探电荷 q_0 在任何静电场中移动时，静电场力所做的功只与这个试探电荷电量的大小及起点和终点位置有关，与路径无关. 静电场的这一特性称为静电场的保守性. 静电场力做功与路径无关的特性还可以用另一种等价形式来表示：在静电场中，电场强度矢量 $\boldsymbol{E}$ 沿任一闭合路径的线积分(称为 $\boldsymbol{E}$ 的环流)为零. 这称为静电场的环流定理. 由此定理可以看出：① 静电场中的电场线不可能是闭合线，静电场是一种有源无旋场；② 静电场力是一种保守力，在此力场中可以引入电势及电势能的概念；③ 运动电荷的电场不是保守力场.

静电场环流定理的数学含义为

$$\oint_L \boldsymbol{E} \cdot \mathrm{d}\boldsymbol{l} = 0,$$

式中，L 为静电场中任意闭合路径.

13. 静电场中的电势能与电势

任何做功与路径无关的力场称为保守力场，在这类力场中可以引出势能的概念. 保守力的功等于相应势能增量的负值. 与重力势能相似，静电势能亦是一个相对量. 为了说明电荷在电场中某点势能的大小，须有一个参照点，原则上讲零势能点的选择是任意的，若取 Q 处为电势能零点，则电荷 q_0 在电场中点 P 的电势能为

$$W_P = A_{PQ} = q_0\int_P^Q \boldsymbol{E} \cdot \mathrm{d}\boldsymbol{l}, \quad W_Q = 0.$$

此式说明，电荷 q_0 在电场中任意场点 P 处的电势能在量值上等于 q_0 从点 P 沿任意路径移至零电势能点时，静电场力做的功. 当带电体系局限在有限大空间里时，规定无穷远处为电势能零点，即 $W_\infty = 0$，此时有

$$W_P = A_{P\infty} = q_0\int_P^\infty \boldsymbol{E} \cdot \mathrm{d}\boldsymbol{l}, \quad W_\infty = 0.$$

若电荷分布扩展到无限远时，不能取 W_∞ 为零，可取靠近带电体系的某点为电势能零点，应该指出：① 电势能是标量，可正可负；② 电势能属于电荷 q_0 和产生电场的电荷系所共有.

电荷 q_0 在电场中某点 P 处的电势能与 q_0 的大小成正比，而比值 $\dfrac{W_P}{q_0}$ 却与 q_0 无关，只取决于电场的性质以及场中给定点 P 的位置，因此这一比值是表征静电场中给定点电场性质的物理量，称为电势，用 U_P 表示，即

$$U_P = \frac{W_P}{q_0} = \int_P^Q \boldsymbol{E} \cdot \mathrm{d}\boldsymbol{l}\ （取 U_Q = 0） \quad 或 \quad U_P = \frac{W_P}{q_0} = \int_P^\infty \boldsymbol{E} \cdot \mathrm{d}\boldsymbol{l}\ （取 U_\infty = 0）.$$

上式表明，电场中某点 P 的电势在量值上等于单位正电荷沿任意路径由点 P 移至电势零点时静电场力所做的功. 最后指出：电势也是标量，可正可负；电场强度 $\boldsymbol{E}$ 和电势 U 是描述静电场力的性质和静电场势能性质的两个重要物理量.

静电场中任意两点 P、Q 之间的电势之差称为电势差，也称为电压. 若用 U_P 和 U_Q 表示静电场中 P、Q 两点的电势，则有

$$U_{PQ} = U_P - U_Q = \int_P^Q \boldsymbol{E} \cdot \mathrm{d}\boldsymbol{l}.$$

由电势差的定义，可得静电场力做功为

$$A_{PQ} = q_0\int_P^Q \boldsymbol{E} \cdot \mathrm{d}\boldsymbol{l} = q_0 U_{PQ} = q_0(U_P - U_Q) = W_P - W_Q.$$

14. 电势叠加原理

电势对空间坐标形成一个标量场，即 $U=U(x,y,z)=U(\boldsymbol{r})$.

(1) 静止点电荷电场中的电势为

$$U_P = \int_P^\infty \boldsymbol{E} \cdot \mathrm{d}\boldsymbol{l} = \int_r^\infty \frac{q}{4\pi\varepsilon_0 r^2}\mathrm{d}r = \frac{q}{4\pi\varepsilon_0}\frac{1}{r}, \quad U_\infty = 0.$$

当 $q>0$ 时，$U_P>0$，r 愈大则 U_P 愈小，$U_\infty=0$ 是正电荷电场中电势的最小值；当 $q<0$ 时，$U_P<0$，r 愈大则 U_P 愈大，$U_\infty=0$ 是负电荷电场中电势的最大值.

(2) 静止点电荷系电场中的电势为

$$U_P = \int_P^\infty \boldsymbol{E} \cdot \mathrm{d}\boldsymbol{l} = \int_P^\infty (\boldsymbol{E}_1 + \boldsymbol{E}_2 + \cdots + \boldsymbol{E}_n) \cdot \mathrm{d}\boldsymbol{l} = \int_P^\infty \boldsymbol{E}_1 \cdot \mathrm{d}\boldsymbol{l} + \int_P^\infty \boldsymbol{E}_2 \cdot \mathrm{d}\boldsymbol{l} + \cdots + \int_P^\infty \boldsymbol{E}_n \cdot \mathrm{d}\boldsymbol{l}$$

$$= \frac{q_1}{4\pi\varepsilon_0}\frac{1}{r_1} + \frac{q_2}{4\pi\varepsilon_0}\frac{1}{r_2} + \cdots + \frac{q_n}{4\pi\varepsilon_0 r_n},$$

即
$$U_P = \sum_{i=1}^{n} U_{Pi} = \sum_{i=1}^{n} \frac{1}{4\pi\varepsilon_0}\frac{q_i}{r_i}, \quad U_\infty = 0,$$

式中，r_i 为电荷 q_i 与场点 P 之间的距离. 上式说明，静止点电荷系电场中某点 P 的电势是各个点电荷单独存在时的电场在该点电势的代数和，这称为电势叠加原理.

(3) 电荷连续分布带电体电场中的电势. 对于电荷连续分布的带电体，可以设想把带电体分割成许多个点电荷元 $\mathrm{d}q$，任一电荷元 $\mathrm{d}q$ 在场点 P 处的电势为

$$\mathrm{d}U = \frac{1}{4\pi\varepsilon_0}\frac{\mathrm{d}q}{r}, \quad U_\infty = 0,$$

式中，r 为电荷元 $\mathrm{d}q$ 到场点 P 的距离. 整个带电体在场点 P 处的电势，依据电势叠加原理，应为

$$U = \int \mathrm{d}U = \int \frac{1}{4\pi\varepsilon_0}\frac{\mathrm{d}q}{r}.$$

上面的积分遍及整个带电体，由于电势是标量，这里的积分是标量积分.

15. 电势梯度与电场强度的关系

一般来说静电场中各点的电势是逐点变化的，但场中有许多点的电势相等. 电势相等的点所构成的空间曲面称为等势面.

$$U = U(x,y,z) = U(\boldsymbol{r}) = C,$$

式中，C 为常数，不同的 C 值将给出不同的等势面. 等势面与静电场分布具有如下性质：① 等势面与电场线处处正交，且电场线方向指向电势降落的方向；② 静电场中，沿等势面移动电荷时，电场力做功为零；③ 等势面较密集的地方场强大，较稀疏的地方场强小.

梯度是指一个物理量的空间变化率，即单位长度上物理量的增量，用数学语言来说，就是物理量对空间坐标的微商. 电场强度 $\boldsymbol{E}$ 和电势 U 是描述电场本身性质的两个重要物理量，二者之间必有一定的联系，其积分关系是通过电势的定义 $U = \int_P^Q \boldsymbol{E}\cdot \mathrm{d}\boldsymbol{l}$ 来体现的，其微分关系为

$$\boldsymbol{E} = -\frac{\mathrm{d}U}{\mathrm{d}n}\boldsymbol{n} = -\mathbf{grad}U = -\nabla U,$$

式中，$\mathrm{d}n$ 表示电势差为 $\mathrm{d}U$ 的两个相邻等势面之间的垂直距离；$\boldsymbol{n}$ 为等势面法线方向上的单位矢量，且指向 U 增加的方向；$\frac{\mathrm{d}U}{\mathrm{d}n}\boldsymbol{n}$ 为电势梯度矢量；∇ 为一个算符，其数学形式为 $\nabla = \boldsymbol{i}\frac{\partial}{\partial x} + \boldsymbol{j}\frac{\partial}{\partial y} + \boldsymbol{k}\frac{\partial}{\partial z}$. 上式的物理含义为电场中各点的电场强度矢量 $\boldsymbol{E}$ 等于该点电势梯度的负值. 电场强度 $\boldsymbol{E}$ 沿三个坐标轴方向上的投影分别为

$$E_x = -\frac{\partial U}{\partial x}, \quad E_y = -\frac{\partial U}{\partial y}, \quad E_z = -\frac{\partial U}{\partial z}.$$

本章的基本计算是求电场强度 $\boldsymbol{E}$ 和电势 U 的空间分布. 求 $\boldsymbol{E}$ 分布的常用方法有三种：① 当场的分布不具有任何对称性时，依据场强叠加原理，用积分法求之；② 电场的分布具有某种对称性时，依据高斯定理求之；③ 依据 $\boldsymbol{E}$ 与 ∇U 之间关系求之.

求 U 分布的常用方法有两种：① 当场的分布不具有任何对称性时，依据电势叠加原理，用积分法求之；② 场的分布具有某种对称性时，先由高斯定理求出 $\boldsymbol{E}$ 的空间分布，再由电势与场强的积分关系，即电势的定义式，采用分段积分的方法求之.

14.2 典型例题

例 14.1 (1) 有一半径为 r 的半球面,均匀地带有电荷,电荷面密度为 σ,求球心处的电场强度;

(2) 半径为 r 的圆弧 ab,弧所对应的圆心角为 θ,圆弧均匀带正电,电荷线密度为 λ,求圆心处的场强;

(3) 有一个半径为 R 的带电球体,已知球体电荷密度 $\rho=kr(r\leqslant R)$,k 为常数,求电场强度的空间分布.

解 (1) 如图 14.3(a)所示,在球面上任取一面元 $\mathrm{d}S=r^2\sin\theta\mathrm{d}\theta\mathrm{d}\varphi$,其上带电量 $\mathrm{d}q=\sigma\mathrm{d}S=\sigma r^2\sin\theta\mathrm{d}\theta\mathrm{d}\varphi$,电荷元 $\mathrm{d}q$ 在球心处产生的场强的大小为

$$\mathrm{d}E=\frac{1}{4\pi\varepsilon_0}\frac{\mathrm{d}q}{r^2}=\frac{1}{4\pi\varepsilon_0}\frac{\sigma r^2\sin\theta\mathrm{d}\theta\mathrm{d}\varphi}{r^2}=\frac{1}{4\pi\varepsilon_0}\sigma\sin\theta\mathrm{d}\theta\mathrm{d}\varphi.$$

由对称性分析知,球心处场强方向竖直向下,其大小为

$$E=E_z=\int\mathrm{d}E\cos\theta=\int_0^{2\pi}\mathrm{d}\varphi\int_0^{\pi/2}\frac{1}{4\pi\varepsilon_0}\sigma\sin\theta\cos\theta\mathrm{d}\theta=\frac{\sigma}{4\varepsilon_0}.$$

(2) 如图 14.3(b)所示,在圆弧 ab 上任取一线元 $\mathrm{d}l=r\mathrm{d}\varphi$,其上所带电量为 $\mathrm{d}q=\lambda\mathrm{d}l=\lambda r\mathrm{d}\varphi$,电荷元 $\mathrm{d}q$ 在圆心处产生的场强的大小为

$$\mathrm{d}E=\frac{1}{4\pi\varepsilon_0}\frac{\lambda r\mathrm{d}\varphi}{r^2}=\frac{\lambda}{4\pi\varepsilon_0}\frac{\mathrm{d}\varphi}{r}.$$

由对称性分析知,圆心处场强的方向沿 x 轴正向,其大小为

$$E=E_x=\int\mathrm{d}E\cos\varphi=\int_{-\theta/2}^{\theta/2}\frac{\lambda}{4\pi\varepsilon_0}\frac{\cos\varphi}{r}\mathrm{d}\varphi=\frac{\lambda}{2\pi\varepsilon_0 r}\sin\frac{\theta}{2}.$$

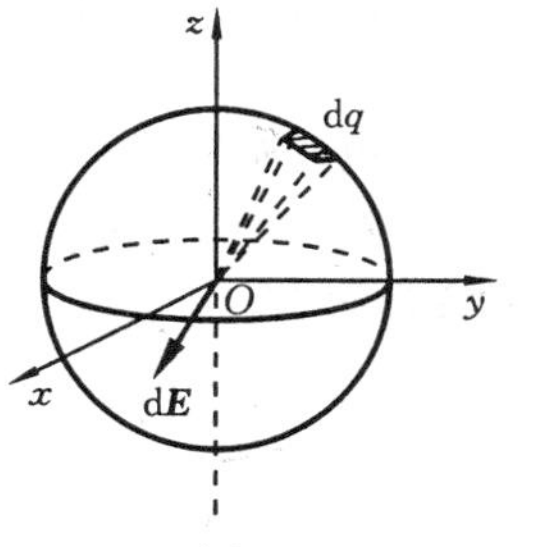

(a)

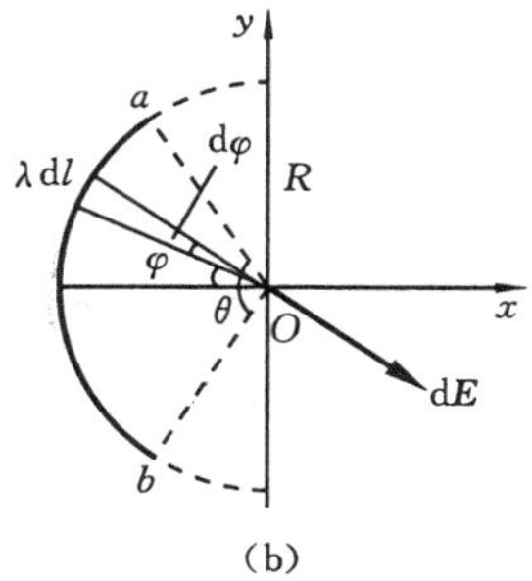

(b)

图 14.3

(3) 作半径为 r 的同心球面为高斯面 S,由对称性分析知,球面 S 上各点场强的大小相等,方向皆沿径向,根据高斯定理,当 $r<R$ 时,有

$$\Phi_e=\oint_S\boldsymbol{E}\cdot\mathrm{d}\boldsymbol{S}=E4\pi r^2=\frac{1}{\varepsilon_0}\int_V\rho\mathrm{d}V=\frac{1}{\varepsilon_0}\int_0^r kr\cdot4\pi r^2\mathrm{d}r=\frac{\pi k}{\varepsilon_0}r^4,$$

故
$$E=\frac{1}{4\pi r^2}\frac{\pi kr^4}{\varepsilon_0}=\frac{kr^2}{4\varepsilon_0}.$$

当 $r>R$ 时,同理,有
$$E4\pi r^2=\frac{1}{\varepsilon_0}\int_0^R kr\cdot4\pi r^2\mathrm{d}r=\frac{\pi kR^4}{\varepsilon_0},$$

故
$$E=\frac{1}{4\pi r^2}\frac{\pi kR^4}{\varepsilon_0}=\frac{kR^4}{4\varepsilon_0 r^2}.$$

例 14.2　设有一均匀带电直线段，长为 L，带电量为 q，线外一点 P 到直线的垂直距离为 a，点 P 和直线段两端的连线与 y 轴正方向的夹角分别为 θ_1、θ_2. 求点 P 的电场强度.

解　如图 14.4 所示，距原点 y 处，取线元 $\mathrm{d}y$，其上带电量为 $\mathrm{d}q=\lambda\mathrm{d}y$，$\lambda=\dfrac{q}{L}$. 设 $\mathrm{d}q$ 到点 P 的距离为 r，则电荷元 $\mathrm{d}q$ 在点 P 产生的电场强度为

$$\mathrm{d}E=\frac{1}{4\pi\varepsilon_0}\frac{\lambda\mathrm{d}y}{r^2}.$$

$\mathrm{d}\boldsymbol{E}$ 方向如图 14.4 所示，它与 y 轴正向夹角为 θ，$\mathrm{d}\boldsymbol{E}$ 沿坐标轴的分量为 $\mathrm{d}E_x=\mathrm{d}E\sin\theta$，$\mathrm{d}E_y=\mathrm{d}E\cos\theta$. 由几何关系知

$$y=a\tan\left(\theta-\frac{\pi}{2}\right)=-a\cot\theta,\quad \mathrm{d}y=a\csc^2\theta\mathrm{d}\theta,$$

$$r^2=a^2+y^2=a^2\csc^2\theta.$$

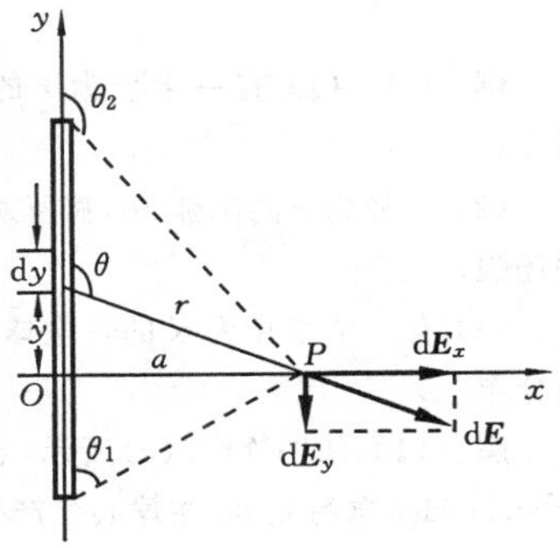

图 14.4

故　$$\mathrm{d}E_x=\frac{\lambda}{4\pi\varepsilon_0 a}\sin\theta\mathrm{d}\theta,\quad \mathrm{d}E_y=\frac{\lambda}{4\pi\varepsilon_0 a}\cos\theta\mathrm{d}\theta.$$

将以上两式积分，得

$$E_x=\int\mathrm{d}E_x=\int_{\theta_1}^{\theta_2}\frac{\lambda}{4\pi\varepsilon_0 a}\sin\theta\mathrm{d}\theta=\frac{\lambda}{4\pi\varepsilon_0 a}(\cos\theta_1-\cos\theta_2),$$

$$E_y=\int\mathrm{d}E_y=\int_{\theta_1}^{\theta_2}\frac{\lambda}{4\pi\varepsilon_0 a}\cos\theta\mathrm{d}\theta=\frac{\lambda}{4\pi\varepsilon_0 a}(\sin\theta_2-\sin\theta_1).$$

如果这一均匀带电直线是无限长的，即 $\theta_1=0$，$\theta_2=\pi$，那么

$$E_x=\frac{\lambda}{2\pi\varepsilon_0 a},\quad E_y=0.$$

例 14.3　实验表明，在靠近地面处有相当强的电场，电场强度 $\boldsymbol{E}$ 垂直于地面向下，大小约为 100 N/C. 在离地面 1.5 km 高的地方，$\boldsymbol{E}$ 亦是垂直于地面向下的，大小约为 25 N/C.

(1) 计算从地面到此高度大气中电荷的平均体密度；

(2) 如果地球上的电荷全部分布在地球表面，求地面上的电荷面密度.

解　(1) 如图 14.5(a)所示，设电荷体密度为 ρ，取圆柱形高斯面(侧面垂直底面，底面 ΔS 平行于地面)，上、下底面处的场强分别为 $\boldsymbol{E}_1$ 和 $\boldsymbol{E}_2$，则通过高斯面的电通量为

$$\Phi_e=\oint_S\boldsymbol{E}\cdot\mathrm{d}\boldsymbol{S}=E_2\Delta S-E_1\Delta S=(E_2-E_1)\Delta S.$$

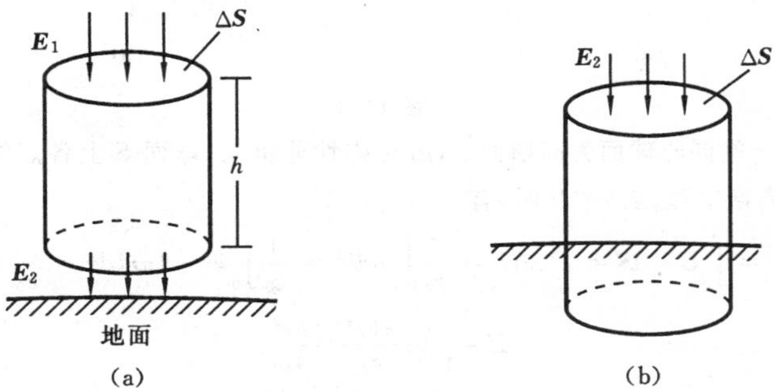

图 14.5

高斯面包围的电荷为 $\sum q_{\text{int}}=h\Delta S\rho$，由高斯定理有 $(E_2-E_1)\Delta S=\dfrac{1}{\varepsilon_0}h\Delta S\rho$，故 $\rho=\dfrac{1}{h}\varepsilon_0(E_2-E_1)=4.43\times10^{-13}\ \mathrm{C/m^3}$.

(2) 设地球表面电荷面密度为 σ，如图 14.5(b)所示，取圆柱形高斯面，由高斯定理有 $-E_2\Delta S=\frac{1}{\varepsilon_0}\sigma\Delta S$，故 $\sigma=-\varepsilon_0 E_2=(-8.85\times10^{-12}\times100)\ \mathrm{C/m^2}=-8.85\times10^{-10}\ \mathrm{C/m^2}$.

例 14.4　一宽为 b 的无限大非均匀带正电平板，电荷体密度 $\rho=kx(0\leqslant x\leqslant b)$. 试求：

(1) 平板两外侧任一点 P_1 和 P_2 处的电场强度；

(2) 平板内与其表面上点 O 相距 x_0 的点 P 处的电场强度.

解　(1) 如图 14.6(a)所示，先求点 P_2 的场强. 欲求该点的场强可将带电板视为由厚度可以忽略的电荷面密度不等的许多薄平板组成，每一个薄带电板在 P_2 处的场强为 $\mathrm{d}E=\frac{\sigma}{2\varepsilon_0}$，距 O 点 x 处，厚度为 $\mathrm{d}x$ 的无限大带电板在 P_2 处的场强为

$$\mathrm{d}E=\frac{\rho\mathrm{d}x}{2\varepsilon_0}=\frac{kx\mathrm{d}x}{2\varepsilon_0},$$

其方向沿 x 轴正向. 于是整个带电板在点 P_2 的总场强为

$$E_{P_2}=\int\mathrm{d}E=\int_0^b\frac{kx\mathrm{d}x}{2\varepsilon_0}=\frac{kb^2}{4\varepsilon_0},$$

总场强方向沿 x 轴正向.

再求点 P_1 的场强，同样方法可得点 P_1 的总场强为 $E_{P_1}=\frac{kb^2}{4\varepsilon_0}$，其方向沿 x 轴的负向.

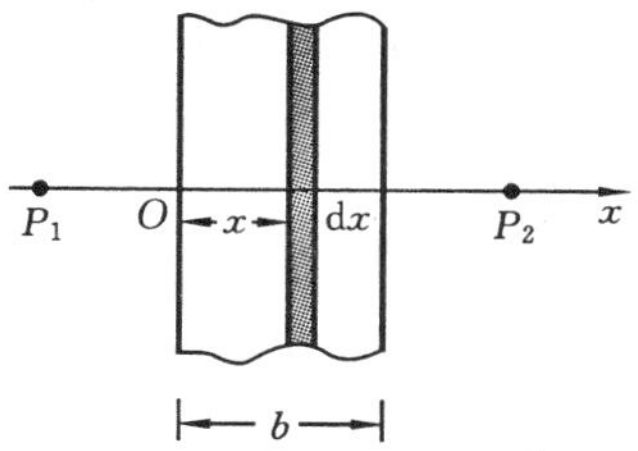

(a)

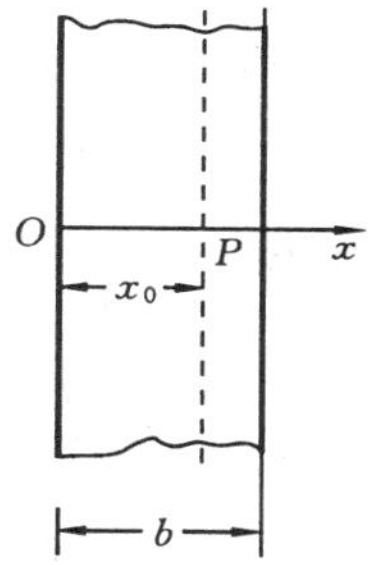

(b)

图 14.6

(2) 如图 14.6(b)所示，设点 P 左侧厚为 x_0 的带电板在点 P 产生的场强为 $\boldsymbol{E}_1$，点 P 右侧厚为 $b-x_0$ 的带电板在点 P 产生的场强为 $\boldsymbol{E}_2$，则

$$E_1=\int_0^{x_0}\frac{kx\mathrm{d}x}{2\varepsilon_0}=\frac{kx_0^2}{4\varepsilon_0},$$

其方向沿 x 轴的正方向. 而　$E_2=\int_{x_0}^{b}\frac{kx\mathrm{d}x}{2\varepsilon_0}=\frac{k}{4\varepsilon_0}(b^2-x_0^2)$，

其方向沿 x 轴的负方向. 点 P 的总场强为 $\boldsymbol{E}_1$ 与 $\boldsymbol{E}_2$ 的矢量和，即

$$E=E_1-E_2=\frac{k}{4\varepsilon_0}(2x_0^2-b^2).$$

例 14.5　有一无限大平面，中部有一半径为 R 的圆孔. 设平面上均匀带电，电荷面密度为 σ，试求通过小孔中心 O 并与平面垂直的直线上各点的场强和电势.（选点 O 电势为零.）

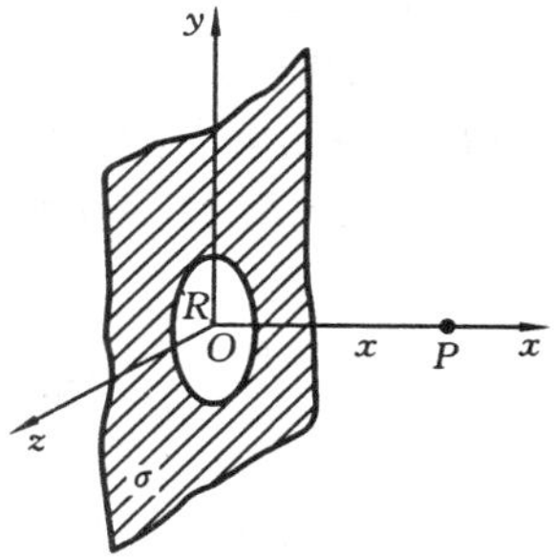

图 14.7

解　如图 14.7 所示，首先用所谓的补割法求轴线上的场强分布. 设 $\boldsymbol{E}_1$ 表示电荷面密度为 σ 的无限大均匀带电平面在点 P 处产生的场强；$\boldsymbol{E}_2$ 表示半径为 R，电荷面密度为 σ 的均匀带电圆

板在点 P 处产生的场强；$\boldsymbol{E}$ 表示开有圆孔的无限大均匀带电平面在点 P 处产生的场强. 依据场强叠加原理，有

$$\boldsymbol{E}_1=\boldsymbol{E}+\boldsymbol{E}_2,$$

而

$$\boldsymbol{E}_1=\frac{\sigma}{2\varepsilon_0}\boldsymbol{i},\quad \boldsymbol{E}_2=\frac{\sigma}{2\varepsilon_0}\left(1-\frac{x}{\sqrt{x^2+R^2}}\right)\boldsymbol{i},$$

故

$$\boldsymbol{E}=\boldsymbol{E}_1-\boldsymbol{E}_2=\frac{\sigma}{2\varepsilon_0}\boldsymbol{i}-\frac{\sigma}{2\varepsilon_0}\left(1-\frac{x}{\sqrt{x^2+R^2}}\right)\boldsymbol{i}=\frac{\sigma x}{2\varepsilon_0\sqrt{x^2+R^2}}\boldsymbol{i},$$

点 P 处的电势为

$$U=\int_x^0\frac{\sigma x}{2\varepsilon_0\sqrt{R^2+x^2}}\mathrm{d}x=\frac{\sigma}{2\varepsilon_0}(R-\sqrt{R^2+x^2}).$$

例 14.6　两根无限长均匀带电直线相互平行，相距为 $2a$，电荷线密度分别为 $+\lambda$ 和 $-\lambda$. 求电势空间分布.

解　如图 14.8 所示，由于带电直线为无限长，若仍选取无穷远处为电势零参照点，则由 $\int_r^\infty \boldsymbol{E}\cdot\mathrm{d}\boldsymbol{r}$ 可知各点电势为无穷大而失去意义，所以选点 O 为电势零点，已知无限长均匀带电直线周围场强的大小为

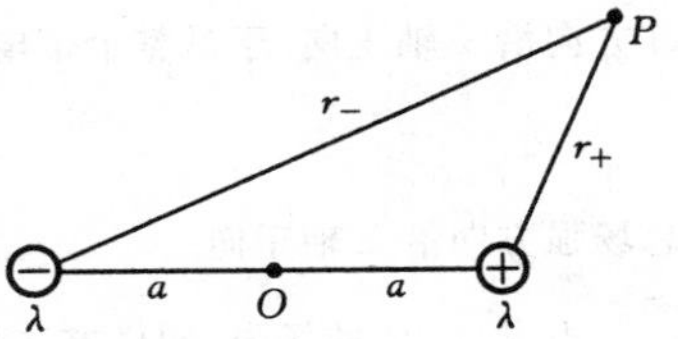

图 14.8

$$E=\frac{\lambda}{2\pi\varepsilon_0 r},$$

方向垂直于带电直线. 因此，由电势定义式有

$$U_P=\int_P^0\boldsymbol{E}\cdot\mathrm{d}\boldsymbol{l}=\int_P^0\boldsymbol{E}_+\cdot\mathrm{d}\boldsymbol{l}+\int_P^0\boldsymbol{E}_-\cdot\mathrm{d}\boldsymbol{l}=U_++U_-,$$

式中，$\boldsymbol{E}_+$ 与 $\boldsymbol{E}_-$ 分别为带正电直线和带负电直线的电场强度.

$$U_+=\int_P^0\boldsymbol{E}_+\cdot\mathrm{d}\boldsymbol{l}=\int\frac{\lambda}{2\pi\varepsilon_0 r}\cdot\cos\theta\mathrm{d}l,$$

式中，θ 为 $\boldsymbol{E}_+$ 与 $\mathrm{d}\boldsymbol{l}$ 之间的夹角. 而 $\cos\theta\mathrm{d}l=\mathrm{d}r$，故

$$U_+=\int_{r_+}^a\frac{\lambda}{2\pi\varepsilon_0 r}\mathrm{d}r=\frac{\lambda}{2\pi\varepsilon_0}\ln\frac{a}{r_+},$$

式中，r_+ 为点 P 到带正电直线的距离. 同理，有

$$U_-=\int_{r_-}^a\frac{(-\lambda)}{2\pi\varepsilon_0}\mathrm{d}r=-\frac{\lambda}{2\pi\varepsilon_0}\ln\frac{a}{r},$$

式中，r_- 为点 P 到负带电直线的距离. 故

$$U_P=U_++U_-=\frac{\lambda}{2\pi\varepsilon_0}\ln\frac{r_-}{r_+}.$$

例 14.7　如图 14.9 所示，一个均匀体分布带正电球层，电荷体密度为 ρ，球层内表面半径为 R_1，球层外表面半径为 R_2. 求点 A 和点 B 的电势.（其分别到球心的距离为 r_A 和 r_B.）

解　先求出电场强度的空间分布，当 $0<r<R_1$ 时，有 $E_1=0$.

当 $R_1<r<R_2$ 时，由高斯定理有（高斯面为同心球面）

$$E_2=\frac{\frac{4}{3}\pi(r^3-R_1^3)\rho}{4\pi\varepsilon_0 r^2}=\frac{1}{3\varepsilon_0}\left(r-\frac{R_1^3}{r^2}\right)\rho.$$

当 $r>R_2$ 时，有

$$E_3=\frac{\frac{4}{3}\pi(R_2^3-R_1^3)\rho}{4\pi\varepsilon_0 r^2}=\frac{(R_2^3-R_1^3)\rho}{3\varepsilon_0 r^2}.$$

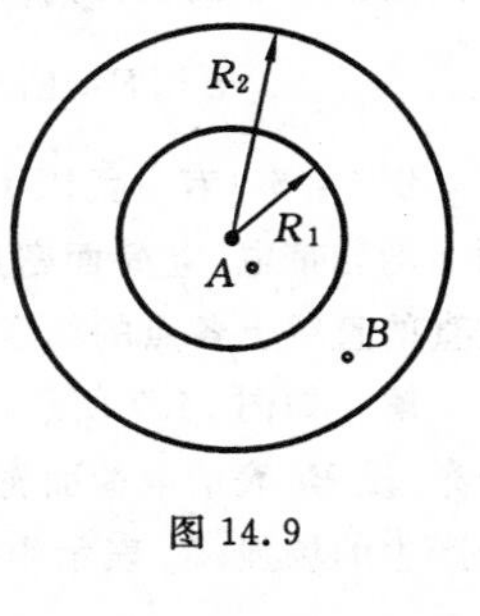

图 14.9

于是点 A 的电势（选积分路径为径向）为

$$U_A=\int_{r_A}^{\infty}\boldsymbol{E}\cdot d\boldsymbol{l}=\int_{r_A}^{R_1}\boldsymbol{E}_1\cdot d\boldsymbol{l}+\int_{R_1}^{R_2}\boldsymbol{E}_2\cdot d\boldsymbol{l}+\int_{R_2}^{\infty}\boldsymbol{E}_3\cdot d\boldsymbol{l}$$

$$=\int_{R_1}^{R_2}\left[\frac{\rho}{3\varepsilon_0}\left(r-\frac{R_1^3}{r^2}\right)\right]dr+\int_{R_2}^{\infty}\frac{\rho(R_2^3-R_1^3)}{3\varepsilon_0 r^2}=\frac{\rho}{2\varepsilon_0}(R_2^2-R_1^2).$$

同理，可得点 B 的电势为

$$U_B=\int_{r_B}^{\infty}\boldsymbol{E}\cdot d\boldsymbol{l}=\int_{r_B}^{R_2}\frac{\rho}{3\varepsilon_0}\left(r-\frac{R_1^3}{r^2}\right)dr+\int_{R_2}^{\infty}\frac{(R_2^3-R_1^3)\rho}{3\varepsilon_0 r^2}dr=\frac{\rho}{\varepsilon_0}\left(\frac{R_2^2}{2}-\frac{r_B^2}{6}-\frac{R_1^3}{3r_B}\right).$$

利用电位叠加原理，也可得出上面的结果，即

$$U_A=\int_{R_1}^{R_2}\frac{\rho 4\pi r^2 dr}{4\pi\varepsilon_0 r}=\frac{\rho}{2\varepsilon_0}(R_2^2-R_1^2).$$

$$U_B=\int_{R_1}^{r_B}\frac{\rho 4\pi r^2 dr}{4\pi\varepsilon_0 r_B}+\int_{r_B}^{R_2}\frac{\rho 4\pi r^2 dr}{4\pi\varepsilon_0 r}=\int_{R_1}^{r_B}\frac{\rho r^2 dr}{\varepsilon_0 r_B}+\int_{r_B}^{R_2}\frac{\rho r}{\varepsilon_0}dr$$

$$=\frac{\rho}{\varepsilon_0 r_B}\frac{1}{3}(r_B^3-R_1^3)+\frac{\rho}{2\varepsilon_0}(R_2^2-r_B^2)=\frac{\rho}{\varepsilon_0}\left(\frac{R_2^2}{2}-\frac{r_B^2}{6}-\frac{R_1^3}{3r_B}\right).$$

例 14.8　一半径为 R 的无限长圆柱形带电体，其电荷体密度 $\rho=Ar$（A 为常数，$r\leqslant R$）. 试求：

(1) 圆柱体内外各点场强的大小分布；

(2) 选距离轴线为 $l(l>R)$ 处为电势零点，计算圆柱体内外各点的电势分布.

解　(1) 由对称性分析知，无限长圆柱形带电体在空间任一点产生的场强方向垂直于圆柱体轴线，取半径为 r、高为 h 的闭合同轴圆柱面为高斯面 S，则穿过该柱面的电通量为 $\Phi_e=\oint_S\boldsymbol{E}\cdot d\boldsymbol{S}=2\pi rhE$. 当 $r\leqslant R$ 时，包围在高斯面内的总电量为

$$\int_V\rho dV=\int_0^r\rho\cdot 2\pi rh\,dr=\int_0^r A2\pi r^2 h\,dr=\frac{2}{3}\pi Ahr^3.$$

由高斯定理有 $2\pi rhE=\frac{1}{\varepsilon_0}\frac{2}{3}\pi Ahr^3$，故 $E=\frac{Ar^2}{3\varepsilon_0}$.

当 $r>R$ 时，包围在高斯面内的总电量为

$$\int_V\rho dV=\int_0^R 2\pi Ahr^2 dr=\frac{2}{3}\pi AhR^3,\quad 即\quad E2\pi rh=\frac{2}{3\varepsilon_0}\pi AhR^3,$$

故 $E=\frac{AR^3}{3\varepsilon_0 r}$.

(2) 当 $r\leqslant R$ 时，柱体内任一点的电势为

$$U=\int_r^l\boldsymbol{E}\cdot d\boldsymbol{l}=\int_r^R\frac{Ar^2}{3\varepsilon_0}dr+\int_R^l\frac{AR^3}{3\varepsilon_0 r}dr=\frac{A}{q\varepsilon_0}(R^3-r^3)+\frac{AR^3}{3\varepsilon_0}\ln\frac{l}{R}.$$

当 $r>R$ 时，柱体外任一点的电势为

$$U=\int_r^l\boldsymbol{E}\cdot d\boldsymbol{l}=\int_r^l\frac{AR^3}{3\varepsilon_0 r}dr=\frac{AR^3}{3\varepsilon_0}\ln\frac{l}{R}.$$

例 14.9　(1) 三个点电荷 q_1、q_2、q_3 沿一条直线分布，已知其中任一点电荷所受合力均为零，且 $q_1=q_3=Q$，求在固定 q_1、q_3 的情况下，将 q_2 从图 14.10(a)所示的点 O 移到无限远处，外力需要做的功；

(2) 点电荷 $q=10^{-9}$ C，与它在同一直线上的 A、B、C 点分别距 q 为 10 cm、20 cm、30 cm，如图 14.10(b)所示. 若选 B 为电势零点，求 A、C 两点的电势 U_A 和 U_B.

解　(1) q_1 受到 q_2、q_3 的电场力的合力为零，即 $\frac{q_1q_2}{4\pi\varepsilon_0 a^2}+\frac{q_1q_3}{4\pi\varepsilon_0(2a)^2}=0$，故 $q_2=-\frac{1}{4}Q$. 因此

$$W_{外}=-W_{电场力}=-q_2(U_0-U_\infty)=\frac{1}{4}Q\left(\frac{q_1}{4\pi\varepsilon_0 a}+\frac{q_3}{4\pi\varepsilon_0 a}\right)=\frac{Q^2}{8\pi\varepsilon_0 a}.$$

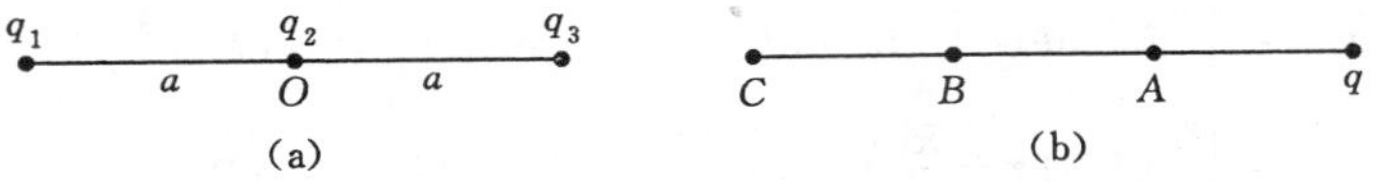

图 14.10

(2) 由电势的定义式有

$$U_A=\int_A^B \boldsymbol{E}\cdot d\boldsymbol{l}=\int_{r_A}^{r_B}\frac{q}{4\pi\varepsilon_0 r^2}dr=\frac{q}{4\pi\varepsilon_0}\left(\frac{1}{r_A}-\frac{1}{r_B}\right)=45\ \text{V},$$

$$U_C=\int_C^B \boldsymbol{E}\cdot d\boldsymbol{l}=\int_{r_C}^{r_B}\frac{q}{4\pi\varepsilon_0 r^2}dr=\frac{q}{4\pi\varepsilon_0}\left(\frac{1}{r_C}-\frac{1}{r_B}\right)=-15\ \text{V}.$$

例 14.10　半径为 R 的均匀带电球面，带电量为 Q，沿半径方向上有一均匀带电细棒，电荷线密度为 λ，长度为 l，如图 14.11 所示. 设球面和细棒上的电荷分布固定，细棒近端离球心的距离为 l，求细棒在电场中的电势能.

解　建立图 14.11 所示坐标系，在距原点 x 处取线元 dx，dx 上的电荷为 $dq=\lambda dx$，dq 在 Q 的电场中具有电势能为

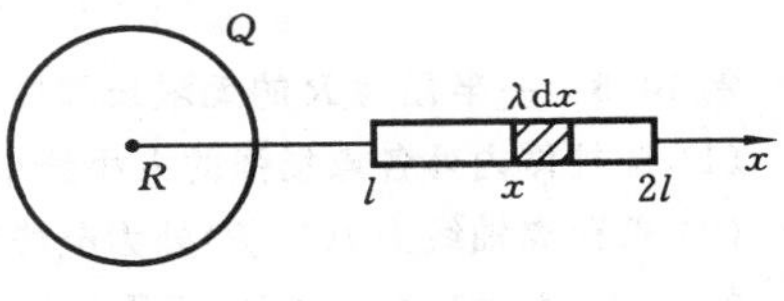

图 14.11

$$dW=dq\frac{Q}{4\pi\varepsilon_0 x}=\frac{\lambda Q dx}{4\pi\varepsilon_0 x},$$

所以整个细棒在 Q 电场中的电势能为

$$W=\int_l^{2l}\frac{\lambda Q dx}{4\pi\varepsilon_0 x}=\frac{\lambda Q}{4\pi\varepsilon_0}=\ln 2.$$

例 14.11　电荷以相同的面密度 σ 分布在半径为 $r_1=10$ cm 和 $r_2=20$ cm 的两个同心球面上. 设无限远处电势为零，球心处的电势 $U_O=300$ V，试求：

(1) 电荷面密度；

(2) 要使球心处的电势亦为零，外球面上应放掉多少电荷？

解　(1) 依据电势叠加原理，球心处的电势为两个同心球面各自在球心处产生的电势的代数和，即

$$U_O=\frac{q_1}{4\pi\varepsilon_0 r_1}+\frac{q_2}{4\pi\varepsilon_0 r_2}=\frac{1}{4\pi\varepsilon_0}\left(\frac{\sigma 4\pi r_1^2}{r_1}+\frac{\sigma 4\pi r_2^2}{r_2}\right)=\frac{\sigma}{\varepsilon_0}(r_1+r_2),$$

故

$$\sigma=\frac{U_0\varepsilon_0}{r_1+r_2}=8.85\times10^{-9}\ \text{C/m}^2.$$

(2) 设外球面上放电后电荷面密度为 σ'，则应有

$$U_O'=\frac{1}{\varepsilon_0}(\sigma r_1+\sigma' r_2)=0,\quad 即\quad \sigma'=-\frac{r_1}{r_2}\sigma.$$

外球面上应变为带负电，其应放掉的电荷

$$q'=4\pi r_2^2(\sigma-\sigma')=4\pi r_2^2\sigma\left(1+\frac{r_1}{r_2}\right)=4\pi r_2\sigma(r_1+r_2)=4\pi\varepsilon_0 U_0 r_2=6.67\times10^{-9}\ \text{C}.$$

例 14.12　在边长为 a 的正方形的 4 个顶点上各有一个电量为 q 的点电荷，现在在正方形对角线的交点上放置一个质量为 m，电量为 q_0（设 q_0 与 q 同号）的自由点电荷. 当将 q_0 沿某一对角线移动一段很小的距离时，试证明自由电荷 q_0 所做的运动为简谐振动，并求振动周期.

证　如图 14.12 所示，取坐标轴 Ox，原点 O 在正方形的中心，各顶点上的点电荷到点 O 的距离均为 $r=\frac{\sqrt{2}}{2}a$，沿 x 轴方向使 q_0 有一小位移 $x(x\ll a)$，左右两个点电荷 q 对 q_0 的作用力为

$$F_1=\frac{qq_0}{4\pi\varepsilon_0(x+r)^2}-\frac{qq_0}{4\pi\varepsilon_0(r-x)^2}=\frac{qq_0}{4\pi\varepsilon_0 r^2}\left[\left(1+\frac{x}{r}\right)^{-2}-\left(1-\frac{x}{r}\right)^{-2}\right].$$

由于 $x \ll a$，有 $x \ll r$，则

$$F_1 \approx \frac{qq_0}{4\pi\varepsilon_0 r^2}\left[\left(1-\frac{2x}{r}\right)-\left(1+\frac{2x}{r}\right)\right]=\frac{-qq_0}{\pi\varepsilon_0 r^3}x.$$

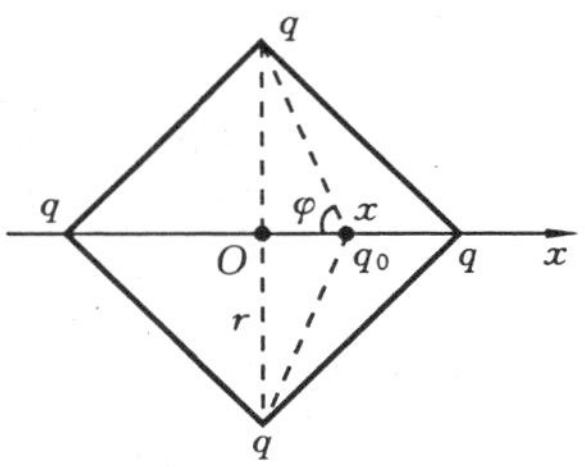

图 14.12

F_1 的方向沿 x 轴负方向．上、下两个点电荷 q 对 q_0 的作用力为

$$F_2 = 2\times\frac{qq_0\cos\varphi}{4\pi\varepsilon_0(r^2+x^2)}=\frac{2qq_0}{4\pi\varepsilon_0(r^2+x^2)}\frac{x}{\sqrt{r^2+x^2}}$$

$$=\frac{qq_0 x}{2\pi\varepsilon_0(r^2+x^2)^{\frac{3}{2}}}\approx\frac{qq_0 x}{2\pi\varepsilon_0 r^3},$$

F_2 的方向沿 x 轴正方向．由上述分析可知，q_0 所受的合力为

$$F=F_1+F_2=-\frac{qq_0 x}{2\pi\varepsilon_0 r^3}=-\frac{2qq_0}{\sqrt{2}\pi\varepsilon_0 a^3}x=-kx,$$

F 的方向沿 x 轴负方向．这说明 q_0 所受的电场力为一线性回复力，q_0 在这个作用力的作用下做简谐振动，由牛顿运动定律可得

$$F=-kx=m\frac{\mathrm{d}^2x}{\mathrm{d}t^2},\quad \frac{\mathrm{d}^2x}{\mathrm{d}t^2}+\frac{k}{m}x=0.$$

角频率为 $\omega=\sqrt{\frac{k}{m}}=\sqrt{\frac{\sqrt{2}qq_0}{\pi\varepsilon_0 ma^3}}$，振动周期为 $T=\frac{2\pi}{\omega}=\left(\frac{2\sqrt{2}\pi\varepsilon_0 ma^3}{qq_0}\right)^{\frac{1}{2}}$．

例 14.13　有一无限长均匀带电直线，其电荷线密度为 $+\lambda_1$，另外在垂直于它的方向上放置着一根长为 l 的均匀带电直线 MN，其电荷线密度为 $+\lambda_2$．试求它们之间总相互作用力．（设 $a=|OM|$．）

解一　如图 14.13(a)所示，无限长均匀带电直线场强分布为 $E=\frac{\lambda_1}{2\pi\varepsilon_0 x}$，方向沿 x 轴正方向．距 O 点 x 处任取一电荷元 $\mathrm{d}q=\lambda_2\mathrm{d}x$，其在无限长均匀带电直线电场中的受力为

$$\mathrm{d}F=\frac{\lambda_1\mathrm{d}q}{2\pi\varepsilon_0 x}=\frac{\lambda_1\lambda_2\mathrm{d}x}{2\pi\varepsilon_0 x},$$

方向沿 x 轴正方向．由于各电荷元所受力的方向均沿 x 轴正方向，所以它们之间总相互作用力为

$$F=\int\mathrm{d}F=\int_a^{a+l}\frac{\lambda_1\lambda_2\mathrm{d}x}{2\pi\varepsilon_0 x}=\frac{\lambda_1\lambda_2}{2\pi\varepsilon_0}\ln\frac{a+l}{a}.$$

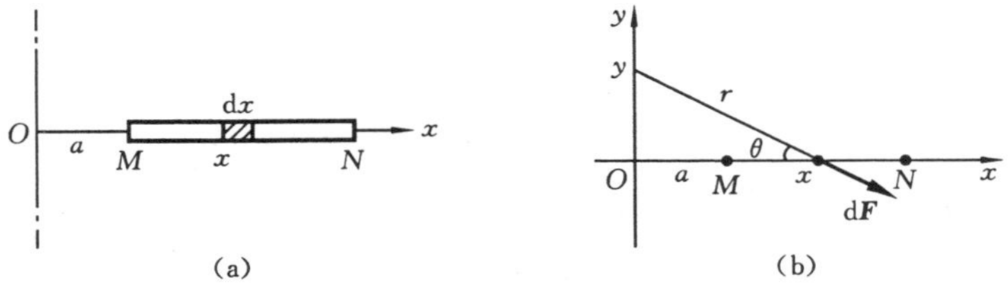

图 14.13

解二　如图 14.13(b)所示，距 O 点 y 处取电荷元 $\mathrm{d}q_1=\lambda_1\mathrm{d}y$，距 O 点 x 处取电荷元 $\mathrm{d}q_2=\lambda_2\mathrm{d}x$，由库仑定律，可知 $\mathrm{d}q_1$ 对 $\mathrm{d}q_2$ 的作用力为

$$\mathrm{d}F=\frac{1}{4\pi\varepsilon_0}\frac{\mathrm{d}q_1\mathrm{d}q_2}{r^2},$$

式中，r 为两电荷 $\mathrm{d}q_1$ 与 $\mathrm{d}q_2$ 之间的距离．$\mathrm{d}\boldsymbol{F}$ 的方向如图 14.13(b)所示，$\mathrm{d}\boldsymbol{F}$ 的坐标分量分别为

$$\mathrm{d}F_x=\mathrm{d}F\cos\theta,\quad \mathrm{d}F_y=\mathrm{d}F\sin\theta.$$

由对称性分析可知，$F_y=\int\mathrm{d}F_y=0$，所以 $\boldsymbol{F}$ 只沿 x 轴正向，即

$$F=\int\mathrm{d}F_x=\int\mathrm{d}F\cos\theta=\int\frac{\mathrm{d}q_1\mathrm{d}q_2}{4\pi\varepsilon_0 r^2}\frac{x}{r}=\frac{\lambda_1\lambda_2}{4\pi\varepsilon_0}\iint\frac{x\mathrm{d}x\mathrm{d}y}{r^3}=\frac{\lambda_1\lambda_2}{4\pi\varepsilon_0}\int_a^{a+l}x\mathrm{d}x\int_{-\infty}^{+\infty}\frac{\mathrm{d}y}{(x^2+y^2)^{\frac{3}{2}}}$$

$$=\frac{\lambda_1\lambda_2}{2\pi\varepsilon_0}\int_a^{a+l}\frac{\mathrm{d}x}{x}=\frac{\lambda_1\lambda_2}{2\pi\varepsilon_0}\ln\frac{a+l}{a}.$$

例 14.14　真空中有一球对称电场，其电场强度的分布由下式给出：

$$\boldsymbol{E}=\frac{\alpha-\beta r}{r^2}\left(\frac{\boldsymbol{r}}{r}\right),$$

式中，α,β 为正常数；$\boldsymbol{r}$ 为由原点 O 到场点的位置矢量. 试求：

(1) 以原点 O 为球心，r 为半径的球体内所包含的电量 $Q(r)$；

(2) 空间的电荷体密度分布 $\rho(r)$.

解　从所给场强可以看出，场是球对称分布的，因而可以认为电荷的空间分布也具有同样的球对称性.

(1) 由空间电场分布 $\boldsymbol{E}=\frac{\alpha-\beta r}{r^2}\left(\frac{\boldsymbol{r}}{r}\right)$ 和场强叠加原理，此空间电场可视为由

$$\boldsymbol{E}_1=\frac{\alpha}{r^2}\left(\frac{\boldsymbol{r}}{r}\right),\quad \boldsymbol{E}_2=-\frac{\beta}{r}\left(\frac{\boldsymbol{r}}{r}\right)$$

两部分电场叠加而成. 不难看出，$\boldsymbol{E}_1$ 是球心处正电荷产生的电场，由点电荷的场强公式知

$$\boldsymbol{E}_1=\frac{q_1}{4\pi\varepsilon_0 r^2}\left(\frac{\boldsymbol{r}}{r}\right),$$

故球心处点电荷的电量 $q_1=4\pi\varepsilon_0\alpha$. $\boldsymbol{E}_2$ 为球对称电场，且为负电荷所产生的，则负电荷的分布也一定是球对称的. 取以原点为球心，以 r 为半径的球面为高斯面，由高斯定理知，在高斯面内的电量为

$$q_2=4\pi\varepsilon_0 r^2E_2=4\pi\varepsilon_0 r^2\left(-\frac{\beta}{r}\right)=-4\pi\varepsilon_0\beta r.$$

所以，以原点为球心、r 为半径的球形区域内的总电量为

$$Q(r)=q_1+q_2=4\pi\varepsilon_0\alpha+(-4\pi\varepsilon_0\beta r)=4\pi\varepsilon_0(\alpha-\beta r).$$

(2) 空间的电荷分布情况. 在球心处的正点电荷 $q_1=4\pi\varepsilon_0\alpha$，在球心外整个空间分布着负电荷，在半径 $r\to r+\mathrm{d}r$ 的薄球壳内的电量为 $\mathrm{d}Q(r)=-4\pi\varepsilon_0\beta\mathrm{d}r$，所以空间电荷体密度分布为

$$\rho(r)=\frac{\mathrm{d}Q(r)}{\mathrm{d}v}=\frac{-4\pi\varepsilon_0\beta\mathrm{d}r}{4\pi r^2\mathrm{d}r}=-\frac{\varepsilon_0\beta}{r^2}.$$

例 14.15　已知电偶极子的电势公式为 $U=\frac{p\cos\theta}{4\varepsilon_0 r^2}$，求场强分布.

解　电偶极子的电势分布公式实际上采用的是球坐标系，如图 14.14 所示，其极轴沿电偶极矩 $\boldsymbol{p}$，原点 O 位于偶极子中心. 由于轴对称性，U 与方位角 φ 无关，所以场强 $\boldsymbol{E}$ 的三个分量分别为

$$E_r=-\frac{\partial U}{\partial r}=\frac{1}{4\pi\varepsilon_0}\frac{2p\cos\theta}{r^3},\quad E_\theta=-\frac{1}{r}\frac{\partial U}{\partial\theta}=\frac{1}{4\pi\varepsilon_0}\frac{p\sin\theta}{r^3},\quad E_\varphi=-\frac{1}{r\sin\theta}\frac{\partial U}{\partial\varphi}=0,$$

则

$$\boldsymbol{E}=E_r\boldsymbol{e}_r+E_\theta\boldsymbol{e}_\theta=\frac{2p\cos\theta}{4\pi\varepsilon_0 r^3}\boldsymbol{e}_r+\frac{p\sin\theta}{4\pi\varepsilon_0 r^3}\boldsymbol{e}_\theta,$$

式中，$\boldsymbol{e}_r$ 与 $\boldsymbol{e}_\theta$ 分别为 $\boldsymbol{r}$ 方向和与 $\boldsymbol{r}$ 方向垂直方向上的单位矢量. 由上述结果，可得出电偶极子在延长线上的场强为

$$E=\frac{2p}{4\pi\varepsilon_0 r^3}\ (\theta=0).$$

在中垂面上的场强为

$$E=\frac{-p}{4\pi\varepsilon_0 r^3}\ \left(\theta=\frac{\pi}{2}\right).$$

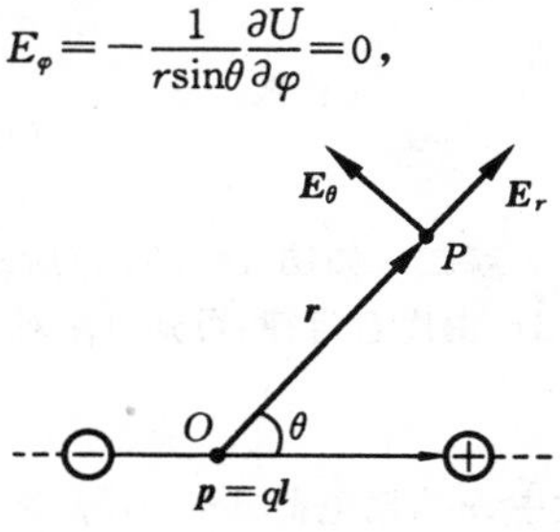

图 14.14

例 14.16　有一半径为 R 的均匀带电球体，电荷体密度为 $+\rho$，现沿球体直径方向挖一细通道，挖道前后其电场分布不变，如图 14.15 所示. 今在洞口处静止释放一点电荷 $-q$，其质量为 m，重力

在此忽略不计，试求点电荷在通道内的运动规律.

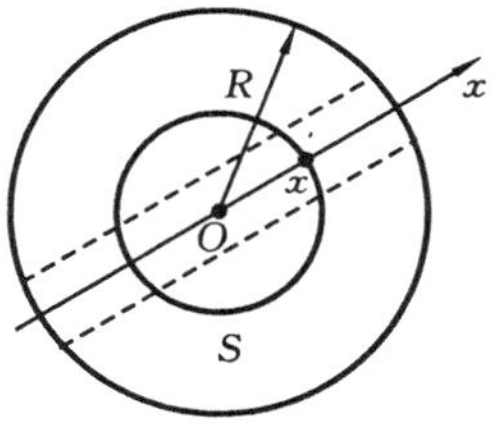

图 14.15

解　以球心为坐标原点，沿细洞取坐标轴 x，由高斯定理（取同心球面为高斯面 S），可得 x 处的场强大小为

$$E4\pi x^2=\frac{1}{\varepsilon_0}\rho\frac{4}{3}\pi x^3,$$

故 $E=E(x)=\frac{\rho x}{3\varepsilon_0}$，其方向沿 x 轴正方向.

点电荷 $-q$ 受到的电场力为 $F=(-q)E=-\frac{q\rho}{3\varepsilon_0}x=-kx$，$k=\frac{q\rho}{3\varepsilon_0}$. 所以点电荷做简谐振动，其角频率为 $\omega=\sqrt{\frac{k}{m}}=\sqrt{\frac{q\rho}{3m\varepsilon_0}}$，其振动周期为

$$T=\frac{2\pi}{\omega}=2\pi\sqrt{\frac{3m\varepsilon_0}{q\rho}}.$$

例 14.17　(1) 无数个点电荷电量均为 Q，位于一条直线上，如图 14.16(a)所示. 第 k 个电荷与点 O 的距离为 $R\times 2^{k-1}(k=1,2,3,\cdots)$，$R$ 为常数. 求点 O 的电势.

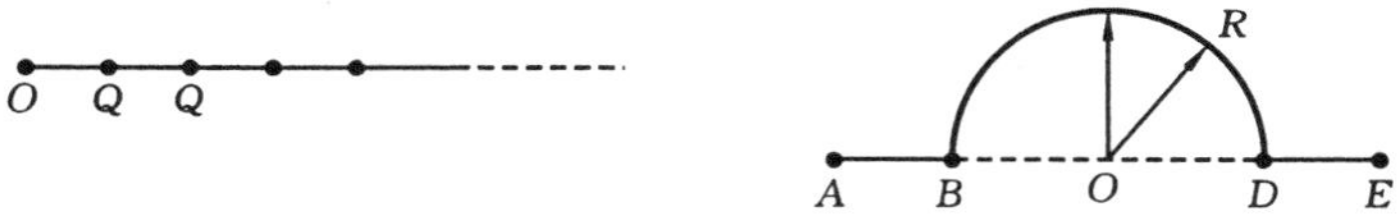

(a)　(b)

图 14.16

(2) 真空中一均匀带电弧线，形状如图 14.16(b)所示，电荷线密度为 λ. 求点 O 电势.（设 $|AB|=|DE|=R$.）

解　(1) 由电势叠加原理有

$$U_0=\frac{Q}{4\pi\varepsilon_0 R}+\frac{Q}{4\pi\varepsilon_0(2R)}+\frac{Q}{4\pi\varepsilon_0(4R)}+\cdots=\frac{Q}{4\pi\varepsilon_0 R}\sum_{i=0}^{\infty}\frac{1}{2^i}=\frac{Q}{4\pi\varepsilon_0 R}\frac{1}{1-\frac{1}{2}}=\frac{Q}{2\pi\varepsilon_0 R}.$$

(2) 由电势叠加原理有

$$U_0=2\int_R^{2R}\frac{\lambda\mathrm{d}x}{4\pi\varepsilon_0 x}+\int_0^{\pi}\frac{\lambda R\mathrm{d}\theta}{4\pi\varepsilon_0 R}=\frac{\lambda}{2\pi\varepsilon_0}\ln 2+\frac{\lambda}{4\varepsilon_0}.$$

14.3　强化训练题

一、填空题

1. 一电量为 -5×10^{-9} C 的试验电荷放在电场中某点时，受到 20×10^{-9} N 向下的力，则该点的电场强度大小为______，方向______.

2. 如图 14.17 所示，两个平行的“无限大”均匀带电平面，其电荷面密度分别为 $+\sigma$ 和 $+2\sigma$，则 A、B、C 三个区域的电场强度分别为 $E_A=$______；$E_B=$______；$E_C=$______.（设方向向右为正.）

3. 如图 14.18 所示，三个平行的“无限大”均匀带电平面，其电荷面密度都是 $+\sigma$，则 A、B、C、D 四个区域的电场强度分别为 $E_A=$______；$E_B=$______；$E_C=$______；$E_D=$______.（设方向向右为正.）

4. 如图 14.19 所示，一半径为 R 的带有一缺口的细圆环，缺口长度为 $d(d\ll R)$，环上均匀带正电，总电量为 q，则圆心 O 处的场强大小 $E=$______，场强方向为______.

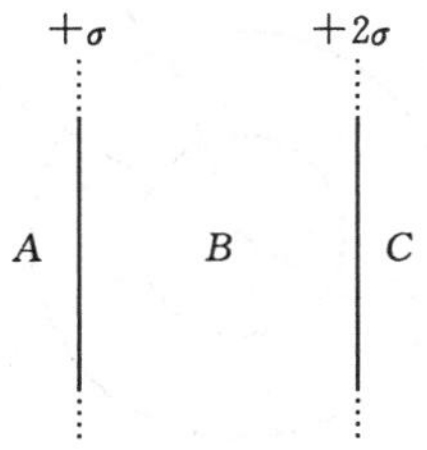

图 14.17

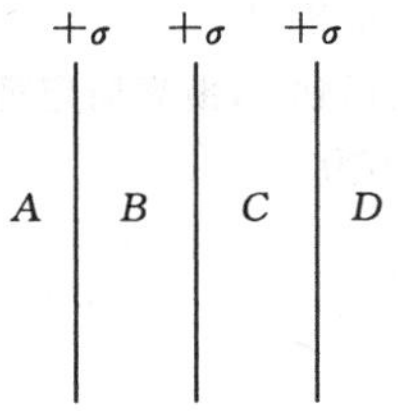

图 14.18

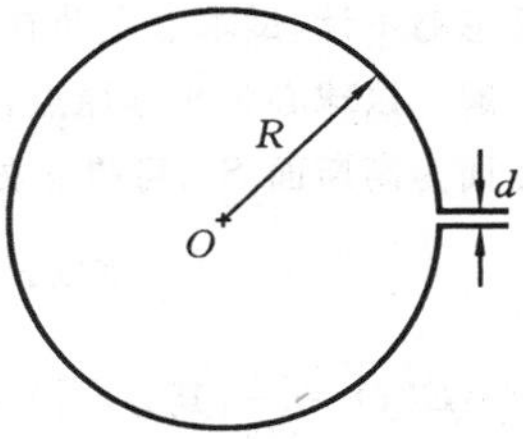

图 14.19

5. 在静电场中，电势不变的区域，场强必定为______.

6. 一半径为 R、长为 L 的均匀带电圆柱面，其单位长度带电量为 λ. 在带电圆柱的中垂面上有一点 P，它到轴线距离为 $r(r>R)$，则点 P 的电场强度的大小：当 $r\ll L$ 时，$E=$______；当 $r\gg L$ 时，$E=$______.

7. 把一个均匀带电量为 $+Q$ 的球形肥皂泡由半径 r_1 吹胀到 r_2，则半径为 $R(r_1<R<r_2)$ 的高斯球面上任一点的场强大小 E 由______变为______；电势 U 由______变为______.（设无限远处为电势零点.）

8. 如图 14.20 所示，一电荷线密度为 λ 的无限长带电直线垂直通过图面上的点 A；一带电量为 Q 的均匀带电球体，其球心处于点 O. $\triangle AOP$ 是边长为 a 的等边三角形. 为了使点 P 处场强方向垂直于 OP，则 λ 和 Q 的数量之间应满足______关系，且 λ 和 Q 为______号电荷.

9. 一半径为 R 的均匀带电球面，其电荷面密度为 σ. 该球面内、外的场强分布为（$\boldsymbol{r}$ 表示从球心引出的矢径）$\boldsymbol{E}(\boldsymbol{r})=$______$(r<R)$；$\boldsymbol{E}(\boldsymbol{r})=$______$(r>R)$.

10. 在点电荷 $+q$ 和 $-q$ 的静电场中，作出如图 14.21 所示的三个闭合面 S_1，S_2，S_3，则通过这些闭合面的电场强度通量分别是 $\Phi_1=$______；$\Phi_2=$______；$\Phi_3=$______.

11. 真空中，一均匀带电细圆环，电荷线密度为 λ，则其圆心处的电场强度 $E_0=$______，电势 $U_0=$______.（设无限远处电势为零.）

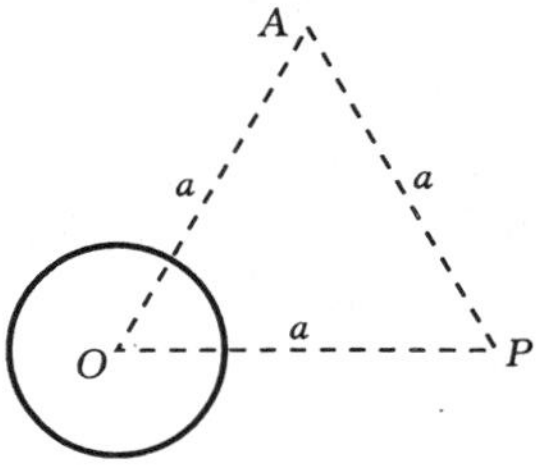

图 14.20

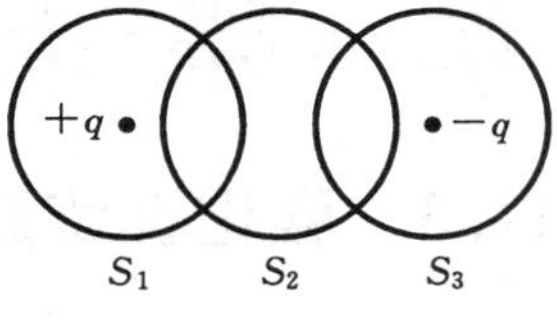

图 14.21

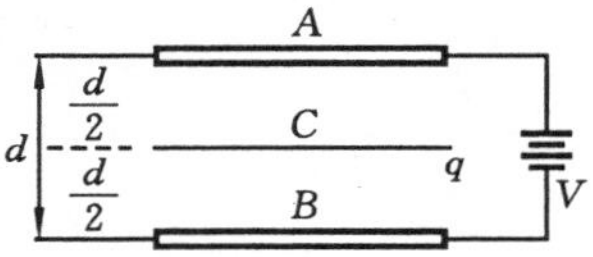

图 14.22

12. 如图 14.22 所示，一"无限大"空气平板电容器，极板 A 和 B 的面积都是 S，两极板间距离为 d. 连接电源后，A 板电势 $U_A=V$，B 板电势 $U_B=0$. 现将一带电量为 q，面积也是 S 而厚度可忽略不计的导体片 C 平行地插在两极板中间位置，则导体片 C 的电势 $U_C=$______.

13. 两同心带电球面，内球面半径 $r_1=5$ cm，带电量 $q_1=3\times10^{-8}$ C；外球面半径 $r_2=20$ cm，带电量 $q_2=-6\times10^{-8}$ C，如图 14.23 所示. 设无限远处电势为零，则空间另一电势为零的球面半径 $r=$______.

14. 真空中一半径为 R 的均匀带电球面，总电量为 Q. 今在球面上挖去很小一块面积 ΔS（连同其上电荷），若电荷分布不改变，则挖去小块后球心处电势为______.（设无穷远处电势为零.）

15. 如图 14.24 所示，一平行板电容器，极板面积为 S，相距为 d，若 B 板接地，且保持 A 板的

电势 $U_A=U_0$ 不变，把一块面积相同的带电量为 Q 的导体薄板 C 平行地插入两板中间，则导体薄板 C 的电势 $U_C=$______.

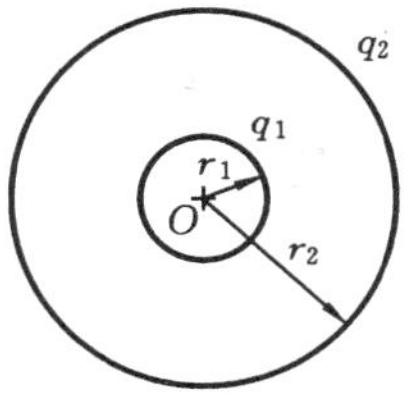

图 14.23

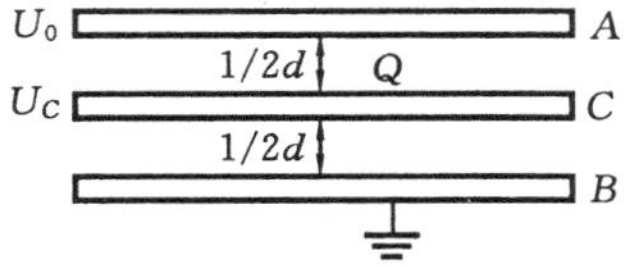

图 14.24

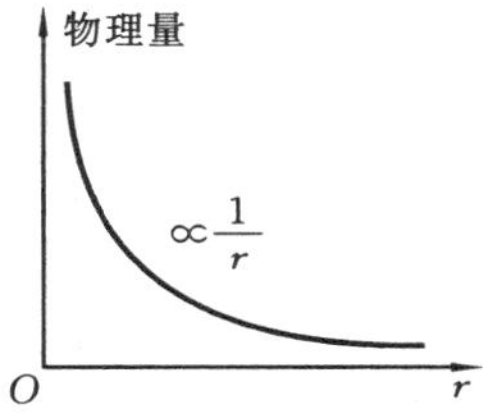

图 14.25

16. 图 14.25 所示，曲线表示球对称或轴对称静电场的某一物理量随径向距离 r 成反比关系，该曲线可描述______的电场的 E-r 关系，也可描述______的电场的 U-r 关系.（E 为电场强度的大小；U 为电势.）

17. 在静电场中，场强沿任意闭合路径的线积分等于零，即 $\oint_L \boldsymbol{E}\cdot \mathrm{d}\boldsymbol{l}=0$，这表明静电场中的电场线______.

18. 一偶极矩为 $\boldsymbol{p}$ 的电偶极子放在场强为 $\boldsymbol{E}$ 的均匀外电场中，$\boldsymbol{p}$ 与 $\boldsymbol{E}$ 的夹角为 α. 在此电偶极子绕垂直于$(\boldsymbol{p},\boldsymbol{E})$平面的轴沿 α 角增加的方向转过 180°的过程中，电场力做功 $A=$______.

19. 如图 14.26 所示，A,B,C 三点同在一条直的电场线上. 已知各点电势大小的关系为 $U_A>U_B>U_C$. 若在点 B 放一正的电荷，则该电荷在电场力作用下将向______点运动.

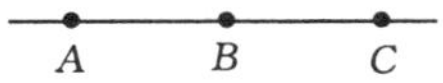

图 14.26

20. 一质量为 m、电量为 q 的小球，在电场力作用下，从电势为 U 的点 a 移动到电势为零的点 b. 若已知小球在点 b 的速率为 v_b，则小球在点 a 的速率 $v_a=$______.

21. 已知一平行板电容器，极板面积为 S，两板间隔为 d，其中充满空气. 当两极板上加电压 U 时，忽略边缘效应，两极板间的相互作用力 $F=$______.

22. 一质量为 m，带电量为 q 的粒子在场强为 $\boldsymbol{E}$ 的匀强电场中运动. 已知其初速度 $\boldsymbol{v}_0$ 与 $\boldsymbol{E}$ 方向不同，若重力忽略不计，则该粒子的运动轨迹曲线是一条______线.

二、简答题

1. 静电学中有下面几个常见的场强公式：

$$\boldsymbol{E}=\frac{\boldsymbol{F}}{q},\quad E=\frac{q}{4\pi\varepsilon_0 r^2},\quad E=\frac{U_A-U_B}{l}.$$

(1) 前两式中的 q 含义是否相同？(2) 各式的适用范围如何？

2. 真空中点电荷 q 的静电场场强大小 $E=\frac{1}{4\pi\varepsilon_0}\frac{q}{r^2}$，$r$ 为场点离点电荷的距离. 当 $r\to 0$ 时，$E\to\infty$，这一推论显然是没有物理意义的，应如何解释？

3. 举例说明在选无限远处为电势零点的条件下，带正电的物体的电势是否一定为正？电势等于零的物体是否一定不带电？

三、计算题

1. 如图 14.27 所示，A,B 为真空中两个平行的“无限大”均匀带电平面，A 面上电荷面密度 $\sigma_A=-17.7\times10^{-8}\ \mathrm{C/m^2}$，$B$ 面的电荷面密度 $\sigma_B=35.4\times10^{-8}\ \mathrm{C/m^2}$. 试计算两平面之间和两平面外的电场强度.（$\varepsilon_0=8.85\times10^{-12}\ \mathrm{C^2/(N\cdot m^2)}$.）

2. 如图 14.28 所示，在真空中一长为 $l=10$ cm 的细杆，杆上均匀分布着电荷，其电荷线密度 λ

$=1.0\times10^{-5}$ C/m. 在杆的延长线上，距杆的一端距离 $d=10$ cm 的一点上，有一电量 $q_0=2.0\times10^{-5}$ C 的点电荷. 试求该点电荷所受的电场力. ($\varepsilon_0=8.85\times10^{-12}$ $C^2/(N\cdot m^2)$.)

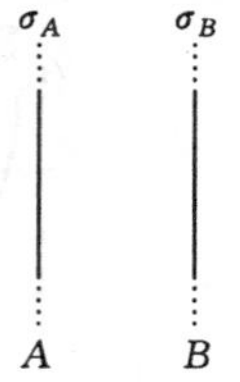

图 14.27

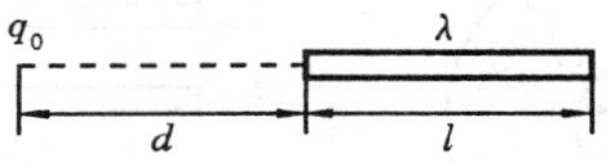

图 14.28

3. 边长为 b 的立方盒子的六个面，分别平行于 xOy、yOz 和 xOz 平面，盒子的一角在坐标原点处，在此区域有一静电场，场强 $\boldsymbol{E}=200\boldsymbol{i}+300\boldsymbol{j}$. 试求穿过各面的电通量.

4. 一半径为 R 的带电球体，其电荷体密度分布为 $\begin{cases}\rho=\dfrac{qr}{\pi R^4} & (r\leqslant R),\\ \rho=0 & (r>R),\end{cases}$ q 为一正的常数. 试求：

(1) 带电球体的总电量；(2) 球内、外各点的电场强度；(3) 球内、外各点的电势.

5. 如图 14.29 所示，一厚为 b 的"无限大"带电平板，其电荷体密度分布为 $\rho=kx$ $(0\leqslant x\leqslant b)$，$k$ 为一正的常数. 求：

(1) 平板外两侧任一点 P_1 和 P_2 处的电场强度大小；

(2) 平板内任一点 P 处的电场强度；

(3) 场强为零的点在何处？

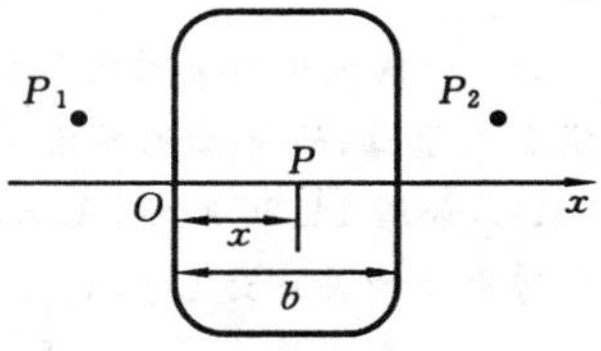

图 14.29

6. 一半径为 R 的均匀带电圆盘，电荷面密度为 σ. 设无限远处为电势零点，计算圆盘中心点 O 的电势.

7. 电荷以相同的面密度 σ 分布在半径分别为 $r_1=10$ cm 和 $r_2=20$ cm 的两个同心球面上. 设无限远处电势为零，球心处的电势 $U_O=300$ V. ($\varepsilon_0=8.85\times10^{-12}$ $C^2/(N\cdot m^2)$.)

(1) 求电荷面密度 σ；

(2) 要使球心处的电势也为零，则外球面上应放掉多少电荷？

8. 一带电量 $q=3\times10^{-9}$ C 的粒子位于均匀电场中，电场方向如图 14.30 所示. 当该粒子沿水平方向向右方运动 5 cm 时，外力做功 6×10^{-5} J，粒子动能的增量为 4.5×10^{-5} J.

(1) 粒子运动过程中电场力做功多少？(2) 该电场的场强多大？

9. 如图 14.31 所示，一半径为 R 的均匀带电细圆环，其电荷线密度为 λ，水平放置. 今有一质量为 m、带电量为 q 的粒子沿圆环轴线自上而下向圆环的中心运动. 已知该粒子在通过距环心高为 h 的一点时的速率为 v_1，试求该粒子到达环心时的速率.

10. 如图 14.32 所示，一半径为 R 的均匀带电球体，电荷量为 Q，在球体中开一直径通道，设此

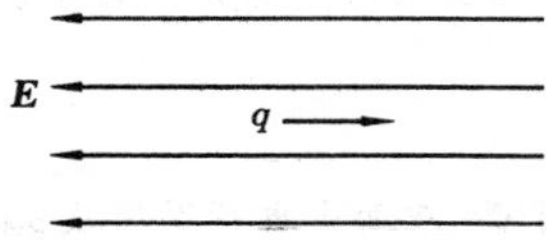

图 14.30

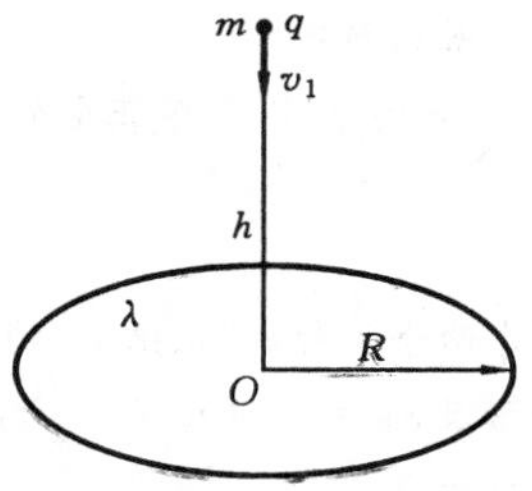

图 14.31

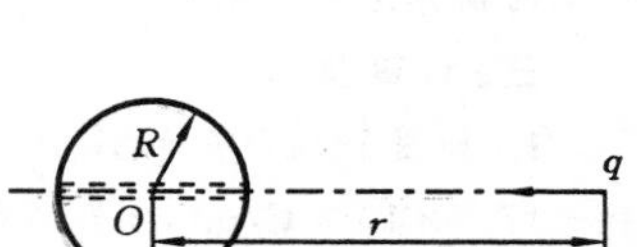

图 14.32

通道极细，不影响球体中的电荷及电场的原来分布. 在球体外距离球心 r 处有一带同种电荷，电荷量为 q 的点电荷沿通道方向朝球心 O 运动. 试计算该点电荷至少应具有多大的初动能才能到达球心.（设带电球体内、外的介电常数都是 ε_0.）

11. 一无穷大均匀带电平面，电荷面密度为 σ，离这面的距离为 d 处有一质量为 m，带电量为 $-q$ 的粒子，在电场力作用下该粒子由静止开始运动. 设粒子可以无阻碍地穿过带电平面，忽略重力，求粒子运动的周期 T.

第 15 章 静电场中的导体

15.1 知识要点

1. 金属导体的电结构

金属导体中具有带正电的正离子(原子实)和带负电的自由电子(自由电子气).正离子在金属中按一定的规律排列,形成的金属框架称为晶格点阵.当导体不带电也不受外电场的作用时,自由电子的负电荷与晶格点阵上的正电荷相互中和,整个导体或其中任一部分都不显电性,呈电中性.导体内除自由电子的微观热运动以外,没有宏观的电荷运动.

2. 静电平衡及平衡条件

把一个不带电的导体放在外电场 $\boldsymbol{E}_0$ 中,导体中的自由电子在 $\boldsymbol{E}_0$ 的作用下,相对于晶格点阵做宏观运动,使导体一端带上正电,另一端带上等量负电,这种导体因受外电场作用而发生电荷重新分布的现象称为静电感应.导体上因静电感应而出现的电荷称为感应电荷.感应电荷也要激发电场 $\boldsymbol{E}'$,$\boldsymbol{E}'$ 与 $\boldsymbol{E}_0$ 方向相反,导体内电场 $\boldsymbol{E}=\boldsymbol{E}_0+\boldsymbol{E}'$.当 $E\neq0$ 时,电子就继续移动;当 $E=0$ 时,自由电荷将不再移动,即电子的宏观运动完全停止.

导体中没有电荷做宏观运动的状态为静电平衡状态(动态平衡).导体处于静电平衡状态时,导体上的电势分布及其周围电场分布不随时间变化而变化,显然静电场中金属导体静电平衡的条件是导体内部场强处处为零.由此可做以下推论:当导体处于静电平衡状态时,导体是一个等势体,表面是一个等势面;导体表面场强处处与它的表面垂直.

3. 静电平衡导体的电荷分布

(1) 体内无净余电荷,电荷只能分布在导体的外表面.一个带电导体达到了静电平衡状态,其体内亦无净电荷,电荷只能全部分布在导体表面.

(2) 处于静电平衡的导体,其表面上各处的面电荷密度与该处表面附近空间场强的关系为 $E=\frac{\sigma}{\varepsilon_0}$.

(3) 带电导体处于静电平衡状态时,导体表面上的电荷分布比较复杂,这不仅与导体的形状有关,还与其附近有什么样的其他带电体有关.但对于孤立的带电导体而言,电荷分布具有如下分布规律:孤立导体处于静电平衡状态时,它的表面各处的面电荷密度与各处表面的曲率有关,曲率大的地方,面电荷密度亦大.只有孤立导体球,因各部分的曲率相等,球面上的电荷才是均匀分布的.

4. 尖端放电

导体附近的场强与面电荷密度成正比.对于形状不均匀的带电导体而言,尖端附近的场强特别大,它会导致一个重要的后果——尖端放电.空气中的残留离子在尖端附近强电场作用下发生激烈运动,当其与空气分子碰撞时,会发生电离,从而产生大量新离子,气体易于导电,异号电荷受吸,趋向尖端与其上电荷中和,同号电荷被排斥,形成离子流,产生所谓电风,这种使得空气被击穿而产生放电的现象称为尖端放电.避雷针就是利用尖端的缓慢放电来避免雷击的.

5. 导体壳(腔内无带电体)

(1) 当导体壳内没有其他带电体时,不论是导体壳带电还是处于外电场中,在静电平衡状态下,导体壳的内表面上处处没有电荷,电荷只能分布在外表面,空腔内没有电场.

(2) 当导体壳内有其他带电体时,在静电平衡状态下,导体壳内表面所带电荷与腔内所带电荷的代数和为零,且带电体的电场线不能穿出导体壳,带电体发出的电场线全部终止于外壳内表面的负电荷上.

6. 静电屏蔽

如果导体腔内无其他带电体,则腔内场强处处为零,把任一物体放入空腔内,该物体就不受任何外电场的影响,这就是静电屏蔽的原理.工作中有时要使一个带电体不影响外界,这时可以把带电体放在接地的金属壳或金属网内.

7. 有导体存在时静电场的分析与计算

导体引入静电场中时,电场将使导体中的电荷重新分布,反过来,电荷的重新分布必将导致电场分布的改变,即电场的分布最终必须适应导体是等势体、表面为等势面以及电场线与导体表面垂直的要求.这种相互影响一直持续到静电平衡为止,这时导体上的电荷分布以及周围的电场分布不再发生改变.解决此类问题的依据有:静电场的基本规律、电荷守恒定律、导体静电平衡条件.

另外,绝缘体的带电量不变,但电荷可以重新分布,电势可以改变;对于接地导体,则其电势不变,而带电量可变(流入大地),电荷在导体上的分布也可变.

15.2　典型例题

例 15.1　两块无限大的导体平板 A、B 平行放置,间距为 d,每板的厚度为 a,板面积为 S.现给 A 板带电 Q_A,B 板带电 Q_B,分别求出下列条件下导体板表面上的电荷密度以及导体板间的电势差.

(1) Q_A、Q_B 均为正值,且 $Q_A>Q_B$;

(2) Q_A 为正值,Q_B 为负值,且 $|Q_A|<|Q_B|$.

解　(1) 设 A 板两面的电荷面密度分别为 σ_1、σ_2;B 板两面的电荷面密度分别为 σ_3、σ_4,如图 15.1 所示.根据静电平衡条件,在导体内部场强处处为零,现在 A、B 两块导板内分别选取 P_A、P_B 两点,则 $E_{P_A}=0$,$E_{P_B}=0$,取场强向右方向为正,对于点 P_A,有

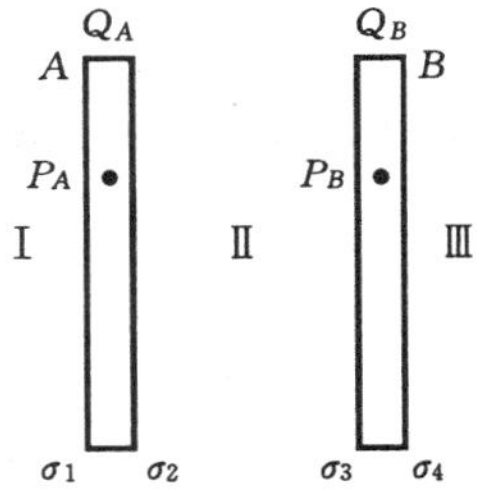

图 15.1

$$\frac{1}{2\varepsilon_0}(\sigma_1-\sigma_2-\sigma_3-\sigma_4)=0,$$

对于点 P_B,有

$$\frac{1}{2\varepsilon_0}(\sigma_1+\sigma_2+\sigma_3-\sigma_4)=0.$$

由电荷守恒定律有　$(\sigma_1+\sigma_2)S=Q_A$,　$(\sigma_3+\sigma_4)S=Q_B$.

联立求解以上各式得　$\sigma_1=\sigma_4=\dfrac{Q_A+Q_B}{2S}>0$,　$\sigma_2=-\sigma_3=\dfrac{Q_A-Q_B}{2S}>0$.

两板间电势差为　$U_{AB}=U_A-U_B=Ed=\dfrac{\sigma_2}{\varepsilon_0}d=\dfrac{d}{2\varepsilon_0 S}(Q_A-Q_B)>0$.

(2) 同理可得

$$\sigma_1=\sigma_4=\frac{Q_A+Q_B}{2S}=\frac{1}{2S}(Q_A-|Q_B|)=-\frac{1}{2S}(|Q_B|-Q_A)<0,$$

$$\sigma_2=-\sigma_3=\frac{Q_A-Q_B}{2S}=\frac{1}{2S}(Q_A+|Q_B|)>0,$$

两板间电势差为　　$U_{AB}=U_A-U_B=Ed=\frac{\sigma_2}{\varepsilon_0}d=\frac{d}{2\varepsilon_0 S}(Q_A+|Q_B|)>0.$

电场强度空间分布可由高斯定理求解，其结果为

$$E_{\mathrm{I}}=\frac{\sigma_1}{\varepsilon_0},\quad E_{\mathrm{II}}=\frac{\sigma_2}{\varepsilon_0},\quad E_{\mathrm{III}}=\frac{\sigma_4}{\varepsilon_0}.$$

例 15.2　在均匀带电为 Q，内半径为 R_2 的球壳内，有一同心导体球，导体球的半径为 R_1，如图 15.2 所示. 若将导体球接地，求场强和电势分布.

解　可将球壳视为厚度可忽略不计的球面，球面半径为 R_2，内导体球接地，电势为零. 设内导体球表面带有电荷 Q'，由电势叠加原理，可知导体球电势为

$$U=\frac{Q}{4\pi\varepsilon_0 R_2}+\frac{Q'}{4\pi\varepsilon_0 R_1}=0,$$

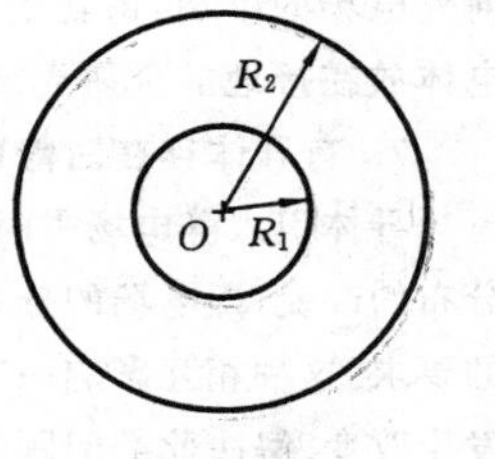

图 15.2

即　　$Q'=-\frac{R_1}{R_2}Q$　（Q'与 Q 符号相反）.

由高斯定理可求得 $\boldsymbol{E}$ 的空间分布（高斯面为同心球面）：当 $r<R_1$ 时，$E=0$.

当 $R_1<r<R_2$ 时，　$E4\pi r^2=\frac{1}{\varepsilon_0}Q'=\frac{1}{\varepsilon_0}\left(-\frac{R_1}{R_2}Q\right),$

故　　$E=\frac{1}{4\pi\varepsilon_0 r^2}\left(-\frac{R_1}{R_2}Q\right)$　或　$\boldsymbol{E}=\frac{1}{4\pi\varepsilon_0}\frac{\frac{R_1}{R_2}Q}{r^3}(-\boldsymbol{r});$

当 $R_2<r$ 时，　$E4\pi r^2=\frac{1}{\varepsilon_0}(Q+Q')=\frac{1}{\varepsilon_0}Q\left(1-\frac{R_1}{R_2}\right),$

故　　$E=\frac{Q}{4\pi\varepsilon_0 r^2}\left(1-\frac{R_1}{R_2}\right)$　或　$\boldsymbol{E}=\frac{Q}{4\pi\varepsilon_0 r^3}\left(1-\frac{R_1}{R_2}\right)\boldsymbol{r}.$

下面求电势的空间分布：当 $r<R_1$ 时，$U=0$；

当 $R_1<r<R_2$ 时，$U=\int_r^{R_1}\boldsymbol{E}\cdot\mathrm{d}\boldsymbol{l}=\int_r^{R_1}-\frac{1}{4\pi\varepsilon_0}\frac{R_1}{R_2}Q\frac{\mathrm{d}r}{r^2}=\frac{1}{4\pi\varepsilon_0}\frac{R_1}{R_2}Q\left(\frac{1}{R_1}-\frac{1}{r}\right);$

当 $R_2<r$ 时，$U=\int_r^{\infty}\boldsymbol{E}\cdot\mathrm{d}\boldsymbol{l}=\int_r^{\infty}\frac{Q}{4\pi\varepsilon_0}\left(1-\frac{R_1}{R_2}\right)\frac{\mathrm{d}r}{r^2}=\frac{Q}{4\pi\varepsilon_0}\left(1-\frac{R_1}{R_2}\right)\frac{1}{r}.$

也可用电势叠加原理求解电势的空间分布：

当 $R_1<r<R_2$ 时，$U=\frac{Q'}{4\pi\varepsilon_0 r}+\frac{Q}{4\pi\varepsilon_0 R_2}=\frac{1}{4\pi\varepsilon_0}\left(-\frac{R_1}{R_2}Q\right)\frac{1}{r}+\frac{Q}{4\pi\varepsilon_0 R_2};$

当 $R_2<r$ 时，　$U=\frac{Q'}{4\pi\varepsilon_0 r}+\frac{Q}{4\pi\varepsilon_0 r}=\frac{1}{4\pi\varepsilon_0 r}\left(1-\frac{R_1}{R_2}\right)Q.$

例 15.3　有一球形电容器，在外球壳半径 b 及内外导体间的电势差 U 维持恒定的条件下，内球半径 a 为多大才能使内球表面附近的电场强度最小.

解　设球形电容器带有电量 $\pm Q$，两极板间的场强为 $E=\frac{Q}{4\pi\varepsilon_0 r^2}$，两极板间的电势差为

$$U=\int_a^b\boldsymbol{E}\cdot\mathrm{d}\boldsymbol{l}=\int_a^b\frac{Q}{4\pi\varepsilon_0 r^2}\mathrm{d}r=\frac{Q}{4\pi\varepsilon_0}\left(\frac{1}{a}-\frac{1}{b}\right),$$

故　　$Q=\frac{4\pi\varepsilon_0 abU}{b-a},\quad E=\frac{Q}{4\pi\varepsilon_0 r^2}=\frac{Uab}{r^2(b-a)}\quad(a<r<b).$

内球表面附近的场强为　　$E=E(a)=\frac{Uab}{a^2(b-a)}=\frac{Ub}{a(b-a)},$

令 $\frac{\mathrm{d}E}{\mathrm{d}a}=0$，得 $a=\frac{b}{2}$，经判断知 $a=\frac{b}{2}$ 时，$E(a)$ 取最小值，此时有

$$E(a)=E_{\min}=\frac{4U}{b}.$$

例 15.4　A、B、C 是三块平行金属板，面积均为 200 cm^2，A 与 B 相距 4.0 mm，A 与 C 相距 2.0 mm，B、C 两板接地，如图 15.3 所示.

(1) 设 A 板带正电 3.0×10^{-7} C，不计边缘效应，求 B 板和 C 板上的感应电荷以及 A 板的电势.

(2) 若在金属板 A 与 B 间充以相对介电系数 $\varepsilon_r=5$ 的均匀电介质，求 B 板和 C 板上的感应电荷以及 A 板的电势.

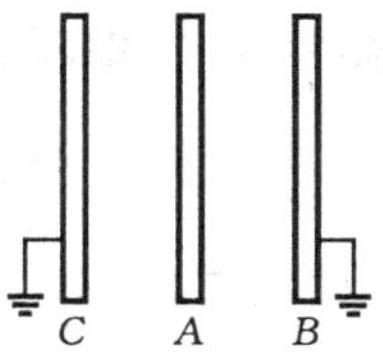

图 15.3

解　(1) B、C 接地，其电势为零，且外侧表面不带电，仅在内表面带电，设 C、B 两板内表面的电荷面密度分别为 σ_1 和 σ_4，A 板左、右两表面的电荷面密度分别为 σ_2 和 σ_3，由高斯定理有 $\sigma_1=-\sigma_2$，$\sigma_4=-\sigma_3$.

由电荷守恒定律有 $(\sigma_2+\sigma_3)S=Q_A$，由题意可知

$$U_A-U_C=U_A-U_B,\quad 即\quad \frac{\sigma_2}{\varepsilon_0}d_{AC}=\frac{\sigma_3}{\varepsilon_0}d_{AB}.$$

联立求解各式得

$$\sigma_2=\frac{d_{AB}Q_A}{S(d_{AC}+d_{AB})},\quad \sigma_3=\frac{d_{AC}Q_A}{S(d_{AC}+d_{AB})}.$$

C 板上的感应电荷为　$Q_C=\sigma_1S=-\sigma_2S=-2.0\times10^{-7}$ C，

B 板上的感应电荷为　$Q_B=\sigma_4S=-\sigma_3S=-1.0\times10^{-7}$ C，

A 板电势为　$U_A=\frac{\sigma_2}{\varepsilon_0}d_{AC}=2.3\times10^3$ V.

(2) 同理，可写出下列方程

$$(\sigma_2+\sigma_3)S=Q_A,\quad \frac{\sigma_2}{\varepsilon_0}d_{AC}=\frac{\sigma_3}{\varepsilon_0\varepsilon_r}d_{AB},$$

故

$$\sigma_2=\frac{d_{AB}Q_A}{S(d_{AB}+\varepsilon_r d_{AC})},\quad \sigma_3=\frac{\varepsilon_r d_{AC}Q_A}{S(d_{AB}+\varepsilon_r d_{AC})},$$

$$Q_C=\sigma_1S=-\sigma_2S=-0.86\times10^{-7}\ \text{C},\quad Q_B=\sigma_4S=-\sigma_3S=-2.17\times10^{-7}\ \text{C}.$$

例 15.5　有三块互相平行的导体板，如图 15.4 所示，外面的两块用导线连接，原来不带电，中间一块所带总面电荷密度为 1.3×10^{-5} C/m^2. 求每块板两个表面的面电荷密度各是多少？（忽略边缘效应.）

解　设三块导板各表面的面电荷密度分别为 σ_1、σ_2、σ_3、σ_4、σ_5 和 σ_6，依据题意，有

$$\sigma_3+\sigma_4=\sigma,\quad \frac{\sigma_3}{\varepsilon_0}d_1=\frac{\sigma_4}{\varepsilon_0}d_2,$$

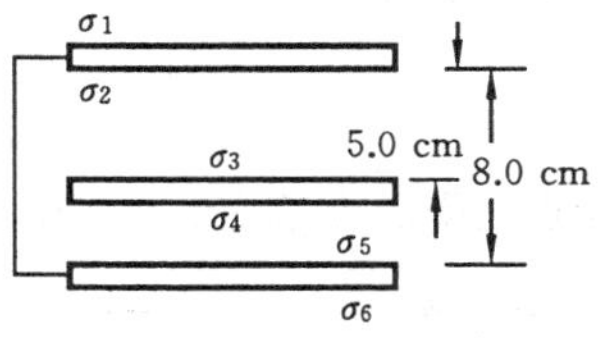

图 15.4

式中，$d_1=5.0$ cm；$d_2=3.0$ cm. 联立求解各式得

$$\sigma_3=\frac{d_2}{d_1+d_2}\sigma=4.88\times10^{-6}\ \text{C/m}^2,$$

$$\sigma_4=\frac{d_1}{d_1+d_2}\sigma=8.13\times10^{-6}\ \text{C/m}^2.$$

由高斯定理知

$$\sigma_2=-\sigma_3=-4.88\times10^{-6}\ \text{C/m}^2,\quad \sigma_5=-\sigma_4=-8.13\times10^{-6}\ \text{C/m}^2.$$

由电荷守恒定律和导体静电平衡条件，有

$$\sigma_1+\sigma_2+\sigma_5+\sigma_6=0,\quad \frac{1}{2\varepsilon_0}(\sigma_2+\sigma_3+\sigma_4+\sigma_5+\sigma_6-\sigma_1)=0,$$

故

$$\sigma_1=\sigma_6=6.50\times10^{-6}\ \text{C/m}^2.$$

例 15.6 一块接地的无限大厚导体板的一侧有条无限长均匀带电直线垂直于导体板放置，如图 15.5 所示，带电直线的一端到板的距离为 d. 已知带电直线上线电荷密度为 λ，求板面上垂足点 O 处的感应电荷面密度.

解 取如图 15.5 所示的坐标系，O 为原点，x 轴沿带电直线. 设点 O 感应电荷面密度为 σ_O，导体板内与点 O 相邻点 O' 的场强 $E_{O'}=0$，而

$$E_{O'}=E_\lambda+E_{感}=-\int_d^\infty \frac{\lambda\,dx}{4\pi\varepsilon_0 x^2}+\frac{-\sigma_O}{2\varepsilon_0}=\frac{-\lambda}{4\pi\varepsilon_0 d}+\frac{-\sigma_O}{2\varepsilon_0}=0,$$

故 $\sigma_O=-\dfrac{\lambda}{2\pi d}$.

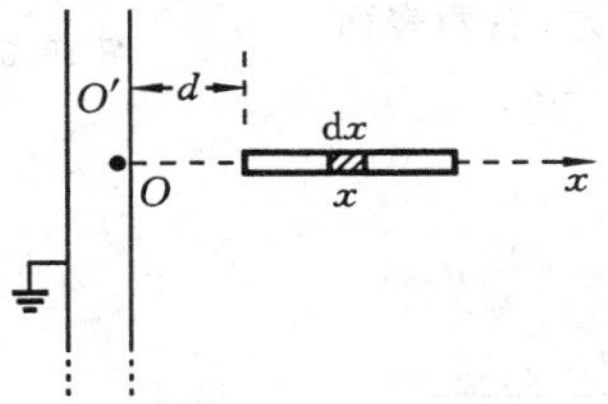

图 15.5

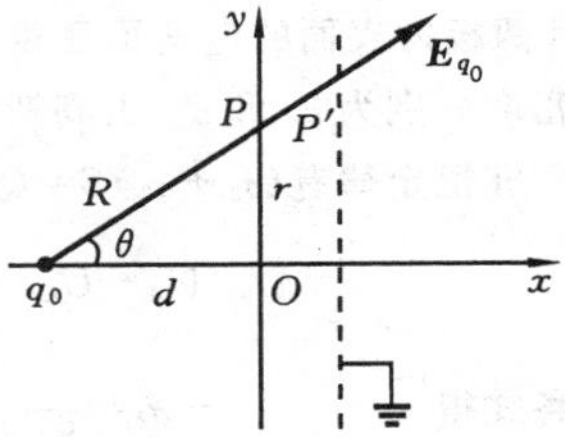

图 15.6

例 15.7 已知点电荷 q_0 与一无限大接地导体板相距为 d，试求：

(1) 导体板外附近一点 P 处的场强 E_P（O 与点 P 相距 r）；

(2) 导体板上的感应电荷.

解 (1) 静电平衡时，导体表面分布有与 q_0 异号的感应电荷. 设电荷面密度为 σ，如图 15.6 所示，先考虑导体内部靠近表面（表面右侧）距 O 点 r 处的点 P'，设导体表面感应电荷在点 P' 产生的场强为 $\boldsymbol{E}'$，则 $\boldsymbol{E}'$ 与点电荷 q_0 在点 P' 电场强度矢量和为零，用直角分量表示应为

$$\frac{q_0}{4\pi\varepsilon_0 R^2}\cos\theta+E'_x=0,\quad \frac{q_0}{4\pi\varepsilon_0 R^2}\sin\theta+E'_y=0,$$

故 $E'_x=-\dfrac{q_0}{4\pi\varepsilon_0 R^2}\cos\theta$，$E'_y=-\dfrac{q_0}{4\pi\varepsilon_0 R^2}\sin\theta$.

再考虑位于导体外靠近点 P' 的对称点 P，由于 P' 与 P 对于表面对称，导体表面感应电荷所产生的电场在 P'，P 处的 y 分量接近相等，而 x 分量则应大小相等、方向相反，所以感应电荷在点 P 产生的场强为

$$E_x=-E'_x=\frac{q_0}{4\pi\varepsilon_0 R^2}\cos\theta,\quad E_y=E'_y=-\frac{q_0}{4\pi\varepsilon_0 R^2}\sin\theta.$$

而点电荷 q_0 与感应电荷在点 P 的合场强为 $\dfrac{\sigma}{\varepsilon_0}$，这里视 σ 为正电荷，在点 P 电场方向沿 x 轴负方向，所以有

$$\frac{q_0\cos\theta}{4\pi\varepsilon_0 R^2}+\frac{q_0\cos\theta}{4\pi\varepsilon_0 R^2}=-\frac{\sigma}{\varepsilon_0},$$

故

$$\sigma=-\frac{q_0\cos\theta}{2\pi R^2}=-\frac{q_0 d}{2\pi R^3}=-\frac{q_0 d}{2\pi(d^2+r^2)^{\frac{3}{2}}}.$$

点 P 处的场强为

$$E_P=\frac{\sigma}{\varepsilon_0}=-\frac{q_0 d}{2\pi\varepsilon_0(d^2+r^2)^{\frac{3}{2}}}.$$

(2) 感应电荷呈现以 O 为中心的圆对称分布. 在导体表面取 $r\to r+dr$ 的细圆环，则环面上的感应电荷元为

$$\mathrm{d}q=\sigma\mathrm{d}S=-\frac{q_0 d}{2\pi\varepsilon_0(d^2+r^2)^{\frac{3}{2}}}2\pi r\mathrm{d}r.$$

导体表面感应电荷总电量为

$$q=\int_0^{\infty}-\frac{q_0 d}{2\pi\varepsilon_0(d^2+r^2)^{\frac{3}{2}}}2\pi r\mathrm{d}r=-q_0.$$

此题也可作如下考虑：$\boldsymbol{E}_{P'}=\boldsymbol{E}_{P_1'}+\boldsymbol{E}_{P_2'}+\boldsymbol{E}_{P_3'}=\mathbf{0}$，$\boldsymbol{E}_{P_1'}$为点电荷在点 P'的场强，方向如图 15.6 所示；$\boldsymbol{E}_{P_2'}$为点 P 附近导体板上面元 ΔS 在点 P'的场强，大小为$\frac{\sigma}{2\varepsilon_0}$，方向沿 x 轴正方向；$\boldsymbol{E}_{P_3'}$为导体板上除 ΔS 以外其他表面感应电荷在点 P'的场强，方向沿平板的切线方向. 所以应该有

$$\frac{q}{4\pi\varepsilon_0 R^2}\frac{d}{R}+\frac{\sigma}{2\varepsilon_0}=0\quad(\boldsymbol{E}_{P'}\text{沿 }x\text{ 方向分量为零}),$$

故

$$\sigma=\frac{-qd}{2\pi R^3}=-\frac{qd}{2\pi(d^2+r^2)^{\frac{3}{2}}}.$$

例 15.8　(1) 如图 15.7(a)所示，在一不带电的金属球旁，有一点电荷 q，金属球半径为 R. 试求：金属球上感应电荷在球心处产生的电场强度及此时球心处的电势. 若将金属球接地，球上的净电荷是多少？

(2) 如图 15.7(b)所示，在与面电荷密度为 σ 的无限大均匀带电平板相距为 a 处有一点电荷 q，求点电荷至平板垂线中点 P 处的电势 U_P 是多少？

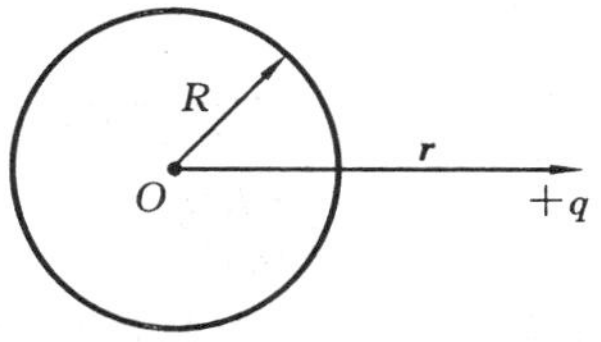

(a)

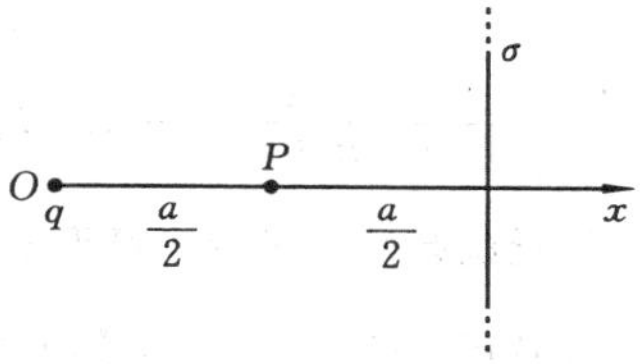

(b)

图 15.7

解　(1) 感应电荷$\pm q'$在金属球的表面上. 球心点 O 的场强为$\pm q'$的电场 $\boldsymbol{E}'$及点电荷 q 的电场 $\boldsymbol{E}$ 的叠加，即 $\boldsymbol{E}_O=\boldsymbol{E}+\boldsymbol{E}'$. 依据静电平衡条件金属球内场强处处为零，即 $E_O=0$. 若取如图所示坐标 $\boldsymbol{r}$，原点为 O，则有

$$\boldsymbol{E}=-\boldsymbol{E}'=-\frac{q}{4\pi\varepsilon_0 r^2}\left(\frac{-\boldsymbol{r}}{r}\right)=\frac{q}{4\pi\varepsilon_0 r^2}\left(\frac{\boldsymbol{r}}{r}\right),$$

式中，r 为球心 O 点到$+q$ 的距离. 因为$\pm q'$分布在金属球表面上，它在球心处的电势为

$$U'=\int_{\pm q'}\frac{\mathrm{d}q'}{4\pi\varepsilon_0 R}=\frac{1}{4\pi\varepsilon_0 R}\int_{\pm q'}\mathrm{d}q'=0,$$

点电荷 q 在点 O 的电势为 $U=\frac{q}{4\pi\varepsilon_0 r}$.

依据电势叠加原理，球心处的电势为 $U_0=U+U'=\frac{q}{4\pi\varepsilon_0 r}$.

若将金属球接地，设球上有净余电荷 q_1，这时金属球的电势应为零，即

$$\frac{q}{4\pi\varepsilon_0 r}+\frac{q_1}{4\pi\varepsilon_0 R}=0,$$

故 $q_1=-\frac{R}{r}q$，且$|q_1|<q$.

(2) 选取 q 所在点为坐标原点，连接 OP 并延长为 x 轴，选 $x=a$，即大平板上一点为电势零点，

任一点 x 处的场强由点电荷 q 及带电大平板 σ 的叠加，即

$$E_x=\frac{q}{4\pi\varepsilon_0 x^2}-\frac{\sigma}{2\varepsilon_0},\quad U_P=\int_P^Q \boldsymbol{E}\cdot \mathrm{d}\boldsymbol{l}=\int_{a/2}^{a}\left(\frac{q}{4\pi\varepsilon_0 x^2}-\frac{\sigma}{2\varepsilon_0}\right)\mathrm{d}x=\frac{q}{4\pi\varepsilon_0 a}-\frac{\sigma a}{4\varepsilon_0}.$$

例 15.9 一导体球壳 A 带电 $+Q$，内外半径分别为 R_1 和 R_2，另有一导体球 B 带电 $+q$，半径为 R，同心地放在球壳 A 内，两球面距地面很远，如图 15.8 所示.

(1) 若球壳 A 通过导线同较远的地面相接，然后断开，求 A 球壳上的电荷分布和电势、B 球的电势以及点 $P(R<r_P<R_1)$ 的电势；

(2) 再使 B 球通过导线经 A 壳上的小孔接地，求 A、B 上的电荷分布和电势.(小孔的影响可忽略.)

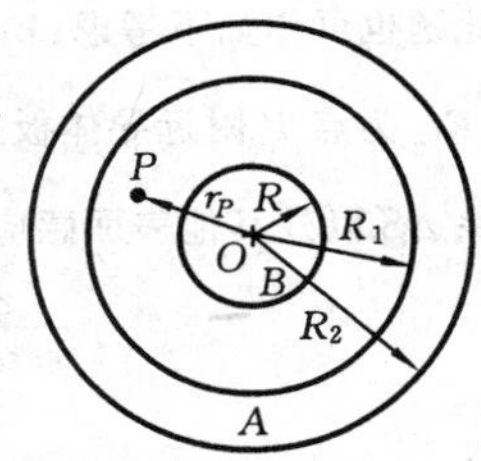

图 15.8

解 (1) A 球壳接地时，有 $U_A=0$，这时 B 球外表面均匀带电 q，A 球壳内表面感应电荷为 $-q$，外表面所带电荷为零. 由于球壳 A 距地面较远，其面上的电荷近似均匀分布，故

$$U_B=\frac{q}{4\pi\varepsilon_0 R}+\frac{-q}{4\pi\varepsilon_0 R_1},\quad U_P=\frac{q}{4\pi\varepsilon_0 r_P}+\frac{-q}{4\pi\varepsilon_0 R_1}.$$

(2) B 球接地时，有 $U_B=0$，设此时 B 球外表面带有电荷 q'（而非 q），A 球壳内表面因静电感应带有电荷 $-q'$，A 球壳外表面依据电荷守恒定律带有电荷 $-q+q'$，故

$$U_B=\frac{q'}{4\pi\varepsilon_0 R}+\frac{-q'}{4\pi\varepsilon_0 R_1}+\frac{-q+q'}{4\pi\varepsilon_0 R_2}=0,$$

于是
$$q'=\frac{R_1Rq}{R_1R-R_2R+R_1R_2},\quad U_A=\frac{q'-q'+(-q+q')}{4\pi\varepsilon_0 R_2}=\frac{q'-q}{4\pi\varepsilon_0 R_2}.$$

若 A 球壳极薄，近似有 $R_1\approx R_2=r$，可得 $q'=\frac{R}{r}q$，故 $U_A=-\frac{(r-R)q}{4\pi\varepsilon_0 r^2}$.

例 15.10 有任意形状的带电导体，其表面的电荷面密度为 σ. 试求面上某处电荷元 $\sigma\mathrm{d}S$ 受到其余电荷作用的电场力.

解 如图 15.9 所示，设 $\sigma\mathrm{d}S$ 产生的场强为 $\boldsymbol{E}_1$，由于考虑的场点极靠近 $\mathrm{d}\boldsymbol{S}$，可视 $\mathrm{d}S$ 为无限大平面，其内外两侧场强（用 $\boldsymbol{n}$ 表示外单位法矢量）为

$$\boldsymbol{E}_1=\begin{cases}-\dfrac{\sigma}{2\varepsilon_0}\boldsymbol{n} & （内侧），\\[2ex] \dfrac{\sigma}{2\varepsilon_0}\boldsymbol{n} & （外侧）.\end{cases}$$

设导体表面上其余电荷在 $\mathrm{d}\boldsymbol{S}$ 内外侧产生的场强为 $\boldsymbol{E}_2$，已知在 $\mathrm{d}\boldsymbol{S}$ 内外侧的总场强为

$$\boldsymbol{E}=\boldsymbol{E}_1+\boldsymbol{E}_2=\begin{cases}\boldsymbol{0} & （内侧），\\[2ex] \dfrac{\sigma}{\varepsilon_0}\boldsymbol{n} & （外侧），\end{cases}$$

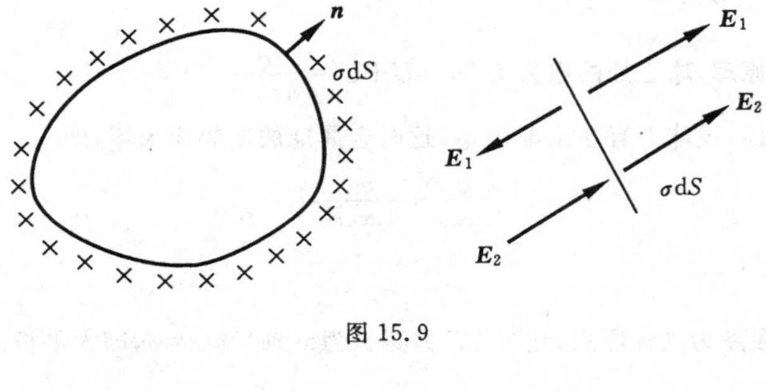

图 15.9

故
$$\boldsymbol{E}_2=\boldsymbol{E}-\boldsymbol{E}_1=\begin{cases}\dfrac{\sigma}{2\varepsilon_0}\boldsymbol{n} & （内侧），\\[2ex] \dfrac{\sigma}{2\varepsilon_0}\boldsymbol{n} & （外侧）.\end{cases}$$

这一结果也适用于 $\mathrm{d}\boldsymbol{S}$ 本身所在处，所以电荷元 $\sigma\mathrm{d}S$ 受到的电场力
$$\boldsymbol{F}=(\sigma\mathrm{d}S)\boldsymbol{E}_2=\frac{\sigma_2}{2\varepsilon_0}\boldsymbol{n}\mathrm{d}S.$$

15.3　强化训练题

一、填空题

1. 在一个不带电的导体球壳内，先放进一电量为 $+q$ 的点电荷，点电荷不与球壳内壁接触. 然后使该球壳与地接触一下，再将点电荷 $+q$ 取走. 此时，球壳的电量为______，电场分布的范围是______.

2. 如图 15.10 所示，把一块原来不带电的金属板 B 移近一块已带有正电荷 Q 的金属板 A，平行放置. 设两板面积都是 S，板间距离是 d，忽略边缘效应. 当 B 板不接地时，两板间电势差 $U_{AB}=$______；B 板接地时，$U'_{AB}=$______.

3. 如图 15.11 所示，两块很大的导体平板平行放置，面积都是 S，有一定厚度，带电量分别为 Q_1 和 Q_2. 如不计边缘效应，则 A、B、C、D 四个表面上的电荷面密度分别为______、______、______、______.

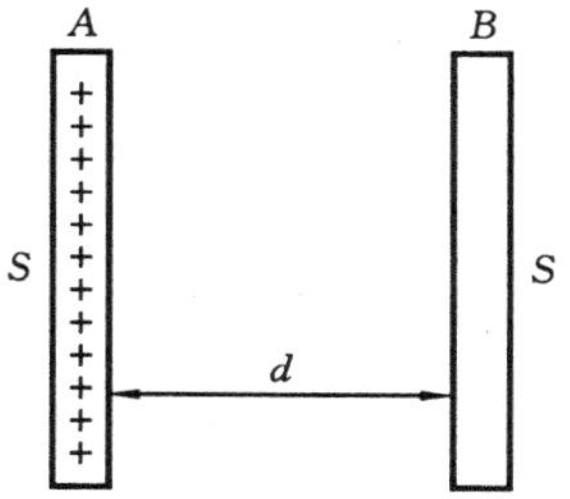

图 15.10

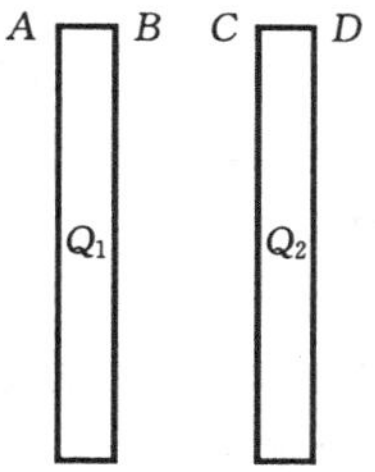

图 15.11

4. 如图 15.12 所示，两块“无限大”平行导体板，相距为 $2d$，且都与地连接，两板间充满正离子气体(与导体板绝缘)，离子数密度为 n，每一离子的带电量为 q. 如果气体中的极化现象不计，可以认为电场分布相对于中心平面 OO' 是对称的，则在两板间的场强分布 $\boldsymbol{E}=$______，电势分布 $U=$______.（选地的电势为零.）

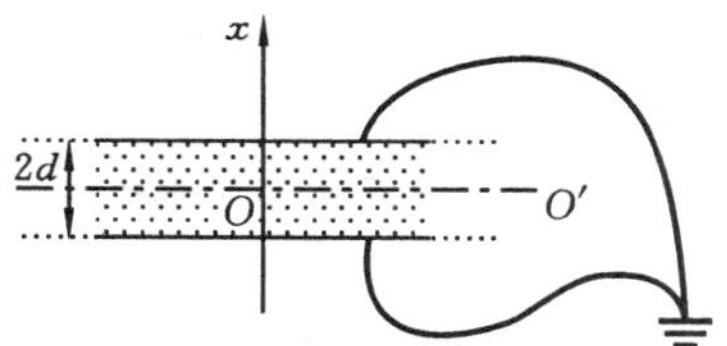

图 15.12

5. 一带电量为 Q 的导体球，外面套一不带电的导体球壳(不与球接触)，则球壳内表面上有电量 $Q_1=$______，外表面上有电量 $Q_2=$______.

6. 一任意形状的带电导体，其电荷面密度分布为 $\sigma(x,y,z)$，则在导体表面外附近任意点处的电场强度的大小 $E(x,y,z)=$______，其方向______.

7. 如图 15.13 所示，一带电量为 q，半径为 r_A 的金属球 A，与一原先不带电、内外半径分别为 r_B 和 r_C 的金属球壳 B 同心放置，则图中 P 点的电场强度 $\boldsymbol{E}=$______. 如果用导线将 A、B 连接起

来，则 A 球的电势 $U=$______.（设无穷远处电势为零.）

8. 在一个带正电荷的金属球附近，放一个带正电的点电荷 q_0，测得 q_0 所受的力为 F，则 $\frac{F}{q_0}$ 的值一定______不放 q_0 时该点原有的场强大小.（填"大于"、"等于"、"小于".）

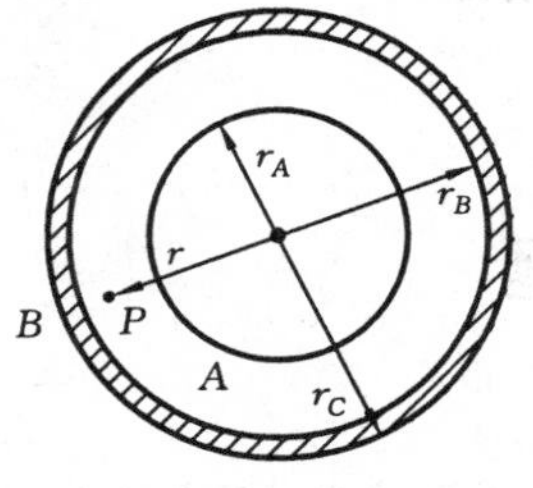

图 15.13

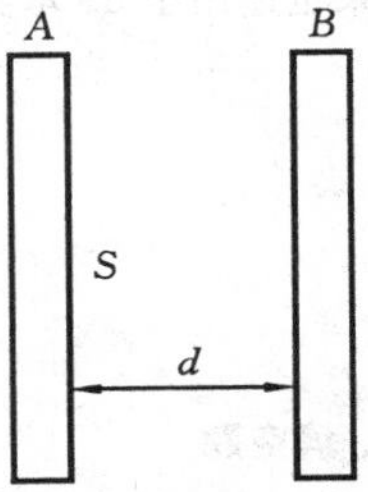

图 15.14

9. 如图 15.14 所示，A、B 为靠得很近的两块平行的大金属平板，两板的面积均为 S，板间的距离为 d.今使 A 板带电量为 q_A，B 板带电量为 q_B，且 $q_A>q_B$，则 A 板的内侧带电量为______，两板间电势差 $U_{AB}=$______.

10. 一金属球壳的内、外半径分别为 R_1 和 R_2，带电量为 Q.在球心处有一电量为 q 的点电荷，则球壳内表面上的电荷面密度 $\sigma=$______.

11. 将一负电荷从无穷远处移到一个不带电的导体附近，则导体内的电场强度______，导体的电势______.（填"增大"、"不变"、"减小".）

二、计算题

1. 半径分别为 $r_1=1.0$ cm 和 $r_2=2.0$ cm 的两个球形导体，各带电量 $q=1.0\times10^{-9}$ C，两球心相距很远.若用细导线将两球连接起来，并设无限远处为电势零点.求：(1) 两球分别带有的电量；(2) 各球的电势.

2. 如图 15.15 所示，一内半径为 a、外半径为 b 的金属球壳，带有电量 Q，在球壳空腔内距离球心 r 处有一点电荷 q.设无限远处为电势零点，试求：

(1) 球壳内外表面上的电荷；

(2) 球心点 O 处，由球壳内表面上电荷产生的电势；

(3) 球心点 O 处的总电势.

3. 假想从无限远处陆续移来微量电荷使一半径为 R 的导体球带电.

(1) 当球上已带有电荷 q 时，再将一个电荷元 dq 从无限远处移到球上的过程中，外力做多少功？

(2) 使球上电荷从零开始增加到 Q 的过程中，外力共做多少功？

4. 如图 15.16 所示，半径分别为 R_1 和 R_2（$R_2>R_1$）的两个同心导体薄球壳，分别带电量 Q_1 和

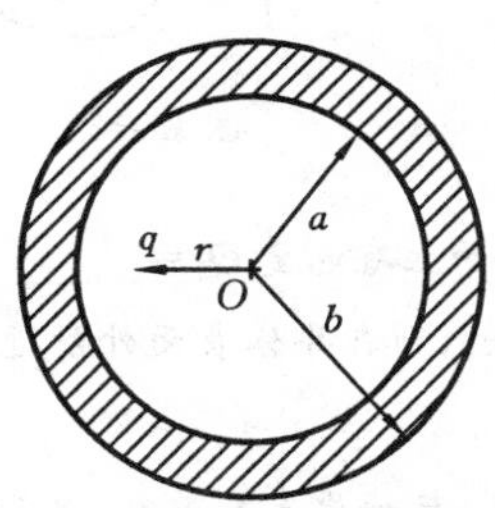

图 15.15

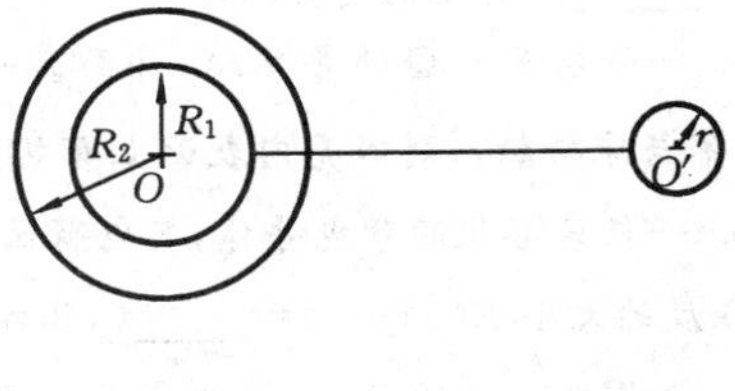

图 15.16

Q_2，今将内球壳用细导线与远处的半径为 r 的导体球相连，导体球原来不带电，试求相连后导体球所带电量 q.

5. 两个相距甚远可看做孤立的导体球，半径均为 10 cm，分别充电至 200 V 和 400 V，然后用一根细导线连接两球，使之达到等电势. 计算变为等势体的过程中，静电力所做的功. ($\varepsilon_0 = 8.85 \times 10^{-12}\ C^2/(N \cdot m^2)$.)

6. 如图 15.17 所示，两导体球 A、B，半径分别为 $R_1 = 0.5$ m，$R_2 = 1.0$ m，中间以导线连接，两球外分别包以内半径 $R = 1.2$ m 的同心导体球壳(与导线绝缘)并接地，导体间的介质均为空气. 已知空气的击穿场强为 3×10^8 V/m，今使 A、B 两球所带电量逐渐增加.

(1) 此系统何处首先被击穿？

(2) 击穿时两球所带的总电量 Q 为多少？(设导线本身不带电，且对电场无影响，$\varepsilon_0 = 8.85 \times 10^{-12}\ C^2/(N \cdot m^2)$.)

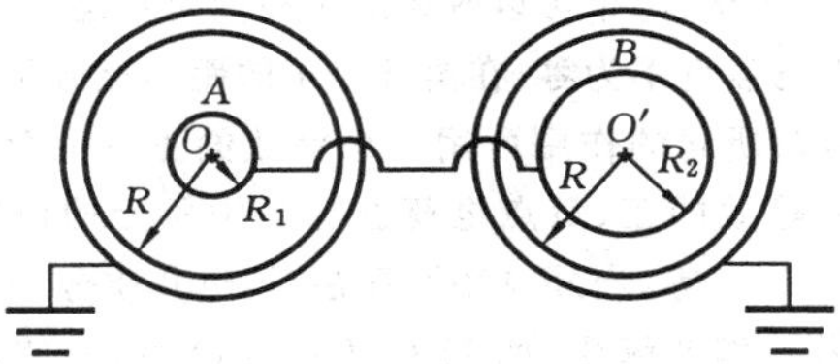

图 15.17

第 16 章　静电场中的电介质

16.1 知识要点

1. 电介质的极化

(1) 电介质的电结构. 电介质分子中，电子被原子核束缚得很紧. 在外电场作用下，电子相对于原子核有一微观位移而不同于导体，电子可以脱离原子核做宏观运动，因而电介质的导电性能差. 在外电场作用下，电介质内部场强也不为零. 在离开分子的距离比分子线度(约 10^{-10} m 数量级)大得多的地方，分子中全部正电荷所起的作用可用一个等效的正点电荷代替，全部负电荷的作用可用一个等效的负点电荷代替. 等效的正、负点电荷在分子中所处的位置称为分子的正、负电荷重心. 有一类电解质，如 H_2、N_2、CCl_4 等，当外电场不存在时，电介质分子的正、负电荷重心是重合的，这类分子称为非极性分子；另一类电解质，如 H_2O、HCl、CO 等，即使不存在外电场，电介质分子正、负电荷中心亦不重合，形成电偶极子，称为分子等效电偶极子，其电偶极矩称为分子的固有电矩，可表示为

$$\boldsymbol{p}_{分子}=q\boldsymbol{l},$$

式中，q 为一个分子中正电荷或负电荷的电量的数值；$\boldsymbol{l}$ 为正、负电荷重心之间的距离. 此类分子称为极性分子.

(2) 非极性分子的位移极化. 在没有外电场时，非极性分子没有电矩，加上外电场时，分子中的正、负电荷重心发生相对位移，形成电偶极子. 分子电偶极子的方向沿外电场方向，其电矩称为感生电矩. 对于各向同性电介质而言，每个电介质分子都将沿外场方向产生感生电矩，其内部仍呈电中性(无净余电荷)，但在与外电场垂直的两个介质端面上，一端出现负电荷层，一端出现正电荷层，此种现象称为无极分子的位移极化. 两端面出现的电荷与导体中的自由电荷不同，不能离开电介质而转移到其他带电体上，也不能在电介质内部自由运动，称为极化电荷(束缚电荷). 外电场愈强，分子的正、负电荷重心的距离愈大，分子电矩愈大，介质表面出现的束缚电荷愈多，电极化程度愈高.

(3) 有极分子取向极化. 有极分子有一定的固有电矩，在没有外电场时，由于分子的无规则热运动，介质中任一体积元内分子电矩的矢量和为零，宏观上不产生电场，介质呈电中性. 当其放入外电场中时，每个分子电矩都受到力矩的作用，分子偶极子有转向外电场方向的趋势. 由于分子热运动的缘故，这种转向并不完全，外电场愈强，分子偶极子排列得愈整齐，在垂直于外电场方向上的两个端面上就产生了束缚电荷层，此种极化称为有极分子取向极化. 在电介质极化过程中，两种极化是同时存在的. 由此可见，所谓电极化过程，就是使分子偶极子有一定取向并增大其电矩的过程.

2. 电极化强度与极化规律

为了定量描述电介质的极化强度，引入电极化强度矢量 $\boldsymbol{P}$，并定义为

$$\boldsymbol{P}=\frac{\sum\limits_{\Delta V}\boldsymbol{p}_{分子}}{\Delta V},$$

其物理含义为单位体积内分子电矩矢量和. 对于由非极性分子构成的电介质，由于每个分子的感生电矩都相同，若用 n 表示电介质单位体积内的分子数，则有

$$\boldsymbol{P}=n\boldsymbol{p}_{分子}=nq\boldsymbol{l}.$$

实验表明，对于大多数常见的各向同性电介质而言，电极化强度 $\boldsymbol{P}$ 与介质中该点处的合场强 $\boldsymbol{E}$ 成正比，方向相同，其关系为 $\boldsymbol{P}=\varepsilon_0\chi_e\boldsymbol{E}$，式中，$\chi_e$ 为极化率，它与场强 $\boldsymbol{E}$ 无关，与电介质种类有关，对于均匀的各向同性电介质而言，χ_e 是一个没有量纲的纯数. 该式称为电介质的极化规律.

3. 电极化强度与极化电荷分布的关系

在介质内任取一闭合曲面 S，令 $\boldsymbol{n}$ 为它的外单位法线矢量，$\mathrm{d}\boldsymbol{S}=\boldsymbol{n}\mathrm{d}S$，则因极化穿过整个闭合曲面 S 所形成的极化电荷 $q'_{出}=\oint_S\boldsymbol{P}\cdot\mathrm{d}\boldsymbol{S}$. 由于均匀电介质内部呈电中性，根据电荷守恒定律，S 面内净余的束缚电荷应为 $q'_{内}=-q'_{出}=-\oint_S\boldsymbol{P}\cdot\mathrm{d}\boldsymbol{S}$. 这就是电介质由于电极化而产生的束缚电荷与电极化强度的关系：封闭面内的极化电荷等于电极化强度 $\boldsymbol{P}$ 对闭合曲面通量的负值.

如果面元 $\mathrm{d}\boldsymbol{S}=\boldsymbol{n}\mathrm{d}S$ 是电介质的表面，而 $\boldsymbol{n}$ 特指相对于电介质的外单位法矢量，则可以得出电介质表面极化电荷面密度 σ' 与该处电介质极化强度之间的关系为

$$\sigma'=\frac{\mathrm{d}q'}{\mathrm{d}S}=\frac{P\cos\theta\mathrm{d}S}{\mathrm{d}S}=P\cos\theta=\boldsymbol{P}\cdot\boldsymbol{n},$$

式中，θ 为 $\boldsymbol{P}$ 与 $\boldsymbol{n}$ 之间的夹角. 在电介质表面上，θ 为锐角的地方将出现一层正极化电荷，θ 为钝角的地方则出现一层负极化电荷.

在强电场作用下，电介质会失去极化特征而成为导体，最后导致电介质的热损坏，如晶格裂缝、氧化、熔化等，这称为电介质的击穿. 电介质发生击穿的临界电压称为击穿电压. 一种电介质材料所能承受的不被击穿的最大电场强度称为介电强度.

4. 电介质中的高斯定理

将电介质放入电场中，它将受电场的作用而极化，产生极化电荷. 当电介质达到静电平衡状态时，电场的空间分布应由自由电荷 q_0(包括金属导体上带的电荷)产生的电场 $\boldsymbol{E}_0$(外电场)与电介质上的极化电荷 q' 产生的电场 $\boldsymbol{E}'$(称为附加电场)共同来决定，即任一点的总场强为 $\boldsymbol{E}=\boldsymbol{E}_0+\boldsymbol{E}'$. 高斯定理是建立在库仑定律的基础上，有电介质存在时，同样成立. 定义电位移矢量 $\boldsymbol{D}=\varepsilon_0\boldsymbol{E}+\boldsymbol{P}$，则 $\varphi_D=\oint_S\boldsymbol{D}\cdot\mathrm{d}\boldsymbol{S}=\sum q_{0\mathrm{int}}$. 此式说明通过任意闭合曲面 S(仍称为高斯面)的电位移 $\boldsymbol{D}$ 的通量等于该闭合曲面 S 所包围的自由电荷的代数和. 这一关系式称为电介质中的高斯定理，是电磁学中的一条基本定律. 对于各向同性电介质，有 $\boldsymbol{P}=\varepsilon_0\chi_e\boldsymbol{E}$，则

$$\boldsymbol{D}=\varepsilon_0\boldsymbol{E}+\boldsymbol{P}=\varepsilon_0\boldsymbol{E}+\varepsilon_0\chi_e\boldsymbol{E}=\varepsilon_0(1+\chi_e)\boldsymbol{E}.$$

令 $1+\chi_e=\varepsilon_r$，ε_r 称为电介质的相对介电系数，通常还用 ε 表示 $\varepsilon_0\varepsilon_r$ 的乘积，ε 称为电介质的介电系数，故 $\boldsymbol{D}=\varepsilon_0\varepsilon_r\boldsymbol{E}=\varepsilon\boldsymbol{E}$. 该式说明 $\boldsymbol{D}$ 与 $\boldsymbol{E}$ 的方向相同且为点对点的对应关系. 对于各向异性电介质，$\boldsymbol{D}$ 与 $\boldsymbol{E}$ 之间的关系不能用上式简单表示，关系较为复杂.

5. 静电场边界条件

当场强 $\boldsymbol{E}$、电位移矢量 $\boldsymbol{D}$ 越过两种介质分界面时，有 $D_{1n}=D_{2n}$，$E_{1t}=E_{2t}$，即电位移矢量 $\boldsymbol{D}$ 具有法向连续性，场强 $\boldsymbol{E}$ 具有切向连续性，这称为静电场的边界条件.

利用电介质中的高斯定理，可以先由自由电荷分布求出 $\boldsymbol{D}$ 的分布，然后再由 $\boldsymbol{D}$ 与 $\boldsymbol{E}$ 的关系 $\boldsymbol{D}=\varepsilon_0\varepsilon_r\boldsymbol{E}$ 求出 $\boldsymbol{E}$ 的分布. 当然电介质中的高斯定理也只能解决一些自由电荷分布和电介质分布等具有一定对称性的问题.

6. 电容器及其电容

(1) 孤立导体的电容. 孤立导体是指附近没有其他导体和带电体的导体. 设想一个带电量为 q 的孤立导体，在静电平衡状态时，具有一定的电势，理论和实验都证明，当导体上所带电量增加时，它的电势亦随之而增加，二者成正比关系. 这一关系可写作 $C=\frac{q}{U}$，C 是一个与 q，U 都无关的常数，其值仅取决于导体的尺寸、形状等因素，C 定义为孤立导体的电容. 它的物理含义是使导体每升高单位电势所需的电量，表征导体储存电荷的本领. 电容的单位是 C/V，称为法拉(F)，且 $1\ \mathrm{F}=1\times10^{6}\ \mu\mathrm{F}=1\times10^{12}\ \mathrm{pF}$.

(2) 电容器及其电容. 如果在一个导体 A 附近有其他导体，则该导体的电势 U_A 不仅与其本身的带电量 q_A 有关，而且还与其他导体的位置和形状有关，因此比值 q_A/U_A 不再是一个恒量. 为了清除其他导体的影响，可采用静电屏蔽的方法：用一个封闭的导体壳 B 把导体 A 包围起来，尽管 U_A、U_B 与其他导体有关，但电势差 U_A-U_B 与外界无关. 将 A 和 B 组成的导体系称为电容器，比值 $C=q_A/(U_A-U_B)$ 称为它的电容. C 与 q_A 和 U_A-U_B 均无关，只与组成电容器的两导体的大小、形状、两导体的相对位置及其间所充的电介质有关. 组成电容器的两导体称为电容器的极板，每一个极板上所带电量的绝对值称为电容器的带电量. 电容器种类繁多，但其基本结构大体相同，都是由两片面积较大的金属极板中间夹一层绝缘介质组合而成的.

(3) 电容器电容的计算. 电容器的电容与其上带电与否无关. 从理论上计算电容器电容时，可任意假设两极板上所带(等量异号)电量，根据所设的电量来计算两极板间电场强度分布，从而计算出两极板间的电势差，最后再根据电容器电容的定义求出电容，这是计算电容器电容的一般思路和方法. 下面给出几种常见电容器的电容公式.

平行板电容器：$C=\frac{\varepsilon_0\varepsilon_r S}{d}$，$d$ 为两板之距，S 为极板面积.

圆柱形电容器：$C=\frac{2\pi\varepsilon_0\varepsilon_r L}{\ln\frac{R_2}{R_1}}$，$L$ 为柱长，R_1、R_2 为内外半径.

球形电容器：$C=\frac{4\pi\varepsilon_0\varepsilon_r R_1R_2}{R_2-R_1}$.

(4) 电容器串并联. n 个电容器并联时，有

$$C=C_1+C_2+\cdots+C_n,\quad U=U_1=U_2=\cdots=U_n,\quad q=q_1+q_2+\cdots+q_n.$$

n 个电容器串联时，有

$$\frac{1}{C}=\frac{1}{C_1}+\frac{1}{C_2}+\cdots+\frac{1}{C_n},\quad U=U_1+U_2+\cdots+U_n,\quad q=q_1=q_2=\cdots=q_n.$$

7. 电场的能量

(1) 带电系统的能量. 带电系统的能量 W 应等于带电系统带电过程中外力的功 A，即 $W=A=\int_0^Q u\mathrm{d}q$.

(2) 电容器储能公式. 设电容器的电容为 C，所带电量为 Q，两极板间的电势差为 U，则电容器储存的电能为 $W=\frac{Q^2}{2C}=\frac{1}{2}CU^2=\frac{1}{2}UQ$.

(3) 电能密度及电场的能量. 电场中，单位体积中所储存的电场能量称为电场能量密度，其大小为 $w=\frac{\mathrm{d}W}{\mathrm{d}V}=\frac{1}{2}\varepsilon_0\varepsilon_r E^2=\frac{1}{2}\varepsilon E^2$.

当存在电介质时，$w=\frac{1}{2}\varepsilon E^2$ 中还包括了介质的极化能. 设想在非均匀电场中任取一体积元

dV，该处的能量密度为 w，则体积元 dV 中储存的电场能量为

$$dW = w dV = \frac{1}{2}\varepsilon E^2 dV.$$

整个电场中储存的电能为 $W = \int dW = \int_V \frac{1}{2}\varepsilon E^2 dV$. 式中的积分遍及整个电场分布的空间. 电场是电能的携带者，电荷不是电能的携带者，上述结论已被大量实验事实证实了. 在交变电磁场实验中，已证实了能量能够以电磁波的形式传播，即电能是定域在电场中的. 电场能量正是电场物质性的一个重要表现.

16.2 典型例题

例 16.1 半径为 R 的导体球，带有电荷 Q，球外有一均匀电介质的同心球壳，球壳的内外半径分别为 a 和 b，相对介电系数为 ε_r，如图 16.1 所示. 求：

(1) 介质内外的电场强度 E 和电位移矢量 D；

(2) 介质内的电极化强度 $\boldsymbol{P}$ 和介质表面上的极化电荷面密度 σ'；

(3) 电势 U 的空间分布；

(4) 如果在电介质外罩一半径为 b 的导体薄球壳，该球壳与导体球构成一电容器，该电容器的电容多大.

解 (1) 取同心球面作为高斯面，设高斯面的半径为 r，由介质中的高斯定理，可知当 $r<R$ 时，

$$D=0, \quad E=0;$$

当 $R<r<a$ 时，　$D=\frac{Q}{4\pi r^2}$，　$E=\frac{Q}{4\pi\varepsilon_0 r^2}$；

当 $a<r<b$ 时，　$D=\frac{Q}{4\pi r^2}$，　$E=\frac{Q}{4\pi\varepsilon_0\varepsilon_r r^2}$；

当 $r>b$ 时，　$D=\frac{Q}{4\pi r^2}$，　$E=\frac{Q}{4\pi\varepsilon_0 r^2}$.

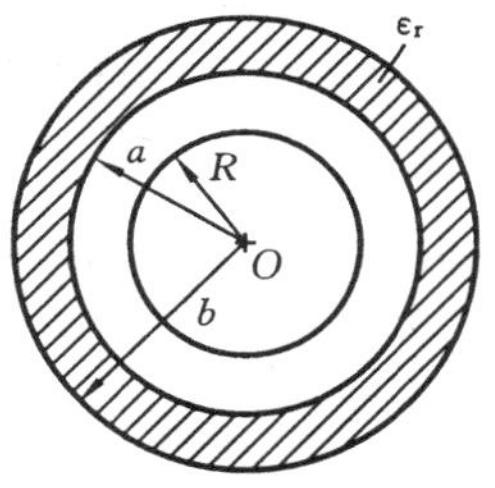

图 16.1

(2) 介质内的极化强度为

$$P=\chi_e\varepsilon_0 E=\varepsilon_0(\varepsilon_r-1)E=\varepsilon_0(\varepsilon_r-1)\frac{Q}{4\pi\varepsilon_0\varepsilon_r r^2}=\left(1-\frac{1}{\varepsilon_r}\right)\frac{Q}{4\pi r^2},$$

$\boldsymbol{P}$ 的方向沿径向向外. 电介质内外表面上的极化电荷面密度分别为

$$\sigma'_a=-P_a=-\left(1-\frac{1}{\varepsilon_r}\right)\frac{Q}{4\pi a^2}, \quad \sigma'_b=P_b=\left(1-\frac{1}{\varepsilon_r}\right)\frac{Q}{4\pi b^2},$$

相应的极化电荷分别为

$$q'_a=\sigma'_a 4\pi a^2=-\left(1-\frac{1}{\varepsilon_r}\right)Q, \quad q'_b=\sigma'_a 4\pi b^2=\left(1-\frac{1}{\varepsilon_r}\right)Q.$$

(3) 当 $r\leqslant R$ 时，

$$U=\int_r^\infty \boldsymbol{E}\cdot d\boldsymbol{l}=\int_R^a \boldsymbol{E}\cdot d\boldsymbol{l}+\int_a^b \boldsymbol{E}\cdot d\boldsymbol{l}+\int_b^\infty \boldsymbol{E}\cdot d\boldsymbol{l}=\int_R^a \frac{Q}{4\pi\varepsilon_0 r^2}dr+\int_a^b \frac{Q}{4\pi\varepsilon_0\varepsilon_r r^2}dr+\int_b^\infty \frac{Q}{4\pi\varepsilon_0 r^2}dr$$

$$=\frac{Q}{4\pi\varepsilon_0}\left(\frac{1}{R}-\frac{\varepsilon_r-1}{\varepsilon_r a}+\frac{\varepsilon_r-1}{\varepsilon_r b}\right);$$

当 $R\leqslant r\leqslant a$ 时，

$$U=\int_r^a \frac{Q}{4\pi\varepsilon_0 r^2}dr+\int_a^b \frac{Q}{4\pi\varepsilon_0\varepsilon_r r^2}dr+\int_b^\infty \frac{Q}{4\pi\varepsilon_0 r^2}dr=\frac{Q}{4\pi\varepsilon_0}\left(\frac{1}{r}-\frac{\varepsilon_r-1}{\varepsilon_r a}+\frac{\varepsilon_r-1}{\varepsilon_r b}\right);$$

当 $a\leqslant r\leqslant b$ 时，

$$U=\int_r^b \frac{Q}{4\pi\varepsilon_0\varepsilon_r r^2}\mathrm{d}r+\int_b^\infty \frac{Q}{4\pi\varepsilon_0 r^2}\mathrm{d}r=\frac{Q}{4\pi\varepsilon_0\varepsilon_r}\left(\frac{1}{r}-\frac{\varepsilon_r-1}{b}\right);$$

当 $r\geqslant b$ 时，
$$U=\int_r^\infty \frac{Q}{4\pi\varepsilon_0 r^2}\mathrm{d}r=\frac{Q}{4\pi\varepsilon_0 r}.$$

(4) 球与球壳之间的电势差为

$$\Delta U=\int_R^a \boldsymbol{E}\cdot\mathrm{d}\boldsymbol{l}+\int_a^b \boldsymbol{E}\cdot\mathrm{d}\boldsymbol{l}=\int_R^a \frac{Q}{4\pi\varepsilon_0 r^2}\mathrm{d}r+\int_a^b \frac{Q}{4\pi\varepsilon_0\varepsilon_r r^2}\mathrm{d}r=\frac{Q}{4\pi\varepsilon_0}\left(\frac{1}{R}-\frac{1}{a}\right)+\frac{Q}{4\pi\varepsilon_0\varepsilon_r}\left(\frac{1}{a}-\frac{1}{b}\right).$$

故
$$C=\frac{Q}{\Delta U}=\frac{4\pi\varepsilon_0}{\left(\frac{1}{R}-\frac{1}{a}\right)+\frac{1}{\varepsilon_r}\left(\frac{1}{a}-\frac{1}{b}\right)}.$$

例 16.2　(1) 求半径为 R，电荷体密度为 ρ 的无限长均匀带电圆柱体的电势分布、场强分布及电场能量密度的空间分布.（取轴线 $r=0$ 处电势为零.）

(2) 求半径为 R、带电量为 Q 的均匀带电球体的电场能量.

解　(1) 取长为 l、轴线半径为 r 的同轴闭合圆柱面为高斯面，由高斯定理可知，当 $0\leqslant r<R$ 时，

$$E2\pi rl=\frac{1}{\varepsilon_0}\rho\pi r^2 l,\quad E=\frac{\rho r}{2\varepsilon_0};$$

当 $r\geqslant R$ 时，
$$E2\pi rl=\frac{1}{\varepsilon_0}\rho\pi R^2 l,\quad E=\frac{\rho R^2}{2\varepsilon_0 r}.$$

故
$$U=\begin{cases}\int_r^0 \boldsymbol{E}\cdot\mathrm{d}\boldsymbol{l}=\int_r^0 \frac{\rho r}{2\varepsilon_0}\mathrm{d}r=-\frac{\rho r^2}{4\varepsilon_0} & (0\leqslant r\leqslant R),\\ \int_r^0 \boldsymbol{E}\cdot\mathrm{d}\boldsymbol{l}=\int_r^R \frac{\rho R^2}{2\varepsilon_0 r}\mathrm{d}r+\int_R^0 \frac{\rho r}{2\varepsilon_0}\mathrm{d}r=\frac{\rho R^2}{2\varepsilon_0}\ln\frac{R}{r}-\frac{\rho R^2}{4\varepsilon_0} & (r\geqslant R).\end{cases}$$

电能密度为
$$w=\begin{cases}\frac{1}{2}\varepsilon E^2=\frac{1}{2}\varepsilon_0 E^2=\frac{1}{2}\varepsilon_0\,\frac{\rho^2 r^2}{4\varepsilon_0^2}=\frac{\rho^2 r^2}{8\varepsilon_0} & (0\leqslant r\leqslant R),\\ \frac{1}{2}\varepsilon E^2=\frac{1}{2}\varepsilon_0 E^2=\frac{1}{2}\varepsilon_0\,\frac{\rho^2 R^4}{4\varepsilon_0^2 r^2}=\frac{\rho^2 R^4}{8\varepsilon_0 r^2} & (r\geqslant R).\end{cases}$$

(2) 由高斯定理可得 E 的空间分布为 $E=\begin{cases}\frac{Qr}{4\pi\varepsilon_0 R^3} & (r\leqslant R),\\ \frac{Q}{4\pi\varepsilon_0 r^2} & (r\geqslant R).\end{cases}$

电势的空间分布为

$$U=\begin{cases}\int_r^R \frac{Qr}{4\pi\varepsilon_0 R^3}\mathrm{d}r+\int_R^\infty \frac{Q}{4\pi\varepsilon_0 r^2}\mathrm{d}r=\frac{Q}{8\pi\varepsilon_0}\left(\frac{3}{R}-\frac{r^2}{R^3}\right) & (r\leqslant R),\\ \int_r^\infty \frac{Q}{4\pi\varepsilon_0 r^2}\mathrm{d}r=\frac{Q}{4\pi\varepsilon_0 r} & (r\geqslant R).\end{cases}$$

整个电场能量为

$$W=\int_0^R \frac{1}{2}\varepsilon_0\left(\frac{Qr}{4\pi\varepsilon_0 R^3}\right)^2\times 4\pi r^2\mathrm{d}r+\int_R^\infty \frac{1}{2}\varepsilon_0\left(\frac{Q}{4\pi\varepsilon_0 r^2}\right)^2\times 4\pi r^2\mathrm{d}r=\frac{3Q^2}{20\varepsilon_0\pi R}.$$

例 16.3　两共轴导体圆筒的内、外筒半径分别为 R_1 和 R_2，且 $R_2<2R_1$，其间有两层均匀电介质，分界面半径为 r_0，内层介质的介电系数为 ε_1，外层介质的介电系数为 ε_2，且 $\varepsilon_2=\frac{1}{2}\varepsilon_1$. 两层介质的击穿场强都是 $E_{\max}$，当电压升高时，哪层介质先被击穿？两筒间能加的最大电势差多大？

解　设内筒带电的线电荷密度为 λ，取半径为 r 的同轴闭合圆柱面为高斯面，由高斯定理有

$$D=\frac{\lambda}{2\pi r}$$

由 $\boldsymbol{D}=\varepsilon\boldsymbol{E}$，有

$$E=\frac{\lambda}{2\pi\varepsilon r}=\begin{cases}\dfrac{\lambda}{2\pi\varepsilon_1 r} & (R_1<r<r_0),\\ \dfrac{\lambda}{2\pi\varepsilon_2 r}=\dfrac{\lambda}{\pi\varepsilon_1 r} & (r_0<r<R_2).\end{cases}$$

内层介质的最大场强为$\frac{\lambda}{2\pi\varepsilon_1 R_1}$，外层介质的最大场强为$\frac{\lambda}{\pi\varepsilon_1 r_0}$，在外加电压一定的情况下有

$$\frac{\lambda}{2\pi\varepsilon_1 R_1}-\frac{\lambda}{\pi\varepsilon_1 r_0}=\frac{\lambda(r_0-2R_1)}{2\pi\varepsilon_1 R_1 r_0}.$$

由于 $R_2<2R_1$，故 $r_0-2R_1<0$，$\frac{\lambda}{2\pi\varepsilon_1 R_1}<\frac{\lambda}{\pi\varepsilon_1 r_0}$. 所以当电压升高时，外层介质先达到 $E_{\max}$ 而被击穿. 而 $E_{\max}=\frac{\lambda_{\max}}{\pi\varepsilon_1 r_0}$，故 $\lambda_{\max}=\pi\varepsilon_1 r_0 E_{\max}$. 两筒间能加的最大电势差为

$$U_{\max}=\int_{R_1}^{r_0}\frac{\lambda_{\max}}{2\pi\varepsilon_1 r}\mathrm{d}r+\int_{r_0}^{R_2}\frac{\lambda_{\max}}{\pi\varepsilon_1 r}=\frac{\lambda_{\max}}{2\pi\varepsilon_1}\ln\frac{r_0}{R_1}+\frac{\lambda_{\max}}{\pi\varepsilon_1}\ln\frac{R_2}{r_0}=\frac{E_{\max}r_0}{2}\ln\frac{R_2^2}{R_1 r_0}.$$

例 16.4　一平行板电容器，两极板间充满电介质，如图 16.2 所示. 相对介电系数沿垂直于极板面方向做线性变化(随离 A 板的距离做正比变化)，靠近 A、B 两极板处介质的相对介电系数分别为 ε_{r_1} 和 ε_{r_2}，A、B 两板的距离为 d，所带电量分别为 Q 和 $-Q$，极板面积都是 S，忽略边缘效应. 求：

(1) A、B 两板间的电势差；

(2) 该电容器的电容.

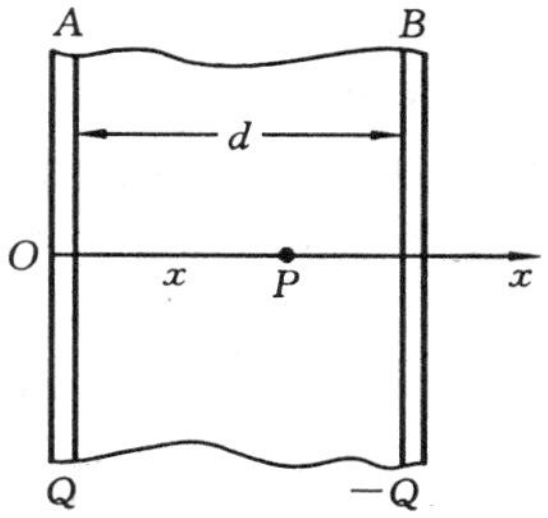

图 16.2

解　(1) 考察距 A 板为 x 的任意一点 P，依据题意，点 P 的相对介电常数

$$\varepsilon_r=\varepsilon_{r_1}+kx.$$

当 $x=d$，$\varepsilon_r=\varepsilon_{r_2}$ 时，有 $\varepsilon_{r_2}=\varepsilon_{r_1}+kd$，由此得 $k=\frac{\varepsilon_{r_2}-\varepsilon_{r_1}}{d}$，故

$$\varepsilon_r=\varepsilon_{r_1}+\frac{\varepsilon_{r_2}-\varepsilon_{r_1}}{d}x=\frac{\varepsilon_{r_1}d+(\varepsilon_{r_2}-\varepsilon_{r_1})x}{d}.$$

由高斯定理知，点 P 的场强为

$$E=\frac{\sigma}{\varepsilon_0\varepsilon_r}=\frac{Q}{\varepsilon_0\varepsilon_r S}=\frac{Qd}{\varepsilon_0 S[\varepsilon_{r_1}d-(\varepsilon_{r_2}-\varepsilon_{r_1})x]},$$

A、B 两板间电势差为

$$U_{AB}=\int_A^B\boldsymbol{E}\cdot\mathrm{d}\boldsymbol{l}=\int_0^d\frac{Qd}{\varepsilon_0 S[\varepsilon_{r_1}d-(\varepsilon_{r_2}-\varepsilon_{r_1})x]}\mathrm{d}x=\frac{Qd}{\varepsilon_0 S(\varepsilon_{r_2}-\varepsilon_{r_1})}\ln\frac{\varepsilon_{r_2}}{\varepsilon_{r_1}}.$$

(2) 该电容器的电容为

$$C=\frac{Q}{U_{AB}}=\frac{\varepsilon_0 S(\varepsilon_{r_2}-\varepsilon_{r_1})}{d\ln\dfrac{\varepsilon_{r_2}}{\varepsilon_{r_1}}}.$$

例 16.5　一平行板电容器，两极板间空间体积为 V，其中插进了一块大小、形状与此空间相同的电介质板，其相对介电系数为 ε_r，通过电源，电容器两极板间加有电压，电介质表面上的束缚电荷面密度为 σ'. 现将电介质板从电容器极板之间抽出来，求在以下两种情况下反抗电场力需要做多少功：(1) 去掉电源前；(2) 去掉电源后.

解　(1) 当电源未切断时，从电容器中抽出电介质板前后，电容器上的电压是不变的，即极板

间场强不变，外力做功，一方面使电场能量改变 ΔW，另一方面还要抵抗电源做功 $A_{电源}$. 而

$$\Delta W=\frac{1}{2}\varepsilon_0 E^2 V-\frac{1}{2}\varepsilon_0\varepsilon_r E^2 V=\frac{1}{2}\varepsilon_0(1-\varepsilon_r)E^2 V,$$

又 $E=\frac{\sigma}{\varepsilon_0\varepsilon_r}$，$\sigma$ 为极板上自由电荷面密度，而

$$\sigma'=(\varepsilon_r-1)\varepsilon_0 E=(\varepsilon_r-1)\varepsilon_0\frac{\sigma}{\varepsilon_0\varepsilon_r},\quad 即\quad \sigma=\frac{\varepsilon_r\sigma'}{\varepsilon_r-1},$$

故 $\Delta W=\frac{1}{2}\varepsilon_0(1-\varepsilon_r)\frac{\sigma^2}{\varepsilon_0^2\varepsilon_r^2}V=-\frac{1}{2}\frac{\sigma'^2}{\varepsilon_0(\varepsilon_r-1)}V.$

设电源电压为 U，则

$$A_{电源}=\Delta qU=\varepsilon_0(\varepsilon_r-1)E^2V=\varepsilon_0(\varepsilon_r-1)\frac{\sigma^2}{\varepsilon_0^2\varepsilon_r^2}V=\frac{\sigma'^2}{\varepsilon_0(\varepsilon_r-1)}V.$$

外力做的功为 $\quad A=\Delta W+A_{电源}=-\frac{1}{2}\frac{\sigma'^2}{\varepsilon_0(\varepsilon_r-1)}V+\frac{\sigma'^2}{\varepsilon_0(\varepsilon_r-1)}V=\frac{\sigma'^2}{2\varepsilon_0(\varepsilon_r-1)}V.$

可见抽出电介质时，外力做正功.

(2) 去掉电源后，极板上自由电荷面密度不变，根据功能原理，此时外力的功为

$$A=\frac{1}{2}\varepsilon_0\left(\frac{\sigma}{\varepsilon_0}\right)^2V-\frac{1}{2}\varepsilon_0\varepsilon_r\left(\frac{\sigma}{\varepsilon_0\varepsilon_r}\right)^2V,$$

将 $\sigma=\frac{\varepsilon_r\sigma'}{\varepsilon_r-1}$ 代入上式，整理得 $A=\frac{\varepsilon_r V\sigma'^2}{2\varepsilon_0(\varepsilon_r-1)}$. 这表明外力抽出电介质时所做的功比未切断电源时大 ε_r 倍.

例 16.6 有两个互相绝缘的同心金属球和金属球壳. 现使内球带电量 Q，问：

(1) 外球壳的电荷和电位及内球的电位；

(2) 把外球壳接地，再重新与地绝缘，求外球壳电荷、电位及内球电位；

(3) 把内球接地，求内外球的电荷、电位.

解 (1) 如图 16.3 所示，由高斯定理可知球壳的内表面均匀分布着总电荷 $-Q$，外表面 $+Q$，内球的电位为

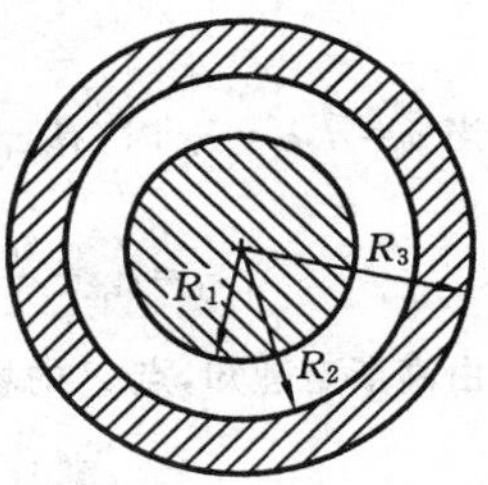

图 16.3

$$U_内=\int_{R_1}^{\infty}\boldsymbol{E}\cdot d\boldsymbol{l}=\int_{R_1}^{R_2}\frac{Q}{4\pi\varepsilon_0 r^2}dr+\int_{R_3}^{\infty}\frac{Q}{4\pi\varepsilon_0 r^2}dr$$
$$=\frac{Q}{4\pi\varepsilon_0}\left(\frac{1}{R_1}-\frac{1}{R_2}\right)+\frac{Q}{4\pi\varepsilon_0 R_3},$$

外球壳电位为 $\quad U_外=\int_{R_3}^{\infty}\boldsymbol{E}\cdot d\boldsymbol{l}=\int_{R_3}^{\infty}\frac{Q}{4\pi\varepsilon_0 r^2}dr=\frac{Q}{4\pi\varepsilon_0 R_3}.$

(2) 外球壳接地再断开后，外球壳内表面仍为 $-Q$，但外表面电荷为零，外球壳电位为零，内球电位为

$$U_内=\int_{R_1}^{R_2}\boldsymbol{E}\cdot d\boldsymbol{l}=\int_{R_1}^{R_2}\frac{Q}{4\pi\varepsilon_0 r^2}dr=\frac{Q}{4\pi\varepsilon_0}\left(\frac{1}{R_1}-\frac{1}{R_2}\right).$$

(3) 此时相当于内球与球壳之间组成的电容器，以及球壳与地组成的电容器并联，其并联电容为

$$C=\frac{4\pi\varepsilon_0 R_2R_1}{R_2-R_1}+4\pi\varepsilon_0 R_3=\frac{4\pi\varepsilon_0(R_1R_2+R_2R_3-R_3R_1)}{R_2-R_1}.$$

内球电位为零，内球与球壳之间的电势差为

$$U=\frac{Q}{C}=\frac{Q(R_2-R_1)}{4\pi\varepsilon_0(R_1R_2+R_2R_3-R_3R_1)}.$$

内球表面与球壳内表面所带电荷为　$Q_1=C_1U=\dfrac{QR_1R_2}{R_1R_2+R_2R_3-R_3R_1}$，

球壳外表面所带电荷为　$Q_2=C_2U=\dfrac{Q(R_2-R_1)R_3}{R_1R_2+R_2R_3-R_3R_1}$.

例 16.7　平行板电容器的极板面积为 S，两极间距为 d，极板间充以两层均匀电介质，其一厚度为 d_1，相对介电系数为 ε_{r_1}；其二厚度为 d_2，相对介电系数为 ε_{r_2}，如图 16.4 所示. 求：

(1) 电容器的电容；

(2) 电介质表面上的极化电荷.(设电容器两极板上的电势差为 U.)

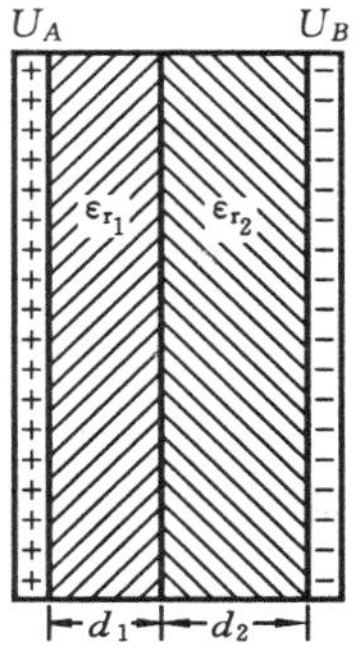

图 16.4

解　(1) 设极板上电荷密度为 σ，由介质中高斯定理可知，

$$D_1=D_2=\sigma.$$

由 $\boldsymbol{D}=\varepsilon_0\varepsilon_r\boldsymbol{E}$，可求出两种电介质内的场强分别为

$$E_1=\frac{\sigma}{\varepsilon_0\varepsilon_{r_1}},\quad E_2=\frac{\sigma}{\varepsilon_0\varepsilon_{r_2}}.$$

两极板间的电势差为

$$U=E_1d_1+E_2d_2=\frac{\sigma}{\varepsilon_0}\left(\frac{d_1}{\varepsilon_{r_1}}+\frac{d_2}{\varepsilon_{r_2}}\right)=\frac{q}{\varepsilon_0 S}\left(\frac{d_1}{\varepsilon_{r_1}}+\frac{d_2}{\varepsilon_{r_2}}\right),$$

所以电容器的电容为　$C=\dfrac{q}{U}=\dfrac{\varepsilon_0 S}{d_1/\varepsilon_{r_1}+d_2/\varepsilon_{r_2}}$.

(2) U 已知时，电容器的带电量 $q=CU$，极板上的面电荷密度为 $\sigma=\dfrac{CU}{S}$，介质中的场强分别为

$$E_1=\frac{\sigma}{\varepsilon_0\varepsilon_{r_1}}=\frac{CU}{\varepsilon_0\varepsilon_{r_1}S},\quad E_2=\frac{\sigma}{\varepsilon_0\varepsilon_{r_2}}=\frac{CU}{\varepsilon_0\varepsilon_{r_2}S}.$$

介质表面上的极化电荷面密度分别为

$$\sigma'_1=(\varepsilon_{r_1}-1)\varepsilon_0E_1=\frac{CU}{S}\left(1-\frac{1}{\varepsilon_{r_1}}\right),\quad \sigma'_2=(\varepsilon_{r_2}-1)\varepsilon_0E_2=\frac{CU}{S}\left(1-\frac{1}{\varepsilon_{r_2}}\right).$$

介质表面上的极化电荷分别为

$$q'_1=\sigma'_1S=CU\left(1-\frac{1}{\varepsilon_{r_1}}\right),\quad q'_2=\sigma'_2S=CU\left(1-\frac{1}{\varepsilon_{r_2}}\right).$$

例 16.8　(1) 三个电容器，电容分别为 $C_1=2\ \mu\text{F}$，$C_2=5\ \mu\text{F}$，$C_3=10\ \mu\text{F}$，各自先用 36 V 的直流电源充电后，按图 16.5(a)所示连接起来.

(1) 求连接后各电容器的电量与电压；

(2) 一个电容器由两块长方形金属平板组成，如图 16.5(b)所示，两板的长度为 a，宽度为 b，两宽边相互平行，两长边的一端相距为 d，另一端略微抬起一段距离 $l(l\ll d)$，板间为真空. 求此电容器的电容.

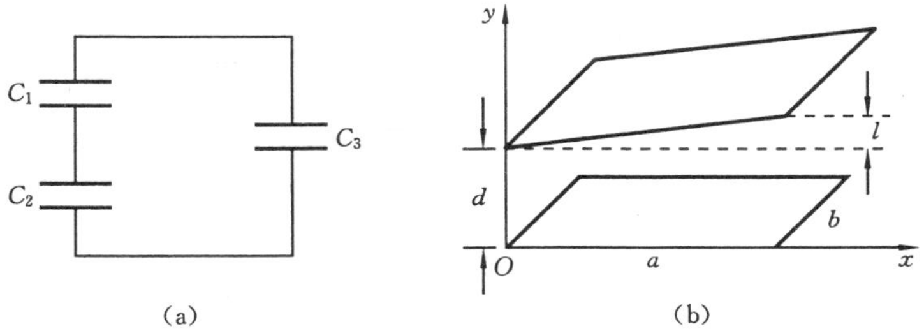

图 16.5

解 (1) 三个电容器充电后的带电量分别为

$$Q_1=C_1U=2\times 36\ \mu C=72\ \mu C,\quad Q_2=C_2U=5\times 36\ \mu C=180\ \mu C,$$
$$Q_3=C_3U=10\times 36\ \mu C=360\ \mu C.$$

按图 16.5 所示连接起来后，设 C_1, C_2, C_3 的带电量分别为 Q'_1, Q'_2, Q'_3，依据题意有

$$Q'_1+Q'_3=Q_1+Q_3,\quad Q'_2+Q'_3=Q_2+Q_3,\quad \frac{Q'_1}{C_1}+\frac{Q'_2}{C_2}=\frac{Q'_3}{C_3}.$$

联立求解上述各式得 $Q'_1=27\ \mu C$，$Q'_2=135\ \mu C$，$Q'_3=405\ \mu C$.

(2) 建立图 16.5(b)所示坐标系，则斜边方程为

$$y=\frac{l}{a}x+d,\quad dC=\frac{\varepsilon_0 b dx}{y},$$

故
$$C=\int dC=\int\frac{\varepsilon_0 b dx}{y}=\int_0^a\frac{\varepsilon_0 b dx}{\frac{l}{a}x+d}=\frac{\varepsilon_0 ab}{d}\left(1-\frac{l}{2d}\right).$$

例 16.9 将一块两面总电荷面密度为 σ_0 的无限大带电金属平板置于与板面垂直的匀强电场 $\boldsymbol{E}_0$ 中. 试求金属板与电场垂直的两个面上的电荷分布以及金属板外的场强分布.

解 金属板未放入外电场 $\boldsymbol{E}_0$ 中时，其两个面上的电荷均匀分布. 将其放入外电场 $\boldsymbol{E}_0$ 中，金属板在外电场作用下发生静电感应，引起导体表面电荷的重新分布. 设此时导体两面的电荷面密度分别为 σ_1 和 σ_2，在导板中任意取一点 P. 依据静电平衡条件，无限大均匀带电平板场强分布公式以及场强叠加原理，有

$$E_P=E_0+\frac{\sigma_1}{2\varepsilon_0}-\frac{\sigma_2}{2\varepsilon_0}=0.$$

又由电荷守恒定律知，$\sigma_1+\sigma_2=\sigma_0$，故

$$\sigma_1=\frac{\sigma_0}{2}-\varepsilon_0E_0,\quad \sigma_2=\frac{\sigma_0}{2}+\varepsilon_0E_0.$$

可见这时金属板与外场垂直的两个表面上电荷面密度不相等. 由对称性分析可知，电场强度方向仍垂直于无限大平板，由场强叠加原理可知，

金属板左侧电场的场强为 $\qquad E_{左}=E_0-\frac{\sigma_1}{2\varepsilon_0}-\frac{\sigma_2}{2\varepsilon_0}=E_0-\frac{\sigma_0}{2\varepsilon_0},$

金属板右边电场的场强为 $\qquad E_{右}=E_0+\frac{\sigma_1}{2\varepsilon_0}+\frac{\sigma_2}{2\varepsilon_0}=E_0+\frac{\sigma_0}{2\varepsilon_0}.$

由上讨论可知，静电场中放入金属板后，金属板上的电荷不仅会发生重新分布，而且板外电场的分布也会相应改变，无限大带电平板的左方和右方分别为场强数值不同的均匀电场.

例 16.10 (1) 如图 16.6(a)所示，A 为一导体球，半径为 R_1，B 为一同心导体薄球壳，半径为 R_2，现用电源保持内球电势为 U. 已知外球壳上的带电量为 q_2，求内球上的带电量 q_1 及电场能量.

(2) 如图 16.6(b)所示，半径为 R_1 的导体球带电 q，另有一内外半径分别为 R_2 和 R_3，电荷为 Q 的导体球壳与之同心，球与球壳之间充满介电系数为 ε 的电介质，求该带电系统的电场能量.

解 (1) 设内球的带电量为 q_1，依据电势叠加原理，可求得内球的电势为

$$U=\frac{q_1}{4\pi\varepsilon_0R_1}+\frac{q_2}{4\pi\varepsilon_0R_2},$$

故 $q_1=4\pi\varepsilon_0R_1U-\frac{R_1}{R_2}q_2$.

由于系统分布具有球对称性，由高斯定理知，带电系统的场强分布为

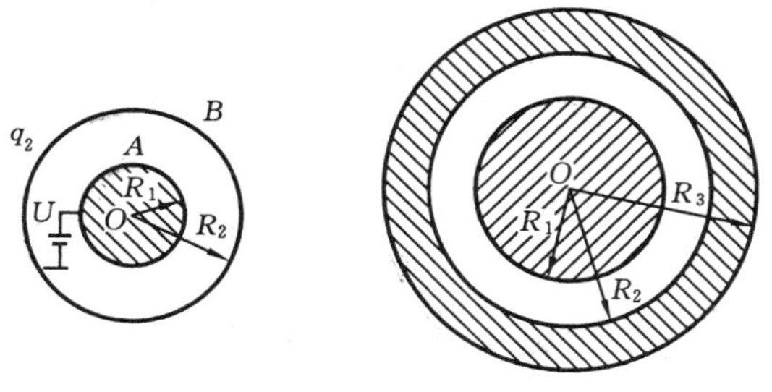

(a)　　(b)

图 16.6

$$E=\begin{cases}0 & (r<R),\\ \dfrac{q_1}{4\pi\varepsilon_0 r^2} & (R_1<r<R_2),\\ \dfrac{q_1+q_2}{4\pi\varepsilon_0 r^2} & (r>R_2).\end{cases}$$

依据电场能量公式，取体积元为 $dV=4\pi r^2 dr$，可求得该带电系统的电能为

$$W=\int\frac{1}{2}\varepsilon_0 E^2 dV=\int_{R_1}^{R_2}\frac{1}{2}\varepsilon_0\left(\frac{q_1}{4\pi\varepsilon_0 r^2}\right)^2 4\pi r^2 dr+\int_{R_2}^{\infty}\frac{1}{2}\varepsilon_0\left(\frac{q_1+q_2}{4\pi\varepsilon_0 r^2}\right)^2 4\pi r^2 dr$$

$$=\frac{1}{8\pi\varepsilon_0}\left(\frac{q_1^2}{R_1}+\frac{q_2^2}{R_2}+\frac{2q_1q_2}{R_2}\right)=\frac{1}{8\pi\varepsilon_0}\left[(4\pi\varepsilon_0 U)^2R_1-\frac{R_1}{R_2^2}q_2^2+\frac{q_2^2}{R_2}\right].$$

(2) 由电荷守恒律可知，导体壳内、外表面的感应电荷分别为 $-q$ 和 $+q$，又由于场的分布具有球对称性，依据介质中的高斯定理，可求得 D 的空间分布为

$$D=\begin{cases}0 & (r<R_1),\\ \dfrac{q}{4\pi r^2} & (R_1<r<R_2),\\ 0 & (R_2<r<R_3),\\ \dfrac{Q+q}{4\pi r^2} & (r>R_3).\end{cases}$$

由于 $D=\varepsilon E$，所以 E 的空间分布为

$$E=\begin{cases}0 & (r<R_1),\\ \dfrac{q}{4\pi\varepsilon r^2} & (R_1<r<R_2),\\ 0 & (R_2<r<R_3),\\ \dfrac{Q+q}{4\pi\varepsilon_0 r^2} & (r>R_3),\end{cases}$$

带电系统的电能为(取体积元 $dV=4\pi r^2 dr$)

$$W=\int_{R_1}^{R_2}\frac{1}{2}\varepsilon\left(\frac{q}{4\pi\varepsilon r^2}\right)^2 4\pi r^2 dr+\int_{R_3}^{\infty}\frac{1}{2}\varepsilon_0\left(\frac{Q+q}{4\pi\varepsilon_0 r^2}\right)^2 4\pi r^2 dr=\frac{1}{8\pi}\left[\frac{q^2}{\varepsilon}\left(\frac{1}{R_1}-\frac{1}{R_2}\right)+\frac{(Q+q)^2}{\varepsilon_0 R_3}\right].$$

注：由于球壳外表面带有电荷，本问不能简单地作为球形电容器来处理.

例 16.11　一个平行板电容器板面积为 S，板间距离为 y_0，下板在 $y=0$ 处，上板在 $y=y_0$ 处. 充满两板间的电介质的相对介电常数随 y 的变化而改变，其关系为 $\varepsilon_r=1+3y/y_0$. 试求：

(1) 此电容器的电容；

(2) 此电容器带有电量 Q(上极板带 $+Q$)时，电介质上、下表面的束缚电荷面密度；

(3) 电介质内体束缚电荷密度；

(4) 证明体束缚电荷总量加上面束缚电荷总量的和为零.

解　(1) 设极板上的自由电荷面密度为σ，由高斯定理知$D=\sigma$，所以极板间的场强分布为$E=\sigma/(\varepsilon_0\varepsilon_r)$，因此两极板的电势差为

$$U=\int E\mathrm{d}y=\int\frac{\sigma}{\varepsilon_0\varepsilon_r}\mathrm{d}y=\int_0^{y_0}\frac{\sigma}{\varepsilon_0\left(1+\frac{3}{y_0}y\right)}\mathrm{d}y=\frac{\sigma y_0}{3\varepsilon_0}\ln4,$$

该电容器的电容为$C=Q/U=\sigma S/U=3\varepsilon_0 S/(y_0\ln4)$. 此电容器可看做许多个板间距为$\mathrm{d}y$的电容器串联而成，每一个这样的薄电容器的电容为$\mathrm{d}C=\varepsilon_0\varepsilon_r S/\mathrm{d}y$，用$C$表示总电容，则

$$\frac{1}{C}=\int\frac{1}{\mathrm{d}C}=\int_0^{y_0}\frac{\mathrm{d}y}{\varepsilon_0\varepsilon_r S}=\int_0^{y_0}\frac{\mathrm{d}y}{\varepsilon_0 S\left(1+\frac{3}{y_0}y\right)}=\frac{y_0}{3\varepsilon_0 S}\ln4,$$

故$C=3\varepsilon_0 S/(y_0\ln4)$.

(2) 在上表面，有

$$\sigma'_1=\boldsymbol{P}\cdot\boldsymbol{n}=-P=-\varepsilon_0(\varepsilon_{r,y_0}-1)E=-\varepsilon_0(\varepsilon_{r,y_0}-1)\frac{D}{\varepsilon_0\varepsilon_{r,y_0}}=-\frac{\varepsilon_{r,y_0}-1}{\varepsilon_{r,y_0}}\sigma=-\frac{3}{4}\sigma=-\frac{3}{4}\frac{Q}{S};$$

在下表面，有$\sigma'_2=\boldsymbol{P}\cdot\boldsymbol{n}=P=\varepsilon_0(\varepsilon_{r,0}-1)E=0$.

(3) 用ρ表示在y处介质内的体束缚电荷密度. 对高为$\mathrm{d}y$，上、下面积为单位面积的封闭面来说，由高斯定理(请注意有介质存在时高斯定理仍然成立)有

$$\mathrm{d}q'_{\mathrm{int}}=\rho'\mathrm{d}y=\varepsilon_0[-(E+\mathrm{d}E)+E]=-\varepsilon_0\mathrm{d}E=-\varepsilon_0\mathrm{d}\left(\frac{D}{\varepsilon_0\varepsilon_r}\right)=-\varepsilon_0\mathrm{d}\left(\frac{\sigma}{\varepsilon_0\varepsilon_r}\right)$$

$$=-\frac{Q}{S}\mathrm{d}\left(\frac{1}{\varepsilon_r}\right)=-\frac{Q}{S}\frac{\mathrm{d}}{\mathrm{d}y}\left(\frac{1}{\varepsilon_r}\right)\mathrm{d}y,$$

故

$$\rho'=-\frac{Q}{S}\frac{\mathrm{d}}{\mathrm{d}y}\left(\frac{1}{\varepsilon_r}\right)=\frac{3Q}{y_0 S}\left(1+\frac{3}{y_0}y\right)^{-2}.$$

整个介质体积内的总束缚电荷为

$$q'=\int\rho' S\mathrm{d}y=-Q\int_{\varepsilon_{r,0}}^{\varepsilon_{r,y_0}}\mathrm{d}\left(\frac{1}{\varepsilon_r}\right)=-Q\left(\frac{1}{4}-1\right)=\frac{3Q}{4}.$$

(4) 整个介质表面的束缚电荷为$\sigma'_1 S=-\frac{3}{4}Q$，由此可得体极化电荷和面极化电荷的总和为零.

16.3　强化训练题

一、填空题

1. 一空气平行板电容器接电源后，极板上的电荷面密度分别为$\pm\sigma$，在电源保持接通的情况下，将相对介电常数为ε_r的各向同性均匀电介质充满其内. 如忽略边缘效应，介质中的场强应为______.

2. 一平行板电容器，两板间充满各向同性均匀电介质. 已知相对介电常数为ε_r，若极板上的自由电荷面密度为σ，则介质中电位移的大小$D=$______，电场强度的大小$E=$______.

3. A、B为两块无限大均匀带电平行薄平板，两板间和左右两侧充满相对介电常数为ε_r的各向同性均匀电介质. 已知两板间的场强大小为E_0，两板外的场强均为$E_0/3$，方向如图16.7所示. 则A、B两板所带电荷面密度分别为$\sigma_A=$______，$\sigma_B=$______.

4. 电介质在电容器中的作用是：(1)______；(2)______.

5. 如图16.8所示，一平行板电容器，上极板带正电，下极板带负电，其间充满相对介电常数为

$\varepsilon_r=2$ 的各向同性均匀电介质. 在图上大致画出电介质内任一点 P 处自由电荷产生的场强 $\boldsymbol{E}_0$，束缚电荷产生的场强 $\boldsymbol{E}'$ 和总场强 $\boldsymbol{E}$.

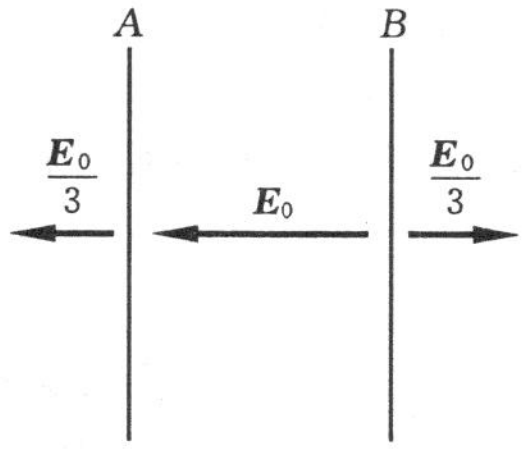

图 16.7

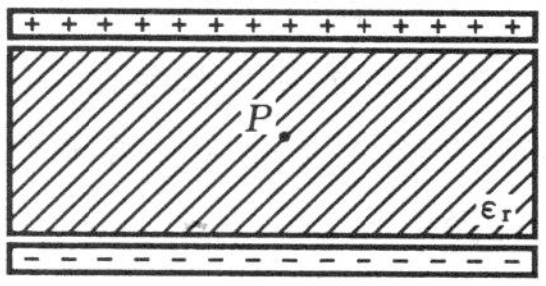

图 16.8

6. 两个半径相同的孤立导体球，其中一个是实心的，电容为 C_1，另一个是空心的，电容为 C_2，则 C_1 ______ C_2.（填"＞"、"＝"或"＜".）

7. 一空气平行板电容器，其电容为 C_0，充电后将电源断开，两极板间电势差为 U_{12}. 今在两极板间充满相对介电常数为 ε_r 的各向同性均匀电介质，则此时电容值 $C=$ ______，两极板间电势差 $U'_{12}=$ ______.

8. A、B 为两个电容值都等于 C 的电容器，已知 A 带电量为 Q，B 带电量为 $2Q$. 现将 A、B 并联后，系统电场能量的增量 $\Delta W=$ ______.

9. 一空气电容器充电后切断电源，电容器储能 W_0，若此时灌入相对介电常数为 ε_r 的煤油，电容器储能变为 W_0 的 ______ 倍；如果灌煤油时电容器一直与电源相连接，则电容器储能将是 W_0 的 ______ 倍.

10. 如图 16.9 所示，电容为 C_0 的平板电容器接在电路中. 若将相对介电常数为 ε_r 的各向同性均匀电介质插入电容器中（填满空间），则此时电容器的电容为原来的 ______ 倍，电场能量是原来的 ______ 倍.

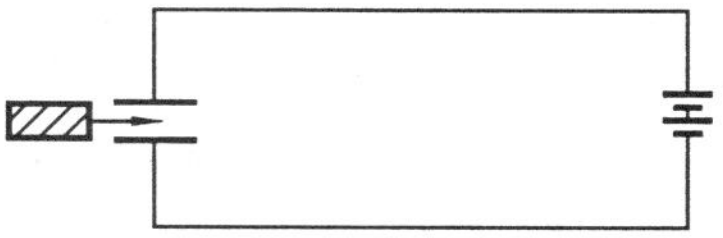

图 16.9

11. 一电容为 C 的电容器，极板上带电量 Q，若该电容器与另一个完全相同的不带电的电容器并联，则该电容器组的静电能 $W=$ ______.

12. 一平行板电容器两极板间电压为 U_{12}，其间充满相对介电常数为 ε_r 的各向同性均匀电介质，电介质厚度为 d，则电介质中的电场能量密度 $w=$ ______.

13. 如图 16.10 所示，C_1、C_2 和 C_3 是三个完全相同的平行板电容器，当接通电源后，三个电容器中储能之比 $W_1:W_2:W_3=$ ______.

14. 一空气平行板电容器，其电容值为 C_0，充电后将电源断开，其储存的电场能量为 W_0. 今在两极板间充满相对介电常数为 ε_r 的各向同性均匀电介质，则此时电容值 $C=$ ______，储存的电场能量 $W=$ ______.

15. 如图 16.11 所示，两个空气电容器 1 和 2，并联后接在电压恒定的直流电源上. 今有一块各向同性均匀电介质板缓慢地插入电容器 1 中，则电容器组的总带电量将 ______，电容器组储存的

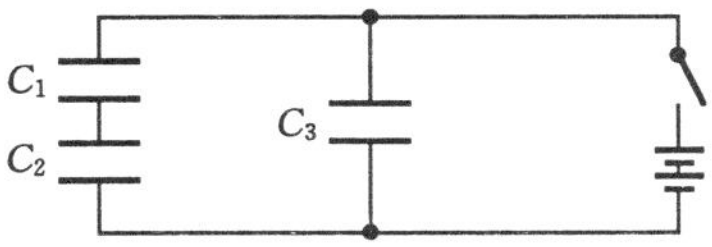

图 16.10

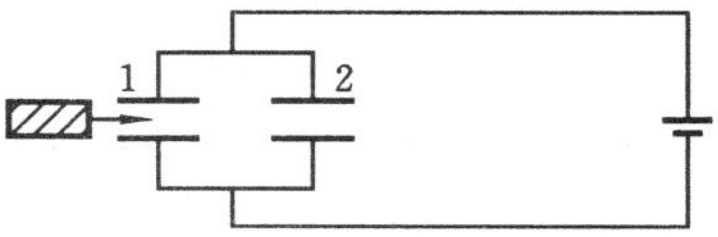

图 16.11

电能将______.（填“增大”、“减小”或“不变”.）

二、简答题

1. 一均匀带电球面和一均匀带电球体，如果它们的半径相同且总电量相等，问哪一种情况的电场能量大？为什么？

2. 吹一个带有电荷的肥皂泡，电荷的存在对吹泡有帮助还是有妨碍？试从静电能量的角度加以说明.（分别考虑带正电荷和带负电荷情况.）

三、计算题

1. 一圆柱形电容器，外柱的直径为 4 cm，内柱的直径可以适当选择，若其间充满各向同性的均匀电介质，该电介质的击穿电场强度的大小为 $E_0=200\ \text{kV/cm}$. 试求该电容器可能承受的最高电压.（自然对数的底 e=2.7183.）

2. 半径分别为 a 和 b 的两个金属球，它们的间距比本身线度大得多. 今用一细导线将二者相连接，并给系统带上电荷 Q. 求：

(1) 每个球上分配到的电荷是多少？

(2) 按电容定义式，计算此系统的电容.

3. 有两个平行板电容器 C_1 和 C_2，C_1 用空气作电介质，C_2 用松节油（$\varepsilon_r=2.16$）作电介质，其他条件完全相同. 今把二者并联后充总电量 $Q=1.58\times10^{-7}$ C，求每一个电容器的带电量.

4. 如图 16.12 所示，一电容器由三片面积均为 $S=6.0\ \text{cm}^2$ 的金属箔构成，相邻两箔间的距离都是 $d=0.10$ mm，外面两箔片连在一起为一极，中间箔片作为另一极.

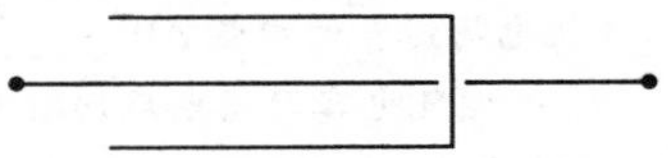

图 16.12

(1) 求电容 C；

(2) 当在这电容器上加 $U=220$ V 电压时，三箔片上的电荷面密度各是多少？（$\varepsilon_0=8.85\times10^{-12}\ \text{C}^2/(\text{N}\cdot\text{m}^2)$.）

5. 一半径为 R 的金属球，球上带电荷 $-Q$，球外充满介电常数为 ε 的各向同性均匀电介质. 求电场中储存的能量.

6. 若把电子想象为一个相对介电常数 $\varepsilon_r\approx1$ 的球体，它的电荷 $-e$ 在球体内均匀分布. 假设电子的静电能量等于它的静止能量 m_0c^2（m_0 为电子的静止质量；c 为真空中的光速），求电子半径 R.

7. 一电容为 C 的空气平行板电容器，接上端电压 U 为定值的电源充电. 在电源保持连接的情况下，试求把两个极板间距离增大至 n 倍时外力所做的功.

8. 一球形电容器，内球壳半径为 R_1，外球壳半径为 R_2，两球壳间充满了相对介电常数为 ε_r 的各向同性均匀电介质. 设两球壳间电势差为 U_{12}，求：

(1) 容器的电容；

(2) 电容器储存的能量.

9. 空气中有一半径为 R 的孤立导体球. 令无限远处电势为零，试计算：

(1) 该导体球的电容；

(2) 球上所带电荷为 Q 时储存的静电能；

(3) 若空气的击穿场强为 E_g，导体球上能储存的最大电荷值.

10. 两电容器的电容之比为 $C_1:C_2=1:2$.

(1) 把它们串联后接到电压一定的电源上充电，它们的电能之比是多少？

(2) 如果是并联充电，电能之比是多少？

(3) 在上述两种情形下电容器系统的总电能之比又是多少？

11. 设想电荷 Q 在真空中均匀分布在一半径为 R 的球体内，求这电荷分布的电场能量.

第 17 章　真空中稳恒电流磁场

17.1　知识要点

本章中提到的磁场是指稳恒电流的磁场.稳恒流动电流在它周围激发的磁场也是稳定分布的,故又称为静磁场,它是电磁学的基本内容之一.

1. 基本磁现象及其本质

(1) 磁铁有磁极存在.所谓磁极是指磁铁两端磁性最强的区域.把一条形磁铁悬挂起来,磁铁将自动转向南北方向,指北的一极称为北极(N 极),指南的一极称为南极(S 极).实际上,磁极所指的方向与地理上严格的南北方向稍有偏离,偏离的角度称为地磁偏角,这种偏离因地区不同而稍异.磁极之间有相互作用,同号磁极相互排斥,异号磁极相互吸引.磁铁在空中自动指向南北的事实,说明地球本身也是一个巨大的磁体.地球的磁 N 极在地理南极附近,磁 S 极在地理北极附近.

(2) 铁、钴、镍以及某些合金,都能被磁铁所吸引,这些物质称为铁磁质.本来并不显磁性的铁磁质,在接触或靠近磁铁时,能被磁铁所磁化成为磁铁,因而能被磁铁吸引.

(3) 不存在独立的 N 极或 S 极,即不存在磁单极子.无论把磁铁分得多小,每一个很小的磁铁仍具有 N 极和 S 极.近代理论认为可能有单独磁极存在,这种具有磁南极或磁北极的粒子叫做磁单极子,但至今尚未观察到这种粒子.

(4) 奥斯特实验.1819 年,丹麦科学家奥斯特在实验中发现,在通有直流电的导线下方,自由悬浮的磁针会发生偏转,这就是历史上著名的奥斯特实验.奥斯特实验表明,电流对磁铁有作用力.在奥斯特实验启发下,物理学家们在实验中观察到磁铁对电流同样有作用力;电流和电流之间也有相互作用力.

(5) 磁现象的本质是什么呢? 近代物理学的发展表明,磁铁或电流都在自己的周围空间产生一个磁场,而磁场的基本性质之一就是对置于其中的磁铁或电流施加力的作用.磁铁与磁铁、磁铁与电流以及电流与电流之间的磁相互作用(称为磁力)都是通过磁场来实现的.

(6) 磁铁和电流都能激发出磁场,其本源是否一致呢? 19 世纪法国杰出的物理学家安培提出了分子电流假说:组成磁铁的最小单元(磁分子)就是环形电流.若这样一些分子电流定向排列起来,在宏观上就显示出 N、S 极来.实际上分子电流就是电子绕核旋转、电子自旋以及质子等带电粒子的运动形成的.由此可见,磁铁和电流的本源都是一个:它们的磁效应皆来源于电荷的运动.一切磁现象的本质都可以归结为运动电荷之间通过磁场发生相互作用.应该注意到无论电荷静止还是运动着,它们之间都存在着库仑作用,但只有运动着的电荷之间才存在磁相互作用.

依据电荷相对论不变性以及狭义相对论基本原理,可得出如下结论:磁场是电场的相对论效应;磁场力是运动电荷之间电场力的一部分;电场和磁场构成一个统一的实体,即电磁场.尽管如此,人们仍把电场和磁场分别加以独立讨论,然后讨论它们之间的密不可分的内在联系.

2. 磁感应强度和磁通量

(1) 一个运动电荷在它的周围除产生电场外,还产生磁场;另一个运动电荷在它附近运动时将同时受到两种力的作用,即受到电场力和磁场力作用.实验表明,在某惯性系 S 中观察一个运动电

荷 q 在另外的运动电荷周围运动时，它受到的作用力 $\boldsymbol{F}$ 一般可表示成两部分的矢量和，即 $\boldsymbol{F}=\boldsymbol{F}_e+\boldsymbol{F}_m$，式中，$\boldsymbol{F}_e$ 与受力电荷 q 的运动速度无关，即为电场力. 用 $\boldsymbol{E}$ 表示相应位置的电场强度，则 $\boldsymbol{F}_e=q\boldsymbol{E}$. $\boldsymbol{F}_m$ 与受力电荷 q 的运动速度有关，即为磁场力，归因于磁场的作用，用 $\boldsymbol{B}$ 表示相应位置的磁感应强度，则 $\boldsymbol{F}_m=q\boldsymbol{v}\times\boldsymbol{B}$. 因而该式也可表示为 $\boldsymbol{F}=q\boldsymbol{E}+q\boldsymbol{v}\times\boldsymbol{B}$，这是一个运动电荷在另外运动电荷(场源电荷)周围运动时所受力的一般表达式，称为洛伦兹力公式.

(2) 磁力线. 磁感应强度矢量 $\boldsymbol{B}$ 对空间亦构成一个矢量场. 在磁场中描绘出一系列曲线，使这些曲线上每一点的切线方向与该点的磁感应强度矢量方向一致，具有这种性质的曲线称为磁力线($\boldsymbol{B}$ 线). 磁力线具有如下性质：磁力线是一种无头无尾的闭合曲线，且每条磁力线都与闭合电流互相套连，可用右手定则判定磁力线的方向，通过磁场中某点处垂直于 $\boldsymbol{B}$ 的单位面积的磁力线数目等于该点处 $\boldsymbol{B}$ 的大小，因此磁场强的地方磁力线较密，磁场弱的地方磁力线较稀疏.

(3) 磁通量与磁场中的高斯定理. 磁场中，通过任一给定空间曲面的总磁力线数，称为通过该曲面的磁通量 Φ_m. 任一曲面 S 上的面元 $\mathrm{d}\boldsymbol{S}=\boldsymbol{n}\cdot\mathrm{d}S$($\boldsymbol{n}$ 为面元的单位法矢量)，通过 $\mathrm{d}\boldsymbol{S}$ 的磁通量为 $\mathrm{d}\Phi_m=\boldsymbol{B}\cdot\mathrm{d}\boldsymbol{S}$，所以通过曲面 S 的总磁通量为 $\Phi=\int\mathrm{d}\Phi_m=\int_S\boldsymbol{B}\cdot\mathrm{d}\boldsymbol{S}$.

对闭合曲面 S 来说，通常取外法线矢量的方向为正指向，这样穿出闭合曲面的磁通量为正，穿入的磁通量为负，由于磁力线都是无头无尾的闭合曲线，因此穿入闭合曲面的磁力线数必然等于穿出闭合曲面的磁力线数，亦即通过任何闭合曲面 S 的总磁通量为零，即

$$\oint_S\boldsymbol{B}\cdot\mathrm{d}\boldsymbol{S}=0.$$

上式称为磁场中的高斯定理. 此定理说明：磁场是一种无源有旋场，自然界中没有磁单极子存在.

3. 毕奥-萨伐尔定律

19 世纪 20 年代，毕奥-萨伐尔等人总结出一条关于电流元 $I\mathrm{d}\boldsymbol{l}$ 产生磁场的基本规律，称为毕奥-萨伐尔定律，其内容如下.

(1) 稳恒电流元 $I\mathrm{d}\boldsymbol{l}$ 在空间某点 P 处产生的磁感应强度 $\mathrm{d}\boldsymbol{B}$ 的大小与电流元 $I\mathrm{d}\boldsymbol{l}$ 的大小成正比，与电流元 $I\mathrm{d}\boldsymbol{l}$ 和电流元到点 P 的矢径 $\boldsymbol{r}$ 之间夹角的正弦成正比，并与电流元到点 P 距离的平方成反比.

(2) $\mathrm{d}\boldsymbol{B}$ 的方向垂直于 $I\mathrm{d}\boldsymbol{l}$ 与 $\boldsymbol{r}$ 所组成的平面，即 $\mathrm{d}\boldsymbol{B}$ 的方向由 $I\mathrm{d}\boldsymbol{l}$ 与 $\boldsymbol{r}$ 的叉积来确定. 毕奥-萨伐尔定律的数学含义为

$$\mathrm{d}\boldsymbol{B}=\frac{\mu_0}{4\pi}\frac{I\mathrm{d}\boldsymbol{l}\times\boldsymbol{r}}{r^3},$$

式中，μ_0 为真空中的磁导率，其值为 $\mu_0=12.57\times10^{-7}$ (T·m)/A. 整个电流在点 P 产生的磁感应强度为

$$\boldsymbol{B}=\int\mathrm{d}\boldsymbol{B}=\frac{\mu_0}{4\pi}\int\frac{I\mathrm{d}\boldsymbol{l}\times\boldsymbol{r}}{r^3}.$$

应用毕奥-萨伐尔定律时应注意：该定律仅适用于稳恒电流；叠加性也是磁场的基本属性.

4. 运动电荷的磁场(不考虑相对论效应)

讨论毕奥-萨伐尔定律的微观意义就得到运动电荷的磁场分布公式. 带电量为 q，以速度 $\boldsymbol{v}$ 运动着的带电粒子所产生的磁感应强度为

$$\boldsymbol{B}=\frac{\mu_0}{4\pi}\frac{q\boldsymbol{v}\times\boldsymbol{r}}{r^3}.$$

5. 用毕奥-萨伐尔定律求磁场分布的典型结果

(1) 如图 17.1(a)所示，载流直导线的磁场分布为 $B=\frac{\mu_0 I}{4\pi a}(\sin\beta_2-\sin\beta_1)$.

（2）如图 17.1(b)所示，载流圆环轴线上的磁场分布为 $B=\frac{\mu_0}{2}\frac{R^2 I}{(R^2+x^2)^{\frac{3}{2}}}$.

（3）如图 17.1(c)所示，载流直螺线管内部轴线上的磁场分布为 $B=\frac{1}{2}\mu_0 nI(\cos\beta_2-\cos\beta_1)$，$n$ 为线圈密度.

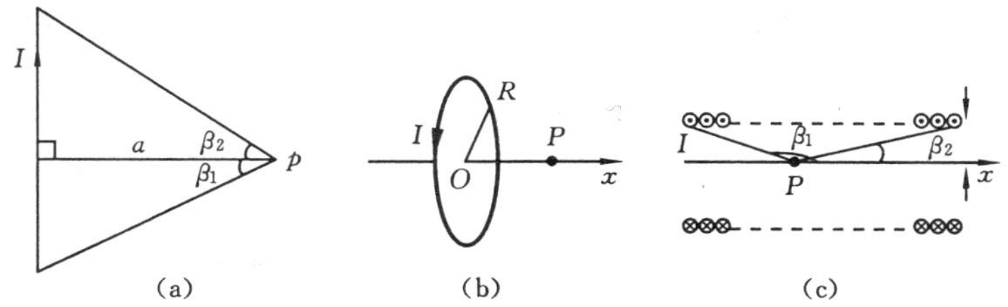

图 17.1

6. 安培环路定理

实验和理论证明：在稳恒电流磁场中，磁感应强度矢量 $\boldsymbol{B}$ 沿空间任意闭合路径 L（安培环路）的有向线积分（$\boldsymbol{B}$ 的环流）等于闭合路径 L 所包围的电流强度代数和的 μ_0 倍，即

$$\oint_L \boldsymbol{B}\cdot \mathrm{d}\boldsymbol{l}=\mu_0\sum I_{\mathrm{int}}.$$

上式称为安培环路定理. 使用安培环路定理时应注意：① 安培环路中的电流都应该是闭合稳恒电流；② 只有与 L 相铰链的电流，才称为闭合路径包围的电流；③ 定理中的 $\boldsymbol{B}$ 是空间所有电流（包括闭合环路之外）产生的磁感应强度的矢量和，不穿过 L 的电流产生的磁场，沿闭合路径积分后的总效果等于零；④ 选择合适的安培环路，并选取环路绕行正方向，然后用右手定则确定电流的正方向.

安培环路定理只能处理电流分布具有某种对称性的问题，解题的关键是依据轴对称性分析，取一个合适的安培环路.

7. 安培环路定理求解磁场分布的典型结果

（1）密绕直螺线管（总匝数 N，总长度 L，通以电流 I）：$B=\mu_0\frac{N}{L}I=\mu_0 nI$.

（2）螺绕环（总匝数 N，内外半径 R_1 和 R_2，通以电流 I）：$B=\frac{\mu_0 NI}{2\pi r}=B(r)$ $(R_1<r<R_2)$，$B=0$ $(r<R_1$ 或 $r>R_2)$.

（3）无限长载流圆柱体（半径为 R，通以电流 I）：$B=\frac{\mu_0 I}{2\pi r}$ $(r>R)$，$B=\frac{\mu_0 Ir}{2\pi R^2}$ $(r<R)$.

（4）无限长载流直导线：$B=\frac{\mu_0 I}{2\pi r}$.

（5）无限大导体载流平面（电流密度为 j）：$B=\frac{1}{2}\mu_0 j$.

8. 磁场对电流的作用

（1）安培定律. 磁现象的本质是运动电荷之间通过磁场发生相互作用，而磁场的最基本性质就是对处于其中的运动电荷或电流有力的作用，用 $\boldsymbol{B}$ 描述其力的性质，放在磁场中电流元 $I\mathrm{d}\boldsymbol{l}$ 将受磁场的作用力 $\mathrm{d}\boldsymbol{F}$，$\mathrm{d}\boldsymbol{F}$ 可表示为

$$\mathrm{d}\boldsymbol{F}=I\mathrm{d}\boldsymbol{l}\times\boldsymbol{B},$$

式中，$\boldsymbol{B}$ 是电流元 $I\mathrm{d}\boldsymbol{l}$ 所在处的磁感应强度（$\boldsymbol{B}$ 中忽略了载流导线本身产生的磁感应强度）；$\mathrm{d}\boldsymbol{F}$ 为

安培力.上式称为安培定律.计算一段有限载流导线所受的磁力,依据磁力叠加原理,应对所有的 $\mathrm{d}\boldsymbol{F}$ 求矢量和,即

$$\boldsymbol{F}=\int \mathrm{d}\boldsymbol{F}=\int_L I\,\mathrm{d}\boldsymbol{l}\times\boldsymbol{B}.$$

上式是一个矢量积分,一般情况下先将 $\mathrm{d}\boldsymbol{F}$ 沿坐标轴进行分解再积分.

(2) 匀强磁场对载流线圈的作用.平面载流线圈有一个非常重要的性质,称为线圈的磁矩,用 $\boldsymbol{P}_{\mathrm{m}}$ 表示,即

$$\boldsymbol{P}_{\mathrm{m}}=IS\boldsymbol{n},$$

式中,I 为电流强度;S 为线圈的面积;$\boldsymbol{n}$ 为线圈平面法向的单位矢量,$\boldsymbol{n}$ 的正向与线圈中电流的方向构成右手螺旋关系.如果载流线圈为 N 匝串联,那么线圈的总磁矩 $\boldsymbol{P}_{\mathrm{m}}=NIS\boldsymbol{n}$.如果将平面载流线圈置于匀强磁场中,有如下结论:匀强磁场中,任意形状的平面载流线圈所受合力为零,但受到一个磁力矩影响,即 $\boldsymbol{M}=\boldsymbol{P}_{\mathrm{m}}\times\boldsymbol{B}=NIS\boldsymbol{n}\times\boldsymbol{B}$,所以线圈只发生转动而不发生整个线圈的平动.$\boldsymbol{M}$ 使载流线圈的磁矩 $\boldsymbol{P}_{\mathrm{m}}$ 转向外磁场 $\boldsymbol{B}$ 的方向达到稳定平衡(满足能量最低原理).

(3) 非均强磁场中载流线圈所受的力和力矩.通常,载流线圈所受的合力和力矩皆不为零,既平动又转动,且线圈向着磁场强的方向运动.

(4) 磁力(磁力矩)的功.式 $A=I\Delta\Phi_{\mathrm{m}}$ 表示磁力的功等于回路中的电流强度 I 乘以通过回路所围面积磁通量的增量.此结论对于匀强磁场中任意形状的平面载流线圈改变位置或改变形状时磁力的功皆成立.此结论对非匀强磁场亦适用,如果电流随时发生变化,即 $I=I(t)$,有

$$A=\int_{\Phi_{\mathrm{m}1}}^{\Phi_{\mathrm{m}2}} I\,\mathrm{d}\Phi_{\mathrm{m}}.$$

(5) 载流线圈磁矩 $\boldsymbol{P}_{\mathrm{m}}$ 在匀强磁场中的势能为 $W=-\boldsymbol{P}_{\mathrm{m}}\cdot\boldsymbol{B}$.

9. 带电粒子在磁场中的运动

带电量为 q,以速度 $\boldsymbol{v}$ 运动的粒子,在电磁场中运动的基本方程式为

$$q\boldsymbol{E}+q\boldsymbol{v}\times\boldsymbol{B}=m\boldsymbol{a}=m\frac{\mathrm{d}\boldsymbol{v}}{\mathrm{d}t}=m\frac{\mathrm{d}^2\boldsymbol{r}}{\mathrm{d}t^2},$$

式中,m 为粒子质量.

(1) 带电粒子在电场中运动的基本方程为 $q\boldsymbol{E}=m\boldsymbol{a}=m\dfrac{\mathrm{d}\boldsymbol{v}}{\mathrm{d}t}=m\dfrac{\mathrm{d}^2\boldsymbol{r}}{\mathrm{d}t^2}$.

(2) 带电粒子在磁场中运动的基本方程为 $q\boldsymbol{v}\times\boldsymbol{B}=m\boldsymbol{a}=m\dfrac{\mathrm{d}\boldsymbol{v}}{\mathrm{d}t}=m\dfrac{\mathrm{d}^2\boldsymbol{r}}{\mathrm{d}t^2}$.

如果是匀强磁场,且 $\boldsymbol{v}$ 与 $\boldsymbol{B}$ 平行,则 $\boldsymbol{F}_{\mathrm{m}}=q\boldsymbol{v}\times\boldsymbol{B}=\boldsymbol{0}$,粒子做匀速直线运动;如果是匀强磁场,且 $\boldsymbol{v}$ 与 $\boldsymbol{B}$ 垂直,则 $\boldsymbol{F}_{\mathrm{m}}=q\boldsymbol{v}\cdot\boldsymbol{B}$,粒子在与 $\boldsymbol{B}$ 垂直的平面里做匀速率圆周运动.由 $qvB=mr^2/R$,有回转半径 $R=mv/(qB)$,回转周期 $T=2\pi R/v=2\pi m/(qB)$.由于 R 与 v 成正比,T 与 v 无关,这一点被用于在回旋加速器中加速电子;如果是匀强磁场,且 $\boldsymbol{v}$ 与 $\boldsymbol{B}$ 斜交,有

$$v_{\perp}=v\sin\theta,\quad v_{/\!/}=v\cos\theta,$$

式中,θ 为 $\boldsymbol{v}$ 与 $\boldsymbol{B}$ 之夹角.粒子在与 $\boldsymbol{B}$ 垂直的平面里做 $v_{\perp}$ 的匀速圆周运动,在与 $\boldsymbol{B}$ 平行的方向上做匀速直线运动,粒子的实际运动是上述两种运动的合运动,是一个轴线沿磁场方向的螺旋运动,由此可知螺旋线的半径为

$$R=\frac{mv_{\perp}}{qB}=\frac{mv\sin\theta}{qB}$$

螺距(T 内沿 $\boldsymbol{B}$ 方向运动的距离)为 $h=v_{/\!/}T=v\cos\theta\dfrac{2\pi m}{qB}$.

10. 霍尔效应

在匀强磁场 $\boldsymbol{B}$ 中，放一板状金属板，使金属板面与 $\boldsymbol{B}$ 的方向垂直，如图 17.2 所示. 金属板的宽度为 a，厚度为 b，当金属板中沿着与 $\boldsymbol{B}$ 垂直的方向上通有电流 I 时，在金属板上、下两表面之间就会出现横向电动势 U_H，这种现象称为霍尔效应，U_H 称为霍尔电势差. 实验表明，霍尔电势差 U_H 可表示为

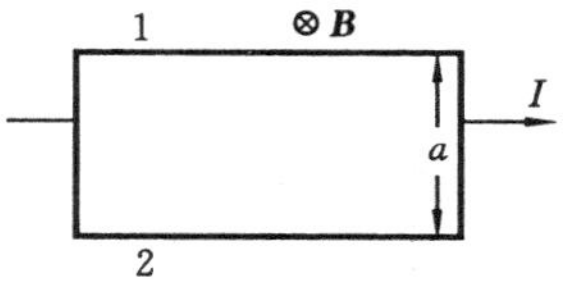

图 17.2

$$U_1-U_2=U_H=R_H\frac{IB}{b},$$

式中，R_H 为霍尔系数，仅与导体材料有关. 霍尔效应已在科学技术领域有许多重要应用，比如：① 依据霍尔系数 R_H 的正负，确定半导体的类型，当 $R_H>0$ 时，为 p 型半导体，当 $R_H<0$ 时，为 n 型半导体；② 依据霍尔系数的大小 $R_H=\frac{1}{nq}$ 测定载流子的浓度 n；③ 测量磁场等.

17.2 典型例题

例 17.1　若用一根导线组成一等边三角形的框架，每边长为 a. 当恒定电流 I 流经此框架时，求三角形中心 O 处的磁感应强度.

解　如图 17.3 所示，AB 段对点 O 磁场的贡献为

$$B=\frac{\mu_0 I}{4\pi\frac{a}{2}\tan\frac{\pi}{6}}\left[\sin\frac{\pi}{3}-\sin\left(-\frac{\pi}{3}\right)\right]=\frac{3}{2}\frac{\mu_0 I}{\pi a},$$

方向垂直纸面向里. 实际上 AB、BC、CA 三段载流导线在点 O 处产生的 $\boldsymbol{B}$ 的大小和方向相同，所以，三角形中心的磁感应强度方向垂直纸面向里，其大小为

$$B_O=3B=\frac{9\mu_0 I}{2\pi a}.$$

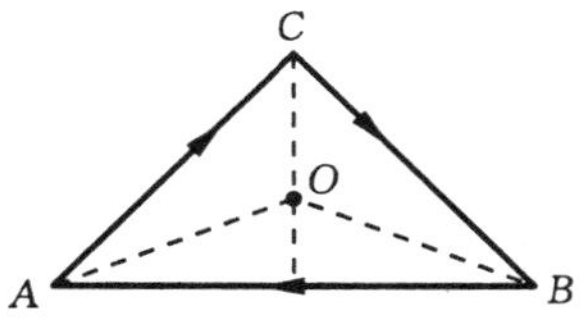

图 17.3

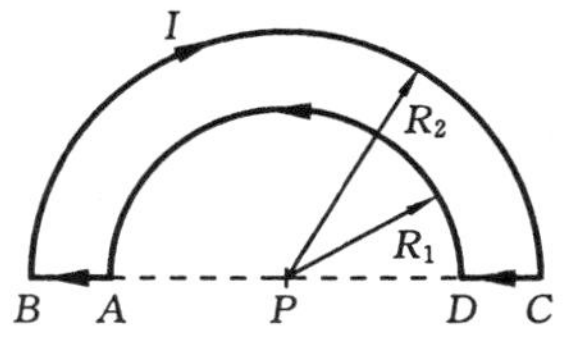

图 17.4

例 17.2　稳恒电流 I 如图 17.4 所示，求圆心 P 处的磁感应强度.

解　由毕奥-萨伐尔定律知，线段 AB 及 CD 上的电流对点 P 的磁感应强度的贡献均为零，$\overset{\frown}{BC}$ 上电流对点 P 磁感应强度的贡献为

$$B_1=\frac{\mu_0}{4\pi}\int_0^{\pi R_2}\frac{I\mathrm{d}l}{R_2^2}=\frac{\mu_0 l}{4R_2},$$

方向垂直纸面向里. $\overset{\frown}{DA}$ 上电流对点 P 磁感应强度的贡献为

$$B_2=\frac{\mu_0}{4\pi}\int_0^{\pi R_1}\frac{I\mathrm{d}l}{R_1^2}=\frac{\mu_0 I}{4R_1},$$

方向垂直纸面向外.

故点 P 的磁感应强度为 $B=B_2-B_1=\frac{\mu_0 I}{4}\left(\frac{1}{R_1}-\frac{1}{R_2}\right)$，方向垂直纸面向外.

例 17.3 半径为 R 的薄圆盘上均匀带电，总电量为 q，令此盘绕通过盘心且垂直盘面的轴线转动，角速度为 $\boldsymbol{\omega}$，如图 17.5 所示. 求：

(1) 轴线上距盘心 x 处的磁感应强度；

(2) 圆盘的磁矩；

(3) 若存在匀强磁场 $\boldsymbol{B}$，磁场作用于圆盘的磁力矩. ($\boldsymbol{B}$ 方向与盘面平行.)

解 (1) 圆盘均匀带电，电荷面密度 $\sigma=\frac{q}{\pi R^2}$，距圆心 r 处取一厚为 $\mathrm{d}r$ 的圆环，圆环上的电荷为 $\mathrm{d}q=\sigma 2\pi r\mathrm{d}r$，盘的转动形成了圆形电流，相应的电流强度为 $\mathrm{d}I=v\mathrm{d}q=\frac{\omega}{2\pi}\mathrm{d}q=\omega\sigma r\mathrm{d}r$，其在点 P 产生的磁感应强度为

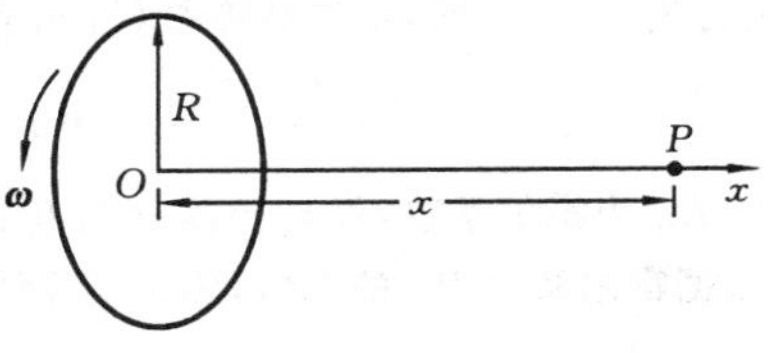

图 17.5

$$\mathrm{d}B=\frac{\mu_0}{2}\frac{r^2\mathrm{d}I}{(r^2+x^2)^{\frac{3}{2}}}=\frac{\mu_0\sigma\omega}{2}\frac{r^3\mathrm{d}r}{(r^2+x^2)^{\frac{3}{2}}},$$

方向沿 x 轴正向. 转动的圆盘可视为由许多个连续分布的电流环组成的，所有这样的载流环所产生的磁感应强度方向相同，所以 P 处的 $\boldsymbol{B}$ 的大小应为

$$B_P=\int_0^R\frac{\mu_0\sigma\omega r^3\mathrm{d}r}{2(r^2+x^2)^{\frac{3}{2}}}=\frac{\mu_0\sigma\omega}{2}\left(\frac{R^2+2x^2}{\sqrt{x^2+R^2}}-2x\right).$$

若 $x=0$，则圆心 O 处的磁感应强度为 $B_O=\frac{\mu_0\sigma\omega R}{2}=\frac{\mu_0 q\omega}{2\pi R}$.

(2) 距 O 点 r 处厚为 $\mathrm{d}r$ 的载流环，其磁矩为

$$\mathrm{d}P_{\mathrm{m}}=S\mathrm{d}I=\pi r^2\mathrm{d}I=\omega\sigma r^3\pi\mathrm{d}r,$$

$\mathrm{d}\boldsymbol{P}_{\mathrm{m}}$ 方向沿 x 轴正向，所以转动圆盘总磁矩(所有 $\mathrm{d}\boldsymbol{P}_{\mathrm{m}}$ 方向皆相同)为

$$P_{\mathrm{m}}=\int\mathrm{d}P_{\mathrm{m}}=\int_0^R\omega\sigma\pi r^3\mathrm{d}r=\frac{1}{4}\omega\sigma\pi R^4=\frac{1}{4}\omega qR^2.$$

(3) 距 O 点 r 处厚为 $\mathrm{d}r$ 的载流环所受到的磁力矩为

$$\mathrm{d}M=\mathrm{d}P_{\mathrm{m}}\cdot B\sin\frac{\pi}{2}=\pi\sigma\omega Br^3\mathrm{d}r.$$

因为各圆环上所受磁力矩方向相同，所以圆盘所受力矩为

$$M=\int\mathrm{d}M=\int_0^R\pi\sigma\omega Br^3\mathrm{d}r=\frac{1}{4}\pi\sigma\omega R^4B=\frac{1}{4}\omega qBR^2.$$

例 17.4 有一闭合回路由半径为 a 和 b 的两个同心共面半圆连接而成，其上均匀分布线密度为 λ 的电荷. 当回路以匀角速度 ω 绕过点 O 垂直于回路平面的轴转动时，求圆心点 O 处的磁感应强度的大小.

解 如图 17.6 所示，用 $\boldsymbol{B}_1$ 表示半径为 a 的带电半圆环转动(相当于圆电流)时在 O 处产生的磁感应强度；用 $\boldsymbol{B}_2$ 表示半径为 b 的带电半圆环转动(亦相当于圆电流)时在 O 处产生的磁感应强度；用 $\boldsymbol{B}_3$ 表示长度为 $2(b-a)$ 带电线段转动时在 O 处产生的磁感应强度. 则

$$B_1=\frac{\mu_0 I_1}{2a}=\frac{\mu_0}{2a}\left(\frac{\omega}{2\pi}\lambda\pi a\right)=\frac{1}{4}\mu_0\omega\lambda,$$

$$B_2=\frac{\mu_0 I_2}{2b}=\frac{\mu_0}{2b}\left(\frac{\omega}{2\pi}\lambda\pi b\right)=\frac{1}{4}\mu_0\omega\lambda,$$

$$\mathrm{d}B_3=\frac{\mu_0\mathrm{d}I_3}{2r}=\frac{\mu_0}{2r}\left(2\,\frac{\omega}{2\pi}\lambda\mathrm{d}r\right)=\frac{\mu_0\omega\lambda}{2\pi r}\mathrm{d}r,$$

$$B_3=\int\mathrm{d}B_3=\int_b^a\frac{\mu_0\omega\lambda}{2\pi r}\mathrm{d}r=\frac{\mu_0\omega\lambda}{2\pi}\ln\frac{a}{b}.$$

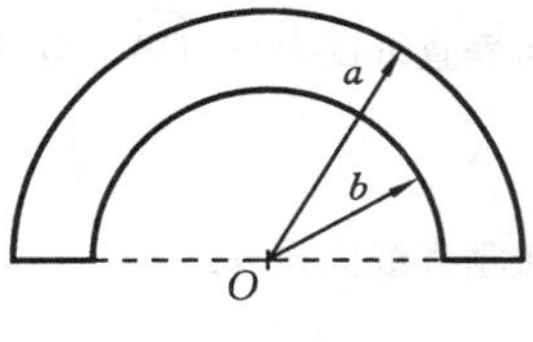

图 17.6

由于 $\boldsymbol{B}_1$、$\boldsymbol{B}_2$、$\boldsymbol{B}_3$ 三者方向相同，故

$$B_0=B_1+B_2+B_3=\frac{\mu_0\omega\lambda}{2\pi}\left(\pi+\ln\frac{b}{a}\right).$$

例 17.5　一个扇形塑料薄片，半径为 R，张角为 θ，其表面均匀带电，电荷面密度为 σ，扇形薄片绕通过 O 并垂直于表面的轴线逆时针方向转动，如图 17.7 所示. 求：

(1) O 处的磁感应强度；

(2) 旋转的带电扇形薄片的磁矩.

解　(1) 单位时间里扇形薄片旋转次数是 $\frac{\omega}{2\pi}$，因而在 $r\to r+\mathrm{d}r$ 处有电流元

$$\mathrm{d}I=\sigma\theta r\mathrm{d}r\,\frac{\omega}{2\pi}.$$

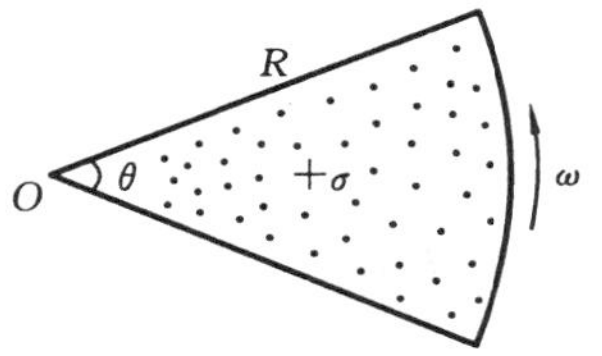

图 17.7

电流元 $\mathrm{d}I$ 在 O 处产生的磁感应强度

$$\mathrm{d}B=\frac{\mu_0}{4\pi}\frac{\sigma 2\pi r^2\theta}{r^2}\frac{\omega}{2\pi}\mathrm{d}r,$$

故
$$B=\int\mathrm{d}B=\int_0^R\frac{\mu_0}{4\pi}\sigma\theta\omega\mathrm{d}r=\frac{\mu_0}{4\pi}\sigma\theta\omega R.$$

(2)
$$\mathrm{d}M=\pi r^2\sigma r\theta\,\frac{\omega}{2\pi}\mathrm{d}r,$$

$$M=\int\mathrm{d}M=\int_0^R\pi r^2\sigma r\theta\,\frac{\omega}{2\pi}\mathrm{d}r=\frac{1}{8}\sigma\theta\omega R^4.$$

例 17.6　一个半径为 R 的导体球，带电到电压为 V，绕着某个直径以角速度 ω 角转动. 试求：

(1) 表面电流密度；

(2) 球心的磁感应强度 B.

解　(1) 如图 17.8 所示，孤立导体球的电容为 $4\pi\varepsilon_0 R$，所带电量 $q=CV=4\pi\varepsilon_0 RV$，电荷面密度 $\sigma=\frac{q}{4\pi R^2}=\frac{\varepsilon_0 V}{R}$，取距球心 x 张角为 $\mathrm{d}\theta$ 的元球带，其侧面积为 $2\pi R^2\sin\theta\mathrm{d}\theta$，带电荷 $2\pi\varepsilon_0 VR\sin\theta\mathrm{d}\theta$，由于导体旋转，它产生电流

$$\mathrm{d}I=2\pi\varepsilon_0 VR\sin\theta\mathrm{d}\theta\,\frac{\omega}{2\pi}=\varepsilon_0 V\omega R\sin\theta\mathrm{d}\theta,$$

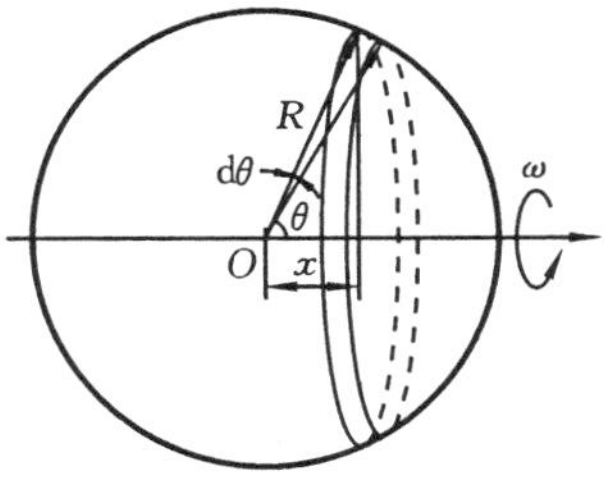

图 17.8

表面电流密度为 $j=\frac{\mathrm{d}I}{R\,\mathrm{d}\theta}=\varepsilon_0\omega V\sin\theta.$

(2) 电流元 $\mathrm{d}I$ 在球心 O 处产生的磁场为

$$\mathrm{d}B=\frac{\mu_0}{2}\frac{R^2\sin^2\theta\mathrm{d}I}{R^3}=\frac{1}{2}\mu_0\varepsilon_0\omega V\sin^3\theta\mathrm{d}\theta,$$

$$B=\int\mathrm{d}B=\int_0^\pi\frac{1}{2}\mu_0\varepsilon_0\omega V\sin^3\theta\mathrm{d}\theta=\frac{2}{3}\mu_0\varepsilon_0\omega V.$$

例 17.7　一个长圆柱体(半径为 R，长为 l)带有单位体积为 ρ 的均匀正电荷，如图 17.9 所示. 一个外加力矩使圆柱体以恒定的角加速度 β 旋转，即 $\omega=\beta t$. 求：

(1) 圆柱体内的空间磁场 $B(r)$；

(2) 圆柱体内的空间电场.

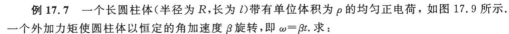

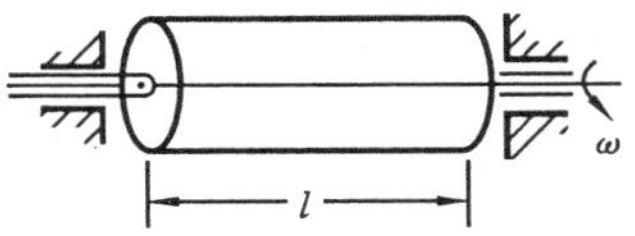

图 17.9

解　(1) 取半径为 r，厚为 $\mathrm{d}r$，单位长度同轴柱面，其含电荷为 $2\pi\rho r\mathrm{d}r$，电流强度元为 $\mathrm{d}I=2\pi\rho r\mathrm{d}r\,\frac{\omega}{2\pi}=2\pi\rho r\mathrm{d}r\,\frac{\beta t}{2\pi}$，在内

部产生的磁场为

$$dB=\mu_0 dI=\mu_0\rho\beta tr dr,$$

故 $$B(r)=B=\int_r^R \mu_0\rho\beta tr dr=\frac{1}{2}\mu_0\rho\beta(R^2-r^2)t.$$

(2) 磁感应通量为

$$\Phi_m=\int \boldsymbol{B}\cdot d\boldsymbol{S}=\int_0^r \frac{1}{2}\mu_0\rho\beta(R^2-r^2)t\times 2\pi r dr=\frac{\pi}{4}\mu_0\rho\beta(2R^2-r^2)r^2 t.$$

由电磁感应定律有

$$2\pi rE=-\frac{d\Phi_m}{dt}=-\frac{\pi}{4}\mu_0\rho\beta(2R^2-r^2)r^2,$$

解得 $E=-\frac{1}{8}\mu_0\rho\beta(2R^2-r^2)r.$

例 17.8 有一半径为 R 的半圆形闭合载流线圈通有电流 I，放在均匀磁场中，磁感应强度 $\boldsymbol{B}$ 的方向与线圈平面平行，如图 17.10 所示. 求：

(1) 线圈所受磁力对 y 轴之矩；

(2) 在这力矩作用下线圈转过 $\frac{\pi}{2}$ 时，磁力矩所做的功.

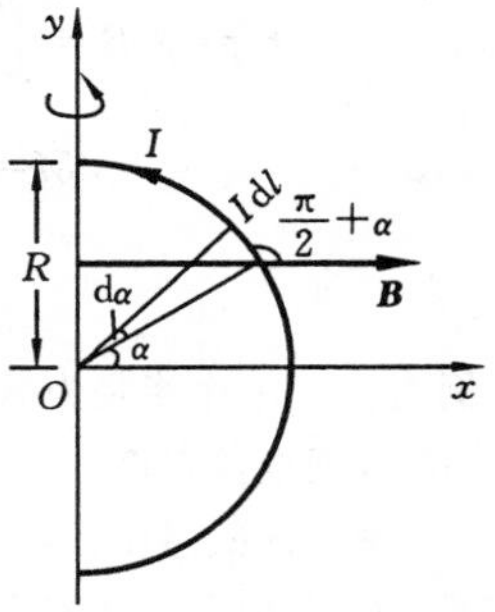

图 17.10

解 (1) 直接利用公式 $\boldsymbol{M}=\boldsymbol{P}_m\times\boldsymbol{B}$ 计算载流线圈所受到的磁力矩. 由于 $\boldsymbol{P}_m$ 与 $\boldsymbol{B}$ 之间夹角为 $\pi/2$，所以磁力矩的大小为 $M=\frac{I\pi R^2}{2}B$. 线圈在 $\boldsymbol{M}$ 作用下绕 y 轴沿逆时针方向转动，$\boldsymbol{M}$ 的方向沿 y 轴正向.

(2) 磁力矩所做的功为

$$A=I\Delta\Phi_m=I\left(\frac{1}{2}\pi R^2 B-0\right)=\frac{1}{2}I\pi R^2 B.$$

例 17.9 在一半径为 R 的无限长半圆柱形金属薄片中，自上而下有电流 I 通过，如图 17.11(a)所示. 试求圆柱轴线上任一点 P 处的磁感应强度.

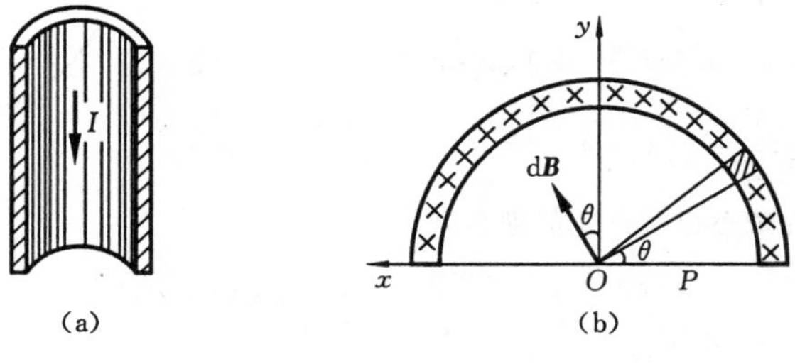

图 17.11

解 将载流无限长圆柱形金属薄片看做是由许多平行而无限长直导线组成的，面电流密度 $j=\frac{I}{\pi R}$(通过与电流方向垂直的单位长度上的电流强度)，对应于 $\theta\rightarrow\theta+d\theta$ 范围内的这根无限长直导线中的电流为

$$dI=j dl=jR d\theta=\frac{I}{\pi}d\theta,$$

其在点 P 产生的磁感应强度为 $dB=\frac{\mu_0 dI}{2\pi R}=\frac{\mu_0 jR d\theta}{2\pi R}$，方向如图 17.11(b)所示. 又

$$dB_x = dB\sin\theta = \frac{\mu_0 jR d\theta}{2\pi R}\sin\theta,\quad dB_y = dB\cos\theta = \frac{\mu_0 jR d\theta}{2\pi R}\cos\theta,$$

故
$$B_x = \int dB_x = \frac{\mu_0 j}{2\pi}\int_0^{\pi}\sin\theta d\theta = \frac{\mu_0 j}{\pi} = \frac{\mu_0 I}{\pi^2 R},\quad B_y = \int dB_y = 0,$$

故 $B = B_x = \frac{\mu_0 I}{\pi^2 R}$，方向沿 x 轴正向.

例 17.10　有一根半径为 R_1 的无限长圆柱形导体管，管内空心部分的半径为 R_2，空心部分的轴与圆柱的轴相互平行，两轴间的距离为 a，且 $a > R_2$，现有电流 I 沿导体管流动，电流均匀分布在管的横截面上.求：

(1) 圆柱轴线上的磁感应强度的大小；

(2) 空心部分轴线上的磁感应强度的大小.

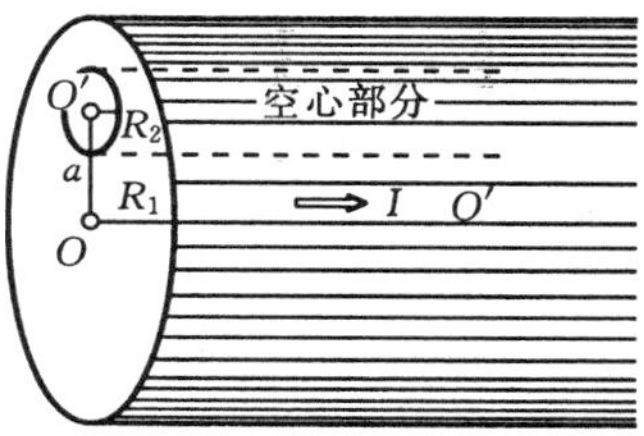

图 17.12

解　(1) 如图 17.12 所示，采用所谓的补割法，把空心部分设想用同样的载流导体填满.用 $\boldsymbol{B}$ 表示无空心的实心载流导体在 O 轴线上产生的磁感应强度；用 $\boldsymbol{B}_2$ 表示半径为 R_2 的载流导体在 O 轴线上产生的磁感应强度；用 $\boldsymbol{B}_1$ 表示所求磁感应强度.根据场的叠加原理有 $\boldsymbol{B} = \boldsymbol{B}_1 + \boldsymbol{B}_2$.由安培环路定理，可求得 $\boldsymbol{B} = \boldsymbol{0}$.又

$$B_2 \times 2\pi a = \mu_0 \frac{I}{\pi(R_1^2 - R_2^2)}\pi R_2^2,\quad 即\quad B_2 = \frac{\mu_0 I R_2^2}{2\pi a(R_1^2 - R_2^2)},$$

$\boldsymbol{B}_2$ 沿顺时针方向，故 $\boldsymbol{B}_1 = \boldsymbol{B} - \boldsymbol{B}_2 = -\boldsymbol{B}_2$.由此可见，$\boldsymbol{B}_1$ 与 $\boldsymbol{B}_2$ 大小相等，方向相反，即

$$B_1 = B_2 = \frac{\mu_0 I R_2^2}{2\pi a(R_1^2 - R_2^2)}.$$

(2) 由
$$B \times 2\pi a = \mu_0 \frac{I}{\pi(R_1^2 - R_2^2)}\pi a^2,\quad 即\quad B = \frac{\mu_0 a I}{2\pi(R_1^2 - R_2^2)},$$

$\boldsymbol{B}$ 沿逆时针方向，而 $\boldsymbol{B}_2 = \boldsymbol{0}$，故 $\boldsymbol{B}_1 = \boldsymbol{B} - \boldsymbol{B}_2 = \boldsymbol{B}$，即 $\boldsymbol{B}_1$ 与 $\boldsymbol{B}$ 同方向，且

$$B_1 = B = \frac{\mu_0 a I}{2\pi(R_1^2 - R_2^2)}.$$

例 17.11　(1) 由两条无限长载流直导线 a，b 和一个半径为 R 的 3/4 圆弧形电流组成的电流系统，如图 17.13(a)所示.求圆心 O 处的磁感应强度.

(2) 通有电流 I 的导线构成一个正多边形线圈，如图 17.13(b)所示.求点 O 的磁感应强度.

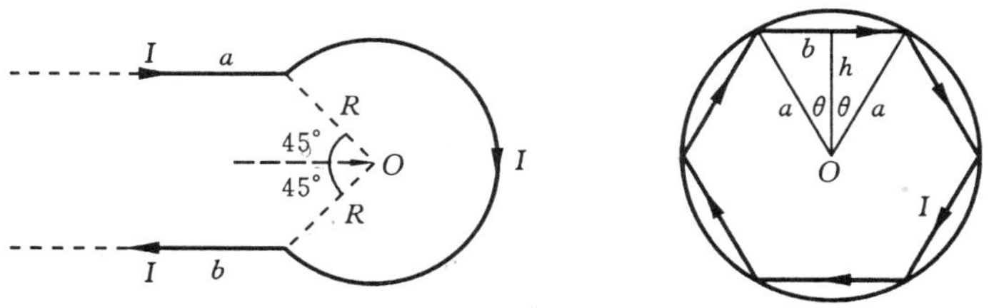

(a)　　(b)

图 17.13

解　(1) 长直导线 a 中的电流在点 O 激发的磁场为

$$B_1 = \frac{\mu_0 I}{4\pi\left(R\sin\frac{\pi}{4}\right)}\left[\sin\left(-\frac{\pi}{4}\right) - \sin\left(-\frac{\pi}{2}\right)\right] = \frac{\mu_0 I}{4\pi R}(\sqrt{2} - 1),$$

方向垂直纸面向里.

长直导线 b 中的电流在点 O 激发的磁场为

$$B_2=\frac{\mu_0 I}{4\pi\left(R\sin\frac{\pi}{4}\right)}\left(\sin\frac{\pi}{2}-\sin\frac{\pi}{4}\right)=\frac{\mu_0 I}{4\pi R}(\sqrt{2}-1),$$

方向垂直纸面向里.

圆弧电流在点 O 激发的磁场为 $B_3=\frac{3}{4}\frac{\mu_0 I}{2R}=\frac{3\mu_0 I}{8R}$,方向垂直纸面向里.

由磁场叠加原理知,点 O 的总磁感应强度为

$$B=B_1+B_2+B_3=\frac{\mu_0 I}{2\pi R}(\sqrt{2}-1)+\frac{3\mu_0 I}{8R},$$

方向垂直纸面向里.

(2) 设 n 边正多边形线圈每一边长为 b,各边在圆心处产生的磁感应强度大小相等,方向相同,即

$$B_1=\frac{\mu_0 I}{4\pi h}[\sin\theta-\sin(-\theta)]=\frac{\mu_0 I}{2\pi h}\sin\theta=\frac{\mu_0 I}{2\pi h}\frac{b}{2a}=\frac{\mu_0 Ib}{4\pi ah}=\frac{\mu_0 I}{2\pi a}\tan\theta,$$

所以 n 边形线圈在点 O 产生的磁感应强度为 $B=nB_1=\frac{n\mu_0 I}{2\pi a}\tan\theta$.

因为 $2\theta=\frac{2\pi}{n}$,$\theta=\frac{\pi}{n}$,所以有 $B=\frac{n\mu_0 I}{2\pi a}\tan\frac{\pi}{n}$.

当 $n\rightarrow\infty$ 时,$\tan\left(\frac{\pi}{n}\right)\approx\frac{\pi}{n}$,故 $B=\frac{n\mu_0 I}{2\pi a}\tan\frac{\pi}{n}\approx\frac{n\mu_0 I}{2\pi a}\frac{\pi}{n}=\frac{\mu_0 I}{2a}$,与圆电流相同.

例 17.12 在匀强磁场 $\boldsymbol{B}_0$ 中,平行于磁感应线插入一无限大平面导体薄片,其上有电流在垂直于原匀强磁场的方向流动,此时导体片上下两侧的磁感应强度分别为 $\boldsymbol{B}_1$ 和 $\boldsymbol{B}_2$.求:

(1) 原均匀磁场的磁感应强度 $\boldsymbol{B}_0$;

(2) 导体薄片中的电流密度;

(3) 薄片受到的磁压.

解 (1) 如图 17.14(a)所示,若设原匀强磁场的磁感应强度为 $\boldsymbol{B}_0$,其方向必指向左方,而线电流 j 应由纸面内垂直向外流出,在上方产生向左的磁场,在下方产生向右的磁场,设其产生的磁感应强度为 $\boldsymbol{B}$,依据磁场叠加原理,显然有

$$B_1=B_0+B,\quad B_2=B_0-B,$$

故

$$B_0=\frac{1}{2}(B_1+B_2).$$

(2) 对于矩形回路 $abcda$,由安培环路定理有

$$B_1\cdot\overline{ab}-B_2\cdot\overline{cd}=l(B_1-B_2)=\mu_0 j l,$$

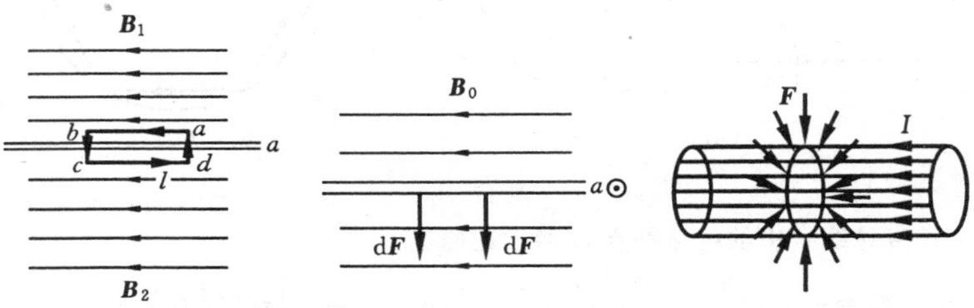

(a) (b) (c)

图 17.14

故
$$j=\frac{B_1-B_2}{\mu_0}.$$

或 $B=B_1-B_0=B_1-\frac{B_1+B_2}{2}=\frac{1}{2}(B_1-B_2)$，而 $B=\frac{1}{2}\mu_0 j$，故
$$j=\frac{B_1-B_2}{\mu_0}.$$

(3) 如图 17.14(b)所示，载流薄片应受到外磁场 $\boldsymbol{B}_0$ 的安培力，其单位宽度上长为 $\mathrm{d}l$ 且垂直于纸面的面电流元 $j\mathrm{d}\boldsymbol{l}$ 受到的安培力为 $\mathrm{d}\boldsymbol{F}=j\mathrm{d}\boldsymbol{l}\times\boldsymbol{B}_0$，方向竖直向下.

再取单位长度，得薄片上单位面积所受到的安培力，即受到的磁压强为
$$p=\frac{\mathrm{d}F}{\mathrm{d}l}=jB_0=\frac{B_1-B_2}{\mu_0}\times\frac{1}{2}(B_1+B_2)=\frac{1}{2\mu_0}(B_1^2-B_2^2).$$

由上述公式所表示的对面上电流作用的磁压，不仅适用于无限大的平面上的电流，也适用于任意有限的曲面上的电流，只是此时 $\boldsymbol{B}_1$ 和 $\boldsymbol{B}_2$ 应指曲面极靠近曲面处的总磁感应强度，特别还包括磁场仅由曲面上的电流本身所产生的情况. 例如，一无限长圆筒上的电流所产生的磁场，该电流自身存在着指向筒内的磁压，如图 17.14(c)所示.

例 17.13　磁电式电表结构如图 17.15 所示，由永久磁铁和圆柱形铁芯构成圆筒形气隙，气隙中的磁场均匀地沿着径向. 在空气隙内放有可绕圆柱轴线转动的矩形线圈，线圈轴的两端各用游丝固定在支架上，当电流通过线圈时，线圈在磁场中受到磁力矩作用而转动. 设线圈有 N 匝，面积为 S，气隙中磁感应强度为 $\boldsymbol{B}$，当线圈转过角度 θ 时，游丝作用于线圈的扭转力矩 $k=\alpha\theta$(α 为扭转系数). 求：

(1) 当线圈中通以稳恒电流 I 时，线圈平衡时转过的角度；

(2) 当线圈中通以持续时间为 t 的电流脉冲时，线圈转过的最大角度 θ_{m}.

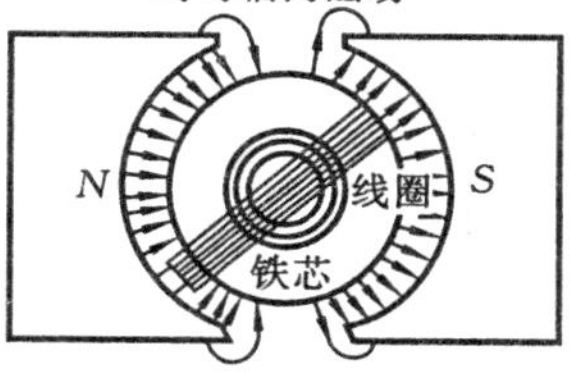

图 17.15

解　(1) 因线圈磁矩总与气隙中磁场方向垂直，所以线圈所受到的磁力矩的大小为 $M=NISB$，当线圈中通以稳恒电流 I 时，设线圈平衡时转过的角度为 θ，则此时游丝产生的扭转力矩 $k=\alpha\theta$，显然有 $NISB=\alpha\theta$，故 $\theta=NISB/\alpha$.

(2) 设线圈对轴的转动惯量为 J，q 为极短时间 t 里流过线圈的电量，由角动量定理积分形式可求出线圈受到的冲量矩为(线圈尚未有角位移)
$$\int_0^t M\mathrm{d}t=\int_0^t NISB\mathrm{d}t=NSB\int_0^t I(t)\mathrm{d}t=NSBq=J\omega_0,$$
故线圈的初角速度为 $\omega_0=NSBq/J$.

当线圈转到最大角度时，线圈的转动动能完全变为游丝的形变势能，即扭转力矩 k 做功的负值，有
$$-\int_0^{\theta_{\mathrm{m}}}-\alpha\theta\mathrm{d}\theta=\frac{1}{2}\alpha\theta_{\mathrm{m}}^2=\frac{1}{2}J\omega_0^2,$$
故
$$\theta_{\mathrm{m}}=NBSq/\sqrt{\alpha J}.$$

实际上，问题(1)就是安培计和伏特计的工作原理；问题(2)就是冲击检流计的工作原理.

例 17.14　半径为 R 的均匀薄金属球壳，其上均匀分布有电荷 Q，球壳绕过球心的轴以角速度 ω 转动. 求：

(1) 球壳旋转时产生的电流的磁矩 P_{m}；

(2) 若球壳的质量为 m，求磁矩和角动量 L 之比 P_{m}/L.

解　(1) 如图 17.16 所示，旋转着的均匀带电球壳可视为许多个连续分布的半径不同的圆电流(无数个位于球面上的同轴圆电流). 于 θ 处在球面上取一个宽为 $dl=Rd\theta$ 的圆球带，其面积为

$$dS=2\pi r dl=2\pi(R\sin\theta)Rd\theta=2\pi R^2\sin\theta d\theta,$$

所带电量为 $dq=\sigma dS=2\pi\sigma R^2\sin\theta d\theta$，$\sigma$ 为电荷面密度.

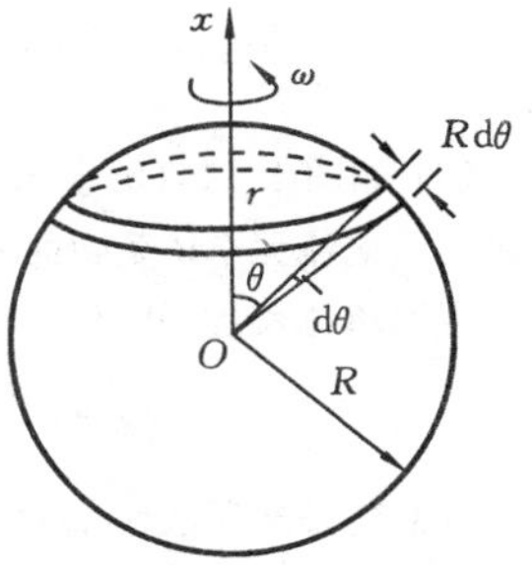

图 17.16

球壳旋转时，其相当于一个半径为 r 的载流环，相应的电流强度为

$$dI=\nu dq=\frac{\omega}{2\pi}\cdot 2\pi\sigma R^2\sin\theta d\theta=\sigma\omega R^2\sin\theta d\theta,$$

相应的磁矩为

$$dP_m=\pi r^2 dI=\pi(R\sin\theta)^2\sigma\omega R^2\sin\theta d\theta=\pi\omega\sigma R^4\sin^3\theta d\theta,$$

整个电流磁矩(所有的 $d\boldsymbol{P}_m$ 的方向均相同)为

$$P_m=\int dP_m=\int_0^\pi \pi\omega\sigma R^4\sin^3\theta d\theta=\frac{1}{3}\omega R^2(\sigma 4\pi R^2)=\frac{1}{3}\omega R^2 Q.$$

(2) 设球壳质量面密度 $\sigma_m=\dfrac{m}{4\pi R^2}$，宽为 $dl=Rd\theta$ 的圆球带的质量为

$$dm=\sigma_m dS=2\pi\sigma_m R^2\sin\theta d\theta,$$

其对转轴的转动惯量为

$$dJ=r^2dm=(R\sin\theta)^2dm=2\pi\sigma_m R^4\sin^3\theta d\theta,$$

总转动惯量为

$$J=\int dJ=\int_0^\pi 2\pi\sigma_m R^4\sin^3\theta d\theta=\frac{2}{3}R^2 m,$$

球壳以 ω 转动时的总角动量为

$$L=I\omega=\frac{2}{3}R^2 m\omega,$$

故

$$\frac{P_m}{L}=\frac{1}{3}\omega R^2 Q\times\frac{3}{2R^2 m\omega}=\frac{Q}{2m}.$$

例 17.15　椭圆形线圈中载有电流 I. 已知椭圆长半轴为 b，短半轴为 a，证明线圈中心的磁感应强度的大小为

$$B=\frac{\mu_0 I}{\pi a}E\left(\frac{\pi}{2},k^2\right),$$

式中，$\int_0^{\pi/2}\sqrt{1-k^2\sin^2\theta}d\theta=E\left(\frac{\pi}{2},k^2\right)=\frac{1}{2}\pi\left[1-\left(\frac{1}{2}\right)^2k^2-\frac{1}{3}\left(\frac{1}{2}\times\frac{3}{4}\right)k^4-\cdots\right]$ $(k^2<1)$.

解　如图 17.17 所示，椭圆上的每个电流元 $Id\boldsymbol{l}$ 在中心点 O 产生的磁感应强度为

$$d\boldsymbol{B}=\frac{\mu_0}{4\pi}\frac{Id\boldsymbol{l}\times\boldsymbol{r}}{r^3},$$

其大小为

$$dB=\frac{\mu_0}{4\pi}\frac{Idl\sin\alpha}{r^2}.$$

由图 17.17 可知 $dl\sin\alpha=rd\theta$，椭圆方程为

$$\frac{x^2}{a^2}+\frac{y^2}{b^2}=1.$$

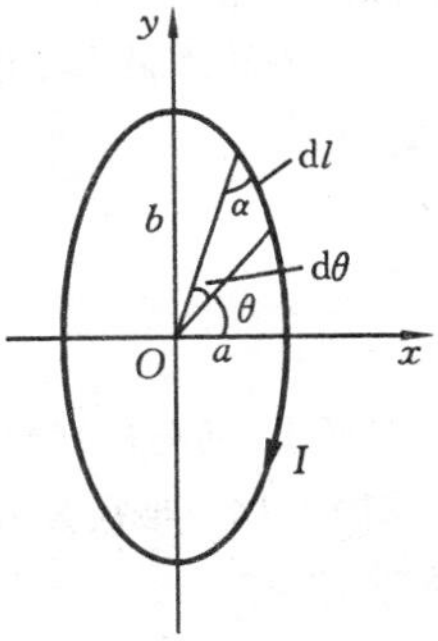

图 17.17

在极坐标中，$x=r\cos\theta$，$y=r\sin\theta$，所以有

$$\frac{\cos^2\theta}{a^2}+\frac{\sin^2\theta}{b^2}=\frac{1}{r^2},$$

$$dB=\frac{\mu_0 I}{4\pi}\frac{Idl\sin\alpha}{r^2}=\frac{\mu_0}{4\pi}\frac{Ird\theta}{r^2}=\frac{\mu_0 I}{4\pi}\frac{d\theta}{r}=\frac{\mu_0 I}{4\pi}\sqrt{\frac{\cos^2\theta}{a^2}+\frac{\sin^2\theta}{b^2}}d\theta$$

$$=\frac{\mu_0 I}{4\pi a}\sqrt{1-\frac{b^2-a^2}{b^2}\sin^2\theta}d\theta.$$

令 $k^2=\dfrac{b^2-a^2}{b^2}$，则有
$$dB=\frac{\mu_0 I}{4\pi a}\sqrt{1-k^2\sin^2\theta}d\theta.$$

由于所有 $d\boldsymbol{B}$ 的方向均相同，故
$$B=\int dB=\int_0^{2\pi}\frac{\mu_0 I}{4\pi a}\sqrt{1-k^2\sin^2\theta}d\theta=\int_0^{\frac{\pi}{2}}\frac{\mu_0 I}{\pi a}\sqrt{1-k^2\sin^2\theta}d\theta=\frac{\mu_0 I}{\pi a}E\left(\frac{\pi}{2},k^2\right).$$

例 17.16　如图 17.18 所示，电流从内部开始在第一根导线内沿顺时针通过后，紧接着沿第二根导线逆时针返回，如此由内到外往返. 最后一根导线中的电流分别沿逆时针方向和顺时针方向通过. 设导线中的电流强度为 I，R 远大于导线的直径. 求两种情况下，点 O 处的磁感应强度 $\boldsymbol{B}$ 的大小和方向.

解　设半圆形导线来回往返 N 次，因为电流在第一根导线内是沿顺时针方向的，若在最后一根导线内沿逆时针方向，则有 $\frac{1}{2}N$ 根导线内的电流沿逆时针方向，$\frac{1}{2}N$ 根导线内的电流沿顺时针方向；若在最后一根导线内沿顺时针方向，则有 $\frac{1}{2}(N-1)$ 根导线内的电流沿逆时针方向，$\frac{1}{2}(N+1)$ 根导线内的电流沿顺时针方向.

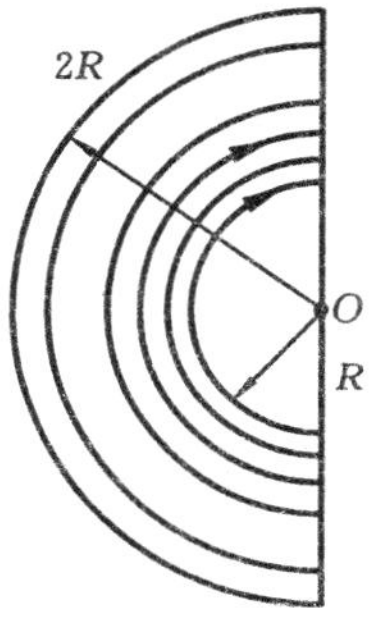

图 17.18

(1) 若电流在最后一根导线内沿逆时针方向，则 $r\to r+dr$ 内有逆时针及顺时针电流为 $dI=I\dfrac{N}{2R}dr$，它们在点 O 产生的磁场为 $dB=\dfrac{\mu_0 dI}{4r}=\dfrac{\mu_0 NI}{8R}\dfrac{dr}{r}$，故

$$B_0=\int_R^{2R-\frac{R}{N}}dB-\int_{R+\frac{R}{N}}^{2R}dB=\frac{\mu_0 NI}{8R}\ln\frac{2R-\frac{R}{N}}{R}-\frac{\mu_0 NI}{8R}\ln\frac{2R}{R+\frac{R}{N}}$$
$$=\frac{\mu_0 NI}{8R}\left[\ln2\left(1-\frac{1}{2N}\right)+\ln\frac{1+\frac{1}{N}}{2}\right]=\frac{\mu_0 NI}{8R}\left[\ln\left(1-\frac{1}{2N}\right)+\ln\left(1+\frac{1}{N}\right)\right].$$

由于
$$\ln(1+x)=x-\frac{1}{2}x^2+\cdots,$$

故 $\ln\left(1-\dfrac{1}{2N}\right)+\ln\left(1+\dfrac{1}{N}\right)\approx-\dfrac{1}{2N}+\dfrac{1}{N}=\dfrac{1}{2N}$，$B_0=\dfrac{\mu_0 I}{16R}$，方向垂直纸面向里.

(2) 若电流在最后一根导线内沿顺时针方向，则有
$$B_0=\int_R^{2R}dB-\int_{R+\frac{R}{N}}^{2R-\frac{R}{N}}dB=\frac{\mu_0 NI}{8R}\left(\ln2-\ln\frac{2R-R/N}{R+R/N}\right)$$
$$=\frac{\mu_0 NI}{8R}\left[\ln\left(1+\frac{1}{N}\right)-\ln\left(1-\frac{1}{2N}\right)\right]\approx\frac{\mu_0 NI}{8R}\left[\frac{1}{N}-\left(-\frac{1}{2N}\right)\right]=\frac{3\mu_0 I}{16R}.$$

例 17.17　有一个长圆柱形导体，横截面半径为 R，今在导体中挖去一个与轴平行的圆柱体，形成一个截面半径为 r 的圆柱形空洞，其横截面如图 17.19 所示，在有洞的导体柱内有电流沿柱轴方向流通. 设柱内电流均匀分布，电流密度为 j，从柱轴到空洞轴之间的距离为 d，求洞内各点处的磁场分布.

解　有洞的导体柱通以密度 j 的电流，磁场分布应等于无空洞的导体柱通以密度 j 的电流产生的磁场分布与空洞中通以密度 $j'=-j$ 的电流所产生的磁场分布的叠加. 无空洞的导体柱通以

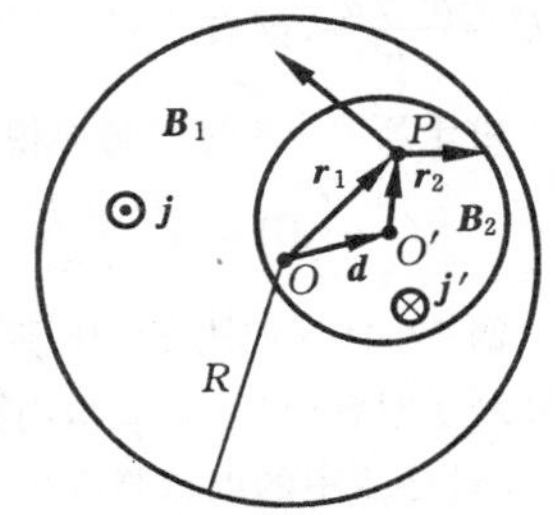

图 17.19

密度 j 的电流在洞内任意点 P 处激发的磁场为

$$B_1=\frac{\mu_0\pi r_1^2 j}{2\pi r_1}=\frac{\mu_0 r_1 j}{2} \quad 或 \quad \boldsymbol{B}_1=\frac{\mu_0}{2}\boldsymbol{j}\times\boldsymbol{r}_1,$$

空洞通以密度 j' 的电流在点 P 激发的磁场为

$$B_2=\frac{\mu_0\pi r_2^2 j'}{2\pi r_2}=\frac{\mu_0 r_2 j'}{2} \quad 或 \quad \boldsymbol{B}_2=\frac{\mu_0}{2}\boldsymbol{j}'\times\boldsymbol{r}_2=-\frac{\mu_0}{2}\boldsymbol{j}\times\boldsymbol{r}_2,$$

依据磁场叠加原理，洞中点 P 的总场强为

$$\boldsymbol{B}=\boldsymbol{B}_1+\boldsymbol{B}_2=\frac{\mu_0}{2}\boldsymbol{j}\times\boldsymbol{r}_1+\left(-\frac{\mu_0}{2}\boldsymbol{j}\times\boldsymbol{r}_2\right)=\frac{\mu_0}{2}\boldsymbol{j}\times(\boldsymbol{r}_1-\boldsymbol{r}_2)=\frac{\mu_0\boldsymbol{j}\times\boldsymbol{d}}{2}.$$

由此可知，空洞内磁场为均匀磁场，其大小为 $\frac{1}{2}\mu_0 jd$，方向与洞和柱的轴线的共同垂线垂直，即由 $\boldsymbol{j}\times\boldsymbol{d}$ 来确定. 若设柱内电流强度为 I，则有

$$j=\frac{I}{\pi R^2-\pi r^2},\quad B=\frac{\mu_0 Id}{2(\pi R^2-\pi r^2)}.$$

例 17.18　一长直圆柱导线中通有电流，电流密度 j 与 r 有关，r 为柱内一点到柱轴的垂直距离. 已知导线中的磁感应强度分布为 $B=\alpha r^\beta$，α，β 都是正常数，试求导体中的电流密度分布.

解　由于磁场分布具有轴对称性，所以电流分布亦具有轴对称性. 在导线中取一半径为 r 的同轴圆环作为安培环路，由安培环路定理有

$$\oint_L \boldsymbol{B}\cdot d\boldsymbol{l}=\mu_0\sum I_{\text{int}}=\mu_0 I,\quad 2\pi rB=\mu_0 I,$$

故

$$I=2\pi Br/\mu_0,$$

式中，I 是安培环路 L 所包围的电流.

已知 r 处的磁感应强度 $B=\alpha r^\beta$，则

$$I=\frac{2\pi r^{\beta+1}\alpha}{\mu_0},$$

又因 $I=\int j\mathrm{d}S=\int_0^r j2\pi r\mathrm{d}r$，故

$$\frac{2\pi\alpha}{\mu_0}r^{\beta+1}=\int_0^r j2\pi r\mathrm{d}r.$$

上式两边对 r 求导，有 $\frac{2\pi\alpha(\beta+1)}{\mu_0}r^\beta=j2\pi r$，故 $j=\frac{\alpha(\beta+1)}{\mu_0}r^{\beta-1}$.

例 17.19　(1) 如图 17.20(a)所示，一无限长半径为 R 的 $\frac{1}{3}$ 圆筒形金属薄片中，自下而上均匀通有电流 I. 求其轴线上一点 P 处的磁感应强度 $\boldsymbol{B}$.

(2) 如图 17.20(b)所示，有一半径为 R 的无限长薄壁圆筒，其平行于轴向有一宽为 $a(a\ll R)$ 的无限长细缝，筒壁上均匀地通有电流 I，其方向垂直纸面向外. 求圆筒中心点 O 处的磁感应强度 $\boldsymbol{B}$.

(3) 如图 17.20(c)所示，正方形四个顶点置有带电量均为 q 的电荷. 当正方形绕过其中心点 O 且与纸面垂直的轴以角速度 ω 转动时，求点 O 处的磁感应强度.

解　(1) 载流圆筒形金属薄片可以看做是由许多长直载流直导线组成的，点 P 处的磁感应强度就是由许多这样的长载流直导线在点 P 处产生的磁感应强度的矢量和. 以轴线上点 P 为坐标原点，建立图示坐标系，且使 xPy 平面垂直于轴线. 在无限长金属圆筒上取一窄条，相应的弧元为 $\mathrm{d}l$，将其视为无限长载流直导线，其中通过的元电流为

$$\mathrm{d}I=j\mathrm{d}l=\frac{3I}{2\pi R}\mathrm{d}l=\frac{3I}{2\pi}\mathrm{d}\theta,$$

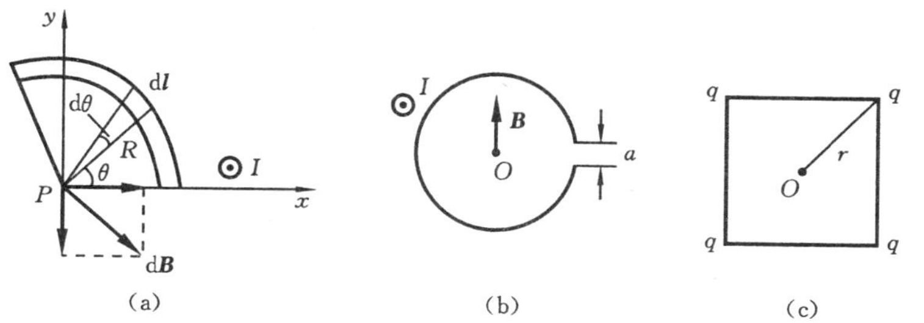

图 17.20

其在点 P 产生的磁感应强度大小为

$$dB=\frac{\mu_0 dI}{2\pi R}=\frac{3\mu_0 I}{4\pi^2 R}d\theta,$$

方向如图 17.20(a)所示.在选定的坐标系下,$d\boldsymbol{B}$ 的两个直角分量分别为

$$dB_x=dB\sin\theta=\frac{3\mu_0 I}{4\pi^2 R}\sin\theta d\theta,\quad dB_y=-dB\cos\theta=-\frac{3\mu_0 I}{4\pi^2 R}\cos\theta d\theta,$$

故　$B_x=\int dB_x=\int_0^{\frac{2}{3}\pi}\frac{3\mu_0 I}{4\pi^2 R}\sin\theta d\theta=\frac{9\mu_0 I}{8\pi^2 R},\quad B_y=\int dB_y=\int_0^{\frac{2}{3}\pi}-\frac{3\mu_0 I}{4\pi^2 R}\cos\theta d\theta=-\frac{3\sqrt{3}\mu_0 I}{8\pi^2 R},$

$$B_P=\sqrt{B_x^2+B_y^2}=\frac{3\sqrt{3}\mu_0 I}{4\pi^2 R},\quad \tan\alpha=\frac{B_y}{B_x}=-\frac{\sqrt{3}}{3},$$

故 $\alpha=-\pi/6$,即方向为 x 轴正向偏 y 负向 $\pi/6$.

(2) 用所谓的补割法求解.金属圆筒的电流密度为

$$j=\frac{I}{2\pi R-a}\approx\frac{I}{2\pi R}.$$

设无细缝的电流密度为 j 的金属圆筒在点 O 处产生的磁感应强度为 $\boldsymbol{B}_1$,宽度为 a,电流强度为 ja 的无限长细缝(相当于无限长载流直导线)在点 O 处激发的磁感应强度为 $\boldsymbol{B}_2$,所要求的磁感应强度为 $\boldsymbol{B}$,由场强叠加原理有 $\boldsymbol{B}_1=\boldsymbol{B}+\boldsymbol{B}_2$.

而 $B_1=0$,$B_2=\frac{\mu_0 ja}{2\pi R}$,$\boldsymbol{B}_2$ 的方向竖直向下.

由于 $B_1=0$,故

$$\boldsymbol{B}=-\boldsymbol{B}_2,\quad B=B_2=\frac{\mu_0 ja}{2\pi R}=\frac{\mu_0 Ia}{4\pi^2 R^2},$$

$\boldsymbol{B}$ 的方向与 $\boldsymbol{B}_2$ 的方向相反.

(3) 方法一　由运动电荷磁场分布公式,每个运动电荷在点 O 处激发的磁场为

$$B_1=\frac{\mu_0}{4\pi}\frac{qv}{r^2}=\frac{\mu_0}{4\pi}\frac{q\omega r}{r^2}=\frac{\mu_0 q\omega}{4\pi r},$$

方向与纸面垂直.所有电荷在点 O 处激发的磁场完全相同,所以有

$$B_0=4B_1=\frac{\mu_0 q\omega}{\pi r}.$$

方法二　旋转的电荷相当于形成一个半径为 r 的载流环,其电流强度为

$$I=v(4q)=\frac{\omega}{2\pi}4q=\frac{2q\omega}{\pi},$$

故

$$B_0=\frac{\mu_0 I}{2r}=\frac{\mu_0}{2r}\frac{2q\omega}{\pi}=\frac{\mu_0 q\omega}{\pi r}.$$

例 17.20　(1) 如图 17.21(a)所示,斜面上放有一木制圆柱,圆柱质量 $m=0.25$ kg,半径为 R,长 $l=0.10$ m,圆柱上绕有 $N=10$ 匝导线,而这个圆柱体的轴位于导线回路的平面内,斜面倾角为

θ,处于一均匀磁场中,磁感应强度 $B=0.5$ T,方向竖直向上. 如果绕组的平面与斜面平行,则通过回路的电流 i 至少要有多大,圆柱体才不致沿斜面向下滚动.

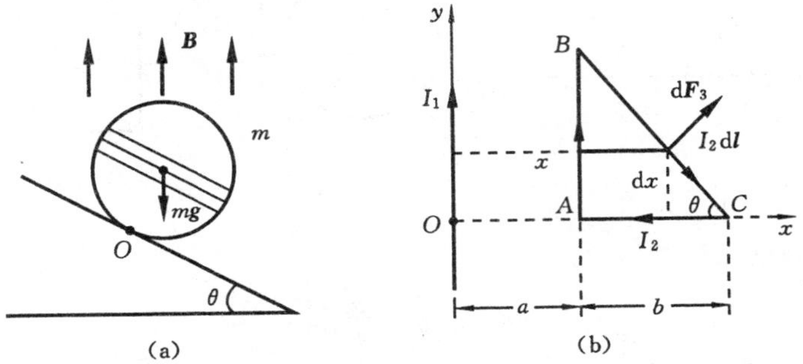

图 17.21

(2) 一无限长直导线通有电流 I,附近有一个直角三角形导线线框 ABC 与之共面,位置和尺寸如图 17.21(b)所示,其中 AB 边与长直导线平行. 当线框中通以电流 I_2 时,求 I_1 的磁场对线框三条边的作用力分别为多大.

解 (1) 取与斜面相切的圆柱母线为轴,平衡条件为对该轴的重力矩与绕组所受到的磁力矩等值而且反向,即 $mgR\sin\theta=NISB\sin\theta$, $S=2Rl$,故

$$I=\frac{mg}{2NlB}=\frac{0.25\times9.8}{2\times10\times0.10\times0.50}\ \text{A}=2.5\ \text{A}.$$

(2) 求 AB 边受到作用力. 电流 I_1 在 AB 边激发的磁场为 $B_1=\mu_0I_1/(2\pi a)$,方向垂直纸面向里. 由于所有电流元受力相同,故 AB 边所受 I_1 产生磁场的作用力为 $F_1=B_1I_2(b\tan\theta)=\frac{\mu_0I_1I_2}{2\pi a}b\tan\theta$,方向垂直 AB 边向左.

求 AC 边受到的作用力. 电流 I_1 激发的磁场分布为 $B_1=\mu_0I_1/(2\pi x)$,方向垂直纸面向里.

因 $\mathrm{d}F_2=I_2B_1\mathrm{d}x$,方向竖直向下. 由于所有电流元受力方向相同,故 AB 边受到的作用力为

$$F_2=\int I_2B_1\mathrm{d}x=\int_a^{a+b}\frac{\mu_0I_1I_2}{2\pi x}\mathrm{d}x=\frac{\mu_0I_1I_2}{2\pi}\ln\frac{a+b}{a},$$

方向竖直向下.

求 BC 边受到的作用力. 取稳恒电流元 $I_2\mathrm{d}\boldsymbol{l}$,其受到的安培力为

$$\mathrm{d}F_3=I_2B_1\mathrm{d}l=\frac{\mu_0I_1I_2}{2\pi x}\mathrm{d}l=\frac{\mu_0I_1I_2}{2\pi x}\frac{\mathrm{d}x}{\cos\theta},$$

方向垂直 BC,指向斜上方. 由于各电流元受力方向相同,所以 BC 边受到的总作用力为

$$F_3=\int\mathrm{d}F_3=\int_a^{a+b}\frac{\mu_0I_1I_2}{2\pi x\cos\theta}\mathrm{d}x=\frac{\mu_0I_1I_2}{2\pi\cos\theta}\ln\frac{a+b}{a}.$$

BC 边的受力也可以用下述方法求解.

$$\begin{aligned}\mathrm{d}\boldsymbol{F}_3&=I_2\mathrm{d}\boldsymbol{l}\times\boldsymbol{B}_1=I_2(\mathrm{d}x\boldsymbol{i}+\mathrm{d}y\boldsymbol{j})\times\boldsymbol{B}_1=I_2\mathrm{d}x\boldsymbol{i}\times\boldsymbol{B}_1+I_2\mathrm{d}y\boldsymbol{j}\times\boldsymbol{B}_1=I_2B_1\mathrm{d}x\boldsymbol{j}+I_2B_1\mathrm{d}y(-\boldsymbol{i})\\&=I_2B_1\mathrm{d}x\boldsymbol{j}+I_2B_1(-\mathrm{d}x\tan\theta)(-\boldsymbol{i})=I_2B_1\tan\theta\mathrm{d}x\boldsymbol{i}+I_2B_1\mathrm{d}x\boldsymbol{j},\end{aligned}$$

故

$$\begin{aligned}\boldsymbol{F}_3&=\int I_2B_1\tan\theta\mathrm{d}x\boldsymbol{i}+\int I_2B_1\mathrm{d}x\boldsymbol{j}=\int_a^{a+b}\frac{\mu_0I_1I_2\tan\theta\mathrm{d}x}{2\pi x}\boldsymbol{i}+\int_a^{a+b}\frac{\mu_0I_1I_2\mathrm{d}x}{2\pi x}\boldsymbol{j}\\&=\frac{\mu_0I_1I_2\tan\theta}{2\pi}\ln\frac{a+b}{a}\boldsymbol{i}+\frac{\mu_0I_1I_2}{2\pi}\ln\frac{a+b}{a}\boldsymbol{j},\end{aligned}$$

$$F_3=\sqrt{F_x^2+F_y^2}=\frac{\mu_0I_1I_2}{2\pi}\sqrt{(1+\tan^2\theta)}\ln\frac{a+b}{a}=\frac{\mu_0I_1I_2}{2\pi\cos\theta}\ln\frac{a+b}{a}.$$

例 17.21　(1) 如图 17.22(a)所示，半径为 R 的平面圆形线圈中通有电流 I_1，另有长直导线 AB 中载有电流 I_2. 设 AB 通过圆心并和圆形线圈在同一平面内，求圆形线圈受到电流 I_2 的作用力.

(2) 有一半径为 R 的圆线圈通有电流 I_1，另有一个通有电流 I_2 的无限长直导线与圆线圈平面垂直，且与圆线圈相切. 设圆线圈可绕 y 轴转动，如图 17.22(b)所示，问线圈将如何运动.

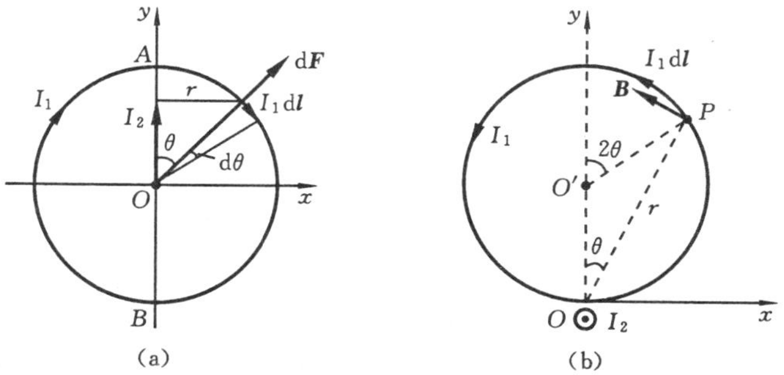

图 17.22

解　(1) 电流 I_2 激发的磁场分布为

$$B_2=\frac{\mu_0 I_2}{2\pi r}=\frac{\mu_0 I_2}{2\pi R\sin\theta},$$

方向垂直纸面向里. 载流圆线中任取一电流元 $I_1 \mathrm{d}\boldsymbol{l}$，其受到的安培力为

$$\mathrm{d}F=I_1 B_2 \mathrm{d}l=\frac{\mu_0 I_1 I_2 \mathrm{d}l}{2\pi R\sin\theta}=\frac{\mu_0 I_1 I_2 R\mathrm{d}\theta}{2\pi R\sin\theta}=\frac{\mu_0 I_1 I_2 \mathrm{d}\theta}{2\pi\sin\theta}.$$

$\mathrm{d}\boldsymbol{F}$ 的方向如图 17.22(a)所示沿径向向外. 由对称性分析知，$F_y=\int \mathrm{d}F_y=0$，磁力沿 x 轴正方向，其大小为

$$F=F_x=\int \mathrm{d}F_x=2\int_0^{\pi}\mathrm{d}F\sin\theta=2\int_0^{\pi}\frac{\mu_0 I_1 I_2}{2\pi\sin\theta}\sin\theta\mathrm{d}\theta=\mu_0 I_1 I_2.$$

显然载流线圈所受到的磁力矩为零，所以线圈仅平动而不会发生转动.

(2) 在点 P 处取一稳恒电流元 $I_1 \mathrm{d}\boldsymbol{l}$，长直导线在该电流元处产生的磁感应强度为 $B=\mu_0 I_2/(2\pi r)$，方向如图 17.22(b)所示.

电流元 $I_1 \mathrm{d}\boldsymbol{l}$ 受到的安培力的大小为 $\mathrm{d}F=\frac{\mu_0 I_2}{2\pi r}I_1 \mathrm{d}l\sin\theta$，方向垂直圆线圈平面向外. 该磁场力对 Oy 轴的力矩为

$$\mathrm{d}M=\mathrm{d}F(r\sin\theta)=\frac{\mu_0 I_1 I_2 \sin^2\theta \mathrm{d}l}{2\pi},$$

方向沿 y 轴负方向. 由于 $\mathrm{d}l=R\mathrm{d}(2\theta)=2R\mathrm{d}\theta$，所以整个线圈受到的磁力矩(所有 $\mathrm{d}\boldsymbol{M}$ 方向均相同)

$$M=\int \mathrm{d}M=\int \frac{\mu_0 I_1 I_2 \sin^2\theta}{2\pi}\mathrm{d}l=\int_{-\pi/2}^{\pi/2}\frac{\mu_0 I_1 I_2 \sin^2\theta}{2\pi}2R\mathrm{d}\theta=\frac{1}{2}\mu_0 I_1 I_2 R,$$

方向沿 y 轴负方向. 因此，圆线圈在磁力矩作用下，将发生转动，最后处于圆线圈与长直导线共面的平衡位置(线圈不会发生平动).

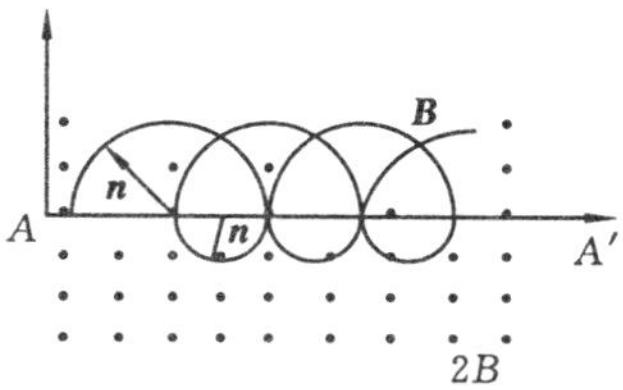

图 17.23

例 17.22　有两个与纸面垂直的磁场以平面 AA' 为分界面，如图 17.23 所示，已知它们的磁感应强度的大小分别为 B 和 $2B$. 设有一质量为 m，电荷量为 q 的粒子以速度 $\boldsymbol{v}$ 自下而上地垂直射达界面 AA'，试求带电粒子运动周期和沿分界方向

的平均速率.

解　带电粒子 q 在垂直于磁场方向平面里运动时，洛伦兹力为向心力，有

$$qvB=m\frac{v^2}{r},$$

其回转半径 $r=\frac{mv}{qB}$，回转周期 $T=\frac{2\pi r}{v}=\frac{2\pi m}{qB}$.

分界面 AA' 上方磁场为 $\boldsymbol{B}$，粒子运动的半径和周期为 $r_1=\frac{mv}{qB}$，$T_1=\frac{2\pi m}{qB}$，分界面 AA' 下方磁场为 $2\boldsymbol{B}$，粒子运动的半径和周期为

$$r_2=\frac{mv}{q(2B)}=\frac{1}{2}r_1,\quad T_2=\frac{2\pi m}{q(2B)}=\frac{1}{2}T_1,$$

所以带电粒子的运动轨迹如图 17.23 所示. 粒子的运动周期为

$$T'=\frac{1}{2}T_1+\frac{1}{2}T_2=\frac{3}{4}T_1=\frac{3\pi m}{2qB}\quad 或\quad T'=\frac{\pi(r_1+r_2)}{v}=\frac{\pi(3r_2)}{v}=\frac{3\pi m}{2qB}.$$

一个周期 T' 内粒子沿分界面 AA' 向右移动的距离为

$$l=2r_1-2r_2=2(r_1-r_2)=r_1,$$

所以带电粒子沿 AA' 平面向右移动的平均速率为

$$v=\frac{r_1}{T'}=\frac{mv}{qB}\times\frac{2qB}{3\pi m}=\frac{2v}{3\pi}.$$

例 17.23　均匀电场 $\boldsymbol{E}$ 和均匀磁场 $\boldsymbol{B}$，二者方向互相垂直，如图 17.24 所示. 现有一带电粒子，其初速度 $\boldsymbol{v}_0$ 与 $\boldsymbol{E}$ 平行，试求带电粒子的运动规律.

解　设带电粒子质量为 m，带电量为 q，依据题意，有

$$\boldsymbol{B}=B\boldsymbol{j},\quad \boldsymbol{E}=E\boldsymbol{k},\quad \boldsymbol{v}_0=v_0\boldsymbol{k}.$$

带电粒子受到的洛伦兹力为

$$\boldsymbol{f}=q\boldsymbol{E}+q\boldsymbol{v}\times\boldsymbol{B}=qE\boldsymbol{k}+q(v_x\boldsymbol{i}+v_y\boldsymbol{j}+v_z\boldsymbol{k})\times B\boldsymbol{j}=qv_zB(-\boldsymbol{i})+(qE+qv_xB)\boldsymbol{k}.$$

由牛顿第二定律知，带电粒子的加速度为

$$\boldsymbol{a}=\frac{\boldsymbol{f}}{m}=\left(-\frac{qv_zB}{m}\right)\boldsymbol{i}+\left(\frac{qE+qv_xB}{m}\right)\boldsymbol{k},$$

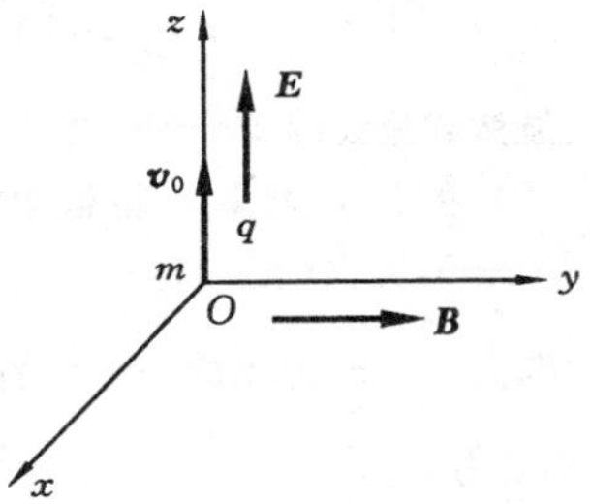

图 17.24

故　$$a_x=-\frac{qv_zB}{m},\quad a_y=0,\quad a_z=\frac{q}{m}(E+v_xB).$$

由于 $a_y=0$，且 $v_{0y}=0$，所以 $v_y=0$，$y=0$，即粒子在 xOz 平面运动. 又

$$\frac{\mathrm{d}v_z}{\mathrm{d}t}=a_z=\frac{qE}{m}+\frac{qBv_x}{m},$$

故　$$\frac{\mathrm{d}^2v_z}{\mathrm{d}t^2}=\frac{qB}{m}\frac{\mathrm{d}v_x}{\mathrm{d}t}=\frac{qB}{m}a_x=\frac{qB}{m}\left(-\frac{qBv_z}{m}\right)=-\frac{q^2B^2}{m^2}v_z.$$

令 $\omega=\frac{qB}{m}$，则有 $\frac{\mathrm{d}^2v_z}{\mathrm{d}t^2}=-\omega^2v_z$，$v_z$ 做简谐振动. 故

$$v_z=v_{zm}\cos(\omega t+\varphi),\quad a_z=\frac{\mathrm{d}v_z}{\mathrm{d}t}=-\omega v_{zm}\sin(\omega t+\varphi).$$

初始条件 $t=0$，$v_z=v_0$，$a_z=\frac{qE}{m}$，则

$$\begin{cases}v_0=v_{zm}\cos\varphi,\\ \frac{qE}{m}=-\omega v_{zm}\sin\varphi\end{cases}\Rightarrow\begin{cases}v_{zm}=\sqrt{v_0^2+\left(\frac{E}{B}\right)^2},\\ \tan\varphi=-\frac{E}{Bv_0}.\end{cases}$$

又由于
$$a_z=\frac{q}{m}(E+v_xB),$$

故
$$v_x=\frac{ma_z}{qB}-\frac{E}{B}=-\frac{m\omega v_{zm}}{qB}\sin(\omega t+\varphi)-\frac{E}{B}=-v_{zm}\sin(\omega t+\varphi)-\frac{E}{B}.$$

初始条件 $t=0,x=0,z=0$，所以有
$$x=\int_0^x\mathrm{d}x=\int_0^t v_x\,\mathrm{d}t=\frac{v_{zm}}{\omega}[\cos(\omega t+\varphi)-\cos\varphi]-\frac{E}{B}t,$$
$$z=\int_0^z\mathrm{d}z=\int_0^t v_z\,\mathrm{d}t=\frac{v_{zm}}{\omega}[\sin(\omega t+\varphi)-\sin\varphi].$$

例 17.24　如图 17.25 所示，水平面内有一圆形导线回路，匀强磁场 $\boldsymbol{B}$ 的方向垂直纸面向里．由导棒做的活动半径 Ob 可绕点 O 旋转，半径长为 l，质量为 m．若半径与圆形导线间的摩擦力正比于点 b 的速度，比例系数为 k，试求：

(1) 若保持回路中的电流不变，半径 Ob 旋转的角速度 $\boldsymbol{\omega}$ 是多少？

(2) 为使半径 Ob 不动，在点 b 应加多大的切向力 $\boldsymbol{F}$？（略去 Ob 旋转时所产生的感应电流．）

解　(1) 导棒 Ob 中的电流元 $I\mathrm{d}l$ 受到的安培力为 $\mathrm{d}F=IB\mathrm{d}l$，其对 O 点的力矩大小为 $\mathrm{d}M=l\mathrm{d}F=IBl\mathrm{d}l$，方向垂直纸面向外．

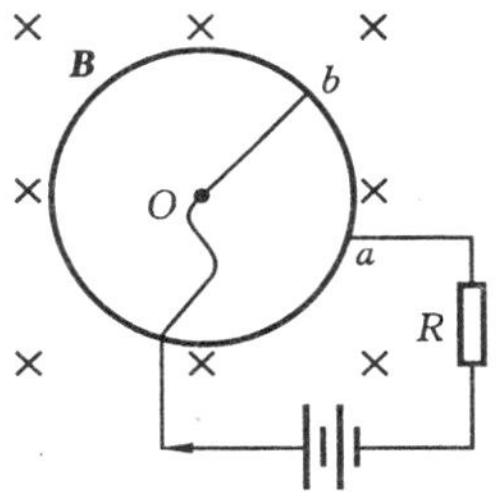

图 17.25

安培力对 O 点的总磁力矩的大小为 $M=\int\mathrm{d}M=\int_0^l IBl\,\mathrm{d}l=\frac{1}{2}IBl^2$，方向垂直纸面向外．

摩擦力矩的大小为 $M_f=kvl=k\omega l^2$，方向垂直纸面向里．

导棒 Ob 对点 O 转动惯量为 $J=\frac{1}{3}ml^2$．

由转动定律有 $\frac{1}{2}IBl^2-k\omega l^2=\frac{1}{3}ml^2\frac{\mathrm{d}\omega}{\mathrm{d}t}$，分离变量得
$$\frac{\mathrm{d}\omega}{IB-2k\omega}=\frac{3}{2m}\mathrm{d}t,$$

两边积分得
$$\int_0^\omega\frac{\mathrm{d}\omega}{IB-2k\omega}=\int_0^t\frac{3}{2m}\mathrm{d}t,$$

故
$$\omega=\frac{IB}{2k}(1-\mathrm{e}^{-\frac{3kt}{m}})=\frac{\varepsilon B}{2kR}(1-\mathrm{e}^{-\frac{3kt}{m}}).$$

(2) 为了使 Ob 不转动，要求外力矩与磁力矩平衡，即
$$Fl=\frac{1}{2}IBl^2=\frac{\varepsilon Bl^2}{2R},$$

故
$$F=\frac{\varepsilon Bl}{2R}.$$

17.3　强化训练题

一、填空题

1. 如图 17.26 所示，一半径为 a 的无限长直载流导线，沿轴向均匀分布电流 I．若作一个半径 $R=5a$、高为 l 的柱形曲面，已知此柱形曲面的轴与载流导线的轴平行且相距 $3a$，则 $\boldsymbol{B}$ 在圆柱侧面 S 上的积分 $\int_S\boldsymbol{B}\cdot\mathrm{d}\boldsymbol{S}=$ ______．

2. 一条无限长载流导线折成如图 17.27 所示的形状，导线上通有 10 A 的电流 I．点 P 在 cd

的延长线上，它到折点的距离 $a=2$ cm，则点 P 的磁感应强度 $B=$______.

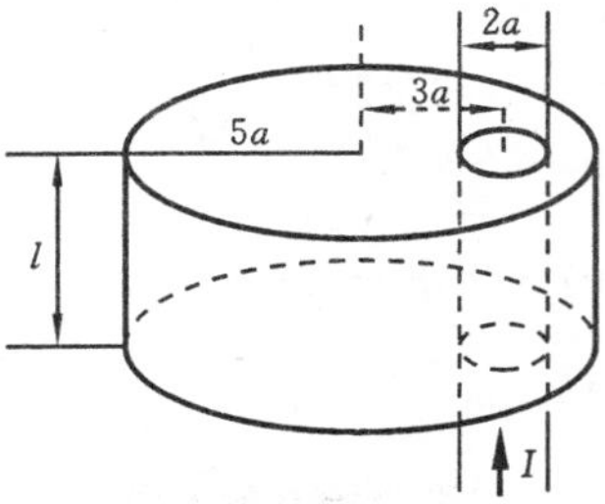

图 17.26

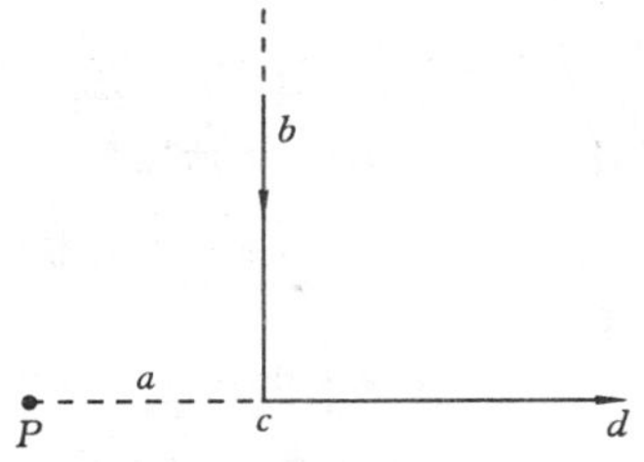

图 17.27

3. 如图 17.28 所示，在真空中，电流 I 由长直导线 1 沿垂直 bc 边方向经点 a 流入一电阻均匀分布的正三角形线框，再由点 b 沿平行 ac 边方向流出，经长直导线 2 返回电源. 三角形框每边长为 l，则在该正三角框中心点 O 处磁感应强度的大小 $B=$______.

4. 如图 17.29 所示，电流由长直导线 1 沿半径方向经点 a 流入一电阻均匀分布的圆环，再由点 b 沿半径方向从圆环流出，经长直导线 2 返回电源. 已知直导线上的电流强度为 I，圆环的半径为 R，且 1、2 两直导线的夹角 $\angle aOb=30°$，则圆心 O 处的磁感应强度的大小 $B=$______.

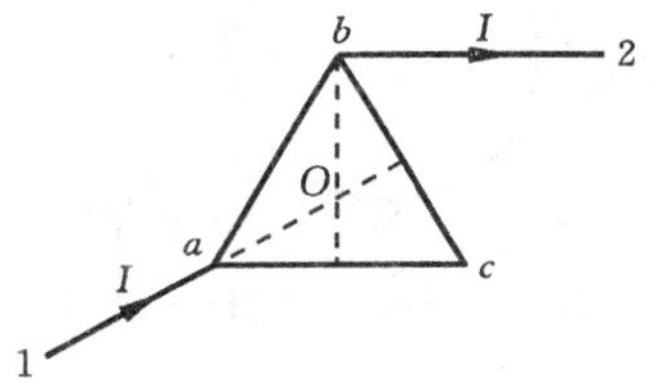

图 17.28

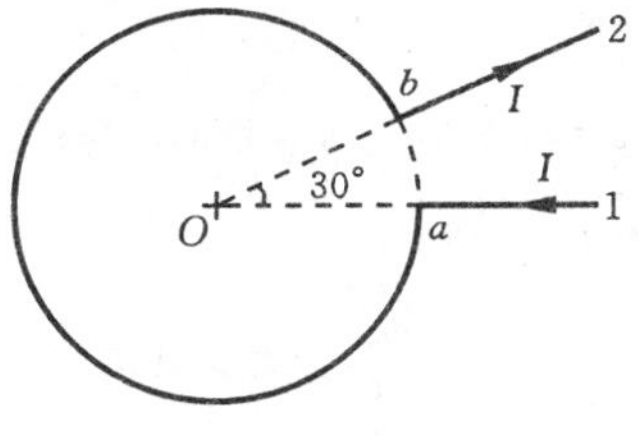

图 17.29

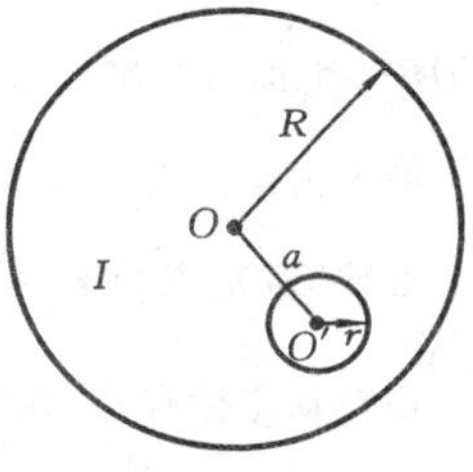

图 17.30

5. 如图 17.30 所示，在半径为 R 的长直金属圆柱体内部挖去一个半径为 r 的长直圆柱体，两柱体轴线平行，其间距离为 a. 今在此导体上通以电流 I，电流在截面上均匀分布，则空心部分轴线上点 O' 的磁感应强度的大小为______.

6. 如图 17.31 所示，在宽度为 d 的导体薄片上有电流 I 沿此导体长度方向流过，电流在导体宽度方向均匀分布. 导体外在导片中线附近处的磁感应强度 $\boldsymbol{B}$ 的大小为______.

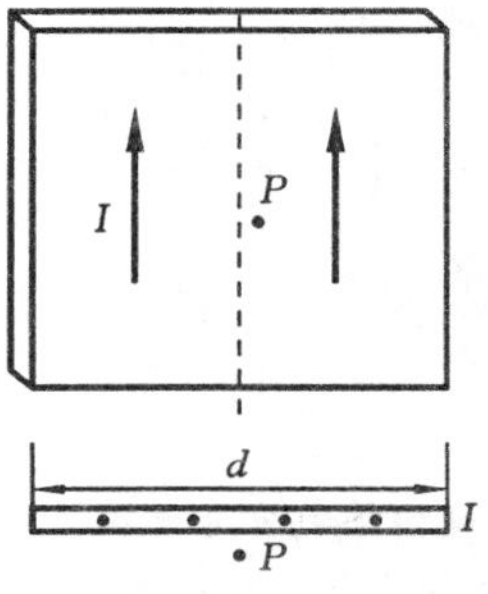

图 17.31

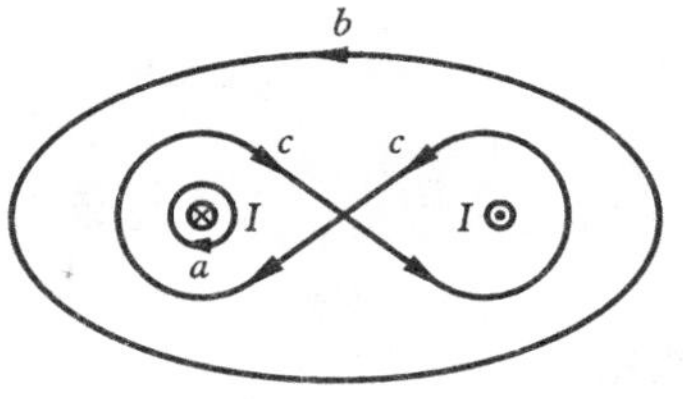

图 17.32

7. 两根长直导线通有电流 I，如图 17.32 所示有三种环路：对于环路 a，$\oint \boldsymbol{B}\cdot \mathrm{d}\boldsymbol{l}$ 等于______；对

于环路 b，$\oint \boldsymbol{B}\cdot \mathrm{d}\boldsymbol{l}$ 等于______；对于环路 c，$\oint \boldsymbol{B}\cdot \mathrm{d}\boldsymbol{l}$ 等于______.

8. 在磁场空间分别取两个闭合回路，若两个回路各自包围载流导线的根数不同，但电流的代数和相同，则磁感应强度沿各闭合回路的线积分______；两个回路的磁场分布______.（填“相同”、“不相同”.）

9. 如图 17.33 所示，电荷 $q(q>0)$ 均匀地分布在一个半径为 R 的薄球壳外表面上，若球壳以恒角速度 ω_0 绕 z 轴转动，则沿着 z 轴从 $-\infty$ 到 $+\infty$ 磁感应强度的线积分等于______.

10. 如图 17.34 所示，半径为 R 的空心载流无限长螺线管，单位长度有 n 匝线圈，导线中电流为 I. 今在螺线管中部以与轴成 α 角的方向发射一个质量为 m、电量为 q 的粒子，则该粒子初速 $\boldsymbol{v}_0$ 必须小于或等于______才能保证它不与螺线管壁相撞.

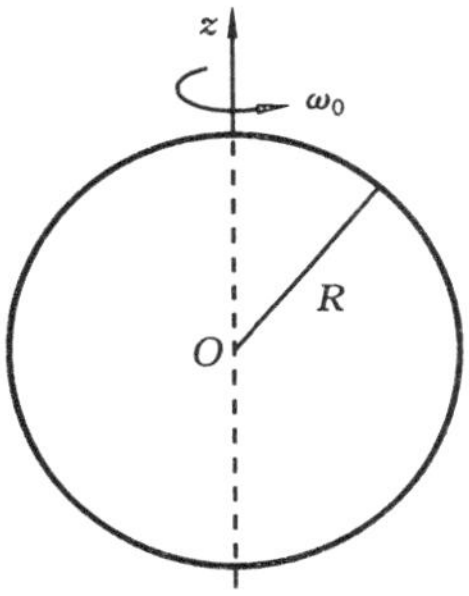

图 17.33

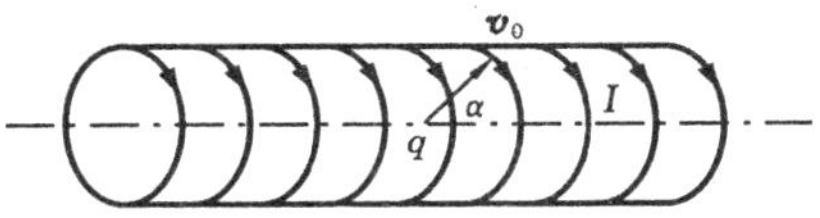

图 17.34

11. 如图 17.35 所示，在一固定的无限长载流直导线的旁边放置一个可以自由移动和转动的圆形的刚性线圈，线圈中通有电流，若线圈与直导线在同一平面，如图 17.35(a)所示，则圆线圈将______；若线圈平面与直导线垂直，如图 17.35(b)所示，则圆线圈将______.

12. 将一个通过电流强度为 I 的闭合回路置于均匀磁场中，回路所围面积的法线方向与磁场方向的夹角为 α. 若均匀磁场通过此回路的磁通量为 Φ，则回路所受力矩的大小为______.

13. 氢原子中，电子绕原子核沿半径为 r 的圆周运动，它等效于一个圆形电流. 如果外加一个磁感应强度为 $\boldsymbol{B}$ 的磁场，其磁力线与轨道平面平行，那么这个圆电流所受的磁力矩的大小 $M=$______.（设电子质量为 m_e，电子电量的绝对值为 e.）

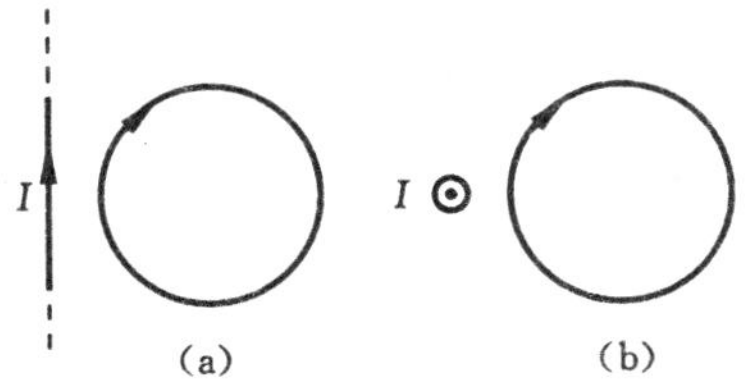

图 17.35

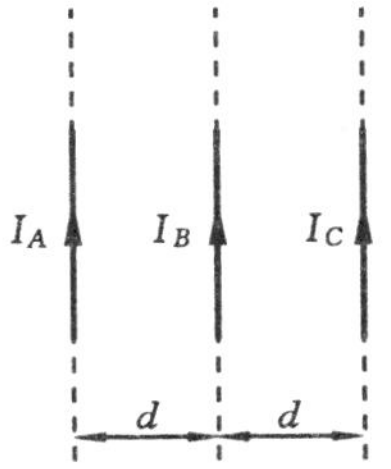

图 17.36

14. 如图 17.36 所示，A、B、C 为三根平行共面的长直导线，导线间距 $d=10$ cm，它们通过的电流分别为 $I_A=I_B=5$ A，$I_C=10$ A，其中 I_C 与 I_B、I_A 的方向相反，每根导线每厘米所受的力的大小为 $\frac{\mathrm{d}F_A}{\mathrm{d}l}=$______；$\frac{\mathrm{d}F_B}{\mathrm{d}l}=$______；$\frac{\mathrm{d}F_C}{\mathrm{d}l}=$______.（$\mu_0=4\pi\times10^{-7}$ N/A^2.）

15. 长为 l 的细杆均匀分布着电荷 q，杆绕垂直杆并经过其中心的轴，以恒定的角速度 ω 旋转，此旋转带电杆的磁矩大小是______.

16. 有两个线圈1和2，面积分别为 S_1 和 S_2，且 $S_2=2S_1$，将两线圈分别置于不同的均匀磁场中并通过相同强度的电流，若两线圈受到相同的最大磁力矩，则通过两线圈的最大磁通量 $\Phi_{1\max}$ 和 $\Phi_{2\max}$ 的关系为______；两均匀磁场的磁感应强度大小 B_1 和 B_2 的关系为______.

17. 如图17.37所示，两根无限长直导线互相垂直地放着，相距 $d=200$ m，其中一根导线与 z 轴重合，另一根导线与 x 轴平行且在 xOy 平面内. 设两导线中皆通过 $I=10$ A 的电流，则在 y 轴上离两根导线等距的点 P 处的磁感应强度的大小 $B=$______. ($\mu_0=4\pi\times10^{-7}$ (T·m)/A.)

18. 沿着图17.38所示的两条不共面而彼此垂直的无限长的直导线，分别流过电流强度 $I_1=3$ A和 $I_2=4$ A 的电流，在距离两导线皆为 $d=20$ cm 处的点 A 处磁感应强度的大小 $B=$______. ($\mu_0=4\pi\times10^{-7}$ (T·m)/A.)

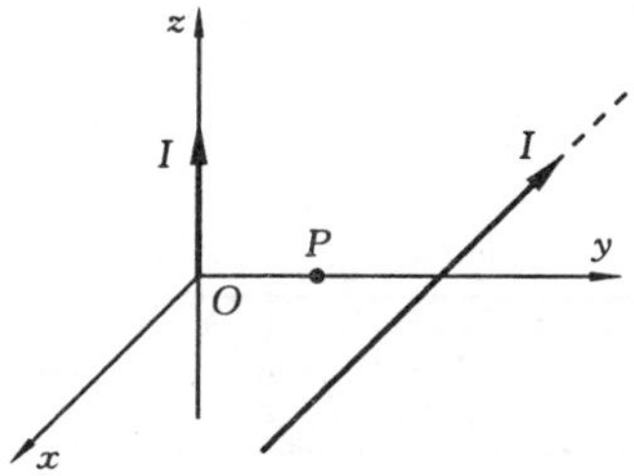

图 17.37

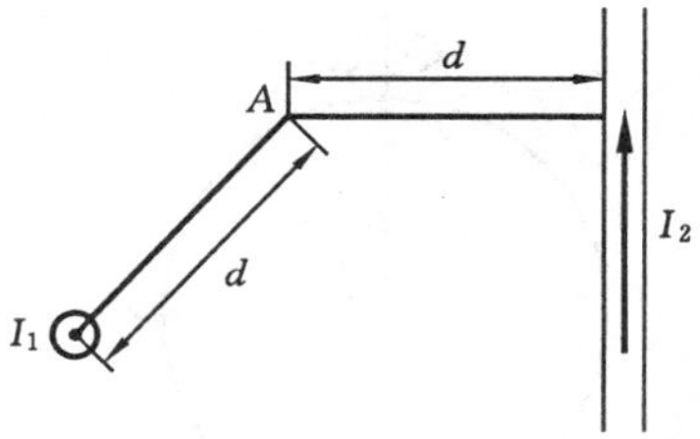

图 17.38

二、简答题

1. 如图17.39所示，环绕一根有限长的载流直导线有一回路 c，$\oint_c \boldsymbol{H}\cdot d\boldsymbol{l}=I$ 是否成立？试说明理由.

2. 如图17.40所示，根据毕奥-萨伐尔定律，求得真空中有限长载流直导线 AB 在空间点 P 产生的磁感应强度大小 $B=\dfrac{\mu_0 i}{4\pi|OP|}(\sin\beta_2-\sin\beta_1)$. 现以点 O 为圆心，$|OP|$ 为半径，在垂直于电流的平面内作一圆，并以此为回路计算 $\boldsymbol{B}$ 的环路积分，得 $\oint_L \boldsymbol{B}\cdot d\boldsymbol{l}=\dfrac{1}{2}\mu_0 I(\sin\beta_2-\sin\beta_1)$，为什么这与安培环路定理的结论 $\oint_L \boldsymbol{B}\cdot d\boldsymbol{l}=\mu_0 I$ 不一致？

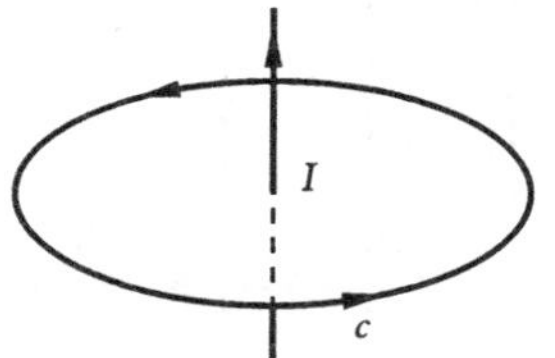

图 17.39

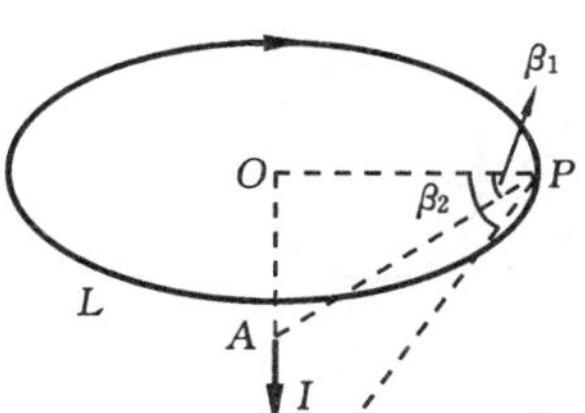

图 17.40

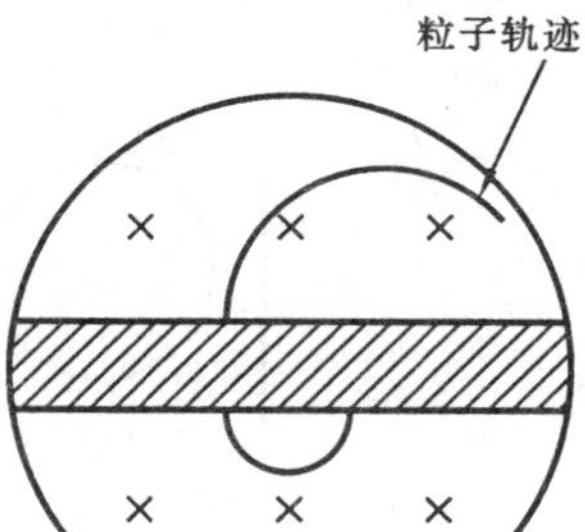

图 17.41

3. 图17.41所示曲线是一带电粒子在磁场中的运动轨迹，斜线部分是铝板，粒子通过它要损失能量，磁场方向如图所示. 问粒子电荷是正号还是负号？说明理由.

三、计算题

1. 在无限长直载流导线产生的磁场中，有一个与导线共面的矩形平面线圈 $cdef$，线圈 cd 和 ef 边与长直导线平行，线圈尺寸和其与长导线的距离如图 17.42 所示. 若使平面线圈沿其平面法线方向 $\boldsymbol{n}$(平行 z 轴)移动 Δz 距离，求在此位置上通过线圈的磁通量.

2. 如图 17.43 所示，设氢原子基态的电子轨道半径为 a_0，求由于电子的轨道运动，在原子核处(圆心处)产生的磁感应强度的大小和方向.

3. 如图 17.44 所示，平面闭合回路由半径为 R_1 及 R_2($R_1>R_2$)的两个同心半圆弧和两个直导线段组成. 已知两个直导线段在两半圆弧中心 O 处的磁感应强度为零，且闭合载流回路在 O 处产生的总的磁感应强度 $\boldsymbol{B}$ 与半径为 R_2 的半圆弧在 O 点产生的磁感应强度 $\boldsymbol{B}_2$ 的关系为 $B=2B_2/3$，求 R_1 与 R_2 的关系.

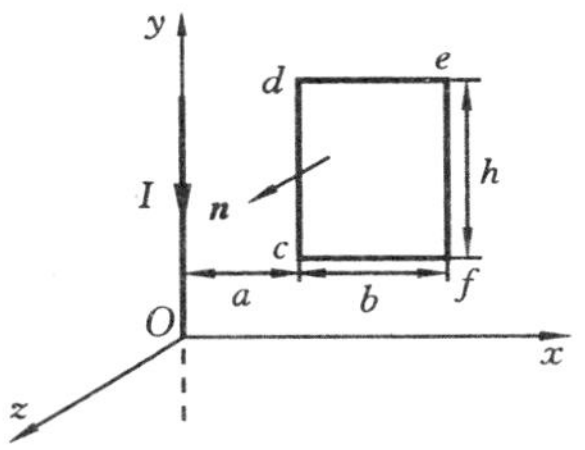

图 17.42

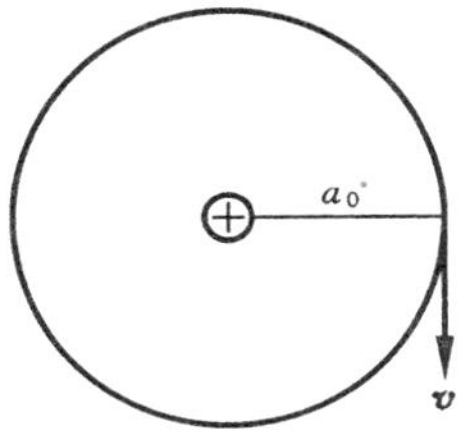

图 17.43

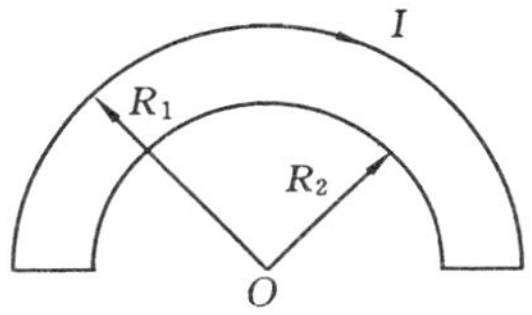

图 17.44

4. 如图 17.45 所示，两无穷大平行平面上都有均匀分布的面电流，面电流密度分别为 $\boldsymbol{i}_1$ 和 $\boldsymbol{i}_2$，若 $\boldsymbol{i}_1$ 和 $\boldsymbol{i}_2$ 之间夹角为 θ. 求：

(1) 两面之间的磁感应强度的值 B_i；

(2) 两面之外空间的磁感应强度的值 B_0；

(3) 当 $i_1=i_2=i$，$\theta=0$ 时以上结果如何？

5. 空间某一区域有均匀电场 $\boldsymbol{E}$ 和均匀磁场 $\boldsymbol{B}$，$\boldsymbol{E}$ 和 $\boldsymbol{B}$ 同方向. 一电子(质量 m，电量 $-e$)以初速 $\boldsymbol{v}$ 在场中开始运动，$\boldsymbol{v}$ 与 $\boldsymbol{E}$ 夹角为 α，求电子的加速度的大小并指出电子的运动轨迹.

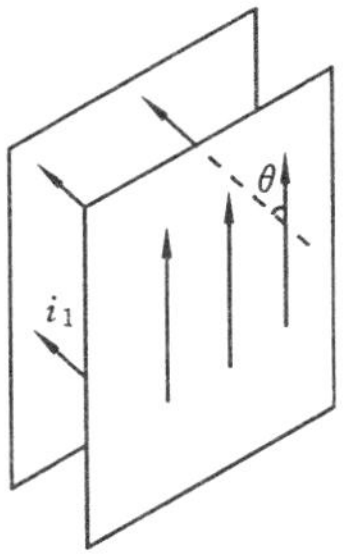

图 17.45

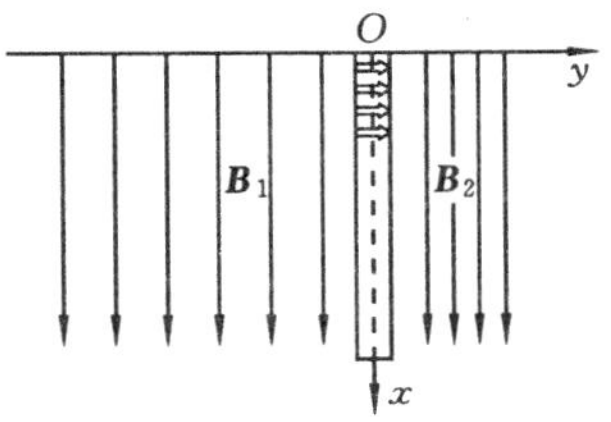

图 17.46

6. 如图 17.46 所示，将一无限大均匀载流平面放入均匀磁场中，设均匀磁场方向沿 Ox 轴正方向，且其电流方向与磁场方向垂直指向纸内. 已知平面放入磁场后平面两侧的总磁感应强度分别为 $\boldsymbol{B}_1$ 与 $\boldsymbol{B}_2$，求该载流平面上单位面积所受的磁场力的大小及方向？

7. 通有电流 I 的长直导线在一平面内被弯成如图 17.47 所示形状，放于垂直进入纸面的均匀磁场 $\boldsymbol{B}$ 中，求整个导线所受的安培力.(R 为已知.)

8. 半径为 R 的均质圆盘，表面带有均匀分布的电荷 Q. 圆盘绕过盘中心与盘面垂直的轴旋转，角速度为 ω.

(1) 求圆盘产生的圆电流的磁矩 P_m；

(2) 若圆盘的质量为 m，求磁矩和动量矩之比 P_m/L.

9. 如图 17.48 所示，绕铅直轴做匀角速度转动的圆锥摆，摆长为 l，摆球所带电量为 q. 求角速度 ω 为何值时，该带电摆球在轴上距系细绳的固定点为 l 处的点 O 产生的磁感强度沿铅直方向分量值最大？

10. 三根平行长直导线在同一平面内，1 和 2、2 和 3 之间距离都是 3 cm，其中电流 $I_1=I_2$，$I_3=-(I_1+I_2)$，方向如图 17.49 所示. 试求在该平面内 $B=0$ 的直线的位置.

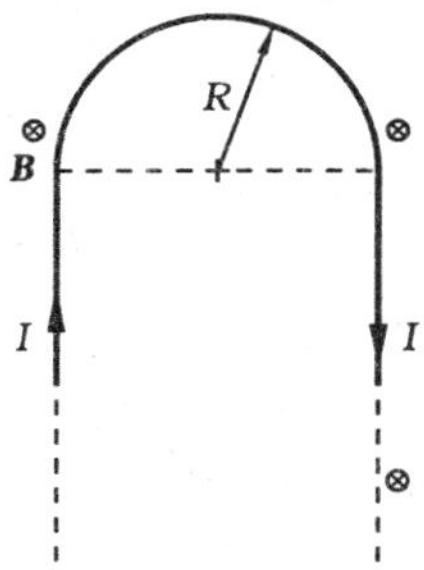

图 17.47

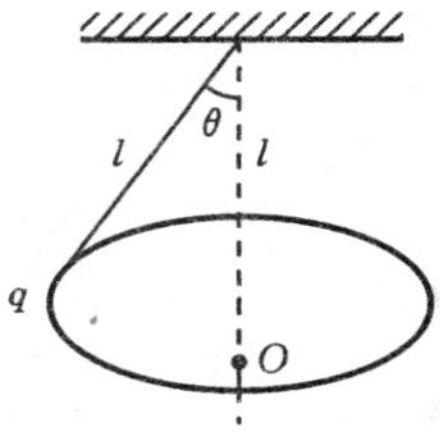

图 17.48

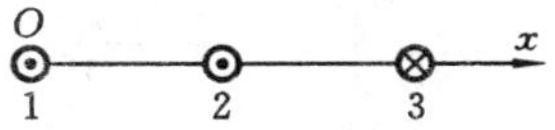

图 17.49

第 18 章　磁场中的磁介质

18.1　知识要点

1. 磁介质及其对磁场的影响

磁介质引入磁场后，磁场的作用使其处于磁化状态，会出现磁化电流(束缚电流)，因而反过来对磁场的分布会产生影响. 几乎所有的物质均可被磁化，从这种意义上讲，所有物质均是磁介质(超导体处于超导状态时，内部磁场为零). 但各种物质的磁化程度却有很大差异. 不同的磁介质或处于不同状态的磁介质，其相对磁导率有很大的区别. 有的磁介质的相对磁导率 μ_r 是略大于 1 的常数，这种磁介质称为顺磁质，如锰、铬、铂、铝等属于顺磁物质；有的磁介质的 μ_r 是略小于 1 的常数，这种磁介质称为抗磁质，如铋、汞、铜、金、银等属于抗磁物质；另外有一类磁介质，如铁、钴、镍及这些金属的合金等，其相对磁导率 μ_r 远大于 1，这种磁介质称为铁磁质. 对于顺磁质和抗磁质，由于它们的相对磁导率 μ_r 接近 1，因此它们对磁场的影响比较小. 而铁磁质对磁场的影响很大，这种磁介质被广泛地应用于电子技术中.

2. 物质磁化

(1) 分子固有磁矩和分子感应磁矩. 磁介质分子中，每一个电子同时参与两种运动，即环绕原子核的轨道运动和电子本身的自旋，同时原子核本身也有自旋运动. 这三种运动都能产生磁效应，这些运动都形成了一个微小的圆电流. 实际上磁介质分子中有许多个电子和若干个核，如果把磁介质分子看做一个整体，则分子中所有电子的轨道磁矩和自旋磁矩以及原子核自旋磁矩的矢量和称为分子的固有磁矩. 在外磁场中，磁介质分子中所有电子及原子核都要产生与外磁场 $\boldsymbol{B}_0$ 方向相反的附加磁矩，所有这些附加磁矩的矢量和称为分子的感应磁矩，感应磁矩的方向恒与外磁场的方向相反.

(2) 顺磁质的磁化与抗磁质的磁化. 在顺磁质中，每个分子都有一定的固有磁矩 $\boldsymbol{P}_m$，在外磁场 $\boldsymbol{B}_0=0$ 时，由于分子的无规则热运动，分子磁矩 $\boldsymbol{P}_m$ 的排列杂乱无章，在每个宏观体积元上，分子磁矩的矢量和为零，对外不显磁性，处于未磁化状态. 当顺磁质放入外磁场 $\boldsymbol{B}_0$ 中时，其分子固有磁矩 $\boldsymbol{P}_m$ 就要受到磁场力矩的作用，这个力矩有使分子磁矩 $\boldsymbol{P}_m$ 的方向与外磁场 $\boldsymbol{B}_0$ 方向相一致的趋势，使得分子磁矩趋向于有序排列，磁场愈强，温度愈低，排列愈整齐，结果对外显出磁性，此时磁介质处于磁化状态. 对于均匀磁介质而言，仅在磁介质表面出现一层束缚电流(磁化电流)，这种现象称为磁介质的磁化. 对于顺磁质来说，由于磁化电流产生的附加磁感应强度 $\boldsymbol{B}'$ 与 $\boldsymbol{B}_0$ 同向，所以 $B>B_0$.

在抗磁质中，分子没有固有磁矩. 当抗磁质放入外磁场 $\boldsymbol{B}_0$ 中，磁介质分子产生与外磁场 $\boldsymbol{B}_0$ 方向相反的感应磁矩 $\Delta\boldsymbol{P}_m$，所以 $\Delta\boldsymbol{P}_m$ 是抗磁质产生磁效应的唯一来源，同样在磁介质表面出现一层束缚电流. 对于抗磁质来说，由于磁化电流产生的附加磁感应强度 $\boldsymbol{B}'$ 与 $\boldsymbol{B}_0$ 反向，所以 $B<B_0$.

(3) 磁化强度矢量 $\boldsymbol{M}$. 为了定量地描述磁介质的磁化程度，引入磁化强度矢量 $\boldsymbol{M}=\left(\sum\limits_{\Delta V}\boldsymbol{P}_m\right)\Big/\Delta V$，即单位体积内分子磁矩 $\boldsymbol{P}_m$ 的矢量和. 对于抗磁质，有 $\boldsymbol{M}=\left(\sum\limits_{\Delta V}\Delta\boldsymbol{P}_m\right)\Big/\Delta V$.

(4) 磁介质的磁化规律.对于各向同性的顺磁质、抗磁质以及一定条件下的铁磁质而言,在外磁场不太强时,磁介质中某点的磁化强度 $\boldsymbol{M}$ 与该点处的总磁感应强度 $\boldsymbol{B}$ 成正比,即

$$\boldsymbol{M}=\frac{\chi_m}{\mu}\boldsymbol{B}=\frac{\mu_r-1}{\mu_0\mu_1}\boldsymbol{B},$$

式中,$\mu=\mu_0\mu_r$ 为磁介质的磁导率,$\mu_r=1+\chi_m$;χ_m 称为磁化率,是一个无量纲的纯数,与磁介质性质有关.

有关讨论:顺磁质中 $\chi_m>0$,$\mu_r>1$,$\boldsymbol{M}$ 与 $\boldsymbol{B}$ 同向;抗磁质中 $\chi_m<0$,$\mu_r<1$,$\boldsymbol{M}$ 与 $\boldsymbol{B}$ 反向;真空中 $\chi_m=0$,$\mu_r=1$(规定).

(5) 磁化强度 $\boldsymbol{M}$ 与束缚电流之间的关系.在磁化了的磁介质内部取任意闭合路径 L,则 L 内包围的磁化电流代数和 $\sum I'_{\text{int}}=\oint_L\boldsymbol{M}\cdot\mathrm{d}\boldsymbol{l}$.介质表面上通过的与磁化电流方向垂直的单位长度上的磁化电流强度,称为面磁化电流密度 j'.如果 $\mathrm{d}\boldsymbol{l}$ 为介质表面上的矢量线元,则与 $\mathrm{d}\boldsymbol{l}$ 相铰链的总分子电流为

$$\mathrm{d}I'=\boldsymbol{M}\cdot\mathrm{d}\boldsymbol{l}=M\cos\theta\mathrm{d}l,\quad j'=\frac{\mathrm{d}I'}{\mathrm{d}l}=M\cos\theta,$$

其矢量表达式为

$$\boldsymbol{j}'=\boldsymbol{M}\times\boldsymbol{n},$$

式中,$\boldsymbol{n}$ 为磁介质表面外单位法矢量.

3. 磁介质中的安培环路定理

磁介质引入磁场后,会发生磁化现象,产生磁化电流.此时空间任一点处的总磁感应强度 $\boldsymbol{B}$ 应由传导电流 I_0 和磁化电流 I' 共同决定,即

$$\boldsymbol{B}=\boldsymbol{B}_0+\boldsymbol{B}',$$

式中,$\boldsymbol{B}_0$ 为传导电流产生的磁场(外磁场);$\boldsymbol{B}'$ 为磁化电流产生的磁场.有磁介质存在时,安培环路定理仍然成立,可写为

$$\oint_L\boldsymbol{B}\cdot\mathrm{d}\boldsymbol{l}=\mu_0\left(\sum I_{0\text{int}}+\sum I'_{\text{int}}\right)=\mu_0\left(\sum I_{0\text{int}}+\oint_L\boldsymbol{M}\cdot\mathrm{d}\boldsymbol{l}\right),\quad\oint_L\left(\frac{\boldsymbol{B}}{\mu_0}-\boldsymbol{M}\right)\cdot\mathrm{d}\boldsymbol{l}=\sum I_{0\text{int}}.$$

定义磁场强度矢量 $\boldsymbol{H}$,令 $\boldsymbol{H}=\frac{\boldsymbol{B}}{\mu_0}-\boldsymbol{M}$,有 $\oint_L\boldsymbol{H}\cdot\mathrm{d}\boldsymbol{l}=\sum I_{0\text{int}}$.即 $\boldsymbol{H}$ 的环流等于安培环路 L 所包围的传导电流强度的代数和,这称为磁介质中的安培环路定理.

由于 $\boldsymbol{M}=\frac{\mu_r-1}{\mu_0\mu_r}\boldsymbol{B}$,故

$$\boldsymbol{H}=\frac{\boldsymbol{B}}{\mu_0}-\boldsymbol{M}=\frac{\boldsymbol{B}}{\mu_0}-\frac{\mu_r-1}{\mu_0\mu_r}\boldsymbol{B}=\frac{\boldsymbol{B}}{\mu_0\mu_1}\quad\text{或}\quad\boldsymbol{B}=\mu_0\mu_r\boldsymbol{H}=\mu\boldsymbol{H}.$$

安培环路定理也只能解决电流分布、磁介质分布等具有一定对称性的问题,关键是要选取一个合适的安培环路.先由安培环路定理求出 $\boldsymbol{H}$ 的空间分布,再由 $\boldsymbol{H}$ 与 $\boldsymbol{B}$ 的关系式 $\boldsymbol{B}=\mu_0\mu_r\boldsymbol{H}$ 求出 $\boldsymbol{B}$ 的空间分布.

4. 铁磁质

(1) 铁磁质的特征.铁磁质的磁导率与磁化率很大($\mu_r\gg1$),$\boldsymbol{B}_0$、$\boldsymbol{B}'$ 和 $\boldsymbol{B}$ 同向,且 $\boldsymbol{B}$ 的量值很大;μ 和 χ_m 都不是恒量,即 $\mu=\mu(H)$,$\chi_m=\chi_m(H)$,且有较复杂的关系;在外磁场撤除后,仍保留部分磁性,即出现剩磁现象.铁磁质的 μ-H 曲线如图 18.1(a)所示.

(2) B-H 磁滞回线.当铁磁质达到饱和磁化状态时,如果磁化场 $\boldsymbol{H}$ 减小,$\boldsymbol{B}$ 也要减小,但并不是沿原曲线返回,而是形成一个以原点对称的闭合曲线,称为 B-H 磁滞回线,如图 18.1(b)所示.由图可以看出:① B 不是 H 的单值函数,对同一个 H,B 可以有若干个不同的量值,即 B 的取值与

磁化过程有关，但总的来说，B 的变化总是落后于 H 的变化，这种现象叫做磁滞现象；② 当 $H=0$ 时，铁磁质仍保留一定的 $\boldsymbol{B}_r$，称为剩磁现象；③ 使铁磁质完全退磁，即使 $B=0$ 的状态所需反向磁场的大小，称为铁磁质的矫顽力 H_c，H_c 小的材料叫软磁材料，H_c 大的材料叫硬磁材料，硬磁材料可用于制造永久磁铁及电子计算机中的记忆元件；④ 铁磁质反复磁化会发热，引起能量损失，称为磁滞损耗，单位体积铁磁质反复磁化一次引起的磁滞损耗与 B-H 磁滞回线所围面积成正比，故硬磁材料的磁滞损耗大于软磁材料.

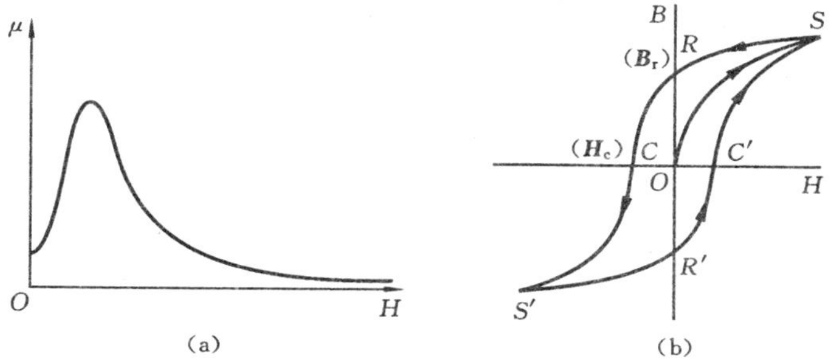

图 18.1

(a) 铁磁质的 μ-H 曲线；　(b) B-H 磁滞回线

(3) 磁畴理论. 铁磁质具有很大的磁导率，$\mu_r \gg 1$，而顺磁质和抗磁质的相对磁导率 $\mu_r \approx 1$，它们之间之所以有如此大的差别，主要是由于铁磁质具有磁畴结构. 磁畴是指在无外磁场的情况下，铁磁质内部存在自发磁化的小区域. 它的线度可大到毫米数量级，体积约为 $10^{-8}\ \mathrm{m^3}$. 铁磁质就是由许多磁畴组成的，磁畴与磁畴之间由磁畴壁隔开，各磁畴具有自己的磁矩. 铁磁质的磁化过程分为两个阶段，即畴壁运动和磁畴转向. 铁磁质内部磁畴磁化过程如图 18.2 所示.

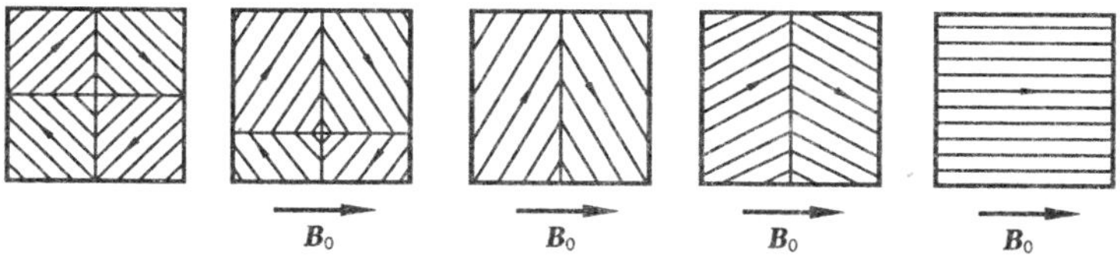

图 18.2

(4) 居里点. 铁磁质存在一个临界温度，若温度升高，超过这个临界温度，铁磁质就会突然转变成顺磁质，这个临界温度称为居里点. 超过居里点时，铁磁质的磁畴结构就会被完全破坏. 铁的居里点温度为 1040 K.

5. 磁场边界条件

如图 18.3 所示，设两种磁介质的相对磁导率分别为 μ_{r1} 和 μ_{r2}，而且在分界面上无自由电流存在，则 $B_{1n}=B_{2n}$，即分界面两侧磁感应强度法向分量相等，$H_{1t}=H_{2t}$，即分界面两侧磁场强度切向分量相等，并且 $\tan\theta_1/\tan\theta_2=\mu_{r1}/\mu_{r2}$.

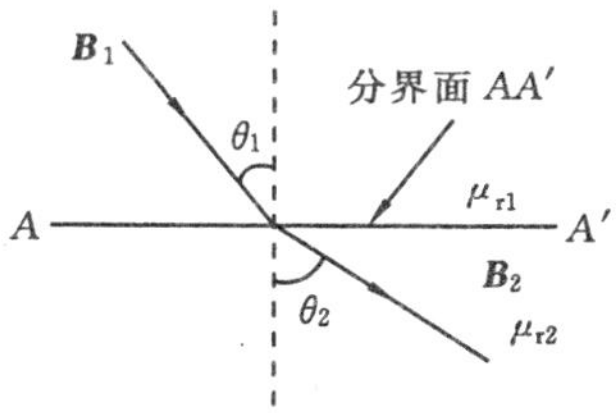

图 18.3

6. 简单磁路

由于铁磁质的 $\mu_r \gg 1$（$10^2 \sim 10^3$ 数量级），当铁磁质被磁化后，磁化电流远大于励磁电流，所以磁场的分布基本上由磁化电流决定，铁芯内部的磁场 $B \gg B_0$，磁场或磁通量基本上集中在铁芯内部，即磁力线（**B** 线）几乎是沿着铁芯走向的．铁芯外部仅有很弱的磁场，称为漏磁．由铁芯构成的这种磁力线集中的通路称为磁路．对于磁路来说，通常使用安培环路定理来求解具体的实际问题．

18.2 典型例题

例 18.1　在磁导率 $\mu=5.0\times10^{-4}$ Wb/(A·m)的磁介质圆环上，均匀密绕着线圈，其单位长度的匝数 $n=1000$ 匝/m，绕组中通有电流 $I=2.0$ A．试计算：

(1) 环内磁场强度 H；　　(2) 环内磁感应强度 B；

(3) 环内磁介质的磁化强度 M；　　(4) 环内磁化电流．

解　(1) 在线圈中（磁介质圆环内）作一圆形环路，半径为 r，由安培环路定理 $\oint \boldsymbol{H}\cdot d\boldsymbol{l}=\sum I$，有 $H2\pi r=n2\pi rI$，磁场强度为

$$H=nI=1000\times2.0\ \text{A/m}=2.0\times10^3\ \text{A/m}.$$

(2) 由 **B** 与 **H** 的关系 $\boldsymbol{B}=\mu\boldsymbol{H}$，有磁感应强度为

$$B=\mu H=\mu nI=5.0\times10^{-4}\times2.0\times10^3\ \text{Wb/m}^2=1.0\ \text{Wb/m}^2.$$

(3) 磁化强度

$$M=\frac{B-\mu_0 H}{\mu_0}=\frac{1-4\pi\times10^{-7}\times2.0\times10^3}{4\pi\times10^{-7}}\ \text{A/m}=7.9\times10^5\ \text{A/m}.$$

(4) 由于磁介质中的磁场是一个均匀场，磁介质只有表面磁化电流，且磁化强度 **M** 的方向与表面平行，所以磁化面电流密度为 $j'=M=7.9\times10^5$ A/m．

例 18.2　一无限长圆柱形直导线（$\mu_r\approx1$）外包一层磁导率为 μ 的圆筒形磁介质，导线半径为 R_1，磁介质的外半径为 R_2，导线内有电流 I 均匀通过．求：

(1) 介质内外的磁场强度 **H** 和磁感应强度 **B** 的分布，并画出 H-r 和 B-r 曲线；

(2) 磁介质内外表面的束缚电流面密度 j'．

解　如图 18.4(a)所示，在导线内外分别以导线轴线为中心，取三个圆形回路，在图中只画了一个回路作为示意．

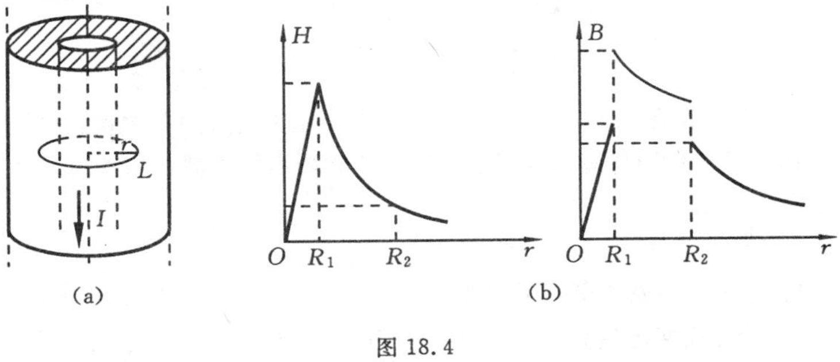

图 18.4

(1) 由安培环路定理 $\oint_L \boldsymbol{H}\cdot d\boldsymbol{l}=\sum I_{0\text{int}}$ 知，在 $r<R_1$ 的区域内，有

$$H2\pi r=\frac{I}{\pi R_1^2}\pi r^2=\frac{I}{R_1^2}r^2,$$

故 $H=\dfrac{Ir}{2\pi R_1^2}$，$B=\mu_0 H=\dfrac{\mu_0 Ir}{2\pi R_1^2}$．

在 $R_1<r<R_2$ 的区域内，有

$$H=\frac{I}{2\pi r},\quad B=\mu_0\mu_r H=\mu H=\frac{\mu I}{2\pi r}.$$

在 $r>R_2$ 的区域，有

$$H=\frac{I}{2\pi r},\quad B=\mu_0 H=\frac{\mu_0 I}{2\pi r}.$$

H 和 **B** 的方向与电流 I 方向服从右手定则，B-r 和 H-r 曲线如图 18.4(b)所示.

(2) 在磁介质内表面 $r=R_1$ 处，介质外法线方向 $\boldsymbol{n}$ 指向内，磁化强度 $\boldsymbol{M}$ 与 $\boldsymbol{H}$ 同向，磁化电流面密度为 $\boldsymbol{j}'=\boldsymbol{M}\times\boldsymbol{n}$，故

$$j_1'=M_1=\frac{(\mu_r-1)B_1}{\mu_0\mu_r}=\frac{(\mu_r-1)\mu_0\mu_r H_1}{\mu_0\mu_r}=(\mu_r-1)H_1=\frac{(\mu_r-1)I}{2\pi R_1},$$

方向与电流 I 同向.

在磁介质外表面 $r=R_2$ 处，介质外法线方向 $\boldsymbol{n}$ 指向外，磁化电流面密度为

$$j_2'=-M_2=-(\mu_r-1)H_2=-(\mu_r-1)\frac{I}{2\pi R_2}=\frac{(1-\mu_r)I}{2\pi R_2},$$

方向与电流 I 反向.

例 18.3　如图 18.5 所示，一根无限长导体直圆管，管的内、外半径分别为 R_1，R_2，所载直流电电流为 I，电流沿着轴向流动，并且均匀地分布在管的横截面上，管内外分别充满 μ_1 和 μ_2 的磁介质. 求磁感应强度的分布.

解　由于直圆管无限长，且具有轴对称性，因此磁场的分布也具有轴对称性，由安培环路定理，有

$$\oint\boldsymbol{H}\cdot d\boldsymbol{l}=\oint H dl=H\oint dl=H2\pi r=\sum I_{\rm int},$$

磁场强度为

$$H=\frac{1}{2\pi r}\sum I_{\rm int}.$$

在导体管以内，由于 $\sum I_{\rm int}=0$，故

$$H_1=0,\quad B_1=0.$$

在导体管以外，由于 $\sum I_{\rm int}=I$，故

$$H_3=\frac{I}{2\pi r},\quad B_3=\mu_2 H_3=\frac{\mu_2 I}{2\pi r}.$$

在导体管内外壁之间，半径为 r 的圆形回路所包围的电流为

$$\sum I_{\rm int}=j\pi(r^2-R_1^2)=\frac{I}{(R_2^2-R_1^2)}(r^2-R_1^2),$$

故

$$H_2=\frac{I(r^2-R_1^2)}{2\pi r(R_2^2-R_1^2)},\quad B_2=\frac{\mu_0 I(r^2-R_1^2)}{2\pi r(R_2^2-R_1^2)}.$$

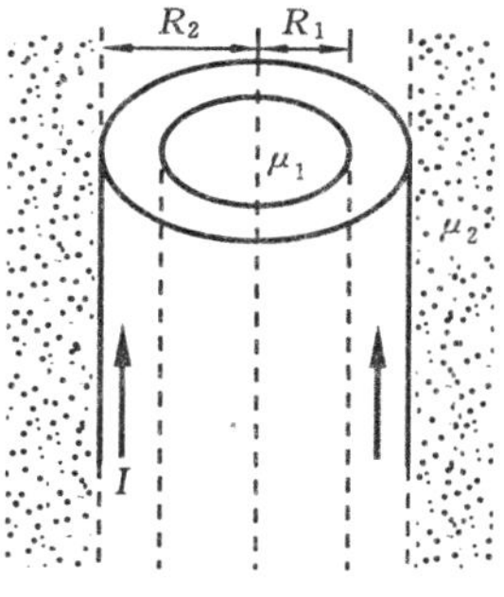

图 18.5

例 18.4　氢原子中的电子以质子为中心在圆形轨道上运动. 假设该原子处于磁场 $\boldsymbol{B}$ 中，电子的轨道平面与 $\boldsymbol{B}$ 正交，轨道半径为 R.

(1) 如果电子轨道运动的磁矩 $\boldsymbol{P}_m$ 与 $\boldsymbol{B}$ 平行，则电子绕转的频率是增加还是减少?（假定磁场的影响很小，轨道半径不改变.）

(2) 如果电子轨道运动的磁矩 $\boldsymbol{P}_m$ 与 $\boldsymbol{B}$ 反平行，则电子绕转的频率是增加还是减少?

(3) 证明：电子绕转频率的增量或减量近似为 $\Delta\nu=\dfrac{Be}{4\pi m}$.

(4) 证明：不论 $\boldsymbol{P}_m$ 与 $\boldsymbol{B}$ 平行或反平行，由于绕转频率的变化所引起的磁矩变化 $\Delta\boldsymbol{P}_m$ 总是与 $\boldsymbol{B}$ 反方向的.

解　电子带负电，电子电量的绝对值为 e，电子质量为 m，电子与质子之间的库仑力为

$$f_e=\frac{1}{4\pi\varepsilon_0}\frac{e^2}{R^2}.$$

设电子在圆形轨道上绕行的频率为 ν_0，此时电子做圆周运动的向心力就是库仑力，由牛顿第二定律知

$$f_e=\frac{1}{4\pi\varepsilon_0}\frac{e^2}{R^2}=m\omega^2R=m(2\pi\nu_0)^2R,$$

故
$$\nu_0=\sqrt{e^2/(16\pi^3\varepsilon_0 mR^3)}.$$

由于电子带负电，因此电子轨道运动磁矩 $\boldsymbol{P}_m$ 与电子的绕行角速度 $\boldsymbol{\omega}$ 的方向相反.

(1) 当氢原子放在外磁场 $\boldsymbol{B}$ 中，且 $\boldsymbol{P}_m$ 与 $\boldsymbol{B}$ 平行，如图 18.6(a)所示，电子受到的洛伦兹力 $\boldsymbol{f}_m$ 与库仑力 $\boldsymbol{f}_e$ 的方向相反. 由于向心力 f_e-f_m 比原来小，半径 R 不变，所以电子的绕转频率 ν 比原来频率 ν_0 小.

(2) 当氢原子放在外磁场 $\boldsymbol{B}$ 中，且 $\boldsymbol{P}_m$ 与 $-\boldsymbol{B}$ 平行时，如图 18.6(b)所示. 电子受到的洛伦兹力 $\boldsymbol{f}_m$ 与库仑力 $\boldsymbol{f}_e$ 方向相同. 由于向心力 f_e+f_m 比原来大，半径 R 不变，所以电子的绕转频率 ν 比原来频率 ν_0 大.

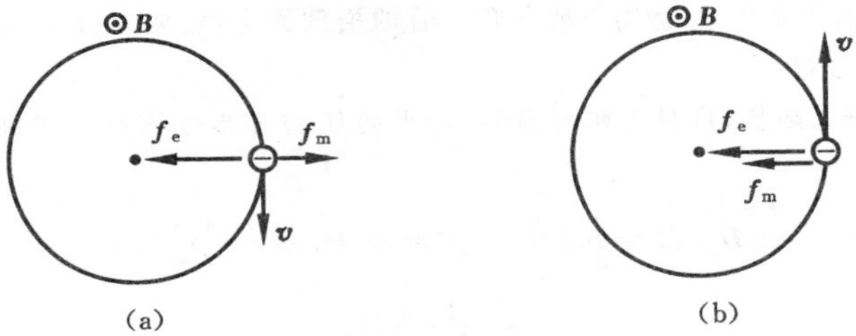

图 18.6

(a) $\boldsymbol{P}_m$ 与 $\boldsymbol{B}$ 同向，$\nu<\nu_0$；　(b) $\boldsymbol{P}_m$ 与 $\boldsymbol{B}$ 反向，$\nu>\nu_0$

(3) 对于图 18.6(a)所示情况，可写出下式：

$$f_e-f_m=m(2\pi\nu_0)^2R-Be(2\pi\nu)R=m(2\pi\nu)^2R. \quad ①$$

由于 $f_m\ll f_e$（磁场影响很小），可以肯定 ν 只比 ν_0 略小. 令 $\nu=\nu_0-\Delta\nu$，则

$$\nu^2=(\nu_0-\Delta\nu)^2\approx\nu_0^2-2\nu_0\Delta\nu. \quad ②$$

将式②代入式①，有 $-BeR2\pi(\nu_0-\Delta\nu)=mR4\pi^2(-2\nu_0\Delta\nu)$，则

$$\Delta\nu=\frac{Be\nu_0}{Be+4\pi m\nu_0}.$$

由于 ν 与 ν_0 相近，且 $f_m\ll f_e$，可知

$$f_m=Be(2\pi\nu)R\approx Be(2\pi\nu_0)R\ll f_e=m(2\pi\nu_0)^2R,$$

故
$$Be\ll 2\pi m\nu_0,\quad B\ll 2\pi m\nu_0/e,$$

利用这一关系，得
$$\Delta\nu\approx Be\nu_0/(4\pi m\nu_0)=Be/4\pi m.$$

对于图 18.6(b)所示情况，结果相同.

(4) 在图 18.6(a)所示情况下，电子绕转频率减小，电子磁矩 $\boldsymbol{P}_m$ 的值相应减小，由于 $\boldsymbol{P}_m$ 与 $\boldsymbol{B}$ 同方向，所以 $\Delta\boldsymbol{P}_m$ 与 $\boldsymbol{B}$ 反方向. 在图 18.6(b)所示情况下，电子绕转频率增加，电子磁矩 $\boldsymbol{P}_m$ 的值也相应增加，但由于这时 $\boldsymbol{P}_m$ 与 $\boldsymbol{B}$ 反方向，所以 $\Delta\boldsymbol{P}_m$ 也与 $\boldsymbol{B}$ 反方向. 由此可知，外磁场 $\boldsymbol{B}$ 所引起的附加磁矩 $\Delta\boldsymbol{P}_m$ 总是与外磁场 $\boldsymbol{B}$ 反方向的.

18.3　强化训练题

一、填空题

1. 一个绕有 500 匝导线的平均周长为 50 cm 的细环，载有 0.3 A 电流，铁芯的相对磁导率为 600($\mu_0 = 4\pi \times 10^{-7}$ (T · m)/A)，则铁芯中的磁感应强度 B 为______，铁芯中的磁场强度 H 为______.

2. 长直电缆由一个圆柱导体和一共轴圆筒状导体组成，两导体中有等值反向均匀电流 I 通过，其间充满磁导率为 μ 的均匀磁介质，介质中离中心轴距离为 r 的某点处的磁场强度的大小 H =______，磁感应强度的大小 B=______.

3. 硬磁材料的特点是______，适于制造______；软磁材料的特点是______，适于制造______.

4. 在国际单位制中，磁场强度 H 的单位是______，磁导率 μ 的单位是______.

5. 图 18.7 所示为三种不同的磁介质的 B-H 关系曲线，其中虚线表示的是 $B=\mu_0 H$ 的关系. 说明 a，b，c 各代表哪一类磁介质的 B-H 关系曲线：a 代表______的 B-H 关系曲线；b 代表______的 B-H 关系曲线；c 代表______的 B-H 关系曲线.

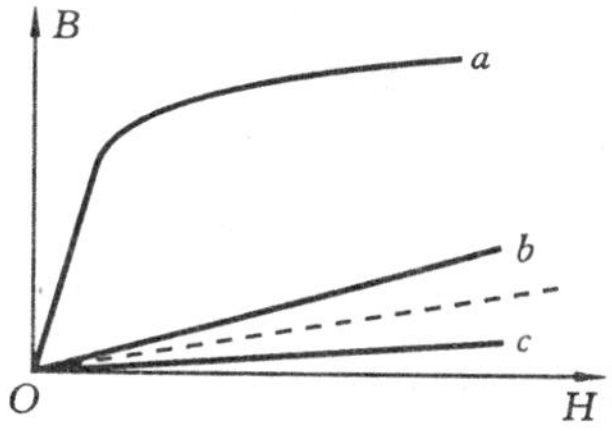

图 18.7

6. 一个单位长度上密绕有 n 匝线圈的长直螺线管，每匝线圈中通有强度为 I 的电流，管内充满相对磁导率为 μ_r 的磁介质，则管内中部附近的磁感强度 B=______，磁场强度 H=______.

二、简答题

置于磁场中的磁介质，介质表面形成一磁化面电流，试问该磁化面电流能否产生楞次-焦耳热？为什么？

三、计算题

1. 如图 18.8 所示，一根同轴线由半径为 R_1 的长导线和套在它外面的内半径为 R_2、外半径为 R_3 的同轴导体圆筒组成，中间充满磁导率为 μ 的各向同性均匀非铁磁绝缘材料. 传导电流 I 沿导线向上流去，然后由圆筒向下流回，在它们的截面上电流都是均匀分布的. 求同轴线内外的磁感应强度 $\boldsymbol{B}$ 的大小分布.

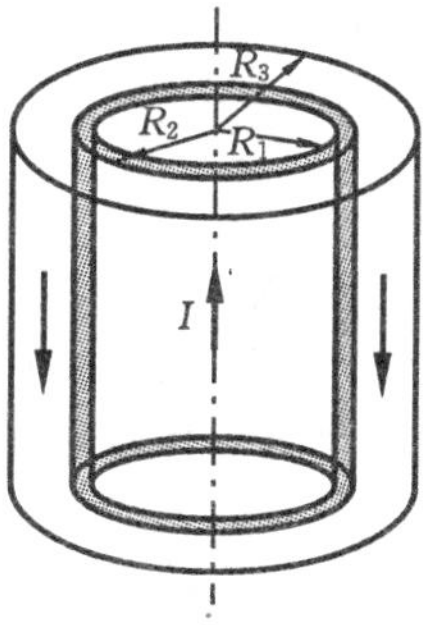

图 18.8

2. 螺绕环中心周长 l=10 cm，环上均匀密绕线圈 N=200 匝，线圈中通有电流 I=0.1 A，管内充满相对磁导率 μ_r=4200 的磁介质. 求管内磁场强度和磁感应强度的大小.

第 19 章　电磁感应

19.1　知识要点

1. 电磁感应的基本规律

(1) 电磁感应现象. 电能生磁，磁也能生电. 法拉第通过实验发现：当通过一闭合导体回路所围面积磁通量($\boldsymbol{B}$ 的通量)发生变化时，导体回路就会产生电流，称为感应电流. 由于磁通量的变化而产生电流的现象称为电磁感应现象，此现象深刻地揭示了电与磁之间本质的内在联系.

(2) 楞次定律. 1834 年，楞次提出了判定感应电流方向的方法：在闭合导体回路中，感应电流的方向总是使它所激发的磁场阻止引起感应电流的磁通量的变化. 有时也可用所谓的右手定则判定简单情况下的感应电流的方向. 楞次定律的另一种表述是：感应电流的效果总是反抗引起感应电流的原因. 利用此种表述可简单地说明电磁阻尼、电磁驱动等物理现象的物理原因. 最后要指出的是，楞次定律与能量转换与守恒律是相统一的.

(3) 法拉第电磁感应定律. 实际上，当通过导体回路中的磁通量发生变化时，导体回路将产生感应电动势. 只有当导体回路闭合时，才出现感应电流，如果导体回路不闭合，此时虽无感应电流，但感应电动势仍然存在，这反映了电磁感应现象的本质. 法拉第通过实验指出：不论何种原因，可以是通过导体回路的 $\boldsymbol{B}$ 发生变化，也可以是导体回路在磁场中运动或发生形变，通过回路所围面积的磁通量发生变化，使回路产生感应电动势，其值为

$$\mathscr{E}_i = -\frac{d\Phi_m}{dt}.$$

上式称为法拉第电磁感应定律，即 $\mathscr{E}_i$ 为磁通量 Φ_m 的瞬时变化率的负值. Φ_m 指通过导体回路的磁通量，“－”号正是由楞次定律确定的，表明感应电动势 $\mathscr{E}_i$ 的方向总是与磁通量瞬时变化率的正负相反. 如果导体回路的总电阻为 R，在不考虑自感的条件下，则感应电流为

$$I_i = \frac{\mathscr{E}_i}{R} = -\frac{1}{R}\frac{d\Phi_m}{dt}.$$

由于感应电动势 $\mathscr{E}_i$ 及磁通量 Φ_m 都是标量，所以在应用法拉第定律时，应先规定一个任意的回路绕行正方向，然后用右手定则确定导体回路所围面积的正单位法矢量 $\boldsymbol{n}$ 的方向，这样 Φ_m 与 $\mathscr{E}_i$ 的正负将被完全确定. 在任何情况下，$\mathscr{E}_i$ 的正负总是与 $\frac{d\Phi_m}{dt}$ 的正负相反. 当 $\mathscr{E}_i>0$ 时，$\mathscr{E}_i$ 的方向与回路绕行正方向一致，否则相反.

(4) 计算一定时间内通过导体回路中任一横截面积的感应电量 q. 由于 $I_i = -\frac{1}{R}\frac{d\Phi_m}{dt}$，又 $I_i = \frac{dq}{dt}$，故

$$q = \int_{t_1}^{t_2} I_i dt = -\frac{1}{R}\int_{\Phi_{m1}}^{\Phi_{m2}} d\Phi_m = -\frac{1}{R}(\Phi_{m2} - \Phi_{m1}).$$

(5) 如果回路不是单匝而是 N 匝串联的，则回路中的总感应电动势 $\mathscr{E}_i$ 应为每匝产生的感应电

动势之和，即

$$\mathscr{E}_i=\mathscr{E}_{i1}+\mathscr{E}_{i2}+\cdots+\mathscr{E}_{iN}=-\frac{d\Phi}{dt},$$

式中，$\Phi=\Phi_{m1}+\Phi_{m2}+\cdots+\Phi_{mN}$ 为全磁通或磁通匝链数. 如果通过每匝线圈的磁通量均为 Φ_m，则全磁通 $\Phi=N\Phi_m$，故

$$\mathscr{E}_i=-\frac{d\Phi}{dt}=-N\frac{d\Phi_m}{dt}.$$

2. 感应电动势的分类

(1) 动生电动势. 由于导线或线圈在磁场中运动或发生形变所产生的电动势称为动生电动势. 产生动生电动势的非静电力是洛伦兹力. 磁场中任意形状的导线线圈 L(可以是闭合的，也可以是不闭合的)，当其运动或发生形变时，任取一矢量线元 $d\boldsymbol{l}$，设线元 $d\boldsymbol{l}$ 处导线的运动速度为 $\boldsymbol{v}$，则 $d\boldsymbol{l}$ 段导线产生的动生电动势为

$$d\mathscr{E}_i=(\boldsymbol{v}\times\boldsymbol{B})\cdot d\boldsymbol{l}.$$

整个线圈产生的动生电动势为 $\mathscr{E}_i=\int d\mathscr{E}_i=\int_L(\boldsymbol{v}\times\boldsymbol{B})\cdot d\boldsymbol{l}.$

动生电动势只可能存在于运动的这一段导体上，运动导体视为电源，其正负极由 $\boldsymbol{v}\times\boldsymbol{B}$ 来确定.

(2) 感生电动势. 由于磁场的变化而产生的电动势称为感生电动势. 产生感生电动势的非静电力是涡旋电场形成的. 感生电动势是由变化的磁场本身引起的. 麦克斯韦敏锐地觉察到感生电动势现象预示着有关电磁感应的新效应. 他认为：产生感生电动势的非静电力是另一种电场力，这种电场是由变化着的磁场产生的，即使不存在任何导体或导体回路，只要磁场随时间变化而发生变化，这种电场总是存在的. 这是电磁学中最基本的规律之一. 由变化的磁场在其周围所激发的电场称为感应电场或涡旋电场. 涡旋电场和静电场对电荷都有力的作用，而描述涡旋电场的电场线是闭合的，因而它不是保守力场，即

$$\oint_L\boldsymbol{E}_{旋}\cdot d\boldsymbol{l}\neq 0.$$

产生感生电动势的非静电力是涡旋电场力. 由电动势的定义及法拉第电磁感应定律知，单位正电荷沿闭合回路 L 移动一周，涡旋电场所做的功为

$$A=\oint_L\boldsymbol{E}_{旋}\cdot d\boldsymbol{l}=-\frac{d\Phi_m}{dt}=-\frac{d}{dt}\int_S\boldsymbol{B}\cdot d\boldsymbol{S}=-\int\frac{\partial\boldsymbol{B}}{\partial t}\cdot d\boldsymbol{S}.$$

上式表明：涡旋电场的环流等于穿过回路 L 所围面积 S 磁通量 Φ_m 的时间变化率的负值. 在应用上述定律时应先任意选取回路的绕行正方向，然后用右手定则确定回路 L 所围平面的正法矢量 $\boldsymbol{n}$ 的方向，当 $E_{旋}>0$ 时，$\boldsymbol{E}_{旋}$ 的方向与绕行正方向一致. 最后要指出，涡旋电场假设已被许多实验事实所证实，电子感应加速器就是一个例证.

3. 自感应

由于回路中电流的变化，而在回路自身引起感应电动势的现象称为自感应. 相应的电动势称为自感电动势. 设回路是一个有 N 匝线圈串联形成的，并且通过每匝线圈的磁通量都是 Φ_m，则令全磁通

$$\Phi=N\Phi_m=LI,$$

式中，I 为回路中的电流；L 为回路的自感系数.

自感系数 L 取决于回路的几何形状以及周围磁介质的磁导率，L 的大小等于通有单位电流时回路的全磁通，L 的单位为亨[利]，用 H 表示. 由法拉第电磁感应定律可知，自感电动势为

$$\mathscr{E}_L=-\frac{\mathrm{d}\Phi}{\mathrm{d}t}=-L\frac{\mathrm{d}I}{\mathrm{d}t}.$$

自感电动势 $\mathscr{E}_L$ 的方向：自感电动势的方向总是反抗回路中电流的改变的．即回路电流增大时，自感电动势 $\mathscr{E}_L$ 的方向与原来电流方向相反；当回路电流减小时，自感电动势 $\mathscr{E}_L$ 的方向与原来电流的方向相同．由此可见，回路中的自感应有使回路保持原有电流不变的性质，与力学中的惯性相似，称为电磁惯性．L 是回路本身电磁惯性的量度．在应用自感电动势公式求 $\mathscr{E}_L$ 时，一般情况下取回路的绕行正方向与电流 I 的方向相同．当 $\frac{\mathrm{d}I}{\mathrm{d}t}>0$，$\mathscr{E}_L<0$，说明 $\mathscr{E}_L$ 的方向与正方向相反，即与回路中电流方向相反．

计算回路自感系数的方法：假设回路中通有电流 I，先计算回路的全磁通，再由 $\Phi=LI$ 求出回路的自感系数 L．

4. LR 电路的暂态过程

(1) LR 电路中电流的滋长过程．如图 19.1(a)所示，将开关 S 拨向 1 时，电流满足的微分方程式为

$$\mathscr{E}-L\frac{\mathrm{d}I}{\mathrm{d}t}=IR,$$

分离变量，再积分得 $\int_0^I-\frac{\mathrm{d}I}{\frac{\mathscr{E}}{R}-I}=\int_0^t-\frac{R}{L}\mathrm{d}t$，故 $I=\frac{\mathscr{E}}{R}(1-\mathrm{e}^{-\frac{R}{L}t})=I_0(1-\mathrm{e}^{-\frac{R}{L}t})$．

由此可见，I 按指数形式增长，其增长曲线如图 19.1(b)所示．当 $t=\tau=\frac{L}{R}$ 时，有

$$I=\frac{\mathscr{E}}{R}\left(1-\frac{1}{\mathrm{e}}\right)=I_0\left(1-\frac{1}{\mathrm{e}}\right),$$

τ 称为 LR 电路的时间常数，用于衡量电流增长过程的快慢．当 $t\to\infty$ 时，$I\to\frac{\mathscr{E}}{R}$．

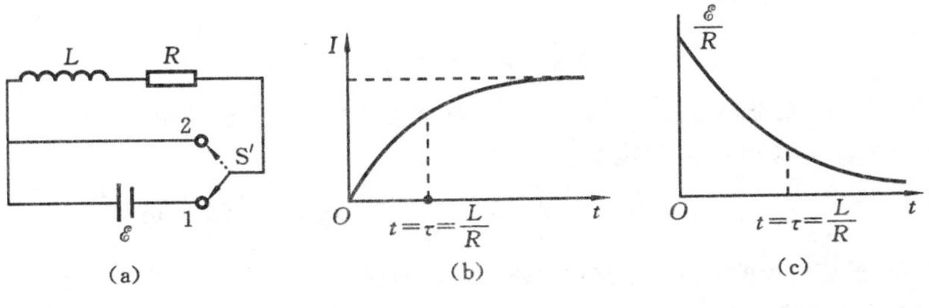

图 19.1

(a) LR 暂态电路；(b) 电流增长曲线；(c) 电流衰减曲线

(2) LR 电路中电流的衰减过程．将开关 S 由 1 很快拨向 2 时，在任一瞬时，电流满足的微分方程为

$$-L\frac{\mathrm{d}I}{\mathrm{d}t}=IR,$$

分离变量，再积分得 $\int_{I_0}^I\frac{\mathrm{d}I}{I}=\int_0^t-\frac{R}{L}\mathrm{d}t$，故 $I=\frac{\mathscr{E}}{R}\mathrm{e}^{-\frac{R}{L}t}=I_0\mathrm{e}^{-\frac{R}{L}t}$．

电流的衰减曲线如图 19.1(c)所示．当 $t\to\infty$ 时，$I\to0$．

5. 互感应

设有两个固定的闭合回路 L_1 和 L_2，当回路 L_1 中的电流 $I_1=I_1(t)$ 随时间变化而发生变化时，

它所激发的变化磁场会在与它相邻的另一回路 L_2 中产生感应电动势. 同样,回路 L_2 中的电流 $I_2=I_2(t)$ 随时间变化而变化时,也会在回路 L_1 中产生感应电动势. 这种现象叫互感应,所产生的感应电动势称为互感电动势.

设回路 L_1 所激发的磁场对回路 L_2 的全磁通为 Φ_{21},由毕奥-萨伐尔定律知,Φ_{21} 应与回路 L_1 中的电流 $I_1(t)$ 成正比,即 $\Phi_{21}=M_{21}I_1$.

比例系数 M_{21} 称为回路 L_1 对回路 L_2 的互感系数,它取决于两个回路的几何形状、相对位置、各自的线圈匝数及它们周围磁介质的分布. 在 M_{21} 一定的条件下,电磁感应定律给出回路 L_1 在回路 L_2 中激发的互感电动势为

$$\mathscr{E}_{21}=-M_{21}\frac{\mathrm{d}I_1}{\mathrm{d}t}.$$

同理,回路 L_2 在回路 L_1 中激发的互感电动势为

$$\mathscr{E}_{12}=-M_{12}\frac{\mathrm{d}I_2}{\mathrm{d}t},$$

式中,M_{12} 为回路 L_2 对回路 L_1 的互感系数. 可以证明,对给定的一对导体回路,有

$$M_{12}=M_{21}=M,$$

式中,M 为两个导体回路的互感系数,单位为亨[利],符号为 H. 互感与自感的关系可以表示如下.

两个线圈之间的互感系数与各自的自感系数之间的关系为

$$M=k\sqrt{L_1L_2}\quad(0\leqslant k\leqslant 1).$$

两个线圈串联的自感系数顺接时(两线圈首尾相连),有 $L=L_1+L_2+2M$. 反接(两线圈尾尾相连)时,有 $L=L_1+L_2-2M$.

自感磁能和互感磁能分别为 $W_{自}=\frac{1}{2}LI^2$,$W_{互}=MI_1I_2$,自感磁能恒为正,互感磁能可正、可负.

两个相邻载流线圈所储存的总磁能为

$$W_{\mathrm{m}}=W_1+W_2+W_{12}=\frac{1}{2}L_1I_1^2+\frac{1}{2}L_2I_2^2+MI_1I_2.$$

6. 磁场的能量

如图 19.2 所示,当 S′置于 1 时,电流满足微分方程

$$\mathscr{E}-L\frac{\mathrm{d}I}{\mathrm{d}t}=IR,$$

上式各项乘以 $I\mathrm{d}t$,再积分得

$$\int_0^t \mathscr{E}I\mathrm{d}t=\frac{1}{2}LI^2+\int_0^t I^2R\mathrm{d}t,$$

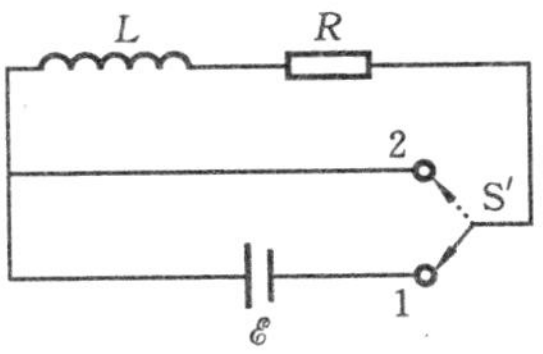

图 19.2

式中,$\int_0^t \mathscr{E}I\mathrm{d}t$ 为电源 $\mathscr{E}$ 所做的功,即电源提供的能量;$\frac{1}{2}LI^2$ 为电源反抗自感电动势所做的功;$\int_0^t I^2R\mathrm{d}t$ 为回路电阻上所释放的焦耳-楞次热.

从能量的角度上讲,电源供给的能量分成两部分:一部分转化为焦耳热,另一部分转化为反抗自感电动势所做的功,即转变为另一种形式的能量(线圈中的磁能). 线圈自感磁能公式为

$$W_{\mathrm{m}}=\frac{1}{2}LI^2.$$

当开关 S 置于 2 时,电阻 R 上释放的热量(单位为焦耳)为

$$Q=\int_0^\infty I^2R\mathrm{d}t=\int_0^\infty I_0^2\mathrm{e}^{-\frac{2R}{L}}\mathrm{d}t=\frac{1}{2}LI_0^2.$$

即 R 上释放的热量正好与线圈中所储存的磁能相等.

磁场中单位体积中的磁能称为磁能密度，即 $w_m = \frac{1}{2}BH = \frac{1}{2}\mu H^2$，此式具有普遍意义.

磁场能量定域于磁场中，所以任意磁场的总能量为

$$W_m = \int dW_m = \int w_m dV = \int_V \frac{1}{2}BH dV,$$

其中积分遍及整个磁场分布的空间.

7. 与变化电场相联系的磁场

变化的磁场可以产生电场，即涡旋电场，反过来变化的电场也可以激发磁场，即涡旋磁场. 这就是历史上著名的涡旋电场假设和位移电流假设，它深刻地揭示了电与磁之间的本质联系，即电与磁是可以相互产生的.

(1) 位移电流和全电流. 位移电流密度 $\boldsymbol{\delta}_d = \frac{d\boldsymbol{D}}{dt}$，单位为 A/m^2. 位移电流强度为

$$I_d = \frac{d\Phi_D}{dt} = \frac{d}{dt}\int_S \boldsymbol{D} \cdot d\boldsymbol{S},$$

式中，S 为空间任意曲面. 上式表明，通过任意曲面 S 的位移电流强度 I_d 等于通过该曲面的电位移通量 Φ_D 的瞬时变化率. 真空中的位移电流纯粹是由变化电场产生的，但在电介质内部，位移电流确有一部分是由电荷的定向运动形成的.

在位移电流基础上，麦克斯韦提出了全电流的概念：通过某截面的全电流强度等于通过该截面的传导电流和位移电流强度之和，而全电流总是连续的. 对于有全电流分布的空间，通过任一封闭曲面 S 的全电流（用 $\boldsymbol{j}_c$ 表示传导电流密度）为

$$I = \oint_S \boldsymbol{j}_c \cdot d\boldsymbol{S} + \oint_S \frac{d\boldsymbol{D}}{dt} \cdot d\boldsymbol{S} = 0.$$

(2) 位移电流的磁效应. 位移电流也要产生磁场，其在周围空间所激发的磁场称为感生磁场或涡旋磁场（用 $\boldsymbol{H}_{旋}$ 表示）. 由安培环路定理有

$$\oint_L \boldsymbol{H}_{旋} \cdot d\boldsymbol{l} = I_d = \frac{d\Phi_D}{dt} = \frac{d}{dt}\int_S \boldsymbol{D} \cdot d\boldsymbol{S},$$

式中，S 为闭合环路 L 所围的面积. 位移电流产生磁场的本质是，变化的电场可以产生磁场.

8. 麦克斯韦方程组

通常，空间的总电场 $\boldsymbol{E} = \boldsymbol{E}_{静} + \boldsymbol{E}_{旋}$，总磁场 $\boldsymbol{H} = \boldsymbol{H}_{静} + \boldsymbol{H}_{旋}$，总结整个电磁学规律，有

$$\begin{cases} \oint_S \boldsymbol{D} \cdot d\boldsymbol{S} = \sum q_{0int}, & \oint_S \boldsymbol{B} \cdot d\boldsymbol{S} = 0, \\ \oint_S \boldsymbol{E} \cdot d\boldsymbol{l} = -\frac{d\Phi_m}{dt}, & \oint_S \boldsymbol{H} \cdot d\boldsymbol{l} = \sum I_{0int} + I_d. \end{cases}$$

上式就是著名的麦克斯韦方程组积分形式.

9. 电磁波及其重要性质

变化的电场和磁场交替产生，由近及远，以有限速度在空间内传播的为电磁波. 电磁波有如下一些普遍性质：① 电磁波是横波，若令 $\boldsymbol{k}$ 代表电磁波传播方向的单位矢量，则振动的电矢量 $\boldsymbol{E}$ 和磁矢量 $\boldsymbol{H}$ 都与 $\boldsymbol{k}$ 垂直，即 $\boldsymbol{E} \perp \boldsymbol{k}, \boldsymbol{H} \perp \boldsymbol{k}$，这一性质称为偏振性；② 电矢量与磁矢量垂直，即 $\boldsymbol{E} \perp \boldsymbol{H}$；③ $\boldsymbol{E}$ 和 $\boldsymbol{H}$ 同相位，任何时刻、任何地点，$\boldsymbol{E}$、$\boldsymbol{H}$ 和 $\boldsymbol{k}$ 构成一个右旋直角坐标系；④ $\boldsymbol{E}$ 和 $\boldsymbol{H}$ 的幅值成比例，有 $\sqrt{\varepsilon_0\varepsilon_r}E = \sqrt{\mu_0\mu_r}H$ 或 $\sqrt{\varepsilon_0\varepsilon_r}E_0 = \sqrt{\mu_0\mu_r}H_0$；⑤ 电磁波的传播速度 $v = 1/\sqrt{\varepsilon_0\varepsilon_r\mu_0\mu_r} = 1/\sqrt{\varepsilon\mu}$；⑥ 电磁波的能流密度矢量 $\boldsymbol{S} = \boldsymbol{E} \times \boldsymbol{H}$.

10. 电磁波的多普勒效应

由 $T_r = \sqrt{(c-v)/(c+v)}\,T_s$ 或 $\nu_r = \sqrt{(c+v)/(c-v)}\,\nu_s$ 知，当波源与接收器相互接近时，v 取

正值;当波源与接收器相互远离时,v 取负值.前者接收的频率比发射频率高,称为紫移;后者接收频率比发射频率低,称为红移.

如果波源和接收器的相对速度垂直于它们的连线,则有 $T_r=T_s/\sqrt{1-v^2/c^2}$.此种情况仍有多普勒效应,这种现象又称为横向多普勒效应.

19.2 典型例题

例 19.1 一长圆柱形磁场,磁场方向沿轴线并垂直指向纸内,$\boldsymbol{B}$ 的大小随距离轴线的远近 r 成正比变化,又随时间 t 作正弦变化,即 $B=B_0 r\sin\omega t$,B_0,ω 均为常数.若在磁场内放一半径为 a 的金属环,环心在磁场的轴线上,如图 19.3 所示.求金属环中的感应电动势 $\mathscr{E}_i$.

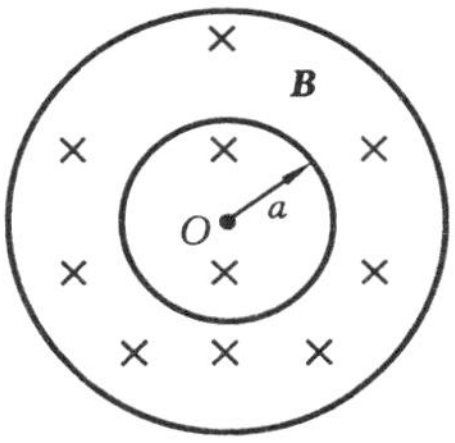

图 19.3

解 距 O 点 r 处取一厚为 dr 的圆环,其面积为 $dS=2\pi r dr$,则通过 dS 的磁通量(取顺时针方向为回路正方向)为

$$d\Phi_m=\boldsymbol{B}\cdot d\boldsymbol{S}=BdS=B_0 r\sin\omega t dS=B_0 r\sin\omega t 2\pi r dr,$$

通过金属环所围面积总磁通量为

$$\Phi_m=\int d\Phi_m=\int_0^a B_0 r\sin\omega t 2\pi r dr=\frac{2}{3}\pi a^3 B_0\sin\omega t.$$

由法拉第电磁感应定律,金属环中的感应电动势为

$$\mathscr{E}_i=-\frac{d\Phi_m}{dt}=-\frac{2}{3}\pi\omega a^3 B_0\cos\omega t.$$

当 $\mathscr{E}_i>0$ 时,其方向与绕行正方向一致,即为顺时针方向;当 $\mathscr{E}_i<0$ 时,情况相反.

例 19.2 如图 19.4(a)所示,长度为 l 的金属细棒与一根长直电流 I 处于同一平面,且相互垂直.当它以速度 $\boldsymbol{v}$ 沿长直电流方向运动时,此棒的感应电动势为多少?棒中哪一端电势高?

解一 用动生电动势定义求解.

在真空中"无限长"载流直导线周围的磁感应强度为 $B=\frac{\mu_0 I}{2\pi r}$.

在细棒 ab 处,$\boldsymbol{B}$ 的方向垂直纸面向里,在细棒上各点磁感应强度 $\boldsymbol{B}$ 的方向相同,然而各点距长直导线的距离 r 不同,因此细棒是在一个非均匀磁场中运动的.

如图 19.4(a)所示,在细棒上取一线元 $d\boldsymbol{r}$,它在磁场中以速度 $\boldsymbol{v}$ 运动时产生的动生电动势为 $d\mathscr{E}=(\boldsymbol{v}\times\boldsymbol{B})\cdot d\boldsymbol{r}$.

由于 $\boldsymbol{v}$ 垂直于 $\boldsymbol{B}$,而 $\boldsymbol{v}\times\boldsymbol{B}$ 与 $d\boldsymbol{r}$ 方向相反,故 $d\boldsymbol{r}$ 中的动生电动势为

$$d\mathscr{E}=-Bvdr=-\frac{\mu_0 Iv}{2\pi}\frac{dr}{r}.$$

将上式积分,可得细棒 ab 中的动生电动势为

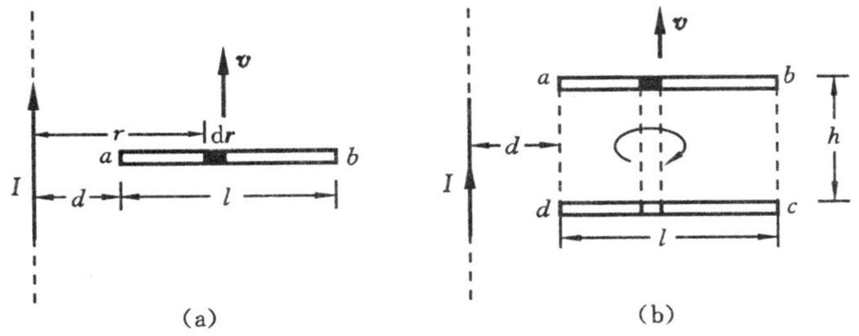

图 19.4

$$\mathscr{E}=-\int_{d}^{d+l}\frac{\mu_0 Iv}{2\pi}\frac{\mathrm{d}r}{r}=-\frac{\mu_0 Iv}{2\pi}\ln\left(1+\frac{l}{d}\right).$$

由于$\boldsymbol{v}\times\boldsymbol{B}$的方向是$b\to a$，洛伦兹力$\boldsymbol{F}=e\boldsymbol{v}\times\boldsymbol{B}$，把棒中的正电荷由$b$端移向$a$端，所以$a$端的电势高于$b$端的电势，动生电动势$\mathscr{E}$的方向是$b\to a$.

解二　用法拉第电磁感应定律求解.

如图19.4(b)所示，设想有三个线段bc、cd和da，且$|bc|=|da|=h$，使它们与ab构成一个矩形回路，当ab棒以速度$\boldsymbol{v}$运动时，矩形回路中的磁通量要发生变化.

假设回路的绕行方向为$abcda$(顺时针方向)，则回路的单位法线矢量方向$\boldsymbol{n}$与电流I产生的磁场$\boldsymbol{B}$的方向相同，穿过矩形框$abcd$中的磁通量为(设cd段不动)

$$\Phi_{\mathrm{m}}=\int\boldsymbol{B}\cdot\mathrm{d}\boldsymbol{S}=\int Bh\,\mathrm{d}r=\int_{d}^{d+l}\frac{\mu_0 Ih}{2\pi r}\mathrm{d}r=\frac{\mu_0 Ih}{2\pi}\ln\left(1+\frac{l}{d}\right).$$

当细棒ab以速度$\boldsymbol{v}$运动时，磁通量随h改变而发生变化，而运动速度$v=\frac{\mathrm{d}h}{\mathrm{d}t}$. 由电磁感应定律有

$$\mathscr{E}=-\frac{\mathrm{d}\Phi_{\mathrm{m}}}{\mathrm{d}t}=-\frac{\mu_0 I}{2\pi}\ln\left(1+\frac{l}{d}\right)\frac{\mathrm{d}h}{\mathrm{d}t}=-\frac{\mu_0 Iv}{2\pi}\ln\left(1+\frac{l}{d}\right),$$

其大小与解一相同. 式中的负号表示与假设的绕行方向$abcda$相反，考虑到bc、cd和da是设想的线段，因此电动势应在金属棒ab内，其方向是$b\to a$.

例19.3　如图19.5所示，直角三角形金属框ABC放在匀强磁场中，$\boldsymbol{B}$平行于AC，当框绕AC边以$\boldsymbol{\omega}$转动时，求回路的动生电动势及各边的动生电动势.(设$|CB|=a$，$|AB|=l$.)

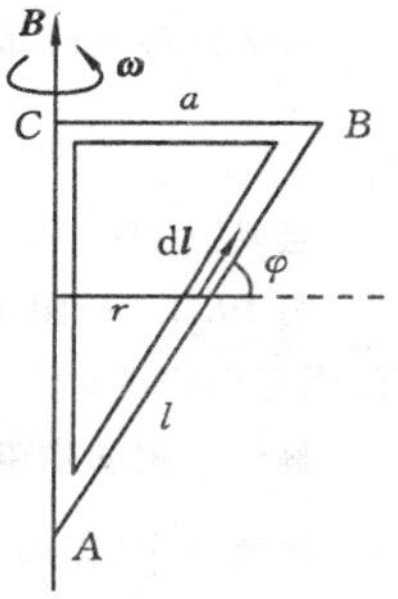

图19.5

解一　由法拉第电磁感应定律有

$$\mathscr{E}=-\frac{\mathrm{d}\Phi_{\mathrm{m}}}{\mathrm{d}t}=-\frac{\mathrm{d}}{\mathrm{d}t}(BS\cos\theta).$$

由于磁场$\boldsymbol{B}$、线圈面积S均不随时间变化而变化，虽然线圈绕AC边转动，但线圈法线与$\boldsymbol{B}$的夹角始终为90°，因此整个回路的动生电动势是零.

解二　先计算各边的动生电动势，然后相加. 由于AC边不切割磁力线，则$\mathscr{E}_{AC}=0$，对于CB边，有

$$\mathscr{E}_{CB}=\int_{C}^{B}(\boldsymbol{v}\times\boldsymbol{B})\cdot\mathrm{d}\boldsymbol{l}.$$

在CB上取一小段$\mathrm{d}\boldsymbol{l}$，它距点C的距离为r，这一小段运动速度$v=r\omega$，而$\boldsymbol{v}\times\boldsymbol{B}$的方向与$\mathrm{d}\boldsymbol{l}$同向，有

$$\mathscr{E}_{CB}=\int_{0}^{a}r\omega B\,\mathrm{d}r=\frac{1}{2}\omega Ba^2>0,$$

且点B电势较点C高.

AB边的电动势为$\mathscr{E}_{AB}=\int_{A}^{B}(\boldsymbol{v}\times\boldsymbol{B})\cdot\mathrm{d}\boldsymbol{l}$. 在$AB$上取一小段$\mathrm{d}\boldsymbol{l}$，它距转轴的距离为$r$，其运动速度$v=r\omega$，而$\boldsymbol{v}\times\boldsymbol{B}$的方向与$\mathrm{d}\boldsymbol{l}$的夹角为$\varphi$，$r=l\cos\varphi$，有$\mathrm{d}r=\mathrm{d}l\cos\varphi$，故

$$\mathscr{E}_{AB}=\int_{A}^{B}vB\cos\varphi\,\mathrm{d}l=\int_{A}^{B}r\omega B\,\mathrm{d}r=\omega B\int_{0}^{a}r\mathrm{d}r=\frac{1}{2}\omega Ba^2>0,$$

且点B电势较点A高.

由于$\mathscr{E}_{BA}=-\mathscr{E}_{AB}=-\frac{1}{2}\omega Ba^2$，整个回路的电动势为

$$\mathscr{E}=\mathscr{E}_{CB}+\mathscr{E}_{BA}+\mathscr{E}_{AC}=\frac{1}{2}\omega Ba^2-\frac{1}{2}\omega Ba^2+0=0.$$

例 19.4 如图 19.6(a)所示,一电阻为 R,质量为 m,宽为 l 的窄长矩形回路(da 很长),从所画的静止位置开始受恒力 $\boldsymbol{F}$ 的作用.在虚线右方的一切点上有磁感应强度为 $\boldsymbol{B}$ 且垂直于图面向内的均匀磁场.求:(1) 回路运动的末速度;(2) 任意时刻的速度.

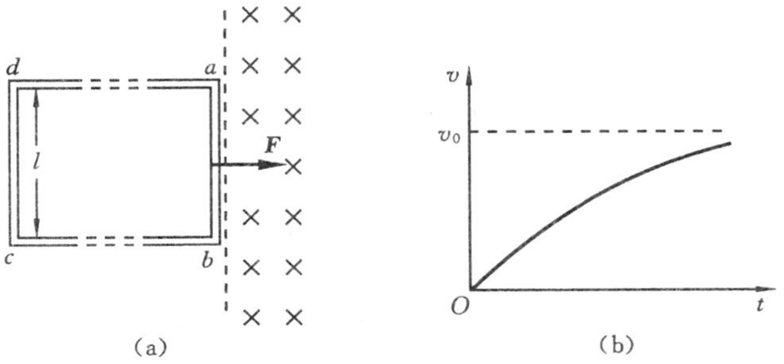

图 19.6

解 (1) 当线圈进入均匀磁场后,将产生感生电流 I,ab 边进入磁场距离为 x,则感生电流的大小为

$$I=\frac{1}{R}\frac{\mathrm{d}\Phi_{\mathrm{m}}}{\mathrm{d}t}=\frac{1}{R}\frac{\mathrm{d}}{\mathrm{d}t}(Blx)=\frac{Bl}{R}\frac{\mathrm{d}x}{\mathrm{d}t}=\frac{Blv}{R}.$$

这个通有电流的线圈将会受到一个磁力 $\boldsymbol{F}'$ 作用,方向向左,磁力 $\boldsymbol{F}'$ 的大小为

$$F'=IBl=\frac{1}{R}B^2l^2v.$$

当 $\boldsymbol{F}'=-\boldsymbol{F}$ 时,线圈做匀速运动,$v=v_0$,即 $F=\frac{1}{R}B^2l^2v_0$,因此回路运动的末速度 $v_0=\frac{FR}{B^2l^2}$.

(2) 当线圈进入均匀磁场后,在任意时刻 t,它受到恒力 $\boldsymbol{F}$ 和磁力 $\boldsymbol{F}'$ 的共同作用,其运动方程为

$$F-F'=m\frac{\mathrm{d}v}{\mathrm{d}t},\quad F-\frac{B^2l^2}{R}v=m\frac{\mathrm{d}v}{\mathrm{d}t},$$

分离变量并积分有

$$\int\frac{\mathrm{d}v}{\frac{F}{m}-\frac{B^2l^2}{Rm}v}=\int\mathrm{d}t,\quad \ln\left(\frac{F}{m}-\frac{B^2l^2}{Rm}v\right)=\frac{B^2l^2}{Rm}t+C.$$

当 $t=0$ 时,$v=0$,积分常数 $C=\ln\frac{F}{m}$.将 C 代入上式,整理可得

$$v=\frac{FR}{B^2l^2}\left(1-\mathrm{e}^{-\frac{B^2l^2}{Rm}t}\right)=v_0\left(1-\mathrm{e}^{-\frac{B^2l^2}{Rm}t}\right).$$

回路运动速度随时间变化而变化的曲线如图 19.6(b)所示.

例 19.5 如图 19.7 所示,一半径为 R 的圆柱形空间内存在垂直于纸面向里的均匀磁场 $\boldsymbol{B}$.当磁场随时间增加而增强时,求空间各处感应电场强度 $\boldsymbol{E}_{感}$.

解 首先分析这种感应电场的特点.如图 19.7 所示,若作一半径为 r 的圆形假想回路,由于回路内的磁通量 $\Phi_{\mathrm{m}}=B\pi r^2$ 随时间变化而变化,因此在回路上的各点处将产生感应电场.根据对称性和感应电场的电场线为闭合曲线的特点可知,回路中各点处感应电场的大小相等,方向与回路相切,感应电场 $\boldsymbol{E}_{感}$ 绕这一闭合回路积分,有

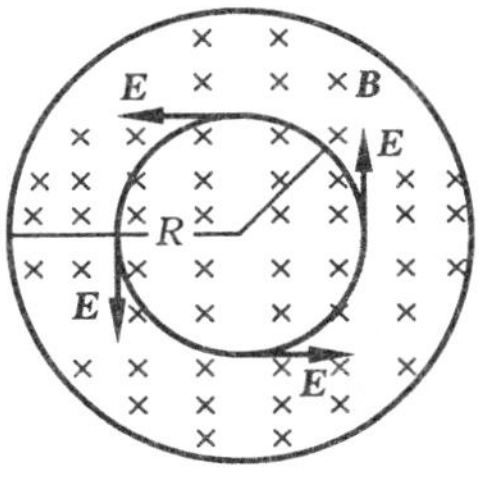

图 19.7

$$\oint\boldsymbol{E}_{感}\cdot\mathrm{d}\boldsymbol{l}=E_{感}(2\pi r).$$

由感生电动势公式
$$\mathscr{E}=\oint \boldsymbol{E}_{感}\cdot \mathrm{d}\boldsymbol{l}=-\frac{\mathrm{d}\Phi_{\mathrm{m}}}{\mathrm{d}t},$$
得
$$E_{感}(2\pi r)=-\frac{\mathrm{d}}{\mathrm{d}t}(B\pi r^2),\quad E_{感}=-\frac{1}{2}r\frac{\mathrm{d}B}{\mathrm{d}t}\ (r<R),$$
式中的负号表示当磁场增加时，$\boldsymbol{E}_{感}$ 的方向与右手螺旋定则所要求的刚好相反，图中 $\boldsymbol{E}_{感}$ 沿逆时针方向.

对于 $r>R$ 的区域，由于不存在磁场，故对于任意的 $r>R$ 的假想回路磁通量 $\Phi_{\mathrm{m}}=B\pi R^2$ 都相同，有
$$\mathscr{E}=E_{感}(2\pi r)=-\frac{\mathrm{d}}{\mathrm{d}t}(B\pi R^2),\quad E_{感}=-\frac{1}{2}\frac{R^2}{r}\frac{\mathrm{d}B}{\mathrm{d}t}\ (r>R).$$
可见，当 $r<R$ 时，$E_{感}$ 与 r 成正比；当 $r>R$ 时，$E_{感}$ 与 r 成反比；当 $r=R$ 时，二者所给出的结果相同，故 $E_{感}=-\dfrac{1}{2}R\dfrac{\mathrm{d}B}{\mathrm{d}t}$.

例 19.6　均匀的磁场 $\boldsymbol{B}$ 被限制在半径 R 的无限长圆柱形空间，磁场按 $\dfrac{\mathrm{d}B}{\mathrm{d}t}$ 匀变率增加. 现垂直于磁场放置长为 l 的金属棒，如图 19.8 所示. 求金属棒的感生电动势.

解　可以认为磁场是无限长螺线管产生的，当磁场变化时，在周围产生感应电场，利用 $\boldsymbol{E}_{感}$ 来求金属棒的感生电动势.

首先分析感生电动势的方向，因为 $\boldsymbol{E}_{感}$ 沿圆周切向，而磁场的方向垂直纸面向里，且随时间增加而增加，所以在假想的回路 OAB 中，由楞次定律知，$\boldsymbol{E}_{感}$ 沿圆周切向，为逆时针方向，它在棒 AB 中的投影是由 A 指向 B 的，故棒中电动势的方向从 A 指向 B，其大小为

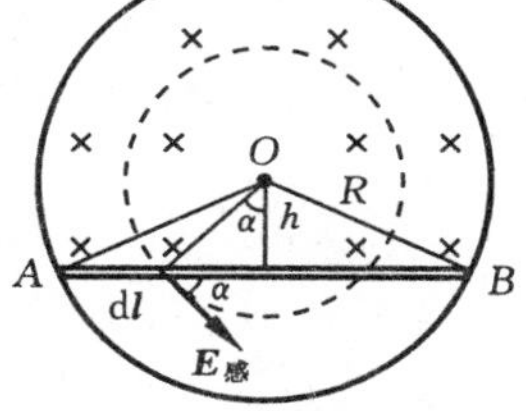

图 19.8

$$\mathscr{E}_{AB}=\int_A^B \boldsymbol{E}_{感}\cdot \mathrm{d}\boldsymbol{l}=\int_A^B E_{感}\cos\alpha \mathrm{d}l.$$
由例 19.5 知 $E_{感}=\dfrac{1}{2}r\dfrac{\mathrm{d}B}{\mathrm{d}t}$，而 $\cos\alpha=\dfrac{h}{r}$，代入上式，有
$$\mathscr{E}_{AB}=\int_A^B\frac{r}{2}\frac{\mathrm{d}B}{\mathrm{d}t}\frac{h}{r}\mathrm{d}l=\frac{h}{2}\frac{\mathrm{d}B}{\mathrm{d}t}\int_A^B\mathrm{d}l=\frac{1}{2}hl\frac{\mathrm{d}B}{\mathrm{d}t},$$
式中，h 可用已知量表示，即
$$h=\sqrt{R^2-\left(\frac{l}{2}\right)^2},\quad \mathscr{E}_{AB}=\frac{1}{2}l\sqrt{R^2-\left(\frac{l}{2}\right)^2}\frac{\mathrm{d}B}{\mathrm{d}t}.$$
本题也可用另一种方法来求，即用电磁感应定律求. 选择 OAB 作为一个闭合回路，由于 $\boldsymbol{E}_{感}$ 无径向分量，所以 OA 和 OB 段都没有感生电动势，只有 AB 段有感生电动势.

回路电动势为
$$\mathscr{E}=\left|-\frac{\mathrm{d}\Phi_{\mathrm{m}}}{\mathrm{d}t}\right|=\frac{\mathrm{d}}{\mathrm{d}t}\left(\int\boldsymbol{B}\cdot\mathrm{d}\boldsymbol{S}\right)=\int\frac{\mathrm{d}B}{\mathrm{d}t}\mathrm{d}S=\frac{\mathrm{d}B}{\mathrm{d}t}\int\mathrm{d}S=\frac{\mathrm{d}B}{\mathrm{d}t}\frac{1}{2}lh=\frac{1}{2}l\sqrt{R^2-\left(\frac{l}{2}\right)^2}\frac{\mathrm{d}B}{\mathrm{d}t}.$$
因为回路电动势 $\mathscr{E}=\mathscr{E}_{AB}+\mathscr{E}_{BO}+\mathscr{E}_{OA}$，且 $\mathscr{E}_{BO}=\mathscr{E}_{OA}=0$，所以
$$\mathscr{E}_{AB}=\mathscr{E}=\frac{1}{2}l\sqrt{R^2-\left(\frac{l}{2}\right)^2}\frac{\mathrm{d}B}{\mathrm{d}t};$$
与上面结果相同.

例 19.7　如图 19.9 所示，电子在电子感应加速器内沿半径为 0.4 m 的轨道做圆周运动. 若每转一周动能增加 160 eV，计算轨道内磁感应强度的平均变化率. 若要获得 16 MeV 的能量，需绕多少圈，走多长的路程?

解 (1) 电子在加速器中运动，是由于感应电场对电子进行作用的结果，电子转一周，电场力做功使电子的动能增加，有

$$eE_{感}\times 2\pi r=\Delta E_{\mathrm{k}},\quad E_{感}=\frac{\Delta E_{\mathrm{k}}}{e2\pi r}. \tag{①}$$

而感应电场 $\boldsymbol{E}_{感}$ 则是由磁场的变化而产生的，由于磁场不均匀，应考虑磁感应强度在电子转一周内的平均变化率，根据例 19.5 的结果，有

$$E_{感}=\frac{1}{2}r\,\overline{\frac{\mathrm{d}B}{\mathrm{d}t}}. \tag{②}$$

联立式①、式②，可得磁感应强度的平均变化率

$$\overline{\frac{\mathrm{d}B}{\mathrm{d}t}}=\frac{\Delta E_{\mathrm{k}}}{e\pi r^2}=\frac{160}{\pi(0.4)^2}\ \mathrm{T/s}=3.2\times 10^2\ \mathrm{T/s}.$$

(2) 要获得 16 MeV 的能量，电子需绕行的圈数 $N=\dfrac{16\times 10^6}{160}$ 圈 $=10^5$ 圈.

(3) 走过的总路程 $s=2\pi r\times 10^5=2.5\times 10^5$ m，即路程有 250 km 长.

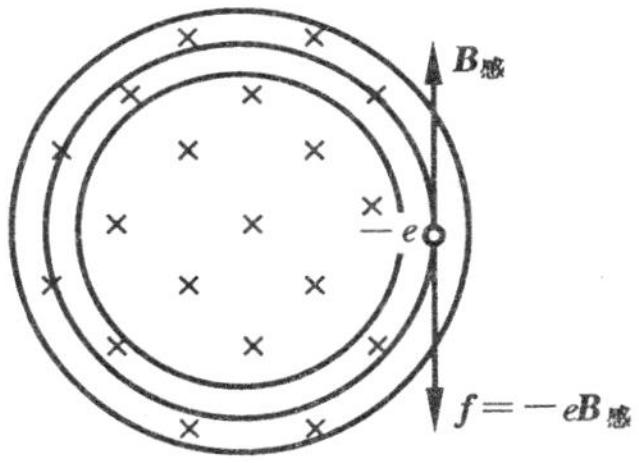

图 19.9

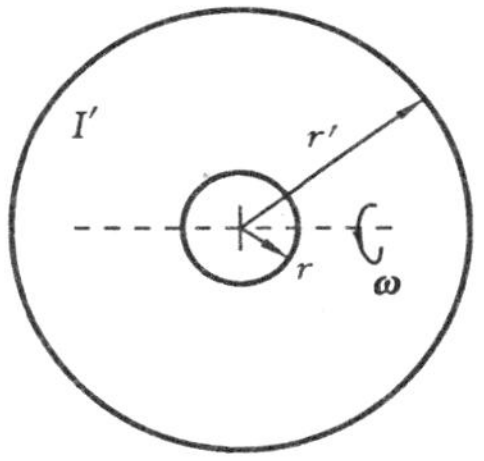

图 19.10

例 19.8 如图 19.10 所示，一半径为 r 的非常小的圆环，在初始时刻与一个半径为 $r'(r'\gg r)$ 的很大的圆环共面而且同心. 今在大圆环中通以恒定的电流 I'，而小圆环则以匀角速度 $\boldsymbol{\omega}$ 绕着一条直径转动. 设小环的电阻为 R，试求：(1) 小环中的感生电流；(2) 使小环做匀角速度转动时，需作用在其上的力矩的大小；(3) 大环中的感生电动势.

解 (1) 由于小环的半径很小，因此可以认为小环处在大环的环心的匀强磁场中做匀速转动. 当小环旋转时，所产生的感生电动势为 $\mathscr{E}=-(\mathrm{d}\Phi_{\mathrm{m}}/\mathrm{d}t)$. 而小环中任一时刻的磁通量

$$\Phi_{\mathrm{m}}(t)=\int\boldsymbol{B}\cdot\mathrm{d}\boldsymbol{S}=BS\cos\theta,$$

式中，$\boldsymbol{B}$ 为大环在环心处产生的磁感应强度，$B=\dfrac{\mu_0}{2r'}I'$；小环面积 $S=\pi r^2$；θ 为小环面的法线方向与 $\boldsymbol{B}$ 之间的夹角，且 $\theta=\omega t$. 小环中感生电动势为

$$\mathscr{E}=-\frac{\mathrm{d}}{\mathrm{d}t}(BS\cos\omega t)=BS\omega\sin\omega t=\omega\frac{\mu_0 I'}{2r'}\pi r^2\sin\omega t,$$

小环中的感生电流为

$$i=\frac{\mathscr{E}}{R}=\frac{\mu_0\pi r^2\omega I'}{2r'R}\sin\omega t.$$

(2) 要使小环能够维持匀角速度转动，必须要求加在其上的合力矩为零. 因为小环产生了感生电流，因而载流线圈在磁场中转动时，必然受到阻碍小环转动的磁力矩作用. 当所加的动力矩与阻力矩大小相等、方向相反时，合外力矩为零，小环保持匀速转动，即 $\boldsymbol{M}_{动}=-\boldsymbol{M}_{磁}$，磁力矩的大小可用磁矩 $\boldsymbol{P}_{\mathrm{m}}$ 与磁感应强度 $\boldsymbol{B}$ 矢积得到，即

$$|\boldsymbol{M}_{磁}|=|\boldsymbol{P}_{\mathrm{m}}\times\boldsymbol{B}|=iSB\sin\theta,$$

式中，$B=\frac{\mu_0 I'}{2r'}$；$S=\pi r^2$；$\theta=\omega t$；i 为小环中的感生电流. 因此作用在小环上的动力矩为

$$M_{动}=M_{磁}=\frac{\mu_0 I'}{2r'}\pi r^2\sin\omega t\cdot\frac{\mu_0\pi r^2\omega I'}{2r'R}\sin\omega t=\frac{\omega}{4R}\left(\frac{\mu_0\pi r^2 I'}{r'}\sin\omega t\right)^2.$$

(3) 大环在小环处的磁感应强度为 $B=\mu_0 I'/(2r')$，当小环所在面的法线与 $\boldsymbol{B}$ 的方向之间的夹角为 θ，且 $\theta=\omega t$ 时，此时穿过小环的磁通量为

$$\Phi_m=\boldsymbol{B}\cdot\boldsymbol{S}=BS\cos\omega t=\frac{\mu_0 I'}{2r'}\pi r^2\cos\omega t. \qquad ①$$

另一方面，由互感系数的定义有

$$\Phi_m=MI'. \qquad ②$$

联立式①和式②，得互感系数为　　$M=\frac{\mu_0}{2r'}\pi r^2\cos\omega t.$

小环中的变化电流 i 在大环中产生的互感电动势为

$$\mathscr{E}=-\frac{d}{dt}(Mi)=\frac{I'}{4R}\left(\frac{\mu_0\pi r^2\omega}{r'}\right)^2\cos 2\omega t.$$

例 19.9　如图 19.11 所示，长直导线与矩形线圈处于同一平面内，求它们之间的互感系数.（设矩形线圈 AB 边离长直导线的距离为 d，线圈宽为 a，高为 l.）

解　设长直导线中电流为 I，它在与直导线距离为 x 处的磁感应强度 $B=\frac{\mu_0 I}{2\pi x}$，$\boldsymbol{B}$ 的方向垂直纸面向里，通过面元 $l\mathrm{d}x$ 的磁通量为

$$\mathrm{d}\Phi_m=\boldsymbol{B}\cdot\mathrm{d}\boldsymbol{S}=\frac{\mu_0 Il}{2\pi}\frac{\mathrm{d}x}{x},$$

所以，通过整个矩形线圈的磁通量为

$$\Phi_m=\int\boldsymbol{B}\cdot\mathrm{d}\boldsymbol{S}=\frac{\mu_0 Il}{2\pi}\int_d^{a+d}\frac{\mathrm{d}x}{x}=\frac{\mu_0 Il}{2\pi}\ln\frac{a+d}{d}.$$

由互感系数定义得，直导线与矩形线圈的互感系数为

$$M=\frac{\Phi_m}{I}=\frac{\mu_0 l}{2\pi}\ln\frac{a+d}{d}.$$

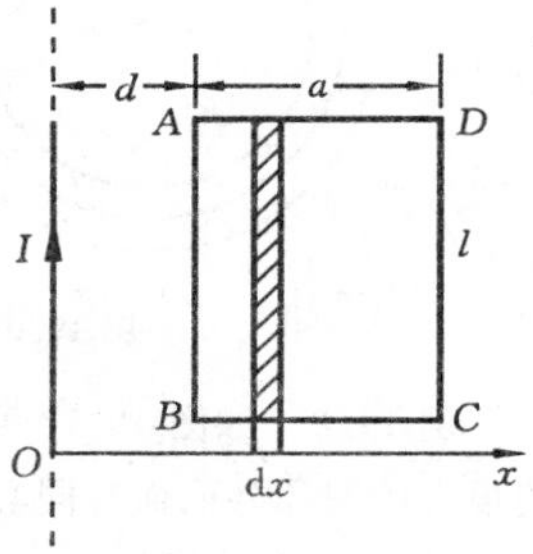

图 19.11

例 19.10　一根长直载流铜导线，其电流为 I，在导线的横截面上电流密度是均匀的. 求此导线内部单位长度的磁场能量.

解　设此导线为无限长直导线，其半径为 R，由于此导线无限长，且导线横截面上电流密度 j 是均匀的，因此导线内部的磁场具有轴对称性. 以轴线上一点为圆心，以 r $(r<R)$ 为半径作一圆形回路，通过圆形回路中的电流 $I'=j\pi r^2$，由安培环路定理

$$\oint\boldsymbol{B}\cdot\mathrm{d}\boldsymbol{l}=B2\pi r=\mu_0 j\pi r^2,$$

得 $B=\frac{\mu_0 jr}{2}$. 由于电流密度是均匀的，有 $j=\frac{I}{\pi R^2}$，则 $B=\frac{\mu_0 rI}{2\pi R^2}$.

如图 19.12 所示，取一个长为 l，半径分别为 r 和 $r+\mathrm{d}r$ 的共轴圆柱筒. 在此圆柱筒内磁场能量为

$$\mathrm{d}W_m=w_m\mathrm{d}V=\frac{1}{2}\frac{B^2}{\mu_0}\mathrm{d}V=\frac{1}{2}\frac{B^2}{\mu_0}2\pi rl\mathrm{d}r,$$

将 $B=\frac{\mu_0 rI}{2\pi R^2}$代入上式，得到

$$\mathrm{d}W_m=\frac{1}{2\mu_0}\left(\frac{\mu_0 Ir}{2\pi R^2}\right)^2 2\pi rl\mathrm{d}r=\frac{\mu_0 lI^2}{4\pi R^4}r^3\mathrm{d}r.$$

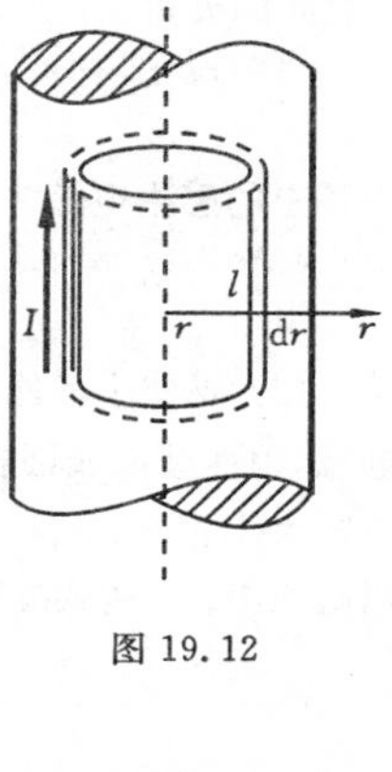

图 19.12

长为 l 的导线内部磁场能量为

$$W_m=\int dW_m=\frac{\mu_0 lI^2}{4\pi R^4}\int_0^R r^3\,dr=\frac{\mu_0 lI^2}{16\pi},$$

于是，单位长度导线内部磁场能量为

$$\frac{W_m}{l}=\frac{\mu_0 I^2}{16\pi}.$$

例 19.11 半径 $R=0.1$ m 的两块圆形导体板，构成平行板电容器，以匀速充电使电容器两板间电场的变化率为 $\frac{dE}{dt}=10^{13}$ V/(m · s). 求：

(1) 电容器两板间的位移电流；

(2) 计算电容器内离两板中心连线 r $(r<R)$ 处的磁感应强度 $\boldsymbol{B}_r$ 和 $r=R$ 处的磁感应强度 $\boldsymbol{B}_R$.

解 (1) 当电容器两极板之间的电场发生变化时，其位移电流为

$$I_d=\frac{d\Phi_D}{dt}=S\frac{dD}{dt}=\pi R^2\varepsilon_0\frac{dE}{dt}=3.14\times(0.1)^2\times8.85\times10^{-12}\times10^{13}\text{ A}=2.8\text{ A}.$$

(2) 在电容器匀速充电过程中，位移电流在两极板之间要产生感应磁场，这个磁场对于两板中心连线具有对称性，可以认为电容器内离中心连线为 r $(r<R)$ 处的各点感应磁场大小相等，其方向与位移电流方向之间服从右手定则，取这些相等的点构成一个积分回路，如图 19.13 所示，在此回路上磁感应强度为 $\boldsymbol{B}_r$. 对于一个正在充电的电容器而言，两板间有位移电流，两极板外有传导电流，从而电流是连续的，由全电流的安培环路定理有

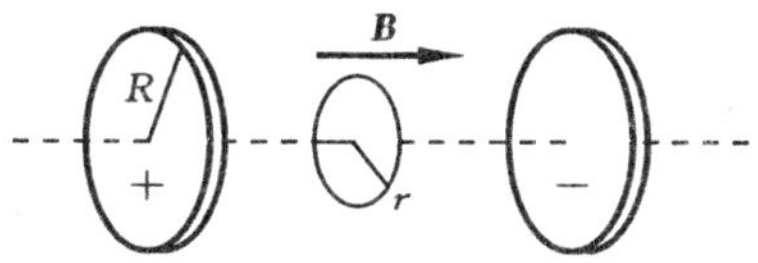

图 19.13

$$\oint \boldsymbol{H}\cdot d\boldsymbol{l}=H2\pi r=\frac{B_r}{\mu_0}2\pi r=I'_d. \quad ①$$

而穿过半径为 r 的圆形回路的位移电流为

$$I'_d=\frac{d\Phi_D}{dt}=\varepsilon_0\frac{d}{dt}\int\boldsymbol{E}\cdot d\boldsymbol{S}=\varepsilon_0\int\frac{d\boldsymbol{E}}{dt}\cdot d\boldsymbol{S}=\varepsilon_0\frac{dE}{dt}\int dS=\varepsilon_0\frac{dE}{dt}\pi r^2. \quad ②$$

联立式①、式②，得 r 处的磁感应强度为

$$B_r=\frac{\mu_0\varepsilon_0 r}{2}\frac{dE}{dt}.$$

当 $r=R$ 时，有

$$B=\frac{\mu_0\varepsilon_0 R}{2}\frac{dE}{dt}=\left(\frac{1}{2}\times4\pi\times10^{-7}\times8.85\times10^{-12}\times0.1\times10^{13}\right)\text{ T}=5.6\times10^{-6}\text{ T}.$$

例 19.12 如图 19.14 所示，电荷 q 以速度 $\boldsymbol{v}$ 向点 O 运动. 电荷 q 到点 O 的距离用 x 表示. 在点 O 处作一半径为 a 的圆，圆面与 $\boldsymbol{v}$ 垂直，试计算通过此圆面的位移电流. 如果设圆周上各点处磁场强度为 $\boldsymbol{H}$，试按全电流定律计算 $\boldsymbol{H}$ 和磁感应强度 $\boldsymbol{B}$，并与运动电荷磁场公式比较.

解 根据题意可知，电荷 q 所产生的电位移线穿过圆平面的电位移通量，与以 q 为中心，以此面为底的球冠所通过的电位移通量相同，其电位移通量为

$$\Phi_D=\int_S\boldsymbol{D}\cdot d\boldsymbol{S}=\frac{2\pi r^2(1-\cos\theta)}{4\pi r^2}q=\frac{q}{2}(1-\cos\theta),$$

位移电流为 $I_d=\frac{d\Phi_D}{dt}=\frac{q}{2}\sin\theta\frac{d\theta}{dt}$.

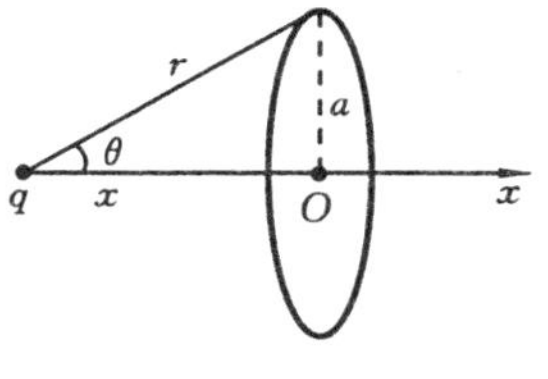

图 19.14

由于 $x=a\cot\theta$，对 t 求导数，有 $\frac{dx}{dt}=-\frac{a}{\sin^2\theta}\frac{d\theta}{dt}$.

因为原点取在点 O，$x<0$，有

$$v=-\frac{dx}{dt}=\frac{a}{\sin^2\theta}\frac{d\theta}{dt},\quad \sin\theta\frac{d\theta}{dt}=\frac{v}{a}\sin^3\theta=\frac{v}{a}\frac{a^3}{(a^2+x^2)^{\frac{3}{2}}}=\frac{a^2v}{(a^2+x^2)^{\frac{3}{2}}},$$

故

$$I_d=\frac{q}{2}\frac{a^2v}{(a^2+x^2)^{\frac{3}{2}}}.$$

位移电流产生的磁场可根据全电流定律求得，即 $\oint \boldsymbol{H}\cdot d\boldsymbol{l}=I_d$.

根据磁场对称性，在半径为 a 的平面圆周回路上 H 值相同，则有

$$2\pi aH=I_d=\frac{q}{2}\frac{v}{a}\sin^3\theta.$$

由于 $a=r\sin\theta$，故 $H=\frac{qv}{4\pi r^2}\sin\theta$，$B=\mu_0H=\frac{\mu_0}{4\pi}\frac{qv\sin\theta}{r^2}$，写成矢量式为 $\boldsymbol{B}=\frac{\mu_0}{4\pi}\frac{q\boldsymbol{v}\times\boldsymbol{r}}{r^3}$，该式与运动电荷磁场公式完全相同.

例 19.13　有一个线度非常小，固有磁矩 $\boldsymbol{P}_m=P_m\boldsymbol{i}$（$\boldsymbol{i}$ 为 x 轴单位矢量）的磁偶极子，它以速率 v 沿 x 轴正向运动. 另有一半径为 a，电阻为 R 的细导线圆环固定在垂直于 x 轴的平面上，圆心位于 x 轴上. 假设 $v\ll c$（c 为光速），$r\gg a$，忽略导线环的自感和磁偶极子磁矩的变化，求磁偶极子距导线环的中心为 r 时受到的阻力.

解　如图 19.15 所示，磁偶极子在距圆环中心 r 处的轴线上产生的磁感应强度为 $B=\frac{\mu_0P_m}{2\pi r^3}$. 由于 $a\ll r$，所以导线环所围的平面上各点的磁感应强度可以认为相同，通过线圈的磁通量为 $\Phi_m=\pi a^2B$. 导线环的感应电动势为

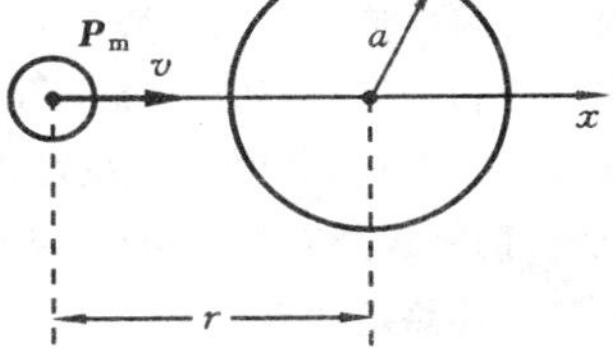

图 19.15

$$\mathscr{E}=-\frac{d\Phi_m}{dt}=-\pi a^2\frac{dB}{dt}=-\pi a^2\frac{dB}{dr}\frac{dr}{dt}=-\frac{3\mu_0P_ma^2v}{2r^4},$$

故 $i=\frac{\mathscr{E}}{R}=-\frac{3\mu_0P_ma^2v}{2Rr^4}$. 导线环的磁矩为 $P_m'=iS=i\pi a^2=-\frac{3\mu_0\pi a^4vP_m}{2Rr^4}$，方向为沿 x 轴方向.

磁偶极子与导线环的相互作用能为 $W=-\boldsymbol{P}_m'\times\boldsymbol{B}=\frac{3\mu_0^2a^4vP_m^2}{4Rr^7}$，相互作用力为 $F=-\frac{\partial W}{\partial r}=\frac{21\mu_0^2a^4vP_m^2}{4Rr^8}$，方向为沿 x 轴正向，可见相互作用力为斥力.

例 19.14　一边长为 a 的正方形线圈，在 $t=0$ 时正好从如图19.16所示的均匀磁场的区域上方由静止开始下落. 设磁场的磁感应强度为 $\boldsymbol{B}$，线圈的自感为 L，质量为 m，电阻可忽略，求线圈上边进入磁场前，线圈的速度与时间的关系.

解　线圈下边产生的感应电动势 $\mathscr{E}_i=Bav$. 线圈中电流 I 满足的微分方程式为

$$\mathscr{E}_i-L\frac{dI}{dt}=IR=0\quad(R=0),$$

故 $\mathscr{E}_i=Bav=L\frac{dI}{dt}$.

由牛顿第二定律有

$$mg-IaB=m\frac{dv}{dt},$$

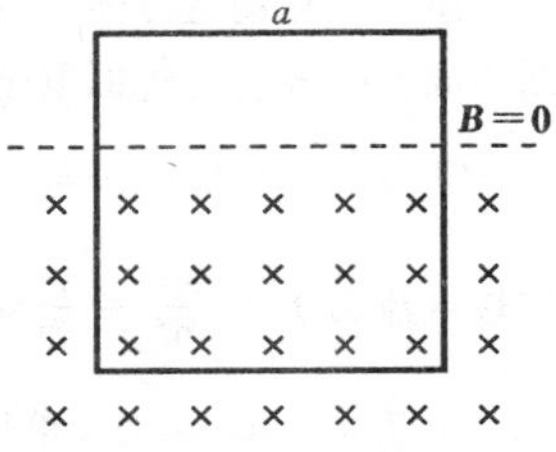

图 19.16

式中，IaB 为线圈下边所受磁场力. 上式两边对 t 求导，有

$$-\frac{dI}{dt}aB=m\frac{d^2v}{dt^2},\quad -\frac{Bav}{L}aB=m\frac{d^2v}{dt^2},$$

故

$$\frac{d^2v}{dt^2}+\frac{B^2a^2}{mL}v=0.$$

令 $\omega^2=\dfrac{B^2a^2}{mL}$，则 $v=v_m\cos(\omega t+\varphi)$，由于 $t=0,v=0,\dfrac{dv}{dt}=g$，故

$$\begin{cases}0=v_m\cos\varphi,\\ g=-\omega v_m\sin\varphi,\end{cases}\quad 解之得\quad \varphi=-\frac{\pi}{2},\quad v_m=\frac{g}{\omega}.$$

故
$$v=\frac{g}{\omega}\cos\left(\omega t-\frac{\pi}{2}\right)=\frac{g}{\omega}\sin\omega t=\frac{g\sqrt{mL}}{Ba}\sin\omega t.$$

例 19.15　(1) 有一个平行板电容器，现以速度 $\boldsymbol{v}$ 竖直上提电容器上极板，但保持两极板间电压不变，即 $U=$ 恒量. 求当两极板相距 l 时，极板间位移电流密度的大小.

(2) 在一对巨大的平行圆形板（电容 $C=1.0\times10^{-12}$ F）上，加上频率为 50 Hz，峰值为 1.74×10^5 V 的电势差，求极板间位移电流的最大值.

解　(1) 极板间位移电流的大小为

$$I_d=\left|\frac{d\Phi_D}{dt}\right|=\left|\frac{dq}{dt}\right|=\left|\frac{d(CU)}{dt}\right|=\left|U\frac{dC}{dt}\right|=\left|U\frac{d}{dt}\left(\frac{\varepsilon_0 S}{l}\right)\right|=\left|U\varepsilon_0 S\frac{d}{dt}\left(\frac{1}{l}\right)\right|=U\varepsilon_0 S\frac{v}{l^2},$$

故
$$\delta_d=\frac{I_d}{S}=U\varepsilon_0\frac{v}{l^2}.$$

(2) 设极板间电势差 $U=U_0\sin(\omega t+\varphi)$，则位移电流为

$$I_d=\frac{d\Phi_D}{dt}=\frac{dq}{dt}=\frac{d}{dt}(CU)=C\frac{dU}{dt}=CU_0\omega\cos(\omega t+\varphi),$$

故
$$I_{dmax}=CU_0\omega=CU_0 2\pi\nu=1.0\times10^{-12}\times1.74\times10^5\times2\pi\times50\ \text{A}=5.47\times10^{-5}\ \text{A}.$$

例 19.16　半径为 r_2、电荷线密度为 λ 的带电环里边有一个半径为 r_1、总电阻为 R 的导体环，两环共面共心，如图 19.17 所示. 设 $r_2\gg r_1$，求当大环以变角速度 $\boldsymbol{\omega}(t)$ 绕垂直于环面的中心轴旋转时小环中感应电流的大小，方向又如何？（不考虑自感.）

解　带电环的带电量为 $q=\lambda 2\pi r_2$. 旋转时，相当于载流环，其电流强度为

$$I=\nu q=\frac{\omega}{2\pi}\lambda 2\pi r_2=\omega r_2\lambda,$$

圆心处的磁感应强度为　$B_0=\dfrac{\mu_0 I}{2r_2}=\dfrac{\mu_0\omega\lambda}{2}.$

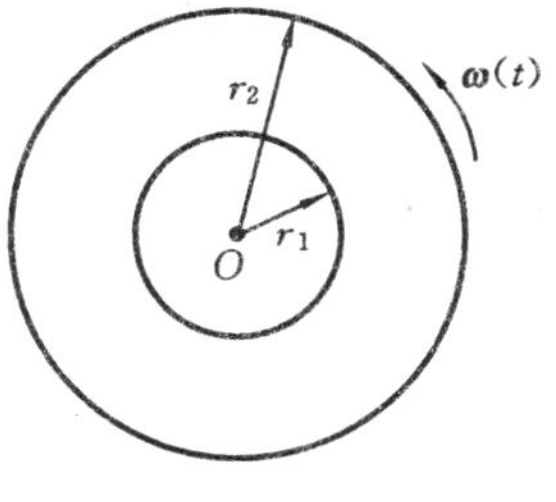

图 19.17

由于 $r_2\gg r_1$，所以通过导体环的磁通量（取逆时针方向为正方向）为

$$\Phi_m=B_0\pi r_1^2=\frac{\mu_0\lambda\pi r_1^2}{2}\omega(t),$$

故
$$\mathscr{E}_i=-\frac{d\Phi_m}{dt}=-\frac{\mu_0\lambda\pi r_1^2}{2}\frac{d\omega}{dt},\quad I_i=\frac{\mathscr{E}_i}{R}=-\frac{\mu_0\lambda\pi r_1^2}{2R}\frac{d\omega}{dt}.$$

当 $I_i>0$ 时，感应电流为逆时针方向；当 $I_i<0$ 时，感应电流为顺时针方向.

请读者思考：如果用内、外半径分别为 r_2 和 r_3 的均匀带电圆盘（电荷面密度为 σ）取代带电环，设 $r_2\gg r_1$，$r_3\gg r_1$，其他题设均不变，情况又如何？

例 19.17　在垂直图面的圆柱形空间内有一随时间变化而均匀变化的匀强磁场，其磁感应强度的方向垂直图面向里. 在图面内有两条相交于点 O、夹角为 60°的直导线 Oa 和 Ob，而点 O 则是圆柱形空间的轴线与图面的交点. 此外，在图面内另有一半径为 r 的半圆形导线在上述两条直导线上以速度 $\boldsymbol{v}$ 匀速滑动. $\boldsymbol{v}$ 的方向与 $\angle aOb$ 的平分线一致，并指向点 O，如图 19.18 所示. 在时刻 t，半圆环的圆心正好与点 O 重合，此时磁感应强度的大小为 B，磁感应强度大小随时间变化的变化率为 k（k 为正数）. 求此时半圆环导线与两条直线所围成的闭合回路 $cOdc$ 中的感应电动势 $\mathscr{E}_i$.

解　取顺时针方向为闭合回路 $cOdc$ 的绕行正方向，电路中的感应电动势由感生电动势 $\mathscr{E}_{i1}$ 与

动生电动势 $\mathscr{E}_{i2}$ 两部分叠加而成，即 $\mathscr{E}_i=\mathscr{E}_{i1}+\mathscr{E}_{i2}$. $\mathscr{E}_{i1}$ 由涡旋电场所形成，它相当于半圆环导线处于 t 时刻所在位置静止不动时，回路 $cOdc$ 中的感应电动势，故

$$\mathscr{E}_{i1}=-\frac{d\Phi_m}{dt}=-\frac{d}{dt}\left(B\frac{1}{2}r^2\theta\right)=-\frac{1}{2}r^2\theta\frac{dB}{dt}=-\frac{1}{2}kr^2\theta=-\frac{1}{6}k\pi r^2,$$

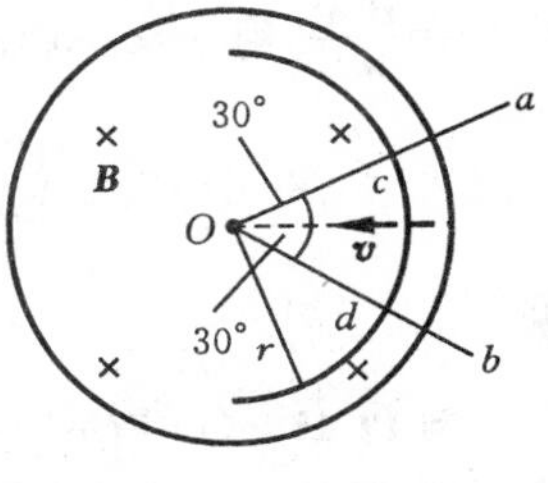

图 19.18

cd 弧上的动生电动势相当于 cd 弦上的动生电动势，故

$$\mathscr{E}_{i2}=\int_{cd}(\boldsymbol{v}\times\boldsymbol{B})\cdot d\boldsymbol{l}=vB\,\overline{cd}=vBr,$$

所以 $$\mathscr{E}_i=vBr-\frac{1}{6}k\pi r^2=\left(vB-\frac{1}{6}k\pi r\right)r.$$

若 $vB>\frac{1}{6}k\pi r$，则 $\mathscr{E}_i$ 的方向与所设正向一致，即顺时针方向；若 $vB<\frac{1}{6}k\pi r$，则 $\mathscr{E}_i$ 的方向与所设正方向相反，即逆时针方向.

例 19.18 有一个三角形闭合导线，如图 19.19 所示，在这个三角形区域中的磁感应强度为

$$\boldsymbol{B}=B_0x^2ye^{-\alpha t}\boldsymbol{k},$$

式中，$\boldsymbol{k}$ 为沿 z 轴方向的单位矢量；B_0 和 α 都是常量. 求导线中的感生电动势.

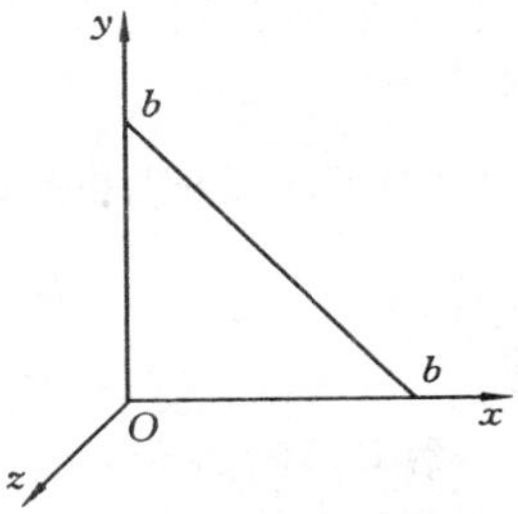

图 19.19

解 在 xOy 平面内取一矢量元面 $d\boldsymbol{S}=(dxdy)\boldsymbol{k}$，取逆时针方向为回路绕行正方向，则通过 $d\boldsymbol{S}$ 的磁通量为

$$d\Phi_m=\boldsymbol{B}\cdot d\boldsymbol{S}=B_0x^2ye^{-\alpha t}\cdot dxdy,$$

通过三角形线框的磁通量为

$$\Phi_m=\int d\Phi_m=\int_0^b dx\int_0^{b-x}B_0x^2ye^{-\alpha t}dy=\frac{b^5}{60}B_0e^{-\alpha t},$$

故 $$\mathscr{E}_i=-\frac{d\Phi_m}{dt}=\frac{b^5}{60}\alpha B_0e^{-\alpha t}，即\ \mathscr{E}_i\ 与\ \boldsymbol{k}\ 成右旋关系.$$

例 19.19 如图 19.20 所示，有一半径 $r=10$ cm 的多匝圆形线圈，匝数 $N=100$，置于均匀磁场 $\boldsymbol{B}$ 中，$B=0.5$ T，圆形线圈可绕通过圆心的轴 O_1O_2 转动，转速 $n=600$ r/min. 当圆线圈自图示的初始位置转过 $\frac{1}{2}\pi$ 时. 试求：

(1) 线圈中的瞬时电流值；(线圈的电阻 R 为 100 Ω，不计自感.)

(2) 圆心处的磁感应强度.

解 (1) 设线圈转至任意位置时圆线圈法矢量与 $\boldsymbol{B}$ 之夹角为 θ，则通过每匝圆线圈的磁通量 $\Phi_m=B\pi r^2\cos\theta$，由于 $\theta=\omega t=2\pi nt$，故 $\Phi_m=B\pi r^2\cos(2\pi nt)$.

由法拉第电磁感应定律知，任意时刻线圈中的感应电动势为

$$\mathscr{E}_i=-N\frac{d\Phi_m}{dt}=2\pi^2NBr^2n\sin(2\pi nt),$$

回路中的感应电流为

$$I_i=\frac{\mathscr{E}_i}{R}=\frac{2\pi^2NBr^2n}{R}\sin(2\pi nt)=I_m\sin(2\pi nt),$$

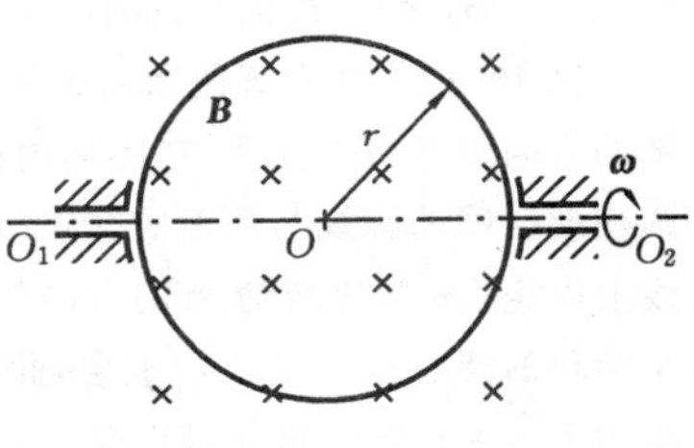

图 19.20

当线圈转过 $\frac{\pi}{2}$ 时，有

$$I_i=I_m=\frac{2\pi^2NBr^2n}{R}=0.99\ \text{A}.$$

(2) 此时圆线圈的电流 I_m 在圆心点 O 激发的磁感应强度为

$$B'=N\frac{\mu_0 I_m}{2r}=0.62\times10^{-3}\ \mathrm{T},$$

$\boldsymbol{B}'$的方向竖直向下.故圆心处实际的磁感应强度的大小为

$$B_0=(B^2+B'^2)^{\frac{1}{2}}\approx B=0.5\ \mathrm{T},$$

方向与 $\boldsymbol{B}$ 的方向基本相同.

例 19.20 在电子感应加速器中,试分析磁场的分布满足什么条件下,才能保证电子在真空室的轴线上被加速而不改变其圆轨道的半径.

解 设真空室中半径为 r 的圆形轨道上的磁感应强度为 B,轨道内磁感应强度的平均值为 $\bar{B}$. 电子在半径为 r 的轨道上满足:$evB=m\dfrac{v^2}{r}$,$mv=erB$.故

$$\frac{\mathrm{d}(mv)}{\mathrm{d}t}=er\frac{\mathrm{d}B}{\mathrm{d}t}.$$

由电磁学基本规律$\oint_L \boldsymbol{E}_{旋}\cdot\mathrm{d}\boldsymbol{l}=-\dfrac{\mathrm{d}\Phi_m}{\mathrm{d}t}$,有

$$E_{旋}\times2\pi r=-\frac{\mathrm{d}}{\mathrm{d}t}(\bar{B}\pi r^2)=-\pi r^2\frac{\mathrm{d}\bar{B}}{\mathrm{d}t},\quad E_{旋}=-\frac{r}{2}\frac{\mathrm{d}\bar{B}}{\mathrm{d}t}.$$

沿圆轨道切向上电子的受力为

$$f_{旋}=(-e)E_{旋}=\frac{er}{2}\frac{\mathrm{d}\bar{B}}{\mathrm{d}t}=m\frac{\mathrm{d}v}{\mathrm{d}t}=\frac{\mathrm{d}(mv)}{\mathrm{d}t},$$

故$\dfrac{\mathrm{d}(mv)}{\mathrm{d}t}=\dfrac{er}{2}\dfrac{\mathrm{d}\bar{B}}{\mathrm{d}t}$,所以 $B=\dfrac{1}{2}\bar{B}$,这就是设计中对磁场分布的要求.

例 19.21 如图 19.21 所示,半径分别为 R 和 r 的两个同轴圆形线圈.小的线圈距大的线圈为 x,且 $x\gg R$,若大线圈中通有电流 I,而小线圈在 x 方向上以速度$\boldsymbol{v}$ 运动.试求:

(1) 任意时刻,小线圈回路中的感应电动势;

(2) 若 $v>0$,小线圈回路中感应电流的方向.

解 (1) 很容易求得大线圈在 x 方向上沿轴线的磁场强度

$$\boldsymbol{B}=\frac{\mu_0}{2}\frac{IR^2}{(R^2+x^2)^{\frac{3}{2}}}\boldsymbol{i},$$

$\boldsymbol{i}$ 为沿 x 方向上的单位矢量.依据题设,通过小线圈的磁通量($\boldsymbol{B}$ 视为均匀的)为

$$\Phi_m=BS=B\pi r^2=\frac{\pi\mu_0}{2}\frac{IR^2r^2}{(R^2+x^2)^{\frac{3}{2}}}.$$

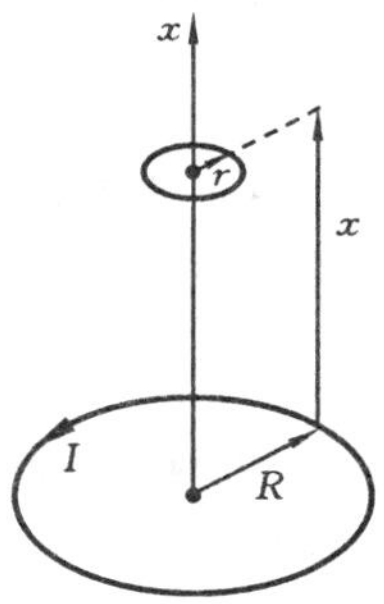

图 19.21

又$\dfrac{\mathrm{d}x}{\mathrm{d}t}=v$,由法拉第电磁感应定律知小线圈的感应电动势为

$$\mathscr{E}_i=-\frac{\mathrm{d}\Phi_m}{\mathrm{d}t}=-\frac{\mathrm{d}\Phi_m}{\mathrm{d}x}\frac{\mathrm{d}x}{\mathrm{d}t}=\frac{3}{2}\frac{\pi\mu_0R^2r^2vxI}{(R^2+x^2)^{\frac{3}{2}}}.$$

(2) 沿着 x 方向上观察,感应电流为顺时针方向.

例 19.22 有一单层的均匀密绕的环形螺线管 A,其平均周长 $l=50$ cm,截面积 $S=4.0\ \mathrm{cm}^2$,绕组的总匝数 $N_1=3000$ 匝,当螺线管中通以电流强度 $I_0=0.5$ A 的电流时,试求:

(1) 螺旋管截面中心一点的磁感应强度;

(2) 若忽略截面上各点磁感应强度在数量值上的差别,试求通过 N_1 匝线圈的全磁通;

(3) 若在 A 上套一匝数为 $N_2=10$ 匝的线圈 A',且在 A 上改通以电流强度幅值为 $I_0=0.50$ A,

频率为 $f=50$ Hz 的正弦交流电，试求 A' 中引起的最大感应电动势.

解 (1) 由安培环路定律，螺旋管截面中心的磁感应强度为

$$B_0=\mu_0 nI_0=\mu_0\frac{N_1}{l}I_0=4\pi\times10^{-7}\times\frac{3000}{0.5}\times0.50\ \text{T}=3.77\times10^{-3}\ \text{T}.$$

(2) 通过 N_1 匝线圈的全磁通为

$$\Phi=N_1B_0S=3000\times3.77\times10^{-3}\times4.0\times10^{-4}\ \text{Wb}=4.52\times10^{-3}\ \text{Wb}.$$

(3) 设 A 中的电流 $I=I_0\cos\omega t$，由电磁感应定律，有(线圈 A')

$$\mathscr{E}_i=-\frac{d\Phi}{dt}=-\frac{d}{dt}(N_2SB)=-\frac{d}{dt}\left(N_2S\mu_0\frac{N_1}{l}I_0\cos\omega t\right)=N_2S\mu_0\frac{N_1}{l}I_0\omega\sin\omega t,$$

所以最大感应电动势为

$$\mathscr{E}_{max}=N_2S\mu_0\frac{N_1}{l}I_0\omega=2\pi N_2SfB_0=2\pi\times10\times3.77\times10^{-3}\times4.0\times10^{-4}\times50\ \text{V}=4.74\times10^{-3}\ \text{V}.$$

例 19.23 如图 19.22 所示，一金属框置于均匀磁场 $\boldsymbol{B}$ 中，CD 金属棒可以在框上无摩擦地滑动，若 $t=0$ 时，CD 以初速度 $\boldsymbol{v}_0$ 向右滑动. 试求：

(1) CD 的最大感应电动势；

(2) 设 CD 棒的质量为 m，CD 能够滑动的最大距离是多少？(CD 棒的长度为 l，电阻为 R.)

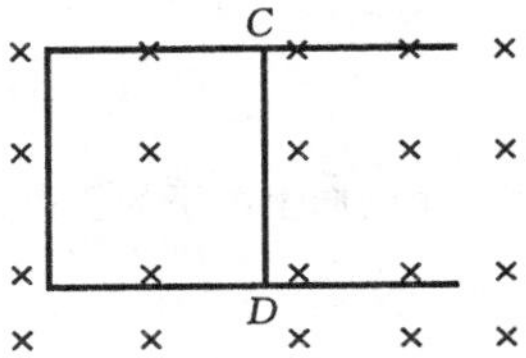

图 19.22

解 (1) CD 棒滑动时，产生的感应电动势为 $\mathscr{E}=\int(\boldsymbol{v}\times\boldsymbol{B})\cdot d\boldsymbol{l}=vBl$. 回路中的感应电流为 $i=\dfrac{\mathscr{E}}{R}=\dfrac{vBl}{R}$，因而产生的安培阻力

$$F=iBl=\frac{vB^2l^2}{R}.$$

CD 棒的运动方程为 $-\dfrac{vB^2l^2}{R}=m\dfrac{dv}{dt}$，解方程并利用初始条件 $t=0,v=v_0$，有

$$v=v_0e^{-\frac{B^2l^2}{mR}t}.$$

显然 $t=0$ 时，速度最大为 v_0，对应的最大感应电动势为 $\mathscr{E}_{max}=v_0Bl$.

(2) 能滑动的最大距离为

$$x_{max}=\int_0^\infty v_0e^{-\frac{B^2l^2t}{mR}}dt=\frac{mRv_0}{B^2l^2}.$$

例 19.24 在水平光滑的桌面上，有一根长为 L、质量为 m 的匀质金属棒，以一端为中心旋转，另一端在半径为 L 的金属圆环上滑动，无摩擦. 棒在中心的一端和金属环之间接一电阻 R，如图 19.23 所示. 在桌面法线方向加一均匀磁场 $\boldsymbol{B}$，如在起始位置 $\theta=0$ 时，给金属棒一个初始角速度 ω_0. 试求：

(1) 任何时间 t 时，金属棒的角速度 ω；

(2) 当金属棒最后停下来时，棒绕中心转过 θ 角为多少？(金属棒、金属环以及接线的电阻全部归入 R.)

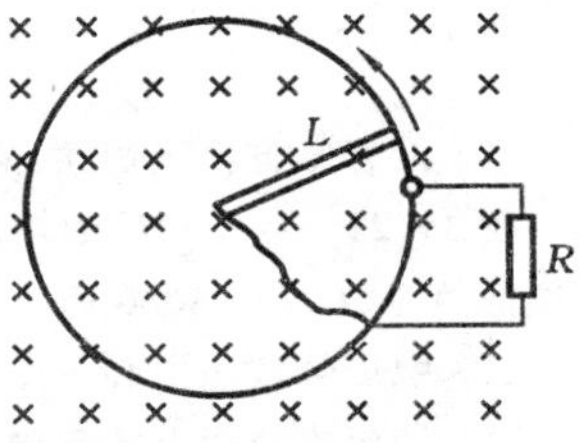

图 19.23

解 (1) 设任意时刻棒的角速度为 ω，则此时棒上的感应电动势为

$$\mathscr{E}=\int_L(\boldsymbol{v}\times\boldsymbol{B})\cdot d\boldsymbol{l}=-\int_0^L\omega lB\,dl=-\frac{1}{2}\omega BL^2.$$

回路中的感应电流为　$i=\dfrac{\mathscr{E}}{R}=\dfrac{\omega BL^2}{2R}.$

金属棒受到的磁力矩为 $M=\int_0^L liB\mathrm{d}l=\int_0^L l\frac{\omega BL^2}{2R}B\mathrm{d}l=\frac{1}{4}\ \frac{\omega B^2L^4}{R}$，

方向与 $\boldsymbol{\omega}_0$ 相反，为阻力矩.

由转动定律得出棒的运动方程为 $-\frac{\omega B^2L^4}{4R}=J\beta=\frac{1}{3}mL^2\ \frac{\mathrm{d}\omega}{\mathrm{d}t}$，故 $\frac{\mathrm{d}\omega}{\mathrm{d}t}=-\frac{3\omega B^2L^2}{4mR}$，解方程并利用初始条件 $t=0,\omega=\omega_0$，有

$$\omega=\omega_0\mathrm{e}^{-\frac{3B^2L^2}{4mR}t}.$$

(2) 停下来以前转过的角度为

$$\theta=\int_0^\infty\omega\mathrm{d}t=\int_0^\infty\omega_0\mathrm{e}^{-\frac{3B^2L^2}{4mR}t}\mathrm{d}t=\frac{4mR\omega_0}{3B^2L^2}.$$

例 19.25 如图 19.24 所示，一无限长均匀带正电荷的绝缘圆柱体，半径为 R，磁导率为 μ_0，电荷体密度为 ρ，在其外套一同轴无限长的金属圆筒. 今使圆柱体绕中心轴匀加速转动，角速度 $\omega=\beta t$，外筒保持静止，试求：

(1) 金属筒中的感应电动势是多少？

(2) 在圆柱体与圆筒之间离轴线距离为 r 处的总电场强度 $\boldsymbol{E}$ 的大小和方向.

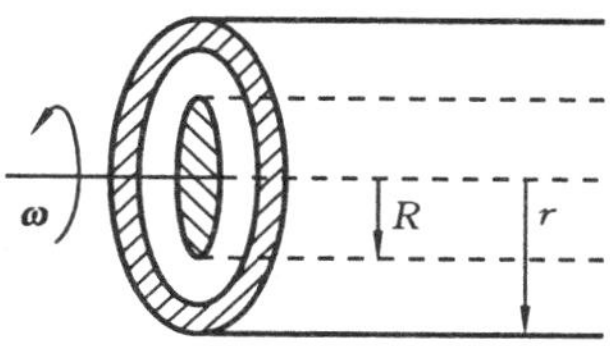

图 19.24

解 (1) 距离轴线 r 处取一厚度为 $\mathrm{d}r$，单位长度同轴柱面，其含电荷为 $\mathrm{d}q=\rho2\pi r\mathrm{d}r$，相应的电流强度元为 $\mathrm{d}I=\mathrm{d}q\ \frac{\omega}{2\pi}=\rho\omega r\mathrm{d}r$，其在内部产生的磁场为

$$\mathrm{d}B=\mu_0\mathrm{d}I=\mu_0\rho\omega r\mathrm{d}r=\mu_0\rho\beta tr\mathrm{d}r.$$

内部的总磁感应强度为 $B=\int\mathrm{d}B=\int_r^R\mu_0\rho\beta tr\mathrm{d}r=\frac{1}{2}\mu_0\rho(R^2-r^2)\beta t.$

通过金属圆筒横截面的磁通量为

$$\Phi_\mathrm{m}=\int B\mathrm{d}S=\int_0^R B\times2\pi r\mathrm{d}r=\int_0^R\frac{1}{2}\mu_0\rho(R^2-r^2)\beta t2\pi r\mathrm{d}r=\frac{1}{4}\mu_0\pi\rho\beta R^4t,$$

故

$$\mathscr{E}_\mathrm{i}=-\frac{\mathrm{d}\Phi_\mathrm{m}}{\mathrm{d}t}=-\frac{1}{4}\mu_0\pi\rho\beta R^4.$$

(2) 在圆柱体和圆筒之间，涡旋电场 $\boldsymbol{E}$ 满足 $2\pi rE=-\frac{\mathrm{d}\Phi_\mathrm{m}}{\mathrm{d}t}=-\frac{1}{4}\mu_0\pi\rho\beta R^4$，故 $E=-\frac{\mu_0\pi\rho\beta R^4}{8\pi r}=-\frac{\mu_0\rho\beta R^4}{8r}$，电场沿圆周切线方向，指向与圆柱体旋转方向相反.

例 19.26 如图 19.25 所示，一长直螺线管，单位长度上的线圈匝数为 n，管中有一长为 l、半径为 R 的圆柱形铁芯，铁芯的电导率为 γ，相对磁导率为 μ_r（视为常数），在螺线管中通以变化的电流，若电流随时间变化的变化率为 $\mathrm{d}I/\mathrm{d}t=C$（常数）. 求：

(1) 铁芯内距轴线为 r 处的涡旋电场强度；

(2) 铁芯内的总涡电流强度.

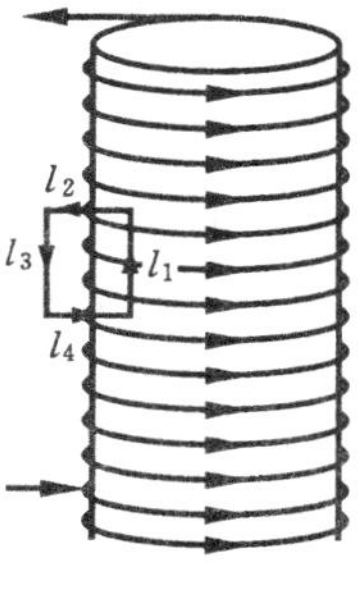

图 19.25

解 (1) 忽略边缘效应和漏磁，由安培环路定理，有

$$H=nI,\quad B=\mu_0\mu_\mathrm{r}H=\mu_0\mu_\mathrm{r}nI.$$

又由法拉第电磁感应定律，有

$$2\pi rE=-\frac{\mathrm{d}\Phi_\mathrm{m}}{\mathrm{d}t}=-\pi r^2\ \frac{\mathrm{d}B}{\mathrm{d}t}=-\pi r^2\mu_0\mu_\mathrm{r}n\ \frac{\mathrm{d}I}{\mathrm{d}t}=-\pi r^2\mu_0\mu_\mathrm{r}nC,$$

故 $E=-\frac{\mu_0\mu_\mathrm{r}nC}{2}r.$

(2) 由欧姆定律微分形式，有

$$j=\gamma E,$$

式中，j 为电流密度. 总涡旋电流为

$$I=\int j\cdot dS=-\frac{\mu_0\mu_r nC}{2}\int_0^R r\mathrm{d}r\int_0^l \mathrm{d}z=-\frac{\mu_0\mu_r nC\gamma l}{4}R^2.$$

例 19.27　两线圈 1 和 2 各有 N_1 匝和 N_2 匝，共轴放置如图 19.26 所示，线圈 1 与一外电源相连接. 假定两线圈在所设位置时，线圈 1 所产生的磁通量有 1/4 通过线圈 2，反之亦然(即线圈 2 所产生的磁通量也有 1/4 通过线圈 1). 线圈 1 和 2 的电阻分别为 R_1 和 R_2，线圈 2 回路中所接的外电阻为 R. 试求：

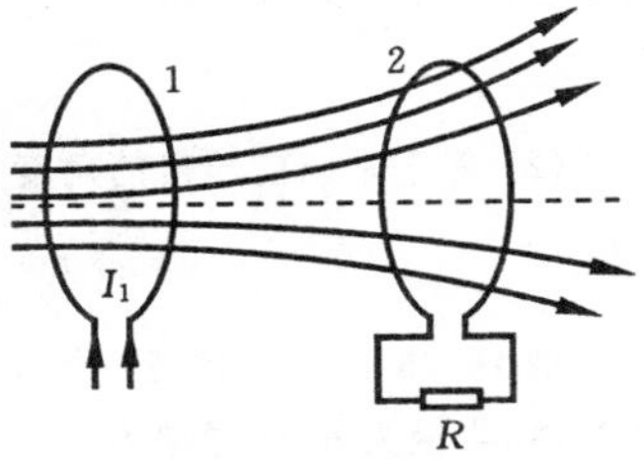

图 19.26

(1) 已知线圈 1 的自感系数为 L_1，求两线圈的互感系数和线圈 2 的自感系数；

(2) 若线圈 1 中的电流 I_1 在 τ(s)内由零均匀增加到 I_0 时，求线圈 2 中的感应电动势.(互感电动势和自感电动势分别求出.)

解　(1) 当线圈 1 通有电流 I_1 时，对其本身产生的磁通量为 $\Phi_1=L_1I_1$.

由题意知，线圈 1 对线圈 2 产生的磁通量为 $\Phi_{21}=\frac{1}{4}\Phi_1=\frac{1}{4}L_1I_1=MI_1$，所以互感系数为

$$M=\frac{1}{4}L_1.$$

设线圈 2 的自感系数为 L_2，则线圈 2 对线圈 1 产生的磁通量为

$$\Phi_{12}=MI_2=\frac{1}{4}L_1I_2=\frac{1}{4}L_2I_2,$$

故 $L_2=L_1$.

(2) 线圈 1 对线圈 2 产生的磁通量为 $\Phi_{21}=MI_1=\frac{1}{4}L_1I_1=\frac{1}{4}L_1\frac{I_0}{\tau}t$，所以线圈 2 中的互感电动势为 $\mathscr{E}_2'=-\frac{\mathrm{d}\Phi_{21}}{\mathrm{d}t}=-\frac{L_1I_0}{4\tau}$.

由于 $L_1\frac{\mathrm{d}I_2}{\mathrm{d}t}+(R+R_2)I_2=\frac{L_1I_0}{4\tau}$，求解方程并利用 $t=0, I_0=0, L_2=L_1$，得

$$I_2=\frac{L_1I_0}{4\tau(R+R_2)}\left(1-\mathrm{e}^{-\frac{R+R_2}{L_1}t}\right),$$

所以线圈 2 中的自感电动势为 $\mathscr{E}_2''=-L_1\frac{\mathrm{d}I_2}{\mathrm{d}t}=\frac{L_1I_0}{4\tau}\mathrm{e}^{-\frac{R+R_2}{L_1}t}$.

例 19.28　一个半径为 r 的非常小的导体环与一个半径为 R ($R\gg r$)的很大的导体圆环中心相距为 R，开始时两环平面彼此平行并分别与中心连线垂直，如图 19.27 所示. 保持不变的电流 I 通过固定在空间的大环，使小环以角速度 ω 围绕着一条直径匀速转动，小环的电阻为 Ω，小环自感可以忽略. 求：

(1) 小环中的电流强度；

(2) 需用多大的力矩施于小环，才能保持它的匀速转动；

(3) 大环中的感应电动势.

解　(1) 载流大环在小环中心产生的磁感应强度为

$$B=\frac{\mu_0}{2}\frac{R^2I}{(R^2+R^2)^{\frac{3}{2}}}=\frac{\mu_0}{4\sqrt{2}}\frac{I}{R},$$

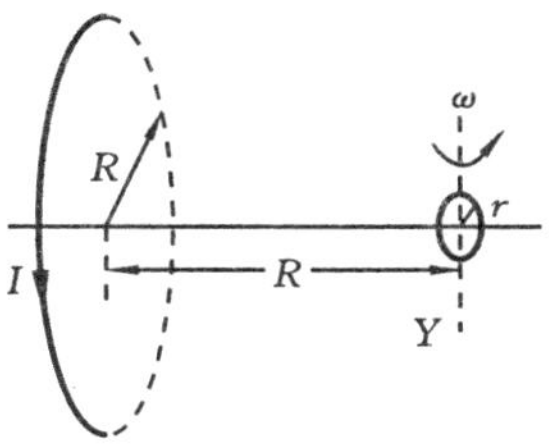

图 19.27

其方向水平向右．由于 $r \ll R$，在小线圈占据的范围内磁场可视为均匀．t 时刻小线圈法线与磁场方向夹角 $\theta=\omega t$，通过小线圈的磁通量为

$$\Phi_m = BS\cos\omega t = \frac{\mu_0}{4\sqrt{2}}\frac{I}{R}\pi r^2, \quad \cos\omega t = \frac{\pi\mu_0 r^2 I}{4\sqrt{2}R}\cos\omega t$$

所以小环中的感应电动势为

$$\mathscr{E} = -\frac{d\Phi_m}{dt} = \frac{\pi\mu_0\omega r^2 I}{4\sqrt{2}R}\sin\omega t.$$

小环中的感应电流为　$i=\dfrac{\mathscr{E}}{\Omega}=\dfrac{\pi\mu_0\omega r^2 I}{4\sqrt{2}R\Omega}\sin\omega t.$

(2) 小圆环的磁矩为　$P_m = i\pi r^2 = \dfrac{\pi^2\mu_0\omega r^4 I}{4\sqrt{2}R\Omega}\sin\omega t,$

小环要匀速转动，外力矩必须平衡磁场的阻力矩，于是外力矩为

$$M_{外} = M_{磁} = P_m B\sin\omega t = \frac{\pi^2\mu_0\omega r^4 I}{4\sqrt{2}R\Omega}\frac{\mu_0}{4\sqrt{2}}\frac{I}{R}\sin^2\omega t = \frac{\pi^2\mu_0\omega r^4 I^2}{32R^2\Omega}\sin^2\omega t.$$

(3) 由 $\Phi_m = MI$，求得两环的互感系数为 $M=\dfrac{\Phi_m}{I}=\dfrac{\pi\mu_0 r^2}{4\sqrt{2}R}\cos\omega t$，所以大环中的互感电动势为

$$\mathscr{E}' = -\frac{d(Mi)}{dt} = -\frac{d}{dt}\left(\frac{\pi\mu_0 r^2}{4\sqrt{2}R}\cos\omega t\ \frac{\pi\mu_0\omega r^2 I}{4\sqrt{2}R\Omega}\sin\omega t\right) = -\frac{\pi^2\mu_0^2\omega^2 r^4 I}{32R^2\Omega}\cos 2\omega t.$$

19.3　强化训练题

一、填空题

1. 一半径 $r=10$ cm 的圆形闭合导线回路置于均匀磁场 $\boldsymbol{B}$ ($B=0.80$ T) 中，$\boldsymbol{B}$ 与回路平面正交．若圆形回路的半径从 $t=0$ 开始以恒定的速率 $dr/dt=-80$ cm/s 收缩，则在 $t=0$ 时刻，闭合回路中的感应电动势大小为______，如要求感应电动势保持这一数值，则闭合回路面积应以 $dS/dt=$______的恒定速率收缩．

2. 如图 19.28 所示，载有恒定电流 I 的长直导线旁有一半圆环导线 cd，半圆环半径为 b，环面与直导线垂直，且半圆环两端点连线的延长线与直导线相交．当半圆环以速度 $\boldsymbol{v}$ 沿平行于直导线的方向平移时，半圆环上的感应电动势的大小是______．

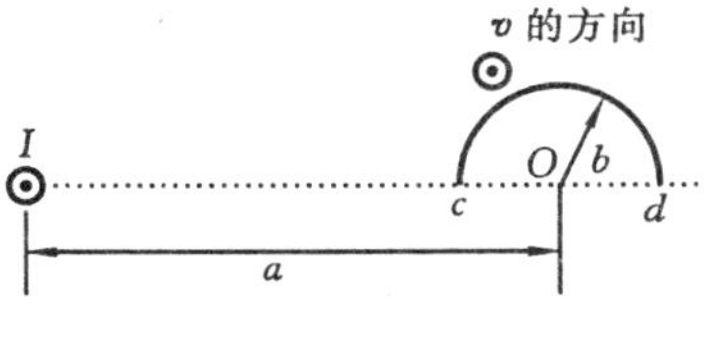

图 19.28

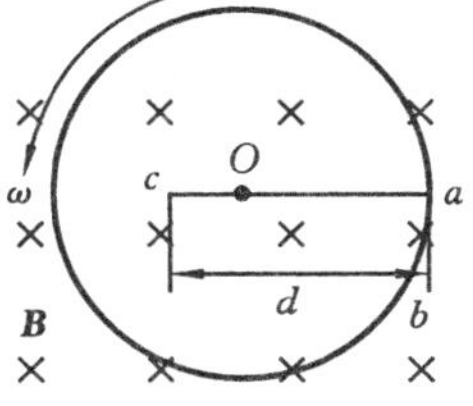

图 19.29

3. 如图 19.29 所示，半径为 L 的均匀导体圆盘绕通过中心 O 的垂直轴转动，角速度为 $\boldsymbol{\omega}$，盘面与均匀磁场 $\boldsymbol{B}$ 垂直．

(1) 在图上标出 Oa 线段中动生电动势的方向；

(2) 填写下列电势差的值（设 ca 段长度为 d）：$U_a-U_O=$______；$U_a-U_b=$______；$U_a-U_c=$______．

4. 长为 l 的金属直导线在垂直于均匀磁场的平面内以角速度 $\boldsymbol{\omega}$ 转动，如果转轴在导线上的位置是在______，整个导线上的电动势为最大，其值为______；如果转轴位置是在______，整个导线上的电动势为最小，其值为______.

5. 无铁芯的长直螺线管的自感系数表达式为 $L=\mu_0 n^2 V$，式中，n 为单位长度上的匝数；V 为螺线管的体积. 若考虑边缘效应，则实际的自感系数应______（填“大于”、“小于”或“等于”）此式给出的值；若在管内装上铁芯，则 L 与电流______（填“有关”、“无关”）.

6. 一自感线圈中，电流强度在 0.002 s 内均匀地由 10 A 增加到 12 A，此过程中线圈内自感电动势为 400 V，则线圈的自感系数 $L=$______.

7. 位于空气中的长为 l，横截面半径为 a，用 N 匝导线绕成的直螺线管，当符合______和______的条件时，其自感系数可表示成 $L=(N/l)^2 V$，V 是螺线管的体积.

8. 面积为 S 的平面线圈置于磁感应强度为 $\boldsymbol{B}$ 的均匀磁场中，若线圈以匀角速度 ω 绕位于线圈平面内且垂直于 $\boldsymbol{B}$ 方向的固定轴旋转，在时刻 $t=0$ 时，$\boldsymbol{B}$ 与线圈平面垂直，则任意时刻 t 通过线圈的磁通量______，线圈中的感应电动势______. 若均匀磁场 $\boldsymbol{B}$ 是由通有电流 I 的线圈所产生的，且 $B=kI$（k 为常量），则旋转线圈相对于产生磁场的线圈最大互感系数为______.

9. 如图 19.30 所示，在一个中空的圆柱面上紧密地绕有两个完全相同的线圈 aa' 和 bb'. 已知每个线圈的自感系数都等于 0.05 H，若 a、b 两端相连，a'、b' 接入电路，则整个线圈的自感 $L=$______；若 a、b' 两端相连，a'、b 接入电路，则整个线圈的自感 $L=$______；若 a、b 相连，又 a'、b' 相连，再以此两端接入电路，则整个线圈的自感 $L=$______.

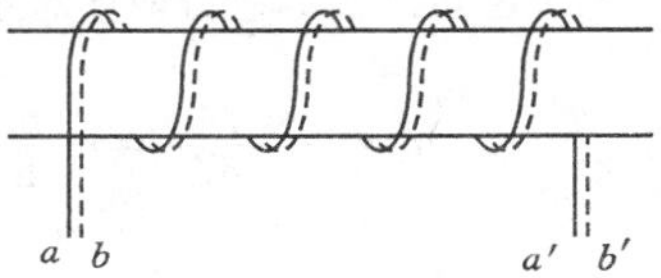

图 19.30

10. 一线圈中通过的电流 I 随时间 t 变化而变化的规律，如图 19.31 所示. 试图示出自感电动势 $\mathscr{E}_L$ 随时间变化而变化的规律.（以 I 的正向作为 $\mathscr{E}_L$ 的正向.）

11. 半径为 R 的无限长柱形导体上均匀流有电流 I，该导体材料的相对磁导率 $\mu_r=1$，则在导体轴线上一点的磁场能量密度 $w_{m0}=$______，在与导体轴线相距 r ($r<R$) 处的磁场能量密度 $w_{mr}=$______.

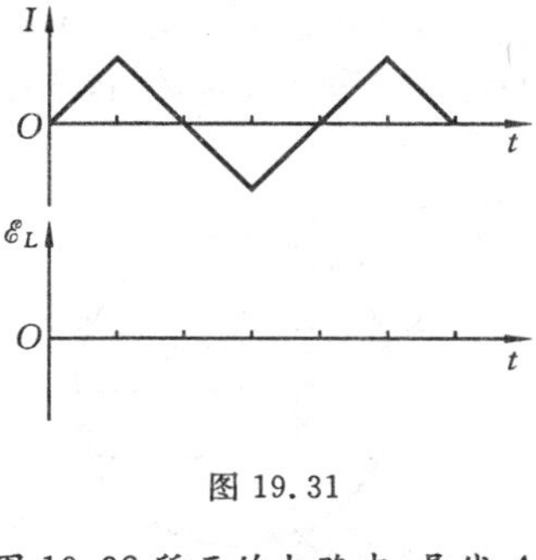

图 19.31

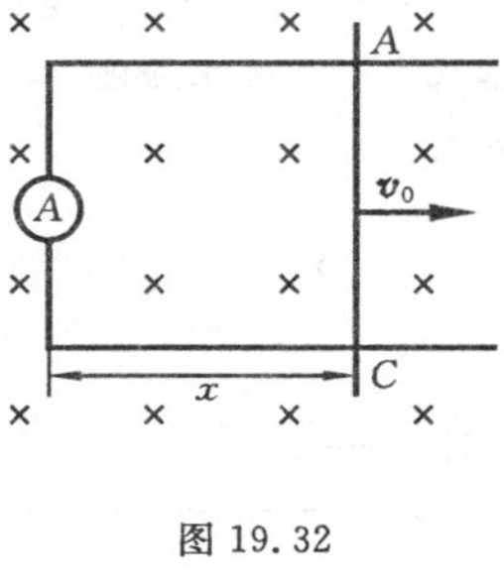

图 19.32

12. 在图 19.32 所示的电路中，导线 AC 在固定导线上向右平移. 设 $|AC|=5$ cm，均匀磁场随时间变化的变化率 $\dfrac{dB}{dt}=-0.1$ T/s，某一时刻导线 AC 的速度 $v_0=2$ m/s，$B=0.5$ T，$x=10$ cm，则这时动生电动势的大小为______，总感应电动势的大小为______. 以后动生电动势的大小随着 AC 的运动而______.

13. 写出麦克斯韦方程组的积分形式：______、______、______、______.

14. 充了电的由半径为 r 的两块圆板组成的平行板电容器，在放电时两板间的电场强度的大

小 $E=E_0 e^{\frac{-t}{RC}}$，E_0、R、C 均为常数，则两板间的位移电流的大小为______，其方向与场强方向______.

二、简答题

1. 试用具体例子说明楞次定律确定的感应电流方向是符合能量守恒和转换定律的.

2. 当扳断电路时，开关的两触头之间常有火花发生，如在电路里串接一电阻小、电感大的线圈，在扳断开关时火花就闪烁得更厉害，为什么会这样？

三、计算题

1. 一面积为 S 的单匝平面线圈，以恒定角速度 $\boldsymbol{\omega}$ 在磁感应强度 $\boldsymbol{B}=B_0\sin(\omega t)\boldsymbol{k}$ 的均匀外磁场中转动，转轴与线圈共面且与 $\boldsymbol{B}$ 垂直. 设 $t=0$ 时线圈的法向与 $\boldsymbol{B}$ 同方向，求线圈中的感应电动势.

2. 如图 19.33 所示，无限长直导线通以电流 I，有一与之共面的直角三角形线圈 ABC. 已知 AC 边长为 b，且与长直导线平行，BC 边长为 a. 若线圈以垂直于导线方向的速度 $\boldsymbol{v}$ 向右平移，当点 B 与长直导线的距离为 d 时，求线圈 ABC 内的感应电动势的大小和感应电动势的方向.

3. 如图 19.34 所示，在真空中两条无限长载流均为 I 的直导线中间放置一门框形支架（支架固定），该支架由导线和电阻连接而成，载流导体和门框形支架在同一竖直平面内，另一质量为 m、长为 l 的金属杆 ab 可以在支架上无摩擦地滑动. 将 ab 从静止释放，求：

(1) ab 上的感应电动势；　(2) ab 上的电流；　(3) ab 所能达到的最大速度.

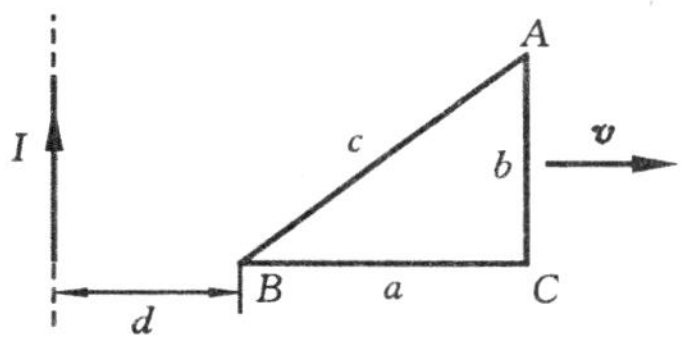

图 19.33

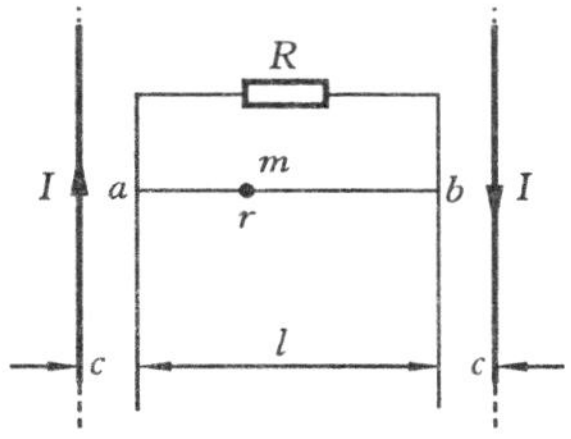

图 19.34

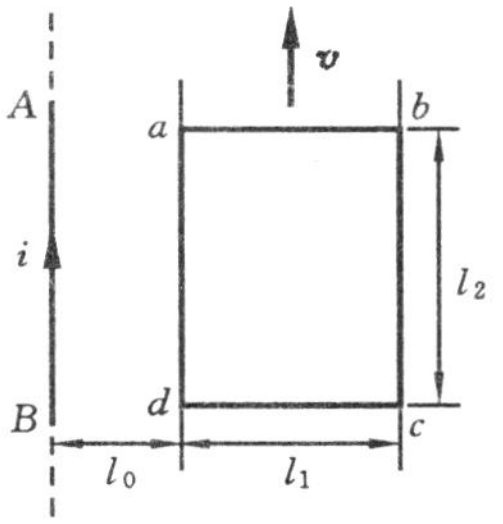

图 19.35

4. 如图 19.35 所示，长直导线中电流为 i，矩形线框 $abcd$ 与长直导线共面，且 $ad /\!/ AB$，dc 边固定，ab 边沿 da 及 cb 以速度 $\boldsymbol{v}$ 无摩擦地匀速平动，$t=0$ 时，ab 边与 cd 边重合.（设线框自感忽略不计.）

(1) 如 $i=I_0$，求 ab 中的感应电动势. a、b 两点中哪一点电势高？

(2) 如 $i=I_0\cos(\omega t)$，求 ab 边运动到图示位置时线框中的总感应电动势.

5. 如图 19.36 所示，水平面内有两条相距 l 的平行长直光滑裸导线 MN、$M'N'$，其两端分别与电阻 R_1、R_2 相连，匀强磁场垂直于纸面向里；裸导线 ab 垂直搭在平行导线上，并在外力作用下以速率 v 平行于导线 MN 向右做匀速运动，裸导线 MN、$M'N'$ 与 ab 的电阻均不计.

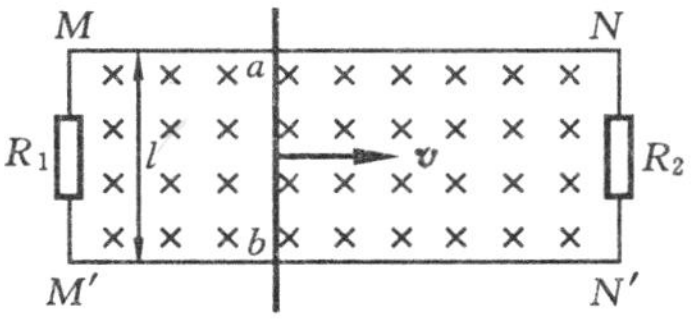

图 19.36

(1) 求电阻 R_1 与 R_2 中的电流 I_1 与 I_2，并说明其流向；

(2) 设外力提供的功率不能超过某值 P_0，求导线 ab 的最大速率.

6. 一环形螺线管，截面半径为 a，环中心线的半径为 R，$R\gg a$，在环上用表面绝缘的导线均匀地密绕了两个线圈，一个 N_1 匝，另一个 N_2 匝，求两个线圈的互感系数 M.

7. 如图 19.37 所示，长直导线和矩形线圈共面，AB 边与导线平行，$a=1$ cm，$b=8$ cm，$l=30$ cm.

(1) 若直导线中的电流 I 在 1 s 内均匀地从 10 A 降为零，则线圈 $ABCD$ 中的感应电动势的大小和方向如何？

(2) 求长直导线和线圈的互感系数 M.($\ln 2=0.693$，$\mu_0=4\pi\times10^{-7}$ H/m.)

8. 如图 19.38 所示，矩形截面螺绕环上绕有 N 匝线圈，若线圈中通有电流 I，则通过螺绕环截面的磁通量 $\Phi=\dfrac{\mu_0 NIh}{2\pi}$.

(1) 求螺绕环内外直径之比 $D_2:D_1$；

(2) 若 $h=0.01$ m，$N=100$ 匝，求螺绕环的自感系数；

(3) 若线圈通以交变电流 $i=I_0\cos\omega t$，求环内感应电动势.

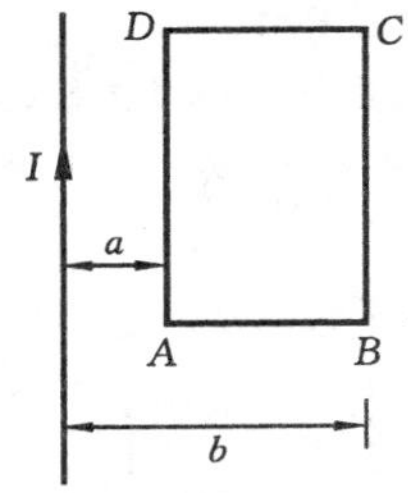

图 19.37

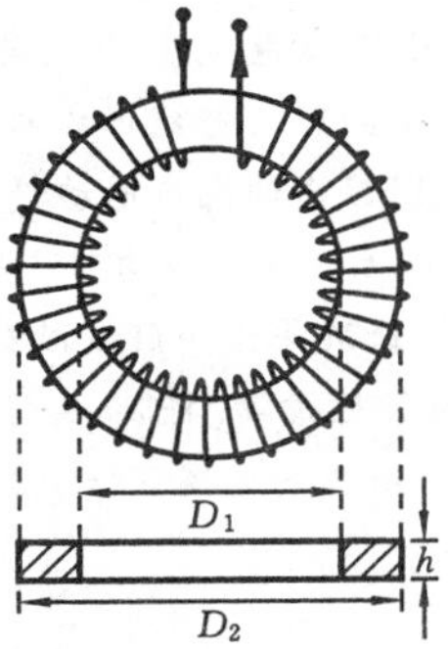

图 19.38

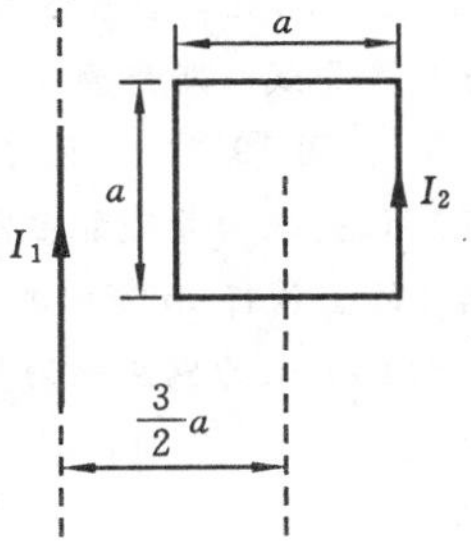

图 19.39

9. 如图 19.39 所示，一通有电流 I_1 的长直导线旁有一个与它共面通有电流 I_2、边长为 a 的正方形线圈，线圈的一对边和长直导线相平行，线圈的中心与长直导线间的距离为 $3a/2$，在维持它们的电流不变和保证共面的条件下将它们的距离从 $3a/2$ 变为 $5a/2$，求长直导线与正方形线圈所组成的系统磁能的变化. 如磁能增加，其增加来自何处？如减少，又减少到哪去了？

10. 截面为矩形的螺绕环共 N 匝，尺寸如图 19.40 所示，图下半部两矩形表示螺绕环的截面，在螺绕环的轴线上另有一无限长直导线.

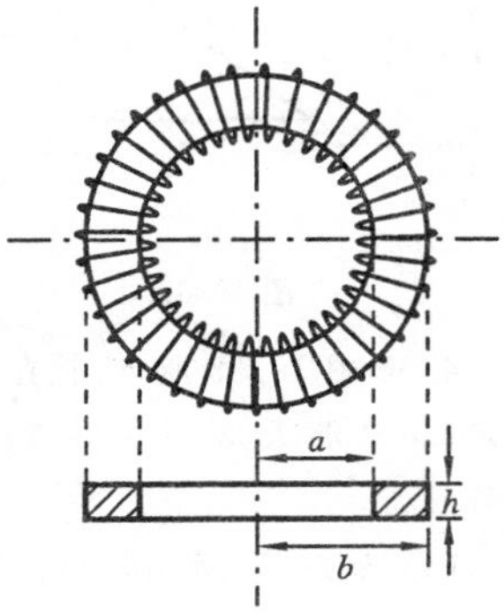

图 19.40

(1) 求螺绕环的自感系数；

(2) 求长直导线和螺绕环的互感系数；

(3) 若在螺绕环内通以稳恒电流 I，求螺绕环内储存的磁能.

第 20 章　量子物理基础

20.1　知识要点

1. 19 世纪末 20 世纪初物理学的重大发展

1895 年，伦琴发现 X 射线.

1896 年，法国物理学家发现天然放射性.

1897 年，汤姆孙发现电子.

1900 年，普朗克提出能量子假设.

1905 年，爱因斯坦提出光量子假设.

1905 年，26 岁的爱因斯坦提出狭义相对论.

1916 年，爱因斯坦又提出广义相对论，统一场论.

1911 年，卢瑟福提出原子有核模型.

1913 年，玻尔提出氢原子量子理论.

1924 年，德布罗意提出物质波假设.

1925 年，海森堡提出矩阵力学.

1926 年，薛定谔提出波动力学.

量子力学的建立对整个物理学的发展都起了巨大的推动作用. 量子力学、相对论是整个物理学发展的两大物理基础. 微观粒子具有两个非常重要的性质：明显的二象性和量子性.

2. 原子光谱的实验规律

(1) 原子光谱. 用摄谱仪可以把光波按波长的不同分散开来形成所谓的光谱. 光谱有两大类，每一类中又有三种形式：

- 光谱
  - 发射光谱
    - 连续光谱
    - 原子光谱
    - 分子光谱
  - 吸收光谱
    - 连续光谱
    - 原子光谱
    - 分子光谱

原子光谱是由处于游离态的原子产生的，原子发光是原子内部的电子运动产生的，原子光谱反映了原子内部结构或能态的变化，所以原子光谱的研究是了解原子结构的重要方法.

(2) 氢原子光谱的实验规律. 在光谱分析中，光谱线常用波数 $\tilde{\nu}=1/\lambda$ 表征，即用 $\tilde{\nu}$ 表示单位长度内所包含的波的数目. 实验表明氢原子光谱是由若干个线系组成的，氢原子光谱可用一个广义里德伯公式来表示：

$$\tilde{\nu}=\frac{1}{\lambda}=R\left(\frac{1}{k^2}-\frac{1}{n^2}\right),$$

式中，$R=1.097373\times10^7\ \mathrm{m}^{-1}$ 为里德伯常量；$k(k=1,2,3,\cdots)$ 值对应不同的线系；$n=k+1,k+2,k$

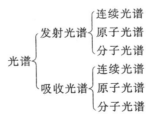

+3,…,n 值对应同一线系的不同光谱线.

例如,

对于赖曼系,$\tilde{\nu}=\dfrac{1}{\lambda}=R\left(\dfrac{1}{1^2}-\dfrac{1}{n^2}\right)$ ($n=2,3,4,\cdots$,紫外区);

对于巴耳末系,$\tilde{\nu}=\dfrac{1}{\lambda}=R\left(\dfrac{1}{2^2}-\dfrac{1}{n^2}\right)$ ($n=3,4,5,\cdots$,可见光区);

对于帕邢系,$\tilde{\nu}=\dfrac{1}{\lambda}=R\left(\dfrac{1}{3^2}-\dfrac{1}{n^2}\right)$ ($n=4,5,6,\cdots$,红外区).

3. 热辐射、基尔霍夫定律、绝对黑体的辐射定律

任何物体或液体在任何温度下都发射电磁波,向四周辐射的能量称为辐射能.在一定时间内辐射能量的多少以及辐射能按波长的分布都与温度有关.这种辐射在量值方面和辐射能按波长分布方面都取决于辐射体的温度,所以叫做热辐射或温度辐射.用 $\mathrm{d}M_\lambda$ 表示从物体表面单位面积单位时间发射的波长在 $\lambda\to\lambda+\mathrm{d}\lambda$ 范围内的辐射能(即辐射功率),那么 $\mathrm{d}M_\lambda$ 与波长间隔 $\mathrm{d}\lambda$ 的比值称为单色辐出度,用 $M_\lambda(T)$表示,$M_\lambda(T)=\dfrac{\mathrm{d}M_\lambda}{\mathrm{d}\lambda}$(即辐射功率密度),$M_\lambda(T)$是温度 T 和波长 λ 的函数.从物体表面单位面积单位时间发射的各种波长的总辐射能(总辐射功率)称为物体的辐射出射度,用 $M(T)$表示,一定温度下,$M(T)=\int_0^\infty M_\lambda(T)\mathrm{d}\lambda$.物体在一定温度 T 时,对于波长在 $\lambda\to\lambda+\mathrm{d}\lambda$ 范围内辐射能的吸收比称为单色吸收比,用 $\alpha(\lambda,T)$表示,即 $\alpha(\lambda,T)=\dfrac{\mathrm{d}M'_\lambda}{\mathrm{d}M_\lambda}$,对此范围内辐射能的反射比称为单色反射比,用 $\rho(\lambda,T)$表示.各种不同的物体,$\alpha(\lambda,T)$和 $\rho(\lambda,T)$不同,$\alpha(\lambda,T)$和 $\rho(\lambda,T)$都是纯数,对于不透明的物体来说,$\alpha(\lambda,T)+\rho(\lambda,T)=1$.设有一物体在任何温度下对任何波长的入射辐射能的吸收比都等于 1,那么这种物体称为绝对黑体,即 $\alpha_B(\lambda,T)=1$,$\rho_B(\lambda,T)=0$.设有不同物体 1,2,3,…和绝对黑体 B,它们在同一温度 T 时的单色辐出度分别为 $M_{1\lambda}(T)$,$M_{2\lambda}(T)$,…和 $M_{B\lambda}(T)$,单色吸收比分别为 $\alpha_1(\lambda,T)$,$\alpha_2(\lambda,T)$,…和 $\alpha_B(\lambda,T)$,实验表明

$$\frac{M_{1\lambda}(T)}{\alpha_1(\lambda,T)}=\frac{M_{2\lambda}(T)}{\alpha_2(\lambda,T)}=\cdots=\frac{M_{B\lambda}(T)}{\alpha_B(\lambda,T)}=\text{恒量}$$

即

$$\frac{M_\lambda(T)}{\alpha(\lambda,T)}=M_{B\lambda}(T)=\text{恒量}$$

上式说明任何物体的单色辐出度和单色吸收比之比等于同一温度绝对黑体的单色辐出度,此称为基尔霍夫定律.实验给出绝对黑体单色辐出度 $M_{B\lambda}(T)$按波长的分布曲线,如图 20.1 所示.

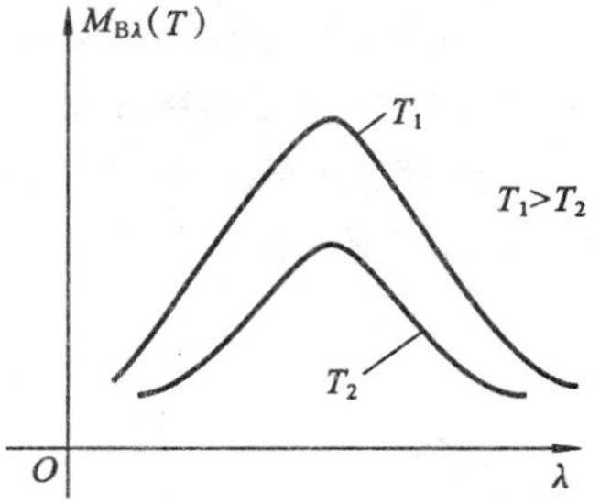

图 20.1

1879—1884 年斯忒藩和玻尔兹曼先后从实验和理论指出:绝对黑体在一定温度下的辐射出射度为

$$M_B(T)=\int_0^\infty M_{B\lambda}(T)\mathrm{d}\lambda=\text{相应曲线下的面积}=\sigma T^4$$

$\sigma=5.67\times10^{-8}\ \mathrm{W\cdot m^{-2}\cdot K^{-4}}$是一普适常数,称为斯忒藩恒量.在每一条曲线上,$M_{B\lambda}(T)$有一最大值,对应于这个最大值的波长用 λ_m 表示,绝对黑体的温度愈高,λ_m 值愈小,两者关系为

$$T\lambda_m=b\quad(\text{位移定律})$$

式中,$b=2.8978\times10^{-3}\ \mathrm{m\cdot K}$ 是一个和温度无关的量.

4. 普朗克的量子假设、普朗克公式

1900 年普朗克提出:$M_{B\lambda}(T)=2\pi hc^2\lambda^{-5}\dfrac{1}{\exp\left(\dfrac{hc}{k\lambda T}\right)-1}$

式中，h 为普朗克常数，c 为光速，k 为玻尔兹曼常数. 这个函数很好地与实验曲线相吻合. 普朗克提出了能量子假设：

① 辐射物质中具有带电的线性谐振子（如分子、原子的振动），又称为电磁振子，由于带电的关系，线性谐振子能够和周围的电磁场交换能量；

② 这些谐振子与经典物理学中所说的不同，只可能处于某些特殊状态，这些状态中相应能量是某一最小能量 ε（ε 称为能量子）的整数倍，即 $\varepsilon, 2\varepsilon, 3\varepsilon, \cdots, n\varepsilon$，$n$ 为正整数. 这些允许的能量取值称为能级，这种能量的不连续性称为能量量子化，对于频率为 ν 的谐振子而言，最小能量为 $\varepsilon=h\nu$，称为能量子，简称为量子；

③ 在辐射或吸收能量时，振子只能从这些状态之一跃迁到其他状态，而不能停留在不符合这些能量的任何中间状态.

普朗克的能量子假设成功解释了黑体辐射的实验结果，普朗克荣获 1918 年的诺贝尔物理学奖，并被称为量子力学的先驱.

5. 光电效应实验规律

金属中的自由电子，在光的照射下吸收光能而逸出金属表面的现象称为光电效应，逸出的电子称为光电子.

(1) 同一金属在同一入射光频率下，饱和光电流强度 I_s 与入射光的强度成正比，如图 20.2 所示.

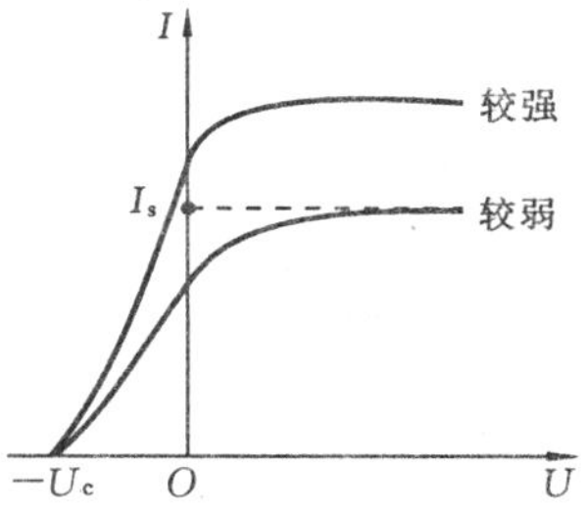

图 20.2

(2) 光电子的最大初动能随入射光的频率的增加而线性增加，与入射光强度无关. 由功能原理，光电子的最大初动能 $\frac{1}{2}mv_m^2$ 与遏止电压 U_c 的关系为

$$\frac{1}{2}mv_m^2=eU_c,$$

式中，e 为电子电量绝对值.

实验结果表明：遏止电压 U_c 和入射光的频率之间具有线性关系，即 $U_c=k\nu-U_0$，$k>0$，$U_0>0$.

对于不同的金属，U_0 的量值不同，对于同一金属，U_0 为恒量；k 为不随金属种类改变的普适恒量. 所以有

$$\frac{1}{2}mv_m^2=ek\nu-eU_0.$$

(3) 光电效应的红限频率. 要发生光电效应要求 $\frac{1}{2}mv_m^2\geqslant 0$，即 $ek\nu-eU_0\geqslant 0$，$\nu\geqslant\frac{U_0}{k}$. $\nu_0=\frac{U_0}{k}$ 称为光电效应的红限频率，不同金属具有不同的红限频率. 当光照射某一给定金属时，无论光的强度如何，如果入射光的频率小于这一金属的红限频率 ν_0，就不会发生光电效应.

(4) 光电效应和时间的关系. 实验表明：从光开始照射直到金属释放出光电子，无论光的强度如何，只要 $\nu\geqslant\nu_0$ 几乎是瞬时的，并不需要经过一段显著的时间（$t<10^{-9}$ s）.

6. 爱因斯坦光量子假设

(1) 光量子假设. 光不仅在发射和吸收时具有粒子性，而且光在空间传播时也具有粒子性，即一束光是一粒一粒以光速 c 运动的粒子流. 这些光粒子称为光量子，简称为光子. 每一个光子的能量 $\varepsilon=h\nu$（h 为普朗克常量，ν 为光的频率），不同频率的光子具有不同的能量. 光子不可分裂，只能以完整的单元产生或被吸收.

(2) 爱因斯坦光电效应方程. 当金属中的自由电子从入射光中吸收一个光子的能量 $h\nu$ 时，一部分消耗于电子从金属表面逸出时克服阻力所需的逸出功 W，另一部分转换为光电子的动能

$\frac{1}{2}mv_m^2$，由能量转换与守恒定律有

$$h\nu=\frac{1}{2}mv_m^2+W.$$

这就是著名的爱因斯坦光电效应方程. 比较下列方程组中的式子：

$$\begin{cases}h\nu=\frac{1}{2}mv_m^2+W,\\ \frac{1}{2}mv_m^2=ek\nu-eU_0,\end{cases}$$

有 $h=ek, W=eU_0, U_0$ 为逸出电势.

红限频率 ν_0 相当于电子吸收一个光子的能量 $h\nu_0$ 全部用于电子的逸出功 W，即 $h\nu_0=W$，故 $\nu_0=\frac{W}{h}=\frac{eU_0}{h}=\frac{U_0}{k}$，这与前述结果相同.

(3) 光的本性. 光不仅具有波动性，还具有粒子性，称为波粒二象性. 其粒子性与波动性是通过普朗克常量 h 相联系的，所以 h 是一个非常重要的物理量.

光子的能量　$\varepsilon=h\nu$；

光子的运动质量　$m=\varepsilon/c^2=h\nu/c^2$；

光子的动量　$p=mc=\frac{h\nu}{c^2}c=\frac{h}{\lambda}$；

光子的静止质量　$m_0=0$.

7. 康普顿效应

(1) 康普顿散射实验结果. 在某一定散射方向上(对应一定散射角 φ)，散射线中有与入射的 X 射线波长 λ_0 相同的射线；存在波长 $\lambda>\lambda_0$ 的散射线，且 $\Delta\lambda=\lambda-\lambda_0$ 与入射线波长 λ_0 及散射物质无关，仅与散射角 φ 有关；轻元素康普顿散射强度较强，重元素散射强度较弱.

(2) 经典波动理论的矛盾性. 据经典电磁理论，带电粒子受迫振动的频率等于入射光的频率，所发射光的频率应与入射光的频率相同，可见纯的光的波动理论不能解释这种波长改变的散射，即所谓康普顿效应.

(3) 康普顿效应的量子解释. 应用光子的概念解释光与物质的相互作用过程. 当光子的能量大大超过电子所受束缚能量时(轻原子中的电子以及重原子中的外层电子属于此情况)，可以认为电子是自由的，在受到光子作用之前是静止的(见图 20.3). 光子与电子作用过程满足能量守恒与动量守恒，即

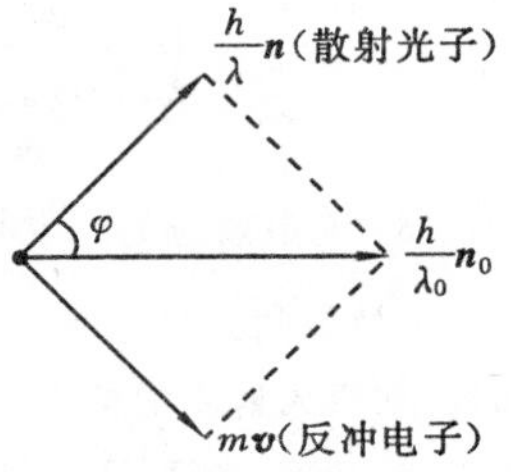

图 20.3

$$h\nu_0+m_0c^2=h\nu+mc^2,\quad m\boldsymbol{v}=\frac{h}{\lambda_0}\boldsymbol{n}_0-\frac{h}{\lambda}\boldsymbol{n},$$

故

$$\Delta\lambda=\lambda-\lambda_0=\frac{h}{m_0c}(1-\cos\varphi),$$

式中，$\frac{h}{m_0c}=\lambda_c=0.002\ 426\ 3$ nm 具有波长量纲，称为电子的康普顿波长.

如果光子与原子中束缚很紧的电子(内层电子)碰撞，电子不可能再当做自由的了. 碰撞时光子将与整个原子间交换能量，因为原子的质量远大于光子，所以可以近似地认为光子并不把自己的能量传递给原子. 散射时 $h\nu_0$ 不改变，所以在散射线中也有与入射的 X 射线波长 λ_0 相同的谱线. 康普顿效应理论解释与实验的精确符合，进一步说明了光量子理论的正确性，同时说明能量守恒、动量守恒在微观领域同样成立.

8. 实物粒子的波粒二象性假设

(1) 物质波假设. 一切实物粒子既具有粒子性，又具有波动性即波粒二象性. 质量为 m，并以一定速度 $\boldsymbol{v}$ 运动的实物粒子(其动量为 $m\boldsymbol{v}$)就有一定波长 λ 和频率 ν 的波(物质波)与之相对应. 它们之间的联系如同光子和光波的联系一样，即对于实物粒子，有：

粒子能量 $E=h\nu=mc^2$；

粒子动量 $p=mv=\dfrac{h}{\lambda}$.

与实物粒子相联系的波(物质波)，其波长和频率分别为

$$\lambda=\frac{h}{p}=\frac{h}{mv}=\frac{h}{m_0 v}\sqrt{1-\frac{v^2}{c^2}},\quad \nu=\frac{E}{h}=\frac{mc^2}{h}=\frac{m_0 c^2}{h\sqrt{1-v^2/c^2}}.$$

由此看出，实物粒子的运动既可用动量、能量来描述，也可用波长和频率来描述. 在某些情况下，其粒子性表现得突出一些，在另一些情况下，又是波动性表现得突出一些，这就是实物粒子的波粒二象性. 其二象性是通过普朗克常量联系起来的. 物质波的概念提出以后很快就在实验上得到了证实(电子衍射实验等).

(2) 物质波的相速度. $u=\nu\lambda=\dfrac{mc^2}{h}\cdot\dfrac{h}{mv}=\dfrac{c^2}{v}>c$. 单色波的相速度 $u>c$ 并无实在的物理意义. 另外，物质波的相速度还可以表示为

$$u=\nu\lambda=\frac{E}{p}=\frac{\sqrt{c^2p^2+m_0^2c^4}}{p}=c\sqrt{1+\left(\frac{m_0 c}{h}\right)^2\lambda^2}.$$

上式说明物质波即使是在真空中传播也会有色散发生，这与光波不同.

9. 物质波的统计解释

(1) 物质波是一种几率波(概率波). 光波或物质波衍射图样强度分布表明：强度大的地方光子或实物粒子在该处出现的概率大. 对于个别粒子，粒子在何处出现有一定的偶然性，不能断言某粒子一定会出现在某处；对于大量粒子，粒子在空间不同位置处出现的概率服从一定的统计规律，并且形成一条连续的分布曲线. 所以，微观粒子在空间分布表现为具有连续特征的波动性.

(2) 概率幅的叠加性. 量子力学中，微观粒子的运动状态是用波函数来描述的. 波函数 ψ 的绝对值的平方 $|\psi^2|$ 给出微观粒子在空间不同位置处出现的概率密度，所以波函数 ψ 又称为概率幅. 概率幅有一重要性质就是概率幅的叠加性，有人称之为量子力学第一原理. 如果一个事件可能以几种方式实现，则该事件的概率幅就是各种方式单独实现时的概率幅之和.

10. 测不准关系

由于微观粒子具有明显的波粒二象性，如果仍然沿用经典的概念来描述微观粒子的运动状态，就必然会带来某种限制，这种限制就是测不准关系. 坐标和动量的测不准关系为

$$\Delta x\Delta p_x\geqslant\hbar,\quad \hbar=\frac{h}{2\pi}.$$

式中，Δx 为光子或电子的 x 坐标的不准确量；Δp_x 为光子或电子动量的 x 分量的不准确量.

上式表明，对微观粒子的坐标和动量不可能同时进行准确测量，这正是微观粒子具有波粒二象性的必然反映. 粒子在某方向上的坐标测得愈准确(即 Δx 减小)，则这一方向上的动量就愈不准确(即 Δp_x 增大)，衍射图样愈宽. 对于时间和能量也有类似的测不准关系：$\Delta E\Delta t\geqslant\hbar$，$\Delta E$ 为能量不确定量；Δt 为时间不确定量.

11. 波函数与薛定谔方程

微观粒子具有波粒二象性，其运动不能用经典的坐标、动量、轨道等概念精确描述. 在量子力学中，反映微观粒子运动的基本方程是薛定谔方程，薛定谔方程的解称为波函数. 微观粒子的运动

状态(称量子态)是用波函数来描写的.

(1) 波函数.沿 x 方向传播的自由粒子波函数为

$$\Psi(x,t)=\Psi_0\mathrm{e}^{-\frac{\mathrm{i}}{\hbar}(Et-px)},$$

式中,E 为粒子能量;p 为其动量.

自由粒子沿矢径 $\boldsymbol{r}$ 方向传播时的波函数为 $\Psi(\boldsymbol{r},t)=\Psi_0\mathrm{e}^{-\frac{\mathrm{i}}{\hbar}(Et-\boldsymbol{p}\cdot\boldsymbol{r})}$.

(2) 波函数的统计解释.波函数的物理含义是波函数模的平方给出微观粒子在任意时刻任意位置出现的概率密度,即 $\Psi_0^2=|\Psi|^2=\Psi(\boldsymbol{r},t)\Psi^*(\boldsymbol{r},t)$.

(3) 态叠加原理.如果波函数 $\Psi_1(\boldsymbol{r},t)$,$\Psi_2(\boldsymbol{r},t)$,…,都是描述系统的可能的量子态,那么它们的线性组合

$$\Psi(\boldsymbol{r},t)=c_1\Psi_1(\boldsymbol{r},t)+c_2\Psi_2(\boldsymbol{r},t)+\cdots=\sum c_i\Psi_i(\boldsymbol{r},t)$$

也是系统的一个可能的量子态,式中,c_1,c_2,…一般是复数.

(4) 宇称的概念.如果将描述粒子状态的波函数的所有坐标改变符号,即 $\boldsymbol{r}$ 变为 $-\boldsymbol{r}$,称为波函数的空间反演,宇称就是描述微观粒子波函数在空间反演下所具有的一种对称性.如果波函数经空间反演后数值和符号都不改变,即 $\Psi(-\boldsymbol{r},t)=\Psi(\boldsymbol{r},t)$,称该波函数具有偶宇称,其宇称量子数为 $+1$;如果反演后波函数的数值不变而符号改变,即 $\Psi(-\boldsymbol{r},t)=-\Psi(\boldsymbol{r},t)$,则称该波函数具有奇宇称,其宇称量子数为 -1.

(5) 波函数的标准化条件和归一化条件.波函数的标准化条件:波函数 $\Psi(\boldsymbol{r},t)=\Psi(x,y,z,t)$ 必须是 (x,y,z,t) 的单值、有限和连续函数.这是由波函数的物理意义决定的.

波函数的归一化条件:粒子在整个空间各点出现的概率总和为 1,即

$$\int|\Psi|^2\mathrm{d}x\mathrm{d}y\mathrm{d}z=\int|\Psi|^2\mathrm{d}\tau=1.$$

(6) 薛定谔方程.首先引进拉普拉斯算子 $\nabla^2=\frac{\partial^2}{\partial x^2}+\frac{\partial^2}{\partial y^2}+\frac{\partial^2}{\partial z^2}$,则薛定谔方程

$$-\frac{\hbar}{2m}\nabla^2\Psi+V(\boldsymbol{r},t)\Psi=\mathrm{i}\hbar\frac{\partial\Psi}{\partial t},$$

定义哈密顿算符 $\hat{H}=-\frac{\hbar^2}{2m}\nabla^2+V$,故 $\hat{H}\Psi=\mathrm{i}\hbar\frac{\partial\Psi}{\partial t}$.

显然,只要知道了粒子的质量 m 和它在势场中的势能函数 V 的具体表达式,就可以写出薛定谔方程.依据初始条件和边界条件求解,可得出描述微观粒子运动状态的波函数 $\Psi(\boldsymbol{r},t)$,其绝对值的平方给出微观粒子在不同时刻、不同位置处出现的概率密度.这就是量子力学中处理微观粒子运动的方法.

(7) 定态问题.所谓定态问题,即势能函数 $V\equiv V(x,y,z)$ 不随时间改变而改变的情况.由分离变量法将 $\Psi(x,y,z,t)$ 分离为 $\Psi(x,y,z,t)=\Psi(x,y,z)f(t)$,代入薛定谔方程 $\hat{H}\Psi=\mathrm{i}\hbar\frac{\partial\Psi}{\partial t}$,并加计算整理可以得出

$$f(t)=\mathrm{e}^{-\frac{\mathrm{i}}{\hbar}Et},\quad -\frac{\hbar^2}{2m}\nabla^2\Psi+V\Psi=E\Psi.$$

上式称为定态薛定谔方程,其中 E 表示粒子总能量,其解为 $\Psi(x,y,z)$.在定态情况下,粒子波函数为

$$\Psi(x,y,z,t)=\Psi(x,y,z)f(t)=\Psi(x,y,z)\mathrm{e}^{-\frac{\mathrm{i}}{\hbar}Et}\ \text{(驻波方程)}.$$

由此可见当势能 V 不随时间变化而变化时,波函数的振幅 $\Psi(x,y,z)$ 只是空间坐标的函数.所以此时实物波为驻波,粒子在空间的概率分布为 $\Psi^*\Psi=|\Psi|^2=\Psi^2(x,y,z)$,这种状态称为定态.

12. 一维无限深势阱

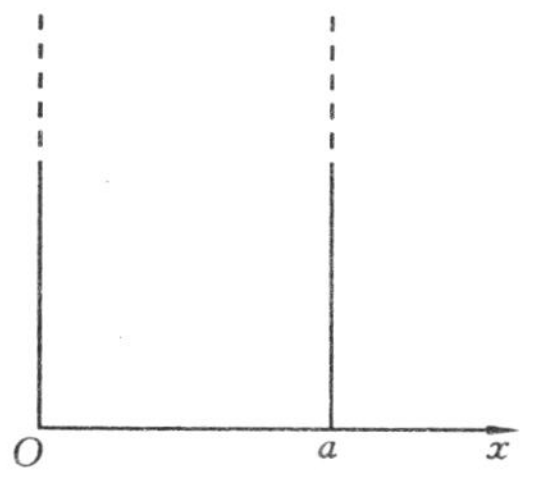

图 20.4

(1) 定态薛定谔方程. 设质量为 m 的粒子只能在 $0<x<a$ 的区域间自由运动(见图 20.4),其势能表达式为

$$V(x)=\begin{cases}0 & (0<x<a),\\ \infty & (x\leqslant 0, x\geqslant a).\end{cases}$$

$V(x)$不随时间 t 变化而变化,可以写出粒子的定态薛定谔方程为

$$-\frac{\hbar^2}{2m}\frac{\partial^2\psi}{\partial x^2}=E\psi \quad (0<x<a).$$

(2) 粒子本征能量与能量本征函数. 由边界条件 $\Psi(0)=0, \Psi(a)=0$ 以及波函数标准化条件可求得粒子的本征能量为

$$E_n=\left(\frac{\pi^2\hbar^2}{2ma^2}\right)n^2 \quad (n=1,2,3,\cdots),$$

式中,n 为量子数. 显然粒子的能量只能取离散的值,称为能量量子化,每一个可能的能量值称为一个能级. $n=1$ 时,粒子能量 $E_1=\frac{\pi^2\hbar^2}{2ma^2}$,称为基态能级,也称为零点能(经典力学中粒子的最低能量必须为零).

另外,由 $E_n=\left(\frac{\pi^2\hbar^2}{2ma^2}\right)n^2$ 可得出势阱中粒子的动量为

$$p_n=\pm\sqrt{2mE_n}=\pm n\frac{\pi}{a}\hbar=\pm k\hbar \quad \left(k=\frac{n\pi}{a}\right),$$

动量是量子化的. 相应物质波波长为 $\lambda_n=\frac{h}{p_n}=\frac{2a}{n}=\frac{2\pi}{k}$,波长亦是量子化的. 或者 $a=n\frac{\lambda_n}{2}$ $(n=1,2,3,\cdots)$,波函数为驻波.

与粒子能量本征值对应的能量本征函数(称为粒子能量本征态)为

$$\Psi_n(x)=\sqrt{\frac{2}{a}}\sin\left(\frac{n\pi}{a}x\right) \quad (0<x<a, n=1,2,3,\cdots).$$

当粒子处于量子数为 n 的能量本征态时,相应的粒子能量为 E_n,描述粒子运动状态的本征函数为 $\Psi_n(x)$.

(3) 算符的概念. 在量子力学中,经常使用力学量算符的表达形式. 一个算符$\hat{Q}$代表一种运算,将它作用于函数 f 上会使之变为另一函数 G,即$\hat{Q}f=G$. 按量子力学理论,描述微观粒子的每一种力学量都对应一个算符. 例如,坐标 x 的算符 $\hat{x}=x$;动量的算符 $\hat{p}_x=\frac{\hbar}{\mathrm{i}}\frac{\partial}{\partial x}$;能量的算符 $\hat{H}=\frac{\hbar^2}{2m}\nabla^2+V$. 如果算符$\hat{Q}$作用于 f 的结果仅是使 f 乘以一个数 q,即$\hat{Q}f=qf$,则该式称为 $\hat{Q}$ 的本征方程. 求解本征方程得出一系列函数 f_n 和数值 q_n,分别称为$\hat{Q}$的本征函数系和本征值系. $\hat{H}\Psi=E\Psi$ 就是哈密顿算符 $\hat{H}$ 的本征方程.

13. 一维简谐振子

质量为 m 的粒子在外力场中做一维简谐振动(固体中原子的振动可以用这种模型加以近似研究). 一维谐振子的势能函数 $V=\frac{1}{2}kx^2=\frac{1}{2}m\omega^2x^2$ 与时间 t 无关,属于定态问题,式中,x 表示粒子的振动位移;k 为常数是正实数;$\omega=\sqrt{\frac{k}{m}}$为谐振子固有角频率. 定态薛定谔方程为

$$\frac{\mathrm{d}^2\psi}{\mathrm{d}t^2}+\frac{2m}{\hbar^2}\left(E-\frac{1}{2}m\omega^2x^2\right)\psi=0.$$

为了使波函数满足单值、有限、连续等物理条件，可求出谐振子的总能量为

$$E_n=\left(n+\frac{1}{2}\right)\hbar\omega=\left(n+\frac{1}{2}\right)h\nu\quad(n=0,1,2,3,\cdots).$$

显然，能量是量子化的. 当 $n=0$ 时，$E_0=\frac{1}{2}\hbar\omega=\frac{1}{2}h\nu$ 称为零点能. 此结论与经典力学结论相矛盾，这说明微观粒子不可能完全静止，符合测不准关系.

14. 隧道效应

无限高的势垒把粒子完全束缚在阱区之内，那么有限高势垒情形又如何？设有一个方形势垒：

$$V(x)=\begin{cases}0 & (x<0,x>a),\\ V_0 & (0<x<a).\end{cases}$$

当能量 $E<V_0$ 的粒子从左向右射向势垒时，能否穿过势垒到达 S 区，只有求解薛定谔方程寻求答案. 结论是：粒子能够穿透比其动能高的势垒到达 S 区，这种现象就称为隧道效应. 1982 年由美国 IBM 公司发明的扫描隧道显微镜(STM)是电子隧道效应的重要应用之一，其显微分辨率超过电子显微镜数百倍，达到 0.1 nm. 利用这种显微镜人类第一次实时地观察到了物质表面上排列着的一个个单个原子.

15. 氢原子及其四个量子数

氢原子中有一个核和一个电子，作为一级近似，可把核看做静止不动，电子绕核运动. 电子在核电荷势场中的势能 $V=-\frac{e^2}{4\pi\varepsilon_0 r}$ 与时间无关，属于定态问题. 定态薛定谔方程为

$$\nabla^2\psi+\frac{2m}{\hbar^2}\left(E+\frac{e^2}{4\pi\varepsilon_0 r}\right)\psi=0.$$

求解薛定谔方程可以得出如下结论：氢原子核外电子的状态可由 n,l,m_l 和 m_s 四个量子数来确定.

(1) 主量子数 $n=1,2,3,\cdots$ 决定电子在原子中的能量 $E_n=-\frac{13.6}{n^2}$ eV. 当 $n=1$ 时，$E_1=-13.6$ eV称为氢原子的基态；当 $n\to\infty$ 时，$E_n\to 0$；当 $E>0$ 时，说明氢原子已电离，这时的电子成为自由电子，量子化消失，能量可以连续取值. 使氢原子电离所必须的最小能量叫电离能，即 $E_{电}=E_\infty-E_1=13.6$ eV.

氢原子光谱实验规律的量子解释：吸收光子时，氢原子从低能态跃迁到较高能态. 当氢原子从高能态跃迁到较低能态时放出光子，吸收或放出光子的能量都等于两个能级之差，即 $E_n-E_k=h\nu$ (频率条件).

把氢原子能级公式 $E_n=-\frac{m_e e^4}{(4\pi\varepsilon_0)^2 2\hbar^2}\frac{1}{n^2}$ 代入上式，并整理化简，得

$$\tilde{\nu}=\frac{1}{\lambda}=\frac{\nu}{c}=\left(\frac{1}{4\pi\varepsilon_0}\right)^2\frac{m_e e^4}{4\pi\hbar^3 c}\left(\frac{1}{k^2}-\frac{1}{n^2}\right),$$

令

$$R=\left(\frac{1}{4\pi\varepsilon_0}\right)^2\frac{m_e e^4}{4\pi\hbar^3 c}=1.097373\times10^7\ \text{m}^{-1}\quad(R\text{ 的理论值}),$$

故

$$\tilde{\nu}=\frac{1}{\lambda}=R\left(\frac{1}{k^2}-\frac{1}{n^2}\right)\quad(k=1,2,3,\cdots).$$

当电子自 $n\geqslant k+1$ 的各较高能态向 $n=k$ 的能态跃迁时，就产生不同的光谱线系.

(2) 角量子数 $l=0,1,2,3\cdots,n-1$，共 n 个取值，决定电子绕核运动的角动量的大小为 $L=\sqrt{l(l+1)}\hbar$.

(3) 角动量空间取向量子化. 依据海森堡的不确定关系知，轨道角动量 $\boldsymbol{L}$ 不可能测定，能测定

的就是具有恒定值的分量 $\boldsymbol{L}_z$. 磁量子数 $m_l=0,\pm1,\pm2,\cdots,\pm l$,共 $2l+1$ 个取值,决定电子绕核运动角动量的空间取向:$L_z=m_l\hbar$.

塞曼效应是证明电子轨道角动量存在空间量子化的一个重要事实. 当氢原子从第一激发态跃迁到基态时,发射一条光谱线. 但如果将发光的氢原子放置在外磁场 $\boldsymbol{B}$ 中,则上述光谱线将分裂为三条光谱线,这类现象称为正常塞曼效应. 另外,量子力学给出电子轨道角动量 $\boldsymbol{L}$ 和相应的轨道磁矩 $\boldsymbol{\mu}$ 的关系为 $\boldsymbol{\mu}=-\dfrac{e}{2m_e}\boldsymbol{L}$.

(4) 电子自旋假设. 电子和许多基本粒子都有自旋角动量,电子自旋角动量称为内禀角动量,它是电子本身固有的性质. 电子自旋角动量的大小为

$$S=\sqrt{s(s+1)}\hbar=\sqrt{\frac{1}{2}\left(\frac{1}{2}+1\right)}\hbar=\frac{\sqrt{3}}{2}\hbar.$$

电子自旋角动量 $\boldsymbol{S}$ 和相应的自旋磁矩 $\boldsymbol{\mu}_s$ 之间的关系是 $\boldsymbol{\mu}_s=-\dfrac{e}{m_e}\boldsymbol{S}$. 自旋磁量子数 $m_s=\pm\dfrac{1}{2}$,决定电子自旋角动量的空间取向,即 $S_z=m_s\hbar=\pm\dfrac{1}{2}\hbar$.

(5) 电子云概念. 波函数绝对值的平方给出电子在空间各点处的概率分布. 概率分布的不同,只能说明电子在某处出现的机会多一些,在另外某处出现的机会少一些,而不能断言电子一定会在某处出现. 为了形象地描述这一分布情况,使用电子云的概念取代轨道的概念,即用电子云的疏密表示电子在空间各点处出现概率的大小.

关于多电子原子中各个电子的运动状态,仍然由四个量子数来决定,所不同的是主量子数 n 大体上决定了原子中电子的能量. 通常,处于 n 相同,l 不同的状态中的电子,其能量稍有不同,l 越小,电子能量越低.

(6) 玻尔氢原子量子理论. 玻尔氢原子量子理论包含如下三个假设.

① 轨道量子化假设. 电子绕核做圆周运动所可能取的轨道取决于下述条件:电子的角动量 $\boldsymbol{L}$ 的大小必须是$\hbar$的整数倍,即 $L=mrv=n\hbar$ ($n=1,2,3,\cdots$).

② 量子化定态假设. 电子在上述许可的任一轨道上运动时,虽有加速度,但原子具有一定的能量 E_n,而不发生辐射,原子处于稳定的运动状态称为定态.

③ 量子化跃迁假设. 在某一轨道上运动的电子,由于某种原因发生跃迁时,原子就从一个稳定态过渡到另一稳定态,同时吸收或发射一个频率为 ν 的光子. 频率条件为

$$E_n-E_k=h\nu=h\frac{c}{\lambda}.$$

根据玻尔的上述假设可求出氢原子在稳定态中的轨道半径,即由方程组

$$\begin{cases} m\dfrac{v^2}{r}=\dfrac{e^2}{4\pi\varepsilon_0 r^2}, \\ L=mrv=n\hbar \end{cases}$$

求得氢原子轨道半径为　$r_n=n^2\left(\dfrac{\varepsilon_0 h^2}{\pi me^2}\right)=n^2 r_1$　($n=1,2,3,\cdots$),

轨道是量子化的. 最小轨道半径为　$r_1=\dfrac{\varepsilon_0 h^2}{\pi me^2}=5.29\times10^{-11}$ m.(波尔半径)

16. 原子的壳层结构

(1) 泡利不相容原理. 原子系统中,不可能有两个或两个以上的电子具有完全相同的四个量子数,即由四个量子数表征的每一个量子态只能容纳一个电子,这称为泡利原理. 此原理是自旋量子数为半整数的全同粒子体系所遵守的普遍原理(费米子). 对于自旋量子数为整数的粒子(光子等)

并不遵守泡利原理(玻色子).

(2) 多电子原子系统的壳层结构. 主量子数 n 相同的一群电子构成一个电子主壳层,$n=1,2,3,\cdots$ 状态的壳层分别用大写字母 K,L,M,N,…表示. 同一主壳层中,l 相同的电子构成支壳层,$l=0,1,2,3,\cdots$ 状态的支壳层分别用小写字母 s,p,d,f,…表示. 依据泡利原理,主量子数为 n 的主壳层内最多能容纳的电子数目 $z_n=\sum\limits_{0}^{n-1}2(2l+1)=2n^2$,即 n 壳层上量子态的总数目. 角量子数为 l 的支壳层内,最多能容纳的电子数目为 $2(2l+1)$ 个,即 l 支壳层上量子态的总数目.

(3) 能量最小原理. 多电子原子系统核外电子分布,除遵守泡利不相容原理外,还遵守能量最小原理:原子系统处于正常状态(即处于基态或处于能量最低状态)时,核外各个电子尽可能占据最低能级(占据能量最低的量子态).

通常,主量子数 n 愈大,电子能量愈高;n 相同时,l 愈小,电子能级愈低. 由于核外电子能量既与 n 相关,也与 l 相关,所以原子核外电子能级次序有例外. 科学工作者总结出如下规律:能级的高低以 $n+0.7l$ 来确定. 如 $E_{4s}<E_{3d}$,$E_{6s}<E_{4f}$,$E_{6s}<E_{4f}<E_{5d}$ 等.

(4) 原子基态电子组态. 如 H(氢)原子为 $1s^1$;Li(锂)原子为 $1s^2 2s^1$;Ar(氩)原子为 $1s^2 2s^2 2p^6 3s^2 3p^6$;K(钾)原子为 $1s^2 2s^2 2p^6 3s^2 3p^6 4s^1$.

17. 激光基本原理

(1) 辐射跃迁有三种形式,下面分别进行介绍.

① 受激吸收跃迁. 如果原子开始处于较低能态 E_1,通过吸收一个能量为 $h\nu=E_2-E_1$ 的光子,原子被激发到较高的能态 E_2,这一过程称为受激吸收跃迁.

② 自发辐射跃迁. 处于较高能态上的原子,由于它具有不稳定性,它在激发态的寿命很短,即使无外界作用的情况下,原子也会自发辐射光子,其能量为 $h\nu=E_2-E_1$,此时原子从高能态 E_2 返回到低能态 E_1,这种过程称为自发辐射跃迁. 其主要特点是:它是在无外界因素作用下自发进行的,因此大量原子在自发辐射时,其辐射光子的频率、初相位、偏振状态和运动方向都不相同,光子发射具有随机性.

③ 受激辐射跃迁. 一个处于激发态 E_2 的原子,在一个外来能量为 $h\nu=E_2-E_1$ 的入射光子的激励下,从激发态 E_2 向较低的能态 E_1 跃迁,同时辐射出一个能量与入射光子能量完全相同的另一个光子,即这个光子的频率、相位、偏振态及运动方向都与入射光子完全一样. 这种在外界光子作用下引起的辐射过程称为受激辐射跃迁. 通过受激辐射过程,一个光子入射到一个由大量处于激发态的原子组成的系统中时,一个光子可以变成两个完全相同的光子,而这两个光子又可以产生四个完全相同的光子,这样不断地进行下去,则实现了光的放大. 受激辐射光放大原理是产生激光的基础.

(2) 粒子数按能级分布与粒子数反转. 当一个由大量粒子组成的系统处于热平衡态时,粒子按能级的分布规律服从玻尔兹曼分布律,即在能级 E_n 上的粒子数 N 可表示为

$$N \propto \mathrm{e}^{-\frac{E_n}{kT}},$$

式中,T 是粒子系统的热力学温度;k 是玻尔兹曼常数. 由此可得到处于任意两个能级 E_1 和 E_2(其中 $E_2>E_1$)上的粒子数之比为

$$\frac{N_2}{N_1}=\exp\left(-\frac{E_2-E_1}{kT}\right)<1.$$

因此,当系统处于热平衡时,高能态上的粒子数总是比低能态上的粒子数少,即 $N_2<N_1$,粒子数的这种分布称为正常分布.

由于激光是通过原子的受激辐射来实现光放大的,要获得光放大需要一定的条件. 在热平衡

状态下，系统中处于能级 E_2 上的粒子数 N_2 远小于基态 E_1 上的粒子数 N_1，受激吸收过程较受激辐射过程占优势，不能实现光放大. 要产生激光，实现受激辐射放大，必须要求原子系统的受激辐射占主导地位. 这就要设法让原子系统中处于激发态上的粒子数 N_2 比基态或者比它低的激发态上的粒子数 N_1 多，这种与原子按能级正常分布相反的情况，称为粒子数反转.

为了使得原子系统中的粒子数反转，实现光放大，该系统必须满足以下三个基本条件：① 系统中的原子(工作物质)具有适当的能级结构，即原子有一个亚稳态能级 E_2，以便原子处于这个能级时有较长的寿命，使其容易实现粒子数反转；② 需要一个能量的抽运系统，不断地提供受激辐射所需要的能量；③ 需要一个光学谐振腔来实现光放大，为了使在某一方向上的受激辐射不断放大和加强，在工作物质两端各放一个反射镜构成光学谐振腔，其中一个为全反射镜，另一个为部分反射镜，这种装置使受激辐射在某一方向上来回反射产生光振荡并且不断增强，直至在这一特定方向上受激辐射超过自发辐射而占主导地位为止. 光学谐振腔还具有选频和导向的功能，它可以提高激光的单色性和方向性.

(3) 光谱线的自然宽度与激光的纵模. 一般来说，没有严格意义上的单色光. 每一条光谱线都有一定的宽度，光的单色性越好，谱线宽度 $\Delta\nu$ 越小.

原子受激辐射出来的光在谐振腔中来回反射，相干叠加，结果只有那些在谐振腔中能够形成稳定驻波的光才能形成光振荡，并放大产生激光. 如果激光器的谐振腔长为 L，腔中介质的折射率为 n，由驻波条件得

$$nL = k\frac{\lambda}{2}\quad (k=1,2,3,\cdots).$$

能够产生光振荡的谐振频率为

$$\nu_k = k\frac{c}{2nL}\quad (k=1,2,3,\cdots),$$

式中，c 为光速. 谐振频率有许多个，每一个谐振频率称为一个振荡纵模. 相邻两个纵模之间的频率差为

$$\Delta\nu_k = \nu_{k+1} - \nu_k = \frac{c}{2nL}.$$

满足谐振频率能够进行光振荡的光并不能都从激光器输出，这是由于腔中工作物质辐射的谱线本身有一定的线宽 $\Delta\nu$，只有处于线宽 $\Delta\nu$ 之内的那些谐振频率所对应的受激辐射才可能形成激光. 因此，激光器输出的纵模个数 $N=\Delta\nu/\Delta\nu_k$.

(4) 激光的特征及应用. 激光方向性好，激光是理想的平行光；激光相干性好，单色性高；高亮度，由于激光方向性好，易于聚焦，可将发射的能量限制在很小的范围内，因而其亮度特别高，目前大功率激光器输出光的亮度较太阳表面亮度高 $10^7 \sim 10^{14}$ 倍.

由于激光具有方向性好、相干性好、单色性高和高亮度的特点，因此，它在科学研究和许多生产部门都得到了广泛应用. 例如，目前激光已应用到通信、医疗、农业、生物、化学和测量等诸多领域，并取得了大量的研究成果.

20.2　典型例题

例 20.1　要从铝中移出一个电子需要提供 4.2 eV 的能量，现有波长为 200 nm 的光照射到铝的表面. 试问：

(1) 由此发射出来的光电子的最大动能是多少?

(2) 遏止电压是多少?

(3) 铝的截止波长是多少?

解 (1) 已知光电子从铝的表面逸出时所需的逸出功 $W=4.2\ \text{eV}$,根据光电效应公式 $h\nu=\frac{1}{2}mv_m^2+W$,所以光电子的最大动能为

$$E_{\max}=\frac{1}{2}mv_m^2=h\nu-W=\frac{hc}{\lambda}-W=\left(\frac{6.63\times10^{-34}\times3\times10^8}{200\times10^{-9}}-4.2\times1.6\times10^{-19}\right)\text{J}$$
$$=3.23\times10^{-19}\ \text{J}=2.0\ \text{eV}.$$

(2) 当加上反向电压,使光电流为零时,有 $eU_e=E_{\max}=\frac{1}{2}mv_m^2$,所以铝的遏止电压

$$U_e=\frac{mv_m^2}{2e}=\frac{6.46\times10^{-19}}{2\times1.6\times10^{-19}}\ \text{V}=2.0\ \text{V}.$$

(3) 当光子的能量全部用于克服金属的作用做功时,金属发射光电子的动能为零,则 $h\nu_0=W$,所以铝的截止波长为

$$\lambda_0=\frac{c}{\nu_0}=\frac{hc}{W}=\frac{6.63\times10^{-34}\times3\times10^8}{4.2\times1.60\times10^{-19}}\ \text{m}=2.96\times10^{-7}\ \text{m}=0.296\ \mu\text{m}.$$

例 20.2 一束波长为 0.0030 nm 的 X 射线在电子上散射.如果反冲电子的速度是光速的 0.6 倍,求散射后 X 射线的波长,以及散射 X 射线与入射 X 射线之间的夹角.

解 由于反冲电子的速度很高,$v=0.6c$,它与光速能够相比较,而不能忽略,因此,必须考虑相对论效应,此时反冲电子的动能写成

$$E_k=mc^2-m_0c^2=\left(\frac{1}{\sqrt{1-\frac{v^2}{c^2}}}-1\right)m_0c^2=\left(\frac{1}{\sqrt{1-\frac{(0.6c)^2}{c^2}}}-1\right)m_0c^2=0.25m_0c^2,$$

入射 X 射线光子的波长 $\lambda_0=0.0030\ \text{nm}=0.030\times10^{-10}\ \text{m}$,因此入射光子的能量 $\varepsilon_0=hc/\lambda_0$.

设散射后 X 射线的波长为 λ,其散射光子的能量是 $\varepsilon=hc/\lambda$,由能量守恒,反冲电子的动能写成 $E_k=\varepsilon_0-\varepsilon=hc/\lambda_0-hc/\lambda$,故散射光子的波长

$$\lambda=\frac{hc}{\frac{hc}{\lambda_0}-E_k}=\frac{1}{\frac{1}{\lambda_0}-\frac{0.25m_0c}{h}}=\left(\frac{1}{0.030\times10^{-10}}-\frac{0.25\times9.11\times10^{-31}\times3\times10^8}{6.63\times10^{-34}}\right)^{-1}\ \text{m}$$
$$=4.34\times10^{-12}\ \text{m}=0.00434\ \text{nm}.$$

利用康普顿散射公式
$$\Delta\lambda=\lambda-\lambda_0=\frac{2h}{m_0c}\sin^2\frac{\varphi}{2},$$

有
$$\sin\frac{\varphi}{2}=\left(\frac{m_0c\Delta\lambda}{2h}\right)^{\frac{1}{2}}=\left(\frac{9.11\times10^{-31}\times3\times10^8\times1.34\times10^{-12}}{2\times6.63\times10^{-34}}\right)^{\frac{1}{2}}=0.526,$$

则散射角 $\varphi=63°24'$.

例 20.3 如果一个光子的能量等于一个电子的静止能量,试问该光子的频率、波长和动量是多少?在电磁波谱中,它属于何种射线?

解 一个电子的静止能量是 m_ec^2,光子的能量 $E=h\nu=m_ec^2$,因此光子的频率为

$$\nu=\frac{m_ec^2}{h}=\frac{9.11\times10^{-31}\times(3\times10^8)^2}{6.63\times10^{-34}}\ \text{Hz}=1.24\times10^{20}\ \text{Hz},$$

光子的波长为
$$\lambda=\frac{c}{\nu}=\frac{3\times10^8}{1.24\times10^{20}}\ \text{m}=2.42\times10^{-12}\ \text{m}=0.0024\ \text{nm},$$

光子的动量为

$$p=\frac{E}{c}=\frac{m_0c^2}{c}=m_0c=9.11\times10^{-31}\times3\times10^8\ \text{kg}\cdot\text{m/s}=2.73\times10^{-22}\ \text{kg}\cdot\text{m/s}.$$

由于电磁波中 γ 射线的波长在 $10\sim30^{-5}$ nm 范围内，所以该光子在电磁波谱中属于 γ 射线.

例 20.4　在电子双缝干涉实验中，电子加速电压为 50 kV，两缝之间的距离约为 2 nm，从屏到双缝的距离是 35 cm. 试计算电子的德布罗意波长和干涉条纹间距离.

解　由于电子的波粒二象性，当电子被加速到很高的速度时，电子的德布罗意波长将很短，当该波通过上述双缝时，将产生干涉现象.

电子经电场加速后获得动能为 $E_k=\dfrac{p^2}{2m_0}=eV$，与此相应的德布罗意波长为

$$\lambda=\frac{h}{p}=\frac{b}{\sqrt{2m_0eV}}=\frac{12.2}{\sqrt{V}}=\frac{1.22}{\sqrt{50\times10^3}}\ \text{nm}=5.46\times10^{-3}\ \text{nm}.$$

双缝干涉的条纹间距为

$$\Delta x=\frac{\lambda D}{a}=\frac{0.00546\times35}{2}\ \text{cm}=0.095\ \text{cm}\approx1\ \text{mm}.$$

例 20.5　利用测不准关系估计在一维无限深势阱中自由运动粒子的基态能量.

解　设势阱宽度为 a，其势能函数可写为 $U=\begin{cases}0 & (0<x<a),\\ \infty & (x\leqslant0,x\geqslant a).\end{cases}$ 粒子在区间 $(0,a)$ 中可以自由运动，但绝不会跑出势阱之外，所以粒子位置的测不准量（或不确定量）$\Delta x=a$，由测不准关系知，粒子运动的动量测不准量（或不确定量）至少为 $\Delta p=h/(2\Delta x)=h/(2a)$.

实际上 $\Delta x=a$ 是位置测量的最大不准确量，因此它所对应的 $\Delta p=h/(2a)$ 是动量测量的最小不准确量. 当粒子静止时，粒子的动量为零，即 $p_0=0$，此时的动量的不准确量就是粒子动量的最小值，即 $p=p-p_0=\Delta p=h/(2a)$.

假设粒子运动速度远小于光速，可以用非相对论动能与动量的关系式求出粒子动能的最小值为 $E_k=p^2/(2m)=h^2/(8ma^2)$.

又因为粒子在势阱中势能为零，其动能最小值 E_k 就是粒子所具有的总机械能，所以，粒子在势阱中运动的基态能量为 $E=h^2/(8ma^2)$.

需要说明的是，在此例中把测不准关系写为 $\Delta p\Delta x\geqslant h/2$，在有的问题中，把测不准关系写成 $\Delta p\Delta x\geqslant\hbar/2$，二者相差一个系数 $1/(2\pi)$，这是无关紧要的，因为在研究微观粒子运动时，只需要（也只可能）精确到数量级，容许相差这样一个因子.

例 20.6　如果已知一维无限深势阱中微观粒子的定态波函数为

$$\psi(z)=\begin{cases}\sqrt{\dfrac{2}{a}}\sin\left(\dfrac{n\pi}{a}x\right) & (0\leqslant x\leqslant a),\\ 0 & (x<0,x>a).\end{cases}$$

试求微观粒子在 $\left[0,\dfrac{a}{4}\right]$ 区间内出现的概率. n 为何值时概率最大？当 $n\to\infty$ 时，这个概率的极限是多大？其结果说明了什么？

解　微观粒子在势阱中 x 处出现的概率密度为

$$\omega(x)=|\psi(x)|^2=\psi^*(x)\psi(x)=\frac{2}{a}\sin^2\left(\frac{n\pi}{a}x\right).$$

粒子在区间 $\left[0,\dfrac{a}{4}\right]$ 内出现的概率为

$$P=\int_0^{a/4}\omega(x)\mathrm{d}x=\int_0^{a/4}\frac{2}{a}\sin^2\left(\frac{n\pi}{a}x\right)\mathrm{d}x=\frac{1}{a}\int_0^{a/4}\left(1-\cos\left(\frac{2n\pi}{a}x\right)\right)\mathrm{d}x$$

$$=\frac{1}{a}\left(\frac{a}{4}-\frac{a}{2n\pi}\sin\frac{n\pi}{2}\right)=\frac{1}{4}-\frac{1}{2n\pi}\sin\frac{n\pi}{2}.$$

由此可见，其概率与量子数 n 的取值有关，前面已知一维无限深势阱中粒子的能量与量子数 n 的平方成正比，因此，粒子出现的概率与粒子运动的能量有关系，能量越高，n 越大，粒子出现的概率越大. 因为当 $n=3,7,11,\cdots$ 时，$\sin\frac{n\pi}{2}=-1$，所以当 $n=3$ 时，粒子在 $\left[0,\frac{a}{4}\right]$ 区间出现的概率最大，其大小为 $P=1/4+1/6\pi$；当 $n\to\infty$ 时，粒子在此区间出现的概率极限 $P=1/4$，这说明粒子在该区间等概率出现，此时微观粒子的量子效应或波动性质不明显，与经典情况相同.

例 20.7　粒子在一维空间运动，其状态可用波函数

$$\Psi(x,t)=\begin{cases}0 & (x\leqslant 0,x\geqslant a),\\ A\mathrm{e}^{-\frac{\mathrm{i}}{\hbar}Et}\sin\left(\frac{\pi}{a}x\right) & (0<x<a)\end{cases}$$

来描写. 求：

(1) 归一化常数 A；　(2) 粒子在空间分布的概率密度；

(3) 粒子出现概率最大的位置；　(4) 粒子坐标 x 和 x^2 的平均值.

解　(1) 利用归一化条件，在全部空间($-\infty<x<+\infty$)积分，由于在 $x\leqslant 0$ 和 $x\geqslant a$ 处波函数为零，故只需从 0 至 a 积分，有

$$\int_{-\infty}^{+\infty}|\Psi|^2\mathrm{d}x=\int_0^a\Psi^*\Psi\mathrm{d}x=\int_0^a A^2\mathrm{e}^{\frac{\mathrm{i}}{\hbar}Et}\mathrm{e}^{-\frac{\mathrm{i}}{\hbar}Et}\sin^2\left(\frac{\pi}{a}x\right)\mathrm{d}x=\int_0^a A^2\sin^2\left(\frac{\pi}{a}x\right)\mathrm{d}x=\frac{A^2a}{2}=1,$$

归一化常数为 $A=\sqrt{2/a}$.

(2) 粒子在空间分布的概率密度为

$$P(x)=|\Psi|^2=\Psi^*\Psi=\begin{cases}0 & (x\leqslant 0,x\geqslant a),\\ \frac{2}{a}\sin^2\left(\frac{\pi x}{a}\right) & (0<x<a).\end{cases}$$

由此可见，粒子仅在区间$(0,a)$内出现，且在各点出现的概率是不同的，粒子不是自由粒子.

(3) 为了求粒子出现概率最大的位置，考虑 $P(x)$在区间$(0,a)$内连续可微，可用数学分析中求极值的方法来确定.

$$\frac{\mathrm{d}P(x)}{\mathrm{d}x}=\frac{4\pi}{a^2}\sin\frac{\pi x}{a}\cos\frac{\pi x}{a}=\frac{2\pi}{a^2}\sin\frac{2\pi x}{a}=0,\qquad ①$$

在区间$(0,a)$中，只有$(2\pi x)/a=\pi$ 满足式①. 粒子出现的概率密度在 $x=a/2$ 处有极值，从 $P(x)$的性质或对 $P(x)$求二阶导数来判断，在 $x=a/2$ 处，粒子出现概率 $P(x)$取极大值.

(4) 利用概率论中求平均值的方法，有

$$\bar{x}=\int_0^a xP(x)\mathrm{d}x=\int_0^a x\,\frac{2}{a}\sin^2\left(\frac{\pi x}{a}\right)\mathrm{d}x=\frac{a}{2},$$

$$\overline{x^2}=\int_0^a x^2P(x)\mathrm{d}x=\int_0^a x^2\,\frac{2}{a}\sin^2\left(\frac{\pi x}{a}\right)\mathrm{d}x=\frac{a^2}{3}-\frac{a^2}{2\pi^2}.$$

例 20.8　试画出原子中 $n=3,l=2$ 的电子轨道角动量 L 在磁场中空间量子化的示意图，并写出轨道角动量 $\boldsymbol{L}$ 在磁场方向投影 $\boldsymbol{L}_{\mathrm{m}}$ 的各种可能值.

解　电子在原子核周围运动时，对原子核中心有一定的角动量，且是量子化的，同时它也有一定的轨道磁矩，当原子处于外磁场中时，该磁矩将会受到外磁场的作用，使电子的轨道磁矩和轨道角动量在空间某方向(如外磁场方向)的投影是量子化的. 电子的轨道角动量满足

$$L=\sqrt{l(l+1)}\hbar\quad(l=0,1,2,\cdots,n-1),\qquad ①$$

轨道角动量在外磁场方向的投影满足

$$L_m = m_l \hbar \ (m_l = 0, \pm 1, \pm 2, \cdots, \pm l), \qquad ②$$

式①、式②之间有如下投影关系 $L_m = L\cos\theta$，θ 是轨道角动量方向与外磁场方向的夹角，故

$$\cos\theta = \frac{L_m}{L} = \frac{m_l}{\sqrt{l(l+1)}}.$$

当角量子数 $l=2$ 时，轨道角动量大小为 $L=\sqrt{2(2+1)}\hbar=\sqrt{6}\hbar$，轨道角动量在外磁场方向的投影 L_m 可能的取值为

$$L_m = m_l \hbar = \begin{cases} 2\hbar, \\ \hbar, \\ 0, \\ -\hbar, \\ -2\hbar, \end{cases}$$

其方位角满足 $\cos\theta = \frac{m_l}{\sqrt{6}}$ $(m_l = 0, \pm 1, \pm 2)$，可能的取值为

$$\theta = \begin{cases} 35.3°, \\ 65.9°, \\ 90.0°, \\ 114.1°, \\ 144.7°. \end{cases}$$

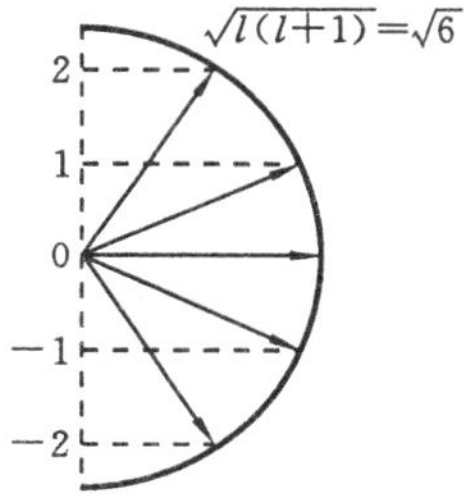

图 20.5

因此，电子轨道角动量 L 在外磁场方向投影量子化（空间量子化）的示意图如图 20.5 所示.

例 20.9　有两种原子，在基态时其电子在各壳层中填充如下.

(1) $n=1$ 壳层，$n=2$ 壳层和 3s 支壳层都填满，3p 支壳层填充了一半；

(2) $n=1$ 壳层，$n=2$ 壳层，$n=3$ 壳层和 4s，4p，4d 支壳层都填满.

那么，这两种原子分别是什么元素.

解　由于多电子原子中，电子填充各能级时要满足泡利不相容原理和最小能量原理，从低能级向高能级填充，电子填充能级的顺序及填充数目如下.

(1) 对于第一种原子，在 $n=1$ 壳层，

1s 层，$n=1$，$l=0$，$m_l=0$，$m_s=\pm 1/2$，填充 2 个电子.

在 $n=2$ 壳层，

2s 层，$n=2$，$l=0$，$m_l=0$，$m_s=\pm 1/2$，填充 2 个电子；

$$2p\text{ 层}, n=2, l=1, m_l = \begin{cases} +1, & m_s = \pm 1/2, \\ 0, & m_s = \pm\frac{1}{2}, \text{共填充 6 个电子.} \\ -1, & m_s = \pm 1/2, \end{cases}$$

在 $n=3$ 壳层，

3s 层，$n=3$，$l=0$，$m_l=0$，$m_s=\pm 1/2$，填充 2 个电子；

$$3p\text{ 层}, n=3, l=1, m_l = \begin{cases} +1, & m_s = \pm 1/2, \text{填充 2 个电子,} \\ 0, & m_s = \pm 1/2, \text{填充 1 个电子,} \\ -1, & m_s = \pm 1/2, \text{没有电子.} \end{cases}$$

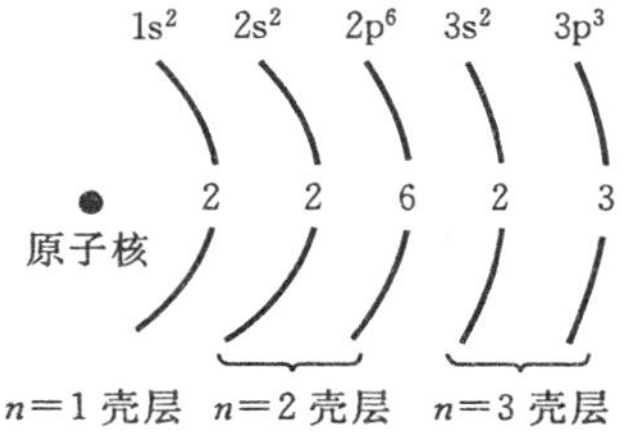

图 20.6

此原子中的电子填充情况如图 20.6 所示. 该原子序数为 15，查原子中电子壳层表，它是磷元素.

(2) 对于第二种原子，类似于上面的方法，可将电子按壳层的排列顺序和填充数目为

$1s^2 2s^2 2p^6 3s^2 3p^6 3d^{10} 4s^2 4p^6 4d^{10}$. 该原子序数为46，查原子中电子壳层表，它是钯元素.

例 20.10　一氦氖激光器所发632.8 nm激光的谱线宽度 $\Delta\nu=1.5\times10^9$ Hz，若谐振腔长100 cm，腔中介质的折射率约为1，能有几个纵模存在，该激光的相干长度是多少？

解　激光器输出的每一个谐振频率称为一个纵模，相邻两个纵模的间隔

$$\Delta\nu_k=\frac{c}{2nL}=\frac{3\times10^8}{2\times1.0\times1.0}\ \text{Hz}=1.5\times10^8\ \text{Hz}.$$

已知工作物质辐射谱线宽度 $\Delta\nu=1.5\times10^9$ Hz，则该激光输出的纵模数为

$$N=\frac{\Delta\nu}{\Delta\nu_k}=\frac{1.5\times10^9}{1.5\times10^8}=10,$$

其相干长度是

$$\delta=\frac{\lambda^2}{\Delta\lambda}=\frac{c}{\Delta\nu}=\frac{3\times10^8}{1.5\times10^9}\ \text{m}=0.2\ \text{m}.$$

例 20.11　设质量为 m 的微观粒子处在长度为 L 的一维无限深的势阱中. 试求：

(1) 粒子在 $0\leqslant x\leqslant\frac{1}{4}L$ 区间出现的概率，并对 $n=1$ 和 $n=\infty$ 的情况算出概率值；

(2) 在哪些量子态上，$\frac{1}{4}L$ 处的概率密度最大.

解　(1) 粒子在势阱中的定态波函数为 $\psi_n(x)=\sqrt{\frac{2}{L}}\sin\left(\frac{n\pi}{L}x\right)$，粒子在势阱中各点处出现的概率密度为 $\psi_n^2(x)=\frac{2}{L}\sin^2\left(\frac{n\pi}{L}x\right)$，所以粒子在 $0\leqslant x\leqslant\frac{1}{4}L$ 区间出现的概率为

$$P=\int_0^{\frac{1}{4}L}\frac{2}{L}\sin^2\left(\frac{n\pi}{L}x\right)\mathrm{d}x=\frac{1}{4}-\frac{1}{2\pi n}\sin\frac{n\pi}{2}.$$

当 $n=1$ 时，$P=\frac{1}{4}-\frac{1}{2\pi}=9\%$；当 $n\to\infty$ 时，$P=\frac{1}{4}=25\%$.

(2) $x=\frac{1}{4}L$ 处的概率密度为 $\frac{2}{L}\sin^2\left(\frac{n\pi}{L}\frac{L}{4}\right)=\frac{2}{L}\sin^2\frac{n\pi}{4}$，概率密度最大，要求 $\sin\frac{n\pi}{4}=\pm1$，即 $\frac{n\pi}{4}=k\pi+\frac{\pi}{2}$ $(k=0,1,2,\cdots)$，故 $n=2(2k+1)=2,6,10,\cdots$.

例 20.12　设氢原子的电子轨道角动量为 $\boldsymbol{L}$，将它置于外磁场 $\boldsymbol{B}$ 中，如图20.7所示. 试计算 $\boldsymbol{L}$ 对外磁场的取向和磁相互作用能.

解　电子轨道角动量 $\boldsymbol{L}$ 在外磁场方向上的投影取

$$L_z=m_l\hbar\quad(m_l=0,\pm1,\pm2,\cdots,\pm l)$$

故

$$\cos\theta=\frac{L_z}{L}=\frac{m_l}{\sqrt{l(l+1)}}$$

$\boldsymbol{L}$ 共有 $2l+1$ 个取向.

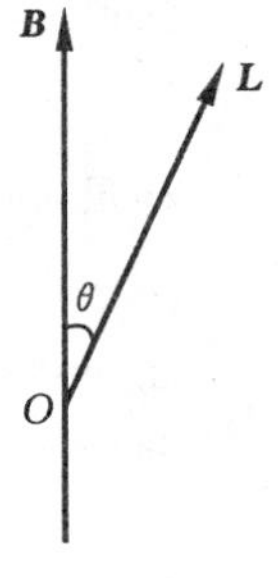

图 20.7

量子力学给出轨道磁矩 $\boldsymbol{P}_m$ 与轨道角动量 $\boldsymbol{L}$ 的关系为

$$\mu=-\frac{e}{2m_e}\boldsymbol{L},$$

磁矩 $\boldsymbol{P}_m$ 和外磁场 $\boldsymbol{B}$ 的磁相互作用能

$$E=-\boldsymbol{P}_m\cdot\boldsymbol{B}=\frac{e}{2m_e}\boldsymbol{L}\cdot\boldsymbol{B}=\frac{e}{2m_e}BL_z=m_l\left(\frac{e\hbar}{2m_e}\right)B=m_l\mu_B B$$

式中，$\mu_B=\frac{e\hbar}{2m_e}=9.27\times10^{-24}\ \text{A}\cdot\text{m}^2$，为玻尔磁子. 外磁场中能级发生分裂.

例 20.13　1921年施特恩和格拉赫进行了专门实验，他们观测到在非均匀磁场中处于 s 态的原子射线束由一束分为两束的现象. 试解释之.

解　设每个原子有角动量为 $\boldsymbol{L}$，相应磁矩为 $\boldsymbol{P}_m$，原子和磁场的相互作用能 $E=-\boldsymbol{P}_m\cdot\boldsymbol{B}$，原子受到的磁场力为

$$F_z=-\frac{\partial E}{\partial z}=-\frac{\partial}{\partial z}(-\boldsymbol{P}_m\cdot\boldsymbol{B})=\boldsymbol{P}_{mz}\frac{\partial \boldsymbol{B}}{\partial z}.$$

实验结果表明：$\boldsymbol{P}_{mz}$ 是量子化的，即角动量的空间取向是量子化的. 但对于 s 态原子，轨道角动量为零，轨道磁矩亦为零. 所以这种分裂不能用轨道角动量空间取向量子化来解释. 事实上，$\boldsymbol{P}_{mz}$ 应该是电子自旋磁矩在 $\boldsymbol{B}$ 方向上的投影，则

$$P_{mz}=P_{msz}=\frac{e}{m_e}S_z=\pm\frac{e\hbar}{2m_e}=\pm P_{mB},$$

故 $F_z=\pm P_{mB}\dfrac{\partial B}{\partial z}$.

例 20.14　如果电子的动能为 E_k，试写出电子物质波波长表示式.

解　依据狭义相对论动力学基础知识，有

$$E^2=E_0^2+p^2c^2=m_0^2c^4+p^2c^2,\quad E^2=(E_0+E_k)^2=E_0^2+2E_0E_k+E_k^2.$$

由以上两式可求得电子的动量为 $p=\dfrac{1}{c}\sqrt{E_k^2+2m_0c^2E_k}$，则电子波波长

$$\lambda=\frac{h}{p}=\frac{hc}{\sqrt{E_k^2+2E_0E_k}}.$$

当 $v\ll c$ 时，$E_k\ll E_0$，故 $\lambda\approx\dfrac{hc}{\sqrt{2E_0E_k}}=\dfrac{h}{\sqrt{2m_0E_k}}$，与经典情况相同.

20.3　强化训练题

一、填空题

1. 某光电管阴极对于 $\lambda=491$ nm 的入射光，发射光电子的遏止电压为 0.71 V. 当入射光的波长为______nm 时，其遏止电压变为 1.43 V.

2. 在玻尔氢原子理论中势能为负值，而且数值比动能大，则总能量为______值，并且只能取______值.

3. 已知钾电子的逸出功为 2.0 eV，如果用波长为 3.60×10^{-7} m 的光照射在钾上，则光电效应的遏止电压的绝对值 $|U_c|=$______. 从钾表面发射出电子的最大速度 $v_{max}=$______.

4. 康普顿散射中，当出射光子与入射光子方向的夹角 $\theta=$______时，光子的频率减少得最多；当 $\theta=$______时，光子的频率保持不变.

5. 氢原子基态的电离能是______eV. 电离能为 +0.544 eV 的激发态氢原子，其电子处在 $n=$______的轨道上运动.

6. 若令 $\lambda_c=h/(m_ec)$（称为电子的康普顿波长，式中：m_e 为电子静止质量；c 为光速；h 为普朗克常量），当电子的动能等于它的静止能量时，它的德布罗意波长 $\lambda=$______λ_c.

7. 已知中子的质量 $m=1.67\times10^{-27}$ kg，当中子的动能等于温度 $T=300$ K 的热平衡中子气体的平均动能时，其德布罗意波长为______.

8. 在光电效应实验中，测得某金属的遏止电压 $|U_c|$ 与入射光频率 ν 的关系曲线如图 20.8 所示，由此

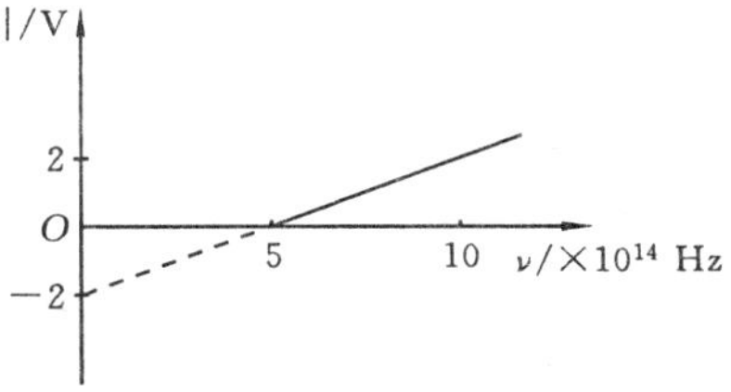

图 20.8

可知该金属的红限频率 $\nu_0=$______ Hz；逸出功 $W=$______ eV.

9. 已知氢原子的能级公式 $E_n=(-13.6/n^2)$ eV，若氢原子处于第一激发态，则其电离能为______ eV.

10. 玻尔的氢原子理论的三个基本假设是：______；______；______.

11. 根据玻尔理论，当氢原子处于第二激发态时，它可能发射出的光子的能量分别是______.

12. 欲使氢原子能发射巴耳末系中波长为 486.13 nm 的谱线，最少要给基态氢原子提供______ eV 的能量.（里德伯常量 $R=1.096\ 776\times10^7\ \text{m}^{-1}$.）

13. 静质量为 m_e 的电子，经电势差为 U_{12} 的静电场加速后，若不考虑相对论效应，电子的德布罗意波长 $\lambda=$______.

14. 按照玻尔理论，移去处于基态的 He^+ 中的电子所需能量为______ eV.

15. 要使处于基态的氢原子受激发后能辐射氢原子光谱中波长最短的光谱线，最少需向氢原子提供______ eV 的能量.

16. 在主量子数 $n=2$，自旋磁量子数 $m_s=1/2$ 的量子态中能够填充的最大电子数是______.

17. 原子中电子的主量子数 $n=2$，它可能具有的状态数最多为______个.

二、简答题

1. 已知从铝金属逸出一个电子至少需要 4.2 eV 的能量，若用可见光投射到铝的表面，能否产生光电效应？为什么？

2. 解释玻尔原子理论中的下列概念：定态、基态、激发态、量子化条件.

3. 红外线是否适宜于用来观察康普顿效应？为什么？（红外线波长的数量级为 10^4 nm，电子静止质量 $m_e=9.1\times10^{-31}$ kg，普朗克常量 $h=6.63\times10^{-34}$ J·s.）

4. 已知某电子的德布罗意波长和光子的波长相同.

(1) 它们的动量大小是否相同？为什么？

(2) 它们的(总)能量是否相同？为什么？

5. 根据泡利不相容原理，在主量子数 $n=2$ 的电子壳层上最多可能有多少个电子？试写出每个电子所具有的四个量子数 n,l,m_l,m_s 之值.

三、计算题

1. 设电子绕氢核旋转的玻尔轨道的圆周长刚好为电子物质波波长的整数倍，试从此点出发推证玻尔的动量矩量子化条件.

2. 以波长 $\lambda=410$ nm ($1\ \text{nm}=10^{-9}$ m)的单色光照射某一金属，产生的光电子的最大动能 $E_k=1.0$ eV，求能使该金属产生光电效应的单色光的最大波长是多少？

3. 处于基态的氢原子被外来单色光激发后发出的光仅有三条谱线，问此外来光的频率为多少？

4. 试用玻尔理论推导氢原子在稳定态中的轨道半径.

5. 设某气体的分子的平均平动动能与一波长 $\lambda=400$ nm 的光子的能量相等，求该气体的温度.

6. 用波长 $\lambda_0=0.1$ nm 的光子做康普顿实验.

(1) 散射角 $\varphi=90°$的康普顿散射波长是多少？

(2) 分配给这个反冲电子的动能有多大？

7. 试估计处于基态的氢原子被能量为 12.09 eV 的光子激发时，其电子的轨道半径增加多少倍？

8. 粒子在一维矩形无限深势阱中运动，其波函数为 $\psi_n(x)=\sqrt{\frac{2}{a}}\sin\frac{n\pi x}{a}$ $(0<x<a)$. 若粒子处于 $n=1$ 的状态，在 $0\sim a/4$ 区间发现该粒子的概率是多少？（提示：$\int\sin^2 x\mathrm{d}x=\frac{1}{2}x-\frac{1}{4}\sin 2x+C$.）

9. 质量为 m_e 的电子被电势差 $U_{12}=100$ kV 的电场加速，如果考虑相对论效应，试计算其德布罗意波波长. 若不用相对论计算，则相对误差是多少？（电子静止质量 $m_e=9.11\times10^{-31}$ kg.）

10. 能量为 15 eV 的光子，被处于基态的氢原子吸收，使氢原子电离发射一个光电子，求此光电子的德布罗意波长.

11. 试求 d 分壳层最多能容纳的电子数，并写出这些电子的 m_l 和 m_s 值.

12. 已知氢原子光谱中有一条谱线的波长是 $\lambda=102.57$ nm，氢原子的里德伯常量 $R=109677$ cm^{-1}，则跃迁发生在哪两个能级之间？

13. 如图 20.9 所示，一电子以初速度 $v_0=6.0\times10^8$ m/s 逆着场强方向飞入电场强度为 $E=500$ V/m 的均匀电场中，问该电子在电场中要飞行多长距离 d，可使得电子的德布罗意波长达到 $\lambda=0.1$ nm.（飞行过程中，电子的质量认为不变，即为静止质量 $m_e=9.11\times10^{-31}$ kg；基本电荷 $e=1.60\times10^{-19}$ C；普朗克常量 $h=6.63\times10^{-34}$ J·s.）

14. 假定在康普顿散射实验中，入射光的波长 $\lambda_0=0.003$ nm，反冲电子的速度 $v=0.6c$，求散射光的波长 λ.

15. 如图 20.10 所示，一粒子被限制在相距为 l 的两个不可穿透的壁之间. 描写粒子状态的波函数为 $\psi=cx(l-x)$，c 为待定常量. 求在 $0\sim l/3$ 区间发现该粒子的概率.

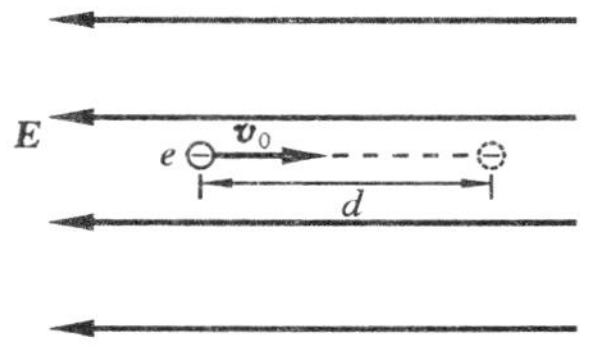

图 20.9

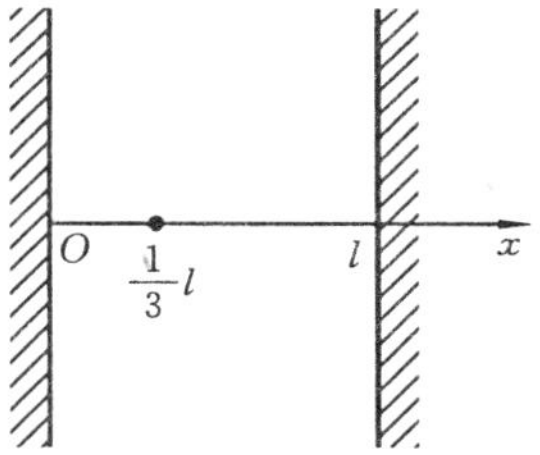

图 20.10

参 考 答 案

第 1 章

一、填空题

1. $\frac{s}{\Delta t}$，$-\frac{2v_0}{\Delta t}$　2. 0.1 m/s　3. 20 m/s　4. $16Rt^2(\mathrm{m/s^2})$，$4\ \mathrm{rad/s^2}$　5. $-\boldsymbol{i}+4\boldsymbol{j}(\mathrm{m/s^2})$

6. $A\mathrm{e}^{-\beta t}[(\beta^2-\omega^2)\cos\omega t+2\beta\omega\sin\omega t](\mathrm{m/s^2})$，$\dfrac{\frac{1}{2}(2n+1)\pi}{\omega}(\mathrm{s})$ $(n=0,1,2,\cdots)$

7. $4t^3-3t^2(\mathrm{rad/s}),12t^2-6t(\mathrm{m/s^2})$　8. $-c(\mathrm{m/s^2})$，$\frac{(b-ct)^2}{R}(\mathrm{m/s^2})$，$\frac{b-\sqrt{Rc}}{c}(\mathrm{s})$

9. $y=\frac{gx^2}{2(v_0+v)^2},y=\frac{gx^2}{2v^2}$

二、简答题

1. 答　$\frac{\mathrm{d}\boldsymbol{v}}{\mathrm{d}t}$表示总加速度的大小和方向；$\frac{\mathrm{d}v}{\mathrm{d}t}$表示总加速度在轨迹切线方向（质点瞬时速度方向）上的投影，也称切向加速度；$\frac{\mathrm{d}v_x}{\mathrm{d}t}$表示加速度矢量$\frac{\mathrm{d}\boldsymbol{v}}{\mathrm{d}t}$在$x$轴上的投影.

2. 答　矢径是从坐标原点至质点所在位置的有向线段. 而位移矢量是从前一个时刻质点所在位置到后一个时刻质点所在位置的有向线段. 它们的一般关系为$\Delta\boldsymbol{r}=\boldsymbol{r}-\boldsymbol{r}_0$，$\boldsymbol{r}_0$为初始时刻的矢径，$\boldsymbol{r}$为末时刻的矢径，而$\Delta\boldsymbol{r}$为位移矢量.

若把坐标原点选在质点的初始位置，则$\boldsymbol{r}_0=\boldsymbol{0}$，任意时刻质点对于此位置的位移为$\Delta\boldsymbol{r}=\boldsymbol{r}$，即$\boldsymbol{r}$既是矢径也是位移矢量.

三、计算题

1. 解　设质点的加速度$a_t=a+\partial t$，当$t=\tau$时，$a_t=2a$，故$\partial=\frac{a}{\tau}$，则$a_t=a+\frac{at}{\tau}$. 由$a=\frac{\mathrm{d}v}{\mathrm{d}t}$，有$\mathrm{d}v=a\mathrm{d}t$，则

$$\int_0^v \mathrm{d}v=\int_0^{n\tau}\left(a+\frac{at}{\tau}\right)\mathrm{d}t,$$

故$n\tau$时刻质点的速度$v=\left(\frac{1}{2}n^2a+na\right)\tau$.

由$v=\frac{\mathrm{d}s}{\mathrm{d}t}$，$\mathrm{d}s=v\mathrm{d}t$，$\int_0^s\mathrm{d}s=\int_0^{n\tau}v\mathrm{d}t$，可知质点走过的距离为

$$s=\int_0^{n\tau}\left(at+\frac{a}{2\tau}t^2\right)\mathrm{d}t=\frac{n^2(n+3)a\tau^2}{6}.$$

2. 解　每一次碰撞后升起的高度为$h=\frac{v^2}{2g}$，$h_1=\frac{v_1^2}{2g}$，$h_2=\frac{v_2^2}{2g}$，…，由题意，各次碰撞前、后速度之比均为k，则

$$k=\frac{v_1}{v},k^2=\frac{v_1^2}{v^2},k^2=\frac{v_2^2}{v_1^2},\cdots,k^2=\frac{v_n^2}{v_{n-1}^2}.$$

将这些方程连乘，有
$$k^{2n}=\frac{v_n^2}{v^2}=\frac{h_n}{n},\quad h_n=hk^{2n},$$

又因为 $k^2=\dfrac{v_1^2}{v^2}=\dfrac{h_1}{h},k=\sqrt{\dfrac{h_1}{h}}$，故 $h_n=h\left(\dfrac{h_1}{h}\right)^n=\dfrac{h_1^n}{h^{n-1}}$.

3. 解 如图解 1.1 所示. 设正方形边长为 L，则无风时周期 $T=\dfrac{4L}{u}$. 在有风天气为使飞机仍在正方形轨道上飞行，飞机在每条边上的航行方向(相对于空气的速度方向)和飞行时间均须做相应调整. 设 $v'^2+u^2=v^2$，则新的运动周期为

$$T'=t_1+t_2+2t_3=\frac{L}{v+u}+\frac{L}{v-u}+\frac{2L}{\sqrt{v^2-u^2}}$$
$$\approx-\frac{L}{v}\left[(1-k+k^2)+(1+k+k^2)+2\left(1+\frac{1}{2k^2}\right)\right]$$
$$=\frac{4L}{v}+\frac{3k^2L}{v}=T\left(1+\frac{3k^2}{4}\right),$$

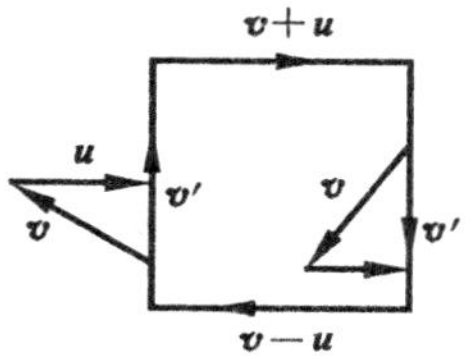

图解 1.1

故 $\Delta T=T'-T=\dfrac{3}{4}k^2T$.

4. 解 因 $a=\dfrac{\mathrm{d}v}{\mathrm{d}t}=\dfrac{\mathrm{d}v}{\mathrm{d}y}\cdot\dfrac{\mathrm{d}y}{\mathrm{d}t}=v\dfrac{\mathrm{d}v}{\mathrm{d}y}$，又 $a=-ky$，故

$$-ky=v\frac{\mathrm{d}v}{\mathrm{d}y},\quad -\int ky\mathrm{d}y=\int v\mathrm{d}v,\quad -\frac{1}{2}ky^2=\frac{1}{2}v^2+c.$$

已知 $y=y_0,v=v_0$，则 $c=-\dfrac{1}{2}v_0^2-\dfrac{1}{2}ky_0^2,v^2=v_0^2+k(y_0^2-y^2)$.

5. 解 首先求出 $t=2$ s 时质点在轨迹上的位置. $t=2$ s，$s=80$ m(在大圆上). 各瞬时质点的速率为 $v=\mathrm{d}s/\mathrm{d}t=30+10t$，故 $v=50$ m/s.

各瞬时质点的切向加速度和法向加速度为

$$a_t=\frac{\mathrm{d}v}{\mathrm{d}t}=\frac{\mathrm{d}^2s}{\mathrm{d}t^2}=10\ \mathrm{m/s^2},\quad a_n=\frac{(\mathrm{d}s/\mathrm{d}t)^2}{\rho}=\frac{v^2}{\rho}.$$

当 $t=2$ s 时，$a_t=10\ \mathrm{m/s^2}$，$a_n=83.3\ \mathrm{m/s^2}$.

6. 解 设下标 A 指飞机，F 指空气，E 指地面，由题可知 $v_{FE}=60$ km/h，正西方向；$v_{AF}=180$ km/h，方向未知；v_{AE} 大小未知，正北方向. 由速度合成定理有

$$\boldsymbol{v}_{AE}=\boldsymbol{v}_{AF}+\boldsymbol{v}_{FE},$$

$\boldsymbol{v}_{AE},\boldsymbol{v}_{AF},\boldsymbol{v}_{FE}$ 构成直角三角形(见图解 1.2)，故

$$|\boldsymbol{v}_{AE}|=\sqrt{(v_{AF})^2-(v_{FE})^2}=170\ \mathrm{km/h},\quad \theta=\arctan\left(\frac{v_{FE}}{v_{AE}}\right)=19.4°,$$

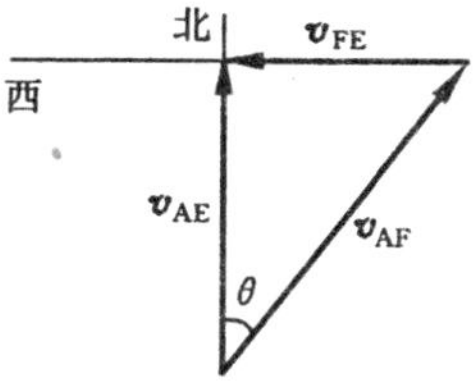

图解 1.2

飞机应取北偏东 19.4°的航向.

7. 解 (1) 如图解 1.3 所示，$\overrightarrow{OC}=\overrightarrow{OA}+\overrightarrow{AB}+\overrightarrow{BC}=30\boldsymbol{i}+(-10\boldsymbol{j})+18(-\cos45°\boldsymbol{i}+\sin45°\boldsymbol{j})=17.27\boldsymbol{i}+2.73\boldsymbol{j}$，$|\overrightarrow{OC}|=17.48$ m，$\varphi=8.98°$，$|\boldsymbol{v}|=\left|\dfrac{\Delta\boldsymbol{r}}{\Delta t}\right|=0.35$ m/s，方向为东偏北 8.98°.

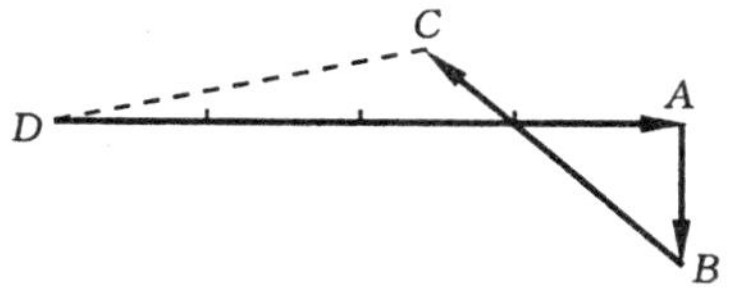

图解 1.3

(2) $\Delta s=|\overrightarrow{OA}|+|\overrightarrow{AB}|+|\overrightarrow{BC}|, v=\dfrac{\Delta s}{\Delta t}=1.16\ \text{m/s}.$

8. 解　选地为静系，火车为动系. 已知雨滴的绝对速度$\boldsymbol{v}_a$的方向偏前 30°，相对速度$\boldsymbol{v}_r$偏后 45°，牵连速度 $v_t=35$ m/s，方向水平. 由图解 1.4 可知

$$v_a\sin30°+v_r\sin45°=v_t,\quad v_a\cos30°=v_r\cos45°.$$

由此二式得

$$v_a=\frac{v_t}{\sin30°+\sin45°\dfrac{\cos30°}{\cos45°}}=25.6\ \text{m/s}.$$

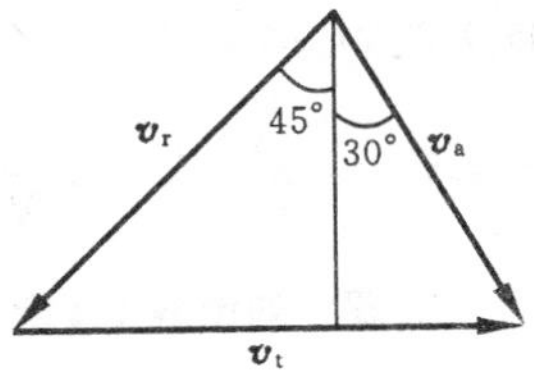

图解 1.4

9. 解　以地为静系，小车为动系. 已知小车绝对速度 $v_a=10$ m/s，牵连速度 $v_t=2$ m/s，方向水平向左(见图解 1.5).

$$\boldsymbol{v}_a=\boldsymbol{v}_t+\boldsymbol{v}_r,\quad v_a^2=v_t^2+v_r^2-2v_rv_t\cos30°,$$

$$v_r=v_t\cos30°+\sqrt{(v_t\cos30°)^2+v_a^2-v_t^2}=11.7\ \text{m/s}.$$

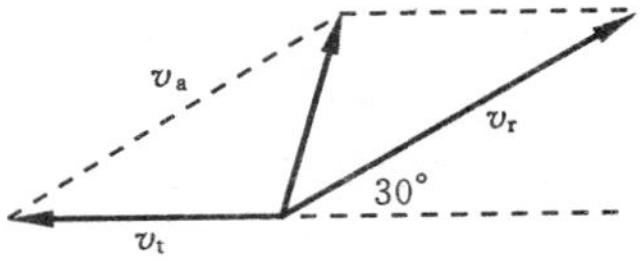

图解 1.5

10. 解　(1) 球相对地面的初速度为 $v'=v_0+v=30$ m/s，抛出后上升高度为 $h'=\dfrac{v'^2}{2g}=45.9$ m，离地面高度为

$$H=(45.9+30)\ \text{m}=75.9\ \text{m}.$$

(2) 电梯上升高度等于球上升高度，则 $vt=(v+v_0)t-\dfrac{1}{2}gt^2, t=\dfrac{2v_0}{g}=4.08$ s.

11. 解　$$v=\frac{ds}{dt}=b+ct,\quad a_t=\frac{dv}{dt}=c,\quad a_n=\frac{(b+ct)^2}{R},$$

根据题意 $a_t=a_n$，则 $c=\dfrac{(b+ct)^2}{R}$，解得 $t=\sqrt{\dfrac{R}{c}}-\dfrac{b}{c}$.

12. 解　根据已知条件确定常量 k，有

$$k=\frac{\omega}{t^2}=\frac{v}{Rt^2}=4,\quad \omega=4t^2,\quad v=R\omega=4Rt^2.$$

当 $t=1$ s 时，有　$$v=4Rt^2=8\ \text{m/s},\quad a_t=\frac{dv}{dt}=8Rt=16\ \text{m/s}^2,$$

$$a_n=\frac{v^2}{R}=32\ \text{m/s}^2,\quad a=(a_t^2+a_n^2)^{\frac{1}{2}}=35.8\ \text{m/s}^2.$$

13. 解　记水、风、船和地球分别为 w，f，s 和 e，则水-地、风-船、风-地和船-地间的相对速度分别为$\boldsymbol{v}_{we}$，$\boldsymbol{v}_{fs}$，$\boldsymbol{v}_{fe}$和$\boldsymbol{v}_{se}$. 由已知条件 $v_{we}=10$ km/h，正东方向；$v_{fe}=10$ km/h，正西方向；$v_{sw}=20$ km/h，北偏西 30°方向. 根据速度合成法则，有$\boldsymbol{v}_{se}=\boldsymbol{v}_{sw}+\boldsymbol{v}_{we}$.

由图解 1.6 可得 $v_{se}=10\sqrt{3}$ km/h，方向为正北. 同理，有$\boldsymbol{v}_{fs}=\boldsymbol{v}_{fe}-\boldsymbol{v}_{se}$.

由于$\boldsymbol{v}_{fe}=-\boldsymbol{v}_{we}$，故 $v_{fs}=v_{sw}$，方向为南偏西 30°.

在船上观察烟缕的飘向即$\boldsymbol{v}_{fs}$的方向，它为南偏西 30°.

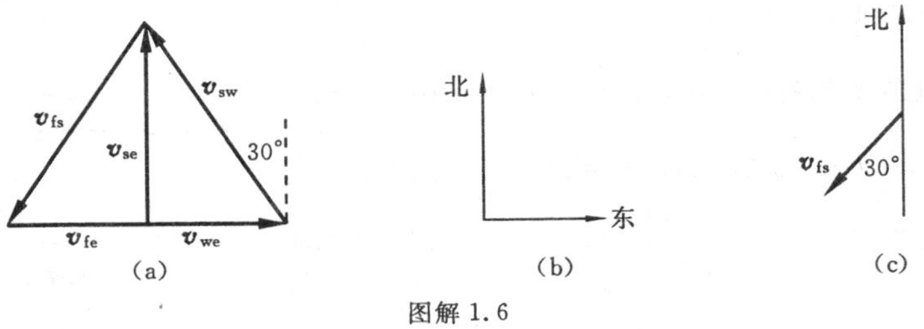

图解 1.6

第 2 章

一、填空题

1. 5.2 N 2. $\sqrt{g/R}$ 3. $\sqrt{gR\tan\theta}$ 4. 2 N，1 N

5. g/μ_s（提示：当 $mg=f=\mu_s N=\mu_s ma$ 时不致掉下，则 $a=g/\mu_s$） 6. $-\frac{m_1}{m_2}g\boldsymbol{i}$，0

7. $(\mu\cos\theta-\sin\theta)g$ 8. 80 N，卡车前进的方向；100 N，与卡车前进相反的方向

9. 2% 10. 0，$2g$

二、简答题

1. 答 两个结论都不正确.

(1) 向心力是质点所受合外力在法向方向的分量. 质点受到的作用力中，只要法向分量不为零，它对向心力就有贡献，不管它指向圆心还是不指向圆心，但它可能只提供向心力的一部分. 即使某个力指向圆心，也不能说它就是向心力，这要看是否还有其他力的法向分量.

(2) 做圆周运动的质点，所受合外力有两个分量，一个是指向圆心的法向分量，另一个是切向分量，只要质点不是做匀速圆周运动，它的切向分量就不为零，所受合外力就不指向圆心.

2. 答 $T-G\cos\theta=0$ 是错误的. 因为物体的加速度始终指向点 O，在拉力 $\boldsymbol{T}$ 的方向上的分量不为零，沿绳子拉力 $\boldsymbol{T}$ 的方向上应有 $T-G\cos\theta=ma\sin\theta$，它与 $T\cos\theta-G=0$ 同时成立.

3. 答 当 θ 较小时，木块静止在木板上，静摩擦力 $f=mg\sin\theta$；当 $\theta=\theta_0$ 时（$\tan\theta_0=\mu$），木块开始滑动；当 $\theta>\theta_0$ 时，滑动摩擦力 $f=\mu mg\cos\theta$.（见图解 2.1）

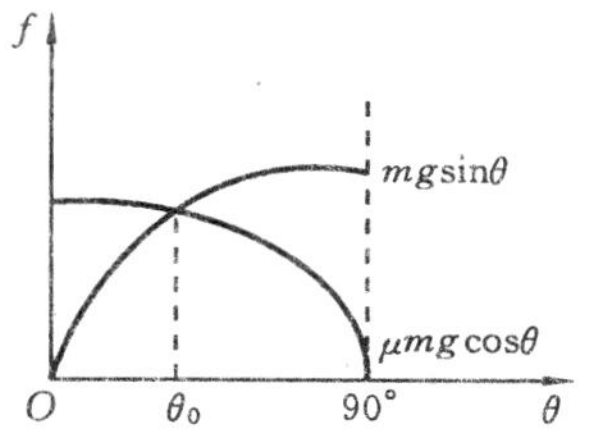

图解 2.1

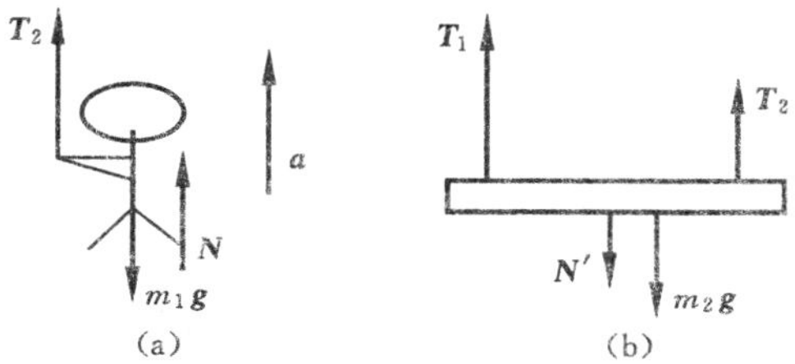

图解 2.2

三、计算题

1. 解 人受力如图解 2.2(a)所示，则

$$T_2+N-m_1g=m_1a,$$

底板受力如图解 2.2(b)所示，则

$$T_1+T_2-N'-m_2g=m_2a,\quad T_1=2T_2,\quad N'=N,$$

由以上四式得
$$4T_2-m_1g-m_2g=(m_1+m_2)a,$$

故
$$T_2=\frac{(m_1+m_2)(g+a)}{4}=247.5\ \text{N},\quad N'=N=m_1(g+a)-T_2=412.5\ \text{N}$$

2. 解 线未断时对球 2，有 $kx=m_2\omega^2(L_1+L_2)$；线断瞬间对球 1，有 $kx=m_1a_1$，对球 2，有 $kx=m_2a_2$，解得

$$a_1=\frac{m_2\omega^2(L_1+L_2)}{m_1},\quad a_2=\omega^2(L_1+L_2).$$

3. 解 如图解 2.3(a)、(b)、(c)所示，对于物体 B，有

$$f-T_1\sin\alpha=0,\quad N+T_1\cos\alpha-m_Bg=0,$$

对于滑轮 O，有

$$T_1\sin\alpha-T_2\sin30°=0,\quad T_2\cos30°-T_1\cos\alpha-T_1=0,$$

对于物体 A，有

$$T_1-m_Ag=0.$$

联立上式及 $m_B=10\ \text{kg}$，解得

$$\alpha=60°,\quad m_A=4\ \text{kg},\quad f=34.6\ \text{N},\quad T_2=69.3\ \text{N}.$$

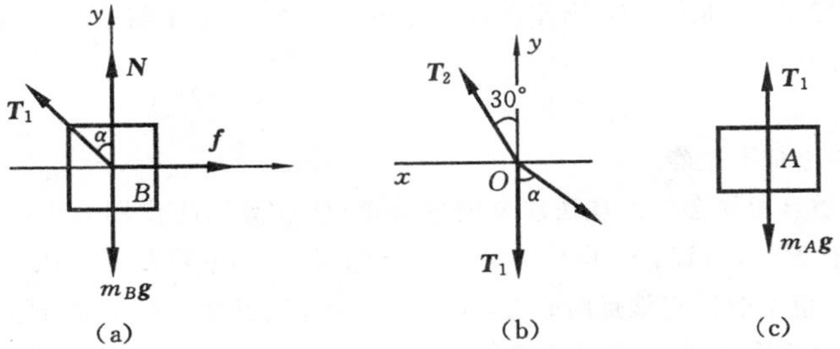

图解 2.3

4. 解 建立 x、y 坐标，物体 A、B 及小车 D 的受力如图解 2.4 所示. 设小车 D 受力 $\boldsymbol{F}$ 后，连接物体 B 的绳子与竖直方向成 α 角，当 A、D 间无相对滑动时，应满足如下方程：

$$T=m_1a, \tag{①}$$

$$T\sin\alpha=m_2a, \tag{②}$$

$$T\cos\alpha-m_2g=0, \tag{③}$$

$$F-T-T\sin\alpha=Ma_x, \tag{④}$$

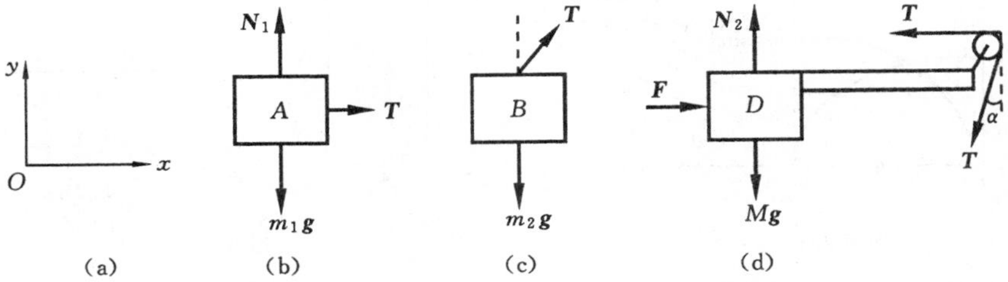

图解 2.4

联立式①、式②、式③，解得 $$a_x=\frac{m_2g}{\sqrt{m_1^2-m_2^2}}, \tag{⑤}$$

联立式①、式②、式④，解得 $$F=(m_1+m_2+M)a_x, \tag{⑥}$$

将式⑤代入式⑥，得 $$F=\frac{(m_1+m_2+M)m_2g}{\sqrt{m_1^2-m_2^2}},$$

代入数据，得 $F=784\ \text{N}$.

注 式⑥也可由 A、B、D 作为一个整体系统而直接得到.

5. 解 (1) $$\alpha=0,\quad T=mg.$$

(2) 因 $T\sin\alpha=ma$，$T\cos\alpha=mg$，故 $\tan\alpha=a/g$，$T=m\sqrt{a^2+g^2}$.

6. 解 设绳子与水平方向的夹角为 θ，则 $\sin\theta=h/l$. 木箱受力如图解 2.5 所示，当匀速前进时有

$$F\cos\theta-f=0,\quad F\sin\theta+N-Mg=0,\quad f=\mu N.$$

由受力图和牛顿方程，解得

$$F=\frac{\mu Mg}{\cos\theta+\mu\sin\theta},\quad \frac{dF}{d\theta}=-\frac{\mu Mg(-\sin\theta+\mu\cos\theta)}{(\cos\theta+\mu\sin\theta)^2}=0,$$

故 $\tan\theta=\mu=0.6$，$\theta=30°57'36''$. 又 $\frac{d^2F}{d\theta^2}>0$，故当 $l=\frac{h}{\sin\theta}=2.92$ m 时最省力.

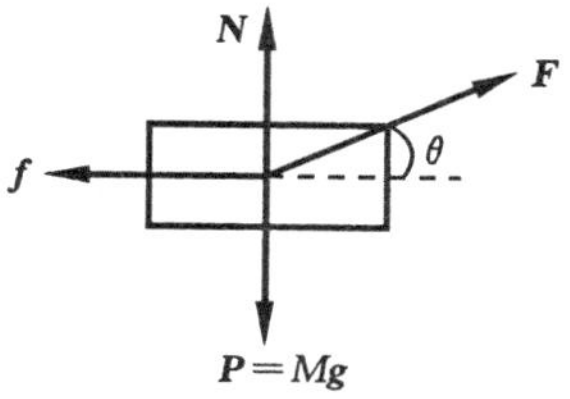

图解 2.5

7. 解 取距转轴为 r 处，长为 dr 的小段绳子，其质量为 Mdr/L. 由于绳子做圆周运动，所以小段绳子有径向加速度，由牛顿定律有

$$T_r-T_{r+dr}=\frac{M}{L}drr\omega^2,$$

由于 $T_r-T_{r+dr}=-dT_r$，故 $dT=\frac{M\omega^2}{L}rdr$.

由于绳子的末端是自由端，故

$$T_L=0,\quad \int_{T_r}^{0}dT=-\int_r^L\frac{M\omega^2}{L}rdr,\quad T_r=\frac{M\omega^2(L^2-r^2)}{2L}.$$

8. 解 (1) 子弹进入砂土后受力为 $-kv$，由牛顿运动定律有 $-kv=m\frac{dv}{dt}$，则

$$-\frac{k}{m}dt=\frac{dv}{v},\quad -\int_0^t\frac{k}{m}dt=\int_{v_0}^{v}\frac{dv}{v},\quad v=v_0e^{-\frac{kt}{m}}.$$

(2) **方法一** 由于 $v=\frac{dx}{dt}$，故 $dx=v_0e^{-\frac{kt}{m}}dt$，$\int_0^x dx=\int_0^t v_0e^{-\frac{kt}{m}}dt$，解得

$$x=\frac{m}{k}v_0(1-e^{-\frac{kt}{m}}),\quad x_{max}=\frac{m}{k}v_0.$$

方法二 $-kv=m\frac{dv}{dt}=m\frac{dv}{dx}\frac{dx}{dt}=mv\frac{dv}{dx}$，故 $dx=-\frac{m}{k}dv$，$\int_0^{x_{max}}dx=-\int_{v_0}^{v}\frac{m}{k}dv$，则

$$x_{max}=\frac{m}{k}v_0.$$

9. 解 由于液体随 U 形管一起做加速运动，所以左管底部的压力应大于右管底部的压力，其压力差应等于水平管中液体的质量和加速度之积. 设水平管的截面面积为 S，液体的密度为 ρ，则有 $\rho hSg=\rho lSa$，$h=la/g$.

10. 解 (1) t 时刻物体受力如图解 2.6 所示，在法向，有

$$T+mg\cos\theta=\frac{mv^2}{R},$$

故

$$T=\frac{mv^2}{R}-mg\cos\theta,$$

在切向，有

$$mg\sin\theta=ma,$$

故

$$a_t=g\sin\theta.$$

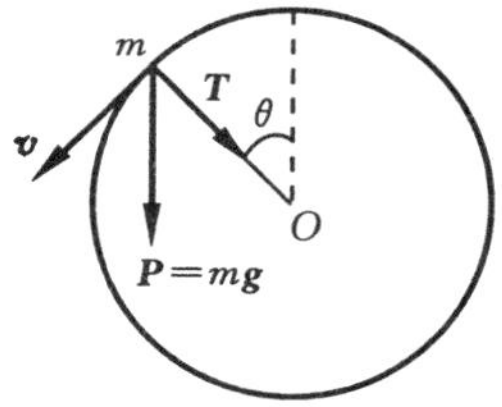

图解 2.6

(2) $a_t=g\sin\theta$，它的数值随 θ 的增加按正弦函数变化(规定物体由顶点开始转一周又回到顶点，相应 θ 角由 0 连续增加到 2π). 当 $\pi>\theta>0$ 时，$a_t>0$，表示 $\boldsymbol{a}_t$ 与 $\boldsymbol{v}$ 同向；$2\pi>\theta>\pi$ 时，$a_t<0$，表示 $\boldsymbol{a}_t$ 与 $\boldsymbol{v}$ 反向.

第 3 章

一、填空题

1. bt，$-p_0+bt$　2. 18 N·s　3. $2\boldsymbol{i}$ m/s　4. $2Qv$，水平向右　5. $\frac{mv}{t}$，垂直向下

6. $mv_0\sin\theta$,竖直向下　7. 1500 N　8. $2\boldsymbol{v}-\boldsymbol{v}_0$，$-2m(\boldsymbol{v}_0-\boldsymbol{v})$　9. 4 m/s

10. 0，$m\omega ab\boldsymbol{k}$

二、简答题

1. 答　推力的冲量为 $\boldsymbol{F}\Delta t$. 动量定理中的冲量为合外力的冲量,此时木箱除受力 $\boldsymbol{F}$ 外还受地面的静摩擦力等其他外力,木箱未动说明此时木箱的合外力为零,故合外力的冲量也为零,根据动量定理,木箱动量不发生变化.

2. 答　人造卫星的动量不守恒,因为它总是受到外力——地球引力的作用;人造卫星对地心的角动量守恒,因为它所受的地球引力通过地心,而此力对地心的力矩为零.

三、计算题

1. 解　取直角坐标系,x 轴水平向右,y 轴向上,有

$$\boldsymbol{v}_1=-\sqrt{2gh}\boldsymbol{j}=-4\boldsymbol{j},\quad \boldsymbol{v}_2=3\boldsymbol{i},$$

$$\boldsymbol{F}=\frac{\Delta\boldsymbol{p}}{\Delta t}=\frac{\Delta m\times\boldsymbol{v}_2-\Delta m\times\boldsymbol{v}_1}{\Delta t}=\frac{\Delta m}{\Delta t}(3\boldsymbol{i}+4\boldsymbol{j}),\quad \alpha=\arctan\left(\frac{4}{3}\right)=53°,$$

即 $\boldsymbol{F}$ 的方向与水平方向夹角为 53°,方向向上.

2. 解　(1) 设 t 时刻落到皮带上的砂子质量为 M,速率为 v;$t+\mathrm{d}t$ 时刻,皮带上的砂子质量为 $M+\mathrm{d}M$,速率也是 v. 根据动量定理,皮带作用在砂子上的外力 $\boldsymbol{F}$ 的冲量为

$$F\mathrm{d}t=(M+\mathrm{d}M)v-(Mv+\mathrm{d}M\times 0)=\mathrm{d}Mv,$$

故 $F=v\dfrac{\mathrm{d}M}{\mathrm{d}t}=v\cdot\Delta M.$

由牛顿第三定律,此力等于砂子对皮带的作用力 $\boldsymbol{F}'$,即 $F'=F$. 由于皮带匀速运动,动力源对皮带的牵引力 $F''=F'$,因而,$F''=F$,$\boldsymbol{F}''$与$\boldsymbol{v}$ 同向. 动力源所供给的功率为

$$p=\boldsymbol{F}\cdot\boldsymbol{v}=\boldsymbol{v}\cdot\boldsymbol{v}\frac{\mathrm{d}M}{\mathrm{d}t}=v^2\frac{\mathrm{d}M}{\mathrm{d}t}.$$

(2) 当 $\Delta M=\dfrac{\mathrm{d}M}{\mathrm{d}t}=20$ kg/s,$v=1.5$ m/s 时,水平牵引力为 $F''=v\Delta M=30$ N,所需功率为 $P=v^2\Delta M=45$ W.

3. 解　地球和月球的质量分别用 M_e 和 M_m 表示,地球半径用 R_e 表示. 设月球绕地球运转的速率为 v,则 $\dfrac{GM_eM_m}{r^2}=\dfrac{M_mv^2}{r}$,而地面附近,有 $\dfrac{GM_em}{R_e^2}=mg$,故

$$GM_e=R_e^2g,\quad v=R_e\sqrt{g/r},\quad \Delta p=2M_mv=2M_mR_e\sqrt{g/r}=1.46\times10^{26}\ \mathrm{kg\cdot m/s}.$$

4. 解　因第一块爆炸后落在其爆炸点正下方的地面上,说明它的速度方向是沿垂直方向的. 由于

$$h=v_1t'+\frac{1}{2}gt'^2,$$

式中,t'为第一块在爆炸后落到地面的时间. 由此可解得 $v_1=14.7$ m/s. 由于 $v_1>0$,所以$\boldsymbol{v}_1$垂直向下,而 $v_{1y}=-14.7$ m/s,又因炮弹到最高点 $v_y=0$,有

$$s_1=v_xt,\qquad ①$$

$$h=\frac{1}{2}gt^2,\qquad ②$$

由式①、式②解得 $t=2$ s,$v_x=500$ m/s.

以$\boldsymbol{v}_2$表示爆炸后第二块的速度,则爆炸时的动量守恒关系如图解 3.1 所示,有

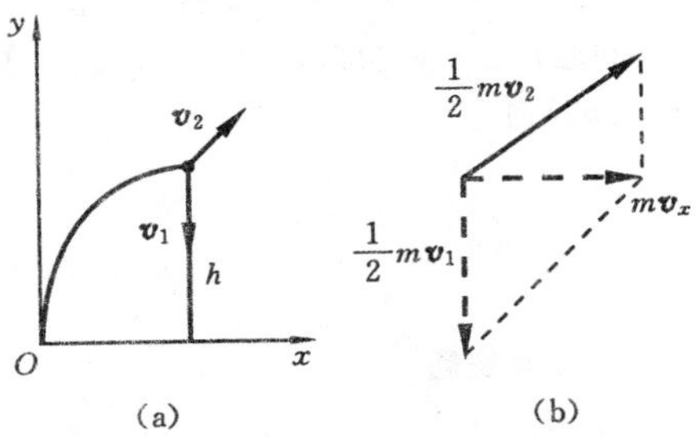

图解 3.1

$$\frac{1}{2}mv_{2x}=mv_x,\qquad ③$$

$$\frac{1}{2}mv_{2y}+\frac{1}{2}mv_{1y}=0,\qquad ④$$

解得 $v_{2x}=2v_x=1000\ \mathrm{m/s}$，$v_{2y}=-v_{1y}=14.7\ \mathrm{m/s}$.

再由斜抛公式

$$x_2=s_1+v_{2x}t_2,\qquad ⑤$$

$$y_2=h+v_{2y}t_2-\frac{1}{2}gt_2^2,\qquad ⑥$$

由落地知 $y_2=0$，可得 $t_2=4\ \mathrm{s}$，$t_2'=-1\ \mathrm{s}$(舍去). 故 $x_2=5000\ \mathrm{m}$.

5. 解 (1) 小球 m 在与 M 碰撞过程中给 M 的竖直方向冲力在数值上应等于 M 对小球的竖直冲力. 而此冲力应等于小球在竖直方向的动量变化率，即 $f=mv_2/\Delta t$.

由牛顿第三定律，小球以此力作用于 M，其方向向下. 对 M，由牛顿第二定律，在竖直方向上有

$$N-Mg-f=0,\quad 即\quad N=Mg+f.$$

又由牛顿第三定律，M 给地面的平均作用力为 $F=f+Mg=\dfrac{mv_2}{\Delta t}+Mg$，方向竖直向下.

(2) 同理，M 受到小球的水平方向冲力大小应为 $f'=mv_1/\Delta t$，方向与 m 原运动方向一致. 根据牛顿第二定律，对 M，有 $f'=M\dfrac{\Delta v}{\Delta t}$，利用上式的 f'，解得 $\Delta v=\dfrac{mv_1}{M}$.

6. 解 (1) 因穿透时间极短，故可认为物体未离开平衡位置. 因此，作用于子弹、物体系统上的外力均在铅直方向，故系统在水平方向动量守恒. 令子弹穿出时物体的水平速度为 $\boldsymbol{v}'$，有

$$mv_0=mv+Mv',\quad v'=\frac{m(v_0-v)}{M}=3.13\ \mathrm{m/s},\quad T=\frac{Mgl+Mv'^2}{l}=26.5\ \mathrm{N}.$$

(2) 设 $\boldsymbol{v}_0$ 方向为正向，有 $f\Delta t=mv-mv_0=-4.7\ \mathrm{N\cdot s}$，负号表示冲量方向与 $\boldsymbol{v}_0$ 方向相反.

7. 解 建立图解 3.2 所示坐标，由动量定理，小球受到的冲量的 x，y 分量表达式如下：

$$F_x\Delta t=mv_x-(-mv_x)=2mv_x\quad (x\ 方向),$$

$$F_y\Delta t=-mv_y-(-mv_y)=0\quad (y\ 方向),$$

故 $F=F_x=\dfrac{2mv_x}{\Delta t}$，$v_x=v\cos\alpha=\dfrac{2mv\cos\alpha}{\Delta t}$，方向沿 x 轴正向.

根据牛顿第三定律，墙受的平均冲力为 $F'=|-F|$，方向垂直墙面指向墙内.

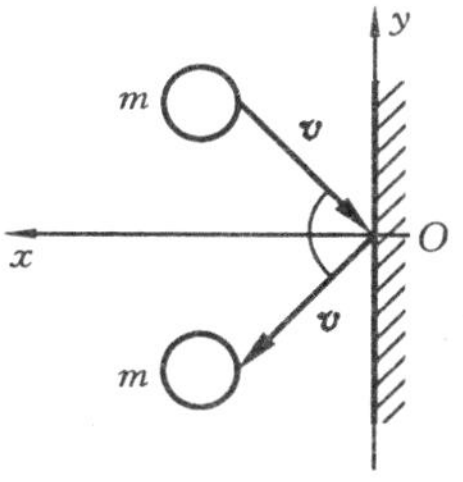

图解 3.2

8. 解 (1) 子弹射入 A 未进入 B 以前，A、B 共同做加速运动，有

$$F=(m_A+m_B)a,\quad a=\frac{F}{m_A+m_B}=600\ \mathrm{m/s^2},$$

B 受到 A 的作用力，有 $N=m_Ba=1.8\times10^3\ \mathrm{N}$，方向向右.

(2) A 在时间 t 内做匀加速运动，t s 末的速度 $v_A=at$. 当子弹射入 B 时，B 将加速而 A 仍以 $\boldsymbol{v}_A$ 的速度继续向右做匀速直线运动，则 $v_A=at=6\ \mathrm{m/s}$. 对于 B 的速度，取 A、B 和子弹组成的系统为研究对象，系统所受合外力为零，故系统的动量守恒，有 $mv_0=m_Av_A+(m+m_B)v_B$，即

$$v_B=\frac{mv_0-m_Av_A}{m+m_B}=22\ \mathrm{m/s}.$$

第 4 章

一、填空题

1. $-F_0R$ **2.** 18 J，6 m/s **3.** $\dfrac{GMm}{6R}$，$\dfrac{-GMm}{3R}$ **4.** $\dfrac{mg}{k}+\sqrt{\left(\dfrac{mg}{k}\right)^2+\dfrac{2mgh}{k}}$

5. 12800 J　**6.** 可　**7.** 可　**8.** 不一定　**9.** 12 J　**10.** $-Gm_1m_2\left(\frac{1}{a}-\frac{1}{b}\right)$

11. $\frac{F^2t^2}{2m}$，$\frac{F^2t^2}{2m}+Fv_0t$　**12.** kx_0^2，$-\frac{1}{2}kx_0^2$，$\frac{1}{2}kx_0^2$　**13.** $-\frac{1}{2}mgh$　**14.** 375 J

15. −0.207 J

二、简答题

1. 答　情况(1)、(2)、(4)都能到达高度 h_0. 因为这三种情况质点达到高度 h_0 时速度皆为零，由机械能守恒定律，得到$\frac{1}{2}mv^2=mgh_0$. 而情况(3)达到最高点时物体速度不为零，由机械能守恒定律，可知情况(3)达不到高度 h_0.

2. 答　在物体系重力势能减少 mgy. 达到受力平衡的过程中，重力势能的减少，不仅增加了弹性势能而且部分转化成物体的动能，根据机械能守恒定律，有

$$mgy_0=\frac{1}{2}ky_0^2+\frac{1}{2}mv^2,$$

而不是 $mgy_0=\frac{1}{2}ky_0^2$. y_0 的正确求法应根据合力为零的条件为 $mg-ky_0=0$，求得 $y_0=\frac{mg}{k}$.

三、计算题

1. 解　用动能定理，对物体，有

$$\frac{1}{2}mv^2-0=\int_0^4 F\mathrm{d}x=\int_0^4(10+6xB)\mathrm{d}x=10x+2x^3=168\ \mathrm{J},$$

解得 $v^2=168$，$v=13$ m/s.

2. 解　由 $x=ct^3$ 可求物体的速度为 $v=\frac{\mathrm{d}x}{\mathrm{d}t}=3ct^2$，物体受到的阻力为

$$f=kv^2=9kc^2t^4=9kc^{\frac{2}{3}}x^{\frac{4}{3}},$$

阻力对物体所做的功为

$$A=\int\mathrm{d}A=\int f\mathrm{d}x=\int_0^l -9kc^{\frac{2}{3}}x^{\frac{4}{3}}\mathrm{d}x=-\frac{27kc^{\frac{2}{3}}l^{\frac{7}{3}}}{7}.$$

3. 解　(1) 建立坐标 Ox，如图解 4.1 所示. 摩擦力的功为 $A_f=\int_a^l(-f)\mathrm{d}x$.

某一时刻的摩擦力

$$f=\frac{\mu mg(l-x)}{l},$$

$$A_f=\int_a^l -\frac{\mu mg}{l}(l-x)\mathrm{d}x=-\frac{\mu mg}{l}\left(lx-\frac{1}{2}x^2\right)\Big|_a^l$$

$$=-\frac{\mu mg}{2l}(l-a)^2,$$

式中，负号表示摩擦力做负功.

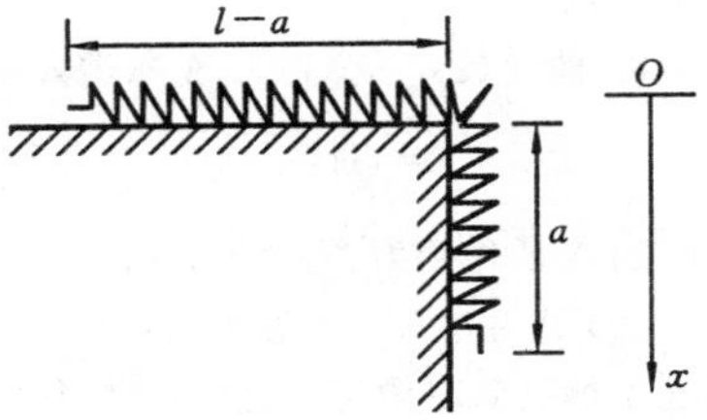

图解 4.1

(2) 以链条为对象，应用质点的动能定理，有

$$\sum W=\frac{1}{2}mv^2-\frac{1}{2}mv_0^2,$$

式中，$\sum W=W_p+A_f$；$v_0=0$.

$$W_p=\int_a^l p\mathrm{d}x=\int_a^l\frac{mg}{l}x\mathrm{d}x=\frac{mg(l^2-a^2)}{2l},$$

由上问，可知　$A_f=-\frac{\mu mg(l-a)^2}{2l}$，

故 $$\frac{mg(l^2-a^2)}{2l}-\frac{\mu mg}{2l}(l-a)^2=\frac{1}{2}mv^2,\quad v=\sqrt{\frac{g}{l}}[(l^2-a^2)-\mu(l-a)^2]^{\frac{1}{2}}.$$

4. 解 (1) 由位矢 $\boldsymbol{r}=a\cos(\omega t)\boldsymbol{i}+b\sin(\omega t)\boldsymbol{j}$ 或写为

$$x=a\cos\omega t,\quad y=b\sin\omega t,\quad v_x=\frac{\mathrm{d}x}{\mathrm{d}t}=-a\omega\sin\omega t,\quad v_y=\frac{\mathrm{d}y}{\mathrm{d}t}=b\omega\cos\omega t.$$

在点 $A(a,0)$处 $\cos\omega t=1,\quad \sin\omega t=0,\quad E_{kA}=\frac{1}{2}mv_x^2+\frac{1}{2}mv_y^2=\frac{1}{2}mb^2\omega^2.$

在点 $B(0,b)$处 $\cos\omega t=0,\quad \sin\omega t=1,\quad E_{kB}=\frac{1}{2}mv_x^2+\frac{1}{2}mv_y^2=\frac{1}{2}ma^2\omega^2.$

(2) $$\boldsymbol{F}=ma_x\boldsymbol{i}+ma_y\boldsymbol{j}=-ma\omega^2\cos\omega t\boldsymbol{i}-mb\omega^2\sin\omega t\boldsymbol{j}.$$

由 $A\to B$,有 $$A_x=\int_a^0 F_x\mathrm{d}x=-\int_a^0 m\omega^2 a\cos\omega t\,\mathrm{d}x=-\int_a^0 m\omega^2 x\mathrm{d}x=\frac{1}{2}ma^2\omega^2,$$

$$A_y=\int_0^b F_y\mathrm{d}y=\int_0^b -m\omega^2 b\sin\omega t\,\mathrm{d}y=-m\omega^2\int_0^b y\mathrm{d}y=-\frac{1}{2}mb^2\omega^2.$$

5. 解 设弹簧伸长 x_1 时,木块 m_1、m_2 所受合外力为零,有 $F-kx_1=0$,$x_1=F/k$.设绳的拉力 $\boldsymbol{T}$ 对 m_2 所做的功为 A_{T2},恒力 $\boldsymbol{F}$ 对 m_2 所做的功为 A_F,木块 m_1、m_2 系统所受合外力为零时的速度为 v,弹簧在此过程中所做的功为 A_k.对 m_1、m_2 系统,由动能定理有

$$A_F+A_k=\frac{1}{2}(m_1+m_2)v^2, \qquad ①$$

对 m_2,有 $$A_F+A_{T2}=\frac{1}{2}m_2v^2. \qquad ②$$

又 $A_k=-\frac{1}{2}kx_1^2=-\frac{F^2}{2k}$,恒力 $\boldsymbol{F}$ 对 m_2 所做的功为 $A_F=Fx_1=\frac{F^2}{k}$,代入式①解得

$$v=\frac{F}{\sqrt{k(m_1+m_2)}},$$

由式②解得 $$A_{T2}=-A_F+\frac{1}{2}m_2v^2=-\frac{F^2}{k}\left[1-\frac{m_2}{2(m_1+m_2)}\right]=-\frac{F^2(2m_1+m_2)}{2k(m_1+m_2)}.$$

由于绳拉 A 和 B 的力方向相反大小相等,而 A 和 B 的位移又相同,所以绳的拉力对 m_1 做的功为

$$A_{T1}=-W_{T2}=\frac{F^2(2m_1+m_2)}{2k(m_1+m_2)}.$$

6. 解 弹簧长为 AB 时,其伸长量为 $x_1=2l-l=l$,弹簧长为 AC 时,其伸长量为

$$x_2=\sqrt{2}l-l=(\sqrt{2}-1)l.$$

弹性力的功等于弹性势能的减少,有

$$A=E_{p1}-E_{p2}=\frac{1}{2}kx_1^2-\frac{1}{2}kx_2^2=\frac{1}{2}kl^2[1-(\sqrt{2}-1)^2]=(\sqrt{2}-1)kl^2.$$

7. 解 由动能原理有

$$-fH=mgH-\frac{1}{2}mv_0^2,\quad f=\frac{mv_0^2}{2H}-mg,\quad f=\left(\frac{0.4\times 400}{2\times 16}-0.4\times 9.8\right)\ \mathrm{N}=1.1\ \mathrm{N}.$$

第 5 章

一、填空题

1. 15.2 m/s, 500 r/min

2. 否.在棒的自由下摆过程中,转动惯量不变,但棒下摆的力矩随摆向下摆动而减小.由转动

定律,可知棒摆动的角加速度也要随之变小.

3. $\frac{g}{l}$, $\frac{g}{2l}$　**4.** $\frac{3v_0}{2l}$　**5.** $2.5\ \mathrm{rad/s^2}$　**6.** W, $kl\cos\theta, W=2kl\sin\theta$　**7.** $14\ \mathrm{rad/s}$

8. $\frac{J\omega_0-mRv}{J+mR^2}$　**9.** $\frac{3}{4}mL^2$, $\frac{1}{2}mgL$, $\frac{2g}{3L}$　**10.** $8\ \mathrm{rad/s}$　**11.** $0.2\pi\ \mathrm{rad/s}$

12. $\frac{m(g-a)R^2}{a}$　**13.** $\frac{3m_2(v+u)}{m_1 l}$

14. (1) 根据给定条件,取如图解 5.1 所示的坐标轴方向,C 的运动速度表示为$\boldsymbol{v}_C=(v_0-at)\boldsymbol{i}$,由于配重 D 与 C 间装有动滑轮,故配重 D 的运动速度为

$$\boldsymbol{v}_D=-2(v_0-at)\boldsymbol{i}=(-8.00+1.00t)\boldsymbol{i},$$

加速度为

$$\boldsymbol{a}_D=2a\boldsymbol{i}=1.00\boldsymbol{i}.$$

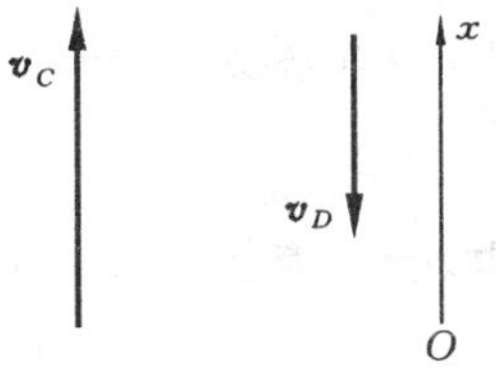

图解 5.1

(2) 由于绳与绞盘间无滑动,故 A 的角速度和角加速度分别为(以逆时针为正)

$$\omega=\frac{v_D}{r_A}=\frac{-2(v_0-at)}{r_A}=\frac{-2\times(4.00-0.50t)}{0.25}=-(32-4t),$$

$$\beta_A=\frac{a_D}{r_A}=\frac{2a}{r_A}=4.00\ \mathrm{rad/s^2}.$$

15. $-\frac{k\omega_0^2}{9J}$, $\frac{2J}{k\omega_0}$

二、简答题

1. 答　(1) 系统动量不守恒.因为在轴 O 处受到外力作用,合外力不为零,动能不守恒.因其是完全非弹性碰撞,能量损失转化为形变势能和热运动能.

角动量守恒.因为合外力矩为零.

(2) 由角动量守恒,有 $mv_0R\cos\alpha=(M+m)R^2\omega$,故 $\omega=\frac{mv_0\cos\alpha}{(M+m)R}$.

2. 答　刚体转动惯量是刚体转动中惯性大小的量度.它与刚体的质量的大小以及质量相对于转轴的分布有关,和转轴位置有关.

三、计算题

1. 解　设圆板旋转 n 圈后停止,则

$$n=\frac{\theta}{2\pi},\quad \omega^2=\omega_0^2-2\beta\theta,\quad M=J\beta,\quad J=\frac{1}{2}mR^2,$$

$$\mathrm{d}M=\mu\rho g\,2\pi r r\,\mathrm{d}r,\quad M=\int\mathrm{d}M=\frac{2\pi\mu\rho gR^3}{3},\quad \rho=\frac{m}{\pi R^2},$$

由以上各式联合,解得

$$n=\frac{3R\omega_0^2}{16\pi\mu g}.$$

2. 解　设在某时刻之前,飞轮已转动了 t_1 时间,由于初角速度 $\omega_0=0$,则 $\omega_1=\beta t_1$.而在某时刻后 $t_2=5$ s时间内转过的角位移为

$$\theta=\omega_1t_2+\frac{1}{2}\beta t_2^2.$$

将已知量 $\theta=100$ rad,$t_2=5$ s,$\beta=2\ \mathrm{rad/s^2}$ 代入上式,得 $\omega_1=15$ rad/s,从而 $t_1=\frac{\omega_1}{\beta}=7.5$ s,即在某时刻之前,飞轮已经转动了 7.5 s.

3. 解　碰撞前瞬时,杆对点 O 的角动量为

$$\int_0^{3L/2}\rho v_0 x\mathrm{d}x-\int_0^{L/2}\rho v_0 x\mathrm{d}x=\rho v_0 L^2=\frac{1}{2}mv_0 L,$$

式中，ρ 为杆的线密度，$\rho=M/(2L)$. 碰撞后瞬时，杆对点 O 的角动量为

$$J\omega=\frac{1}{3}\left[\frac{3}{4}m\left(\frac{3L}{2}\right)^2+\frac{1}{4}m\left(\frac{1}{2}L\right)^2\right]\omega=\frac{7}{12}mL^2\omega.$$

因碰撞前后角动量守恒，故 $\qquad \frac{7}{12}mL^2\omega=\frac{1}{2}mv_0 L,\quad \omega=\frac{6v_0}{7L}.$

4. 解 由转动定律有 $\qquad f_A r_A=J_A\beta_A,$ ①

式中，$J_A=\frac{1}{2}m_A r_A^2$.

$$f_B r_B=J_B\beta_B,$$ ②

式中，$J_B=\frac{1}{2}m_B r_B^2$.

要使 A、B 轮边上的切向加速度相同，应有

$$a=r_A\beta_A=r_B\beta_B.$$ ③

由式①、式②得 $\qquad \frac{f_A}{f_B}=\frac{J_A r_B\beta_A}{J_B r_A\beta_B}=\frac{m_A r_A\beta_A}{m_B r_B\beta_B}.$ ④

由式③得 $\qquad \frac{\beta_A}{\beta_B}=\frac{r_B}{r_A},$ ⑤

将式⑤代入式④得 $\qquad \frac{f_A}{f_B}=\frac{m_A}{m_B}=\frac{1}{2}.$

5. 解 如图解 5.2 所示，对水桶和圆柱形辘轳分别用牛顿运动定律和转动定律列方程：

$$mg-T=ma,\quad TR=J\beta,\quad a=R\beta.$$

由此可得

$$T=m(g-a)=m\left(g-\frac{TR^2}{J}\right),\quad T\left(1+\frac{mR^2}{J}\right)=mg.$$

将 $J=\frac{1}{2}MR^2$ 代入上式，得 $T=\frac{mMg}{M+2m}=24.5\ \mathrm{N}$.

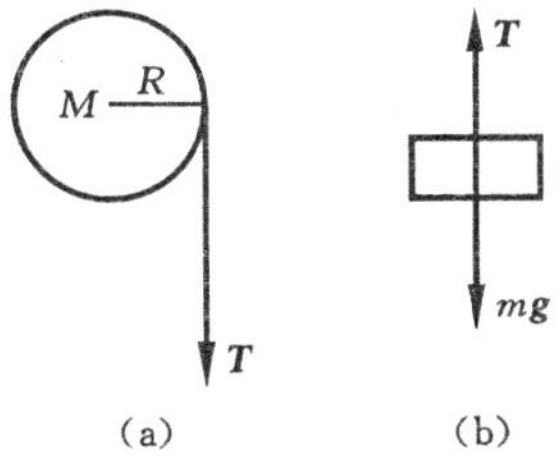

图解 5.2

6. 解 (1) 圆柱体的角加速度为 $\beta=\frac{a}{r}=4\ \mathrm{rad/s^2}$.

(2) 根据 $\omega_t=\omega_0+\beta t$，此题中 $\omega_0=0$，则 $\omega_t=\beta t$. 那么圆柱体的角速度为

$$\omega\Big|_{t=5}=\beta t\Big|_{t=5}=20\ \mathrm{rad/s}.$$

(3) 由转动定律 $fr=J\beta$，有 $f=\frac{J\beta}{r}=32\ \mathrm{N}$.

7. 解 由转动定律有 $\frac{J\mathrm{d}\omega}{\mathrm{d}t}=-k\omega$，即 $\frac{\mathrm{d}\omega}{\omega}=-\frac{k}{J}\mathrm{d}t$，两边积分，有

$$\int_{\omega_0}^{\omega_0/2}\frac{1}{\omega}\mathrm{d}\omega=-\int_0^t\frac{k}{J}\mathrm{d}t,\quad \ln 2=\frac{kt}{J},\quad 即\quad t=\frac{J\ln 2}{k}.$$

8. 解 (1) 转盘角速度为

$$\omega=2\pi n=\frac{78\times 2\pi}{60}\ \mathrm{rad/s}=8.17\ \mathrm{rad/s}.$$

点 P 的线速度和法向加速度分别为

$$v=\omega r=(8.17\times 0.15)\ \mathrm{m/s}=1.23\ \mathrm{m/s},\quad a_n=\omega^2 r=(8.17^2\times 0.05)\ \mathrm{m/s^2}=10\ \mathrm{m/s^2}.$$

(2)

$$\beta=\frac{0-\omega}{t}=\left(\frac{0-8.17}{15}\right)\ \mathrm{rad/s^2}=-0.545\ \mathrm{rad/s^2},$$

$$N=\frac{1}{2\pi}\frac{\omega t}{2}=\left(\frac{1}{2\pi}\times\frac{8.17\times15}{2}\right)\ \mathrm{rad}=9.75\ \mathrm{rad}.$$

9. 解　对棒和滑块系统，在碰撞过程中，由于碰撞时间极短，故可认为合外力矩为零，因而系统的角动量守恒，即 $m_2v_1l=-m_2v_2l+\frac{1}{3}m_1l^2\omega$.

碰后棒在转动过程中所受的摩擦力矩为　$M_{\mathrm{f}}=\int_0^l-\mu g\frac{m_1}{l}x\mathrm{d}x=-\frac{1}{2}\mu m_1gl.$

由角动量定理有　$\int_0^t M_{\mathrm{f}}\mathrm{d}t=0-\frac{1}{3}m_1l^2\omega,$

联立求解以上方程得　$t=2m_2\frac{v_1+v_2}{\mu m_1g}.$

第 6 章

一、填空题

1. 一切彼此相对做匀速直线运动的惯性系对于物理学定律都是等价的；一切惯性系中，真空中的光速都是相等的

2. 2.60×10^8　**3.** 1.3×10^{-7} s　**4.** 8.89×10^{-8}　**5.** $\frac{1}{4}m_ec^2$

6. $\frac{\Delta x}{v}$，$\frac{\Delta x}{v}\sqrt{1-(v/c)^2}$　**7.** $\frac{\sqrt{3}}{2}c$，$\frac{\sqrt{3}}{2}c$　**8.** c　**9.** 相对的，运动

10. $m=\frac{m_0}{\sqrt{1-(v/c)^2}}$，$E_{\mathrm{k}}=mc^2-m_0c^2$　**11.** 4　**12.** $m_0c^2(n-1)$

13. $c\sqrt{1-(l/l_0)^2}$，$m_0c^2\left(\frac{l_0}{l}-1\right)$　**14.** 1.49×10^6　**15.** $\frac{1}{\sqrt{1-(u/c)^2}}m$　**16.** c，c

二、简答题

1. 答　这个解答不对. 由动量守恒定律有 $m_A\boldsymbol{v}_A+m_B\boldsymbol{v}_B=M_0\boldsymbol{v}_0$. 现在 A、B 的静止质量、运动速率都相同，故 $m_A=m_B$，$\boldsymbol{v}_A=-\boldsymbol{v}_B$，因此 $v_0=0$，即合成粒子是静止的. 由能量守恒定律有

$$M_0c^2=m_Ac^2+m_Bc^2,$$

故 $M_0=m_A+m_B=\frac{2m_0}{\sqrt{1-(v/c)^2}}>2m_0$，即合成粒子的静止质量 $M_0=\frac{2m_0}{\sqrt{1-(v/c)^2}}$，而不是 $2m_0$.

2. 答　没对准. 根据相对论同时性，如题所述在 K' 系中同时发生，但不同地点（x' 坐标不同）的两事件（即 A' 处的钟和 B' 处的钟有相同示数），在 K 系中观测并不同时，因此，在 K 系中某一时刻同时观测，这两个钟的示数必不相同.

3. 答　经典相对性原理是指对不同的惯性系，牛顿定律和其他力学定律的形式都是相同的；狭义相对论的相对性原理指出：在一切惯性系中，所有物理定律都是相同的，即指出相对性原理不仅适用于力学现象，而且适用于一切物理现象. 也就是说，不仅在力学范围所有惯性系等价，而且在一切物理现象中，所有惯性系都是等价的.

三、计算题

1. 解　设相对速度为 $\boldsymbol{v}$. 由

$$t_2'=\frac{t_2-(v/c^2)x_2}{\sqrt{1-(v/c)^2}},\quad t_1'=\frac{t_1-(v/c^2)x_1}{\sqrt{1-(v/c)^2}},$$

有
$$t_2'-t_1'=\frac{(t_2-t_1)-(v/c^2)(x_2-x_1)}{\sqrt{1-(v/c)^2}}.$$

由题意 $t_2'=t_1'$，有

$$(t_2-t_1)-\left[\frac{v(x_2-x_1)}{c^2}\right]=0,\quad \frac{v}{c}=\frac{c(t_2-t_1)}{x_2-x_1}=0.4,$$

解得 $v=0.4c$.

2. 解 设两系的相对速度为$\boldsymbol{v}$，由

$$t_1'=\frac{t_1-(v/c^2)x_1}{\sqrt{1-(v/c)^2}},\quad t_2'=\frac{t_2-(v/c^2)x_2}{\sqrt{1-(v/c)^2}}$$

及题意 $t_1'=t_2'$，可得

$$t_1-\frac{v}{c^2}x_1=t_2-\frac{v}{c^2}x_2,\quad 即\quad \Delta t=\frac{v}{c^2}\Delta x.$$

又因
$$\Delta x'=\Delta x\sqrt{1-(v/c)^2}=\sqrt{(\Delta x)^2-(v\Delta x/c)^2},$$

故
$$\Delta x'=\sqrt{(\Delta x)^2-\left(\frac{c^2\Delta t}{c}\right)^2}=\sqrt{\Delta x^2-c^2\Delta t^2}=4\times10^6\ \text{m}.$$

3. 解 考虑相对论效应，以地球为参照系，μ 子的平均寿命为

$$\tau=\frac{\tau_0}{\sqrt{1-(v/c)^2}}=31.6\times10^{-6}\ \text{s},$$

则 μ 子的平均飞行距离 $L=v\tau=9.46$ km. 即 μ 子的飞行距离大于高度，有可能到达地面.

4. 解 根据 $E=mc^2=\dfrac{m_0c^2}{\sqrt{1-(v/c)^2}}=\dfrac{E_0}{\sqrt{1-(v/c)^2}}$可得$\dfrac{1}{\sqrt{1-(v/c)^2}}=\dfrac{E}{E_0}=30$，解得

$$v=2.996\times10^8\ \text{m/s}.$$

又介子运动的时间 $\tau=\dfrac{\tau_0}{\sqrt{1-(v/c)^2}}=30\tau_0$，因此它运动的距离为

$$l=v\tau=v\times30\tau_0\approx1.798\times10^4\ \text{m}.$$

5. 解 (1) 从列车上观察，隧道的长度缩短，其他尺寸均不变. 隧道长度为

$$L'=L\sqrt{1-(v/c)^2}.$$

(2) 从列车上观察，隧道以速度$\boldsymbol{v}$经过列车，它经过列车全长所需时间为

$$t'=L'/v+l_0/v,$$

即列车全部通过隧道的时间为 $t'=\dfrac{L\sqrt{1-(v/c)^2}+l_0}{v}$.

6. 解 设 K'相对于 K 以速度$\boldsymbol{v}$沿 $x(x')$轴方向运动，则根据洛伦兹变换公式，有

$$t'=\frac{t-vx/c^2}{\sqrt{1-(v/c)^2}},\quad x'=\frac{x-vt}{\sqrt{1-(v/c)^2}}.$$

(1)
$$t_1'=\frac{t_1-\dfrac{vx_1}{c^2}}{\sqrt{1-(v/c)^2}},\quad t_2'=\frac{t_2-\dfrac{vx_2}{c^2}}{\sqrt{1-(v/c)^2}}.$$

因两个事件在 K 系中同一地点发生，即 $x_2=x_1$，则

$$t_2'-t_1'=\frac{t_2-t_1}{\sqrt{1-(v/c)^2}},$$

解得 $$v=c\sqrt{1-\left(\frac{t_2-t_1}{t_2'-t_1'}\right)^2}=\frac{3}{5}c=1.8\times10^8\ \text{m/s}.$$

(2) $$x_1'=\frac{x_1-vt_1}{\sqrt{1-(v/c)^2}},\quad x_2'=\frac{x_2-vt_2}{\sqrt{1-(v/c)^2}},$$

由于 $x_2=x_1$，故 $$x_1'-x_2'=\frac{v(t_2-t_1)}{\sqrt{1-(v/c)^2}}=\frac{3}{4}c(t_2-t_1)=9\times10^8\ \text{m}.$$

第 7 章

一、填空题

1. $2\pi\sqrt{2m/k}$，$2\pi\sqrt{m/(2k)}$　**2.** 0.84

3. $x=A\cos\left(\frac{2\pi t}{T}-\frac{1}{2}\pi\right)$，$x=A\cos\left(\frac{2\pi t}{T}+\frac{1}{2}\pi\right)$，$x=A\cos\left(\frac{2\pi t}{T}+\pi\right)$　**4.** $\frac{3}{4}$，$2\pi\sqrt{\Delta l/g}$

5. 1∶1　**6.** 2∶1，4∶1，2∶1　**7.** 1.0×10^{-2}　**8.** 9.9×10^2 J　**9.** 2.0

10. 3.43 s，$-2\pi/3$　**11.** $(2\pi^2mA^2)/T^2$　**12.** $\pm2\pi/3$　**13.** 0

14. $0.05\cos(\omega t+23\pi/12)$或$0.05\cos(\omega t-\pi/12)$　**15.** 10，$-\pi/2$

16. $2\pi\sqrt{\frac{L}{g-(qE/m)}}$　**17.** 机械振动，简谐振动

二、简答题

答　钟摆周期的相对误差 $\Delta T/T$= 钟的相对误差 $\Delta t/t$，等效单摆的周期 $T=2\pi\sqrt{l/g}$. 设重力加速度 g 不变，则有

$$\frac{2\mathrm{d}T}{T}=\frac{\mathrm{d}l}{l}.$$

令 $\Delta T=\mathrm{d}T$，$\Delta l=\mathrm{d}l$，并考虑到 $\Delta T/T=\Delta t/t$，则摆锤向下移动的距离为

$$\Delta l=(2l\Delta t)/t=2.00\ \text{mm}.$$

即摆锤应向下移 2.00 mm 才能使钟走得准确.

三、计算题

1. 解　(1) 水平方向动量守恒，则　$Mv=(M+nm)v'$.

因系统机械能守恒，则　$\frac{1}{2}kl_0^2=\frac{1}{2}Mv^2$，　$\frac{1}{2}kx^2=\frac{1}{2}(M+nm)v'^2$，

故 $$x=\sqrt{\frac{M}{M+nm}}l_0.$$

(2) 时间间隔 $t_{n-1}-t_n$ 应等于第 n 滴油滴入容器后振动系统周期 T_n 的一半，则

$$\Delta t=t_{n+1}-t_n=\frac{1}{2}T_n=\pi\sqrt{\frac{M+nm}{k}}.$$

2. 解　(1) 取物体的平衡位置处为坐标原点，有 $mg\sin\theta=kl_0$，物体在任一位置处受力，则

$$F=mg\sin\theta-T_1=m\frac{\mathrm{d}^2x}{\mathrm{d}t^2}$$

对于滑轮，有 $$T_1R-T_2R=J\beta,\quad J=\frac{1}{2}MR^2,\quad \frac{\mathrm{d}^2x}{\mathrm{d}t^2}=R\beta.$$

对于弹簧，有 $$T_2=k(l_0+x),$$

联立求解以上各式得 $$\frac{d^2x}{dt^2}=\frac{-k}{\frac{1}{2}M+m}x=-\omega^2x.$$

可见 m 的运动为简谐振动.

(2) 由于 $t=0$ 时，$v_0=0$，$x_0=-\frac{mg\sin\theta}{k}$，则 $A=\sqrt{x_0^2+\frac{v_0^2}{\omega^2}}=|x_0|=\frac{mg\sin\theta}{k}$.

由(1)知 $$\omega=\sqrt{\frac{2k}{M+2m}},$$

依题意当 $t=0$ 时，$v_0=0$，$x_0=-A$，可求出 $\varphi=\pi$，所以 m 的振动方程为

$$x=\frac{mg\sin\theta}{k}\cos\left(\sqrt{\frac{2k}{M+2m}}t+\pi\right).$$

3. 解 第一球自由落下通过路程 1 需时间为 $t_1=\sqrt{\frac{2l}{g}}=1.41\sqrt{\frac{l}{g}}$，而第二球返回平衡(即最低)位置需时间为 $t_2=\frac{T}{4}=1.57\sqrt{\frac{l}{g}}$，故 $t_2>t_1$.

4. 解 若从正最大位移处开始时，则振动方程为

$$x=A\cos(\omega t),\quad v=\frac{dx}{dt}=-A\omega\sin\omega t.$$

在 $x=6$ cm 处，$\boldsymbol{v}=24$ cm/s，则 $6=12\cos\omega t,\quad 24=-12\omega\sin\omega t,$

解以上两式，得 $$\omega=\frac{4}{\sqrt{3}},\quad a=\frac{d^2x}{dt^2}=-A\omega^2\cos\omega t.$$

M 在最大位移处时，加速度最大 $a_{max}=A\omega^2$，若 $mA\omega^2$ 稍稍大于 μmg，则 m 开始在 M 上滑动，取 $\mu mg=mA\omega^2$，则

$$\mu=A\omega^2/g=0.065\ 3.$$

5. 解 选平板位于正最大位移处时开始计时，$A=4\times10^{-2}$ m，$\omega=4\pi$，$\varphi_0=0$，平板的振动方程为

$$x=A\cos4\pi t,\quad a=-16\pi^2A\cos4\pi t.$$

(1) 如图解 7.1 所示，对于物体，有

$$mg-N=ma,\quad N=mg-ma=mg+16\pi^2Am\cos4\pi t.$$

物对板的压力

$$F=-N=-mg-16\pi^2Am\cos4\pi t=(-19.6-1.28\pi^2\cos4\pi t)\ \text{N}.$$

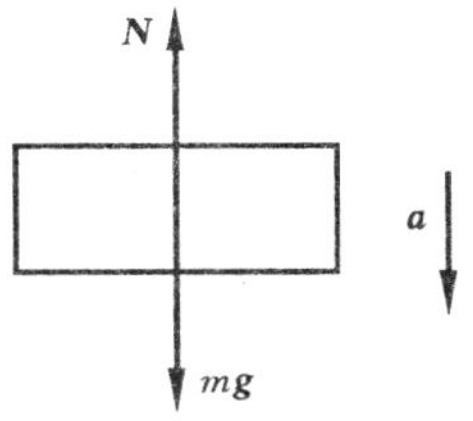

图解 7.1

(2) 当 $N=0$ 时，物体脱离平板，故 $mg+16\pi^2Am\cos4\pi t=0.$

当 $\cos4\pi t=-1$ 时压力最小，此时 $mg-16\pi^2Am=0$，故 $A=\frac{g}{16\pi^2}=6.1$ cm.

6. 解 由题意有

$$x_1=4\times10^{-2}\cos\left(2\pi t+\frac{\pi}{4}\right),\quad x_2=3\times10^{-2}\cos\left(2\pi t+\frac{\pi}{2}\right).$$

按合成振动公式代入已知量，可得合振幅及初相位分别为

$$A=\sqrt{4^2+3^2+24\cos(\pi/2-\pi/4)}=6.48\times10^{-2}\text{m},\quad \varphi=\arctan\frac{4\sin(\pi/4)+3\sin(\pi/2)}{4\cos(\pi/4)+3\cos(\pi/2)}=1.12\ \text{rad},$$

则合振动方程为 $x=6.48\times10^{-2}\cos(2\pi t+1.12)$.

7. 解 当线圈平面从图中位置转过小角度 α 时，穿过线圈的磁通量为 $\Phi=BA\sin\alpha$. 线圈中感应电动势为 $\mathscr{E}=\frac{d\Phi}{dt}=BA\cos\alpha\frac{d\alpha}{dt}$，感应电流为 $i=\frac{\mathscr{E}}{R}=\frac{BA}{R}\frac{d\alpha}{dt}\cos\alpha$，磁矩为 $P_m=iA=\frac{BA^2}{R}\cos\alpha\frac{d\alpha}{dt}$，所

受磁力矩为

$$M_m=\frac{B^2A^2}{R}\cos^2\alpha\frac{d\alpha}{dt}.$$

线圈还受到细丝弹性恢复力矩 $M_k=K\alpha$，二者均阻碍线圈运动．故

$$\frac{B^2A^2}{R}\cos^2\alpha\frac{d\alpha}{dt}+K\alpha=-I\frac{d^2\alpha}{dt^2}.$$

由于 $\alpha\leqslant\theta,\theta\approx0$，那么 $\cos\alpha\approx1$，故

$$I\frac{d^2\alpha}{dt^2}+\frac{B^2A^2}{R}\frac{d\alpha}{dt}+K\alpha=0,$$

其通解为

$$\alpha=e^{-\beta t}(A_1\cos\gamma t+A_2\sin\gamma t),$$

式中，$\beta=\frac{B^2A^2}{2IR}$；$\gamma=\sqrt{\frac{K}{I}-\beta^2}$．利用初始条件 $\alpha\big|_{t=0}=\theta,\frac{d\alpha}{dt}\big|_{t=0}=0$，可知 $A_1=\theta,A_2=0$．故

$$\alpha=\theta e^{-\beta t}\cos\gamma t.$$

第 8 章

一、填空题

1. 三者相互垂直，成右手螺旋关系，即 $\boldsymbol{E}\times\boldsymbol{H}$ 的方向为波传播的方向
2. 125 rad/s，338 m/s，17.0 m
3. $A\cos\left[2\pi\left(vt+\frac{x}{\lambda}\right)+\pi\right]$，$2A\cos\left(\frac{2\pi x}{\lambda}+\frac{\pi}{2}\right)\cos\left(2\pi vt+\frac{\pi}{2}\right)$
4. $A\cos2\pi\left(\frac{t}{T}-\frac{x}{\lambda}\right)$，$A$　　5. $y_1=A\cos\left(\frac{2\pi}{T}+\varphi\right)$，$y_2=A\cos\left[2\pi\left(\frac{t}{T}+\frac{x}{\lambda}\right)+\varphi\right]$
6. $y_1=-2A\cos\omega t$ 或 $y_1=2A\cos(\omega t\pm\pi)$，$v=2A\omega\sin\omega t$　　7. $\frac{\omega\lambda}{2\pi}S\overline{w}$
8. $\sqrt{A_1^2+A_2^2+2A_1A_2\cos\left(2\pi\frac{L-2r}{\lambda}\right)}$　　9. 100 m/s　　10. $y=A\cos\left[2\pi v(t-t_0)+\frac{1}{2}\pi\right]$
11. $A\cos\left[2\pi\left(\frac{t}{T}+\frac{x}{\lambda}\right)+\left(\varphi+\pi-2\pi\frac{2L}{\lambda}\right)\right]$或$A\cos\left[2\pi\left(\frac{t}{T}+\frac{x}{\lambda}\right)+\left(\varphi-\pi-2\pi\frac{2L}{\lambda}\right)\right]$
12. 1.59×10^{-5} W/m²　　13. $\frac{\omega(x_2-x_1)}{u}$　　14. $\frac{\pi}{3}$　　15. $\frac{T}{4}$　　16. $\frac{3}{2}\pi$
17. (1) $y=A\cos\left(\omega t+\pi-2\pi\frac{x}{\lambda}\right)$；(2) $y'=A'\cos\left(\omega t-4\pi\frac{L}{\lambda}+2\pi\frac{x}{\lambda}\right)$.

二、简答题

答　两个简谐振动应满足振动方向相同、振动频率相等、振幅相等、相位差为 π 的条件．

三、计算题

1. 解　如图解 8.1 所示，P 为探测器，射电星直接发射到点 P 的波 1 与经过湖面反射有相位突变的波 2 在点 P 相干叠加，波程差为

$$\Delta\delta=|OP|-|DP|+\frac{1}{2}\lambda=\frac{h}{\sin\theta}-\frac{h}{\sin\theta}\cos2\theta+\frac{\lambda}{2}=k\lambda$$

$$=\lambda\ （取\ k=1），$$

$$h(1-\cos2\theta)=\frac{1}{2}\lambda\sin\theta.$$

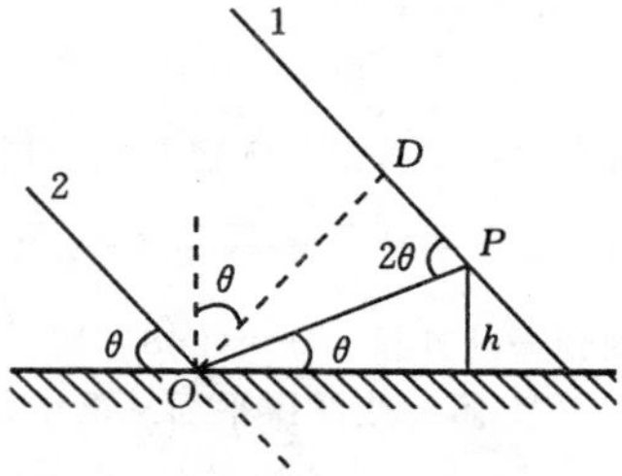

图解 8.1

由于 $\cos2\theta=1-2\sin^2\theta$，故

$$2h\sin\theta=\frac{1}{2}\lambda,\quad \sin\theta=\frac{\lambda}{4h}=0.105,\quad \theta=6°.$$

2. 解 (1) 原点 O 处质元的振动方程为

$$y=2\times10^{-2}\cos\left(\frac{1}{2}\pi t-\frac{1}{2}\pi\right),$$

波动方程为

$$y=2\times10^{-2}\cos\left[\frac{1}{2}\pi\left(t-\frac{x}{5}\right)-\frac{1}{2}\pi\right],$$

$x=25$ m 处质元的振动方程为 $y=2\times10^{-2}\cos\left(\frac{1}{2}\pi t-3\pi\right)$，如图解 8.2(a)所示.

(2) $t=3$ s 时的波形曲线方程为 $y=2\times10^{-2}\cos\left(\pi-\pi\frac{x}{10}\right)$，如图解 8.2(b)所示.

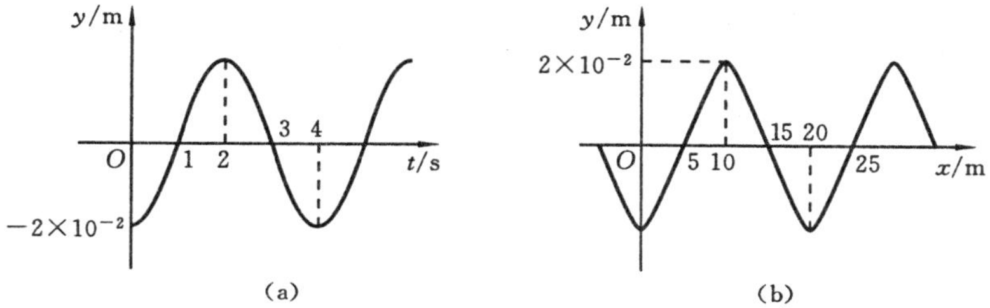

图解 8.2

3. 解 设平面简谐波的波长为 λ，坐标原点处质点振动初相位为 φ，则该列平面简谐波的表达式可写成

$$y=0.1\cos(7\pi t-2\pi\frac{x}{\lambda}+\varphi).$$

当 $t=1$ s 时，有

$$y_a=0.1\cos\left[7\pi-2\pi\left(\frac{0.1}{\lambda}\right)+\varphi\right]=0,$$

此时 a 质点向 y 轴负方向运动，故 $7\pi-2\pi\left(\frac{0.1}{\lambda}\right)+\varphi=\frac{\pi}{2}$.

而此时，b 质点正通过 $y=0.05$ m 处向 y 轴正方向运动，则

$$y_b=0.1\cos\left[7\pi-2\pi\left(\frac{0.2}{\lambda}\right)+\varphi\right]=0.05,$$

故 $7\pi-2\pi\left(\frac{0.2}{\lambda}\right)+\varphi=-\frac{\pi}{3}$，所以 $\lambda=0.24$ m，$\varphi=-\frac{17\pi}{3}$. 该平面简谐波的表达式为

$$y=0.1\cos\left(7\pi t-\frac{\pi x}{0.12}-\frac{17}{3}\pi\right) \quad 或 \quad y=0.1\cos\left(7\pi t-\frac{\pi x}{0.12}+\frac{\pi}{3}\right).$$

4. 解 波长 $\lambda=2d=0.10$ m，波速 $u=\nu\lambda=100$ m/s.

5. 解 在坐标为 x 处(见图解 8.3)两波引起的振动相位差为

$$\Delta\varphi=2\pi\left(\frac{\sqrt{a^2+b^2}-b}{\lambda_1}+\frac{x-\sqrt{x^2+a^2}}{\lambda_2}\right),$$

代入干涉加强的条件，有

$$2\pi\left(\frac{\sqrt{a^2+b^2}-b}{\lambda_1}+\frac{x-\sqrt{x^2+a^2}}{\lambda_2}\right)=2k\pi \quad (k=0,1,2,\cdots),$$

解得

$$x=\frac{a^2-\left(\frac{\sqrt{a^2+b^2}-b}{\lambda_1}-k\right)^2\lambda_2^2}{2\left(\frac{\sqrt{a^2+b^2}-b}{\lambda_1}-k\right)\lambda_2}\geqslant0 \quad (k=0,1,2,\cdots).$$

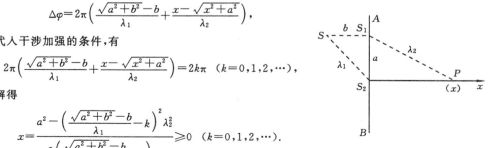

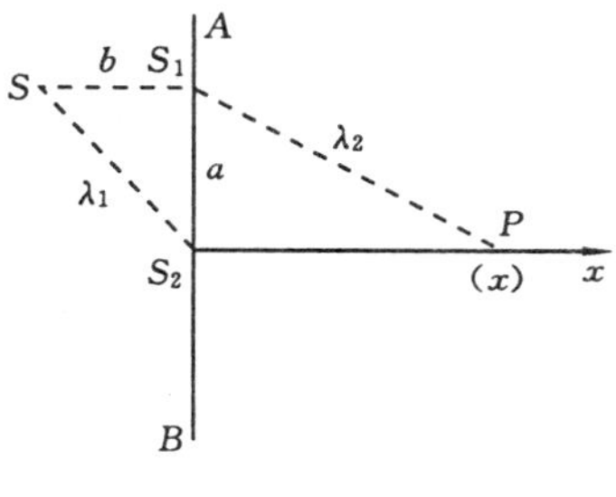

图解 8.3

6. 解　(1) 设原点处的振动方程为

$$y=A\cos(\omega t+\varphi_0),$$

式中，$A=10$ cm；$\omega=2\pi f=\pi$ rad/s；$f=\dfrac{v}{\lambda}=0.5$ Hz. 当 $t=0$ 时，$y_0=0$，$v_0>0$，得 $\varphi_0=-\dfrac{1}{2}\pi$. 故得原点振动方程为

$$y=10\cos\left(\pi t-\frac{1}{2}\pi\right).$$

(2) $x=150$ cm 在原点“下游”$\dfrac{3}{4}\lambda$ 处，相位比原点落后 $\dfrac{3}{2}\pi$，故

$$y=10\cos\left(\pi t-\frac{1}{2}\pi-\frac{3}{2}\pi\right)=10\cos(\pi t-2\pi).$$

只考虑这一点振动情况时，也可写成 $y=10\cos\pi t$.

7. 解　$A=0.01$ m，$\lambda=\dfrac{v}{f}=1$ m，$T=1$ s. 当 $x=0$ 时，$\varphi_0=0$. 波动方程为

$$y=0.01\cos2\pi\left(\frac{t}{T}+\frac{x}{\lambda}\right)=0.01\cos2\pi(t+x).$$

8. 解　设 S_1、S_2 连线及延长线为 x 轴方向，以 S_1 为坐标原点.

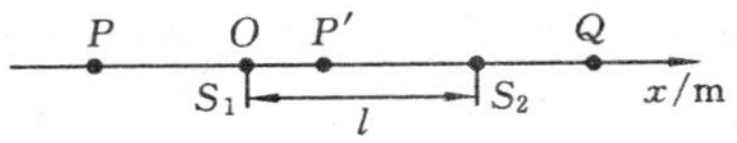

图解 8.4

(1) 先考虑 $x<0$ 的各点干涉情况. 取点 P 如图解8.4所示，则从 S_1、S_2 分别传播来的两波在点 P 的相位差为

$$\varphi_1-\varphi_2=\varphi_{10}-\frac{2\pi}{\lambda}|x|-\left[\varphi_{20}-\frac{2\pi}{\lambda}(l+|x|)\right]=\varphi_{10}-\varphi_{20}+\frac{2\pi}{\lambda}l=\varphi_{10}-\varphi_{20}+\frac{2\pi}{u}\nu l=6\pi,$$

故 $x<0$ 各点干涉加强.

(2) 再考虑 $x>l$ 各点的干涉情况. 取点 Q 如图解 8.4 所示，则从 S_1、S_2 分别传播的两波在点 Q 的相位差为

$$\varphi_1-\varphi_2=\varphi_{10}-\frac{2\pi}{\lambda}|x|-\left[\varphi_{20}-\frac{2\pi}{\lambda}(x-l)\right]=\varphi_{10}-\varphi_{20}-\frac{2\pi}{\lambda}l=\varphi_{10}-\varphi_{20}-\frac{2\pi}{u}\nu l=-5\pi,$$

故 $x>l$ 各点为干涉静止点.

(3) 最后考虑 $0\leqslant x\leqslant11$ m 范围内各点的干涉情况. 取点 P' 如图解 8.4 所示，从 S_1、S_2 分别传播来的两波在点 P' 的相位差为

$$\varphi_{10}-\varphi_{20}=\varphi_{10}-\frac{2\pi}{\lambda}x-\left[\varphi_{20}-\frac{2\pi}{\lambda}(l-x)\right]=\varphi_{10}-\varphi_{20}-\frac{4\pi}{\lambda}x+\frac{2\pi}{\lambda}l=\varphi_{10}-\varphi_{20}-\frac{4\pi\nu}{u}x+\frac{2\pi}{u}\nu l$$

$$=\frac{\pi}{2}-\pi x+\frac{11}{2}\pi.$$

由干涉静止的条件有

$$\frac{\pi}{2}-\pi x+\frac{11}{2}\pi=(2k+1)\pi\quad(k=0,\pm1,\pm2,\cdots),$$

故 $x=5-2k$ $(-3\leqslant k\leqslant2)$，即 $x=1,3,5,7,9,11$ 为干涉点.

综上分析，干涉静止点的坐标是 $x=1,3,5,7,9,11$ 及 $x>11$ 各点.

9. 解　设 $x=0$ 处质点振动的表达式为 $y_0=A\cos(\omega t+\varphi)$，已知 $t=0$ 时，$y_0=0$，且 $v_0>0$，故 $\varphi=-\dfrac{1}{2}\pi$，则

$$y_0=A\cos(2\pi\nu t+\varphi)=2\times10^{-2}\cos\left(100\pi t-\frac{1}{2}\pi\right).$$

由波的传播概念,可得该平面简谐波(见图解 8.5)的表达式为

$$y=A\cos\left(2\pi\nu t+\varphi-2\pi\nu\frac{x}{u}\right)=2\times10^{-2}\cos\left(100\pi t-\frac{1}{2}\pi-\frac{1}{2}\pi x\right)$$

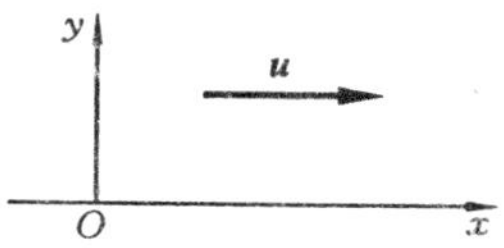

图解 8.5

$x=4$ m 处的质点的振动方程为

$$y=2\times10^{-2}\cos\left(100\pi t-\frac{1}{2}\pi\right).$$

该质点在 $t=2$ s 时的振动速度为 $v=-2\times10^{-2}\times100\pi\sin(200\pi-\pi)$ m/s$=6.28$ m/s.

第 9 章

一、填空题

1. $\frac{2d}{\lambda}$　**2.** 1.2　**3.** 539.1　**4.** 7.34 m　**5.** $\frac{3}{2}\lambda$　**6.** $\frac{9\lambda}{4n_2}$　**7.** 2.60e

8. $\frac{2\pi(n_1-n_2)e}{\lambda}$　**9.** 900　**10.** 225　**11.** 105　**12.** $\frac{\lambda}{2n\theta}$

13. $n_1\theta_1=n_2\theta_2$ 或 $\frac{\theta_1}{\theta_2}=\frac{n_2}{n_1}$　**14.** 1.13×10^2

15. 6.0×10^{-4}　提示:$AB\cdot\sin\varphi=\frac{1}{2}\lambda$,故 $\lambda=2AB\sin\varphi=(2\times1.0\times3.0\times10^{-4})$ mm$=6.0\times10^{-4}$ mm

16. 236　提示:依公式 $2e\sqrt{n_2^2-n_1^2\sin^2 i}+\frac{1}{2}\lambda=k$,有

$$k=\frac{2e\sqrt{n_2^2-n_1^2\sin^2 i}}{\lambda}+\frac{1}{2}=236.2\approx236$$

二、计算题

1. 解　已知 $d=0.2$ mm,$D=1$ m,$x=20$ mm,依公式 $\delta=\frac{d}{D}x=k\lambda$ 有

$$k\lambda=\frac{dx}{D}=4\times10^{-3}\text{ mm}=4000\text{ nm}.$$

故当 $k=10$,$\lambda_1=400$ nm;当 $k=9$,$\lambda_2=444.4$ nm;当 $k=8$,$\lambda_3=500$ nm;当 $k=7$,$\lambda_4=571.4$ nm;当 $k=6$,$\lambda_5=666.7$ nm.这五种波长的光在所给观察点最大限度地加强.

2. 解　由公式 $x=\frac{kD\lambda}{a}$ 可知波长范围为 $\Delta\lambda$ 时,明纹彩色宽度 $\Delta x_k=\frac{kD\Delta\lambda}{a}$.当 $k=1$ 时,第 1 级明纹彩色带宽度为

$$\Delta x_1=\frac{500\times(760-400)\times10^{-6}}{0.25}\text{ mm}=0.72\text{ mm}.$$

当 $k=5$ 时,第 5 级明纹彩色带的宽度为　$\Delta x_5=5\Delta x_1=3.6$ mm.

3. 解　设所用的单色光的波长为 λ,则该单色光在液体中的波长为 λ/n.根据牛顿环的明环半径公式 $r=\sqrt{\frac{(2k-1)R\lambda}{2}}$ 得 $r_{10}^2=\frac{19R\lambda}{2}$,充液后有 $r_{10}'^2=\frac{19R\lambda}{2n}$,则 $n=\frac{r_{10}^2}{r_{10}'^2}=1.36$.

4. 解　空气劈尖时,条纹间距为 $l_1=\frac{\lambda}{2n\sin\theta}\approx\frac{\lambda}{2\theta}$,液体劈尖时,条纹间距为 $l_2=\frac{\lambda}{2n\sin\theta}\approx\frac{\lambda}{2n\theta}$,

则 $\Delta l=l_1-l_2=\frac{\lambda\left(1-\frac{1}{n}\right)}{2\theta}$.故 $\theta=\frac{\lambda\left(1-\frac{1}{n}\right)}{2\Delta l}=1.7\times10^{-4}$ rad.

5. 解　如图解 9.1 所示，过点 O' 作 $O'A$ 垂直于两束反射光线，设折射角为 i'，1、2 两束光的光程差为

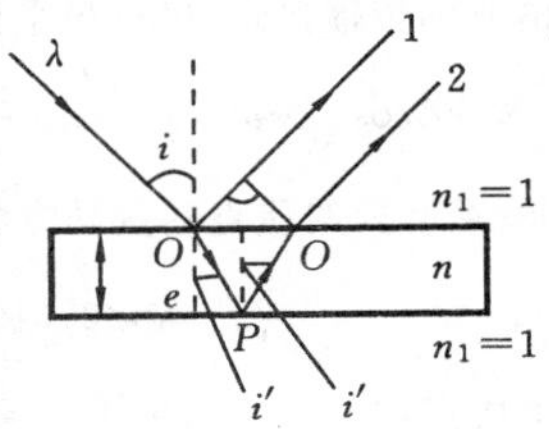

图解 9.1

$$\delta=2n\cdot|OP|-n_1\cdot|OA|+\frac{1}{2}\lambda,\quad |OP|=\frac{e}{\cos i'},$$

$$|OO'|=2e\tan i',\quad |OA|=|OO'|\sin i=2e\sin i\cdot\tan i'.$$

根据折射定律，有

$$n_1\sin i=n\sin i',\quad \sin i'=\frac{n_1\sin i}{n}=\frac{\sin i}{n},$$

$$\cos i'=\sqrt{1-\frac{\sin^2 i}{n^2}}=\frac{1}{n}\sqrt{n^2-\sin^2 t},\quad \tan i'=\frac{\sin i'}{\cos i'}=\frac{\sin i}{\sqrt{n^2-\sin^2 i}},$$

$$\delta=2n\cdot\frac{ne}{\sqrt{n^2-\sin^2 i}}-2e\frac{\sin^2 i}{\sqrt{n^2-\sin^2 i}}+\frac{\lambda}{2}=2e\sqrt{n^2-\sin^2 i}+\frac{1}{2}\lambda,$$

或
$$\delta=n\frac{2e}{\cos i'}-n_1\cdot 2e\frac{\sin i'}{\cos i'}\sin i+\frac{\lambda}{2}=2e\frac{n-n\sin^2 i'}{\cos i'}+\frac{\lambda}{2}=2ne\cos i'+\frac{1}{2}\lambda.$$

6. 解　如题图所示，半径为 r 处空气层厚度为 e. 考虑到下表面反射时有半波损失，两束反射光的光程差为 $2e+\frac{1}{2}\lambda$. 暗纹条件为

$$2e+\frac{1}{2}\lambda=(2k+1)\frac{1}{2}\lambda,\quad 即\quad 2e=k\lambda\quad (k=0,1,2,\cdots).$$

由图可知 $r^2=R^2-(R-e)^2=2Re-e^2$.

由于 $e\ll R$，$e^2\ll 2Re$，可将式中 e^2 略去，得 $e=\frac{r^2}{2R}$. 代入暗纹条件，得暗环半径 $r=\sqrt{kR\lambda}$ $(k=1,2,\cdots)$. 若令 $k=0$，即表示中心暗斑.

7. 解
$$2ne+\frac{1}{2}\lambda=k\lambda,\quad \lambda=\frac{2ne}{k-1/2}=\frac{4ne}{2k-1}=\frac{3000}{2k-1}\ \text{Å}.$$

当 $k=1$ 时，$\lambda_1=3000$ nm；当 $k=2$ 时，$\lambda_2=1000$ nm；当 $k=3$ 时，$\lambda_3=600$ nm；当 $k=4$ 时，$\lambda_4=428.6$ nm；当 $k=5$ 时，$\lambda_5=333.3$ nm. 故在可见光范围内，干涉加强的光的波长是 $\lambda=600$ nm 和 $\lambda=428.6$ nm.

8. 解　当 T_1 和 T_2 都是真空时，从 S_1 和 S_2 来的两束相干光在点 O 的光程差为零；当 T_2 中充入一定量的某种气体后，从 S_1 和 S_2 来的两束相干光在点 O 的光程差为 $(n-1)l$. 在 T_2 充入气体的过程中，观察到 M 条干涉条纹移过点 O，即两光束在点 O 的光程差改变了 $M\lambda$. 故有

$$(n-1)l=M\lambda,\quad 即\quad n=1+\frac{M\lambda}{l}.$$

第 10 章

一、填空题

1. 1,3　　**2.** 3.0 mm　　**3.** 2π，暗　　**4.** 500 nm 或 5×10^{-4} mm　　**5.** 1×10^{-6}

6. 10λ　　**7.** 2λ

二、简答题

1. 答　因 $k=\pm4$ 的主极大出现在 $\theta=\pm90°$ 的方向上，实际观察不到. 所以可观察到的有 $k=0,\pm1,\pm2,\pm3$ 共 7 条明条纹.

2. 答 令第 3 级光谱中 $\lambda=400$ nm 的光与第 2 级光谱中波长为 λ' 的光对应的衍射角都为 θ,则

$$d\sin\theta=3\lambda,\quad d\sin\theta=2\lambda',\quad \lambda'=\frac{3}{2}\lambda=\frac{3}{2}\times 400\ \text{nm}=600\ \text{nm}.$$

故第 2 级中重叠范围是 600～760 nm.

3. 答 衍射光栅是因它对入射光的衍射而起分光作用的.由光栅公式 $(a+b)\sin\varphi=k\lambda$ $(k=0,\pm1,\pm2,\cdots)$ 可知 $a+b$ 和 k $(k\neq0)$ 给定后,波长 λ 较大的光,衍射角 φ 也较大.因此,在除零级光谱以外的各级光谱中,不同波长的光衍射后,主极大(谱线)出现在不同方向上,这就是光栅的分光作用.

4. 解 由光栅公式得有 $\sin\varphi=\frac{k_1\lambda_1}{a+b}=\frac{k_2\lambda_2}{a+b}$,$k_1\lambda_1=k_2\lambda_2$,$\frac{k_2}{k_1}=\frac{\lambda_1}{\lambda_2}=\frac{0.668}{0.447}$,将 $\frac{k_2}{k_1}$ 约为整数比,则 $\frac{k_2}{k_1}=\frac{3}{2}=\frac{6}{4}=\frac{12}{8}=\cdots$,取最小的 k_1 和 k_2,$k_1=2$,$k_2=3$,对应的光栅常数为

$$a+b=\frac{k_1\lambda_1}{\sin\varphi}=3.92\ \mu\text{m}.$$

三、计算题

1. 解 $a+b=\frac{1}{300}\ \text{mm}=3.33\ \mu\text{m}$.

(1) 因 $(a+b)\sin\varphi=k\lambda$,故 $(a+b)\sin24.46°=1.38=k\lambda$.

由于 $\lambda_R=(0.63-0.76)\ \mu\text{m}$,$\lambda_B=(0.43-0.49)\ \mu\text{m}$,对于红光,有 $k=2$,$\lambda_R=0.69\ \mu\text{m}$;

对于蓝光,有 $k=3$, $\lambda_B=0.46\ \mu\text{m}$;

红光最大级次为 $k_{max}=\frac{a+b}{\lambda_R}=4.8$.

取 $k_{max}=4$.红光的第 4 级与蓝光的第 6 级还会重合.重合时 $\sin\varphi'=\frac{4\lambda_R}{a+b}=0.828$,故 $\varphi'=55.9°$.

(2) 红光的第 2、4 级与蓝光重合,且最多只能看到 4 级,所以纯红光谱的第 1、3 级将出现在下述情况中:

$$\sin\varphi_1=\frac{\lambda_R}{a+b}=0.207,\quad \varphi_1=11.9°;$$

$$\sin\varphi_3=\frac{3\lambda_R}{a+b}=0.621,\quad \varphi_3=38.4°.$$

2. 解 (1) 由光栅衍射明纹公式,有

$$(a+b)\sin30°=3\lambda_1,\quad a+b=\frac{3\lambda_1}{\sin30°}=3.36\times10^{-4}\ \text{cm}.$$

(2) $(a+b)\sin30°=4\lambda_2$,$\lambda_2=\frac{(a+b)\sin30°}{4}=420\ \text{nm}$.

3. 解 (1) $a\sin\varphi=k\lambda$,$\tan\varphi=\frac{x}{f}$.当 $x\ll f$ 时,$\tan\varphi\approx\sin\varphi\approx\varphi$,$\frac{ax}{f}=k\lambda$.取 $k=1$,则

$$x=\frac{f\lambda}{a}=0.03\ \text{m}.$$

中央明纹宽度为 $\Delta x=2x=0.06$ m.

(2) 由 $(a+b)\sin\varphi=k'\lambda$ 得 $k'=\frac{(a+b)x}{f\lambda}=2.5$.取 $k'=2$,故有 $k'=0,\pm1,\pm2$ 共 5 个主极大.

4. 解 中央明纹宽度为 $\Delta x=2xA\approx\frac{2f\lambda}{a}$,单缝的宽度为

$$a\approx\frac{2f\lambda}{\Delta x}=\frac{2\times400\times6328\times10^{-7}}{3.4}\ \text{mm}=0.15\ \text{mm}.$$

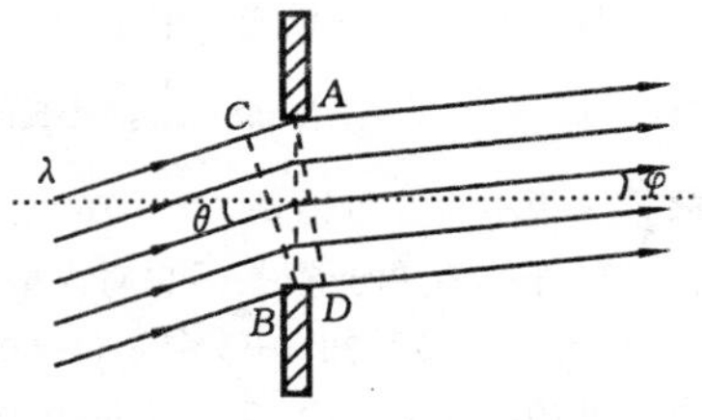

图解 10.1

5. 解　在如图解 10.1 情况下，1、2 两光线的光程差为

$$\delta=|CA|-|BD|=a\sin\theta-a\sin\varphi.$$

由单缝衍射极小值条件

$$a(\sin\theta-\sin\varphi)=\pm k\lambda\quad(k=1,2,\cdots),$$

有
$$\varphi=\arcsin\left(\pm\frac{k\lambda}{a}+\sin\theta\right)\quad(k=1,2,\cdots).$$

6. 解　由光栅公式 $(a+b)\sin\varphi=k\lambda$ 得

$$\sin\varphi=\frac{k\lambda}{a+b}=0.2357k.$$

当 $k=0$ 时，$\varphi=0$；当 $k=\pm1$ 时，$\varphi_1=\pm\arcsin0.2357=\pm13.6^\circ$；当 $k=\pm2$ 时，$\varphi_2=\pm\arcsin0.4714=\pm28.1^\circ$；当 $k=\pm3$ 时，$\varphi_3=\pm\arcsin0.7071=\pm45.0^\circ$；当 $k=\pm4$ 时，$\varphi_4=\pm\arcsin0.9428=\pm70.5^\circ$.

7. 解　由光栅公式 $(a+b)\sin\varphi=k\lambda$，分 $k=1$ 和 $k=2$ 进行讨论.

当 $k=1$ 时，$\varphi_1=30^\circ$，$\sin\varphi_1=\dfrac{1}{2}$，故 $\lambda=\dfrac{(a+b)\sin\varphi_1}{k}=625\ \text{nm}$.

当 $k=2$ 时，$\sin\varphi_2=\dfrac{2\lambda}{a+b}=1$，实际观察不到第 2 级谱线.

8. 解　光栅常数 $d=1/(5\times10^3)=2\times10^{-6}$，设 $\lambda_1=450\ \text{nm}$，$\lambda_2=650\ \text{nm}$，则据光栅方程，λ_1 和 λ_2 的第 2 级谱线有

$$d\sin\theta_1=2\lambda_1,\quad d\sin\theta_2=2\lambda_2,$$

则
$$\theta_1=\arcsin\frac{2\lambda_1}{d}=26.74^\circ,\quad \theta_2=\arcsin\frac{2\lambda_2}{d}=40.54^\circ.$$

第 2 级光谱的宽度为
$$x_2-x_1=f(\tan\theta_2-\tan\theta_1),$$

透镜的焦距为
$$j=\frac{x_2-x_1}{\tan\theta_2-\tan\theta_1}=100\ \text{cm}.$$

第 11 章

一、填空题

1. 2，$\dfrac{1}{4}$　**2.** 37°，垂直于入射面　**3.** 54.7°　**4.** 60°或$\dfrac{1}{3}\pi$，$\dfrac{9}{32}I_0$

5. 自然光或(和)圆偏振光，线偏振光或完全偏振光，部分偏振光或椭圆偏振光

6. $\dfrac{1}{2}$　**7.** $\dfrac{\cos^2\alpha_1}{\cos^2\alpha_2}$　**8.** 平行或接近平行　**9.** $\dfrac{n_2}{n_1}$　**10.** 传播速度，单轴　**11.** $\dfrac{I_0}{8}$

二、简答题

1. 答　当入射角 i 等于某特定值 i_0，满足 $\tan i_0=n_{21}\left(\tan i_0=\dfrac{n_2}{n_1}\right)$，反射光成为线偏振光(完全偏振光、平面偏振光)，其光矢量的振动方向(振动面)垂直于人射面.

2. 答　一个光点围绕着另一个不动的光点旋转，方解石每转过 90°角时，两光点的明暗交变一次.

3. 答　由题意，$\dfrac{n_2}{n_1}=\tan i_0$. 设第一界面上折射角为 γ，它也等于第二界面上的入射角. 若要第二界面反射光是线偏振光，γ 应等于起偏角，即 $\dfrac{n_3}{n_2}=\tan\gamma$.

由于 i_0 是起偏角，故 $i_0+\gamma=90°$，$\tan\gamma=\cot i_0$，则 $\frac{n_2}{n_3}=\frac{n_2}{n_1}$.

因此不论 n_2 是多少，只要 $n_1=n_3$ 就能满足要求.

4. 答 如图解 11.1 所示，只有让 $\beta=90°$，才能使通过 P_1 和 P_2 的透射光的振动方向($\boldsymbol{A}_2$)与原入射光振动方向($\boldsymbol{A}_0$)互相垂直，即 $\beta=90°$.

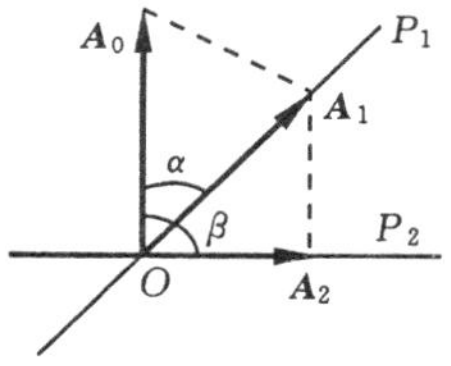

图解 11.1

由马吕斯定律，透射光强为

$$I=I_0\cos^2\alpha\cos^2(90-\alpha)=I_0\cos^2\alpha\sin^2\alpha=\frac{I_0\sin^2 2\alpha}{4}.$$

欲使 I 为最大，则需使 $2\alpha=90°$，即 $\alpha=45°$.

三、计算题

1. 解 设 i_1 和 i_2 为相应的布儒斯特角，γ 为折射角，水和玻璃的折射率分别用 n_1，n_2 表示，由布儒斯特定律，有

$$\tan i_1=n_1=1.33,\quad \tan i_2=\frac{n_2}{n_1}=\frac{1.57}{1.333},$$

则 $i_1=53.12°$，$i_2=48.69°$.

由△ABC，有 $\theta+\left(\frac{1}{2}\pi+\gamma\right)+\left(\frac{1}{2}\pi-i_2\right)=\pi$，整理得 $\theta=i_2-\gamma$.

由布儒斯特定律，可知 $\gamma=\frac{1}{2}\pi-i_1$，将 γ 代入解得

$$\theta=i_1+i_2-\frac{1}{2}\pi=53.12°+48.69°-90°=11.81°.$$

2. 解 (1) 透过 P_1 的光强 $I_1=\frac{1}{2}I_0$. 设 P_2 与 P_1 的偏振化方向之间的夹角为 θ，则透过 P_2 后的光强为

$$I_2=I_1\cos^2\theta=\frac{1}{2}I_0\cos^2\theta;$$

透过 P_3 后的光强为

$$I_3=I_2\cos^2\left(\frac{1}{2}\pi-\theta\right)=\frac{1}{2}I_0\cos^2\theta\sin^2\theta=\frac{I_0\sin^2 2\theta}{8}.$$

由题意可知 $I_3=\frac{I_0}{8}$，则 $\theta=45°$.

(2) 转动 P_2，若使 $I_3=\frac{I_0}{16}$，则 P_1 与 P_2 偏振化方向的夹角 $\theta=22.5°$，P_2 转过的角度为

$$45°-22.5°=22.5°.$$

3. 解 设入射光中线偏振光的光矢量振动方向与 P_1 的偏振化方向之间的夹角为 θ_1，已知透过 P_1 后的光强 $I_1=0.716I_0$，则

$$I_1=0.716I_0=\frac{1}{2}\times\frac{1}{2}I_0+\frac{1}{2}I_0\cos^2\theta_1,\quad \cos^2\theta_1=0.932,\quad \theta_1=15.1°\approx 15°.$$

设 θ_2 为入射光中线偏振光的光矢量振动方向与 P_2 的偏振化方向之间的夹角. 已知入射光单独穿过 P_2 后的光强 $I_2=0.375I_0$，则

$$0.375I_0=\frac{1}{2}\times\frac{1}{2}I_0+\frac{1}{2}I_0\cos^2\theta_2,\quad \theta_2=60°.$$

以 α 表示 P_1、P_2 的偏振化方向的夹角，α 有两个可能值，即

$$\alpha=\theta_2+\theta_1=75° \quad 或 \quad \alpha=\theta_2-\theta_1=45°.$$

4. 解 以 P_1、P_2 表示两偏振化方向，其夹角记为 θ，为了振动方向转过 90°，入射光振动方向 $\boldsymbol{E}$ 必与 $\boldsymbol{P}_2$ 垂直，如图解 11.2 所示. 设入射光强为 I_0，则出射光强为

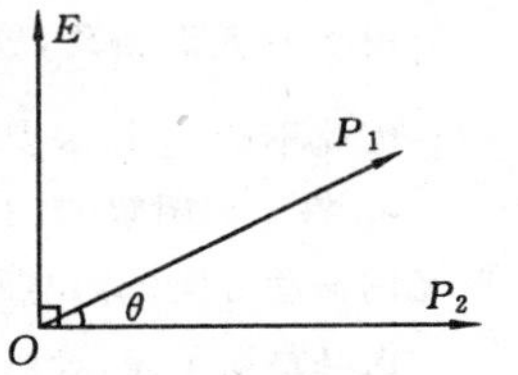

图解 11.2

$$I_2=I_0\cos^2(90-\theta)\cos^2\theta=I_0\sin^2\theta\cos^2\theta=\frac{I_0}{4}\sin^2 2\theta.$$

当 $2\theta=90°$ 即 $\theta=45°$ 时，I_2 取得极大值，且

$$I_{2\max}=\frac{I_0}{4},\quad \frac{I_{2\max}}{I_0}=\frac{1}{4}.$$

5. 解 设 I_0 为入射光中自然光的强度，I_1、I 分别为穿过 P_1 和连续穿过 P_1、P_2 的强度.

(1) 由题意，入射光强为 $2I_0$，则

$$I_1=\frac{1}{2}(2I_0)=0.5I_0+I_0\cos^2\theta,\quad \cos^2\theta=\frac{1}{2},\quad \theta=45°.$$

(2) $I_2=(0.5I_0+I_0\cos^2 45°)\cos^2\alpha,\alpha=45°.$

(3) $\dfrac{I_2}{2I_0}=\dfrac{1}{4}=0.5(0.9)^2\cos^2\alpha,\alpha=\arccos\dfrac{\sqrt{2}}{1.8}=38.2°.$

6. 解 设 I_0 为入射光强，I 为连续穿过 P_1、P_2 后的透射光强，则 $I=I_0\cos^2 30°\cos^2\alpha$. 显然，$\alpha=0$ 时为最大透射光强，则 $I_{\max}=I_0\cos^2 30°=\dfrac{3I_0}{4}$. 由 $\dfrac{I_{\max}}{4}=I_0\cos^2 30°\cos^2\alpha$，可知

$$\frac{1}{4}=\cos^2\alpha,\quad \alpha=60°.$$

7. 解 (1) 连续穿过三个偏振片之后的光强为

$$I=0.5I_0\cos^2\alpha\cos^2(0.5\pi-\alpha)=\frac{I_0\sin^2 2\alpha}{8}.$$

(2) 画出曲线，如图解 11.3 所示.

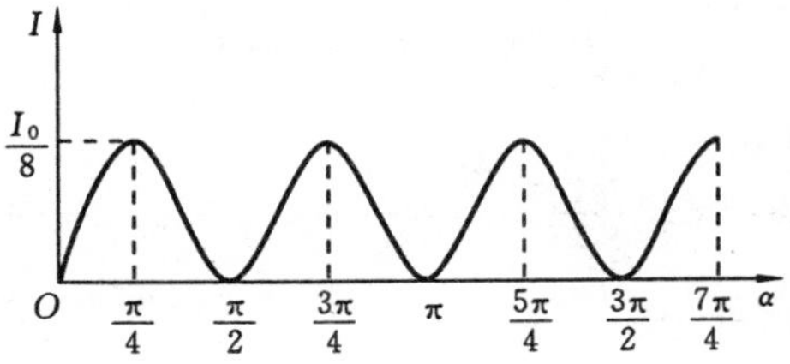

图解 11.3

8. 解 设 n_2 为玻璃的折射率，由布儒斯特定律，可得 $n=1.33\tan 49.5°=1.56$.

9. 解 设 I_0 为自然光强，I_1、I 分别为穿过 P_1 和连续穿过 P_1、P_2 后的透射光强度. 由题意知入射光强为 $2I_0$.

(1) $I_1=\dfrac{1}{2}I_0+I_0\cos^2\theta=\dfrac{1}{2}\times 2I_0$，$\cos^2\theta=1/2$，$\theta=45°$. 由题意 $I_2=\dfrac{1}{2}I_1$，又 $I_2=I_1\cos^2\alpha$，故 $\cos^2\alpha=\dfrac{1}{2}$，$\alpha=45°$.

(2) $I_1=\left(\dfrac{1}{2}I_0+I_0\cos^2\theta\right)(1-5\%)=\dfrac{1}{2}(2I_0)$，$\theta=42°$. 又因 $I_2=\dfrac{1}{2}I_1$，同时 $I_2=I_1\cos^2\alpha(1-5\%)$，故 $\cos^2\alpha=\dfrac{1}{2\times 0.95}$，$\alpha=43.5°$.

第 12 章

一、填空题

1. 1.33×10^5 Pa **2.** $\int_{v_0}^{\infty}Nf(v)\mathrm{d}v, \dfrac{\int_{v_0}^{\infty}vf(v)\mathrm{d}v}{\int_{v_0}^{\infty}f(v)\mathrm{d}v}, \int_{v_0}^{\infty}f(v)\mathrm{d}v$ **3.** 1000 m/s, $\sqrt{2}\times1000$ m/s

4. 减小,增大 **5.** 2,1 **6.** 0,kT/m **7.** $\left(\dfrac{3p}{\rho}\right)^{\frac{1}{2}}$, $\dfrac{3p}{2}$ **8.** $\int_{100}^{\infty}f(v)\mathrm{d}v, \int_{100}^{\infty}Nf(v)\mathrm{d}v$

9. O_2 **10.** 29.1 J/(K · mol),20.8 J/(K · mol) **11.** 4000 m/s,1000 m/s

12. $\sqrt{\dfrac{M_2}{M_1}}$ **13.** 1,4 **14.** $\dfrac{5}{2}V(p_2-p_1)$ **15.** 保持不变 **16.** $\dfrac{1}{2}ipV$

17. $\dfrac{5}{3},\dfrac{10}{3}$ **18.** 27.9 g/mol

二、简答题

1. 答 (1) 分子数密度减小,故压强减小.

(2) 不变.因为气体分子的平均平动动能只取决于气体的温度.

(3) 每个分子的平均动能不变而总分子数减少,故内能减小.

2. 答 气体分子的线度与气体分子间的平均距离相比可忽略不计,每一个分子可看做完全弹性的小球,气体分子之间的平均距离相当大,所以除碰撞的瞬间外,分子间的相互作用力略去不计.

3. 答 气体分子平均平动动能与温度的关系式为 $\bar{\varepsilon}_t=\dfrac{3}{2}kt$,公式表明理想气体分子的平均平动动能仅与温度成正比.由此可见,气体的温度是大量气体分子平均平动动能的量度,是分子无规则热运动剧烈程度的标志.

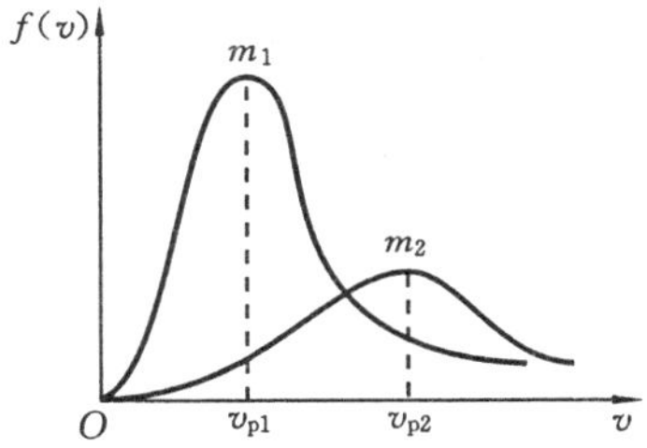

图解 12.1

4. 答 m_1 大.由 $v_p\propto\sqrt{\dfrac{T}{m}}$ 知,m 越大,则 v_p 越小.由图解 12.1 知,v_{p1} 比 v_{p2} 小,故 m_1 比 m_2 大.

三、计算题

1. 解 据力学平衡条件,当水银滴刚好处在管的中央维持平衡,表明左、右两边氢气的体积相等,压强也相等.两边气体的状态方程为

$$p_1V_1=\frac{M_1}{M_{mol}}RT_1,\quad p_2V_2=\frac{M_2}{M_{mol}}RT_2.$$

由 $p_1=p_2$,有 $\dfrac{V_1}{V_2}=\dfrac{M_1}{M_2}\dfrac{T_1}{T_2}$,开始时 $V_1=V_2$,则有 $\dfrac{M_1}{M_2}=\dfrac{T_2}{T_1}=293/273$.当温度改变为 $T_1'=278$ K,$T_2'=303$ K 时,两边体积比为

$$\frac{V_1'}{V_2'}=\frac{M_1}{M_2}\frac{T_1'}{T_2'}=0.9847<1,$$

故 $V_1' < V_2'$. 可见水银滴将向左边移动少许.

2. 解　因 $p = \frac{1}{3}nm\overline{v^2} = \frac{1}{3}\rho\overline{v^2}$,故 $\rho = \frac{3p}{\overline{v^2}} = 1.90\ \mathrm{kg/m^3}$.

3. 解　因 $C_p = \frac{i+2}{2}R = \frac{i}{2}R + R$,故 $i = \frac{2(C_p - R)}{R} = 2\left(\frac{C_p}{R} - 1\right) = 5$. 可见是双原子分子,只有两个转动自由度.

$$\bar{\varepsilon}_r = \frac{2kT}{2} = kT = 3.77\times 10^{-21}\ \mathrm{J}.$$

4. 解　(1) 由 $\sqrt{\overline{v^2}} = \sqrt{\frac{3RT}{M_{\mathrm{mol}}}}$,$M_{\mathrm{mol}} = 1\times 10^{-3}\ \mathrm{kg/mol}$,有 $\sqrt{\overline{v^2}} = 1.56\times 10^6\ \mathrm{m/s}$.

(2) $\bar{\varepsilon}_t = \frac{3}{2}kT = 12\ 900\ \mathrm{eV}$.

5. 解　$N = \frac{M}{m} = 0.30\times 10^{27}$ 个,$\varepsilon_t = \frac{E_k}{N} = 6.2\times 10^{-21}\ \mathrm{J}$,$T = \frac{2\bar{\varepsilon}_t}{3k} = 300\ \mathrm{K}$.

6. 解　由 $E = \frac{6M_1}{2M_{CO_2}}RT + \frac{5M_2}{2M_{O_2}}RT$ 得 $\frac{6M_1}{2M_{CO_2}} + \frac{5M_2}{2M_{O_2}} = \frac{E}{RT}$. 又 $M_1 + M_2 = 5.4\ \mathrm{kg}$,$E = 9.64\times 10^5\ \mathrm{J}$,代入上式,解得 $M_1 = 2.2\ \mathrm{kg}$,$M_2 = 3.2\ \mathrm{kg}$.

7. 解　设两个平衡态的温度差为 ΔT,则 $Q - A = \Delta E = \frac{5}{2}\gamma R\Delta T = \frac{5}{2}\gamma N_A k\Delta T$,故 $\Delta\bar{\varepsilon}_t = \frac{3}{2}k\Delta T = \frac{3(Q-A)}{5\gamma N_A}$,式中,$N_A$ 为阿伏伽德罗常量.

第　13　章

一、填空题

1. 功变热,热传导　　**2.** $-|A_1|$,$-|A_2|$

3. 124.7 J,-84.3 J　　**4.** >0,>0

5. AM,AM、BM　　**6.** 等压,绝热,等压,等压(见图解 13.1)

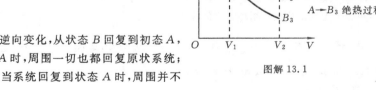

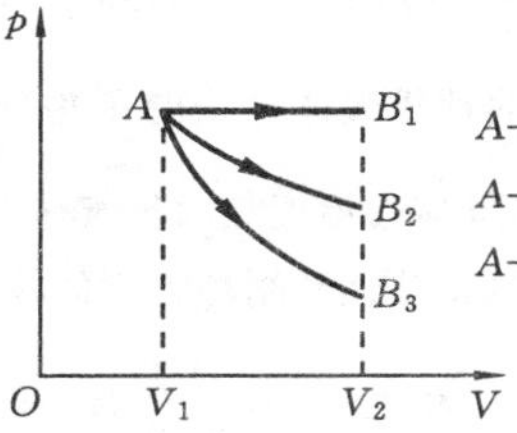

图解 13.1

7. $S_1 + S_2$,$-S_1$

8. 能使系统进行逆向变化,从状态 B 回复到初态 A,而且系统回复到状态 A 时,周围一切也都回复原状系统;不能回复到状态 A,或当系统回复到状态 A 时,周围并不能回复原状.

9. $\eta = \frac{1}{w+1}$ 或 $w = \frac{1}{\eta} - 1$　　**10.** 40 J,140 J

二、简答题

1. 答　卡诺热机的效率 $\eta = 1 - \frac{T_2}{T_1}$,$T_1$ 为高温热源温度;T_2 为低温热源温度. 从理论上讲,提高卡诺热机效率可采用如下方法:(1) 提高高温热源温度 T_1;(2) 降低低温热源温度 T_2;(3) 两者并用.

在实际应用中,除了减少损耗提高热机效率外,常用提高高温热源的温度,而低温热源多采用大气.

2. 答　(1) $A\to B$ 过程中气体放热. 因为若以 $A\to B\to C\to A$ 构成循环,则此循环中 $\Delta E = 0$,$A < 0$,故 $Q = Q_{AB} + Q_{BC} + Q_{CA} < 0$. 但 $Q_{CA} = 0$,$Q_{BC} > 0$,故 $Q_{AB} < 0$,放热.

(2) $A \to D$ 过程中气体吸热. 因为若以 $A \to D \to C \to A$ 构成循环，则此循环中 $\Delta E=0, A>0$，故 $Q=Q_{AD}+Q_{DC}+Q_{CA}>0$. 但 $Q_{CA}=0, Q_{DC}<0$，故 $Q_{AD}>0$，吸热.

3. 答 因为理想气体的内能是温度的单值函数，所以等容、等压、绝热三个过程的温度变化相同. 由于各个过程的摩尔热容 C 不相同，对于等容过程，摩尔热容 $C=C_V=\frac{i}{2}R$；对于等压过程，$C=C_p=\frac{i+2}{2}R$；对于绝热过程，$C=0$，由 $Q=\frac{M}{\mu}C\Delta T$ 可知，不同过程吸热不相同.

三、计算题

1. 解 (1) 图略.

(2) 因 $T_1=(273+27)\ \text{K}=300\ \text{K}$，由 $V_1/T_1=V_2/T_2$，有

$$T_2=\frac{V_2T_1}{V_1}=600\ \text{K}，故\ Q=\gamma C_p(T_2-T_1)=1.25\times10^4\ \text{J}.$$

(3) $\Delta E=0$.

(4) 由 $Q=\Delta E+A$，有 $A=Q=1.25\times10\ \text{J}$.

2. 解 (1) 由题图得 $p_A=400\ \text{Pa}, p_B=p_C=100\ \text{Pa}, V_A=V_C=2\ \text{m}^3, V_B=6\ \text{m}^3$. $C\to A$ 为等容过程，据方程 $p_A/T_A=p_C/T_C$，有 $T_C=\frac{T_Ap_C}{p_A}=75\ \text{K}$.

$B\to C$ 为等压过程，据方程 $V_B/T_B=V_C/T_C$，有 $T_B=T_CV_B/V_C=225\ \text{K}$.

(2) 根据理想气体状态方程求出气体的物质的量(摩尔数)为 $\nu=(p_AV_A)/(RT_A)=0.32\ \text{mol}$. 由 $\nu=1.4$ 知，该气体为双原子分子气体，$C_V=\frac{5}{2}R, C_p=\frac{7}{2}R$，$B\to C$ 为等压过程，吸热为

$$Q_2=\frac{7}{2}\nu R(T_C-T_B)=-1400\ \text{J}.$$

$C\to A$ 为等容过程，吸热为 $$Q_3=\frac{5}{2}\nu R(T_A-T_C)=1500\ \text{J}.$$

循环过程 $\Delta E=0$，整个循环过程净吸热为 $$Q=A=\frac{1}{2}(p_A-p_C)(V_B-V_C)=600\ \text{J}.$$

故 $A\to B$ 过程，吸热 $Q_1=Q-Q_2-Q_3=500\ \text{J}$.

3. 解 (1) $A=p_0\Delta V=R\Delta T=598\ \text{J}$.

(2) $\Delta E=Q-A=1002\ \text{J}$.

(3) $C_p=\frac{Q}{\Delta T}=22.2\ \text{J/(mol·K)}$，$C_V=C_p-R=13.89\ \text{J/(mol·K)}$，$\gamma=\frac{C_p}{C_V}=1.6$.

4. 解 根据卡诺循环的效率 $\eta=1-\frac{T_2}{T_1}$，再由绝热方程，有

$$\frac{p_1^{\gamma-1}}{T_1^{\gamma}}=\frac{p_2^{\gamma-1}}{T_2^{\gamma}},\quad \frac{T_2}{T_1}=\left(\frac{p_2}{p_1}\right)^{1-\frac{1}{\gamma}}.$$

氢为双原子分子，$\gamma=1.40$，$\frac{T_2}{T_1}=0.82$，则 $\eta=1-\frac{T_2}{T_1}=18\%$.

5. 解 应用绝热方程 $T_1V_2^{\gamma-1}=T_2V_3^{\gamma-1}$，有 $\frac{V_3}{V_2}=\left(\frac{T_1}{T_2}\right)^{\frac{1}{\gamma-1}}$，由卡诺循环效率 $\eta=1-\frac{T_2}{T_1}$，有 $\frac{T_1}{T_2}=\frac{1}{1-\eta}$，故

$$\frac{V_3}{V_2}=\left(\frac{1}{1-\eta}\right)^{\frac{1}{\gamma-1}}.$$

单原子分子理想气体 $\gamma=\frac{i+2}{i}$，已知 $\eta=0.2$，将 η,γ 值代入上式，得 $\frac{V_3}{V_2}\approx 1.4$.

6. 解 (1) 系统开始处于标准状态 a，活塞从Ⅰ→Ⅲ为绝热压缩过程，终态为 b；活塞从Ⅲ→Ⅱ为等压膨胀过程，终态为 c；活塞从Ⅱ→Ⅰ为绝热膨胀过程，终态为 d；除去绝热材料系统恢复至原态 a 为等容过程. 该循环过程在 p-V 图上对应的曲线如图解 13.2 所示.

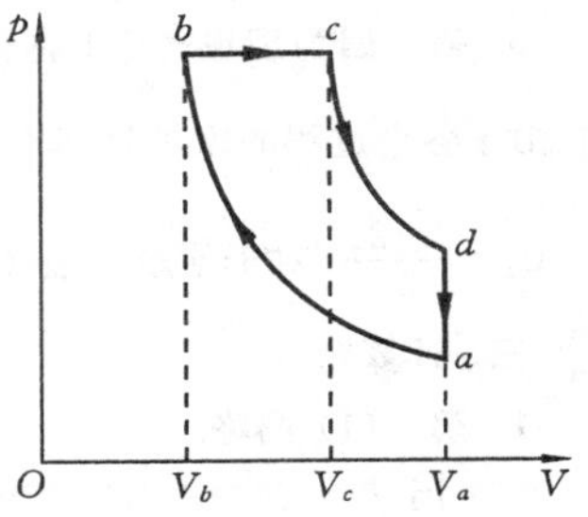

图解 13.2

(2) 由题意可知，$p_a=1.013\times10^5$ Pa，$V_a=3\times10^{-3}$ m³，$T_a=273$ K，$V_b=1\times10^{-3}$ m³，$V_c=2\times10^{-3}$ m³. ab 为绝热过程，据绝热过程方程 $T_aV_a^{\gamma-1}=T_bV_b^{\gamma-1}$，又 $\gamma=\frac{7}{5}$，有

$$T_b=\left(\frac{V_a}{V_b}\right)^{\gamma-1}T_a=424\ \text{K}.$$

bc 为等压过程，据等压过程方程 $\frac{T_b}{V_b}=\frac{T_c}{V_c}$，有 $T_c=\frac{V_cT_b}{V_b}=848$ K.

cd 为绝热过程，据绝热过程方程 $T_cV_c^{\gamma-1}=T_dV_d^{\gamma-1}$，又 $V_d=V_a$，有 $T_d=\left(\frac{V_c}{V_a}\right)^{\gamma-1}T_c=721$ K.

(3) 在一个循环过程中 ab 和 cd 为绝热过程，不与外界交换热量；bc 为等压膨胀过程，吸收热量为

$$Q_{bc}=\frac{M}{\mu}C_p(T_C-T_B),$$

式中，$C_p=\frac{7}{2}R$. 又由理想气体状态方程，有 $p_aV_a=\frac{M}{\mu}RT_a$，故

$$Q_{bc}=\frac{7}{2}\frac{p_aV_a}{T_a}(T_c-T_b)=1.65\times10^3\ \text{J}.$$

da 为等容降温过程，放出热量

$$|Q_{da}|=\frac{M}{\mu}C_V(T_d-T_a)=\frac{5}{2}\frac{p_aV_a}{T_a}(T_d-T_a)=1.24\times10^2\ \text{J}.$$

7. 解 (1) 由 $\frac{C_p}{C_V}=\frac{5}{3}$ 和 $C_p-C_V=R$，可解得 $C_p=\frac{5}{2}R$ 和 $C_V=\frac{3}{2}R$.

(2) 该理想气体的物质的量为 $n_0=\frac{p_0V_0}{RT_0}=4$ mol，

在全过程中气体内能的改变量为 $\Delta E=n_0C_V(T_1-T_0)=7.48\times10^3$ J，

全过程中气体对外做的功为 $A=n_0RT_1\ln\frac{p_1}{p_0}$，

式中，$\frac{p_1}{p_0}=\frac{T_1}{T_0}$，则 $A=\gamma RT_1\ln\frac{T_1}{T_0}=6.06\times10^3$ J.

全过程中气体从外界吸收的热量为 $Q=\Delta E+A=1.35\times10^4$ J.

8. 解 由题意可知气体处于初态时，弹簧为原长. 当汽缸内气体体积由 V_1 膨胀到 V_2 时弹簧被压缩，压缩量为

$$l=\frac{V_2-V_1}{S}=0.1\ \text{m}.$$

气体末态的压强为 $p_2=p_0+k\frac{l}{S}=2\times10^5$ Pa.

气体内能的改变量为 $\Delta E=n_0C_V(T_2-T_1)=\frac{p_2V_2-p_1V_1}{2}=6.25\times10^3\ \text{J}.$

缸内气体对外做的功为 $A=\int_0^l(p_0S+kl)\mathrm{d}x=p_0Sl+\frac{1}{2}kl^2=750\ \text{J}.$

缸内气体在膨胀过程中从外界吸收的热量为

$$Q=\Delta E+A=6.25\times10^3+0.75\times10^3=7\times10^3\ \text{J}.$$

第 14 章

一、填空题

1. 4 N/C，向上 **2.** $-\frac{3\sigma}{2\varepsilon_0}$，$-\frac{\sigma}{2\varepsilon_0}$，$\frac{\sigma}{2\varepsilon_0}$ **3.** $-\frac{3\sigma}{2\varepsilon_0}$，$-\frac{\sigma}{2\varepsilon_0}$，$\frac{\sigma}{2\varepsilon_0}$，$\frac{3\sigma}{2\varepsilon_0}$

4. $\frac{qd}{4\pi\varepsilon_0R^2(2\pi R-d)}\approx\frac{qd}{8\pi^2\varepsilon_0R^3}$，从点 O 指向缺口中心点 **5.** 0 **6.** $\frac{\lambda}{2\pi\varepsilon_0r}$，$\frac{\lambda L}{4\pi\varepsilon_0r^2}$

7. $\frac{Q}{4\pi\varepsilon_0R^2}$，0，$\frac{Q}{4\pi\varepsilon_0R}$，$\frac{Q}{4\pi\varepsilon_0r_2}$ **8.** $\lambda=\frac{Q}{a}$，异 **9.** 0，$\frac{\sigma R^2}{\varepsilon_0r^3}\boldsymbol{r}$ **10.** $\frac{q}{\varepsilon_0}$，0，$-\frac{q}{\varepsilon_0}$

11. 0，$\frac{\lambda}{2\varepsilon_0}$ **12.** $\frac{1}{2}\left(V+\frac{qd}{2\varepsilon_0S}\right)$ **13.** 10 cm **14.** $\frac{Q}{4\pi\varepsilon_0R}\left(1-\frac{\Delta S}{4\pi R^2}\right)$

15. $\frac{U_0}{2}+\frac{Qd}{4\varepsilon_0S}$ **16.** 无限长均匀带电直线，正点电荷 **17.** 不可能闭合

18. $-2pE\cos\alpha$ **19.** C **20.** $\sqrt{v_0^2-2qU/m}$ **21.** $\frac{\varepsilon_0SU^2}{2d^2}$ **22.** 抛物

二、简答题

1. 答 (1) 两式中的 q 含义不同.(1)式中的 q 是置于静电场中受到电场力 $\boldsymbol{F}$ 作用的试验电荷；(2)式中的 q 是产生电场的场源电荷.

(2) (1)式是场强的定义式，普遍适用；(2)式适用于真空中点电荷的电场(或均匀带电球面外或均匀带电球体外的电场)；(3)式仅适用于均匀电场，且点 A 和点 B 的连线与场强 $\boldsymbol{E}$ 平行，而 $l=AB$.

2. 答 点电荷的场强公式仅适用于点电荷，当 $r\to0$ 时，任何带电体都不能视为点电荷，所以点电荷场强公式已不适用.若仍用此式求场强 E，其结论必然是错误的.当 $r\to0$ 时，需要具体考虑带电体的大小和电荷分布，这样求得的 E 才有确定值.

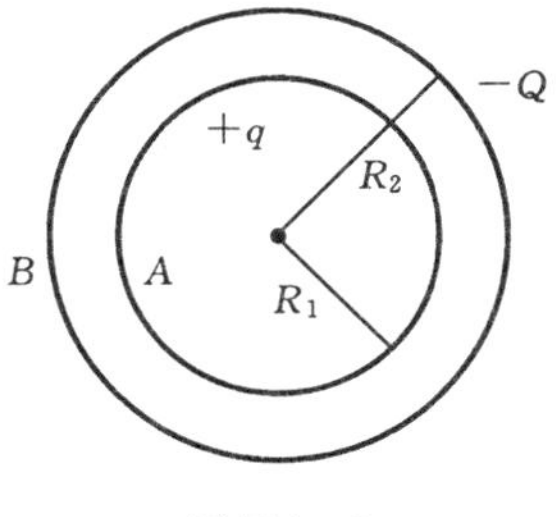

图解 14.1

3. 答 在选定无穷远处为电势零点的条件下，带正电的物体的电势不一定为正，电势等于零的物体不一定不带电，这和周围是否有其他带电体以及这些带电体所带电量及相对位置等情况有关.如图解 14.1 所示为两个带电的同心球壳，A 球带 $+q\ (q>0)$，B 球带 $-Q\ (Q>0)$，计算表明当 $q>\frac{R_1}{R_2}Q$ 时，$U_A>0$；当 $q=\frac{R_1}{R_2}Q$ 时，$U_A=0$；当 $q<\frac{R_1}{R_2}Q$ 时，$U_A<0$.可见，一般情况下，带正电的物体电势不一定为正，电势等于零的物体也不一定不带电.

三、计算题

1. 解 两带电平面各自产生的场强分别为 $E_A=|\sigma_A|/(2\varepsilon_0)$， $E_B=\sigma_B/(2\varepsilon_0)$，方向如图解 14.2 所示.由叠加原理，可知两极间电场强度为

$$E=E_A+E_B=\frac{|\sigma_A|+\sigma_B}{2\varepsilon_0}=3\times10^4\ \text{N/C},$$

方向沿 x 轴负方向.

两极外侧:左侧为 $E'=E_B-E_A=\dfrac{\sigma_B-|\sigma_A|}{2\varepsilon_0}=1\times10^4$ N/C,方向沿 x 轴负方向;

右侧 $E''=1\times10^4$ N/C,方向沿 x 轴正方向.

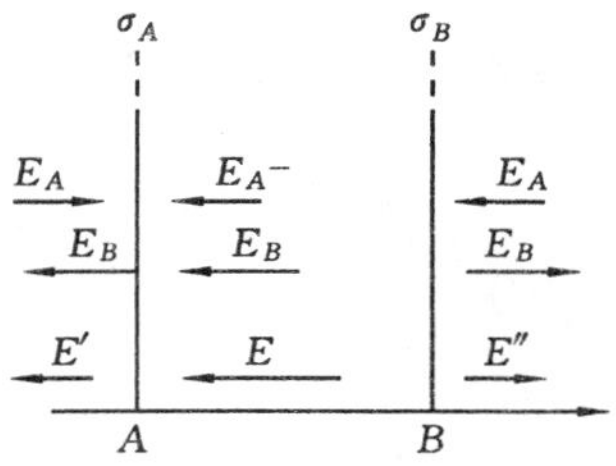

图解 14.2

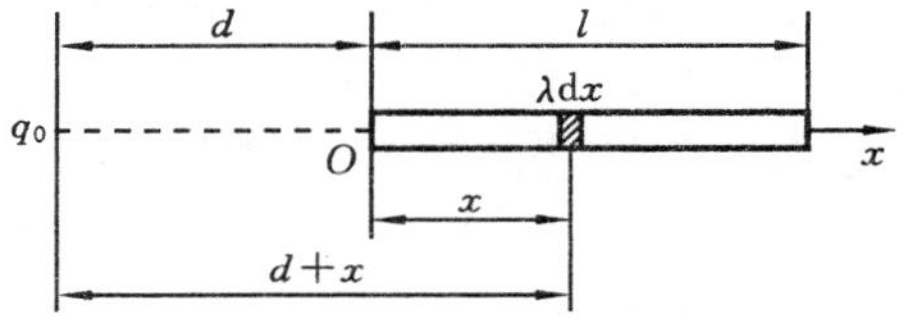

图解 14.3

2. 解　如图解 14.3 所示,选细杆的左端为坐标原点,x 轴沿杆的方向.在 x 处取一电荷元,其电量为 λdx,它在点电荷所在处产生场强为

$$dE=\frac{\lambda dx}{4\pi\varepsilon_0(d+x)^2},$$

整个细杆上电荷在该点的场强为

$$E=\frac{\lambda}{4\pi\varepsilon_0}\int_0^l\frac{dx}{(d+x)^2}=\frac{\lambda l}{4\pi\varepsilon_0 d(d+l)},$$

点电荷 q_0 所受的电场力为

$$F=\frac{q_0\lambda l}{4\pi\varepsilon_0 d(d+l)}=0.90\text{ N},$$

方向沿 x 轴负方向.

3. 解　立体盒子的示意图如图解 14.4 所示.由题意知 $E_x=200$ N/C,$E_y=300$ N/C,$E_z=0$,平行于 xOy 平面的两个面的电通量为

$$\Phi_{e1}=\boldsymbol{E}\cdot\boldsymbol{S}=\pm E_zS=0.$$

平行于 yOz 平面的两个面的电通量为

$$\Phi_{e2}=\boldsymbol{E}\cdot\boldsymbol{S}=\pm E_xS=\pm200b^2(\text{N}\cdot\text{m}^2/\text{C}),$$

"+"、"−"分别对应于右侧和左侧平面的电通量.平行于 xOz 平面的两个面的电通量为

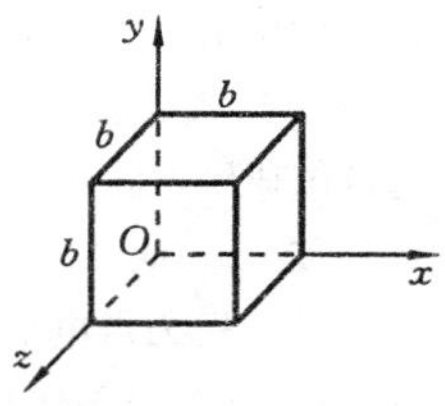

图解 14.4

$$\Phi_{e3}=\boldsymbol{E}\cdot\boldsymbol{S}=\pm E_yS=\pm300b^2(\text{N}\cdot\text{m}^2/\text{C}),$$

"+"、"−"分别对应于上和下平面的电通量.

4. 解　(1) 在球内取半径为 r、厚为 dr 的薄球壳,该壳内所包含的电量为

$$dq=\rho dV=\frac{qr\cdot4\pi r^2dr}{\pi R^4}=\frac{4qr^3dr}{R^4},$$

则球体所带的总电量为　$Q=\int_V\rho dV=\dfrac{4q}{R^4}\int_0^R r^3dr=q.$

(2) 在球内作一半径为 r_1 的高斯球面,由高斯定理有

$$4\pi r_1^2E_1=\frac{1}{\varepsilon_0}\int_0^{r_1}\frac{qr}{\pi R^4}\cdot4\pi r^2dr=\frac{qr_1^4}{\varepsilon_0R^4},$$

故 $E_1=\dfrac{qr_1^2}{4\pi\varepsilon_0R^4}$ $(r_1\leqslant R)$,$\boldsymbol{E}_1$ 方向沿半径向外.

在球体外作半径为 r_2 的高斯球面，由高斯定理有 $4\pi r_2^2 E_2 = q/\varepsilon_0$，故 $E_2 = \dfrac{q}{4\pi\varepsilon_0 r_2^2}$ $(r_2 \geqslant R)$，$\boldsymbol{E}_2$ 的方向沿半径向外.

(3) 球内电势为

$$U_1 = \int_{r_1}^{R} \boldsymbol{E}_1 \cdot \mathrm{d}\boldsymbol{r} + \int_{R}^{\infty} \boldsymbol{E}_2 \cdot \mathrm{d}\boldsymbol{r} = \int_{r_1}^{R} \frac{qr^2}{4\pi\varepsilon_0 R^4}\mathrm{d}r + \int_{R}^{\infty} \frac{q}{4\pi\varepsilon_0 r^2}\mathrm{d}r = \frac{q}{3\pi\varepsilon_0 R} - \frac{qr_1^3}{12\pi\varepsilon_0 R^4}$$

$$= \frac{q}{12\pi\varepsilon_0 R}\left(4 - \frac{r_1^3}{R^3}\right) \quad (r_1 \leqslant R),$$

球外电势为 $$U_2 = \int_{r_2}^{\infty} \boldsymbol{E}_2 \cdot \mathrm{d}\boldsymbol{r} = \int_{r_2}^{\infty} \frac{q}{4\pi\varepsilon_0 r^2}\mathrm{d}r = \frac{q}{4\pi\varepsilon_0 r_2} \quad (r_2 \geqslant R).$$

5. 解 (1) 由对称分析知，平板外两侧场强大小处处相等，方向垂直于平面且背离平面. 设场强大小为 E. 作一柱形高斯面垂直于平面，其底面大小为 S，如图解 14.5(a)所示. 由高斯定理有 $\oint_S \boldsymbol{E} \cdot \mathrm{d}\boldsymbol{S} = \dfrac{\sum q}{\varepsilon_0}$，则 $2SE = \dfrac{1}{\varepsilon_0}\int_0^b \rho S\mathrm{d}x = \dfrac{kS}{\varepsilon_0}\int_0^b x\mathrm{d}x = \dfrac{kSb^2}{2\varepsilon_0}$，故 $E = \dfrac{kb^2}{4\varepsilon_0}$ (板外两侧).

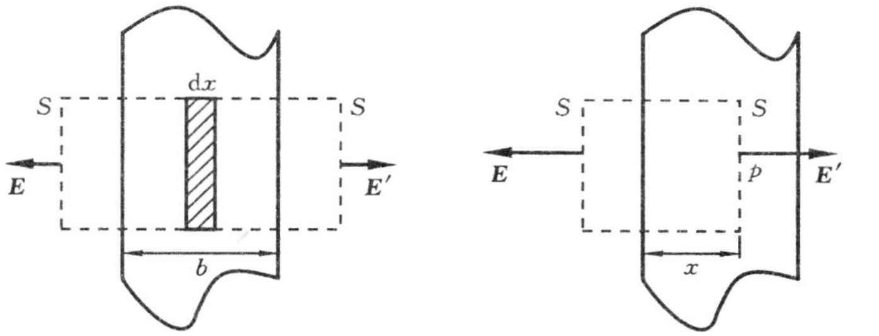

(a) (b)

图解 14.5

(2) 过点 P 垂直平板作一柱形高斯面，底面为 S. 设该处场强为 $\boldsymbol{E}'$，如图解 14.5(b)所示，由高斯定理有

$$(E' + E)S = \frac{kS}{\varepsilon_0}\int_0^x x\mathrm{d}x = \frac{kSx^2}{2\varepsilon_0}，故\ E' = \frac{K}{2\varepsilon_0}\left(x^2 - \frac{b^2}{2}\right) \quad (0 \leqslant x \leqslant b).$$

(3) $E' = 0$，必须是 $x^2 - \dfrac{b^2}{2} = 0$，得到 $x = \dfrac{b}{\sqrt{2}}$.

6. 解 在圆盘上取一半径为 $r \to r + \mathrm{d}r$ 范围的同心圆环，其面积为 $\mathrm{d}S = 2\pi r\mathrm{d}r$，其上电量为 $\mathrm{d}q = 2\pi\sigma r\mathrm{d}r$，它在点 O 产生的电势为

$$\mathrm{d}U = \frac{\mathrm{d}q}{4\pi\varepsilon_0 r} = \frac{\sigma\mathrm{d}r}{2\varepsilon_0},$$

总电势为 $U = \int_S \mathrm{d}U = \dfrac{\sigma}{2\varepsilon_0}\int_0^R \mathrm{d}r = \dfrac{\sigma R}{2\varepsilon_0}$.

7. 解 (1) 如图解 14.6 所示，球心处的电势为两个同心带电球面各自在球心处产生的电势的叠加，即

$$U_O = \frac{1}{4\pi\varepsilon_0}\left(\frac{q_1}{r_1} + \frac{q_2}{r_2}\right) = \frac{1}{4\pi\varepsilon_0}\left(\frac{4\pi r_1^2\sigma}{r_1} + \frac{4\pi r_2^2\sigma}{r_2}\right) = \frac{\sigma}{\varepsilon_0}(r_1 + r_2),$$

$$\sigma = \frac{U_O\varepsilon_0}{r_1 + r_2} = 8.85 \times 10^{-9}\ \mathrm{C/m^2}.$$

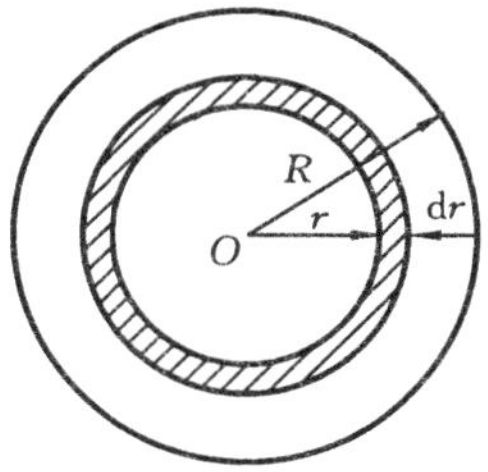

图解 14.6

(2) 设外球面上放电后电荷面密度为 σ'，则应有

$$U_O' = \frac{1}{\varepsilon_0}(\sigma r_1 + \sigma' r_2) = 0, \quad 即 \quad \sigma' = -\frac{r_1}{r_2}\sigma.$$

外球面上应变成带负电，共应放掉电荷

$$q' = 4\pi r_2^2(\sigma - \sigma') = 4\pi r_2^2 \sigma\left(1 + \frac{r_1}{r_2}\right) = 4\pi r_2 \sigma(r_1 + r_2) = 4\pi\varepsilon_0 U_0 r_2 = 6.67 \times 10^{-9}\ \mathrm{C}.$$

8. 解　(1) 设外力做功为 A_F，电场力做功为 A_e，由动能定理 $A_F + A_e = \Delta E_k$，有

$$A_e = \Delta E_k - A_F = -1.5 \times 10^{-5}\ \mathrm{J},$$

(2) $A_e = \boldsymbol{F}_e \cdot \boldsymbol{S} = -F_e S = -qES, E = W_e/(-qS) = 10^5\ \mathrm{N/C}$.

9. 解　带电粒子处在 h 高度时的静电势能为

$$W_1 = \frac{\lambda q R}{2\varepsilon_0 (h^2 + R^2)^{\frac{1}{2}}}, \tag{①}$$

到达环心时的静电势能为

$$W_2 = (\lambda q)/(2\varepsilon_0). \tag{②}$$

由能量守恒定律有

$$\frac{1}{2}mv_2^2 + W_2 = \frac{1}{2}mv_1^2 + mgh + W_1, \tag{③}$$

联立式①、式②和式③，解得

$$v_2 = \left[v_1^2 + 2gh - \frac{\lambda q R}{m\varepsilon_0}\left(\frac{1}{R} - \frac{1}{\sqrt{h^2 + R^2}}\right)\right]^{\frac{1}{2}}.$$

10. 解　由高斯定理，可求得球体内的电场强度为 $E_1 = \frac{Qr}{4\pi\varepsilon_0 R^3}$ $(r < R)$，球体外的电场强度为 $E_2 = \frac{Q}{4\pi\varepsilon_0 r^2}$ $(r > R)$. 用场强的线积分求得球心 O 的电势为

$$U_O = \int_0^R E_1 \mathrm{d}r + \int_R^\infty E_2 \mathrm{d}r = \frac{Q}{4\pi\varepsilon_0 R^3}\int_0^R r\mathrm{d}r + \frac{Q}{4\pi\varepsilon_0}\int_R^\infty \frac{\mathrm{d}r}{r^2} = \frac{3Q}{8\pi\varepsilon_0 R}.$$

球外离球心 r 处的电势为

$$U_r = \int_R^\infty E_2 \mathrm{d}r = \frac{Q}{4\pi\varepsilon_0}\int_R^\infty \frac{\mathrm{d}r}{r^2} = \frac{Q}{4\pi\varepsilon_0 r}.$$

点电荷从距球心 r 处到达球心处电场力做功为

$$A = q(U_r - U_O) = \frac{qQ}{8\pi\varepsilon_0 Rr}(2R - 3r).$$

由动能定理有 $A = E_{k2} - E_{k1} = -E_{k1}$，按题意设 $E_{k2} = 0$，则

$$E_{k1} = -A = \frac{qQ}{8\pi\varepsilon_0 Rr}(3r - 2R).$$

11. 解　如图解 14.7 所示，建立坐标轴 Ox 垂直于带电平面，粒子受力的大小为

$$F = Eq = \frac{\sigma}{2\varepsilon_0}q,$$

由牛顿第二定律知 $F = \frac{\sigma}{2\varepsilon_0}q = ma$，故 $a = \frac{\sigma q}{2m\varepsilon_0}$. 粒子均匀加速地向带电平面运动，穿过平面后做匀减速运动，运动到 $-x = d$ 处再返回，然后来回振动. 则

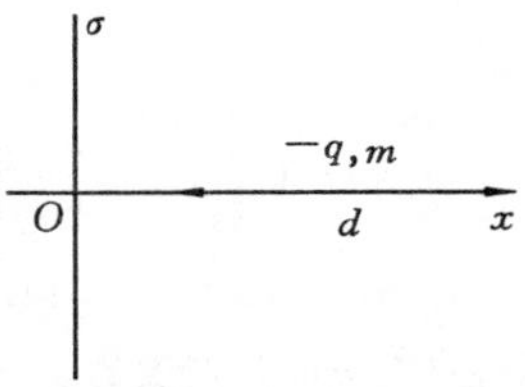

图解 14.7

$$d = \frac{1}{2}at^2, \quad t = \sqrt{\frac{2d}{a}}, \quad T = 4t = 4\sqrt{\frac{2d}{a}} = 8\sqrt{\frac{m\varepsilon_0 d}{\sigma q}}.$$

第 15 章

一、填空题

1. $-q$，球壳外的整个空间　　2. $\dfrac{Qd}{2\varepsilon_0 S}$，$\dfrac{Qd}{\varepsilon_0 S}$　　3. $\dfrac{Q_1+Q_2}{2S}$，$\dfrac{Q_1-Q_2}{2S}$，$\dfrac{Q_2-Q_1}{2S}$，$\dfrac{Q_1+Q_2}{2S}$

4. $\begin{cases}\dfrac{nqx}{\varepsilon_0} & (0\leqslant x\leqslant d)\\ -\dfrac{mqx}{\varepsilon_0} & (-d\leqslant x\leqslant 0)\end{cases}$，$\dfrac{nq}{2\varepsilon_0}(d^2-x^2)\ (-d\leqslant x\leqslant d)$　　5. $-Q$，Q

6. $\dfrac{\sigma(x,y,z)}{\varepsilon_0}$，与导体表面垂直朝外($\sigma>0$)或与导体表面垂直朝里($\sigma<0$)

7. $\dfrac{qr}{4\pi\varepsilon_0 r^3}$，$\dfrac{q}{4\pi\varepsilon_0 r_C}$　　8. 小于　　9. $\dfrac{1}{2}(q_A-q_B)$，$(q_A-q_B)\dfrac{d}{2\varepsilon_0 S}$　　10. $\dfrac{-q}{4\pi\varepsilon_0 R_1^2}$

11. 不变，减小

二、计算题

1. 解　(1) 因两球相距很远，可认为都是孤立的，因而均匀带电. 设两球连接后带电量分别为 q_1、q_2，因两球电势相等，有

$$\frac{q_1}{4\pi\varepsilon_0 r_1}=\frac{q_2}{4\pi\varepsilon_0 r_2},$$

得

$$\frac{q_1}{q_2}=\frac{r_1}{r_2}\quad 或\quad \frac{q_1}{q_1+q_2}=\frac{r_1}{r_1+r_2}.$$

又因 $q_1+q_2=2q$，故

$$q_1=\frac{q_1+q_2}{r_1+r_2}r_1=\frac{2qr_1}{r_1+r_2}=6.67\times10^{-9}\,\text{C},\quad q_2=2q-q_1=13.3\times10^{-9}\,\text{C}.$$

(2) 两球电势均为

$$U=\frac{q_1}{4\pi\varepsilon_0 r_1}=6\times10^3\ \text{V}.$$

2. 解　(1) 由静电感应，金属球壳的内表面上有感应电荷 $-q$，外表面上带电荷 $q+Q$.

(2) 不论球壳内表面上的感应电荷是如何分布的，因为任一电荷元离点 O 的距离都是 a，所以由这些电荷在点 O 产生的电势为

$$U_{-q}=\frac{\int \mathrm{d}q}{4\pi\varepsilon_0 a}=\frac{-q}{4\pi\varepsilon_0 a}.$$

(3) 球心点 O 处的总电势为分布在球壳内外表面上的电荷和点电荷 q 在点 O 产生的电势的代数和，即

$$U_O=U_q+U_{-q}+U_{q+Q}=\frac{q}{4\pi\varepsilon_0 r}-\frac{q}{4\pi\varepsilon_0 a}+\frac{q+Q}{4\pi\varepsilon_0 b}=\frac{q}{4\pi\varepsilon_0}\left(\frac{1}{r}-\frac{1}{a}+\frac{1}{b}\right)+\frac{Q}{4\pi\varepsilon_0 b}.$$

3. 解　(1) 令无限远处电势为零，则带电量为 q 的导体球，其电势为 $U=q/(4\pi\varepsilon_0 R)$. 将 $\mathrm{d}q$ 从无限远处搬到球上过程中，外力做的功等于该电荷元在球上所具有的电势能，即

$$\mathrm{d}A=\mathrm{d}W=\frac{q}{4\pi\varepsilon_0 R}\mathrm{d}q.$$

(2) 带电球体的电荷从零增加到 Q 的过程中，外力做功为

$$A=\int\mathrm{d}A=\int_0^Q\frac{q\mathrm{d}q}{4\pi\varepsilon_0 R}=\frac{Q^2}{8\pi\varepsilon_0 R}.$$

4. 解　设导体球带电 q，取无穷远处为电势零点，则导体球电势为 $U_O=q/(4\pi\varepsilon_0 r)$，内球壳电势为 $U_1=\dfrac{Q_1-q}{4\pi\varepsilon_0 R_1}+\dfrac{Q_2}{4\pi\varepsilon_0 R_2}$，二者等电势，则

$$\frac{q}{4\pi\varepsilon_0 r}=\frac{Q_1-q}{4\pi\varepsilon_0 R_1}+\frac{Q_2}{4\pi\varepsilon_0 R_2}，解得\ q=\frac{r(R_2Q_1+R_1Q_2)}{R_2(R_1+r)}.$$

5. 解　取无限远为电势零点，两孤立导体球的电势分别为

$$U_1=\frac{Q_1}{4\pi\varepsilon_0 R}=200\ \text{V},\quad U_2=\frac{Q_2}{4\pi\varepsilon_0 R}=400\ \text{V}.$$

连接后，由于两球大小一样，两球所带电量皆为 $Q=\frac{1}{2}(Q_1+Q_2)$，电势为

$$U=\frac{Q}{4\pi\varepsilon_0 R}=\frac{Q_1+Q_2}{8\pi\varepsilon_0 R}=\frac{1}{2}(U_1+U_2)=300\ \text{V},$$

静电力所做的功为

$$A=(U-U_1)(Q-Q_1)=(U-U_1)\frac{Q_2-Q_1}{2}=\frac{1}{2}(U-U_1)4\pi\varepsilon_0 R(U_2-U_1)=1.1\times10^{-7}\ \text{J}.$$

6. 解　(1) 两导体球壳接地，壳外无电场，导体球 A、B 外的电场均呈球对称分布. 今先比较两球外场强的大小，击穿首先发生在场强最大处. 设击穿时，两导体球 A、B 所带的电量分别为 Q_1、Q_2，由于 A、B 用导线连接，故二者等电势，即满足

$$\frac{Q_1}{4\pi\varepsilon_0 R_1}+\frac{-Q_1}{4\pi\varepsilon_0 R}=\frac{Q_2}{4\pi\varepsilon_0 R_2}+\frac{-Q_2}{4\pi\varepsilon_0 R},$$

代入数据，解得 $Q_1/Q_2=1/7$.

两导体表面上的场强最强，其最大场强之比为

$$\frac{E_{1\max}}{E_{2\max}}=\left(\frac{Q_1}{4\pi\varepsilon_0 R_1^2}\right)\bigg/\left(\frac{Q_2}{4\pi\varepsilon_0 R_2^2}\right)=\frac{Q_1\cdot R_2^2}{Q_2\cdot R_1^2}=\frac{4}{7},$$

B 球表面处的场强最大，会首先击穿. 击穿场强为

$$E_{2\max}=\frac{Q_2}{4\pi\varepsilon_0 R_2^2}=3\times10^8\ \text{V/m}.$$

(2) 由 $E_{2\max}$ 解得　$Q_2=3.3\times10^{-4}\ \text{C}$，　$Q_1=\frac{1}{7}Q_2=0.47\times10^{-4}\ \text{C}$，

则击穿时两球所带的总电量为　$Q=Q_1+Q_2=3.77\times10^{-4}\ \text{C}$.

第 16 章

一、填空题

1. $\dfrac{\sigma}{\varepsilon_0}$　**2.** σ，$\dfrac{\sigma}{\varepsilon_0\varepsilon_r}$　**3.** $\dfrac{-2\varepsilon_0\varepsilon_r E_0}{3}$，$\dfrac{4\varepsilon_0\varepsilon_r E_0}{3}$　**4.** 增大电容，提高电容器的耐压能力

5. 答案见图解 16.1　**6.** $=$　**7.** $\varepsilon_r C_0$，$\dfrac{U_{12}}{\varepsilon_r}$　**8.** $-\dfrac{Q^2}{4C}$

9. $\dfrac{1}{\varepsilon_r}$，ε_r　**10.** ε_r，ε_r　**11.** $\dfrac{Q^2}{4C}$　**12.** $\dfrac{1}{2}\dfrac{\varepsilon_0\varepsilon_r U_{12}^2}{d^2}$

13. 1∶1∶4　**14.** $\varepsilon_r C_0$，$\dfrac{W_0}{\varepsilon_r}$　**15.** 增大，增大

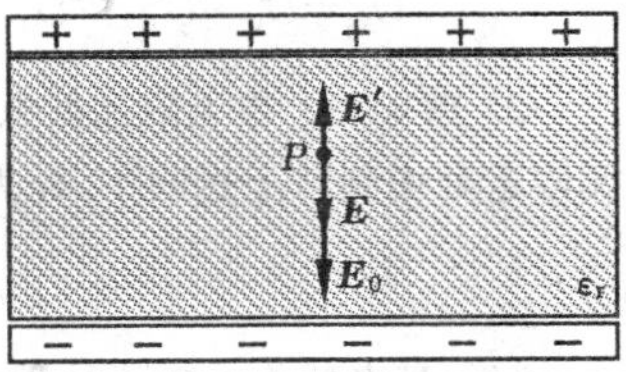

图解 16.1

二、简答题

1. 答　在两球半径相同、总电量相等的条件下，带电球体的

电场能量大.因为在上述情况下，带电球面和带电球体二者在球外的场强是相同的，而带电球面内场强为零，带电球体内场强不为零，故带电球体的电场能量要比带电球面多出一部分.

2. 答 带电球面的静电能量 $W=Q^2/(8\pi\varepsilon_0 R)$，在 Q 不变的情况下，当 R 增大时静电能量减少，电场力做正功，可见电荷的存在能帮助肥皂泡增大.由式中 Q^2 项知，无论是带正电荷还是带负电荷，效果相同.

三、计算题

1. 解 设圆柱形电容器单位长度上带电量为 λ，则电容器两极板之间的场强分布 $E=\dfrac{\lambda}{2\pi\varepsilon r}$，当电介质确定时，则击穿电场强度 $\boldsymbol{E}_0$ 一定，电容器内柱上允许的电荷线密度 $\lambda=2\pi\varepsilon rE_0$，电容器两极板间可能的电压为

$$U=\int_r^R \boldsymbol{E}\cdot \mathrm{d}\boldsymbol{r}=\int_r^R \frac{\lambda}{2\pi\varepsilon r}\mathrm{d}r=rE_0\ln\frac{R}{r},$$

式中，R 为外柱的半径；r 为内柱的半径.适当选择 r 的值，可使 U 有极大值，即令

$$\frac{\mathrm{d}U}{\mathrm{d}r}=E_0\ln\frac{R}{r}-E_0=0,$$

得到 $r_0=R/\mathrm{e}$.显然，有 $\left.\dfrac{\mathrm{d}^2U}{\mathrm{d}r^2}\right|_{r=r_0}<0$，故当 $r=r_0=\dfrac{R}{\mathrm{e}}$ 时，电容器可能承受的最高电压 $U_{\max}=r_0E_0\ln\dfrac{R}{r_0}=\dfrac{RE_0}{\mathrm{e}}=147\ \mathrm{kV}$.

2. 解 (1) 设两球上各分配电荷 Q_a、Q_b，忽略导线影响，则 $Q_a+Q_b=Q$.两球相距很远，近似孤立，各球电势分别为

$$U_a=\frac{Q_a}{4\pi\varepsilon_0 a},\quad U_b=\frac{Q_b}{4\pi\varepsilon_0 b}.$$

因有细导线连接，两球等势，即 $U_a=U_b=U$，U 为系统的电势，则

$$\frac{Q_a}{4\pi\varepsilon_0 a}=\frac{Q_b}{4\pi\varepsilon_0 b},\quad \frac{Q_a}{a}=\frac{Q_b}{b}=\frac{Q}{a+b},$$

得到 $Q_a=\dfrac{aQ}{a+b}$，$Q_b=\dfrac{bQ}{a+b}$.

(2) 系统电容为 $C=\dfrac{Q}{U}=\dfrac{Q}{U_a}=\dfrac{4\pi\varepsilon_0 aQ}{U_a}=4\pi\varepsilon_0(a+b)$.

3. 解 由题意，两极板面积 S 相同，极板间距离 d 相同，则

$$C_1=\varepsilon_0\frac{S}{d},\quad C_2=\varepsilon_0\varepsilon_r\frac{S}{d}.$$

两电容器并联，两端电势差相等，则

$$\frac{q_1}{C_1}=\frac{q_2}{C_2},\quad 即\quad q_1=\frac{C_1}{C_2}q_2=\frac{q_2}{\varepsilon_r}=\frac{Q-q_1}{\varepsilon_r},$$

故

$$q_1=\frac{Q}{1+\varepsilon_r}=0.5\times10^{-7}\ \mathrm{C},\quad q_2=Q-q_1=1.08\times10^{-7}\ \mathrm{C}.$$

4. 解 (1) 看成两个相同的电容器并联，则

$$C_1=C_2=\frac{\varepsilon_0 S}{d},\quad C=C_1+C_2=2\frac{\varepsilon_0 S}{d}=1.06\times10^{-10}\ \mathrm{F}=106\ \mathrm{pF}.$$

(2) 忽略边缘效应，电荷看做均匀分布，在外片，

$$\sigma_1=\frac{Q}{2S}=\frac{CU}{2S}=1.95\times10^{-5}\ \mathrm{C/m^2}=0.195\ \mathrm{C/cm^2}.$$

在中片，$\sigma_2=\dfrac{Q}{S}=2\sigma_1=0.39\ \mathrm{C/cm^2}$.

5. 解 电荷 $-Q$ 均匀分布在导体球外表面上，按有介质时的高斯定理，可得电位移矢量大小为

$$D=-\frac{Q}{4\pi r^2},$$

电场强度大小为
$$E=\frac{D}{\varepsilon}=-\frac{Q}{4\pi\varepsilon r^2}.$$

在场中取半径为 r，厚为 $\mathrm{d}r$ 的球形薄壳，其体积为 $\mathrm{d}V=4\pi r^2\mathrm{d}r$，则电场能量为

$$W=\frac{1}{2}\int_V DE\mathrm{d}V=Q^2\int_R^\infty\frac{\mathrm{d}r}{8\pi\varepsilon r^2}=\frac{Q^2}{8\pi\varepsilon}.$$

6. 解 球体内、外的电场强度大小为

$$E_1=\frac{er}{4\pi\varepsilon_0 R^3}\ (r<R),\quad E_2=\frac{e}{4\pi\varepsilon_0 R^2}\ (r\geqslant R).$$

静电能量为

$$W_\mathrm{e}=\int_0^R\frac{1}{2}\varepsilon_0\left(\frac{1}{4\pi\varepsilon_0}\frac{er}{R^3}\right)^2 4\pi r^2\mathrm{d}r+\int_R^\infty\frac{1}{2}\varepsilon_0\left(\frac{1}{4\pi\varepsilon_0}\frac{e}{2^2}\right)^2 4\pi r^2\mathrm{d}r=\frac{3e^2}{20\pi\varepsilon_0 R}.$$

由题意 $W_\mathrm{e}=m_0c^2$，可得
$$R=\frac{3e^2}{20\pi\varepsilon_0 m_0 c^2}.$$

7. 解 因保持与电源连接，两极板间电势差保持不变，而电容值为

$$C=\frac{\varepsilon_0 S}{d}\rightarrow C'=\frac{\varepsilon_0 S}{nd}=\frac{C}{n}.$$

电容器储存的电场能量为

$$W=\frac{CU^2}{2}\rightarrow W'=\frac{C'U^2}{2}=\frac{CU^2}{2n},$$

$$\Delta W=W'-W=\frac{U^2}{2}\left(\frac{C}{n}-C\right)=\frac{1}{2}CU^2\ \frac{1-n}{n}<0.$$

在两极板间距增大过程中，电容器上带电量由 Q 减至 Q'，电源做功为

$$A_1=(Q'-Q)U=(C'U-CU)U=\left(\frac{C}{n}-C\right)U^2=CU^2\ \frac{1-n}{n}<0.$$

设在拉开极板过程中，外力做功为 A_2，据功能原理 $A_2+A_1=\Delta W$，有

$$A_2=\Delta W-A_1=\frac{1}{2}CU^2\ \frac{1-n}{n}-CU^2\ \frac{1-n}{n}=\frac{1}{2}CU^2\ \frac{n-1}{n}>0.$$

在拉开极板过程中，外力做正功.

8. 解 (1) 设内、外球壳分别带电量 $+Q$ 和 $-Q$，则两球壳间的电位移大小为 $D=\dfrac{Q}{4\pi r^2}$.

场强大小为
$$E=\frac{D}{\varepsilon_0\varepsilon_\mathrm{r}}=\frac{Q}{4\pi\varepsilon_0\varepsilon_\mathrm{r} r^2},$$

两球壳间电势差为

$$U_{12}=\int_{R_1}^{R_2}\boldsymbol{E}\cdot\mathrm{d}\boldsymbol{r}=\frac{Q}{4\pi\varepsilon_0\varepsilon_\mathrm{r}}\int_{R_1}^{R_2}\frac{\mathrm{d}r}{r^2}=\frac{Q}{4\pi\varepsilon_0\varepsilon_\mathrm{r}}\left(\frac{1}{R_1}-\frac{1}{R_2}\right)=\frac{Q(R_2-R_1)}{4\pi\varepsilon_0\varepsilon_\mathrm{r}R_1R_2},$$

电容为
$$C=\frac{Q}{U_{12}}=\frac{4\pi\varepsilon_0\varepsilon_\mathrm{r}R_1R_2}{R_2-R_1}.$$

(2) 电场能量为 $W=\dfrac{CU_{12}}{2}=\dfrac{2\pi\varepsilon_0\varepsilon_\mathrm{r}R_1R_2U_{12}^2}{R_2-R_1}$.

9. 解 (1) 设导体球上带电荷 Q，则导体球的电势为 $U=\frac{Q}{4\pi\varepsilon_0 R}$，由孤立导体电容的定义有 $C=\frac{Q}{U}=4\pi\varepsilon_0 R$.

(2) 导体球上电荷为 Q 时，储存的静电能为 $W=\frac{Q^2}{2C}=\frac{Q^2}{8\pi\varepsilon_0 R}$.

(3) 导体球上能储存电荷 Q 时，空气中最大场强为 $E=\frac{Q}{4\pi\varepsilon_0 R^2}\leqslant E_g$，因此，球上能储存的最大电荷值 $Q_{max}=4\pi\varepsilon_0 R^2 E_g$.

10. 解 (1) 串联时两电容器中电量相等，有 $W_1=\frac{Q^2}{2C_1}$，$W_2=\frac{Q^2}{2C_2}$，故 $\frac{W_1}{W_2}=\frac{C_2}{C_1}=\frac{2}{1}=2:1$.

(2) 并联时两电容器两端电势差相同，有 $W_1=\frac{1}{2}C_1U^2$，$W_2=\frac{1}{2}C_2U^2$，故 $\frac{W_1}{W_2}=\frac{C_1}{C_2}=1:2$.

(3) 串联时电容器系统的总电能为 $W_s=\frac{1}{2}C_sU^2=\frac{1}{2}\frac{C_1C_2}{C_1+C_2}U^2$，

并联时电容器系统的总电能为 $W_p=\frac{1}{2}C_pU^2=\frac{1}{2}(C_1+C_2)U^2$，

二者之比为
$$\frac{W_s}{W_p}=\frac{C_1C_2}{(C_1+C_2)^2}=\frac{C_1C_2}{C_1^2+2C_1C_2+C_2^2}=\frac{1}{\frac{C_1}{C_2}+2+\frac{C_2}{C_1}}=2:9.$$

11. 解 均匀带电球体的场强分布为
$$E_1=\frac{Qr}{4\pi\varepsilon_0 R^3}\ (0\leqslant r\leqslant R),\quad E_2=\frac{Q}{4\pi\varepsilon_0 r^2}\ (R\leqslant r<\infty).$$
电场能量密度分布为
$$w_1=\frac{\varepsilon_0 E_1^2}{2}=\frac{Q^2r^2}{32\pi^2\varepsilon_0 R^6}\ (0\leqslant r\leqslant R),\quad w_2=\frac{\varepsilon_0 E_2^2}{2}=\frac{Q^2}{32\pi^2\varepsilon_0 r^4}\ (R\leqslant r<\infty).$$
电场的总能量为
$$W_e=\int_0^R w_1\cdot 4\pi r^2\,dr+\int_R^\infty w_2\cdot 4\pi r^2\,dr=\int_0^R \frac{Q^2r^2}{32\pi^2\varepsilon_0 R^6}\cdot 4\pi r^2\,dr+\int_R^\infty \frac{Q^2}{32\pi^2\varepsilon_0 r^4}\cdot 4\pi r^2\,dr=\frac{3Q^2}{20\pi\varepsilon_0 R}.$$

第 17 章

一、填空题

1. 0　　**2.** 5.00×10^{-5} T　　**3.** $\frac{\sqrt{3}\mu_0 I}{4\pi l}$　　**4.** 0

5. $\frac{\mu_0 Ia^2}{2\pi a(R^2-r^2)}$　提示：导体中电流密度 $\delta=\frac{I}{\pi(R^2-r^2)}$，设想在导体的挖空部分同时有电流密度为 δ 和 $-\delta$ 的流向相反的电流，这样，空心部分轴线上的磁感应强度可以看成是电流密度为 δ 的实心圆柱体在挖空部分轴线上的磁感应强度 $\boldsymbol{B}_1$ 和占据挖空部分的电流密度 $-\delta$ 的实心圆柱在轴线上的磁感应强度 $\boldsymbol{B}_2$ 的矢量和. 由安培环路定理有 $B_2=0$，$B_1=\frac{\mu_0 Ia^2}{2\pi a(R^2-r^2)}$. 所以挖空部分轴线上一点的磁感应强度的大小为 $B=\frac{\mu_0 Ia^2}{2\pi a(R^2-r^2)}$.

6. $\frac{\mu_0 I}{2d}$　　**7.** $\mu_0 I, 0, 2\mu_0 I$　　**8.** 相同，不同

9. $\frac{\mu_0\omega_0 q}{2\pi}$　提示：由安培环路定理有 $\oint \boldsymbol{B}\cdot \mathrm{d}\boldsymbol{l}=\int_{-\infty}^{\infty}\boldsymbol{B}\cdot \mathrm{d}\boldsymbol{l}=\mu_0 I$，而 $I=\frac{q\omega_0}{2\pi}$，故

$$\int_{-\infty}^{\infty}\boldsymbol{B}\cdot \mathrm{d}\boldsymbol{l}=\frac{\mu_0\omega_0 q}{2\pi}.$$

10. $\frac{qR\mu_0 nI}{2m\sin\alpha}$

11. 发生平移，靠向直导线；受力矩，绕过导线的直径转动，同时受力向直导线平移

12. $I\Phi\tan\alpha$　13. $\frac{e^2B}{4}\sqrt{\frac{r}{\pi\varepsilon_0 m_e}}$　14. 0，1.5×10^{-6} N/cm，1.5×10^{-6} N/cm　15. $\frac{q\omega l^2}{24}$

16. $\Phi_{1\max}=\Phi_{2\max}$，$B_1=2B_2$　17. 2.8×10^{-8} T　18. 5×10^{-6} T

二、简答题

1. **答**　不成立.安培环路定理只适用于稳恒电流，这就是要载流导线或闭合，或伸展到无限远.该题中给的是有限长的导线，其中是不能维持稳恒电流的.若对其使用安培环路定理，那么同是以 c 为边界的曲面，有些就被电流穿过，而有些就不能被电流穿过，这就产生了矛盾.

2. **答**　安培环路定理只适用于闭合电流，有限长载流直导线不闭合，故环路定理不成立.

3. **答**　粒子运动的轨迹半径 $R=\frac{mv}{qB}\propto v$，由题图知铝板下部分轨迹半径小，所以铝板下方粒子速度小，可知粒子由上方射入，因而粒子带正电.

三、计算题

1. **解**　如图解 17.1 所示，有

$$\Phi=\int\boldsymbol{B}\cdot\mathrm{d}\boldsymbol{S}=\int B\cos\theta\mathrm{d}S=\int\frac{\mu_0 I}{2\pi r}\cos\theta h\,\mathrm{d}x,$$

$$\frac{\Delta z}{r}=\sin\theta,\quad \frac{x}{\Delta z}=\cot\theta z,\quad \mathrm{d}x=-\Delta z\frac{\mathrm{d}\theta}{\sin^2\theta},$$

故

$$\Phi=-\frac{\mu_0 Ih}{2\hbar}\int\frac{\cos\theta}{r}\Delta z\frac{\mathrm{d}\theta}{\sin^2\theta}=-\frac{\mu_0 Ih}{2\hbar}\int\frac{\cos\theta}{\sin\theta}\mathrm{d}\theta$$

$$=-\frac{\mu_0 Ih}{2\hbar}\ln\sin\theta\Big|_{R_1}^{R_2}=\frac{\mu_0 Ih}{4\pi}\ln\frac{\Delta z^2+(a+b)^2}{\Delta z^2+a^2},$$

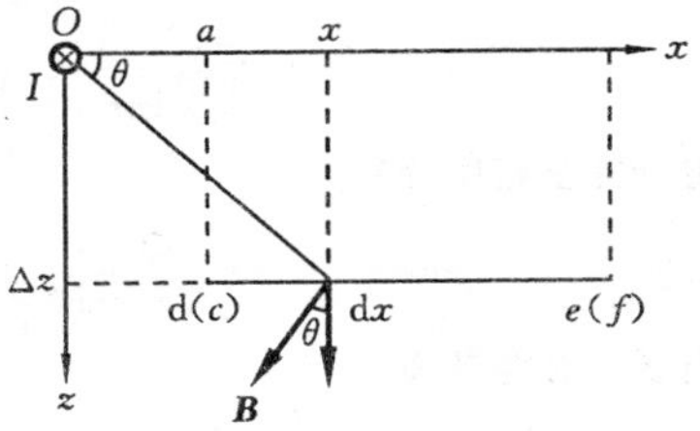

图解 17.1

式中，$R_1=\frac{\Delta z}{\sqrt{\Delta z^2+a^2}}$；$R_2=\frac{\Delta z}{\sqrt{\Delta z^2+(a+b)^2}}$.

2. **解**　(1) 电子绕原子核运动的向心力是库仑力提供的，即 $\frac{e^2}{4\pi\varepsilon_0 a_0^2}=m\frac{v^2}{a_0}$，解得 $v=\frac{e}{2\sqrt{\pi m\varepsilon_0 a_0}}$.

(2) 电子单位时间绕原子核的周数即频率为 $\nu=\frac{v}{2\pi a_0}=\frac{e}{4\pi a_0\sqrt{\pi m\varepsilon_0 a_0}}$，由于电子的运动所形成的圆电流为 $i=\nu e=\frac{e^2}{4\pi a_0\sqrt{\pi m\varepsilon_0 a_0}}$，因为电子带负电，电流 i 的流向与 $\boldsymbol{v}$ 方向相反.

(3) i 在圆心处产生的磁感应强度为 $B=\frac{\mu_0 i}{2a_0}=\frac{\mu_0 e^2}{8\pi a_0^2\sqrt{\pi m\varepsilon_0 a_0}}$，其方向垂直纸面向外.

3. **解**　设半径为 R_1 的载流半圆弧在点 O 产生的磁感应强度为 $\boldsymbol{B}_1$，由毕奥-萨伐尔定律，有

$$B_1=\frac{\mu_0 I}{4R_1},\quad B_2=\frac{\mu_0 I}{4R_2}.$$

由于 $R_2<R_1$，故 $B_1<B_2$.

磁感应强度为 $B=B_2-B_1=\frac{\mu_0 I}{4R_2}-\frac{\mu_0 I}{4R_1}=\frac{\mu_0 I}{6R_2}$,故 $R_1=3R_2$.

4. 解 当只有一块无穷大平面存在时,利用安培环路定理,可知板外的磁感应强度值为 $B=\mu_0 i/2$,现有两块无穷大平面,$\boldsymbol{i}_1$ 与 $\boldsymbol{i}_2$ 夹角为 θ,因 $\boldsymbol{B}_1\perp\boldsymbol{i}_1$,$\boldsymbol{B}_2\perp\boldsymbol{i}_2$,故 $\boldsymbol{B}_1$ 和 $\boldsymbol{B}_2$ 夹角也为 θ 或 $\pi-\theta$.

(1) 在两面之间 $\boldsymbol{B}_1$ 和 $\boldsymbol{B}_2$ 夹角为 $\pi-\theta$,故 $B_i=\frac{1}{2}\mu_0(i_1^2+i_2^2-2i_1i_2\cos\theta)^{\frac{1}{2}}$.

(2) 在两面之外 $\boldsymbol{B}_1$ 和 $\boldsymbol{B}_2$ 的夹角为 θ,故 $B_0=\frac{1}{2}\mu_0(i_1^2+i_2^2+2i_1i_2\cos\theta)^{\frac{1}{2}}$.

(3) 当 $i_1=i_2=i,\theta=0$ 时,有 $B_i=\frac{1}{2}\sqrt{2}\mu_0 i\sqrt{1-\cos\theta}$,$B_0=\frac{1}{2}\sqrt{2}\mu_0 i\sqrt{1+\cos\theta}=\mu_0 i$.

5. 解 电子的速度 $\boldsymbol{v}$ 可以看成 $\boldsymbol{v}_\perp$ 和 $\boldsymbol{v}_{/\!/}$ 的矢量和,如图解 17.2 所示.磁场对 $\boldsymbol{v}_{/\!/}$ 不起作用,所以磁力为

$$\boldsymbol{F}_B=-e\boldsymbol{v}\times\boldsymbol{B},$$

其大小为

$$F_B=ev_\perp B=evB\sin\alpha,$$

故

$$a_\perp=\frac{F_B}{m}=\frac{evB}{m}\sin\alpha.$$

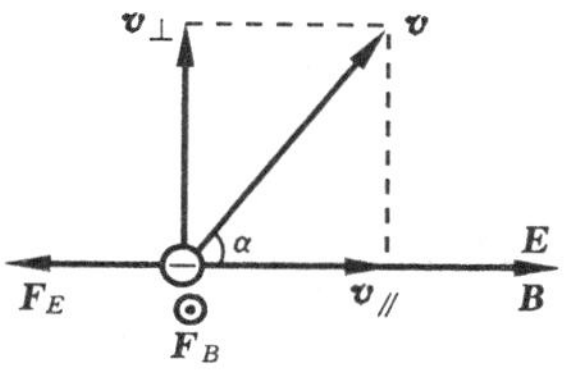

图解 17.2

电场对电子作用力为 $\boldsymbol{F}_E=-e\boldsymbol{E}$,故 $a_{/\!/}=-\frac{eE}{m}$.电子的加速度大小为

$$a=\sqrt{\left(\frac{e}{m}E\right)^2+\left(\frac{evB}{m}\right)^2\sin^2\alpha}.$$

因为电子在平行方向上是初速 $v_{/\!/}$ 的变速运动,所以电子运动的轨迹是变螺距的螺旋线.

6. 解 设 i 为载流平面的面电流密度,$\boldsymbol{B}$ 为无限大载流平面产生的磁场,$\boldsymbol{B}_0$ 为均匀磁场的磁感应强度,作安培环路 $abcda$(见图解 17.3),由安培环路定理有

$$\oint\boldsymbol{B}\cdot d\boldsymbol{l}=\mu_0 ih,$$

$$Bh+Bh=\mu_0 ih,$$

则

$$B=\frac{1}{2}\mu_0 i,$$

$$B_1=B_0-B,\quad B_2=B_0+B,$$

故

$$B_0=\frac{1}{2}(B_1+B_2),$$

$$B=\frac{1}{2}(B_2-B_1),$$

$$i=\frac{B_2-B_1}{\mu_0}.$$

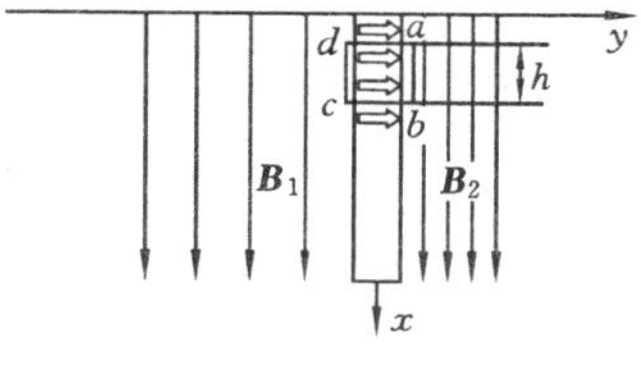

图解 17.3

在无限大平面上沿 z 轴方向上取长 dl,沿 x 轴方向取宽 da,则其面积为 $dS=dl da$,面元所受的安培力为

$$\boldsymbol{F}=ida dlB_0(-\boldsymbol{j})=idSB_0(-\boldsymbol{j}),$$

单位面积上所受的力为

$$\frac{\boldsymbol{F}}{dS}=iB_0(-\boldsymbol{j})=-\frac{B_2^2-B_1^2}{2\mu_0}\boldsymbol{j}.$$

7. 解 长直导线 AC 和 BD 受力大小相等(见图解 17.4),方向相反,且在同一直线上,故合力

为零. 现计算半圆部分受力，电流元 $I\mathrm{d}\boldsymbol{l}$，有

$$\mathrm{d}\boldsymbol{F}=I\mathrm{d}\boldsymbol{l}\times\boldsymbol{B},$$

即

$$\mathrm{d}F=IRB\mathrm{d}\theta.$$

由对称性知 $\sum \mathrm{d}F_x=0$，故

$$F=F_y=\int \mathrm{d}Fy=\int_0^{\pi} IRB\sin\theta\mathrm{d}\theta=2RIB,$$

方向沿 y 轴正向.

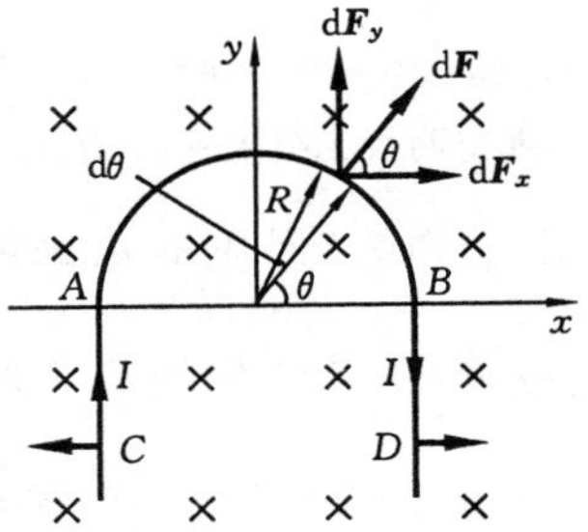

图解 17.4

8. 解 (1) 设电荷面密度为 σ，在离轴 r 处宽 $\mathrm{d}r$ 的圆带转动时，相当于圆电流，则有

$$\mathrm{d}I=\omega\sigma r\mathrm{d}r,\quad \mathrm{d}P_{\mathrm{m}}=\pi r^2\mathrm{d}I=\pi\omega\sigma r^3\mathrm{d}r,$$

故

$$P_{\mathrm{m}}=\int_0^R \pi\omega\sigma r^3\mathrm{d}r=\frac{\pi\omega\sigma R^4}{4}=\frac{\omega R^2 Q}{4}.$$

(2) 设质量面密度为 ρ_S，离轴 r 处，宽 $\mathrm{d}r$ 的圆带在转动时的动量矩为 $\mathrm{d}L$，则

$$\mathrm{d}L=rr\omega\mathrm{d}m=2\pi\rho_S r^3\omega\mathrm{d}r,\quad L=\int_0^R 2\pi\rho_S r^3\omega\mathrm{d}r=\frac{\pi\rho_S\omega R^4}{2}=\frac{\omega R^2 m}{2},$$

故 $P_{\mathrm{m}}/L=Q/(2m)$.

9. 解 圆锥摆在 O 处产生的磁感应强度沿铅直方向分量 B 相当于圆电流在其轴上一点产生的 B，故

$$B=\frac{\mu_0 R^2 I}{2(R^2+x^2)^{\frac{3}{2}}},$$

式中，$I=\frac{q\omega}{2\pi}$；$R=l\sin\theta$；$R^2=l^2\sin^2\theta=l^2(1-\cos^2\theta)$；$x=l(1-\cos\theta)$. 将 $\cos\theta=\frac{g}{\omega^2 l}$ 代入上式，则

$$B=\frac{\mu_0 q(l\omega^2+g)}{4\pi(2l^2)^{\frac{3}{2}}(l\omega^2-g)^{\frac{1}{2}}},\quad \frac{\mathrm{d}B}{\mathrm{d}\omega}=\frac{\mu_0 q}{4\pi(2l)^{\frac{3}{2}}}\cdot\frac{(l^2\omega^3-3l\omega g)}{(l\omega^2-g)^{\frac{1}{2}}}.$$

令 $\frac{\mathrm{d}B}{\mathrm{d}\omega}=0$，则 $\omega=\frac{\sqrt{3g}}{\sqrt{l}}$.

10. 解 建立坐标系 Ox 如图解 17.5 所示，设 Ox 轴上一点 P 为 $B=0$ 的位置，其坐标为 x，在点 P 处 $\boldsymbol{B}_1$ 向上，$\boldsymbol{B}_2$ 向下，$\boldsymbol{B}_3$ 向上，故

$$\frac{\mu_0 I}{2\pi x}+\frac{2\mu_0 I}{2\pi(6-x)}=\frac{\mu_0 I}{2\pi(3-x)},\quad \frac{1}{x}+\frac{2}{6-x}=\frac{1}{3-x},$$

解得 $x=2$ cm，即 $B=0$ 的线在 1、2 连线间距，导线 1 为 2 cm 处，且与 1、2、3 平行(在同一平面内).

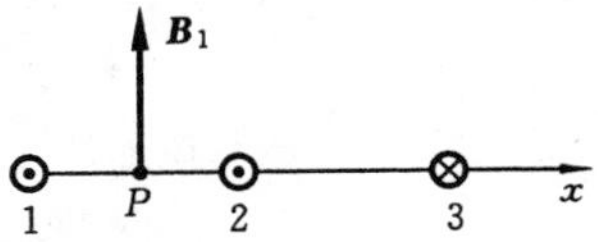

图解 17.5

第 18 章

一、填空题

1. 0.226 T，300 A/m　　**2.** $\frac{I}{2\pi r}$，$\mu H=\frac{\mu I}{2\pi r}$

3. 矫顽力大、剩磁也大，永久磁铁等；磁导率大、矫顽力小、磁滞损耗低，变压器、交流电机的铁芯等

4. A/m,T·m/A **5.** 铁磁质,顺磁质,抗磁质 **6.** $\mu_0\mu_r nI, nI$

二、简答题

答 不能.因为它并不是真正在磁介质表面流动的传导电流,而是由分子电流叠加而成的,只是在产生磁场这一点上与传导电流相似.

三、计算题

1. 解 由安培环路定理有 $\oint \boldsymbol{H}\cdot d\boldsymbol{l}=\sum I_i$.

在 $0<r<R_1$ 区域: $2\pi rH=\frac{Ir^2}{R_1^2}$, $H=\frac{Ir}{2\pi R_1^2}$, $B=\frac{\mu_0 Ir}{2\pi R_1^2}$.

在 $R_1<r<R_2$ 区域: $2\pi rH=I$, $H=\frac{I}{2\pi r}$, $B=\frac{\mu I}{2\pi r}$.

在 $R_2<r<R_3$ 区域:

$$2\pi rH=I-\frac{I\pi^2(r^2-R_2^2)}{\pi^2(R_3^2-R_2^2)},\quad H=\frac{I}{2\pi r}\left(1-\frac{r^2-R_2^2}{R_3^2-R_2^2}\right),\quad B=\mu H=\frac{\mu I}{2\pi r}\left(1-\frac{r^2-R_2^2}{R_3^2-R_2^2}\right).$$

在 $r>R_3$ 区域: $H=0$, $B=0$.

2. 解 $H=nI=\frac{NI}{l}=200$ A/m, $B=\mu H=\mu_0\mu_r H=1.06$ T.

第 19 章

一、填空题

1. 0.40 V,−0.5 m²/s **2.** $\frac{\mu_0 Iv}{2\pi}\ln\frac{a+b}{a-b}$

3. (1) Oa 段电动势方向由 a 指向 O;(2) $-\frac{1}{2}B\omega L^2, 0, -\frac{1}{2}\omega Bd(2L-d)$

4. 导线端点,$\frac{1}{2}\omega Bl^2$,导线中点,0 **5.** 小于,有关 **6.** 0.400 H

7. $l\gg a$,细导线均匀密绕 **8.** $BS\cos\omega t, BS\omega\sin\omega t, kS$ **9.** 0,0.2 H,0.05 H

10. 答案见图解 19.1 所示. **11.** $0, \frac{\mu_0 I^2 r^2}{8\pi^2 R^4}$

12. 50 mV,49.5 mV,减小

13. $\oint_S \boldsymbol{D}\cdot d\boldsymbol{S}=\sum q$, $\oint_L \boldsymbol{E}\cdot d\boldsymbol{l}=-\frac{d\Phi_m}{dt}$, $\oint_S \boldsymbol{B}\cdot d\boldsymbol{S}=0$, $\oint_L \boldsymbol{H}\cdot d\boldsymbol{l}=\sum I+\frac{d\Phi_e}{dt}$ **14.** $-\frac{\pi r^2\varepsilon_0 E_0}{RC}e^{\frac{-t}{RC}}$,相反

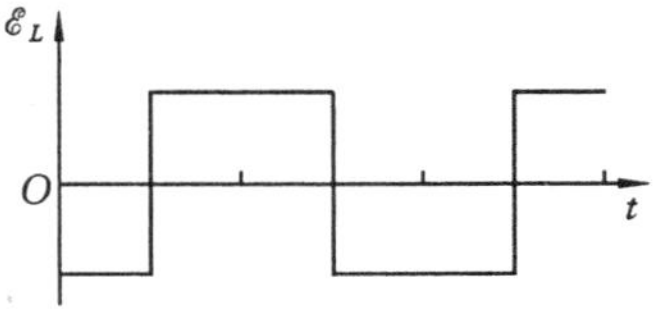

图解 19.1

二、简答题

1. 答 以图解 19.2 所示情况为例,当裸线在导轨上以速度 $\boldsymbol{v}$ 向右运动时,根据楞次定律,感应电流 I 的方向是逆时针的,因此要使裸导线保持速度 $\boldsymbol{v}$ 向右运动,必须要有外力反抗安培力做功,这符合能量守恒定律.变成顺时针方向的话,安培力会使裸线沿水平方向向右侧做加速运动,因而裸导线动能不断增大同时电阻 R 上不断释放热量,而对磁场和裸导线组成的系统,无外力做功,这显然违背能量守恒和转换定律.所以感应电流的方向必须

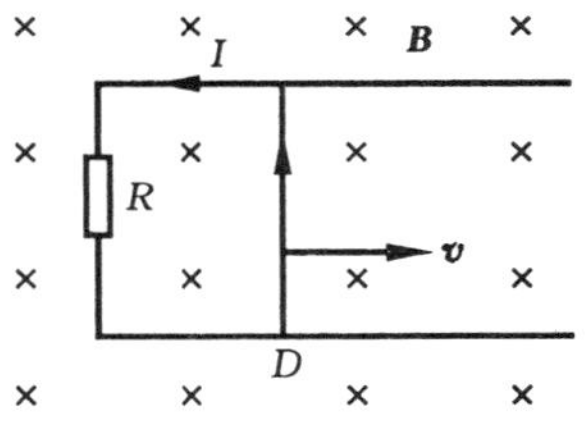

图解 19.2

遵从楞次定律才能符合能量守恒和转换定律.

2. 答 扳断电路时,电流从最大值骤然降为零,$\mathrm{d}I/\mathrm{d}t$ 很大,自感电动势就很大,在开关触头之间产生高电压,击穿空气发生火花,若加上电感大的线圈,自感电动势就更大,所以扳断开关时,火花也更厉害.

三、计算题

1. 解
$$\Phi=BS\cos\omega t=B_0S\sin\omega t\cos\omega t,$$
$$\frac{\mathrm{d}\Phi}{\mathrm{d}t}=B_0S[-\sin^2\omega t+\cos^2\omega t]\omega=B_0S\omega\cos2\omega t,\quad \mathscr{E}_i=-B_0S\omega\cos2\omega t.$$

2. 解 建立坐标系,长直导线为 y 轴,BC 边为 x 轴,原点在长直导线上,则斜边的方程为
$$y=\frac{bx}{a}-\frac{br}{a},$$
式中,r 是 t 时刻 B 点与长直导线的距离.三角形中磁通量为
$$\Phi=\frac{\mu_0I}{2\pi}\int_r^{a+r}\frac{y}{x}\mathrm{d}x=\frac{\mu_0I}{2\pi}\int_r^{a+r}\left(\frac{b}{a}-\frac{br}{ax}\right)\mathrm{d}x=\frac{\mu_0I}{2\pi}\left(b-\frac{br}{a}\ln\frac{a+r}{r}\right),$$
$$\mathscr{E}=-\frac{\mathrm{d}\Phi}{\mathrm{d}t}=\frac{\mu_0Ib}{2\pi a}\left(\ln\frac{a+r}{r}-\frac{a}{a+r}\right)\frac{\mathrm{d}r}{\mathrm{d}t}.$$
当 $r=d$ 时,$\mathscr{E}=\frac{\mu_0Ib}{2\pi a}\left(\ln\frac{a+d}{d}-\frac{a}{a+d}\right)v$,方向为 $ACBA$(顺时针)方向.

3. 解 (1) 两条无限长载流导线在 ab 上离 a 端 r 处产生的磁感应强度为
$$B=\frac{\mu_0I}{2\pi}\left(\frac{1}{c+r}+\frac{1}{c+l-r}\right),$$
方向垂直纸面向里.

设此时 ab 下滑的速度为 v,则
$$\mathscr{E}_{ab}=\int_0^lBv\mathrm{d}r=\frac{\mu_0Iv}{2\pi}\left(\ln\frac{c+l}{c}+\ln\frac{c+l}{c}\right)=\frac{\mu_0Iv}{\pi}\ln\frac{c+l}{c}. \qquad ①$$
感应电动势 $\mathscr{E}_{ab}$ 是 ab 运动速度 v 的函数,而 v 又是 t 的函数,可参看(3)中的式③.

(2) ab 上的电流为
$$I_i=\frac{\mathscr{E}_{ab}}{R}=\frac{\mu_0Iv}{\pi R}\ln\frac{c+l}{c}. \qquad ②$$

(3) ab 受的重力为 mg,方向竖直向下;受的磁力为 $\int_0^lI_i\mathrm{d}\boldsymbol{r}\times\boldsymbol{B}$,方向竖直向上,则 ab 所受的合力为
$$F=mg-\int_0^lI_iB\mathrm{d}r=mg-\left(\frac{\mu_0I}{\pi}\ln\frac{c+l}{c}\right)^2\frac{v}{R}.$$
由牛顿运动方程有
$$mg-\left(\frac{\mu_0I}{\pi}\ln\frac{c+l}{c}\right)^2\frac{v}{R}=m\frac{\mathrm{d}v}{\mathrm{d}t},\quad \int_0^v\frac{\mathrm{d}v}{g-\left(\frac{\mu_0I}{\pi}\ln\frac{c+l}{c}\right)^2\frac{v}{mR}}=\int_0^t\mathrm{d}t,$$
解得
$$v=g\left\{1-\exp\left[-\left(\frac{\mu_0I}{\pi}\ln\frac{c+l}{c}\right)^2\frac{v}{mR}\right]\right\}\cdot\frac{mR}{\left(\frac{\mu_0I}{\pi}\ln\frac{c+l}{c}\right)^2}. \qquad ③$$

当 $t\to\infty$ 时,$v\to v_{\max}$,故
$$v_{\max}=\frac{mgR\pi^2}{\left(\mu_0I\ln\frac{c+l}{c}\right)^2}.$$

4. 解 (1) ab 所处的磁场不均匀,建立坐标 Ox,x 沿 ab 方向,原点在长直导线处,则 x 处的

磁场 $B=\frac{\mu_0 i}{2\pi x}$. $i=I_0$，沿 $a\to b$ 方向，则

$$\mathscr{E}=\int_a^b(\boldsymbol{v}\times\boldsymbol{B})\cdot\mathrm{d}\boldsymbol{l}=-\int_a^b vB\mathrm{d}l=-\int_{l_0}^{l_0+l_1}v\frac{\mu_0 I_0}{2\pi x}\mathrm{d}x=-\frac{\mu_0 vI_0}{2\pi}\ln\frac{l_0+l_1}{l_0},$$

故 $U_a>U_b$.

(2) $i=I_0\cos(\omega t)$，以 $abcda$ 作为回路正方向，则

$$\Phi=\int Bl_2\mathrm{d}x=\int_{l_0}^{l_0+l_1}\frac{\mu_0 il_2}{2\pi x}\mathrm{d}x,$$

$$\mathscr{E}=-\frac{\mathrm{d}\Phi}{\mathrm{d}t}=-\frac{\mathrm{d}}{\mathrm{d}t}\left(\int_{l_0}^{l_0+l_1}\frac{\mu_0 il_2}{2\pi x}\mathrm{d}x\right)=\frac{\mu_0 I_0}{2\pi}\ln\frac{l_0+l_1}{l_0}[l_2\omega\sin(\omega t)-v\cos(\omega t)].$$

5. 解 (1) 导线 ab 中的动生电动势 $\mathscr{E}=vBl$，不计导线电阻时，a、b 两点间电势差为 $U_a-U_b=vBl$，故 R_1 中的电流为

$$I_1=\frac{U_a-U_b}{R_1}=\frac{vBl}{R_1},$$

由 M 流向 M'. R_2 中的电流为

$$I_2=\frac{U_a-U_b}{R_2}=\frac{vBl}{R_2},$$

由 N 流向 N'.

(2) 外力提供的功率等于两电阻上消耗的焦耳热功率，即

$$P=R_1I_1^2+R_2I_2^2=\frac{B^2l^2v^2(R_1+R_2)}{R_1R_2},$$

故

$$\frac{B^2l^2v^2(R_1+R_2)}{R_1R_2}\leqslant P_0,$$

最大速率为

$$v_{\mathrm{m}}=\frac{1}{Bl}\sqrt{\frac{R_1R_2P_0}{R_1+R_2}}.$$

6. 解 设 N_1 匝线圈中电流为 I_1，它在环中产生的磁感应强度为 $B_1=\mu_0 n_1 I_1$，通过 N_2 匝线圈的磁通链数为 $\Psi_{12}=N_2B_1S$，则两线圈的互感系数为

$$M=\frac{\Psi_{12}}{I_1}=\mu_0 N_2\frac{N_1}{2\pi R}\pi a^2=\mu_0 N_2\frac{N_1}{2R}a^2.$$

7. 解 (1) 距 i 为 x 处取一宽为 $\mathrm{d}x$ 的窄条，其面积为 $\mathrm{d}S=l\mathrm{d}x$，$\mathrm{d}S$ 上的磁感应强度 $B=\frac{\mu_0 i}{2\pi x}$，故

$$\mathrm{d}\Phi=B\mathrm{d}S=\frac{\mu_0 il}{2\pi x}\mathrm{d}x,\quad \Phi=\int_a^b\frac{\mu_0 il}{2\pi x}\mathrm{d}x=\frac{\mu_0 il}{2\pi}\ln\frac{b}{a},$$

$$\mathscr{E}=-\frac{\mathrm{d}\Phi}{\mathrm{d}t}=-\frac{\mu_0 l}{2\pi}\left(\ln\frac{b}{a}\right)\frac{\mathrm{d}i}{\mathrm{d}t}=1.25\times10^{-8}\ \mathrm{V},$$

方向为 $ABCDA$ 方向.

(2) 互感系数为

$$M=\frac{\mathscr{E}}{\mathrm{d}i/\mathrm{d}t}=1.25\times10^{-7}\ \mathrm{H}.$$

8. 解 (1) $\Phi=\int\boldsymbol{B}\cdot\mathrm{d}\boldsymbol{S}=\int_{R_1}^{R_2}\frac{\mu_0 NIh}{2\pi r}\mathrm{d}r=\frac{\mu_0 NIh}{2\pi}\ln\frac{R_2}{R_1}=\frac{\mu_0 NIh}{2\pi}\ln\frac{D_2}{D_1}$

由于 $\Phi=\frac{\mu_0 NIh}{2\pi}$，故 $\frac{D_2}{D_1}=\mathrm{e}$.

(2) $L=\frac{N\Phi}{I}=\frac{\mu_0 N^2 h}{2\pi}=2\times10^{-5}\ \mathrm{H}.$

(3) $\mathscr{E}=-L\dfrac{\mathrm{d}i}{\mathrm{d}t}=\dfrac{\mu_0 N^2 h I_0 \omega}{2\pi}\sin\omega t.$

9. 解 线圈中心与长直导线相距$\dfrac{3}{2}a$时，二者的互感系数为

$$M=\int_a^{2a}\frac{\mu_0 a}{2\pi x}\mathrm{d}x=\frac{\mu_0 a}{2\pi}\ln 2,$$

相距$\dfrac{5}{2}a$时的互感系数为 $M'=\dfrac{\mu_0 a}{2\pi}\ln\dfrac{3}{2}=\dfrac{\mu_0 a}{2\pi}(\ln 3-\ln 2)$，

于是系统磁能增量为

$$\Delta W_{\mathrm{m}}=-M'I_1I_2-(-MI_1I_2)=I_1I_2(M-M')=\frac{\mu_0 aI_1I_2}{2\pi}(2\ln 2-\ln 3)>0.$$

由上可知磁场做正功，磁能增加，这全靠维持电流不变的电源供给，在移动过程，电源一共供给了$\dfrac{\mu_0 aI_1I_2}{2\pi}(2\ln 2-\ln 3)$的能量.

10. 解 (1) 设螺线环中通有电流 I，则由安培环路定律，可以求出螺绕环中的磁感应强度为

$$B=\frac{\mu_0 NI}{2\pi r},$$

穿过螺绕环的磁通链为

$$\Psi=N\int B\mathrm{d}S=\frac{\mu_0 N^2 Ih}{2\pi}\int_a^b\frac{1}{r}\mathrm{d}r=\frac{\mu_0 N^2 Ih}{2\pi}\ln\frac{b}{a},$$

自感系数为 $L=\dfrac{\Psi}{I}=\dfrac{\mu_0 N^2 h}{2\pi}\ln\dfrac{b}{a}.$

(2) 若直导线中通有电流 I，则空间场的分布为 $B=\dfrac{\mu_0 NI}{2\pi r}$，穿过螺绕环的磁通链为

$$\Psi=N\int \boldsymbol{B}\cdot\mathrm{d}\boldsymbol{S}=\frac{N\mu_0 Ih}{2\pi}\int_a^b\frac{1}{r}\mathrm{d}r=\frac{\mu_0 NIh}{2\pi}\ln\frac{b}{a},$$

互感系数为 $M=\dfrac{\Psi}{I}=\dfrac{\mu_0 Nh}{2\pi}\ln\dfrac{b}{a}.$

(3) 螺绕环中储存的磁能为

$$W_{\mathrm{m}}=\frac{1}{2}LI^2=\frac{\mu_0 N^2 I^2 h}{4\pi}\ln\frac{b}{a}.$$

第 20 章

一、填空题

1. 3.82×10^2　**2.** 负，不连续　**3.** 1.45 V，7.14×10^5 m/s　**4.** π，0

5. 13.6，5　**6.** $1/\sqrt{3}$　**7.** 0.146 nm　**8.** 5×10^{14}，2　**9.** 3.4

10. 量子化定态假设；量子化跃迁的频率法则：$\nu_{kn}=|E_n-E_k|/h$；角动量量子化假设：

$$L=nh/(2\pi)\ (n=1,2,3,\cdots)$$

11. 12.0 eV，10.2 eV，1.8 eV　**12.** 12.75　**13.** $h/(2m_e eU_{12})^{\frac{1}{2}}$　**14.** 54.4

15. 13.6　**16.** 4　**17.** 8

二、简答题

1. 答 不能产生光电效应. 因为铝金属的光电效应红限波长 $\lambda_0=hc/A$，又

$$W=4.2\ \text{eV}=6.72\times10^{-19}\ \text{J},$$

故 $\lambda_0=296$ nm. 而可见光的波长范围 400～760 nm$>\lambda_0$.

2. 答 定态是原子系统所处的一系列分立的能量状态，处于这些状态时，电子做加速运动但不辐射能量；基态是原子系统能量最低的状态；激发态是能量高于基态能量时，原子系统所在的量子态；量子化条件是决定原子系统可能存在的各种定态的条件.

3. 答 在康普顿效应中观察到波长最大的偏移值为 $\Delta\lambda=2h/(m_e c)=0.0048$ nm，红外线波长的数量级大约为 10^4 nm，比 $\Delta\lambda$ 大很多，相对偏移率是如此小，在实验中是难以观察出来的，所以不宜用红外线来观察康普顿效应.

4. 答 (1) 电子和光子的动量大小相同. 因为 $p=\dfrac{h}{\lambda}$ 对二者都成立，而 λ 相同，故 p 相同.

(2) 电子和光子的能量不相等. 电子的能量 $E_e=mc^2$，而 $m=\dfrac{m_0}{\sqrt{1-\left(\dfrac{v}{c}\right)^2}}$，根据 $p=mv=\dfrac{h}{\lambda}$，

可解得 $v=\dfrac{c}{\sqrt{1+\left(\dfrac{m_0c\lambda}{h}\right)^2}}$，故

$$E_e=mc^2=\frac{m_0c^2}{\sqrt{1-\left(\dfrac{v}{c}\right)^2}}=\frac{m_0c^2\sqrt{1+\left(\dfrac{m_0c\lambda}{h}\right)^2}}{\dfrac{m_0\lambda c}{h}}=\frac{hc\sqrt{1+\left(\dfrac{m_0c\lambda}{h}\right)^2}}{\lambda}.$$

而光子的能量 $E_\lambda=h\nu=\dfrac{hc}{\lambda}$，于是 $E_e=E_\lambda\sqrt{1+\left(\dfrac{m_0c\lambda}{h}\right)^2}$，可见 $E_e>E_\lambda$.

5. 答 在 $n=2$ 的电子壳层上最多可能有 8 个电子，它们所具有的四个量子数（n、l、m_l、m_s）分别为

(1) $2,0,0,\dfrac{1}{2}$； (2) $2,0,0,-\dfrac{1}{2}$； (3) $2,1,0,\dfrac{1}{2}$； (4) $2,1,0,-\dfrac{1}{2}$；

(5) $2,1,1,\dfrac{1}{2}$； (6) $2,1,1,-\dfrac{1}{2}$； (7) $2,1,-1,\dfrac{1}{2}$； (8) $2,1,-1,-\dfrac{1}{2}$.

三、计算题

1. 解 由题设可知，若圆周半径为 r，则有 $2\pi r=n\lambda$，这里 n 是整数，λ 是电子物质波的波长. 根据德布罗意公式 $\lambda=\dfrac{h}{mv}$，有

$$2\pi r=\frac{nh}{mv},\quad 2\pi rmv=nh,$$

式中，m 是电子质量；v 是电子速度的大小；rmv 为动量矩，以 $\boldsymbol{L}$ 表示. 因此上式可写为

$$2\pi L=nh,$$

则 $L=(nh)/(2\pi)$. 这就是玻尔的动量矩量子化条件.

2. 解 设能使该金属产生光电效应的单色光最大波长为 λ_0. 由 $h\nu_0-W=0$，可得 $\dfrac{hc}{\lambda_0}-W=0$，故 $\lambda_0=hc/W$. 又依题意，有 $hc/\lambda-W=E_k$，故

$$W=\frac{hc}{\lambda}-E_k,\quad \lambda_0=\frac{hc}{hc/\lambda-E_k}=\frac{hc\lambda}{hc-E_k\lambda}=612\ \text{nm}.$$

3. 解 由于发出的光线仅有三条谱线，由

$$\nu=c\cdot\tilde{v}=cR(1/k^2-1/n^2),$$

有 $n=3,k=2$ 得一条谱线；$n=3,k=1$ 得一条谱线；$n=2,k=1$ 得一条谱线.

可见氢原子吸收外来光子后，处于 $n=3$ 的激发态. 以上三条光谱线中，频率最大的一条为

$$\nu=cR\left(\frac{1}{1^2}-\frac{1}{3^2}\right)=2.92\times10^{15}\ \text{Hz}.$$

这也就是外来光的频率.

4. 解 应用库仑定律和牛顿运动定律，有 $m_e v^2/r=e^2/(4\pi\varepsilon_0 r^2)$.

根据玻尔理论的量子化条件假设，有 $L=m_e vr=n\hbar$.

由以上两式消去 v，并把 r 换成 r_n，有

$$r_n=(n^2\varepsilon_0 h^2)/(\pi m_e e^2)\quad(n=1,2,3,\cdots).$$

5. 解 光子的能量 $E=h\nu=\dfrac{hc}{\lambda}$，若 $W=\dfrac{3}{2}kT=E$，则 $T=\dfrac{2E}{3k}=\dfrac{2hc}{3k\lambda}=2.4\times10^4$ K.

6. 解 (1) 康普顿散射光子波长改变为 $\Delta\lambda=\dfrac{h}{m_e c}(1-\cos\varphi)=0.024\times10^{-10}$ m，则康普顿散射波长为 $\lambda=\lambda_0+\Delta\lambda=1.024\times10^{-10}$ m.

(2) 由能量守恒有

$$h\nu_0+m_e c^2=h\nu+mc^2=h\nu+E_k,\quad 即\quad \frac{hc}{\lambda_0}=\frac{hc}{\lambda}+E_k=\frac{hc}{\lambda_0+\Delta\lambda}+E_k,$$

$$E_k=\frac{hc\Delta\lambda}{\lambda_0(\lambda_0+\Delta\lambda)}=4.66\times10^{-17}\ \text{J}=291\ \text{eV}.$$

7. 解 根据玻尔理论 $h\nu=E_n-E_1$，对于氢原子，有 $E_1=-13.6$ eV(基态)，$h\nu=12.09$ eV，故

$$12.09=E_n-(-13.6),\quad E_n=-1.51\ \text{eV}.$$

另外，对于氢原子，有 $$E_n=-13.6/n^2,$$

由此有 $$-1.51=-13.6/n^2,\quad n^2\approx9.$$

氢原子的半径公式为 $r_n=n^2a_1$，则氢原子的半径增加到基态时的 9 倍.

8. 解 $$\mathrm{d}P=|\psi|^2\mathrm{d}x=\frac{2}{a}\cdot\sin^2\frac{\pi x}{a}\mathrm{d}x,$$

在 $0\sim a/4$ 区间的概率为 $$P=\int_0^{a/4}\frac{2}{a}\cdot\sin^2\frac{\pi x}{a}\mathrm{d}x,$$

$$P=\int_0^{a/4}\frac{2}{a}\,\frac{a}{\pi}\sin^2\frac{\pi x}{a}\mathrm{d}\left(\frac{\pi x}{a}\right)=\frac{2}{\pi}\left(\frac{\frac{1}{2}\pi x}{a}-\frac{1}{4}\sin\frac{2\pi x}{a}\right)\Bigg|_0^{a/4}=\frac{2}{\pi}\left(\frac{\frac{1}{2}\pi}{a}\,\frac{a}{4}-\frac{1}{4}\sin\frac{2\pi}{a}\,\frac{a}{4}\right)$$

$=0.091$.

9. 解 用相对论计算. 由

$$p=mv=\frac{m_0 v}{\sqrt{1-(v/c)^2}},\quad eU_{12}=\frac{m_0c^2}{\sqrt{1-(v/c)^2}}-m_0c^2,\quad \lambda=\frac{h}{p},$$

解得 $$\lambda=\frac{hc}{[eU_{12}(eU_{12}+2m_0c^2)]^{\frac{1}{2}}}=3.71\times10^{-12}\ \text{m}.$$

若不考虑相对论效应，则

$$p=m_0v,\quad eU_{12}=\frac{1}{2}m_0v^2,$$

联立求解以上各式得

$$\lambda'=\frac{h}{(2m_0eU_{12})^{\frac{1}{2}}}=3.88\times10^{-12}\ \text{m}.$$

相对误差为 $|\lambda'-\lambda|/\lambda=4.7\%$.

10. 解 远离核的光电子动能为 $E_k=\frac{1}{2}mv^2=(15-13.6)\ \text{eV}=1.4\ \text{eV}$，

则 $v=\sqrt{\frac{2E_k}{m}}=7.0\times10^5\ \text{m/s}$.

光电子的德布罗意波长为

$$\lambda=\frac{h}{p}=\frac{h}{mv}=1.04\times10^{-9}\ \text{m}=1.04\ \text{nm}.$$

11. 解 d 分壳层就是角量子数 $l=2$ 的分壳层，d 分壳层最多可容纳的电子数为

$$Z_l=2(2l+1)=[2(2\times2+1)]\ 个=10\ 个;$$

m_l 和 m_s 的值分别为 $m_l=0,\pm1,\pm2,m_s=\pm\frac{1}{2}$.

12. 解 因为 102.57 nm 是紫外线，是属于赖曼系的一条谱线，故知它是在 $n=n_1\rightarrow n=1$ 这两个能级间的跃迁中发射出来的. 根据 $\tilde{\nu}=R(1/1^2-1/n_1^2)$ 和 $\tilde{\nu}=1/\lambda$，可解得

$$n_1=\sqrt{\lambda R/(\lambda R-1)}=3.00,$$

故 102.57 nm 谱线是在 $n=3\rightarrow n=1$ 的能级间的跃迁中辐射的.

13. 解
$$\lambda=\frac{h}{m_e v},\quad v^2-v_0^2=2ad,\quad eE=m_e a,$$

故 $v=\frac{h}{m_e\lambda}=7.28\times10^8\ \text{m/s}$， $a=\frac{eE}{m_e}=8.78\times10^{13}\ \text{m/s}^2$， $d=\frac{v^2-v_0^2}{2a}=0.0968\ \text{m}=9.68\ \text{cm}$.

14. 解 根据能量守恒，有 $h\nu_0+m_e c^2=h\nu+mc^2$，$m=m_e\frac{1}{\sqrt{1-(v/c)^2}}$，则

$$h\nu=h\nu_0+m_e c^2\left[1-\frac{1}{\sqrt{1-(v/c)^2}}\right],\quad \frac{hc}{\lambda}=\frac{hc}{\lambda_0}+m_e c^2\left[1-\frac{1}{\sqrt{1-(v/c)^2}}\right],$$

解得
$$\lambda=\frac{\lambda_0}{1+\frac{m_e c\lambda_0}{h}\left[1-\frac{1}{\sqrt{1-(v/c)^2}}\right]}=0.00434\ \text{nm}.$$

15. 解 由波函数的性质，有 $\int_0^l|\psi|^2\text{d}x=1$，即 $\int_0^l c^2x^2(l-x)^2\text{d}x=1$，解得 $c=\frac{\sqrt{30/l}}{l^2}$.

设在 $0\sim\frac{l}{3}$ 区间内发现该粒子的概率为 P，则

$$P=\int_0^{l/3}|\psi|^2\text{d}x=\int_0^{l/3}30x^2\frac{(l-x)^2}{l^5}\text{d}x=\frac{17}{81}.$$